人工智能科学与技术丛书

DEEP LEARNING

EVOLUTION FROM NEURAL NETWORKS TO DEEP REINFORCEMENT LEARNING

深度学习

从神经网络到深度强化学习的演进

魏翼飞 汪昭颖 李骏◎编著
Wei Yifei Wang Zhaoying Lijun

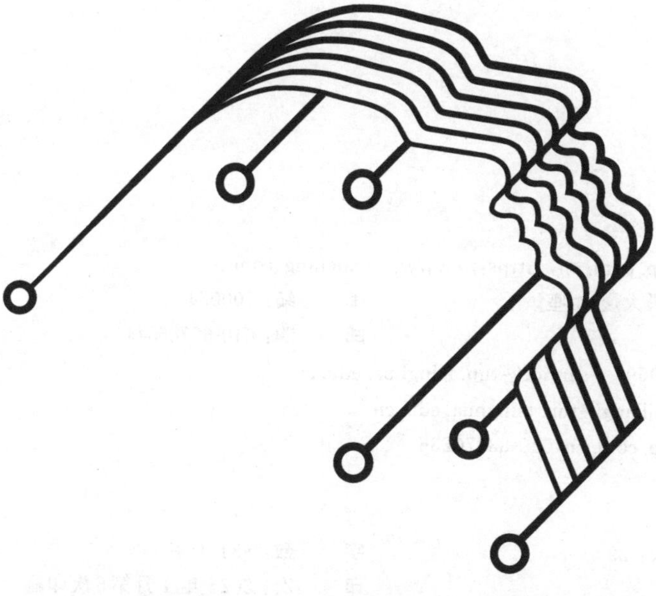

清華大學出版社
北京

内 容 简 介

本书首先概述人工智能、深度学习相关的基本概念和发展历程；然后详细介绍深度学习的基本理论和算法，包括神经网络的关键技术、卷积神经网络的主要框架和应用实例、循环神经网络和无监督学习深度神经网络的模型和应用、深层神经网络的参数优化方法、深度学习模型的轻量化方案以及移动端深度学习案例；之后阐述强化学习的基本理论和算法，包括传统的强化学习方法及其衍生算法以及新型的多智能体或多任务学习模型；最后介绍深度强化学习的具体算法及应用、迁移学习的概念及其在深度学习和强化学习中的应用。

本书可作为学习深度学习及强化学习算法的参考书，也可作为高等院校相关课程的教材，还可供从事人工智能领域的专业研究人员和工程技术人员阅读。

图书在版编目(CIP)数据

深度学习：从神经网络到深度强化学习的演进/魏翼飞，汪昭颖，李骏编著. —北京：清华大学出版社，2021.1(2025.1重印)
(人工智能科学与技术丛书)
ISBN 978-7-302-56204-7

Ⅰ. ①深… Ⅱ. ①魏… ②汪… ③李… Ⅲ. ①人工神经网络 ②机器学习 Ⅳ. ①TP183 ②TP181

中国版本图书馆 CIP 数据核字(2020)第 143447 号

策划编辑：盛东亮
责任编辑：钟志芳
封面设计：李召霞
责任校对：李建庄
责任印制：丛怀宇

出版发行：清华大学出版社
网　　址：https://www.tup.com.cn，https://www.wqxuetang.com
地　　址：北京清华大学学研大厦 A 座　　**邮　　编**：100084
社 总 机：010-83470000　　**邮　　购**：010-62786544
投稿与读者服务：010-62776969，c-service@tup.tsinghua.edu.cn
质量反馈：010-62772015，zhiliang@tup.tsinghua.edu.cn
课件下载：https://www.tup.com.cn，010-83470236
印 装 者：涿州市般润文化传播有限公司
经　　销：全国新华书店
开　　本：185mm×260mm　　**印　　张**：22　　**字　　数**：534 千字
版　　次：2021 年 1 月第 1 版　　**印　　次**：2025 年 1 月第 5 次印刷
印　　数：3401 ～3500
定　　价：89.00 元

产品编号：083663-01

前言
PREFACE

近年来，深度学习发展迅速，相关算法在计算机视觉、游戏、机器人、无人驾驶、系统控制及医疗诊断等众多领域取得了显著的成果，在国内外引起了广泛的关注。然而，深度学习的理论基础并没有实质性突破，只是在传统神经网络的基础上加入更多的隐藏层和神经元，使得神经网络的宽度和深度增加，引入了更丰富的网络模块和网络结构，使得神经网络的非线性表达能力增强。深度学习模型的提出和应用带来了人工智能的第三次浪潮，并且此次浪潮的高度和气势前所未见，当前仍处于浪潮的上升期，无论是理论研究还是实践应用都在快速进步，正在深刻改变社会生产和生活的每一个角落，未来人工智能将成为科技创新领域的基础设施。然而，目前基于深度学习模型的人工智能只能完成特定任务，属于弱人工智能，还不具备思考和推理能力。另外，深度学习目前也面临许多挑战。例如，如何从大量的无标注的数据进行学习，如何轻量化深度神经网络，如何更快速更高效地训练模型，如何结合知识图谱和逻辑推理，如何扩展到复杂的动态决策性任务上，如何自主学习……这些都是当前深度学习的前沿课题。

为了获得人类级别解决复杂问题的通用智能，很多最新的技术方案开始将深度学习的感知能力和强化学习的决策能力相结合，特别是 2017 年 AlphaGo Zero 的横空出世，将深度强化学习推到了新的热点和高度，成为人工智能历史上一个新的里程碑。深度强化学习技术能够发挥两种学习方法的优势。一方面，可以利用强化学习的试错算法和累积回报函数来解决深层神经网络训练面临的数据集获取和标记难题；另一方面，可以利用深度学习的高维数据处理和快速特征提取能力解决强化学习中的值函数逼近问题。深度强化学习是一种能够进行“迁移学习”“从零开始”“无师自通”的学习模式，是一种更接近人类思维方式的人工智能方法，或许能推动弱人工智能向强人工智能甚至超人工智能的演进。

本书全面地介绍了从神经网络到深度强化学习的演进过程，包括神经网络的关键技术、常用的深度神经网络模型和应用、深度学习模型的优化和轻量化、强化学习的基本理论和算法以及深度强化学习的设计思路和应用。

全书分为 10 章。

第 1 章是全书的概要。首先介绍人工智能、机器学习及深度学习的基本概念和发展历程；然后介绍机器学习、深度学习、强化学习的分类；最后介绍深度强化学习的概念和算法。

第 2 章至第 6 章介绍从神经网络到深度学习的演进与相关理论和应用。第 2 章介绍神经网络与深度学习的关键技术。首先简要介绍深度学习的概念和发展历程；其次以图像分类问题为例分析 K 近邻分类器(K-Nearest Neighbor，KNN)和线性分类器，并介绍神经网络的损失函数及优化；然后详细阐述常用的损失函数和反向传播算法，并从结构和分类两方面简单介绍神经网络；最后讨论常用的激活函数及其优缺点。

第 3 章介绍卷积神经网络的主要框架和应用实例。首先介绍卷积神经网络的基本概念和典型的卷积神经网络结构；然后重点阐述计算机视觉问题和其对应的框架和模型，包括图像分类、目标定位、目标检测和图像分割问题；最后介绍卷积神经网络应用实例和常用的深度学习框架。

第 4 章介绍循环神经网络和无监督学习的深度神经网络的模型和应用。首先介绍循环神经网络的网络结构和训练，包括门控循环单元和长短期记忆网络；然后介绍循环神经网络在自然语言处理和时序数据预测中的应用；最后讨论无监督学习的自编码器和深度生成式模型的结构和应用。

第 5 章详细介绍深层神经网络的训练方法，包括优化算法、参数初始化方法、常用的正则化策略和训练深层神经网络常用的技巧。

第 6 章讨论分析深度学习模型的轻量化方案以及移动端深度学习案例。首先介绍人工设计的轻量化神经网络模型；其次对深度神经网络模型压缩算法进行总结；然后简单介绍深度神经网络的硬件加速；最后介绍移动端深度学习的框架和应用实例。

第 7 章至第 9 章介绍从强化学习到深度强化学习的演进与相关理论和应用。第 7 章阐述强化学习的基本理论和算法。首先介绍有模型的马尔可夫决策及动态规划方法；然后详细介绍无模型的强化学习算法，包括基于值函数的强化学习算法和基于策略梯度的强化学习算法；最后介绍值函数近似和衍生算法。

第 8 章介绍强化学习的演进方向，包括多智能体学习、多任务学习、元学习和联邦学习。

第 9 章介绍深度强化学习的算法和应用。首先阐述基于值函数的深度强化学习和基于策略梯度的深度强化学习；然后对深度强化学习的应用进行介绍和分析，包括著名的 AlphaGo 和深度强化学习在游戏、机器人、自然语言处理和金融等方面的应用；最后总结分析深度强化学习在通信网络中的应用情况。

第 10 章介绍迁移学习的概念及其在深度学习和强化学习中的应用。

全书内容可以划分为三个部分：深度学习的关键技术和算法、强化学习的基本理论和算法和深度强化学习的具体算法及应用。为了有针对性地学习某些深度学习模型或掌握强化学习算法，读者可以根据自身需要，选择性地阅读相关章节。

本书的编撰工作得到了休斯敦大学韩竹教授、都柏林城市大学王小军教授、卡尔顿大学于非教授、北京邮电大学宋梅等教师的指点和帮助。郑颖、薛晨子、顾博、公雨、刘晓伟、何欣等参与了本书部分内容的整理或校对工作，在此向他们表示衷心的感谢。此外，本书参考了斯坦福大学、伦敦大学学院（UCL）、麻省理工学院的公开课以及其他优秀教材，特别说明。

由于编者水平和视野所限，编写时间仓促，加之深度学习技术发展一日千里，书中难免有疏漏甚至错误之处，恳请读者批评指正。

魏翼飞

于北京邮电大学

目录
CONTENTS

第 1 章　人工智能与深度学习概述 …… 1
1.1　人工智能与机器学习 …… 1
1.1.1　人工智能的发展历程 …… 1
1.1.2　机器学习及深度学习的发展历程 …… 3
1.1.3　人工智能与机器学习及深度学习的关系 …… 5
1.2　机器学习的分类 …… 6
1.2.1　监督学习 …… 6
1.2.2　非监督学习 …… 8
1.2.3　半监督学习 …… 9
1.2.4　强化学习 …… 9
1.2.5　其他分类方式 …… 9
1.3　深度学习的分类及发展趋势 …… 13
1.3.1　深度神经网络 …… 13
1.3.2　卷积神经网络 …… 14
1.3.3　其他深度神经网络 …… 15
1.3.4　深度学习的发展趋势 …… 16
1.4　深度学习与强化学习的结合 …… 17
1.4.1　强化学习 …… 17
1.4.2　强化学习算法分类 …… 18
1.4.3　深度强化学习 …… 19
本章小结 …… 20
第 2 章　神经网络与深度学习 …… 21
2.1　深度学习简介 …… 21
2.1.1　传统机器学习算法与深度学习算法对比 …… 21
2.1.2　深度学习发展历程 …… 23
2.2　图像分类问题 …… 27
2.2.1　KNN 分类器 …… 28
2.2.2　线性分类器 …… 33
2.2.3　损失及优化 …… 37
2.3　损失函数 …… 43
2.3.1　折页损失函数 …… 43
2.3.2　交叉熵损失函数 …… 44

2.4 反向传播算法 …… 46
2.4.1 计算图 …… 46
2.4.2 反向传播举例 …… 47
2.5 人工神经网络 …… 52
2.5.1 神经网络的结构 …… 52
2.5.2 神经网络的分类 …… 55
2.6 激活函数 …… 57
2.6.1 常用激活函数 …… 57
2.6.2 各种激活函数的优缺点 …… 59
本章小结 …… 61
第3章 卷积神经网络 …… 62
3.1 基本概念 …… 63
3.1.1 卷积 …… 64
3.1.2 池化 …… 67
3.1.3 经典网络 LeNet-5 …… 68
3.2 几种卷积神经网络介绍 …… 70
3.2.1 AlexNet …… 71
3.2.2 VGGNet …… 73
3.2.3 NIN …… 74
3.2.4 GoogLeNet …… 75
3.2.5 ResNet …… 77
3.3 计算机视觉问题 …… 78
3.3.1 图像分类 …… 78
3.3.2 目标定位 …… 79
3.3.3 目标检测 …… 80
3.3.4 图像分割 …… 83
3.4 深度学习应用实例 …… 92
3.4.1 深度学习框架 …… 92
3.4.2 MNIST 手写数字识别 …… 94
3.4.3 基于 DeepLab-V3＋模型的轨道图像分割 …… 95
本章小结 …… 97
第4章 循环神经网络及其他深层神经网络 …… 98
4.1 从 DNN 到 RNN …… 98
4.1.1 RNN 结构 …… 99
4.1.2 深度 RNN …… 100
4.1.3 RNN 的训练 …… 101
4.2 RNN 变体 …… 106
4.2.1 LSTM …… 106
4.2.2 GRU …… 107
4.2.3 其他结构 …… 108
4.3 RNN 应用举例 …… 108

4.3.1 时序数据预测 …… 108
4.3.2 自然语言处理 …… 109
4.4 自编码器 …… 110
4.4.1 稀疏自编码器 …… 111
4.4.2 去噪自编码器 …… 112
4.4.3 压缩自编码器 …… 112
4.5 深度生成式模型 …… 112
4.5.1 全可见信念网络 …… 113
4.5.2 变分自编码器 …… 114
4.5.3 生成式对抗网络 …… 116
本章小结 …… 121
第 5 章 深层神经网络的训练方法 …… 122
5.1 参数更新方法 …… 122
5.1.1 梯度下降算法的问题 …… 122
5.1.2 基于动量的更新 …… 124
5.1.3 二阶优化方法 …… 126
5.1.4 共轭梯度 …… 128
5.1.5 拟牛顿法 …… 131
5.2 自适应学习率算法 …… 133
5.2.1 学习率衰减 …… 133
5.2.2 AdaGrad 算法 …… 134
5.2.3 RMSProp 算法 …… 134
5.2.4 AdaDelta 算法 …… 135
5.2.5 Adam 算法 …… 135
5.2.6 几种常见优化算法的比较 …… 136
5.3 参数初始化 …… 137
5.3.1 合理初始化的重要性 …… 137
5.3.2 随机初始化 …… 137
5.3.3 Xavier 初始化 …… 139
5.3.4 He 初始化 …… 143
5.3.5 批量归一化 …… 144
5.3.6 预训练 …… 147
5.4 网络正则化 …… 148
5.4.1 正则化的目的 …… 148
5.4.2 L^1 和 L^2 正则化 …… 149
5.4.3 权重衰减 …… 151
5.4.4 提前停止 …… 152
5.4.5 数据增强 …… 153
5.4.6 丢弃法 …… 154
5.4.7 标签平滑 …… 156
5.5 训练深层神经网络的小技巧 …… 157

5.5.1 数据预处理 157
5.5.2 超参数调优 159
5.5.3 集成学习 172
5.5.4 监视训练过程 174
本章小结 177
第6章 轻量化神经网络模型 178
6.1 深度学习轻量化模型 178
6.1.1 SqueezeNet 模型 179
6.1.2 MobileNet 模型 179
6.1.3 ShuffleNet 模型 180
6.1.4 Xception 模型 182
6.2 深度神经网络模型压缩 183
6.2.1 推理阶段的压缩算法 183
6.2.2 训练阶段的压缩算法 185
6.3 深度神经网络的硬件加速 187
6.3.1 推理阶段的硬件加速 187
6.3.2 训练阶段的硬件加速 187
6.4 移动端深度学习 188
6.4.1 移动端深度学习概述 188
6.4.2 移动端深度学习框架 189
6.4.3 移动端深度学习示例 191
本章小结 194
第7章 强化学习算法 195
7.1 强化学习综述 195
7.1.1 目标、单步奖励与累积回报 196
7.1.2 马尔可夫决策过程 197
7.1.3 值函数与最优值函数 198
7.2 动态规划方法 199
7.2.1 策略迭代 200
7.2.2 值迭代 201
7.3 基于值函数的强化学习算法 202
7.3.1 基于蒙特卡罗的强化学习算法 202
7.3.2 基于时间差分的强化学习算法 205
7.3.3 TD(λ)算法 213
7.4 基于策略梯度的强化学习算法 217
7.4.1 何时应用基于策略的学习方法 217
7.4.2 策略梯度详解 219
7.4.3 蒙特卡罗策略梯度算法 224
7.4.4 Actor-Critic 算法 226
7.5 值函数近似和衍生算法 227
7.5.1 值函数近似 227

7.5.2 基于值函数近似的 TD 方法 …… 229
7.5.3 基于线性值函数近似的 GTD 方法 …… 231
7.5.4 Off-Policy Actor-Critic 算法 …… 233
本章小结 …… 234
第 8 章 多智能体多任务学习 …… 235
8.1 多智能体学习 …… 235
8.1.1 多智能体强化学习背景 …… 235
8.1.2 多智能体强化学习任务分类及算法介绍 …… 238
8.1.3 多智能体增强学习平台 …… 242
8.2 多任务学习 …… 244
8.2.1 多任务学习的背景与定义 …… 244
8.2.2 多任务监督学习 …… 246
8.2.3 其他多任务学习 …… 249
8.2.4 多任务学习的应用 …… 250
8.3 元学习 …… 251
8.3.1 从模型评估中学习 …… 252
8.3.2 从任务特征中学习 …… 253
8.4 联邦学习 …… 255
8.4.1 背景 …… 256
8.4.2 联邦学习的特点及优势 …… 256
8.4.3 联邦学习的分类 …… 257
8.4.4 联邦学习的应用 …… 260
本章小结 …… 261
第 9 章 深度强化学习 …… 262
9.1 基于值函数的深度强化学习 …… 262
9.1.1 深度 Q 学习 …… 262
9.1.2 深度 Q 学习的衍生方法 …… 264
9.2 基于策略梯度的深度强化学习 …… 268
9.2.1 深度确定性策略梯度算法 …… 269
9.2.2 异步深度强化学习算法 …… 271
9.2.3 信赖域策略优化及其衍生算法 …… 273
9.3 深度强化学习的应用 …… 278
9.3.1 计算机围棋程序 AlphaGo …… 278
9.3.2 深度强化学习的其他应用 …… 287
9.3.3 深度强化学习在通信网络中的应用 …… 293
本章小结 …… 302
第 10 章 迁移学习 …… 303
10.1 迁移学习简介及分类 …… 303
10.1.1 迁移学习概述 …… 303
10.1.2 迁移学习的分类 …… 305
10.2 迁移学习的应用 …… 307

10.2.1 迁移学习在深度学习中的应用 …… 307
10.2.2 迁移学习在强化学习中的应用 …… 313
本章小结 …… 317
附录 A 最近邻算法实现代码 …… 318
附录 B TensorFlow 训练 LeNet-5 网络实现代码 …… 319
附录 C 基于 DeepLabv3+模型的轨道图像分割 …… 321
附录 D 时序数据预测实现代码 …… 322
附录 E 自然语言处理实现代码 …… 325
附录 F 移动端深度学习示例 …… 331
参考文献 …… 332

第1章 人工智能与深度学习概述

CHAPTER 1

人工智能(Artificial Intelligence,AI)是通过研究人的某些思维过程和动作行为(例如学习、推理、思考、规划等),并使用计算机进行模拟、延伸和扩展人的智能的学科。经历60多年的发展,人工智能方兴未艾,全面渗透人类生产和生活的各个领域,协助人们完成很多任务,辅助人们做出决策,甚至出现代替人类的可能。本章将介绍人工智能的相关概念和发展现状。首先介绍人工智能、机器学习及深度学习的发展历程以及它们之间的关系;然后介绍机器学习的分类、深度学习算法的分类、强化学习算法的分类以及深度学习与强化学习的结合。

1.1 人工智能与机器学习

本节介绍人工智能与机器学习这两个重要的概念。首先对人工智能的发展历程进行回顾;然后重点介绍机器学习及深度学习的发展历程;最后分析讨论人工智能与机器学习及深度学习的关系。

1.1.1 人工智能的发展历程

从达特茅斯研讨会提出“人工智能”这一词至今,人工智能经历了60多年艰难坎坷的发展,可以用“山重水复疑无路,柳暗花明又一村”这句诗来描述人工智能的发展历程。20世纪50年代,深度学习的原型感知机、强化学习中的贝尔曼方程(Bellman Equation)等均已被提出,人工智能的简单应用(例如逻辑证明和简单的人机对话机器)也已经出现。1974年以后,受限于人工智能所基于的数学模型的缺陷和计算复杂度的指数级增加,人工智能出现了第一次寒冬。20世纪80年代,人工智能计算机的兴起,人工智能数学模型方面的重大突破,例如著名的多层神经网络和反向传播算法的出现,使得人工智能领域出现第二次浪潮,涌现出大量成果,例如能与人类下象棋的高度智能机器和能自动识别信封上邮政编码的机器等。随着现代计算机的出现,人工智能逐渐淡出人们的视线,寒冬再次降临,但仍有一些研究者坚持不懈地研究学习。深层神经网络训练算法的提出以及卷积神经网络带来的计算机视觉革命,引起深度学习在学术界和工业界的广泛关注。借助大数据技术和计算能力的提升,基于深度学习的人工智能在21世纪迅速发展,2016年的一场围棋人机世纪对战,将人工智能浪潮再一次推到新的高度。如图1-1所示,人工智能的发展并非一帆风顺,至今已经历三次浪潮、两次低谷，呈螺旋式上升的过程。

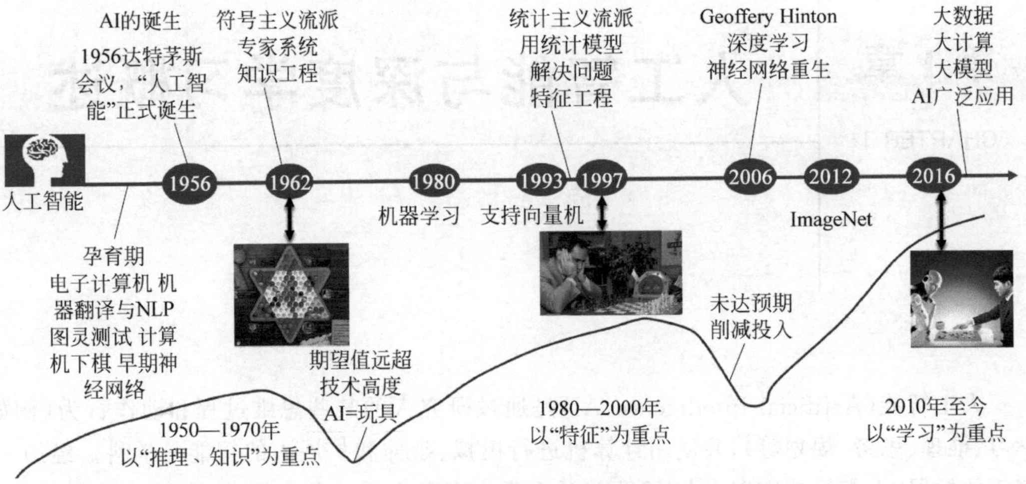

图 1-1　人工智能的发展历程

第一次浪潮大致在 1950 年至 1970 年间，“人工神经网络”“感知器”“人工智能”“图灵测试”这些概念的提出令人兴奋，引起了人们极大的兴趣，也吸引了大量资金和人才的投入，这次浪潮以 1962 年 IBM 公司开发的跳棋程序战胜当时的人类高手为巅峰。这个阶段占主导地位的是以“推理、知识”为重点的专家系统，属于符号主义流派。在设计开发专家系统时，需要把知识理论化，再把理论模型化，最后把模型程序化。类似于人们学习第二外语的方法，把语句按照语法结构进行分析和学习，按照语法树解析语言，因此设计专家系统最重要的工作就是“知识工程”。专家系统能解决一些问题，但无法解决更多的问题。由于人们的期望值远远超过技术所能达到的高度，巨大的资金和人才投入不能达到预期，20 世纪 70 年代，人工智能进入第一个寒冬期，发展比预想的要慢一些，人工智能更多地被应用在玩具或小游戏中，但好在它的发展一直在前进。

第二次浪潮大致在 1980 年至 2000 年间，以“支持向量机”为代表的各种机器学习算法的兴起，促进了人工智能的高速发展，机器学习算法的理论分析和应用都获得了巨大的成功。这次浪潮以 1997 年 IBM 公司开发的“深蓝”计算机击败了当时的国际象棋冠军卡斯帕罗夫为巅峰。这个阶段主要的技术手段是用统计模型解决问题，属于统计主义流派。类似于人们婴幼儿时期学习母语的方法，不需要知道语法和词法，只需要通过大量的训练获得“语感”，即语句的合理性是由出现这种语句的概率高低决定的。用统计方法分析问题时，需要人工提取数据的“特征”，有效的“特征”对模型性能至关重要，因此采用机器学习算法解决实际问题的难点和最重要的工作在于“特征工程”。以“支持向量机”为代表的浅层机器学习算法在分类、回归问题上均取得了很好的效果，但是不能提取平移、缩放和旋转不变的观测数据的显著特征，所以应用范围受限。浅层机器学习算法的原理明显不同于神经网络模型，并且由于当时计算机的运算能力有限，神经网络模型的训练代价非常大，所以人工神经网络的发展进入瓶颈期，人工智能也逐渐淡出人们的视线。虽然整个社会在人工智能方面的投入减少了，但仍有一些研究者坚持不懈地研究学习。

第三次浪潮始于 2006 年，机器学习界的著名学者 Geoffrey Hinton 和他的学生在

Science 上发表了一篇关于深层神经网络训练算法的文章,并于 2012 年采用深度学习算法在 ImageNet 大规模视觉识别竞赛中以大幅领先优势取得第一名,引起了深度学习在学术界和工业界的关注。深度学习驱动人工智能蓬勃发展,这次浪潮以 2016 年人工智能机器人 AlphaGo(阿尔法围棋)在围棋比赛中击败人类顶尖对手李世石为巅峰。这个阶段由于大数据的积累、深度学习算法和模型的改进、硬件计算能力(GPU、TPU、VPU 等处理器,以及 FPGA、ASIC)的提升,使得深度学习成功地应用在计算机视觉、自然语言处理、机器人、自动驾驶、医疗诊断等众多领域。但是,目前的人工智能只能完成特定的任务,属于弱人工智能,还不具备思考和推理能力,在非监督学习的情况下不能处理前所未见的任务。另外,深度学习目前也面临如何从大量的无标注的数据进行学习、如何轻量化深度神经网络、如何更快速更高效地训练模型、如何结合知识图谱和逻辑推理、如何扩展到复杂的动态决策性任务、如何自主学习等挑战,这些也是当前深度学习的前沿课题。

1.1.2　机器学习及深度学习的发展历程

机器学习(Machine Learning,ML)是人工智能的一个重要分支,在人工智能领域内最能够体现其智能特性,对人工智能的发展起到了推动作用。机器学习主要研究如何让机器或计算机学习人类的思维方式,模拟或者实现人类的行为,从而可以获取新的知识以及技能。机器学习已广泛应用于智能推理系统、模式识别、数据挖掘、计算机视觉和自然语言处理以及证券市场分析等不同领域。

如图 1-2 所示,人依靠经验学习,机器依靠数据学习,从数据中自动分析获得规律,并利用规律对未知数据进行预测。机器学习是指以算法为指导,计算机依据这些算法将环境输入系统中的数据进行分析,得出适合于该组数据的模型,并对环境中新输入的数据进行判断的过程。通过算法对数据进行训练,并获得相关模型的计算机研究都属于机器学习的范畴,包括后面会提到的线性回归算法、逻辑回归算法、神经网络、K 均值算法等。为了保证机器学习模型的准确率,模型越复杂,需要的样本就越大。对于人脑这么复杂的模型,就需要很长的婴幼儿期来训练和学习。

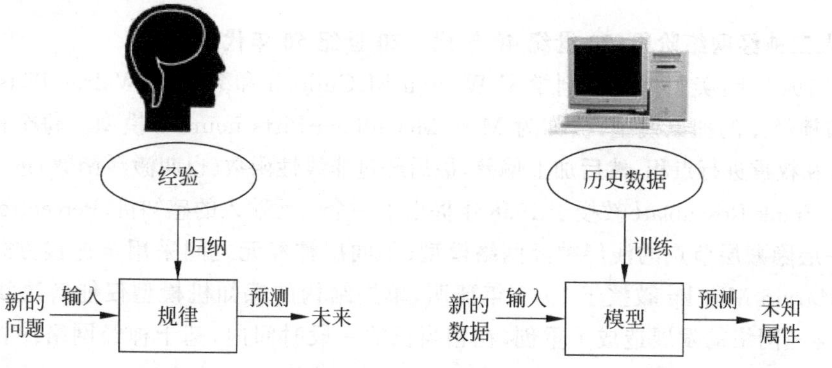

图 1-2　机器学习模型

机器学习的发展与人工智能的发展过程相似,也历经了螺旋式上升的过程。

1949 年,"赫布理论"的出现,将机器学习推入大众视野中。该理论解释了大脑神经元在学习过程中发生的变化,描述循环神经网络中节点之间的相关性。根据该理论,IBM 公司开发了西洋棋的程序，推翻了机器不具备与人类一样的学习能力的认知，机器学习也因此有了定义与概念。随着机器学习的发展，1960 年左右，通过感知机与差量学习的结合，可以很好地创建线性分类器。由于感知机无法处理数据线性不可分的问题，给了机器学习领域致命的一击，随后十几年里，即使符号机器学习蓬勃发展，但大多也是基于"赫布理论"的延续，没有实质性的突破与进展。神经网络乃至机器学习领域的发展陷入了停滞不前的状态。

直到 1981 年，Paul Werbos 提出多层感知机的设想与反向传播算法，将神经网络与机器学习的研究推向快速发展的进程中。与此同时，决策树算法在 1986 年被提出，随后衍生的很多改进算法与模型都是以决策树模型为基础的。在此之后，机器学习成为一门独立的学科，各种方法学以及模型相继涌现，形成一个百花绽放的时期。

1995 年，支持向量机(Support Vector Machine，SVM)的出现使统计机器学习这种方法学进入大众的视野，机器学习也因此划分为神经网络与支持向量机两大阵营。这两大阵营从不同的方面不断推动着机器学习理论与实践的发展。时至今日，进入大数据时代后，数据量的不断增多以及机器计算能力的增强，深度学习逐渐成为机器学习的主流。

作为机器学习最重要的一个分支，深度学习近年来发展迅速，在国内外都引起了广泛的关注。然而，深度学习的火热不是一时兴起的，而是经历了一段漫长的发展史。

如图 1-3 所示，深度学习的发展历程可分为三个阶段。

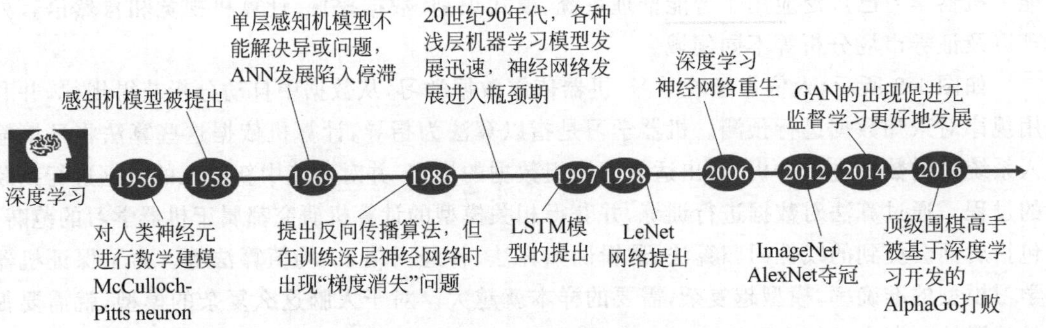

图 1-3　深度学习的发展历程

1. 人工神经网络阶段(20 世纪 40 年代—20 世纪 60 年代)

早在 1943 年，美国神经解剖学家 Warren McCulloch 和数学家 Walter Pitts 就提出了第一个脑神经元的抽象模型，被称为 M-P(McCulloch-Pitts neuron)模型。每个神经元都对它的输入和权重进行点积，然后加上偏差，最后经过非线性函数(也叫激活函数)进行激活。计算科学家 Frank Rosenblatt 教授于 1958 年提出了一个二元输入的感知机(Perceptron)模型，这是只含一层隐藏层节点的浅层神经网络模型，不同层神经元之间采用全连接方式。人工智能之父 Marvin Minsky 教授于 1969 年证明，单层结构的感知机模型仅能解决线性可分问题，这对神经网络的发展造成了重创，在相当长的一段时间内，基于神经网络的相关研究陷入停滞状态。

2. 联结主义阶段(20 世纪 80 年代—20 世纪 90 年代)

在这一阶段，分布式知识表达和神经网络反向传播算法的提出促进了第二次神经网络研究的兴起。但是，由于含有多隐藏层深层神经网络的参数训练存在重大缺陷，被各种浅层机器学习模型所超越。浅层机器学习模型逐渐成为当时流行的方法，人工神经网络的发展再次进入瓶颈期。

3. 深度学习阶段(21世纪以来)

2006年,Geoffrey Hinton教授提出了一种改进的训练算法——无监督贪婪逐层地预先训练和有监督微调,解决了梯度消失的问题,打破了反向传播神经网络发展的瓶颈。Geoffrey Hinton教授在论文中首次提出了"深度学习"的概念,神经网络以深度学习之名再出发。2012年,在著名的ImageNet图像大赛中,Geoffrey Hinton教授的学生Alex Krizhevsky设计的深度学习模型AlexNet夺得冠军,性能远超第二名使用SVM的模型。2014年,生成式对抗网络(Generative Adversarial Network,GAN)的出现促进了无监督学习的发展。2016年,围棋顶级高手被基于深度学习与强化学习的AlphaGo打败,引起了公众的全面关注。

1.1.3 人工智能与机器学习及深度学习的关系

简单地说,人工智能范围最广,涵盖机器学习、深度学习和强化学习。学习能力是人工智能的关键,也可以说,人工智能是目的和结果,机器学习和深度学习是方法和工具。

人工智能是研究、开发用于模拟、延伸和扩展人的智能的理论、方法、技术及应用系统的一门新技术科学。而机器学习是人工智能的一种实现途径或子集,机器学习算法是一类从数据中自动分析获得规律,并利用规律对未知数据进行预测的算法。因为机器学习算法涉及大量的统计学理论,机器学习与推断统计学联系尤为密切,也被称为统计学习理论。深度学习则是一种实现机器学习的技术,是机器学习中一种基于对数据进行表征学习的方法,深度学习的好处是用无监督或半监督学习特征和分层特征提取高效算法来替代手工获取特征。除了深度学习,机器学习中还有非常重要的强化学习,主要应用在时序决策、电子游戏方面。

如图1-4所示,从人工智能研究的历史可以看到一条自然清晰的脉络:从以"推理"为重点到以"知识"为重点,再到以"学习"为重点。机器学习是实现人工智能的一个途径,即以机器学习为手段解决人工智能中的问题。

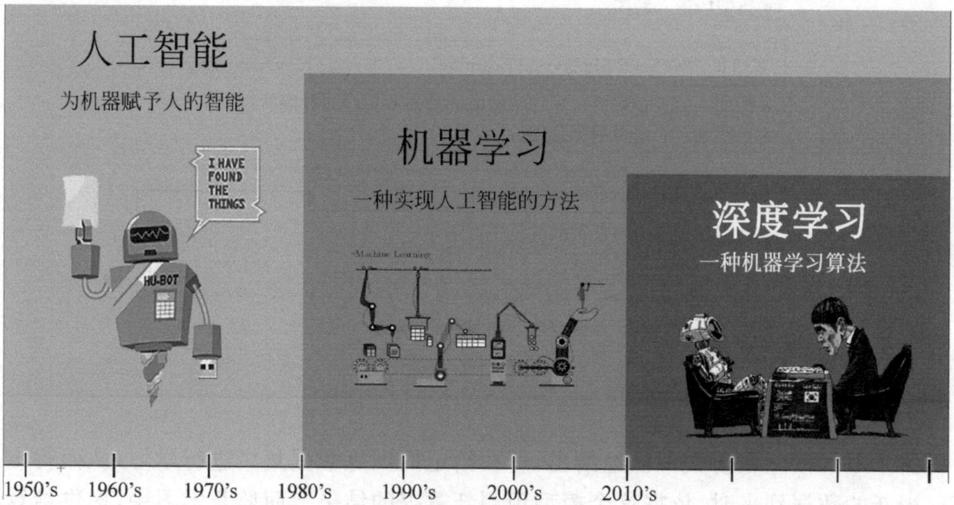

图1-4 人工智能与机器学习及深度学习的关系

对于传统机器学习，在图像、语音等特征极不明显的复杂问题上，需要人为设计有效的特征集合，这些人工设计的特征很多都没有直观的物理意义，而且不同的任务可能需要设计不同的特征，这需要耗费大量的时间和精力，并且人工设计的特征可移植性差，不能适用于所有的问题。在传统机器学习算法中，只要特征选得好，就成功了80%，可见"特征工程"对于传统机器学习算法的重要性。

深度学习的优异之处在于不需要人工方式提取特征，而是自动地提取特征，能有效地从样本数据中学习到数据的本质特征。深度学习的本质是模拟人的视觉系统的分层处理机制，自动实现特征提取，底层捕捉输入的"简单"特征，高层通过组合底层特征从而形成更加复杂和抽象化的高层特征，最后使用这些高度概括的高层特征去表征原始输入，可以实现诸如分类的相关任务。

1.2 机器学习的分类

基于学习形式，机器学习可以分为如图1-5所示的4类：监督学习、非监督学习、半监督学习和强化学习。监督学习的训练数据通常是成套出现的，输入对象被称为特征，输出值被称为标签。监督学习的任务就是分析这些数据，通过训练产生某种推断或者功能。非监督学习主要是试图通过分析一些未添加标签的数据，寻找出这些数据内部存在的一些关系。半监督学习在训练阶段结合了大量未标记的数据和少量标签数据。利用未标记样本来提升模型泛化能力，是研究半监督学习的重点。强化学习是智能系统从环境到行为映射的学习，以使奖励信号(强化信号)函数值最大。下面分别进行详细介绍。

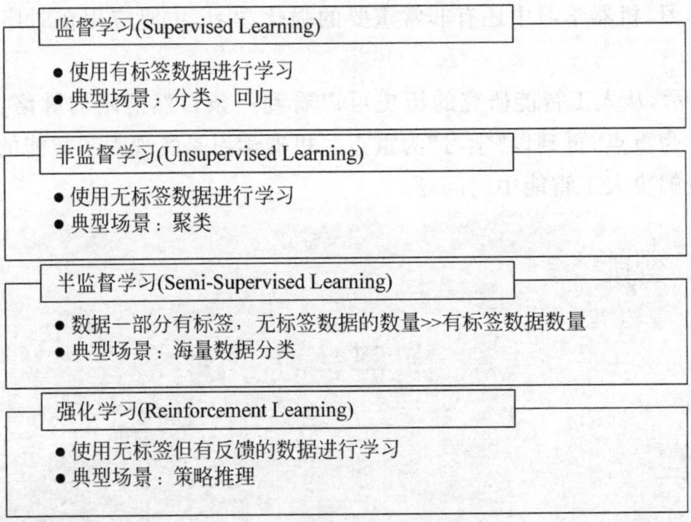

图1-5 机器学习分类

1.2.1 监督学习

机器学习的概念在前文中已经给出，即在给定的训练数据集中进行学习，从而得出一个模型。当新的数据到来时，依据这个模型预测新数据的结果。而监督学习中，提供给算法的训练集中要求既有输入也有输出，输入则称为特征(或矢量)，与输入相对应的输出即称为标签(或监督信号)。当如图 1-6 所示的垃圾邮件过滤系统收到一封新邮件,就可以根据通过训练得到的模型将该邮件分类为正常邮件或垃圾邮件。

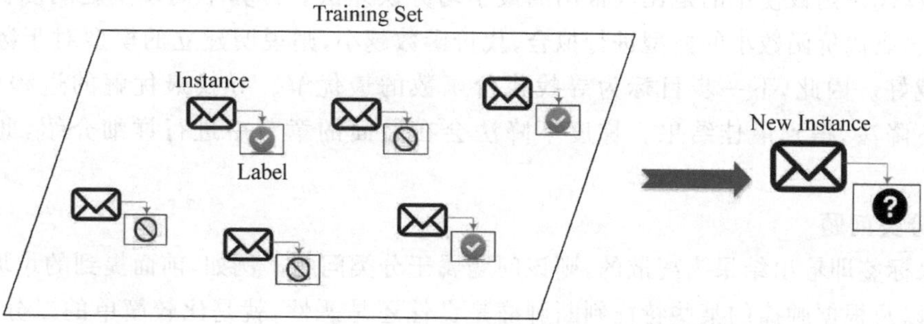

图 1-6 垃圾邮件过滤系统

一般来说,根据预测输出结果是连续的还是离散的,可以将监督学习问题分为回归问题和分类问题两种。下面将从这两个问题角度出发,对监督学习进行介绍。

1. 回归问题

如果预测输出结果为连续的,则该问题为回归问题。例如,通过学习得到的模型对房子售卖价格进行预测,或者预测某人观看视频所需要的时间长度等。对于类似的回归问题,可以通过建立线性回归模型对训练集中已有的数据进行数据拟合,进而得到输入与输出之间的某种依赖关系;当训练完成后,输入新的数据,通过模型快速地输出该组输入数据的预测结果。

线性回归模型又分为单变量线性回归模型与多变量线性回归模型。顾名思义,主要是通过特征(输入)变量的个数来进行区分的。在线性回归模型中,输入数据的形式为$\{x;y\}$,其中,x 为特征变量,y 为结果,即标签。

线性回归模型的形式较为简单,在解决问题时容易建模,但该模型中蕴含着关于机器学习的较为重要的基本思想。对于一些复杂的非线性模型,需要基本的线性回归模型作为基础,引入其他结构(例如高纬度映射、多层级)而得到,因此在解决实际问题中得到了较为广泛的应用。

一般情况下,将已知的数据分为两个数据集,其中数据多的称为训练集(Training Set),用来训练模型;数据较少的则称为测试集(Testing Set),用来测试所训练的模型是否可以很好地拟合该问题。在获得一组已经标注了标签的数据后,通常将其中70%的数据当作训练集,30%的数据作为测试集。

根据训练集中多组特征与目标的关系,建立合适的假设函数$h_{\boldsymbol{\theta}}(\boldsymbol{x})$。通常,给定 n 个属性,其假设函数如下:

$$h_{\boldsymbol{\theta}}(\boldsymbol{x})=\theta_0+\theta_1x_1+\theta_2x_2+\cdots+\theta_nx_n \tag{1-1}$$

其中,$\theta_0,\theta_1,\cdots,\theta_n$ 为假设函数的参数;x_i 为第 i 种属性上特征向量 $\boldsymbol{x}$ 的取值。若设 $x_0=1$,则可以将假设函数用向量形式表达为

$$h_{\boldsymbol{\theta}}(\boldsymbol{x})=\boldsymbol{\theta}^{\mathrm{T}}\boldsymbol{x} \tag{1-2}$$

在实际应用中,可能有很多种基于不同参数的不同假设函数,若要选择出最合适的参数与假设函数拟合该问题,需要引入代价函数(Cost Function)进行计算与选择。

$$J(\boldsymbol{\theta})=\frac{1}{2m}\sum_{i=1}^{m}(h_{\boldsymbol{\theta}}(\boldsymbol{x}^{(i)})-\boldsymbol{y}^{(i)})^2 \tag{1-3}$$

式中，计算代价函数使用的是比较常用的最小均方误差法。计算不同模型之间的代价函数后，尽量选取代价函数小的模型进行拟合，代价函数越小，则说明建立的模型对于数据拟合的效果越好。因此，下一步目标为寻找代价函数的最优解。寻找最优解的过程中，可使用梯度下降法，得到最佳结果。梯度下降法会在后面的章节中进行详细介绍，此处不再赘述。

2. 分类问题

如果标签即输出结果为离散的，则该问题属于分类问题。例如，前面提到的垃圾邮件过滤系统，以及根据肿瘤的某些特征判断肿瘤是良性还是恶性，就是比较简单的二分类问题。这类问题需要使用逻辑回归模型对其进行求解，逻辑回归模型的输出结果可以用 0 或 1 表示。逻辑回归模型主要使用 sigmoid 函数，由于该模型的求解过程与线性回归模型类似，此处不再进行详细介绍。

1.2.2 非监督学习

非监督学习有时也被称为无监督学习。与监督学习不同，非监督学习使用的数据是没有标签的，也就是说，所有的数据都是没有输出结果的，因此系统需要尝试通过学习并且对数据进行一些处理。非监督学习的主要应用场景是聚类(Clustering)和降维(Dimension Reduction)。

1. 聚类

聚类，指通过数据的某些方面的相似性将数据分成多个类别的一种分类方法。数据相似性根据不同的方法进行定义，通常判断数据相似性的方法是计算样本之间的距离。计算样本之间的距离有很多不同的方法，根据不同方法测得的样本距离也会影响最后聚类效果的好坏。常用的距离计算方法有欧氏距离、曼哈顿距离、马氏距离等。

聚类中经常使用的算法有 K 均值(K-Means)算法、均值偏移(Mean Shift)聚类算法、DBSCAN 聚类算法、层次聚类算法、使用高斯混合模型(GMM)的期望最大化(EM)聚类算法 5 种。这 5 种聚类算法中最为常用的算法是 K 均值算法。下面以 K 均值算法为例，简单介绍无监督学习中的聚类计算机系统是怎样学习的。

首先，需要确定将数据分为几组，将组数 K 输入系统中，系统会随机初始化 K 种点作为每个组的中心点。分别计算每个数据点与 K 种中心点之间的距离，并将这个数据点分类为最接近它的那个中心点所在的组。第一次分组完成后，取每组数据的所有向量的均值为新的中心点，再次计算每个数据点与中心点之间的距离，重新进行分组，不断重复这两个步骤，直到中心点不再发生变化为止。K 均值算法的主要优点是速度快；而它的缺点是，采用不同距离计算方法时会产生不同的结果，因此缺乏结果的一致性。

对于其他几种算法不再进行详细介绍，感兴趣的读者可以自行学习。

2. 降维

在保证数据所具有的代表性特性或者分布的情况下，将高维数据转化为低维数据的过程称为降维。在机器学习中，能够实现数据的可视化，或应用于中间过程，起到精简数据、提高其他机器学习算法效率的作用。

通常使用主成分分析(Principal Component Analysis,PCA)算法进行降维。另外,也会使用奇异值分解(SVD)等算法。下面简单介绍主成分分析算法。该算法主要是将高维的线性相关的变量合成为低维的线性无关的变量,通常将转换后的这组线性无关变量称为主成分;同时,根据实际需要,选取若干个能尽可能多地反映原来变量信息的线性无关变量进行分析。这种统计方法称为主成分分析或者主分量分析。该算法通常用于高维数据的情况,主要目的是对高维数据进行探索并实现高维数据可视化,必要时需要对数据进行预处理以及数据压缩等一些简单操作。

1.2.3 半监督学习

在实际应用中,很多数据是没有标签的。如果对所有数据进行人工标记,将耗费大量人力、物力以及财力。大部分情况下,选择少部分数据进行人工标记,与大量未标记数据一起进行半监督学习(Semi-Supervised Learning,SSL)。例如,在做网页推荐时,需要根据用户标记的喜欢的界面来进行网页推荐,然而大部分用户并没有进行标记,对于这种情况,如果将未标记数据抛弃直接使用已标记数据进行监督学习,会导致数据浪费,并且被标记数据较少,缺乏代表性,也会影响机器学习结果,使其刻画总体分布的能力减弱。因此,需要使用半监督学习的方式,可以得出更加优化的结果。半监督学习主要适用于模式识别,常见的半监督学习方式有纯半监督学习与直推学习两种。二者主要的区别在于,纯半监督学习使用所有数据进行模型训练;直推学习将未标记数据作为预测数据用于检测模型。

半监督学习依赖于模型假设,当模型假设正确时,无类标签的样例可以帮助改进学习性能。较为常用的基本假设有3种:平滑假设、聚类假设和流行假设。虽然3种假设侧重点有所不同,但其主要思想都是在样本数据中寻找具有相似性质的数据进行标记。由于流行假设具有普适性,因此在模型假设中使用较多。

1.2.4 强化学习

强化学习(Reinforcement Learning)是指机器以"试错"的方式进行学习,通过与环境进行交互获得的奖励指导行为,强化学习的目标是从环境中获得最大的奖励。换句话说,就是机器并不知道怎么做是正确的,只能通过环境给出的奖励或者惩罚才知道什么样的行为是正确的,通过得到的环境反馈不断地学习,达到强化学习的目的。强化学习与其他机器学习方式的主要区别是,环境并不告诉强化学习系统应该怎样去学习,只反馈给系统学习结果的一种评价。系统做出了不同的两个动作,环境为其中一个动作评价了笑脸,为另一个动作评价了难过的表情,那么系统就知道得到笑脸的动作的是好的,而另一个动作是不好的,经过不断训练,就会得到预期的训练结果。一般情况下,通过这种训练后的系统相比使用其他学习方式的系统,思维能力较强,可以更加出色地完成其他任务。在后续章节中会详细介绍强化学习的算法、决策以及相关的应用举例等,此处不再赘述。

1.2.5 其他分类方式

以上是基于学习形式对机器学习进行的分类。另外,也可以按如下几种分类方法进行分类。

1. 基于学习策略的分类

学习策略指机器学习过程中系统所采用的推理策略。一个学习系统主要由环境和学习两部分组成。环境负责向系统提供信息，例如书本上的文字或者教师传授的内容；学习则是将环境提供的信息转换成自身系统可以理解的内容并记忆，从中获取一些有价值的信息。可以假设一个场景：在整个学习过程中，如果学生不用自己的思维对老师讲授的内容进行理解记忆并将其转化为自己可以掌握的知识，那么他在运用知识时便会对老师有很大的依赖性。类似地，对于机器学习系统，如果学习部分使用的推理较少，那么系统则会较多地依赖环境提供的信息。基于学习策略的分类标准是，系统学习过程中需要使用的推理思维的多少和难易程度，从简单到复杂，依次可以分为如下6种基本类型。

(1) 机械学习(Rote Learning)

机械学习是由美国著名心理学家奥苏伯尔提出的，机械学习是最简单的机器学习过程。它是一种单纯依靠系统记忆学习材料，无须系统对学习材料进行任何理解和推论的学习方法，系统将所需要的学习材料进行简单的记忆存储，在需要时进行检索调用即可。

机械学习的成因主要分为以下两种类型：一是环境提供的信息本身没有逻辑意义，例如电话号码、地址、历史年代等信息；二是在学习新的信息内容之前，系统中并不具备一些可以与新信息相联系的旧知识。典型的机械学习系统有纽厄尔和西蒙的LT系统。

(2) 示教学习(Learning from Instruction/Learning by Being Told)

示教学习具体指，系统从环境中获取信息，并且把所获取的知识转化为自身可以理解和使用的形式，与系统原有的旧知识有机结合成一体并存储起来。因此，需要系统具有一定的推理和理解能力，但仍然需要环境将知识信息输入系统中，需要环境进行大量的工作。这种学习方式比较适合在建立知识库时使用，最常见的示教学习的例子是FOO程序。

(3) 演绎学习(Learning by Deduction)

系统从外界环境接收到的信息为一般规律、公理或定理等，通过演绎学习，可以得到特殊情况下的一些特定的结论，即"从一般到特殊"的过程。系统在演绎推理的过程中可以获取对自身有用的知识。例如，系统中已经存在如何分辨猫和狗的一系列知识和相关规则，在系统中输入某张猫或狗的照片，系统则可以根据内部已有的知识推理出照片中的动物是猫还是狗，这样的过程即演绎学习。

(4) 类比学习(Learning by Analogy)

类比学习主要是指将两个或者两类情形或事物进行相互比较，寻找出它们在某一方面所具有的相似性或相似关系，并将这种关系作为相关依据存储在系统中，当系统再次从环境获取关于某一事物的一些知识和特性后，对其加以整理或进行相应变换，对应到另一事物或情况，从而可以得到另一事物或情形的相关知识。类比学习系统可以将一个已有的计算机应用系统转变为可以适用于新的领域的系统，从而可以完成原先设计中未涉及的类似的功能。

(5) 基于解释的学习(Explanation-Based Learning)

环境向系统输入一个概念和一个与该概念相关的先例，系统可以通过先例得出为什么概念适用于这个先例的结论，并且将这个解释推广，变成满足可操作准则的充分条件，这样系统就可以在训练的过程中使用这个概念描述。典型的基于解释的学习的例子有迪乔恩的GENESIS。

(6) 归纳学习(Learning from Induction)

归纳学习与演绎学习有所不同。如果说演绎学习是“从一般到特殊”,那么归纳学习可以认为“从特殊到一般”。也就是说,归纳学习的主要过程是从一些实例中总结出事物或情形的一般规律的过程。同样用猫和狗的例子来说明,向系统输入一群猫和狗的信息,系统会总结出猫和狗的一般特征以及如何区分猫与狗,在之后的训练中,系统就可以学会对猫和狗进行区分辨认。归纳学习所需要的推理工作量要远远大于前面 5 种学习方式,因为没有一个确定的概念输入系统,系统只能通过自身学习来得到一套适应外界环境信息的行为准则或概念。目前,归纳学习是最基本的,也是发展最为成熟的学习方法,在机器学习的领域中已经获得了广泛的应用。

2. 基于所获取知识的表现形式分类

学习系统可以获得的知识主要分为以下几类:对于某一问题的求解策略、行为规则;对某些物理对象的描述;一些其他分类以及用于实现任务的知识类型。因此,基于所获知识的表现形式,主要可以分为以下几类。

(1) 代数表达式参数

系统学习的目的是得到一个理想的函数形式的代数表达式,进而表现系统所需要的理想性能。

(2) 决策树

决策树是指,在已知各种情况发生概率的基础上,通过画决策树,求得期望大于零的概率,进而评价项目风险程度并判断其可行性的方法,是一种较为直观的图解法。在机器学习中,决策树是一个预测模型,它表示对象属性和对象值之间的映射关系。在决策树的结构中,每一个结构内部的节点表示属性上的测试,每条分支代表测试的输出,每一个叶节点可以代表一种类别。

(3) 形式文法

在机器学习中,可能会学习到不同的语言。在某一种特定的语言中,系统将所学到的一些知识或者表达方式进行总结归纳,进而形成的一套与本语言相关的规则就是形式文法。

(4) 产生式规则

产生式最早由美国数学家 E. POST 提出。产生式的基本结构主要包括两部分:前提部分与结论部分。前提部分(IF)主要负责描述某种状态,即条件;结论部分(THEN)则负责描述在该状态存在的条件下系统所做出的响应或动作。

在产生式系统中,结论域主要分为两部分:一为事实类,主要用来表示一些静态的知识,例如事物和事件之间的关系;二为产生式规则,主要用于表现推理和结论行为之间的过程。目前,在机器学习中,产生式规则主要表现为条件动作对,已经得到了较为广泛的应用。

(5) 形式逻辑表达式

形式逻辑也称为普通逻辑,是人们研究思维形式以及其规律性的科学。形式逻辑表达式的基本成分是命题、谓词、变量、约束变量范围的语句,以及嵌入的逻辑表达式。

(6) 图和网络

在某些机器学习的系统中,简单的文字描述并不能准确地表达系统学习的结果。因此,需要采用图和网络的表达方式来进行有效的索引和比较,具体的模式有图匹配和图转换方案。

(7) 框架和模式

在每一组机器学习的框架和模式中都包含一组槽(slot),用来表现事物的各个方面,例如事物的概念、个体等。

(8) 计算机程序和其他过程编码

机器学习除了需要对环境中的信息进行分析之外,有时所获取知识的表现形式为计算机程序和其他过程编码,这类表现形式主要是为了获得某种可以实现在特定环境下的特定能力,而不需要推断系统内部的某种关系或者结构。

(9) 神经网络

神经网络主要用于联接学习中,将所获取的知识归纳为一个神经网络。

(10) 多种表现形式的组合

有时一个系统所获取的知识需要综合上面几种知识表现形式。根据知识表现形式的精细程度可以将其大致分为两种:泛化程度较高的粗粒度符号表示类,例如决策树、产生式规则、框架和模式等;泛化程度较低的精粒度亚符号表示类,例如神经网络、代数表达式参数、图和网络等都属于亚符号表示类。

3. 基于应用领域分类

机器学习最主要的应用可以分为以下几类:问题规划和求解、数据挖掘、图像识别、专家系统、故障诊断、自然语言理解、智能机器人以及博弈等。

4. 综合分类

综合分类机器学习主要考虑各种学习方法出现的历史渊源、知识表示、研究人员交流的相对集中性以及应用领域、推理策略等诸多相关因素,将机器学习分为以下6种类型。

1) 经验性归纳学习

经验性归纳学习(Empirical Inductive Learning)主要是指采用一些数据较为密集的经验方法,对环境中给出的例子做出归纳学习。这类机器学习中的例子与学习结果一般采用谓词、关系、属性等符号来表示。它在某种程度上相当于前文介绍过的基于学习策略分类中的归纳学习,但不包括关于联接学习、加强学习以及遗传算法的部分。

2) 分析学习

分析学习(Analytic Learning),从一个例子或几个例子出发,运用系统已有的知识进行分析得出学习结果,其主要特征如下:

该类学习方法采用的推理策略主要为演绎推理,而不是上文提到的归纳学习;根据已有问题的求解经验指导并得到新问题的解决方案,或者得到可以更加有效地利用领域知识的搜索控制规则;分析学习的主要目的是对学习系统进行性能优化,而不是对系统产生新的概念描述。

分析学习主要包括演绎学习、应用解释学习、多级结构组块以及宏操作学习等多种技术。

3) 遗传算法

遗传算法(Genetic Algorithm)是模拟达尔文生物进化论的自然选择定律和遗传学机制的生物进化过程的一种计算机模型,该模型通过模拟自然选择的生物进化过程可以较为快速地搜索最优解。同神经网络一样,遗传算法的研究已经发展为人工智能的一个独立分支。

4）联接学习

联接学习目前较为典型的应用是人工神经网络，主要应用于类似于神经元的简单计算单元以及单元之间的联接。

5）增强学习

增强学习的主要特点是，通过与外界的试探与交互确定和优化所做出的选择。最初系统不具有任何知识，也不知道自己需要完成怎样的目标，需要根据外界对其动作做出的对应评价来判断自己的动作是否正确，不断试错，最后找到规律，达到目的。

1.3 深度学习的分类及发展趋势

深度学习（Deep Learning）是一种拥有多级别表示的特征学习方法，它将原始数据通过一些简单非线性模型转换成更高层次更加抽象的表达。通过足够多的这样表示的组合，复杂函数也可以被学习。深度学习的关键在于，特征层不是被人工设计的，而是通过通用的学习步骤从数据中学习到的。

深度学习在人工智能方面取得了重要进展，解决了人工智能多年没有解决的问题。它在高维数据的复杂结构分析上表现良好，应用在科学、商业和政府领域。除了在图像识别、语音识别等领域打破了纪录，它还在另外的领域击败了其他机器学习技术，包括预测潜在的药物分子的活性、分析粒子加速器数据、重建大脑回路、预测非编码 DNA 突变对基因表达和疾病的影响。深度学习在自然语言理解的各项任务中也产生了非常可喜的成果，特别是主题分类、情感分析、自动问答和语言翻译。深度学习在未来将会有更多的成功应用，它可以充分利用逐渐增长的计算能力和数据。由于深度神经网络的发展而出现的新的学习算法和结构将会加速这个时代的进步。

1.3.1 深度神经网络

受生物神经系统启发，人工神经网络（Artificial Neural Network，ANN）由大量的处理单元（神经元）互相连接，形成一种模仿大脑神经网络的复杂网络结构，能对人脑组织结构和运行机制进行数学抽象、简化和模拟。每个神经元都能够对它的输入和权重进行点积，加上偏差，最后经过激活函数输出。将神经元相互连接组织起来，不同层神经元之间采用全连接方式就形成了人工神经网络。当隐藏层的数目（网络的深度）非常大时，就形成了深层神经网络（Deep Neural Network，DNN）。增加网络的深度能够减小每层需拟合的特征数，用较少的参数表示复杂的函数，能提取高层特征信息，因此深层神经网络获得了更广泛的应用。

DNN 通过学习一种深层非线性网络结构，实现复杂函数的逼近，得到输入数据的分布式表示。如图 1-7 所示，神经元之间是以无环图形式进行连接的，上层输出是下层神经元的输入的表示，输入值从输入层神经元通过加权连接逐层前向传播，经过隐藏层，最后到达输出层得到输出；输出层计算损失函数来衡量网络实际输出与期望输出之间的差异；将损失函数由输出端开始逐层向前传播，计算损失函数关于中间变量的梯度，利用链式法则求出所有参数的梯度值，网络根据求得的梯度对参数进行调整，直到损失函数达到最小。

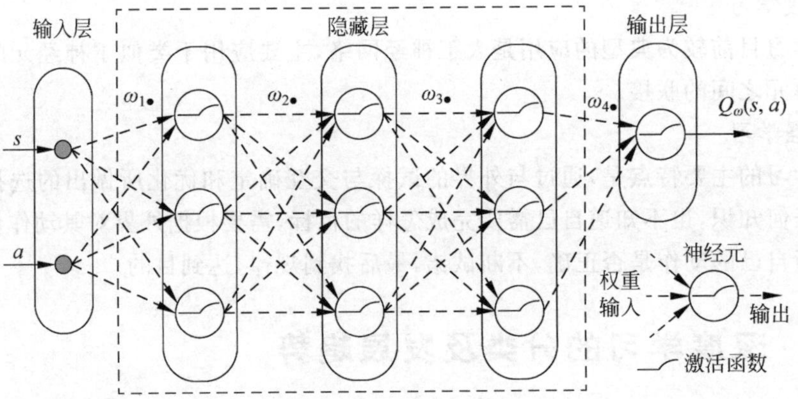

图 1-7 深层神经网络模型

1.3.2 卷积神经网络

卷积神经网络(Convolutional Neural Network,CNN)是第一个真正成功训练多层网络结构的学习算法。它利用局部连接、权重共享和下采样等方式极大地降低了模型的参数数量,以提高一般反向传播网络的训练性能。CNN 由卷积层(Convolutional Layer)、池化层(Pooling Layer)以及全连接层(Fully-Connected Layer)组成,用于处理多维数组数据,例如,由三个分别包含三颜色通道 RGB 的二维阵列组成的彩色图像数据。卷积神经网络的特点是权值共享、局部连接、池化和多网络层的使用。在 CNN 中,图像的小部分(局部感受区域)作为层级结构的最底层的输入,神经元只与上一层中部分神经元相连,并且不同的神经元共享权值,每层通过不同的卷积核获得观测数据的不同特征,然后通过下采样(池化)将语义上相似的特征进行合并,降低特征图的空间分辨率。CNN 能够提取对平移、缩放和旋转不变的观测数据的显著特征,在图像处理、语音处理等领域得到了广泛而深入的应用。

根据所属颜色通道的不同,将输入图像分离成不同的特征图。卷积层的神经元形成特征图,通过卷积核(由一组权值组成)连接到上一层特征图的神经元,得到加权和并经过一个非线性函数(激活函数)。值得注意的是,同一层的特征图共享相同的权重,不同层的特征图使用不同的卷积核,卷积核滑动整个特征图后得到下一层的特征图。使用这种结构的原因是,在数组数据(例如图像数据)中,一个像素和其附近的值通常是高度相关的,形成容易被探测到的有区分性的局部特征;另外,在一个位置出现的某个特征也可能出现在其他位置,所以通过共享权值,不同位置的单元可被探测到相同的特征。在数学上,这种由一个特征图执行的过滤操作是一个离线的卷积,卷积神经网络的名称也来源于此。

卷积层的作用是探测上一层特征的局部连接,池化层是在语义上将相似特征融合起来。因为形成一个主题的特征的相对位置不同,通过将每个特征位置粗粒化可以可靠地检测主题。一个典型的池化单元在一张特征图(或几张特征图)中计算局部块的最大值。邻近的池化单元通过移动至少一行或一列从局部块提取数据,从而可以减少图像表达的维度,同时对数据保持了平移不变性。卷积神经网络正是通过两三个阶段的卷积、非线性变换和池化操作的连接,以及更多卷积和全连接层,使用反向传播算法对所有卷积核中的权值进行训练。

深度神经网络使用了许多自然信号的层级组合特性,高级特征由低级特征组合而成。

在图像中，局部边缘的组合形成基本图案，图案形成物体的局部，局部形成整体。这种层级结构也存在于语音数据以及文本数据中，例如电话中的声音、音素、音节，以及文档中的单词和句子。当输入数据在前一层中的位置变化时，池化操作使这些特征表示对这些变化具有健壮性。

卷积神经网络中的卷积和池化层的出现受到了视觉神经科学中简单细胞和复杂细胞的启发。卷积神经网络有神经认知的根源，它们的结构相似，但是神经认知中没有端到端的监督学习算法，例如反向传播。比较原始的一维卷积神经网络称为时延神经网络，用于识别语音和简单的单词。卷积神经网络在20世纪90年代出现了大量应用，时延神经网络开始用于识别语音和阅读文档。文档阅读系统使用了训练好的卷积神经网络和可以实现语言方面约束的概率模型。20世纪90年代末期，该系统可以识别美国超过10%的支票。在20世纪90年代早期，卷积神经网络也被用于自然图像中的目标识别，包括人手和人脸识别。

进入21世纪后，卷积神经网络成功应用在检测、分割和目标识别等图像领域的各个方面。这些应用都使用了大量带标签的数据，例如交通信号识别、生物图像分割、面部检测以及文本探测等。值得一提的是，由于可以在像素级别上对图像打标签，卷积神经网络在自动驾驶等技术取得了成功应用。例如，Mobileye和NVIDIA公司正在把基于卷积神经网络的方法用于汽车的视觉系统中。

卷积神经网络在2012年ImageNet竞赛之后才被主流计算机视觉和机器学习团队重视。ImageNet的数据集包括1000个类的上百万张网络图片，卷积神经网络在此数据集上取得了显著的成果，与当时最好的传统机器学习方法相比，可降低一半错误率。卷积神经网络的成功也离不开GPU、ReLU和新的Dropout正则化方法，并且采用了通过分解现有的训练样例来产生更多的训练样例的技术，由此带来了计算机视觉的革命；卷积神经网络目前几乎应用于所有识别和检测任务中，并且在某些任务中接近人类表现。

目前，卷积神经网络结构采用10～20层包含ReLU的激活函数、上百万个权值和上亿个单元的连接。两年前，训练如此大的网络需要几周的时间，如今由于硬件、软件和算法的进步，训练时间压缩到几个小时。基于卷积神经网络的视觉系统的表现引起了许多大型公司的注意，其中包括Google、Facebook、微软、IBM和雅虎、Twitter和Adobe，一些快速增长的创业公司也开始启动研究和开发项目并部署基于卷积神经网络的图像理解产品和服务。由于卷积神经网络的性能依赖于芯片或现场可编程门阵列硬件，NVIDIA、Mobileye、英特尔、高通和三星等多家公司正在开发卷积神经网络芯片，以实现智能手机、相机、机器人和自动驾驶汽车的实时视觉应用。

1.3.3 其他深度神经网络

对于涉及序列输入的任务，例如语音和语言，循环神经网络(Recurrent Neural Network, RNN)表现出了更好的性能，它能够对序列数据进行建模。每一个时刻，循环神经网络处理输入序列中的一个元素，同时保存这个序列过去时刻元素的历史信息，作为网络隐式单元中的“状态向量”。考虑不同时刻隐式单元的输出时，类似深层网络中不同神经元的输出，需要利用反向传播训练循环神经网络。循环神经网络一旦展开，可以被视作所有层共享相同权值的深度前馈神经网络。尽管循环神经网络的主要目的是学习长期依赖，理论和实践证明它很难存储长期信息。同时，虽然循环神经网络是非常强大的动态系统，但是由于梯度爆炸和梯度消失问题，训练它们仍然存在问题。

为了解决这个问题，一个办法是增加网络存储。采用特殊隐式单元以长期保存输入的长短期记忆(Long Short-Term Memory，LSTM)网络被首先提出。一个特殊的单元称为记忆细胞(Memory Cell)，作用类似于累加器和门控单元，它在下一时刻有一个权值并与自身连接，复制自身真实状态并累加到外部信号，但是它的自身连接由另一个学习决定如何清除记忆内容的单元乘法门控制。LSTM 网络被证实比传统的 RNN 更有效，特别是当每个时刻有若干层时，对语音识别系统可以完全一致地把声音转换为字符序列。LSTM 网络和相应的门控单元被应用在编解码网络中，并且在机器翻译中表现良好。

由于网络架构和训练方法的先进性，RNN 在预测文本中下一个字符和序列中下一个单词方面表现良好，但是它们可以胜任更多的复杂任务。例如，在情感分析中，分析一句话所蕴含的情感含义并进行评价；在机器翻译中，将法语句子翻译成英语句子；在图片标题生成中，将图片内容翻译成英语序列。

上述所有深度神经网络均属于监督学习，无监督学习的代表是生成式对抗网络。生成式模型的目的是从训练数据的相同分布中产生新的样本，使生成样本分布尽可能相似于训练数据的分布。生成式模型用于估计数据的内在分布(密度函数)，通过最大化训练数据似然估计模型参数从而直接对数据进行建模。生成式对抗网络采用博弈论的方法，生成器网络用于生成样本，判决器网络用于判决样本是否属于生成样本或真实训练样本，基于两个玩家的博弈，模型学会从训练分布中生成数据。

生成式对抗网络有着广泛的应用前景，例如提高图像分辨率、按文本生成图像、图像到图像的翻译(将一种类型的图像转换为另一种类型的图像)、将草图具象化、根据卫星图生成地图、人脸图像生成以及视频自动生成(如基于过去的帧生成未来的帧以捕捉运动信息)等。同时，生成式对抗网络还可以应用于强化学习和迁移学习等领域，不同领域的结合会极大促进人工智能的发展。

1.3.4 深度学习的发展趋势

深度学习的发展与数据、硬件和算法有着密切的关系。根据思科公司的统计，2015 年全球互联网每天产生的流量是 1992 年的 1750 万倍。当前全球 90%的数据是过去两年产生的。如果没有数据，就无法训练包含数百万个连接和数千个节点的深度神经网络。使用深度神经网络进行人脸识别和语音识别需要大量数据进行准确度测试。这也是人工智能在大数据时代蓬勃发展的原因。使用传统的 CPU 对神经网络进行训练需要花费几周的时间，而使用 GPU(Graphics Processing Unit)训练相同的神经网络只需要几天或者几小时。先进算法的出现加速了深度学习的发展，使得深度学习效率越来越高。2012 年到 2015 年，ImageNet 大规模视觉识别挑战赛图像分类项目中的冠军或亚军均是深度神经网络模型，模型的不断创新和改进使这一项目的识别错误率从 15.3%减少至 3.7%。

深度学习在未来仍然具有极大的发展空间。虽然目前纯粹的监督学习的成功表现盖过了无监督学习，但是无监督学习对于重燃深度学习的浪潮有着促进作用。无监督学习在人类和动物学习中有着重要的作用，人类是通过观察而不是被告知来发现世界的，因此无监督学习将会在未来大放异彩。机器视觉方面，由于端到端的训练和将 CNN 与 RNN 结合并且使用强化学习等技术，未来将会有更大的发展。结合深度学习和强化学习的深度强化学习在分类任务中的表现超过了被动视觉系统，并在操作不同的视频游戏中产生令人印象深刻的结果。自然语言理解是深度学习在未来几年有巨大影响的另一个领域。当神经网络学习选择性加入某一时刻的部分策略后，利用 RNN 可以更好地理解句子或整个文本。建立深度学习模型的一个巨大的挑战是数据集，生成式对抗网络可以从少量数据中生成大量数据，从而为深度学习模型提供更多的数据。模型压缩技术可以使得大规模的深度学习模型可以部署在移动设备上并进行推理以优化用户体验，同时可充分利用移动设备的计算能力。

1.4 深度学习与强化学习的结合

强化学习是机器学习大家族中的一个大类。为了获得人类级别解决复杂问题的通用智能，很多最新的技术方案开始将深度学习的感知能力和强化学习的决策能力相结合，特别是 2017 年 AlphaGo Zero 的横空出世，将深度强化学习推到了新的热点和高度，成为人工智能历史上一个新的里程碑。深度强化学习一方面可以利用强化学习的试错算法和累积奖励函数来加速神经网络设计，另一方面可以利用深度学习的高维数据处理和快速特征提取能力来解决强化学习中的值函数逼近问题，能够进行“从零开始”“无师自通”的学习模式，是一种更接近人类思维方式的人工智能方法。

1.4.1 强化学习

使用强化学习能够帮助机器学习如何在环境中获得高分，表现出优秀的成绩，而这些成绩背后却是它所付出的辛苦劳动，不断地试错，不断地尝试，累积经验，学习经验。强化学习是一类从无到有的算法，是让计算机实现从一开始什么都不懂，通过不断地尝试，最后找到规律并达到目的的方法，这也是一个完整的强化学习过程。

以图 1-8 所示的机器人取苹果的场景为例，可以简单说明强化学习的优势。如果用传统编程方法实现，如图 1-8(a)所示，可以设置机器人向右走 8 步，再向上走 5 步。如果场景稍有变化(例如机器人的位置变化了)，就需要重新设计移动步骤并配置机器人，这种传统编程方法显然只适合解决固定场景的问题。如何用强化学习方法让机器人取苹果呢？如图 1-8(b)所示，机器人可以尝试不同的移动策略，例如向右走 1 步，执行动作之后观察环境的反馈(离苹果的距离)，如果距离变小了，下次在这个位置就可以向右走 1 步；如果距离变大了，下次在这个位置就不执行这个策略，而是进行其他尝试(例如向上走 1 步)，这种试错(Trial-And-Error)的方法就是强化学习的基本特性，其数学本质是梯度下降，这种方法

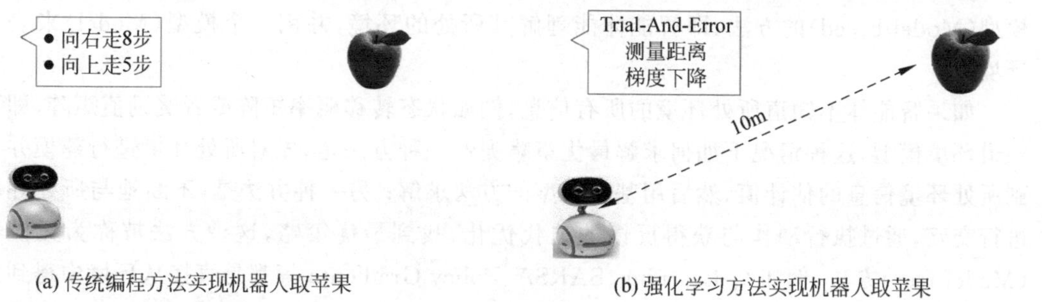

图 1-8 机器人取苹果

的适用性比较广，即使场景发生变化（例如换了一个房间），也不需要重新写程序，不需要重新配置机器人，只需要让机器人在新的场景训练几次，就能学习到新场景下的最优策略。

从解决问题的角度看，监督学习解决的是智能体感知的问题，而强化学习解决的则是序贯决策的问题。监督学习需要感知输入是什么样，只有当智能体感知到输入是什么样时，才可以对其分类，大量差异化的输入以及与输入相关的标签是智能体感知必不可少的前提条件。因此，监督学习解决问题的方法是让智能体根据输入中大量带有标签的数据，对这些数据进行学习，从而得到抽象的特征来进行分类。

与监督学习不同，强化学习不关心输入是什么样，只关心当前输入下应该采取什么样的动作，进而实现最终的目标。强化学习问题包括学习做什么，然后将情境映射到行为，从而最大化数值奖励信号。强化学习解决的是序贯决策问题，通过采取一系列动作并不断改进最终达到最优。要使整个序列达到最优需要智能体与环境不断交互，如图 1-9 所示，这是一个智能体和环境不断交互、不断试错的过程。强化学习是观察、奖励、行动措施的时间序列。时间序列代表智能体的经验，就是用于强化学习的数据。强化学习聚焦于数据来源（即数据流，也就是图中的观测信息）、动作和回报。

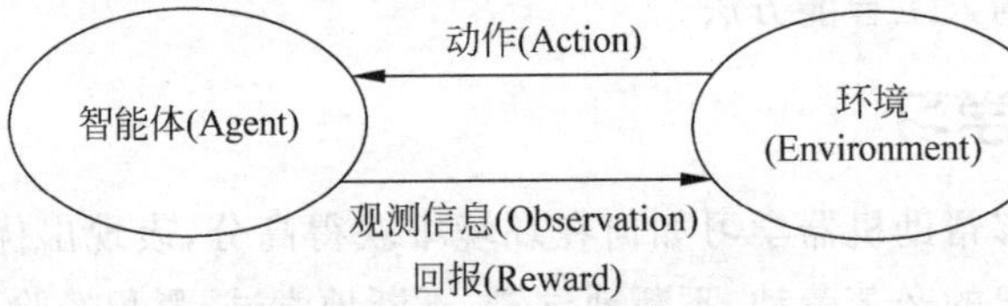

图 1-9　强化学习基本框架

事实上，强化学习与监督学习的共同点是二者都需要大量的数据进行训练，但是它们需要的数据类型不同。监督学习需要的是多样化的标签数据，强化学习需要的是带有回报的交互数据，这也是强化学习的优势。

1.4.2　强化学习算法分类

强化学习算法种类繁多，一般通过以下几种方式进行分类。

(1) 根据是否具备环境信息，可以分为基于模型的方法和无模型方法。

如果智能体（Agent）具备所处环境信息的所有取值，例如所有的状态信息、状态转移概率矩阵、奖励值矩阵等，则可以用动态规划等传统算法求解最优策略，这种方法被称为基于模型（Model-based）的方法，即智能体能理解其所处的环境，并用一个模型（Model）来表示环境。

如果智能体不知道所处环境的所有信息，例如状态转移概率矩阵或者奖励值矩阵，即不知道环境模型，这种情况下如何求解最优策略呢？一种方法是，先对所处环境进行建模并得到所处环境信息的估计值，然后用基于模型的方法求解；另一种方法是，不断地与所处环境进行交互，通过执行动作与获得反馈的迭代优化，找到最优策略，这种方法被称为无模型（Model-free）方法，例如 Q-Learning、SARSA、Policy Gradients 等都是直接从环境中得到反馈然后学习最优策略。

(2) 根据策略的更新方法,可以分为基于价值的算法和基于策略的算法。

基于价值(Value-based)的强化学习算法中,智能体先学习值函数(动作值函数或者状态值函数),再根据值函数的大小选择动作。一般来说,基于价值的算法包括策略评估和策略改善两个步骤,当值函数最优时,策略也就是最优的,即在状态 S 下,选择对应最大 Q 值的动作,是一个状态空间向动作空间的映射,这种映射对应的是最优策略。例如,经典的 Q-Learning、SARSA、DQN 等都属于基于价值的强化学习算法。

基于策略(Policy-based)的强化学习算法借鉴了将值函数参数化的思路,可以用线性或非线性函数直接给出参数化策略(Parameterized Policy),根据具体问题定义累积回报最大的目标函数,然后沿着梯度上升的方向对所有参数进行迭代优化,找到使目标函数最大的参数集就得到了最优策略。例如,蒙特卡罗策略梯度(Monte-Carlo Policy Gradient)就属于基于策略的强化学习算法。这种算法更适用于解决具有连续动作值空间的问题,能给出随机性策略,输出下一步要采取的各种动作的概率,然后根据概率采取行动。在随机性策略下,每种动作都有可能被选中,只是被选择的概率不同,例如高斯策略、softmax 策略。

(3) 根据迭代更新的方式,可以分为回合更新方法和单步更新方法。

回合更新方法中,值函数(动作值函数或者状态值函数)要等待整个序列事件全部结束后再更新,即等到一个回合结束再总结这一回合中的所有动作的值函数,并更新策略函数。例如蒙特卡罗强化学习算法。

单步更新方法中,在序列事件进行中的每一步都要更新值函数(动作值函数或者状态值函数),不用等待一个回合的结束,这样能一边给出动作一边更新策略函数。因为单步更新方法效率更高,所以现在大多方法都是基于单步更新的方式,例如 Q-Learning、SARSA、TD-Learning 等。

(4) 在线策略方法和离线策略方法。

在线策略(On-Policy)方法指学习者必须在场,并且必须是学习者同时经历和学习。最典型的方法是 SARSA,还有一种优化 SARSA 的算法即 SARSA(λ)。

离线策略(Off-Policy)方法指学习者可以选择自己经历,也可以选择看着他人经历,然后通过他人经历来学习行为准则。离线的含义是,不一定非得是自己的经历,其他任何人的经历都可以用来学习;也不必同时经历和学习,可以白天存储记忆,然后晚上通过离线策略来学习白天的记忆。典型的离线策略方法包括 Q-Learning 和 Deep Q-Network。

1.4.3　深度强化学习

深度学习和强化学习的结合是人工智能领域的一个必然的发展趋势。深度强化学习(Deep Reinforcement Learning,DRL)以一种通用的形式将深度学习的感知能力与强化学习的决策能力相结合,并能够通过端对端的学习方式实现从原始输入到输出的直接控制。传统的强化学习适合动作空间和样本空间都很小且一般是离散的情境,比较复杂的、更加接近实际情况的任务则往往有着很大的状态空间和连续的动作空间。当输入数据为图像、声音时,往往具有很高的维度,传统的强化学习很难处理。深度强化学习一方面可以利用强化学习的试错算法和累积奖励函数来加速神经网络设计,另一方面可以利用深度学习的高维数据处理和快速特征提取能力来解决强化学习中的值函数逼近问题,能够进行“从零开始”“无师自通”的学习模式,是一种更接近人类思维方式的人工智能方法。

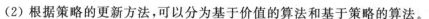

如图 1-10 所示，深度强化学习方法主要包括基于值函数的深度强化学习方法、基于策略梯度的深度强化学习方法和基于搜索与监督的深度强化学习方法。从图中可以看出，深度强化学习领域的一些前沿研究方向主要包括分层深度强化学习、多任务迁移深度强化学习、多智能体深度强化学习和基于记忆与推理的深度强化学习等。

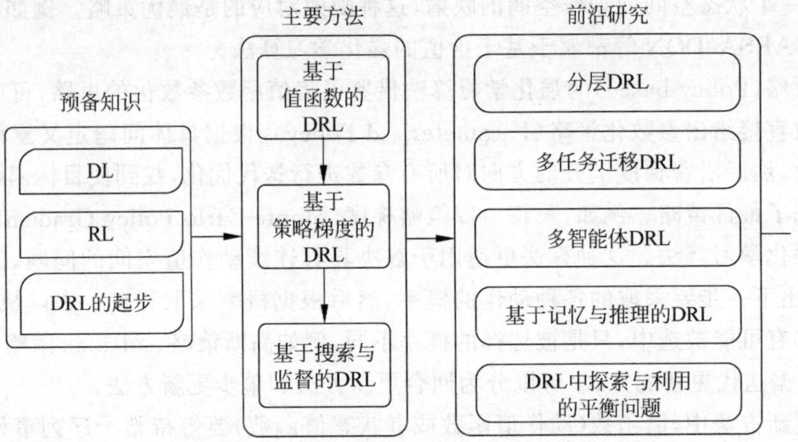

图 1-10　深度强化学习主要方法及研究前沿

在传统深度强化学习中，每个训练完成的智能体只解决单一任务。然而，在一些复杂的现实场景中，需要智能体能够同时处理多个任务。此时，多任务学习和迁移学习就显得非常重要。多任务迁移深度强化学习指给定多个学习任务，这些任务是相关的但并不完全相同(例如人脸识别、表情识别和年龄预测)，通过同时学习多个相关的任务，得到共享模型并能够直接应用到将来的某个相关联的任务上，提高学习效率。

深度学习和强化学习都属于集中式的单点学习方式，需要单个智能体收集所有数据或者环境信息来求解，只要智能体能够进行充分的实验获得足够的经验数据，并且其运作的环境是马尔可夫的，就能保证最优策略的收敛。但是，当多个智能体在共享环境中应用强化学习时，智能体的最优策略不仅取决于环境和自身的动作，还取决于其他智能体的策略。在这样的系统中，智能体必须通过与其他学习者协调或通过与他们竞争来寻找问题的良好解决方案。

本章小结

本章首先介绍了人工智能从专家系统到机器学习、深度学习以及目前的深度强化学习的发展历程，然后阐述了机器学习的各种分类方式、深度学习的各种模型及其发展趋势，最后介绍了深度强化学习的概念和各种结合算法。

第 2 章 神经网络与深度学习

CHAPTER 2

自 2016 年 AlphaGo 与围棋世界冠军李世石对弈一战成名，人工智能和深度学习等概念逐渐被公众所熟知，引起了广泛的关注。那么到底什么是深度学习？深度学习与传统的神经网络算法又有什么联系？深度学习到底是新生产物还是由来已久？本章将探索深度学习的前世今生，帮助读者快速了解深度学习的基本概念。首先，2.1 节简要介绍深度学习，突出深度学习与传统机器学习算法相比的优势，并梳理深度学习的发展历程。2.2 节以一个具体的任务——图像分类问题，引出“数据驱动方法”的思想，介绍两种简单的解决方案：K 近邻(K-Nearest Neighbor，KNN)分类器和线性分类器。2.3 节介绍常用的损失函数。由于神经网络中多采用基于梯度下降的迭代优化策略，因此 2.4 节介绍反向传播算法，用以快速求取所需的梯度信息。2.5 节从结构和分类两方面简单介绍神经网络。2.6 节给出常用的激活函数，并根据其优缺点进行比较。

2.1 深度学习简介

本节首先分析对比传统机器学习算法与深度学习算法，然后对深度学习发展历程进行回顾。

2.1.1 传统机器学习算法与深度学习算法对比

机器学习目前被广泛接受的定义为“计算机程序可以在给定某种类别的任务 T 和性能度量 P 下学习经验 E，如果其在任务 T 中的性能恰好可以用 P 度量，那么性能 P 随着经验 E 而提高”。例如，在零件合格检测问题中，“计算机程序”指为解决任务而设计的机器学习算法，例如逻辑回归算法；“任务 T”是对于任意给定的一个零件判断其是否合格；“性能 P”则是指使用的机器学习算法在该问题上的正确率，本例中即正确区分合格品与残次品的准确率；“经验 E”表示之前已经正确判断出是否合格的零件，在监督式机器学习问题中，也被称为训练数据。

实际应用中，要判断一个零件是否合格，需要零件的质量、长度以及表面光滑度等因素作为判断依据，这些可以对判断零件是否合格产生影响的因素称为特征(Feature)。当使用逻辑回归算法解决零件合格检测问题时，首先会从训练数据中找出每一个特征与正确结果的相关度。例如，一个比平均质量重 0.5g 的零件比一个比平均质量重 0.1g 的零件更可能是一个残次品。在确定了每个特征与结果的相关度后，再对一个新的零件进行判断时，就可以从这个新的零件提取所关心的特征，并根据这些特征和合格零件的相关度来判断该零件是合格品还是残次品。

一般来说，在选择了有效的特征时，训练数据越庞大，越可能包含更多影响零件合格与否的情况，使得逻辑回归算法对于未知零件的判断更为准确。但是，逻辑回归算法的效果不仅依赖于训练数据的规模，同时依赖于所选取的特征是否能够有效地表征零件。若在零件合格检测问题中选取的特征为零件生产的时间(假设生产机器工作状态长期稳定)，即使有大量的训练数据，逻辑回归算法也无法发挥其效力，对新零件产生的判断也不会可靠。这是因为，一台工作状态稳定的机器在一段时间内生产的零件合格与否是随机的，与生产日期关联不大，因而逻辑回归算法不能从训练数据中习得良好的特征表达，故选取有效的特征成为传统机器学习算法的难点。

从上面的例子可以看出，选取有效的特征，对传统机器学习算法是至关重要的。然而，在很多任务中，特征提取是一件十分复杂的事情。例如，在图像分类问题中，要判断一张图像中生物的类别，很难像零件合格检测问题那样明确指出可能会产生影响的可以描述的特征。虽然人类通过先验知识可以轻松地区分各类生物，但对于计算机来说，一张图像就是一个像素点集合，极难表征人类肉眼可见的特征，如耳朵、眼睛或者毛发的纹理。故对于图像、语音等这种特征极不明显的复杂问题，需要人为设计有效的特征集合。这些人工设计的特征大多没有直观的物理意义，并且不同的任务可能需要设计不同的特征，这需要耗费大量的精力，设计的特征可移植性差，不能适用于所有的问题。在传统机器学习算法中，只要特征选得合适，就成功了 80%，可见特征选取对于传统机器学习算法的重要性。

深度学习的出现解决了这个问题。深度学习优异之处就在于，不再需要人工方式提取特征，而是自动地提取特征，其能有效地从样本数据中学习到数据的本质特征。深度学习的本质是模拟人的视觉系统的分层处理机制。图 2-1 为人脑的视觉处理系统，由图可见，人类视觉系统在处理信息的过程中，首先经由视网膜获得输入，然后经过低级的 V1 区提取边缘特征，再到 V2 区判断目标的基本形状或局部信息，最后传至高层的 V4 区对目标整体进行判断，甚至再到更高层的前额叶皮层来进行分类等。由此可以看出，人脑视觉系统工作机制是分层处理的，低层特征组合形成更复杂的高层特征，高层特征是低层特征更进一步的抽象和概括，最后使用这些高度概括的高层特征去表征原始输入，可以解决诸如分类的相关任

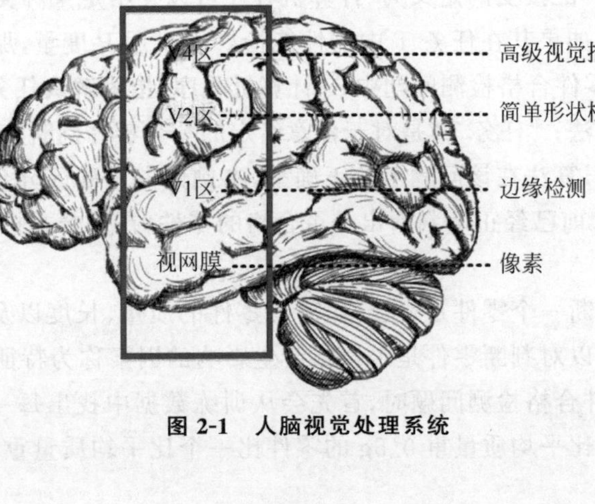

图 2-1　人脑视觉处理系统

务。深度学习亦是如此，其能够自动组合简单的特征从而合成更复杂的特征，并使用组合特征代替原始数据来解决问题。利用深度学习进行图像分类时，将图像像素作为输入送入深度学习模型中并对每层进行可视化。第一层可视化显示的是一些包含不同方向的线条，说明模型从图像的像素集合中提取出了类似于“线条”的简单特征；第二层可以看到可视化内容比上一层更加抽象，但也能大概看出模型似乎在提取一些组成输入图像的“简单形状”；第三层就更加缺乏语义解释性了，说明提取的特征更加的抽象复杂，可以看作提取的“复杂形状”。深度学习正是通过组合底层特征形成更加抽象的高级特征，将原始数据转化为复杂的特征表达，这些特征表达可代替原始输入，更好地帮助完成相关的机器学习任务。

图 2-2 展示了深度学习和传统机器学习在图像分类任务上的流程差异。如流程图所示，深度学习算法可以从数据中学习更加复杂的特征表达，使得最后一步分类变得简单有效，只需将自动提取的复杂特征送入普通的分类器中就能取得较好的效果。传统机器学习与之主要差异就是特征获取的途径，并非自动提取而是人工设计，例如尺度不变特征(Scale-Invariant Feature Transform，SIFT)就是一种非常优秀的局部特征描述算法，其对旋转、尺度缩放、亮度变化等保持不变性，对视角变换、仿射变化、噪声也保持一定程度的稳定性。SIFT 还有很多性能优异的特征，在此不展开介绍。

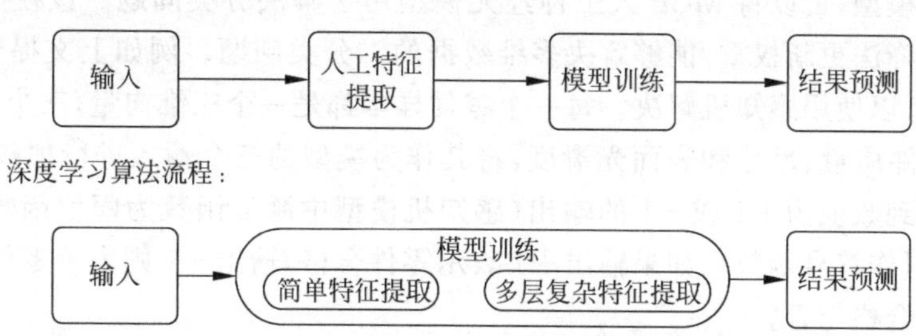

图 2-2 深度学习和传统机器学习流程

2.1.2 深度学习发展历程

虽然深度学习近几年比较热门，但它却不是新兴产物，而是渊源已久。目前大家所熟知的深度学习其实由深层神经网络发展而来。深层神经网络之所以冠以新名“深度学习”并重新产生热度是因为前期发展一度停滞，直到 21 世纪初大数据时代的到来和计算能力的大幅提升，其隐藏的巨大优势才得以展现。

深度学习的发展历程可分为三个阶段。

1. 人工神经网络阶段(20 世纪 40 年代—20 世纪 60 年代)

从生物神经系统得到启发，早期的神经网络模型试图用计算机模拟人脑神经元的反应过程。美国神经解剖学家 Warren McCulloch 和数学家 Walter Pitts 于 1943 年发表的论文中提出的 MCP 模型，就是模拟人脑神经元结构提出的一种数学模型。图 2-3 为人类神经元结构，神经元通过树突接收输入信号，树突将信号传递至细胞体中相加，若总和高于某一阈值，则该神经元被激活，向轴突输出一个峰值信号。类似地，MCP 模型大致遵循了人类神经元的工作机理，首先将不同的输入进行线性加权后求和，然后将求得的值送入激活函数

(MCP 模型中采用的是阈值函数,激活函数的一种)进行非线性激活,图 2-4 展示了 MCP 结构。该模型只是简单采用对输入线性加权和方式模拟人类神经元的内部变换过程,但人类神经元的工作机制要比这复杂得多。无论如何,这是首次提出人工神经网络的概念并给出了人工神经元的数学模型,开启了人类对人工神经网络的研究。

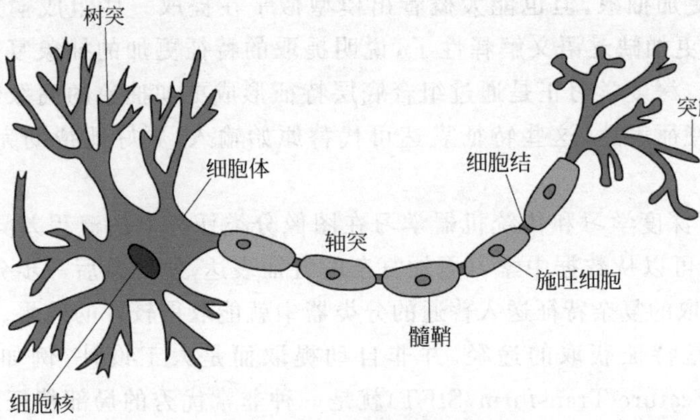

图 2-3 人类神经元结构

Frank Rosenblatt 教授于 1958 年提出的感知机模型,也可译作感知器模型,是最简单的线性二分类模型,可以将 MCP 人工神经元模型用于解决分类问题。该模型使用训练数据通过梯度下降法更新权重,能够解决多维数据的二分类问题。例如上文提到的零件合格检测问题,就可以使用感知机解决。每一个零件样本都是一个三维向量,三个维度分别表示被选特征:零件质量、尺寸和表面光滑度,将其作为模型的三个输入进行加权求和,然后通过阈值函数得到数值为+1 或-1 的输出(感知机模型中激活函数为阈值函数,如图 2-5 所示,这种函数叫作符号函数),如果输出+1 表示零件合格,输出-1 则表示零件不合格,由此可以检查零件合格与否。

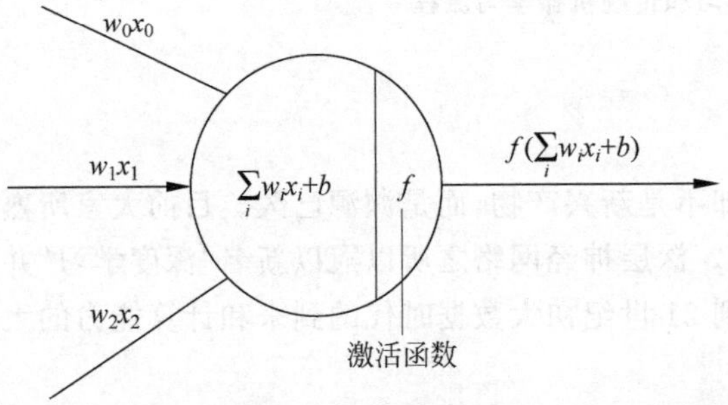

图 2-4 MCP 结构

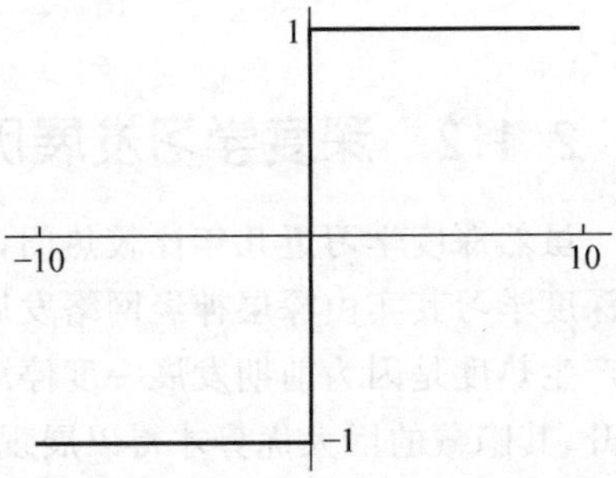

图 2-5 符号函数

感知机模型能力极其有限。1969 年,Marvin Minsky 教授和 Seymour Papert 教授在其著作中证明,感知机模型是线性模型,仅能解决线性可分问题,其单层结构使得它不能解决异或问题。而对于非线性分类问题,必须引入含有隐藏层(Hidden Layer)的多层感知机,但限于当时计算能力,并没有可行的训练方法。这对神经网络的发展造成了重创,在相当长的一段时间内,基于神经网络的相关研究陷入停滞状态。

2. 联结主义阶段(20 世纪 80 年代—20 世纪 90 年代)

20 世纪 80 年代,经历了漫长的寒冬,伴随着联结主义潮流,第二波神经网络浪潮逐渐兴起。联结主义从大脑的神经系统得到启示,把认知看作网络的整体性活动,而网络是由类似于神经元的基本单元或节点所构成的,大量神经元作用在一起可以表现出智能。在这一阶段,分布式知识表达(Distributed Representation)和神经网络反向传播(Back Propagation,BP)算法的提出促进了第二波神经网络研究的兴起。分布式知识表达的核心思想是,系统的每一个输入都应该由多个特征表示,每一个特征都应该参与到多个可能输入的表示中。假设有一个视觉系统,可以识别红黄蓝三种颜色的汽车、火车、卡车,共 9 个种类,一种方法是将这 9 类中的每一类别都使用一个单独的神经元激活,这样表示这些输入总共需要 $3\times3=9$ 种神经元;另一种改进的方法是采用分布式思想,使用 3 个神经元表示颜色,另外 3 个神经元表示类型,这样就可以使用这两类神经元的组合表示所有的输入,而只需要 $3+3=6$ 种神经元。即使训练数据中不存在红色卡车这个输入,只要系统能够习得"红色"和"卡车"这两种特征,也可以组合推广到这个新的类型。分布式知识表达极大地提升了系统的表示能力,使得神经网络模型向深度方向拓展,逐渐走向深层神经网络。经证明,深层神经网络可以很好地解决诸如异或等线性不可分问题。

另一重大发现为反向传播算法,该算法降低了训练神经网络的计算复杂度。1986 年,由 David Everett Rumelhart 教授、Geoffrey Hinton 教授以及 Ronald J. Williams 教授发表在自然杂志的论文中提出了反向传播(Back Propagation,BP)算法,使得神经网络的训练时间大幅降低,使用反向传播算法训练的神经网络也被称为 BP 神经网络。分布式知识表达和反向传播算法分别解决了线性不可分问题和学习问题,使得神经网络重新焕发活力。但囿于当时的条件,反向传播算法只能训练含有较少隐藏层的浅层神经网络,对于含有多隐藏层的深层神经网络的参数训练存在重大缺陷,主要有以下 4 个方面。

(1) 含有多隐藏层的深层神经网络的优化是一个非凸问题,使用基于梯度下降的反向传播算法很容易使网络陷入局部最优值而非全局最优值,尤其是参数初始值在距离全局最优值距离很远的情况下。

(2) 深层神经网络的训练需要大量的标签样本,但当时数据量较小,达不到训练深层神经网络的要求。

(3) 当时计算能力虽然有所提升,但训练深层神经网络仍然是非常困难的。

(4) 存在梯度消失问题,使用 BP 算法在误差梯度后向传递的过程中,由于使用了 sigmoid 函数进行非线性映射,其饱和特性使得权值的修正随着层数的增加逐渐削弱,因此无法对前层进行有效学习。

20 世纪 90 年代,由于反向传播算法在训练深层神经网络存在的种种问题,使得部分研究人员转向研究各种浅层机器学习模型并取得了突破性的进展。例如,这一时期提出的支持向量机算法可以把分类错误率降到 0.8%,性能远远好于当时的神经网络。20 世纪 90 年代末,这些浅层机器学习模型的发展逐渐超越了神经网络,其原理又明显不同于神经网络模型,逐渐成为当时流行的方法,人工神经网络的发展再次进入瓶颈期。

除了神经网络训练算法的改进,20 世纪 80 年代至 20 世纪 90 年代,几种其他常见的神经网络结构在这一阶段同时发展起来,例如卷积神经网络和循环神经网络。1980 年,日本学者 Kunihiko Fukushima 模仿生物视觉皮层设计的神经认知机(Neocognitron)模型被认为是卷积神经网络的原型,其最重要的特性即平移不变性,该模型启发了卷积神经网络的研究。1987 年由 Alexander Waibel 等人提出的时间延迟网络(Time Delay Neural Network,TDNN),成功用于解决语音识别问题,其表现超过了当时语音识别的主流算法。

1989 年,Yan LeCun 发明了卷积神经网络 LeNet 并将其用于手写数字识别。1998 年,LeCun 在 LeNet 的基础上进行了完善,加入了池化层,变成了现在为大众所熟知的 LeNet-5,使得卷积神经网络逐渐受到关注。之后在 ImageNet 大规模视觉识别竞赛(ImageNet Large Scale Visual Recognition Challenge,ILSVRC)上,卷积神经网络大放异彩,自 2012 年以来夺冠的所有模型都是卷积神经网络结构,这种结构被大量应用于计算机视觉和语言处理等领域。

另一大类神经网络结构即循环神经网络。循环神经网络是一类专门用于处理序列数据的神经网络结构,具有记忆性,利用序列数据元素之间的关联性建模。在自然语言处理(Natural Language Processing,NLP)领域例如语音识别、机器翻译等具有重要作用,其研究始于 20 世纪 80 年代至 20 世纪 90 年代。1982 年,John Hopfield 提出的 Hopfield 网络是最早的循环神经网络,但由于没有合适的应用场景,逐渐被前馈神经网络(Feedforward Neural Network,FNN)所掩盖。Michael I. Jordan 和 Jeffrey Elman 分别于 1986 年和 1990 年提出了 Jordan 网络和 Elman 网络,由于二者都是在单层前馈神经网络基础上构建的循环连接,也被称为简单循环网络(Simple Recurrent Network,SRN)。与此同时,应用于循环神经网络的学习方法也得到了发展,1989 年 Ronald Williams 提出的实时循环学习(Real-Time Recurrent Learning,RTRL)和 1990 年 Paul Werbos 提出的沿时间反向传播算法(Back-Propagation Through Time,BPTT)是循环神经网络学习的重要方法,并沿用至今。但是,传统的循环卷积网络存在长期依赖问题(Long-Term Dependencies Problem),当相关信息距离较远时,不能很好地学习到之前的信息。为了解决传统循环神经网络的长期依赖问题,产生了很多改进算法。1997 年,Jurgen Schmidhuber 提出了长短期记忆网络(Long Short-Term Memory,LSTM),解决了长期依赖问题,并促进了循环神经网络的发展,之后在此基础上发展出多种变体。如今,循环神经网络已经成为自然语言处理领域的重要算法。

3. 深度学习阶段(21 世纪以来)

20 世纪末期,各种浅层机器学习模型的发展以及反向传播算法本身存在的重大缺陷,使得神经网络的研究热潮逐渐冷却下来。由于浅层学习模型的浅层结构特征构造能力有限,对于复杂分类问题的泛化能力受到一定的制约,难以解决复杂的自然信号处理问题,例如语言和图像等。只有更复杂更深层的网络,才能更好地表征原始数据,解决更复杂的问题。于是,部分研究者转向研究其他浅层机器学习模型,同时部分研究者尝试寻找新的方法去训练深层神经网络。功夫不负有心人,2006 年,Geoffrey Hinton 教授在发表的论文中提出了改进的训练算法——无监督逐层预训练和有监督微调。该方法解决了梯度消失的问题,打破了 BP 神经网络发展的瓶颈。Geoffrey Hinton 教授在论文中首次提出了"深度学习"的概念,神经网络以深度学习之名再出发。

实际上,在联结主义阶段,还有另一研究分支——结合神经网络和概率图解决无监督问题。玻尔兹曼机(Boltzmann Machine,BM)和受限玻尔兹曼机(Restricted Boltzmann Machine,RBM)模型都是基于这种思想,而这些工作也几乎是由"深度学习之父"Geoffrey Hinton 教授和同事完成的。2006 年,Geoffrey Hinton 教授提出的深度置信(信念)网络

(Deep Belief Net,DBN),由一系列受限玻尔兹曼机组成,运用了无监督的思想——贪婪逐层预训练(Greedy Layer-Wise Pre-Training),掀起了深度学习的第三次浪潮。2009 年,Yoshua Bengio 提出了深度学习另一常用模型——堆叠自动编码器(Stacked Auto-Encoder,SAE),用自动编码器代替深度信念网络的基本单元 RBM,构造深度网络。2012 年,在著名的 ImageNet 图像大赛中,Geoffrey Hinton 教授的学生 Alex Krizhevsky 设计的深度学习模型 AlexNet 夺得冠军,性能远超于第二名使用 SVM 的模型。AlexNet 使用 ReLU 作为激活函数,有效抑制了梯度消失问题,抛弃了"预训练+微调"的方法,完全采用有监督训练。由于 AlexNet 的胜利,使得人们开始关注这种有监督的卷积神经网络,并发展出各种卷积神经网络模型和训练技巧,一时深度学习热度空前。

计算机能力的提升,云计算技术和 GPU 技术的发展,以及大数据时代的到来,使得海量数据唾手可得,曾经摆在神经网络面前的几大障碍不复存在,神经网络以深度学习的名称被大家广泛熟知。2013 年,深度学习被评为年度十大科技突破之一。2014 年,Facebook 基于深度学习的 DeepFace 项目,应用于人脸识别准确率已经能达到 97%,证明了深度学习在图像识别方面的巨大潜能。2016 年,围棋顶级高手被基于深度学习开发的 AlphaGo 打败,引起了公众的广泛关注。结合了深度学习技术的强化学习领域取得诸多突破,无监督学习领域也有很大进展,例如生成式对抗网络被认为是近几年来无监督学习最具前景的方法之一。

2.2 图像分类问题

图像分类(Image Classification)是计算机视觉中的一个核心问题,是其他计算机视觉任务的基础,指根据图像信息中所反映的不同特征,把不同类别的目标区分开来的图像处理方法。具体来说,分类系统已经预先知道一系列类别标签,例如猫、狗、牛等,当图像被送入系统时,系统要做的事情就是根据输入的图像为其分配属于它的类别标签。可以将这样一个系统看作"黑盒子",虽然不知道其内部构造,但是对于输入的每一张图像,它都会输出对应类别标签,这个"黑盒子"就是需要设计的用来完成这个任务的算法。但是,这样一个对人类来说轻而易举的任务,对于计算机却是一件非常困难的事情。原因在于,在计算机内部,一张图像实际上存储的是一个像素集合,例如一张分辨率为 640×480 的图像,共有 307200 个像素点,每一个像素点有红、绿、蓝三个颜色通道,这样一张存储在计算机内的彩色图像就是一个 640×480×3 的矩阵。不像人看到一张猫的图像那样对图像有一个整体性的感知,计算机实际上"看"到的只是一堆数字而已。人能够轻松地分辨猫的尖尖的耳朵、水晶球一样的眼睛、毛发的纹理等,这一系列的特征组合使得人类可以轻易地得出"猫"的结论,计算机却很难从这样一堆数字中发现"猫"的特性。因为"猫"这个概念是人赋予这张图像的一个语义标签,"猫"的语义概念与计算机"看"到的像素集合之间是有巨大差异的,这种差异叫作语义鸿沟(Semantic Gap)。这个问题是非常棘手的,假设对原图像做了微小的改动,甚至人眼都无法识别的改动可能会使像素矩阵发生翻天覆地的变化,例如微调图像的对比度,它仍然表示同一只猫。因此,设计的算法需要具有健壮性,不能因为这样的改动对输出的结果产生巨大影响。对算法造成巨大挑战的还有以下几种情况。

(1) 视角变换:同一只猫,从猫的正面拍摄和从猫侧面拍摄所得到的图像是不同的。

(2) 明暗变化:明亮、有阳光照射场景下和昏暗、光线不足的场景下所拍摄的照片是不同的。

(3) 形变问题："猫"可能有躺着的动作、坐着的动作，各种千奇百怪的姿势和位置。

(4) 遮挡问题：比如猫躲在沙发后面，仅能看到猫身体的一部分，这种情况人依旧能够判断出这是一只猫，需要算法也具备这样的能力。

(5) 背景混乱：猫的毛发纹理与周围的环境相似，例如一只纯白色的猫趴在雪地里。

(6) 类内差异：同样是猫，但不同图像中猫的种类可能不同、颜色不同或者毛发纹理不同，需要算法能够处理这些不同，相当于做精细分类。

虽然人类处理以上情况得心应手，但对计算机来说却是相当大的挑战，好的算法需要对以上各种情形具有健壮性，这是非常困难的。

2.2.1 KNN 分类器

直接写出一组硬编码的规则告诉计算机一只"猫"是怎样的(例如猫有尖尖的耳朵、圆圆的眼睛等)，尽管有可能近似实现，但是极易出错，而且可移植性差，当识别的动物从猫换成狗，又要重新编写一套适应于狗的识别规则，因此需要设计的识别算法可以扩展到各种各样的类别中。类似于教孩童看图识物，采取这样一种方法：给计算机大量图像，计算机自己习得识别不同类别对象的核心知识要点并进行总结归纳，然后生成一个模型，就可以对新的图像进行识别了。这种方法叫作数据驱动方法(Data-Driven Approach)。数据驱动分为两个过程。第一个过程叫作训练，训练过程将图像集合和对应的标签集合输入，这些图像和对应的标签叫作训练集，这个过程的目的是训练生成一个模型，也叫作训练分类器，训练好的模型可以很好地学习到每个类的特征；第二个过程叫作预测，预测过程使用上一过程得到的模型对无标签的新样本进行分类。下面介绍数据驱动方法中最简单的一种分类器——最近邻(Nearest Neighbor，NN)分类器。

最近邻算法的思想是，在训练过程中什么也不做，只单纯地存储数据和相应的标签，而在预测过程中，对于新的输入，从训练图像中选择与之最相似的图像的标签作为新输入图像的标签。CIFAR-10 数据集是一个常用的图像分类数据集，这个数据集总共有 10 个类别。图 2-6 是从 CIFAR-10 数据集中抽取的部分样本图像，有飞机、汽车、鸟、猫等不同的类别，总共有 50000 张训练图像和 10000 张测试图像用以评价算法的性能。图 2-7 显示了使用最近邻算法对测试图像分类的过程，左边一列是测试图像，右边 10 列是使用最近邻算法，根据像素差异选出来的 10 张距离最近或者说最为相似的 10 张图像。例如图的第二行，测试图像是一张白色的狗，使用最近邻算法得到的最相似的训练图像也是一只白色的狗，最近邻算法把这张训练集中最相似图像的标签"狗"赋予测试图像。但是，从图中也可以看到，这种算

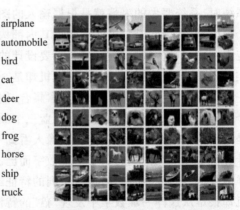

图 2-6 CIFAR-10 数据集中的图像示例[①]

① 图片来自：http://cs231n.stanford.edu/2018/.

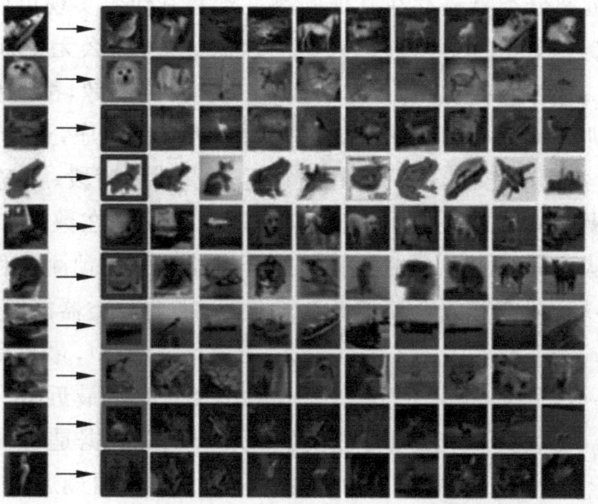

图 2-7 最近邻分类器应用于图像分类问题①

法分类性能并不好，在图中的 10 个分类中，只有 3 个是正确的，例如第一行中的飞机被误分类成鸟类，这是因为这两张图像是视觉相似的，都具有黑色的背景，中间是白色的飞机或者鸟，飞机和鸟的形状也很类似，造成了算法的误分类。那怎样判断两张图像是否相似呢？两种常用的距离度量为 L^1 距离（曼哈顿距离）和 L^2 距离（欧氏距离）。具体来说，就是先把 32×32×3 的图像像素矩阵拉伸为一维向量，然后使用公式(2-1)计算两个向量之间的 L^1 距离。

$$d_1(\boldsymbol{I}_1,\boldsymbol{I}_2)=\sum_p |I_1^p - I_2^p| \tag{2-1}$$

类似地，L^2 距离使用公式(2-2)计算。

$$d_2(\boldsymbol{I}_1,\boldsymbol{I}_2)=\sqrt{\sum_p (I_1^p - I_2^p)^2} \tag{2-2}$$

无论是 L^1 距离还是 L^2 距离，都是对图像中的单个像素进行比较。举例说明如何使用 L^1 距离衡量两幅图像的相似程度，如图 2-8 所示，令图像大小为 4×4，使用测试图像的像素值减去训练图像对应的像素值，得到两张图像像素的绝对差值，然后把这些差值相加得到结果 456，这个值越小说明两幅图像越相似。本书附录 A 是最近邻算法的实现代码，读者可尝试在 CIFAR-10 上运行这个模型，得到的准确率是 35.4%，效果并不如人意。

测试图像

56	32	10	18
90	23	128	133
24	26	178	200
2	0	255	220

−

训练图像

10	20	24	17
8	10	89	100
12	16	178	170
4	32	233	112

=

像素绝对值差值

46	12	14	1
82	13	39	33
12	10	0	30
2	32	22	108

求和 → 456

图 2-8 使用 L^1 距离衡量图像之间的相似性

① 图片来自：http://cs231n.stanford.edu/2018/.

除了准确率，最近邻分类器还存在其他问题。观察其代码实现可以发现，训练过程仅存储数据，如果只是复制一个指针指向训练数据的存储位置，那么无论训练集有多大，花费的时间都相同并且很短。但是，在预测阶段，对于每一个测试图像，都需要遍历训练集中所有训练图像，求出所有训练图像与测试图像之间的距离再进行排序，这个过程所耗费的时间长短与训练集中图像的数量成正比，耗费的时间远远大于训练阶段。在实际应用中却恰恰相反，需要训练过程很慢而测试过程很快，因为训练过程可能是在数据中心完成的，它可以承担非常大的运算量，从而训练出一个性能优异的分类器。而在预测过程部署分类器时，一般是将其运行在手机终端、浏览器或者其他低功耗设备，需要分类器能够快速地运行。

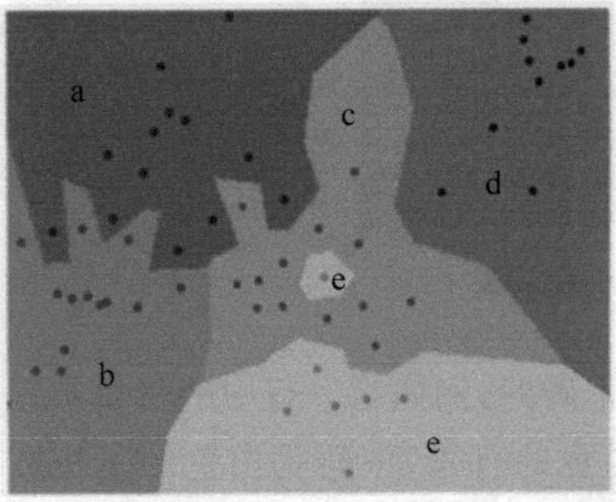

图 2-9 使用最近邻分类器对二维数据进行分类①

那么，在实际应用中，最近邻算法究竟表现如何呢？图 2-9 展示了使用最近邻分类器对二维数据进行分类的过程。训练数据是二维平面内的点，图中每一种颜色代表一类，使用最近邻算法可以将二维平面划分为不同的区域，这称为最近邻分类器的决策区域。测试数据落在哪个区域，其对应的色块颜色就是它的类标签。观察图可以看到，中心位置大多数是类别 C 的点，但却夹杂了一个类别 e 的点，因为只计算距离最近的点，所以在区域 c 中心会有一部分被分割成为区域 e，在该区域内的数据点，距离类别 e 的点更近，所以归为 e 类标签，但是这个点可能是干扰点，中间区域内的数据点更大概率是属于 c 类标签的。类似地，区域 c 左上角，由于一个类别 c 的训练数据导致区域 c 像一根手指一样插入了区域 a，这个点可能是噪声或者失真信号。因此，根据距离最近样本点的方法切割输入空间表现并不好，于是产生了 K 近邻分类器。

KNN 分类器的思想很简单，不只使用距离最近的图像的作为新样本的标签，使用前 K 种距离最近的图像进行多数投票，票数最高的标签作为新样本的标签。特别地，当 $K=1$ 时，即最近邻分类器。图 2-10 为使用相同数据集，$K=1,3,5$ 时 K 近邻分类器的表现对比。由图知在 $K=3$ 时，中间区域 c 中的小块区域 e 已经消失了，不会再因为个别异常点使得中间区域被划分为其他类别，由于采用了多数投票的策略，中间区域被投为类别 c，更符合实际情况，伸入区域 a 的手指形状区域也被平滑掉了；当 $K=5$ 时，区域 a 和区域 d 之间的边界更加的平滑。通常，更高的 K 值可以让分类效果更好，对异常值更有抵抗力。

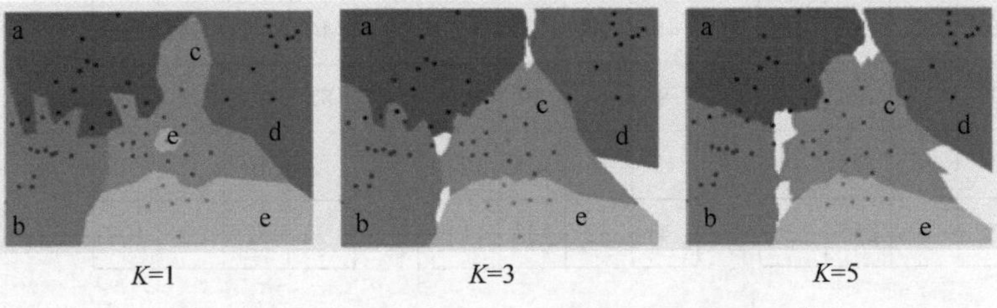

图 2-10 $K=1,3,5$ 时，KNN 分类器的表现对比①

① 图片来自：http://cs231n.stanford.edu/2018/.

在使用 KNN 分类器时，有两个问题需要解决：一是选择何种距离度量衡量不同对象之间的相似程度，二是选择哪个 K 值是最适合的。这些选择被称为超参数(Hyperparameters)，与普通模型参数不同，超参数不能直接从数据中习得，需要提前设置。在基于数据的机器学习算法中，超参数的设置是一个技巧性的问题。先讨论第一个问题，常见的两种选择是 L^1 距离和 L^2 距离，如图 2-11 所示，围绕原点的正方形上的点到原点的 L^1 距离都相等。类似地，与原点的 L^2 距离相等的点的集合构成了一个圆形。特别地，L^1 距离取决于选定的坐标系，如果转动坐标轴，点之间的 L^1 距离就会被改变，而改变坐标轴对 L^2 距离并不会产生影响。对于某一个具体的任务，如果输入的特征向量中的某些值有特殊的含义，那么采用 L^1 距离可能会更适合；如果输入的特征向量只是空间中的一个普通向量，不能确定其中的元素代表的实际含义，那么使用 L^2 距离会更自然。通过使用距离度量，可以将 KNN 算法推广到许多其他数据类型的任务上，输入可以是向量、图像或者文本等多种数据类型。另一个问题就是如何确定合适的 K 值，最自然的想法就是尝试每一个 K 值，得到表现最好的那一个。这里的“表现好”并非指在训练集上表现好，因为设计的模型或算法并不是要尽可能地拟合训练数据，而是要在训练集以外的未知数据具有好的表现，要有良好的泛化能力，否则可能会出现过拟合的问题。通用的思路是将数据集划分为独立的三部分：训练集、验证集和测试集。首先，设定超参数为固定值，然后使用训练集数据习得模型，再使用验证集获取验证集数据在模型中的准确率，作为比较不同超参数的标准。使用不同的超参数训练模型，获取验证集数据在模型上的准确率，通过比较选出表现最好的超参数值，最后将这个超参数用于测试集，最终做出对这个算法的性能评价。超参数调优的过程是在验证集上进行的，在测试集中只能使用一次，只在确定好最优的超参数之后，评估最终模型时使用。但有些时候，数据集规模较小，因此训练集规模会更小。这时，采用一种叫作交叉验证(Cross-Validation)的方法。与上面方法类似，首先单独分离出一部分数据作为最终的测试集，不同的是，不再固定地分离部分数据作为验证集，而是将剩余的数据平均分成 n 份，其中 $n-1$ 份用于训练，剩余一份用于验证，然后轮流将每一份数据都当作验证集。如图 2-12 所示，将数据分成了 5 份，使用某一组超参数，先在前 4 份数据上训练，然后在第 5

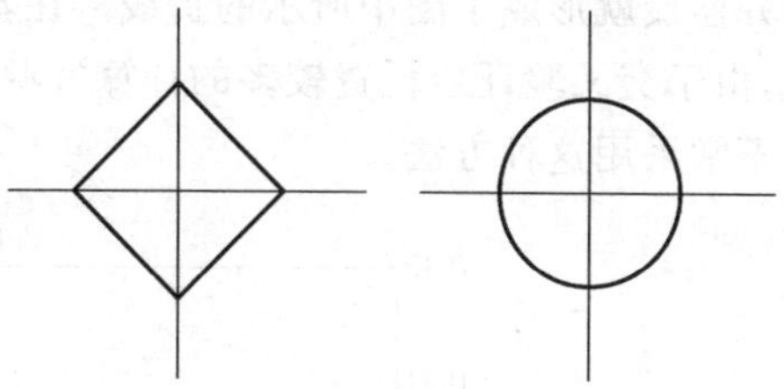

图 2-11 到原点的 L^1 距离和到原点的 L^2 距离相等的点的集合

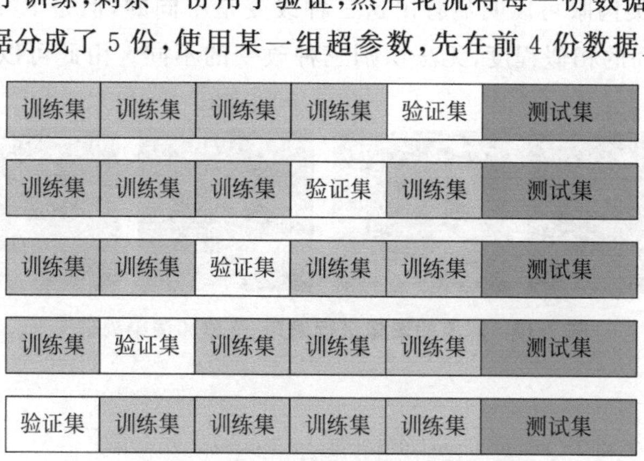

图 2-12 五折交叉验证数据集的划分

份数据上验证。然后，再次在第1、2、3、5份数据上训练，在第4份数据上做验证。如此循环，直至每一份数据都当过一次验证集，最后取5次验证结果的平均值作为验证结果，这样做会对不同超参数的表现更有自信。图2-13为使用五折交叉验证得到的结果，横轴表示KNN分类器中参数K的值，纵轴表示对于一个确定的K值，在5份数据上的准确率，取平均并连接就形成了图中所示的折线。在本例中可以发现，当$K=7$时算法表现最好。实际上，由于交叉验证会耗费较多的计算资源，在深度学习中，其训练本身就非常消耗计算资源，故不常采用这种方法。

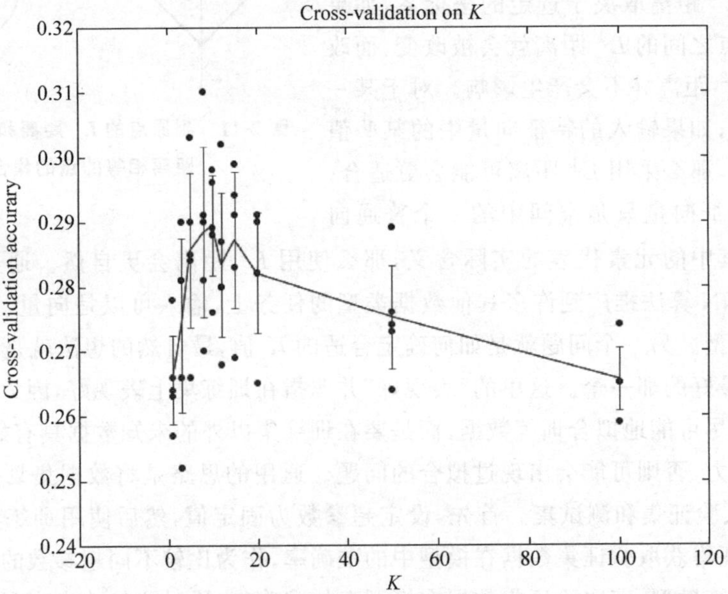

图 2-13 使用交叉验证确定超参数 *K* 的值①

在实际应用中，KNN算法在图像分类中并不常用。一是因为测试阶段运算时间较长，与实际需求不符；二是因为类似L^1距离或者L^2距离这种向量化的距离函数不适合用于衡量图像之间的视觉相似度。如图2-14所示，第一张图为原图，右面三张图分别对原图做了不同的处理：遮挡、平移和渲染。通过人为设计，可以使得这三种改变得到的图像与原图的L^2距离相同，人类肉眼可以明显看出这三种改变是不同的，但是KNN算法仅使用距离度量来判断图像之间的相似程度，无法识别三种改变的不同。由此可以看出，L^2距离确实

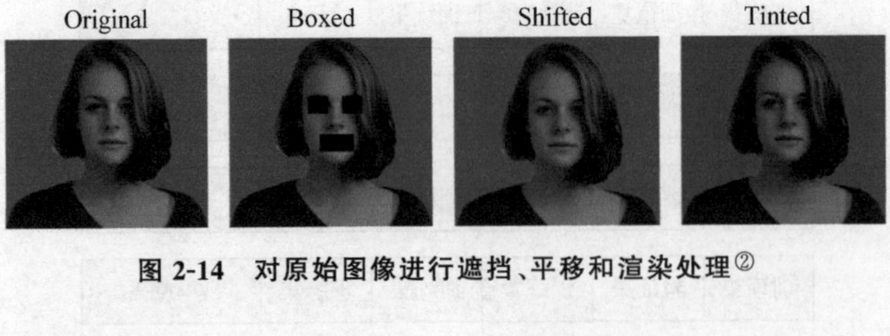

图 2-14 对原始图像进行遮挡、平移和渲染处理②

① 图片来自：http://cs231n.stanford.edu/2018/

② 图片来自：http://cs231n.stanford.edu/2018/

不适合表示图像之间视觉感知的差异。KNN 算法还存在一个问题——维度灾难(Curse of Dimensionality)。KNN 算法根据邻近几个数据点的标签属性将输入空间切割为不同的区域,这意味着如果希望分类器能够有好的效果,需要训练数据密集地分布在输入空间中,否则最近邻点距离测试数据的实际距离可能很远,说明近邻点与待测样本的相似性没有那么高。问题在于,如果想要训练数据密集地分布在空间中,当维度增大时,需要数量指数倍增长的训练数据,如图 2-15 所示,而类似图像这种高维输入不可能有那么多的数据去密布整个输入空间。

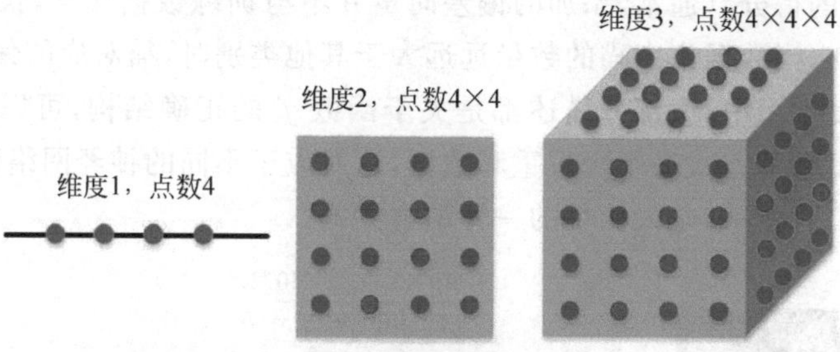

图 2-15 维度灾难

综上,本小节主要对以下三方面进行了阐述。

(1) 介绍了图像分类问题,在该任务中,给定一组标定标签的图像集合,设计相应算法能够对未知的新图像预测类别标签,并根据预测的准确率评价其性能。

(2) 介绍了一种简单的分类器——KNN 分类器,其根据邻近几个训练样本的标签决定新样本的标签,但由于其存在的一些问题,一般不用于图像分类问题中。

(3) 简单介绍了超参数调优的方法,将数据集划分为三部分,在验证集上评估不同超参数的表现,最终保留表现最好的超参数,如果数据量较小,可以采用交叉验证的方法。

2.2.2 线性分类器

线性分类器是另外一种比较简单的分类器学习线性分类器有利于建立整个神经网络和卷积网络的概念,所以了解线性分类器的工作原理对后续深入学习深度学习是很有必要的。

线性分类器是参数模型中最简单的分类方法,该方法由两部分组成:一部分为评分函数(Score Function),它是原始输入图像到类别分数的映射;另一部分称为损失函数(Loss Function),其用来量化分类标签与真实标签的差异。该方法可以转化为最优化问题,通过不断更新评分函数的参数使得损失函数最小化。

本节首先介绍线性分类器的评分函数,该函数可以将输入的图像像素值映射为不同类别的得分。对于一个含有 N 张图像的训练集,每张图像 $\boldsymbol{x}_i \in R^D$ 都对应于一个分类标签 $\boldsymbol{y}_i$,其中 $i=1,2,\cdots,N$,$y_i \in 1,\cdots,K$。这表明这个训练集中的图像的维度是 D,共有 K 种不同的种类,定义评分函数为 $f:R^D \rightarrow R^K$。线性分类器中,评分函数是一个线性映射,即

$$f(\boldsymbol{x}_i,\boldsymbol{W},\boldsymbol{b})=\boldsymbol{W}\boldsymbol{x}_i+\boldsymbol{b} \tag{2-3}$$

上式中,图像被拉伸为长度为 D 的列向量 $\boldsymbol{x}_i$,大小为 $K\times D$ 的矩阵 $\boldsymbol{W}$ 和大小为 $K\times 1$ 的列向量 $\boldsymbol{b}$ 被称为模型参数,参数 $\boldsymbol{W}$ 被称为权重,$\boldsymbol{b}$ 被称为偏差向量,对于 $\boldsymbol{W}$ 的名称会混用

参数和权重这两个术语。

仍以 CIFAR-10 数据集为例，该数据集含有 50000 张已标注的图像作为训练集，每张图像共有 32×32×3＝3072 个像素点，这些图像被分为 10 个不同的类别，故 $N=50000$，$D=3072$，$K=10$。如图 2-16 所示，对于任意给定的一张猫的图像，使用线性分类器可以得到 10 个分值，用以描述 CIFAR-10 中对应的 10 个类别的得分。其中，$\boldsymbol{x}_i$ 表示第 i 张图像的所有像素信息，这些信息形成一个 3072 维的列向量，参数 $\boldsymbol{W}$ 为一个 10×3072 的矩阵，二者相乘产生一个 10 维的列向量，在此基础上添加一个偏置项 $\boldsymbol{b}$，它是一个 10 元素的常数向量，由此得出 10 个类别的得分。通常，添加的偏差向量并不与训练数据交互，仅仅给出针对某一类的偏好值。例如，当数据集中猫的数量远远大于其他类别时，猫对应的偏差元素就会高于其他类别。在深度学习中，大部分描述都是关于函数 f 的正确结构，可以使用不同的函数形式，用不同的、复杂的方式去组合权重和数据，这对应于不同的神经网络体系结构，线性分类器只简单地将二者相乘，是最简单的一种结合方式。

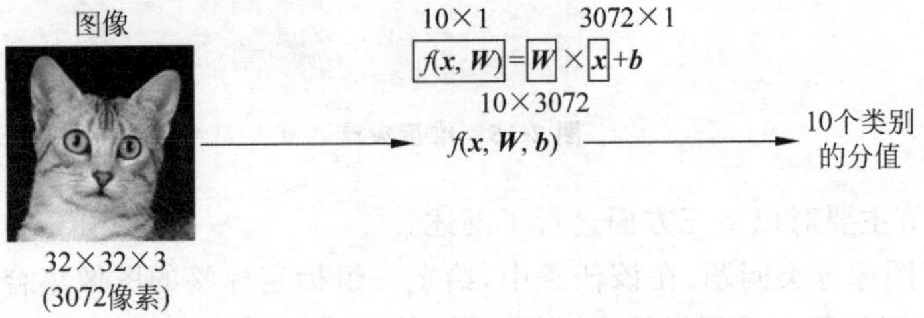

图 2-16 线性分类器应用于图像分类问题

下面举例说明线性分类器是如何工作的。如图 2-17 所示，左侧是一个 2×2 的灰度图像，这个图像共有 4 个像素。首先，把这个 2×2 的图像拉伸为一个 4 维列向量 $\boldsymbol{x}$，本例中将类别限制为 3 类，即猫、狗、船，权重矩阵 $\boldsymbol{W}$ 大小为 3×4，偏差 $\boldsymbol{b}$ 是一个三维向量。可以看到，猫的得分是图像像素与权重矩阵第一行相乘再加上一个偏差项。

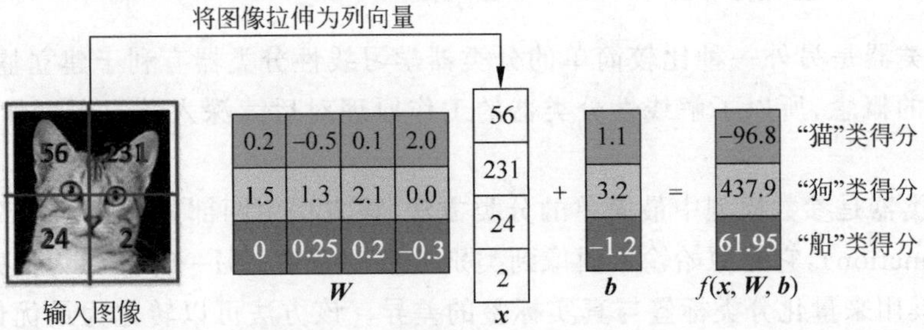

图 2-17 线性分类器的工作方式

实践中，为方便运算，通常使用将偏差和权重合并这一技巧。对于分类评分函数式(2-3)，分开处理这两个参数(权重参数 $\boldsymbol{W}$ 和偏差参数 $\boldsymbol{b}$)相对麻烦，令向量 $\boldsymbol{x}_i$ 增加一个维度，这个维度固定为常量 1，然后把两个参数 $\boldsymbol{W}$ 和 $\boldsymbol{b}$ 合并为一个矩阵。这样，上式就简化成

$$f(\boldsymbol{x}_i, \boldsymbol{W}) = \boldsymbol{W}\boldsymbol{x}_i \tag{2-4}$$

仍以 CIFAR-10 为例，$\boldsymbol{x}_i$ 的大小现在变成了 3073×1，而不是 3072×1 了，多出了包含常量 1 的 1 个维度。$\boldsymbol{W}$ 的大小为 10×3073，多出来的这一列对应的就是偏差值 $\boldsymbol{b}$，具体见图 2-

18。下文如直接将评分函数写为式(2-4)的形式，则使用了合并技巧。

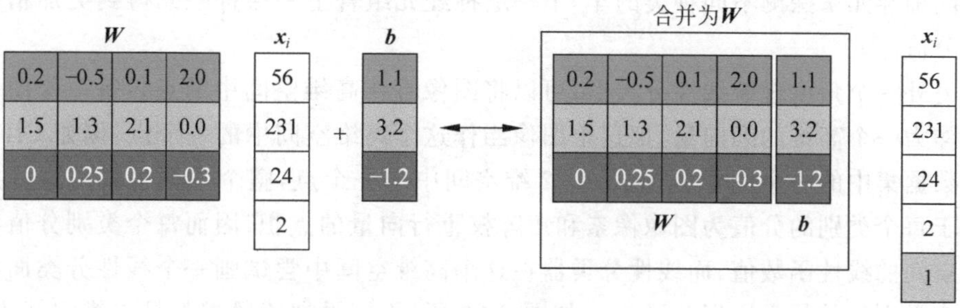

图 2-18 权重矩阵 W 与偏置 b 的合并技巧

可以从以下角度理解线性分类。其相当于一种模板匹配方法，权重矩阵的每一行对应于图像的某个模板。通过用权重矩阵的每一行与图像像素进行点积，可以发现每个类模板与图像像素之间的相似程度，然后偏差向量独立地给予每个类偏移量。图像与某一类别模板相似程度越高，对应的类别分值越高，一个单独的矩阵乘法运算就可以高效地并行评估 10 个不同的分类器(每个分类器针对一个分类)，其中每个类的分类器就是 W 的一个行向量。这种观点被称为“模板匹配”。从这个角度出发，取权重矩阵的每一行，并把它还原为图像的像素矩阵形式进行可视化处理，这些可视化的模板展示了一个线性分类器实际上是怎样工作的。如图 2-19 所示，对于已经使用训练集训练好的线性分类器，取权重矩阵的不同行向量进行可视化，权重矩阵的每一个行向量对应 10 个类别模板的可视化结果。可以看到，第 1 张图像是对应于飞机类别的模板，由中间区域 a 斑点状图形和区域 b 背景组成，该模板是根据训练集中大量的飞机图片习得的。直观上就像飞机的线性分类器在寻找区域 b 背景和斑点状图形，类似于飞机飞过天空的图像，因此当输入图像为一架飞机飞过天空时，该飞机模板与图像进行点积，会给出很高的分值。再看汽车的例子，可以看到，可视化的模板中间似乎有一个汽车状的物体(区域 c)，上面有类似挡风玻璃的色块(区域 d)，汽车的分类器好像在寻找类似于区域 c 正面这样的图像，但实际上，汽车的形状、颜色、拍摄的视角可能不同，这反映了线性分类器存在的问题，每个类别只能学习一个模板，如果某种类别出现了其他变体，它将会尝试求取所有不同变体的平均值，然后使用一个单独的模板来识别每一个类别。在马匹的分类器中，由于马通常是站在草地上的，所以对其模板可视化后可以发现这个马居然有两个头，左右各一个，但实际中并没有这样的马，这是因为训练集中马的图像头朝向左右不同的方向造成的，线性分类器将两种情况融合在一起，形成了这样一个有两个“马头”的模板。同样地，汽车的模板显示的是一辆形似区域 c 的汽车，这可能是由于训练集中的汽车图像大多与区域 c 颜色相似。线性分类器对于不同颜色的汽车的分类能力是很弱

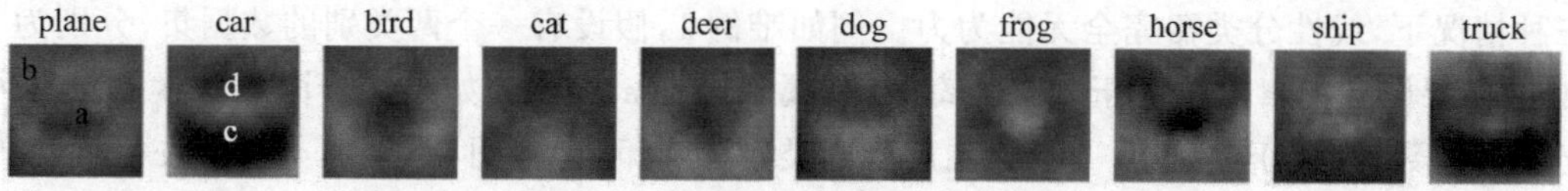

图 2-19 对线性分类器权重矩阵的每一行进行可视化[①]

① 图片来自：http://cs231n.stanford.edu/2018/.

的，而神经网络或更复杂的模型不再受限于每个类别只学习一个单独的模板，可以使用隐藏层的中间神经元来探测不同种类的车，下一层神经元组合上一层神经元得到更加精确的汽车分类分值。

从另外一个角度理解线性分类器，可以将图像看作高维空间中的点。每一张图像都可以被拉伸为一个高维的列向量，把这个图像当作这个高维空间中的一个点，例如 CIFAR-10 可以把数据集中的一个图像就当成 3072 维空间中的一个点，整个数据集就是这些点的集合。由于每个类别的分值为图像像素和矩阵权重行向量的点积，因而每个类别分值都是这个高维空间的线性函数值，而线性分类器在这个高维空间中尝试画一个线性分类面（或线）从而一个类别与其他类别划分开来。如图 2-20 所示，假设训练数据都是二维空间内的点，有 3 个分类器，左上角是用来训练的轮船样本，通过训练之后，轮船分类器将会学习到一组合适的权重值。这个训练得到的权重向量通过与图像像素相乘可以得到轮船类别的分数值，如果训练图像是轮船，那么这个分值就会大于 0；相反，如果是其他类别的图像，这个分值就会小于 0。因此，可以绘制一条直线 a 将轮船类别和其他类别划分开来，这条直线箭头侧分值大于 0 且随着箭头方向线性上升，另一侧分值小于 0 且线性降低，直线上的点表示轮船类别分数为 0。同理，汽车分类器和飞机分类器也可以画出这样的直线，分别将汽车和飞机与其他类别分开。这样，通过训练得到的权重矩阵 $\boldsymbol{W}$ 实际上是三个分类器，$\boldsymbol{W}$ 的每一行都是一个分类器。在训练过程中仔细观察可以发现，这些直线先是随机的产生，之后快速变化，试图将数据正确区分开来，人为改变权重矩阵的某一行，会看到这一个分类器在空间中对应的直线向着不同方向旋转，改变偏差 $\boldsymbol{b}$，对应直线会发生平移。

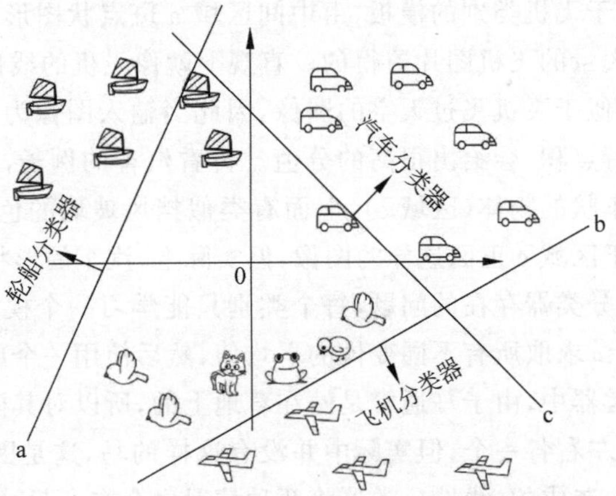

图 2-20　将线性分类器看作高维空间中的超平面

从高维角度考虑线性分类器时，会发现存在的问题。如图 2-21 所示的几种难例，在这三种情况下，线性分类器完全无能为力。例如难例 1，假设有一个两类别的数据集，分别为 a 和 b，如果图像像素数量大于 0 且为奇数，就属于类别 a；反之，如果某个图像像素数量是大于 0 的偶数，则属于类别 b。此时，画出不同类别的决策区域，可以看到，类别 a 在平面上占据二、三象限，类别 b 占据一、四象限，所以没有办法只绘制一条单独的直线就能够划分两个类别，这是线性分类器不能解决的问题。另外，例如难例 3，其中一类存在于平面的三个不同象限，剩余部分为另一类，这种情况对应于多模态数据，一个类别出现在不同的空间区域中，如前例中的一部分图像马头是朝左的，一部分马头是朝右的，这也是线性分类器的一大困境。

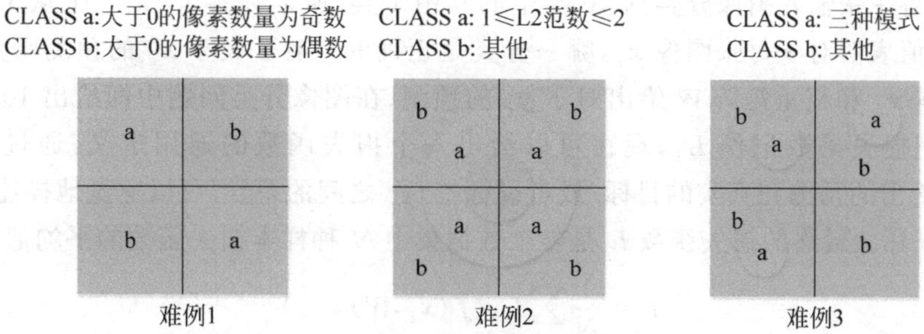

图 2-21 线性分类器中的几种难例

本小节介绍了线性分类器评分函数的形式，以及从两种角度去理解线性分类器的工作原理，并介绍了线性分类器的一些局限性。细心的读者可以发现，上节提到的最近邻算法并没有参数，在训练阶段只单纯保存所有种类的训练数据然后在测试时使用。而在线性分类这样一种参数方法中，则是通过对训练数据进行总结并把所有的知识都转化到参数中，用训练数据学习到参数 $\boldsymbol{W}$ 和 $\boldsymbol{b}$ 的值后便可以把训练数据全部抛弃，在测试时，便不再需要训练数据，只需要用参数确定的模型，便可以对新的测试样本进行分类。这样可以大大提升效率，一旦训练完成得到模型，便可以将模型运行在手机这种小设备上。

2.2.3 损失及优化

上一节中定义了线性分类器的评分函数，给出了输入图像对于不同类别的得分，该函数的参数是权重矩阵 $\boldsymbol{W}$。那么，如何从训练数据中学习参数呢？怎样的参数设置是合适的呢？如何衡量参数设置的好坏？直观上，评分函数得出的不同类别分值应当与训练集中图像的真实类别一致。例如，如果输入是一只猫的图像，经过评分函数映射后，猫类别的得分应当远远高于其他类别如汽车或飞机的分值。对于图 2-17 展示的分类器，实际上表现得很差，因为对于一张猫的图像，“狗”的分值(437.9)反而大于“猫”的分值(−96.8)，船的分值(61.95)也比正确类别猫的分值要高。在评分函数中，训练数据 $\boldsymbol{x}_i$ 是给定的，不能修改，因此可以通过调整权重矩阵，使得评分函数的结果满足上述要求，即评分函数在正确类别位置应当得到最高的分值。这回答了第二个问题，即良好的参数设置应当使不同类别的输入具有良好的区分性。

对于一组具体的参数值，无法直接衡量其优劣，只能通过使用损失函数(有时也叫代价函数或目标函数)衡量对结果的不满意程度。直观上，当评分函数输出结果与真实结果的差异越大，则损失函数输出越大，反之越小。仍然以图 2-17 为例，对于猫的图像，评分函数给出的结果与真实结果差距太大，因此这种情况下损失函数应当输出一个很大的损失值。若此时的输入换作狗的图像，那么这个评分函数给出的分值分布就十分合理，此时损失函数的输出应当是一个很小的数值或者为 0。因此，损失函数可以将参数 $\boldsymbol{W}$ 作为输入，定量地衡量参数设置的好坏。

以下给出损失函数的通用定义，损失函数是线性分类器的第二部分，该函数能够根据分类评分和训练集图像实际分类的一致性，衡量某一组具体参数值的好坏。给定一个包含

N 种样本的数据集$(\boldsymbol{x}_i, y_i)$，$\boldsymbol{x}_i$ 是第 i 张图像的所有像素值，y_i 是对应图像的标签(Labels)或称为目标(Targets)，即希望算法预测出的结果。使用 CIFAR-10 数据集进行图像分类任务时，需要将一张输入图像分类到 10 类中的其中 1 类，所以标签 y_i 是一个从 1～10 的整数，这个数值表明对于每张图像 $\boldsymbol{x}_i$，哪一分类是正确的。有了关于 $\boldsymbol{x}_i$ 的预测函数后，该函数通过样本 $\boldsymbol{x}_i$ 和权重矩阵 $\boldsymbol{W}$ 给出对于 y_i 的预测，在图像分类问题中即给出 10 个数字中的一个。把损失函数记作 L_i，现在可以给出一个损失函数的通用定义，通过衡量函数 $f(\boldsymbol{x}_i, \boldsymbol{W})$给出的预测和真实的目标(或者说标签)$y_i$ 之间的差异，可以定量地描述对训练样本预测的好坏。最终的损失函数 L 是整个数据集中 N 种样本损失函数的平均值，即

$$L = \frac{1}{N}\sum_i L_i(\boldsymbol{f}(\boldsymbol{x}_i, \boldsymbol{W}), y_i) \tag{2-5}$$

这是一个普适的公式，也适用于图像分类以外的问题，用于其他监督学习任务中。注意，式(2-5)的损失函数中预测函数一项，在图像分类问题中，实际上就是上节提到的评分函数。对于图像分类问题，有几种不同的损失函数可以使用，2.5 节将会详细介绍两种用于图像分类损失函数的具体形式。有了损失函数的概念后，就可以从 $\boldsymbol{W}$ 的可行域中选择使得损失函数值最小的参数值，至于怎样从大量的可能取值中快速有效地找到这个最优的参数值，这是一个优化(Optimization)问题，这个过程被称为优化过程。

由于接下来介绍的优化过程需要损失函数有具体的函数定义，因此这里仅给出一种损失函数的具体形式而不详细说明其原理，读者只需知道如何使用损失函数来确定最优参数值即可。这里使用一种被称为折页损失(Hinge Loss)的损失函数，该函数的数学表达式为

$$L_i = \sum_{j \neq y_i} \begin{cases} 0, & s_{y_i} \geqslant s_j + 1 \\ s_j - s_{y_i} + 1, & \text{其他} \end{cases} = \sum_{j \neq y_i} \max(0, s_j - s_{y_i} + 1) \tag{2-6}$$

其中，L_i 是第 i 种样本产生的损失，s_{y_j} 是该样本真实类别的得分值，s_j 是除真实类别外其他类别的得分，总的损失值是 N 种训练样本损失的平均值，即

$$L = \frac{1}{N}\sum_{i=1}^{N} L_i \tag{2-7}$$

图 2-22 分别给出了猫、汽车和青蛙三个样本由评分函数式(2-4)计算得到的分值(这里假设只有三个类别)，对于预测得到的分值的损失可以根据公式(2-6)计算。其中，s_{y_i} 为类别“猫”的得分，即 3.2，s_j 分别为 5.1 和 −1.7。将其带入式(2-6)，便可得到

$$\begin{aligned}\sum_{j \neq y_i} \max(0, s_j - s_{y_i} + 1) &= \max(0, 5.1 - 3.2 + 1) + \max(0, -1.7 - 3.2 + 1) \\ &= \max(0, 2.9) + \max(0, -3.9) = 2.9\end{aligned}$$

即计算得到第一张图像的损失值为 2.9，同理可得其余两张图像的损失值，“汽车”的损失为 0，“青蛙”的损失为 12.9。该损失函数确实是符合设想的，从图 2-22 可以看到，对于第一张猫的图像，预测的分值中，“汽车”的得分竟然比“猫”的得分还高，这说明模型表现得并不好，于是给出了 2.9 的损失；第二幅汽车的图像，“汽车”的得分高于任何其他类别的得分，这与汽车

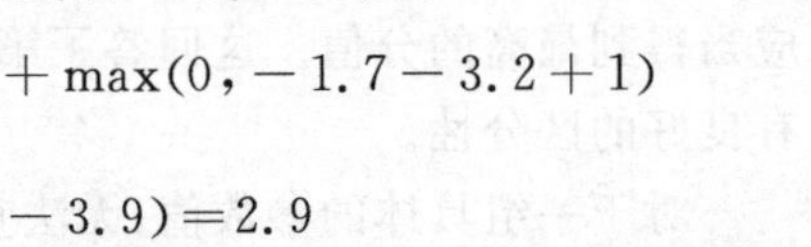

猫	3.2	1.3	2.2
狗	5.1	4.9	2.5
青蛙	−1.7	2.0	−3.1

图 2-22　猫、汽车和青蛙三个样本的评分向量

的真实类别表现一致，因此损失函数给出的损失值为0，并没有累积损失；而青蛙的图像，正确类别“青蛙”的得分不仅不是最高的反而是最低的，这是极不符合预期的，因此损失函数给出了12.9这样一个相当大的损失值。最终，对于整个训练集的损失函数是不同样本的损失函数的平均值，使用公式(2-7)可以求得在整个训练集上(本例中只含有三个样本)的损失值为5.3$\left(L=\frac{1}{N}\sum_{i=1}^{N}L_i=(2.9+0+12.9)/3=5.27\right)$。

有了损失函数的具体形式，那么如何找到使得损失函数值最小的参数值呢？下面给出几种优化策略。

1. 随机搜索

这是很容易想到的一个策略，通过随机尝试多组不同的权重值，观察哪一组值在损失函数上表现得最好。但是，这是一个很不好的优化策略，经过测试，准确率只有15%左右，仅比随机猜测的正确率10%略高。

2. 随机本地搜索

直接确定最优的权重$\boldsymbol{W}$是很困难的，特别是网络比较复杂的时候，因此可以采用迭代优化的思想，每次找到一个新的$\boldsymbol{W}$使得损失函数有所下降，不断重复直至损失函数不再下降或者下降幅度在可接受的范围内。这里可以做一个类比，将损失函数想象成一座山，山上的每一点都对应于一个损失值，可以将损失值看作该点的海拔高度。现在站在山的任一位置，找到损失函数的最小值相当于从现在的位置走到山底，只要每一步都向着向下的方向，那么最终将会到达山底。在CIFAR-10数据集中，这座山是30730维的(对应于3073×10的参数矩阵$\boldsymbol{W}$)。这体现了迭代优化的思想，开始处于山的任一位置并根据当前的位置做出判断，找到向下的方向迈出一步，现在处于一个新的位置，需要基于新的位置再次找到向下的方向并往下迈出一步，这样不断迭代直至走到山底。因此，随机本地搜索策略先从一个随机位置开始(即随机选择的初始权重$\boldsymbol{W}$)，每走一步之前都随机尝试几个不同的方向，如果这个方向是朝向山下的(使损失值降低)，就往该方向走一步。换句话说，先选择一个初始值$\boldsymbol{W}$，然后随机产生一个扰动$\delta\boldsymbol{W}$，只有当$\boldsymbol{W}+\delta\boldsymbol{W}$使得损失值降低时，才会更新参数的值为$\boldsymbol{W}+\delta\boldsymbol{W}$。这种策略明显优于第一种策略，但是经过程序验证，这种方法的分类正确率也只有20%左右，并且十分浪费计算资源，因为$\boldsymbol{W}$每做一次更新都要计算几个不同方向的损失函数值。实际上，根本没有必要随机寻找方向，数学定义的梯度就给出了函数值增长最快的方向，梯度的反方向就是函数值下降最快的方向，这对应于山体最陡峭的方向，只要沿着这个最陡峭的方向往下走就可以以一种最快的方式到达山底。

3. 跟随梯度

通过改进随机本地搜索方法可以得到跟随梯度策略，以当前位置为基准，向最陡峭的方向向下走一步，即在当前位置对损失函数求梯度，并沿着梯度反方向更新参数值，再在新的位置重复以上步骤，直至找到损失函数的极小值，此时的参数$\boldsymbol{W}$即所需的最优值。这里再回顾一下梯度的概念，在一元函数中，梯度实质上是函数的导数，即函数在不同点处切线的斜率。

$$\frac{\mathrm{d}f(x)}{\mathrm{d}x}=\lim_{h\to 0}\frac{f(x+h)-f(x)}{h} \tag{2-8}$$

在多元函数中，梯度是函数对不同变量求偏导数组成的向量，它的维度与变量数量相同，这里多元函数的梯度仍可以使用公式(2-8)来表达，只是 x 不再是一个单一变量而是一个向量，即所有变量的集合。正是梯度的优异特性，它指向使得函数增长最快的方向，因此给定任意维度的损失函数，都可以使用梯度找到使得损失函数下降最快的方向。梯度给出了函数在当前点的一阶线性逼近，因此在实践中，很多深度学习算法都是先计算梯度然后使用梯度信息迭代更新参数向量。

既然这种策略需要使用梯度信息，那么如何计算梯度呢？有两种方法：数值梯度法和解析梯度法。数值梯度法从梯度的极限定义式(2-8)出发使用有限差分法去近似，下面举例说明。如图 2-23 所示，左边是当前参数向量 $\boldsymbol{W}$ 的取值，根据定义的损失函数得到在当前参数设置下的损失为 1.25347，计算的目标是梯度 $\nabla_{\boldsymbol{W}}L$，这是一个和 $\boldsymbol{W}$ 相同维度的向量，其中每一个元素都是损失函数对参数 $\boldsymbol{W}$ 的元素求偏导数的结果，它给出了参数 $\boldsymbol{W}$ 在某一维度的微小变化造成的损失变化。所以，有限差分法通过将 $\boldsymbol{W}$ 的每一个元素都累加一个微小值 h，然后使用损失函数重新计算损失值，将两次损失值做减法并除以这个微小值 h 来计算梯度。对于本例，如果将参数向量 $\boldsymbol{W}$ 的第一维度进行微小变化 $+0.0001$，其他维度固定不变，使用新的 $\boldsymbol{W}$ 计算的损失为 1.25322，然后使用有限差分逼近可以得到梯度的第一维为 -2.5。同理，可以在 $\boldsymbol{W}$ 任一维累加一个微小值，并保持其他维度不变，从而近似求出完整梯度。可以看到，在梯度极限定义公式中，h 是趋于 0 的，实际中通常使用一个较小的数值，本例中 $h=0.0001$，当然，h 越小对梯度的近似就越准确。

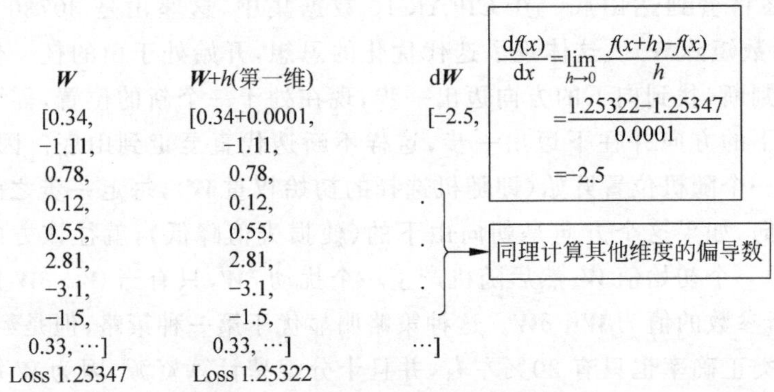

图 2-23　使用有限差分法计算梯度

一阶导数有三种近似求法：前向差分、后向差分和中心差分。由于中心差分的误差最小，梯度计算时采用中心差值公式效果会更好。

$$\frac{\mathrm{d}f(x)}{\mathrm{d}x}=\lim_{h\to 0}\frac{f(x+h)-f(x-h)}{2h} \tag{2-9}$$

尽管数值梯度法计算非常简单，但是速度很慢。因为类似卷积神经网络这样的大型网络的损失函数表达式非常复杂，计算函数 f 会非常慢；另外，参数向量可能也不止 10 个元素，而是以千万计，在一些复杂的深度学习模型中，甚至以亿计，所以在实际使用中，不会使用有限差分法计算梯度，因为必须等待可能上亿次的函数估计来得到一个梯度，速度非常慢，效果也不好。

另外一种有效计算梯度的方法是解析梯度法，利用微分解析地求出梯度的表达式，这实际上是一种精确解而非近似。并且，因为只需要计算一个表达式，所以速度很快。与使用有限差分法计算梯度不同，首先，计算得到梯度的表达式$\nabla_{\boldsymbol{W}} L$，然后将当前的参数值$\boldsymbol{W}$代入便可一次性得到完整的梯度值。但是，解析梯度法在实现时容易出错，因此在实践中，通常使用解析梯度法获取梯度信息并更新参数，而用数值梯度法检验解析梯度法的正确性，将二者计算的结果进行比较来判断正确与否，这个步骤也叫作梯度检查，是实际操作中常用的小技巧。在使用数值梯度进行检查时，出于计算时间的考虑，一般随机选择部分参数进行检查而非对全部的参数进行检查。

知道了怎样计算梯度，就可以使用梯度信息来更新参数了。最简单的梯度下降算法的参数更新公式为

$$\boldsymbol{W}_{\text{new}} = \boldsymbol{W}_{\text{old}} - \alpha \nabla_{\boldsymbol{W}_{\text{old}}} L(\boldsymbol{W})$$

$$\nabla_{\boldsymbol{W}} L(\boldsymbol{W}) = \frac{1}{N} \sum_{i=1}^{N} \nabla_{\boldsymbol{W}} L_i(f(\boldsymbol{x}_i, \boldsymbol{W}), y_i) \tag{2-10}$$

上述公式只需要三行代码就可以实现，如图 2-24 所示。首先，初始化参数$\boldsymbol{W}$的值为随机值，当判断条件为真时，执行循环，在循环内部计算损失和梯度，然后向梯度的反方向更新参数，然后不断重复直到收敛。公式(2-10)中的α和代码中的 step_size 为学习率或步长，是一个超参数，它表示每次进行参数更新时向梯度方向前进多少距离，这是一个必须合理设置的超参数，太大或者太小都会导致相应的问题。仍以下山作比，步长相当于每一步跨出的距离，如果步长太大，可能导致在最低点附近迈出一大步从而越过了最低点；反之，如果比较谨慎将步长设置得非常小，又会导致进度过慢，需要很长的时间才能走到山底。步长或学习率的具体设置方法在后续章节会详细介绍。

```
#Gradient Descent
while True:
    weights_grad = evaluate_gradient(loss_fun, data, weights)
    weights += -step_size * weights_grad #perform parameter update
```

图 2-24 梯度下降法的代码实现

下面使用二维情形来详细说明梯度下降算法的运行过程。如图 2-25 所示，假设参数向量只有两维W_1和W_2，这里用一个碗形来表示误差函数，中心区域误差值较小，是优化的目标，边缘区域代表较高的误差值。从二维空间内的一个随机点(图中白点)开始，先计算梯度的反方向，它始终指向最终的最小值，然后朝梯度反方向迈进一步。不断重复这一过程，最终将会达到最小值。如果将这一过程可视化，可以看到参数朝着中心点迂回前进并不断逼近最小值，图 2-25 显示了参数的更新路线。梯度下降算法是跟随梯度策略中最简单的一种算法，但它却是训练复杂神经网络的核心。实践中通常会使用更加高级的优化算法，在迭代过程中使用更高级的更新策略，例如带动量的梯度下降、Adam 优化器等。关于其他优化算法，后续内容会有详细的讲解，但本质上都采用了迭代的思想并且使用了梯度信息，只是更新策略有所不同，其基本思想都是基于梯度下降的思想，每一步都尝试着往山下的方向走。

另一点需要注意的是，由于定义的损失函数是整个训练集上所有样本损失的平均值，实

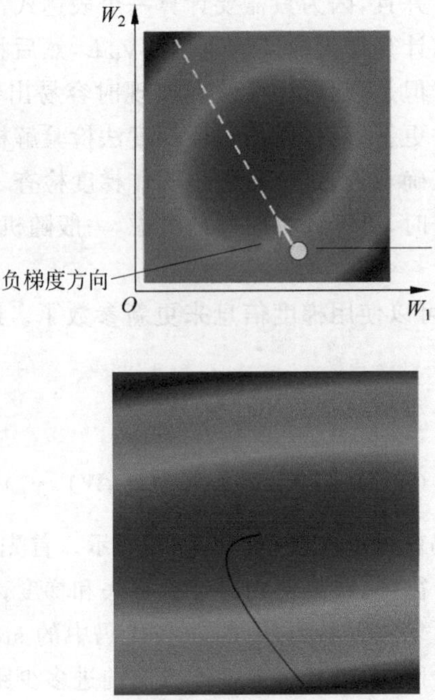

图 2-25　可视化梯度下降法参数更新过程①

际中训练数据可达百万级别，所以要计算损失值所需的计算成本将会非常高，每一次迭代更新都需要遍历整个数据集，这会导致参数更新非常慢。所以，实际操作中，常常使用小批量梯度下降（Mini-Batch Gradient Descent），并非计算整个训练集的损失和梯度值，而是在每一次迭代中，随机取一部分训练样本称为小批量（Mini-Batch），通常取 2^n，例如 32、64、128 等，然后使用这个 Mini-Batch 计算的损失和梯度来更新参数。因为这部分样本是随机选取的，因此使用小批量数据计算的梯度可以看作整个训练集梯度的一个近似。这使得算法更加高效，代码仍然只需要简单的四行，如图 2-26 所示，与普通梯度下降算法相比，每一次迭代仅仅多了随机选取部分样本组成 Mini-Batch 这一步，这里 Mini-Batch 的数量为 256。更极端的一种情况是，每个批量仅包含一个样本，这被称为随机梯度下降（Stochastic Gradient Descent，SGD）或者在线梯度下降。实际上，人们通常使用随机梯度下降这个名称来代替小批量梯度下降。

```
# Minibatch Gradient Descent
while True:
    data_batch = sample_training_data(data, 256) # sample 256 examples
    weights_grad = evaluate_gradient(loss_fun, data_batch, weights)
    weights += -step_size * weights_grad  # perform parameter update
```

图 2-26　小批量下降法的代码实现

① 图片来自：http://cs231n.stanford.edu/2018/.

2.3 损失函数

前文已经提到，可以通过损失函数来衡量参数设置的好坏，进而描述模型表现得好坏，模型的效果以及优化的目标通过损失函数定义。本节将重点讲解适用于分类问题的经典损失函数。

2.3.1 折页损失函数

折页损失一种比较常用的损失函数，常用于多类支持向量机（Multiclass Support Vector Machine），该损失函数对于图像分类问题很适用。多类支持向量机是在处理多分类任务时，对二元支持向量机（Binary Support Vector Machine）的一个扩展。二元支持向量机将一个样本 $\boldsymbol{x}_i$ 归类为正例或负例两种情况，在 CIFAR-10 数据集中扩展到了 10 类。根据公式(2-5)可知，总的损失函数 L 是整个数据集中 N 种样本损失函数的平均值，对于单个样本的损失函数 L_i，使用式(2-6)计算得到。其中，s 代表样本在不同类别的得分，其下标 y_i 表示样本本身代表的真实的类别，j 是剩余的错误的类别。这个公式的含义是，除真实分类 y_i，对于其他错误分类都要累加一项损失，这个损失由每一个错误分类的得分值与正确分类的得分值进行比较得出。如果正确分类的分值比该错误分类的分数要高，且高出的分数大于某个安全的边际（公式中设置的这个安全边际为 1），说明该错误分类的分值和正确分类的分值差距较大，具有可区分性，那么这一错误分类累加的损失为 0，即没有累加损失。如果正确分类与某一错误分类的分值差距没有那么大，小于设置的这个安全边际，那么这个错误分类就会累积损失，这一错误分类的损失由 $s_j - s_{y_i} + 1$ 得到，这样就得到数据集中单个样本的损失。当然，也可以使用 max 函数将两种情况合并在一起，式(2-6)中，折页损失是一种使用某个值和 0 取 max 的损失函数，也被叫作铰链损失。由图 2-27 可以看出，这是一个阈值函数，横轴表示某一错误分类的得分值 s_j，s_{y_i} 是训练样本真实分类的得分，纵轴是错误分类的损失。可以看到，对于固定的 s_{y_i}，当 s_j 小于 $s_{y_i} - 1$ 时都不累积损失；而当 s_j 超出这个范围，损失会随着 s_j 的增长而线性增长，因此错误分类分值 s_j 与真实分类分值 s_{y_i} 之间存在一个安全边际 1，一旦 s_j 越过这个安全边际，将累积损失。

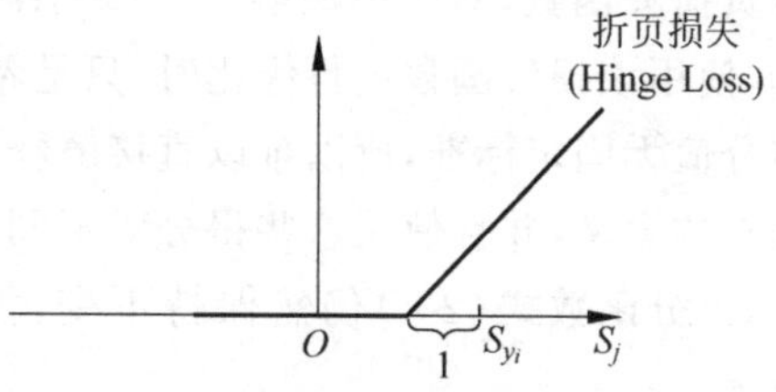

图 2-27 折页损失

下面仍然使用图 2-22 的例子来说明折页损失函数是如何工作的。对第一个样本，即图中猫的图像计算折页损失，真实分类“猫”的得分为 3.2，两个错误分类得分分别为 5.1 和 −1.7，对于错误分类“车”累加的损失为 2.9，因为正确分类“猫”的得分比错误分类“车”的得分还要低，这种情况是不符合预期的，因此要累积损失；而对于错误分类“青蛙”，它的得分低于“猫”的得分，且二者之间差距超过安全边际 1，因此对于“青蛙”这一分类是不需要累积损失的。将错误分类得到的损失全部累加就得到该样本的损失，即 2.9+0=2.9。对于其他样本也类似，例如对于第二张汽车的图像，可以计算出其样本损失为 0，模型在该样本上表现较好，使得正确类别“车”的分数比其他类别分值都要高，且高出安全边际 1。对于第三个样本，同样可以计算出其样本损失值为 12.9，是一个很大的值，这说明模型在该样本上的表现很不好。最终，将所有样本损失求和取平均就可以得到整个训练集上的损失，即5.27。

上文对于损失公式定义中的“安全边际”人为设置为1，在实践中这个参数应该怎样确定呢？实际上，这并不是一个需要特别关心的问题，需要关注的是分值之间的相对差异，而非绝对差异，理解这一点的关键在于，权重 $\boldsymbol{W}$ 的大小对于分类分值有直接影响（当然对它们的差异也有直接影响），如果将 $\boldsymbol{W}$ 的值缩小，各类别分值之间的差异也会变小，反之亦然。因此，不同类别分值之间的边界的具体值（例如1或10）从某些角度看是没有意义的，因为权重就可以控制差异的变大或缩小。因此，该参数在绝大多数情况下设为1都是安全的。

除此之外，实践中有时也会使用平方折叶损失函数，公式如下：

$$L_i = \sum_{j \neq y_i} \max(0, s_j - s_{y_i} + 1)^2 \tag{2-11}$$

该函数使用一种非线性方法，更强烈地惩罚过界的值。非平方折页损失函数是更标准的版本，但是在某些数据集中，平方折叶损失函数会工作得更好，可以通过交叉验证来决定到底使用哪个函数。

2.3.2 交叉熵损失函数

交叉熵损失函数多用于多元逻辑回归(Multinomial Logistic Regression)。支持向量机和逻辑回归都是比较常用的分类器，多元逻辑回归是在多分类问题上的推广，因为使用了softmax函数，也称之为softmax回归或softmax分类器。与上文支持向量机使用的铰链损失函数不同，多元逻辑回归损失函数先使用softmax函数将类别分值进行概率归一化，再使用交叉熵损失(Cross-Entropy Loss)函数，在深度学习中这个损失函数使用更为广泛。回顾折页损失函数，对于模型函数 $f(\boldsymbol{x}_i, \boldsymbol{W})$ 给出的不同类别的得分，并没有给出一个明确的解释，使用该损失函数进行优化时，只是希望真实类别的得分比其他所有类别的得分要高，具体分值无固定标准，所以难以直接解释。但是，多元逻辑回归损失函数将赋予这些得分一些额外的含义，并且使用这些得分对不同的类别计算概率分布。实际上，在多元逻辑回归模型中，评分函数式(2-4)仍然保持不变，需要将评分值送入softmax函数进行变换，如下式所示。

$$L_i = -\log p = -\log\left(\frac{e^{f_{y_j}}}{\sum_j e^{f_j}}\right) \tag{2-12}$$

根据式(2-12)得到对应分类的概率值。其中，下标 j 对应于第 j 种类别，s_k 代表第 k 种类别的得分值。该函数对得分值进行指数化操作，使得结果为正，然后除以所有类别分值的指数化结果的和进行归一化。经过softmax处理后，每一个分值都被压缩至0～1，相当于对所有类别都给出了相应的概率，并且所有类别的概率和为1，这是计算得到的概率分布，是从分数推导出来的，这赋予这些分值一个概率意义的解释。

得到模型预测的概率分布，就可以与目标值或者真实的概率分布进行比较。如果样本是一张猫的图像，那么真实概率分布“猫”类别的概率应该为1，而其他类别的概率为0，模型预测的概率分布应当接近真实的概率分布，即“猫”类别的概率尽可能接近于1，对于其他类别而言，概率要尽可能为0。使用交叉熵损失函数来衡量模型的性能，其具体形式为

$$p(Y=k \mid \boldsymbol{X}=\boldsymbol{x}_i)=\frac{\mathrm{e}^{s_k}}{\sum_j \mathrm{e}^{s_j}} \tag{2-13}$$

其中，$\boldsymbol{s}=\boldsymbol{f}(\boldsymbol{x}_i,\boldsymbol{W})$，$p$ 表示模型对于真实类别概率的预测，p 越接近于1越好。从信息论的角度进行解释，通过使用交叉熵衡量两个概率分布 p(真实概率分布)和 q(模型预测分布，$q=\frac{\mathrm{e}^{f_{y_j}}}{\sum_j \mathrm{e}^{f_j}}$)之间的差异，交叉熵值越小，说明两个分布越接近，说明模型表现得越好。交叉熵的计算公式为

$$H(p,q)=-\sum p(x)\log q(x) \tag{2-14}$$

对于真实分布，正确类别概率为1，其余类别概率都为0。因此，交叉熵的和式只剩一项，即 $-\log p$，p 是正确类别的概率。可以看到，模型预测的分布对于正确分类的概率越接近于1，交叉熵损失函数的值越接近于0，说明模型表现越好；反之，交叉熵函数的值趋于无穷大，说明模型表现很差，由损失函数会得到一个很大的损失值。

仍以图2-22为例，将样本送入线性分类器，得到三个分数，这些分数同折页损失中的得分相同。不同的是，不直接在损失函数中使用这些分数值，而是先进行指数化处理，保证结果都是正数，然后进行归一化，以保证结果的和为1，这时得到损失函数的结果为 $-\log(0.13)$，这就是softmax分类器或多元逻辑回归使用的交叉熵损失函数，如图2-28所示。

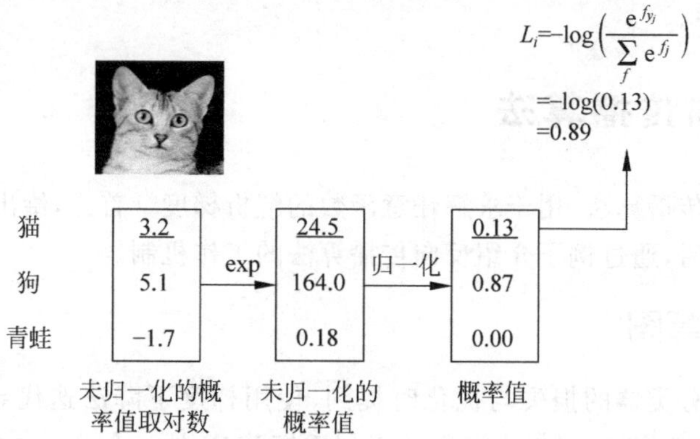

图2-28 使用交叉熵损失函数计算样本损失

下面对比本节提到的两个损失函数，体会二者不同的处理方式。对于式(2-3)的评分函数，区别在于两个损失函数对利用分值度量模型表现好坏的解释不同。支持向量机(Support Vector Machine，SVM)分类器使用的折页损失只关注正确类别的分值和不正确类别的分值的边际，它的损失函数期望正确类别的分值比其他类别的分值至少高出一个边际值。softmax分类器使用的交叉熵损失函数将得到的分值看作每个类别未被归一化的概率取对数，通过计算概率分布，得到正确类别的负对数概率，期望正确类别的概率接近于1。二者的比较见图2-29。

对于图2-22中的三个样本，尝试改变分值，观察两个损失函数的变化。在多类SVM中，如果样本中有车的图像，在正确分类时，“车”的类别就会比其他类别的分值要高，即使这个样本的得分有轻微变化也并不会对损失值产生根本改变，因为折页损失唯一关心的是正

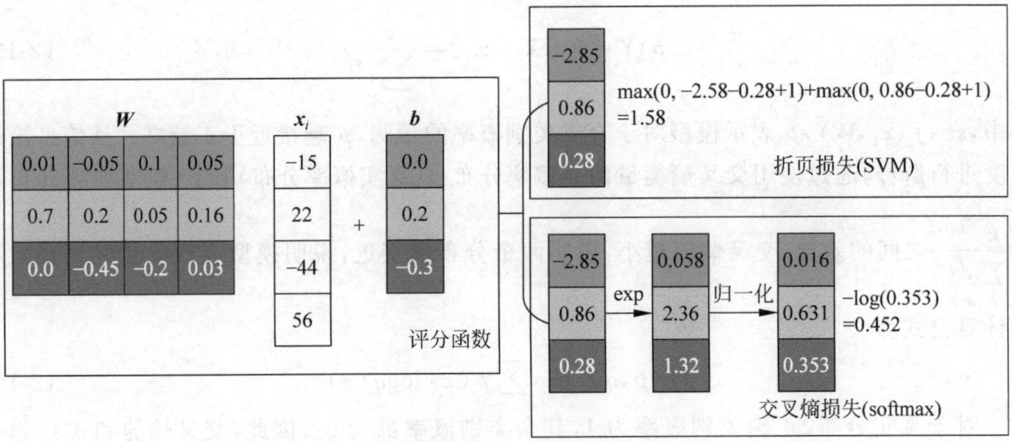

图 2-29 折页损失和交叉熵损失的比较

确类别的分值要比其他类别的分值高出一个安全边际。但是，第二种损失函数的目标是正确类别的概率等于 1，即使正确类别具有相当高的分值，同时给不正确类别相当低的分值，依然会在正确类别上累积更多的概率质量，使得正确类别的概率趋于 1，这会让正确类别的分数始终向着无穷大的方向增大，错误类别的分数向着负无穷的方向减小。对于 SVM，如果某个数据点的分值差距超过边际，说明这个样本已经被正确分类了，不必继续关注这个数据点了，而 softmax 分类器的损失函数总是在试图提高这个分值，让每一个数据点越来越好，这是二者的差异。

2.4 反向传播算法

本节介绍反向传播算法，用于求解任意函数的解析梯度。首先，给出计算图的概念用于表示任意函数。然后，通过例子介绍反向传播算法的工作机制。

2.4.1 计算图

前面讲解线性分类器的损失与优化时提到，使用梯度下降法迭代寻找最优的 $\boldsymbol{W}$，更新权值 $\boldsymbol{W}$ 需要用到梯度信息，当损失函数关于权重矩阵 $\boldsymbol{W}$ 是一个简单函数时，可以直接列写出损失函数关于 $\boldsymbol{W}$ 的梯度表达式，但是当网络结构变得复杂时，例如卷积神经网络，损失函数会有非常复杂的表达形式，很难直接列写出损失函数关于权重矩阵 $\boldsymbol{W}$ 的梯度表达式。本节介绍的反向传播算法提供了一种思路，采用一种优美的形式，使用链式法则，可以求解任意复杂度函数的解析梯度。

介绍反向传播算法前，首先引入计算图的概念。使用计算图可以表示任意函数，如图 2-30 所示，计算图可以表示线性分类器的折页损失函数，图中每一个节点表示函数拆分的子运算。该损失函数有两个输入：权重矩阵 $\boldsymbol{W}$ 和样本数据 $\boldsymbol{x}_i$。“*”节点表示矩阵乘法，对该节点的两个输入进行矩阵乘法操作，得到输出 $\boldsymbol{s}$，即评分向量。因此，第一个节点实质上完成了线性分类器使用评分函数求得评分向量的过程。评分向量作为下一个计算节点“Hinge Loss”的输入，根据式(2-6)可以计算得到数据损失项 L_i，为了防止过拟合现象，还要添加正则项(详细内容见 5.4 节)。因此，计算图的下方有一个分支用于计算正则项。

最后，正则项与数据损失项通过一个加法节点得到总的损失。使用计算图的好处是，只要能将函数用计算图表示出来，就可以使用反向传播算法来计算图中每个变量的梯度。

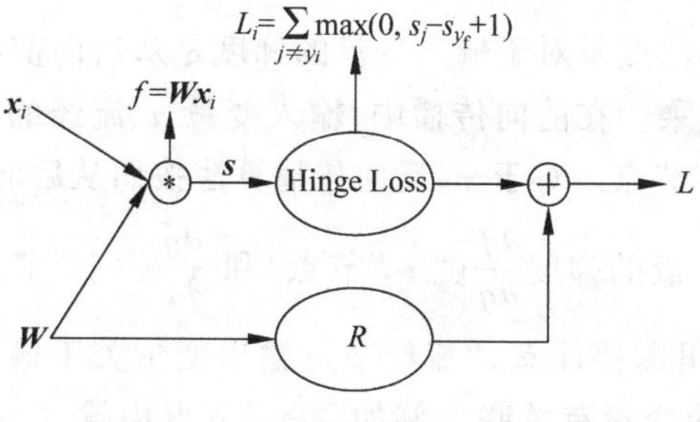

图 2-30　计算图表示折页损失函数

2.4.2　反向传播举例

下面介绍反向传播算法的工作机制。先从一个简单例子开始，式(2-15)为一个含有三个变量的简单函数。

$$f(x,y,z)=(x+y)z \tag{2-15}$$

下面介绍使用反向传播算法计算该函数的输出 f 对于任意一个输入变量 (x,y,z) 的偏导，即函数的梯度。首先，使用计算图将该函数以图的形式表示出来，如图 2-31 所示，该函数只有两个节点，一个“+”节点，一个“*”节点。然后，对这个网络进行前向传播，假设每个输入变量的值为 $x=-2, y=5, z=-4$，将这些输入变量的值代入，通过计算图可以计算得到中间值，可以得到第一个计算节点“+”的输出为 3，第二个节点“*”的输出为 -12，即函数的最终输出，前向传播的输入变量以及中间变量取值在计算图中对应变量处的直线上方加下画线标明。前向传播完成后，使用链式法则回传梯度。令中间变量 $q=x+y$，那么输出变量可以表示为 $f=q*z$，这里将这两个节点的输出关于其本身的输入的梯度都写出，q 对于输入变量 x 和 y 的梯度都为 $1\left(\frac{\partial q}{\partial x}=1, \frac{\partial q}{\partial y}=1\right)$，$f$ 对输入变量 x 和 y 的梯度互为彼此，对 q 的梯度是 z，对 z 的梯度是 q，因为该节点进行的是乘法运算。最终的目标是获得 f 对于 x，y 和 z 的梯度$\left(\frac{\partial f}{\partial x}, \frac{\partial f}{\partial y}, \frac{\partial f}{\partial z}\right)$。与前向传播不同，反向传播通过递归使用链式法则从后往前计算所有梯度，如图 2-31 所示，此处将损失函数关于所有变量（包括中间变量和输入变量）的梯度用斜体写在计算图中相关变量处的直线下方。首先，计算最后一个节点输出（即函数输出）变量关于输入变量的梯度，此处最后一个节点的输入变量为 q 和 z，因为 $f=q*z$，所以$\frac{\partial f}{\partial q}=z$，$\frac{\partial f}{\partial z}=q$。在前向传播中已经得到 $q=3$，那么$\frac{\partial f}{\partial z}=3$，所以，很容易得到函数输出变量关于 z 的梯度为 3，同理可得$\frac{\partial f}{\partial q}=-4$。继续沿着计算图向后求取$\frac{\partial f}{\partial y}$，变量 y 与函数输出变量 f 并没有直接的关系，y 是通过中间

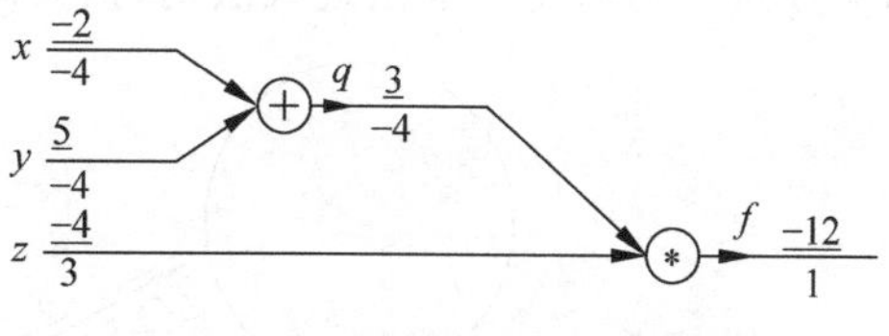

图 2-31　举例理解反向传播原理

变量 q 与 y 联系在一起的，y 是“+”节点的输入，q 为“+”节点的输出。所以，使用链式法则可得 $\frac{\partial f}{\partial y}=\frac{\partial f}{\partial q}*\frac{\partial q}{\partial y}=z*1=z=-4$，同样可得 f 关于 x 的梯度 $\frac{\partial f}{\partial x}=\frac{\partial f}{\partial q}*\frac{\partial q}{\partial x}=z*1=z=-4$。可以发现，函数输出变量对于输入变量的梯度是从后向前相连节点的输出变量关于相关输入变量的梯度的累乘。在前向传播中，输入变量 x 流经的节点为“+”和“*”节点，而输入变量 z 仅流经“*”节点。对于 x，反向传播算法按照从后向前的方向，将两个流经节点的输出变量关于输入变量的梯度 $\frac{\partial f}{\partial q}$（“*”节点）和 $\frac{\partial q}{\partial x}$（“+”节点）进行相乘得到输出变量 f 关于 x 的梯度。这里需要注意，“流经节点输出变量关于输入变量的梯度”中的输入变量必须与要计算梯度的变量有关联。例如，“*”节点中输入变量 z 与要计算梯度的变量 x 没有关系，因此不能使用 $\frac{\partial f}{\partial z}*\frac{\partial q}{\partial x}$ 来求 x 的梯度，而“*”节点的输入变量 q 是与 x 有关联的。

通过上述例子可以理解反向传播算法的原理。对于计算图中的所有节点，每个节点只关心与它直接相连的节点，每个节点都有相应的输入，即流入该节点的值；节点的输出可能作为下一节点的输入，也可能直接作为最终的输出。任意给定网络中的一个计算节点，如图 2-32 所示，图中节点输入为 x 和 y，输出是 z，只要知道该节点代表的运算操作就可以计算出 $\frac{\partial z}{\partial x}$ 和 $\frac{\partial z}{\partial y}$，称为该节点的局部梯度，是该节点的输出关于输入变量的梯度，因为这是该节点的局部运算，不涉及其他节点，所以对于任何一个节点，可以在前向传播时同时计算出节点输出值（本例为 z）和它的局部梯度 $\left(\frac{\partial z}{\partial x},\frac{\partial z}{\partial y}\right)$。当运用反向传播算法时，计算图中从后向前将梯度累乘，每当到达计算图中的一个节点，该节点都会得到一个从上游返回的梯度，该梯度是函数输出对这个节点输出的求导，如果在反向传播中到达图 2-32 中的节点，就已经通过累乘之前节点的梯度值计算出了最终的损失 L（函数输出）关于 z（节点输出）的梯度 $\frac{\partial L}{\partial z}$。现在需要做的就是继续往下传播，找到损失函数关于该节点输入的梯度，即在 x 方向和 y 方向上的梯度。根据链式法则，损失函数关于 x 的梯度就是 L 关于 z 的梯度乘以 z 在

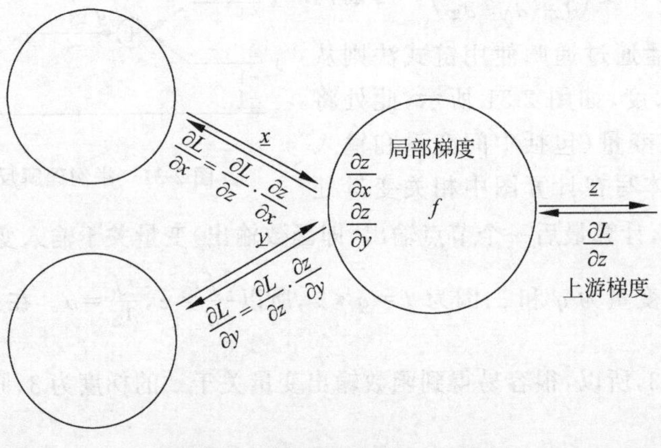

图 2-32 计算图中任意一个节点

x 方向上的局部梯度，即用上游回传的梯度值 $\left(\frac{\partial L}{\partial z}\right)$ 乘以局部梯度值 $\left(\frac{\partial L}{\partial x}\right)$ 得到关于节点输入的梯度值。L 关于 y 的梯度也采用相同的方式得到，使用链式法则，用 L 关于 z 的梯度乘以 z 关于 y 的梯度得到，具体见图 2-32。计算出这些结果，就可以把结果传递给前面直接连接的节点，作为前面节点上游回传的梯度值，然后再与前面节点的局部梯度相乘，得到损失函数关于前面节点输入的梯度。反向传播就是采用这样的方式，计算每一个节点关于其输入的局部梯度，接收上游传回来的梯度值，将两个值相乘作为前面直接相连节点从上游传递回来的梯度值。这样递归地使用链式法则，将不同节点的局部梯度值相乘，直至到达计算图的最前端，最终可以得到损失函数对函数输入的梯度。注意，每一个节点在进行反向传播时，都只考虑与其直接相连的节点。

接下来通过一个更加复杂的例子帮助读者更加直观地体会反向传播算法的高效性。本例中的函数表达式为

$$f(\boldsymbol{W},\boldsymbol{x})=\frac{1}{1+\mathrm{e}^{-(w_0x_0+w_1x_1+w_2)}} \tag{2-16}$$

第一步，将该函数表达式转换为计算图，如图 2-33 所示。第二步，将初始值代入并运行前向传播算法，可以求出中间变量的值和最终的输出，这些值在计算图中用下画线标出。在实际程序运行中，这些值都要暂时保存下来，在使用反向传播算法求梯度时需要用到。接下来需要使用反向传播将梯度回传到最前端。首先，函数关于最后一个节点的输出为 1，因为最后一个节点的输出即函数的输出，故在最后一个节点的输出端将梯度值 1 标出。向前求函数关于最后一个节点输入的梯度，最后一个节点“$\frac{1}{x}$”的局部梯度为 $-\frac{1}{x^2}$，前向传播得到这个节点的输入 $x=1.37$，故该节点的局部梯度为 $-\frac{1}{1.37^2}=-0.53$，再与上游回传的梯度值 1 相乘，得到函数关于节点输入的梯度为 -0.53，同样将该梯度值写在节点输入端，这个值将作为前一个节点向上游回传的梯度值。继续回溯，找到前面节点“$+1$”，该节点将输入 $x+1$，因此该节点的局部梯度为 1，乘以回传的梯度值 -0.53，可以看到函数关于节点“$+1$”的输入的梯度仍为 -0.53。这样不断使用链式法则，按照从后向前的顺序遍历所有节点后，函数对任意中间变量和输入变量的梯度都可以求出，并在图中标注，至此完成对梯度的求

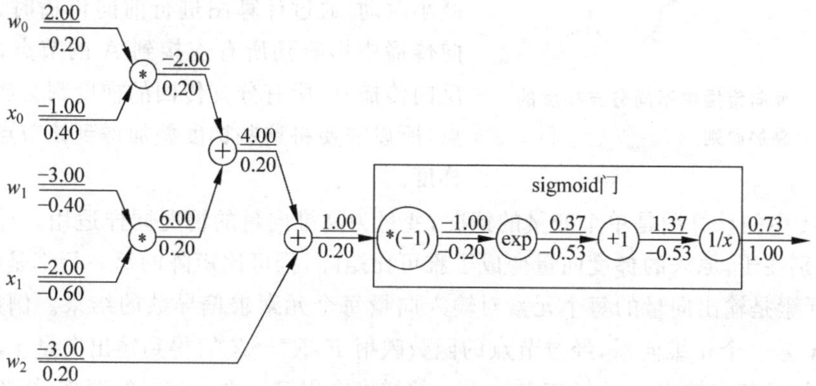

图 2-33 举例理解反向传播原理

解。需要特别注意的一点是，上节讲到的优化算法——梯度下降法与本节中反向传播算法的关系，优化的目的是找到最优的 $\boldsymbol{W}$ 使得损失函数最小化，这涉及一系列迭代步骤将 $\boldsymbol{W}$ 引向最优值，在每一个迭代过程中，使用梯度信息实现参数的更新，梯度下降法是一种具体的更新策略，而反向传播算法则用于高效地求解梯度信息而不必写出梯度的解析表达式。具体来说，在每一个迭代过程，先使用旧的 $\boldsymbol{W}$ 值进行前向传播得到损失函数，再运行反向传播获取梯度信息，然后就可以利用梯度下降法更新 $\boldsymbol{W}$ 值，在下一个迭代过程使用新的 $\boldsymbol{W}$ 值重复上述过程直至收敛。

本例中的函数已经被分解成最简单的形式，每个节点都是基础的运算，加法运算、乘法运算、取负运算、指数运算和取倒数运算均不可再分解。然而，实际应用中创建计算图时，可以将一些节点聚合起来形成具有任意复杂度的节点，只要聚合后的节点是可微分的，能够求出本地梯度即可。例如，本例中包含的 sigmoid 函数，其表达式为

$$\sigma(x)=\frac{1}{1+\mathrm{e}^{-x}} \tag{2-17}$$

采用微积分计算该函数的梯度，可以得到一个形式上优美的表达式。

$$\frac{\mathrm{d}\sigma(x)}{\mathrm{d}x}=\frac{\mathrm{e}^{-x}}{(1+\mathrm{e}^{-x})^2}=\left(\frac{1+\mathrm{e}^{-x}-1}{1+\mathrm{e}^{-x}}\right)(1+\mathrm{e}^{-x})=(1-\sigma(x))\sigma(x) \tag{2-18}$$

因此，可以将原图中所有参与表达 sigmoid 函数的节点用一个大的计算节点替换，变成图 2-33 中的形式，sigmoid 门的局部梯度 $\frac{\mathrm{d}\sigma(x)}{\mathrm{d}x}$ 可求。同理，也可以将一个具有一定复杂度的可拆分节点拆分成多个表示简单运算的节点，实践中需要在整体计算图的简洁度和每个节点局部梯度计算复杂度之间做出权衡。读者可自行验证，本例中节点聚合前后函数是等价的，不论前向传播还是反向传播，得到相同的结果。

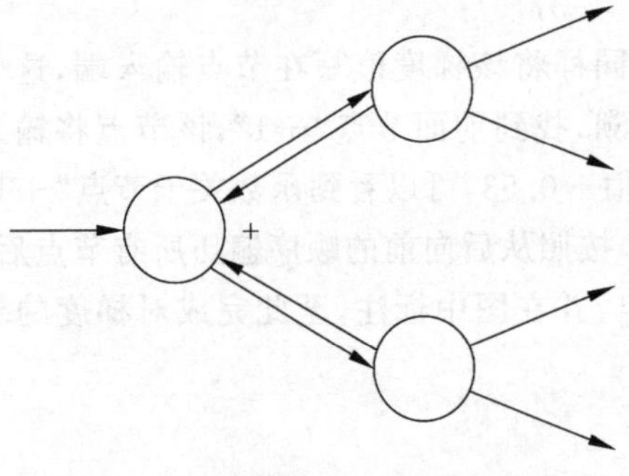

图 2-34　反向传播中不同分支梯度的叠加原则

另一点需要说明的是，前向传播时，如果某一个节点 A 同时连接到多个节点，回传的梯度会在该节点上叠加。在这些分支上，根据多元链式法则，与 A 相连的节点返回的上游梯度值会叠加起来，得到回流到节点 A 的总上游梯度，如图 2-34 所示。可以这样解释这个问题，如果将节点 A 进行微小改动，通过计算图进行前向传播时，就会在前向传播中影响到所有连接到 A 的节点，因此进行反向传播时，所有分支传回的梯度都会影响这个节点，所以需要将这些梯度叠加得到该节点的总上游梯度。

图 2-34 中的计算图是单个变量的情况，变量为高维向量的情况同样适用。计算流程相同，唯一区别在于，原来的梯度向量变成了雅可比矩阵，雅可比矩阵的每一行都是偏导数，矩阵的每个元素是输出向量的每个元素对输入向量每个元素求偏导数的结果。例如，一个节点的输入 $\boldsymbol{x}$ 是一个 n 维向量，经过节点的函数映射 $F:R^n\to R^m$，得到输出向量 $\boldsymbol{y}$，$\boldsymbol{y}$ 是 m 维向量。此时，求节点输出 $\boldsymbol{y}$ 关于节点输入 $\boldsymbol{x}$ 的梯度会得到一个 $m\times n$ 的矩阵，矩阵的元素如式(2-19)所示，是 $\boldsymbol{y}$ 的所有元素 y_j 关于 $\boldsymbol{x}$ 的所有元素 x_i 的偏导数。

$$\begin{bmatrix} \frac{\partial y_1}{\partial x_1} & \cdots & \frac{\partial y_1}{\partial x_n} \\ \vdots & \ddots & \vdots \\ \frac{\partial y_m}{\partial x_1} & \cdots & \frac{\partial y_m}{\partial x_n} \end{bmatrix} \tag{2-19}$$

看一个更具体的输入是向量的例子，该例中函数为

$$f(\boldsymbol{x},\boldsymbol{W}) = \| \boldsymbol{W} \cdot \boldsymbol{x} \|^2 \tag{2-20}$$

其中，$\boldsymbol{x}$ 是一个 n 维向量，$\boldsymbol{W}$ 是一个 $n \times n$ 的矩阵。首先，画出计算图，如图 2-35 所示，共有两个计算节点，“*”节点计算向量和矩阵的乘法，得到的中间向量命名为 $\boldsymbol{q}$；“L2”节点表示对中间向量取 L^2 范数。两种向量运算基于元素的形式展开后，如式(2-21)和式(2-22)所示。

$$\boldsymbol{q} = \boldsymbol{W} \cdot \boldsymbol{x} = \begin{pmatrix} W_{11}x_1 & \cdots & W_{1n}x_n \\ \vdots & \ddots & \vdots \\ W_{n1}x_1 & \cdots & W_{nn}x_n \end{pmatrix} = \begin{pmatrix} q_1 \\ \vdots \\ q_n \end{pmatrix} \tag{2-21}$$

$$f(\boldsymbol{q}) = \| \boldsymbol{q} \|^2 = q_1^2 + \cdots + q_n^2 \tag{2-22}$$

令 $\boldsymbol{W}$ 是一个 2×2 的矩阵，$\boldsymbol{x}$ 是一个二维向量 $\boldsymbol{x} = [0.2, 0.4]^{\mathrm{T}}$，根据矩阵乘法，得到中间变量 $\boldsymbol{q}$ 也是一个二维向量，$\boldsymbol{q}$ 的第一个元素 $q_1 = W_{11}x_1 + W_{12}x_2 = 0.22$，同理可得 $q_2 = 0.26$。第二个节点的输出是向量 $\boldsymbol{q}$ 的 L^2 范数，即 $f = q_1^2 + q_2^2$，代入数值可得 $f = 0.116$。使用反向传播计算梯度，首先求得输出 f 关于最后一个节点的输入向量 $\boldsymbol{q}$ 的梯度，观察式(2-22)可以发现，f 在 q_i 方向上的梯度刚好是 2 倍的 q_i，即 $\frac{\sigma f}{\sigma q_i} = 2q_i$，写成向量形式 $\nabla_{\boldsymbol{q}} f = 2\boldsymbol{q}$，所以 f 关于 $\boldsymbol{q}$ 的梯度向量和原向量维度相同，梯度向量的每个元素表示该特定元素对最终函数影响的大小。下面计算关于 $\boldsymbol{W}$ 的梯度，根据链式规则，需要求出 $\boldsymbol{q}$ 关于 $\boldsymbol{W}$ 的局部梯度，然后与上游回传的梯度 $\nabla_{\boldsymbol{q}} f$ 相乘。同样地，先在元素级别观察 $\boldsymbol{W}$ 的元素对每个 $\boldsymbol{q}$ 的影响。可以看到，q_1 关于元素 W_{11} 的梯度是 x_1，关于元素 W_{12} 的梯度是 x_2，对于 $\boldsymbol{W}$ 的其他第一个下标不为 1 的元素的梯度都为 0，因为 $q_1 = W_{11}x_1 + W_{12}x_2$，$q_1$ 只与 W_{11} 和 W_{12} 有关。综上所述，q_i 关于 W_{ij} 梯度等于 x_j，任意 q_k 关于 W_{ij} 的梯度可表示为

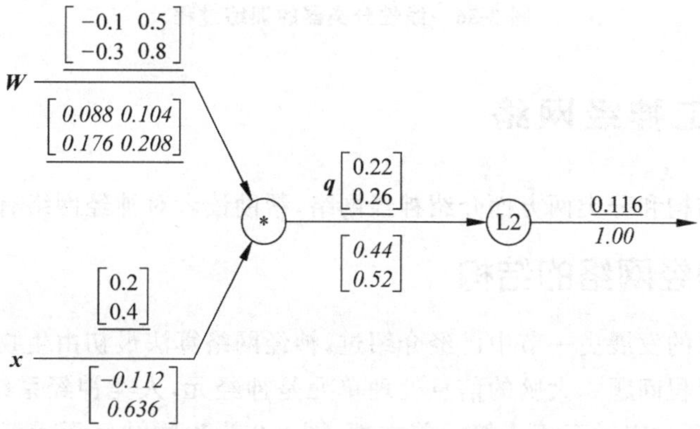

图 2-35 表示向量计算的计算图

$$\frac{\partial q_k}{\partial \boldsymbol{W}_{ij}} = I_{k=i} x_j \tag{2-23}$$

其中，I 为指示函数，只有当 $k=i$ 时，q_k 关于 $\boldsymbol{W}_{ij}$ 的梯度为 x_j，否则为 0。要得到 f 关于元素 W_{ij} 的梯度，可以使用链式法则，通过合并 $\frac{\sigma f}{\sigma q_i}$ 和 $\frac{\sigma q_i}{\sigma w_{ij}}$，得到最终的输出 f 关于元素 W_{ij} 的梯度为 $2q_i x_j$，即

$$\frac{\partial f}{\partial \boldsymbol{W}_{ij}} = \sum_k \frac{\partial f}{\partial q_k} \frac{\partial q_k}{\partial \boldsymbol{W}_{ij}} = \sum_k (2q_k)(I_{k=i} x_j) = 2q_i x_j \tag{2-24}$$

写成向量形式为

$$\nabla_{\boldsymbol{W}} f = 2\boldsymbol{q} \cdot \boldsymbol{x}^{\mathrm{T}} \tag{2-25}$$

这里要注意检查梯度向量的维度，应该与原向量的维度一致，因为每个梯度元素量化了每个元素对最终输出影响的贡献，这在实际应用中是非常有用的完整性检验。例如，上例中通过检验梯度向量 $\nabla_{\boldsymbol{W}} f$ 的大小，不会将结果错写成 $2\boldsymbol{q} \cdot \boldsymbol{x}$，因为 $2\boldsymbol{q} \cdot \boldsymbol{x}^{\mathrm{T}}$ 的大小为 2×2，与 $\boldsymbol{W}$ 一致，而对于 $2\boldsymbol{q} \cdot \boldsymbol{x}$，$\boldsymbol{q}$ 和 $\boldsymbol{x}$ 都是二维列向量，无法进行乘法运算。

理解了反向传播算法的原理后，再看图 2-30 给出的例子，可以完整地给出训练线性分类器的过程。如图 2-36 所示，首先进行前向传播得到需要优化的目标即损失函数，然后利用反向传播算法解析地求得目标函数关于参数的梯度，利用梯度下降算法执行参数更新，再利用更新后的参数值重新进行前向传播得到新的损失函数，再反向传播求梯度，再执行梯度下降更新参数，如此反复，直到收敛至损失函数的最小值。实际上，神经网络是线性分类器的推广，其目标函数更复杂，但训练过程大致遵循上述步骤。不同的是，神经网络的目标函数一般是非凸的，难以收敛至全局最优解，通常寻求收敛至一个比较合适的次优解。

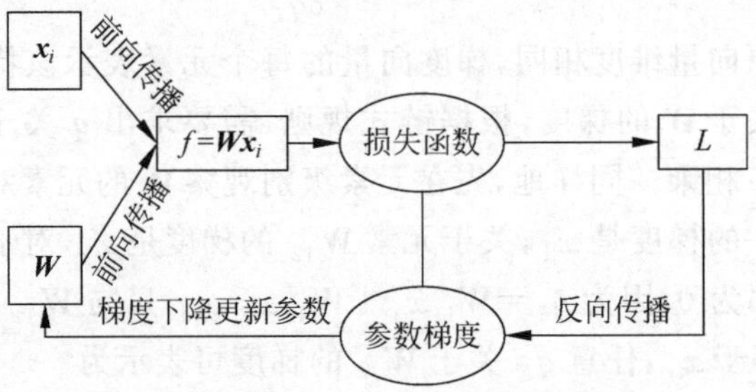

图 2-36　线性分类器的训练过程

2.5　人工神经网络

本节分别从结构和分类两方面介绍神经网络，帮助读者对神经网络有初步的了解。

2.5.1　神经网络的结构

前文深度学习的发展史一节中已经介绍过，神经网络算法最初由生物神经系统启发，逐渐发展成为一个工程问题。大脑的信息处理单元是神经元，人类神经系统大概有 860 亿个神经元，它们之间通过突触互相连接。前文中，图 2-3 为生物神经元示意图，图 2-4 是对单个生物神经元的数学建模。这里再简单回顾一下神经元的计算模型，神经元通过树突接收

来自其他神经元突触传递来的信号(例如 x_0),该信号基于突触强度与连接的神经元树突交互(例如 W_0x_0),其中突触强度(即权重 $\boldsymbol{W}$)控制神经元对其他神经元的影响强度,并且是可学习的。神经元的树突将来自不同神经元的输入信号传递至细胞体并在此累加。若累加的信号值高于某个阈值,该神经元就会被激活,向轴突输出一个峰值信号,轴突末端的突触会将该信号加权传递到下一个连接的神经元中。简而言之,每个神经元对所有的输入进行加权求和,加上偏差,最后通过激活函数 f 进行非线性映射进行输出。历史上,激活函数通常使用 sigmoid 函数。实际上,后来证明线性整流(Rectified Linear Unit,ReLU)函数更接近神经元的实际生理行为。

注意,以上仅仅是对生物神经元的一个粗略建模,实际神经元的工作机理更加复杂。生物神经元有很多不同的种类,它们的树突会进行非常复杂的非线性计算,突触强度不仅是一个权重,而是一个复杂的非线性动态系统。另外,将激活函数作为神经元的激活机制也不够准确,实际神经元的激活机制更为复杂,神经元的激发阈值可能是变化的,因此上述数学模型实际上是非常简化的。

在之前介绍的线性分类器中,使用评分函数 $f=\boldsymbol{Wx}$ 作为优化的目标,而在神经网络中,不再使用单纯的线性映射,而是在此基础上增加一层非线性变换,如下式所示。

$$f=\boldsymbol{W}_2(\max(0,\boldsymbol{W}_1\boldsymbol{x})) \tag{2-26}$$

其中,max 函数保证了非线性,$\boldsymbol{x}$ 是神经网络的输入层。以数据集 CIFAR-10 为例子,$\boldsymbol{x}$ 是一个大小为 3032×1 的列向量,参数矩阵 $\boldsymbol{W}_1$ 是一个大小为 $N\times3072$ 的矩阵,其作用是将输入图像向量转化为不同维度的过渡向量。若 $\boldsymbol{W}_1$ 的大小为 100×3072,那么就产生一个 100 维的过渡向量,实际应用中,过渡向量的维度需要提前设计的。过渡向量通过非线性函数 $\max(0,x)$进行非线性映射得到向量 $\boldsymbol{h}$,向量 $\boldsymbol{h}$ 也被称为中间层或者隐藏层。在神经网络中,非线性函数的选择有很多种,非线性函数就是上文对生物神经元建模时提到的激活函数。max 函数是一种简单的阈值函数,任何小于 0 的输入都会变成 0,而大于 0 的输入会直接输出。将得到的向量 $\boldsymbol{h}$ 与矩阵 $\boldsymbol{W}_2$(大小为 10×100)相乘得到 10 种类别的分值,如图 2-37 所示。注意,非线性函数是至关重要的,如果省略这一步,两个权重矩阵就会合二为一,评分函数就变为了线性分类器的形式。引入非线性函数是必要的,可以解决无法通过直线或者高维空间的平面划分的一类更复杂的问题,而线性模型只能解决线性可分问题。

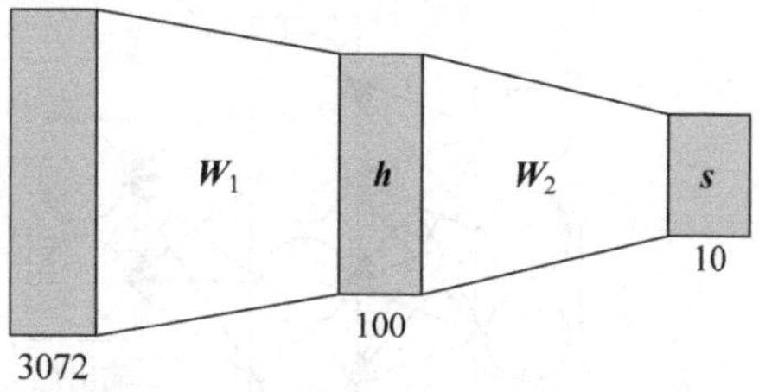

图 2-37 最简单的单隐藏层神经网络

引入非线性可以打破线性模型只能解决线性可分问题的局限,那么神经网络引入多层变换可以带来什么好处呢?从模板匹配的角度分析线性分类器的工作原理时,权重矩阵的每一行都可以看作是某一类别的模板,“车”的模板是一辆模糊的红色汽车。前面已经分析过,线性分类器对于每一类别只能学习到一个模板,“车”这个类别学习到的就是这个红色汽车。对于具有多模态的类别,线性分类器表现得很差,例如,实际生活中有各种颜色的汽车,也有各种类型的汽车。多层网络可以很好地处理这个问题,$\boldsymbol{W}_1$ 是模板的集合,每个中间变量 $\boldsymbol{h}$ 是对所有模板的评分。$\boldsymbol{W}_1$ 可以有很多种不同的模板,这些模板中既有红色车的模板,也有黄色车的模板,上层将这些评分组合起来,矩阵 $\boldsymbol{W}_2$ 是所有模板的权重,从而可以在多个模板之间进行权衡，得到特定类别的最终得分。例如，给定的训练集既包含脸朝左侧的马，也包含脸朝右侧的马，那么学习到的权重矩阵 $\boldsymbol{W}_1$ 就会包含这两种模板，而不会像线性分类器那样，仅产生一个有两个马头的模板。然后，$\boldsymbol{W}_2$ 对所有模板进行加权，若输入一张脸朝左侧的马的图像，则该图像会在脸朝左侧的马模板上获得高分，在脸朝右侧的马这一模板上获得中等分数或低分，进而得到所有模板得分的加权值；若输入一张脸朝右侧的马的图像，则情况可能刚好相反，脸朝左侧的马模板得分低，脸朝右侧的马模板得分高。无论哪种情况，最终 $\boldsymbol{W}_2$ 都会对“马”这个类别给出一个高分。

以上展示的是一个简单的二层神经网络，是一个只包含单隐藏层的神经网络。类似地，一个三层神经网络的函数表达式为

$$\boldsymbol{s}=\boldsymbol{W}_3\max(0,\boldsymbol{W}_2\max(0,\boldsymbol{W}_1\boldsymbol{x}))\tag{2-27}$$

三层神经网络含有两个隐藏层，也可以称为双隐藏层神经网络。可以通过这种方式产生更深层更复杂的神经网络，这也是深层神经网络名称的由来。因此，神经网络可以看作由一组简单函数构成的复杂函数，使用一种层次化的方式不断地将这些函数堆叠起来，以“线性层-非线性层-线性层-非线性层”的形式不断叠加，形成一个十分复杂的非线性函数，这是一种多阶段分层计算的方式。

将神经网络算法以神经元的形式图形化，以便更加直观地理解神经网络的分层结构。神经网络被表示成神经元之间的连接，神经元之间的连接以无环图的形式进行，即上层神经元的输出是下层神经元的输入，每一层内部的神经元之间是没有连接的。通常，神经网络模型中的神经元是分层的，而不像生物神经元一样聚合成大小不一的团状。对于普通神经网络，最普通的层的类型是全连接层，如图 2-38 所示，两个神经网络的图例中，都使用了全连接层，全连接层中的神经元与其前后两层的所有神经元是完全成对连接的。也就是说，全连接层的神经元接收所有前层神经元作为输入，全连接层的所有神经元也将作为下层所有神经元的输入，需要注意的是，同一个全连接层内的神经元之间没有连接。

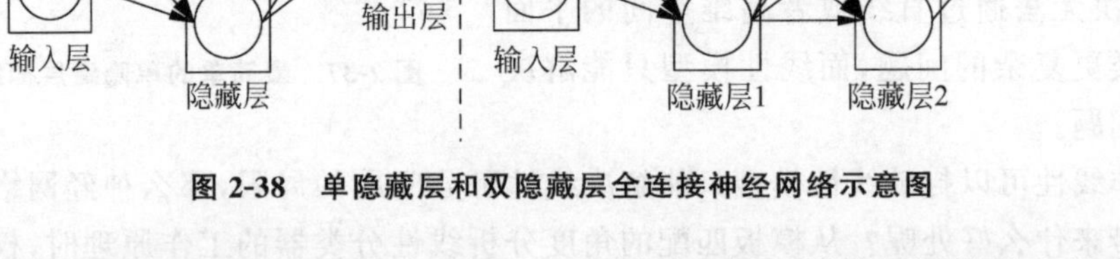

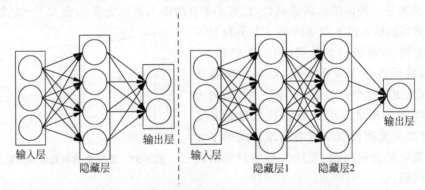

图 2-38 单隐藏层和双隐藏层全连接神经网络示意图

下面具体介绍神经网络的计算。由图 2-37 可知，左侧 2 层神经网络输入层有 3 个神经元，隐藏层有 4 个神经元，也可称为单元(unit)，输出层是 2 个神经元。将每一个输入神经元记作 x_i，i 为下标。本例中，两个神经元可以记作 x_1 和 x_2。为方便使用矩阵计算，通常使用向量的形式，即 $\boldsymbol{x}=[x_1,x_2]$，中间隐藏层的神经元接收所有输入神经元进行线性加权和非线性映射得到输出，以第一个隐藏层神经元为例，该神经元有两个参数，记作 $\boldsymbol{W}_1^{(1)}=[W_{11}^{(1)},W_{12}^{(1)}]$，第一个下标表示这是第几个神经元的参数，第二个下标表示对上层第几个输

入神经元进行加权，上标用于区分不同层的参数。所以，该神经元的输出为 $h_1=f(W_{11}^{(1)}\times x_1+W_{12}^{(1)}\times x_2)$，其中 $f(\cdot)$ 是选择的激活函数，也可使用 $h_1=f(\boldsymbol{W}_1\boldsymbol{x})$ 这种简单的表达方式。同理，剩余三个隐藏层神经元的计算方式相同。为提升计算效率，全部使用矩阵计算的方式，可以一次性得到所有隐藏层单元的输出，即 $\boldsymbol{h}=f(\boldsymbol{x}\cdot\boldsymbol{W}^{(1)})$，其中 $\boldsymbol{W}$ 和 $\boldsymbol{h}$ 的具体表达式见式(2-28)和式(2-29)。

$$\boldsymbol{W}^{(1)}=[\boldsymbol{W}_1^{(1)},\boldsymbol{W}_2^{(1)},\boldsymbol{W}_3^{(1)}]^{\mathrm{T}}=\begin{bmatrix}W_{11}^{(1)} & W_{12}^{(1)}\\ W_{21}^{(1)} & W_{22}^{(1)}\\ W_{31}^{(1)} & W_{32}^{(1)}\end{bmatrix} \tag{2-28}$$

$$\boldsymbol{h}=[h_1,h_2,h_3]^{\mathrm{T}} \tag{2-29}$$

对于神经网络各层输入、输出或者参数的维度不需要特别记忆，只要将神经网络的图例画出，任何中间层的输入向量维度是上层神经元的个数 m，输出向量维度是下层神经元的个数 n，参数矩阵的维度为 $n\times m$。同理，神经网络输出层的输出为 $\boldsymbol{y}=\boldsymbol{h}\cdot\boldsymbol{W}^{(2)}$，其中 $\boldsymbol{h}$ 和 $\boldsymbol{W}^{(2)}$ 的具体表达式见式(2-30)和式(2-31)。

$$\boldsymbol{W}^{(2)}=[\boldsymbol{W}_1^{(2)},\boldsymbol{W}_2^{(2)},\boldsymbol{W}_3^{(2)},\boldsymbol{W}_4^{(2)}]^{\mathrm{T}}=\begin{bmatrix}W_{11}^{(2)} & W_{12}^{(2)} & W_{13}^{(2)}\\ W_{21}^{(2)} & W_{22}^{(2)} & W_{23}^{(2)}\\ W_{31}^{(2)} & W_{32}^{(2)} & W_{33}^{(2)}\\ W_{41}^{(2)} & W_{42}^{(2)} & W_{43}^{(2)}\end{bmatrix} \tag{2-30}$$

$$\boldsymbol{y}=[y_1,y_2,y_3]^{\mathrm{T}} \tag{2-31}$$

需要注意的是，神经网络的输出层与其他层不一样。一般来说，输出层仅对上一层的输出进行线性映射而并不经过激活函数进行非线性映射，主要因为最后一层得到的输出通常具有实际意义。例如，在图像分类问题中，表示不同类别的得分，因此可以为任意实数值。类似地，图 2-38 右侧是一个 3 层神经网络，有两个含 4 个神经元的隐藏层，隐藏层 1 的参数矩阵 $\boldsymbol{W}^{(1)}$ 大小为 4×3，隐藏层 2 的参数矩阵 $\boldsymbol{W}^{(2)}$ 大小为 4×4，输出层的参数矩阵 $\boldsymbol{W}^{(3)}$ 的大小为 1×4，最终的输出使用矩阵乘法可以表示为

$$y=f(\boldsymbol{W}^{(3)}\cdot h_2)=f(\boldsymbol{W}^{(3)}\cdot f(\boldsymbol{W}^{(2)}\cdot h_1))=f(\boldsymbol{W}^{(3)}\cdot f(\boldsymbol{W}^{(2)}\cdot f(\boldsymbol{W}^{(1)}\cdot\boldsymbol{x}))) \tag{2-32}$$

这里的线性映射将权重和偏置进行了合并，最终输出的 y 是一个实值，是一个标量。上述按照神经网络的层组织形式逐层计算中间节点的值并计算最终输出的方式，称为前向传播(Forward Propagation)或者正向传播。对于更加庞大和复杂的神经网络，可能每层有几十个或者上百个神经元，使用矩阵乘法并行运算可以大大提升运算效率。

有的参考书籍会将逻辑回归或者 SVM 作为单层神经网络的一个特例，因为它直接将输入映射到输出，没有中间的隐藏层。另外，也会使用“人工神经网络(Artificial Neural Networks，ANN)”来指代“神经网络”，当神经网络堆叠的层数较多时，会加上前缀，称之为“深度神经网络”或者“深层神经网络(Deep Neural Networks，DNN)”，具体多少层才能称为深层神经网络，还没有明确的定义。

2.5.2 神经网络的分类

人工神经网络按照结构大致分为两种类型：前馈神经网络(Feed Forward Neural

Networks)和反馈神经网络(Feedback Neural Network)。

前馈神经网络也称为前向神经网络,是一类结构简单的神经网络,采用单向多层结构,每一层的神经元只与前后两层的神经元进行连接,中间层的神经元接收上一层的输出作为输入,并将本层的输出作为下层的输入传递下去,层间信息传递只沿着一个方向进行,没有反馈机制,同一层内的神经元之间互相没有连接,整个网络可以使用有向无环图表示。根据隐藏层的数目可以将其分为单层前馈神经网络和多层前馈神经网络。此种网络可以以任意精度逼近任意连续函数和平方可积函数,通过对简单非线性函数的多次拟合,实现从输入空间到输出空间的非线性映射,具有强大的非线性处理能力。由于大部分前馈网络都是学习网络,因此其分类能力和模式识别能力都强于反馈神经网络。

常见的前馈神经网络有感知器网络、BP 神经网络和径向基(Radical Basis Function, RBF)神经网络,后文将介绍的卷积神经网络也是一类包含卷积计算并且具有深度结构的前馈神经网络。此处,感知器网络是一种统称,既包含最简单的单层感知器,也包含较为复杂的多层感知器(Multilayer Perceptron, MLP)。其中,单层感知器(如图 2-38 左侧图所示)是最简单的一种前馈网络,多数文献会省略"单层"二字,直接将单层感知器称作感知器,希望读者不要混淆。多层感知器网络(如图 2-38 右侧图示)要求隐藏层数目大于 1,实际上多层感知器网络就是上文介绍的含隐藏层的全连接的神经网络。BP 神经网络指一类采用反向传播算法调整连接权重的前馈网络。RBF 网络指隐藏层神经元由 RBF 神经元组成的前馈神经网络,RBF 神经元指变换函数为径向基函数的神经元。该网络由 J. Moody 和 C. Darken 于 20 世纪 80 年代末提出,典型的 RBF 网络有三层:输入层、由 RBF 神经元组成的 RBF 层(隐含层)和由线性神经元组成的输出层。

反馈神经网络(图 2-39)是一种输出到输入有反馈连接的神经网络,其结构一般比前馈型神经网络复杂。在这类网络中,多个神经元互连组成神经网络,有些神经元的输出被反馈至同层或者前层神经元,有时也接受自身反馈,因此信号可以在正向和反向两个方向进行流通。某些情况下,反馈型神经网络也可表示为一张完全的无向图,其中每一个连接都是双向的。这里,第 i 个神经元对于第 j 个神经元的反馈与第 j 个神经元对于第 i 个神经元的反馈的突触权重相等,即 $W_{ij}=W_{ji}$。在反馈网络中,输入信号决定反馈系统的初始状态,系统经过一系列状态转换后,逐渐收敛于平衡状态,这种平衡状态就是反馈网络的输出。因此,稳定性是反馈网络的最重要问题。

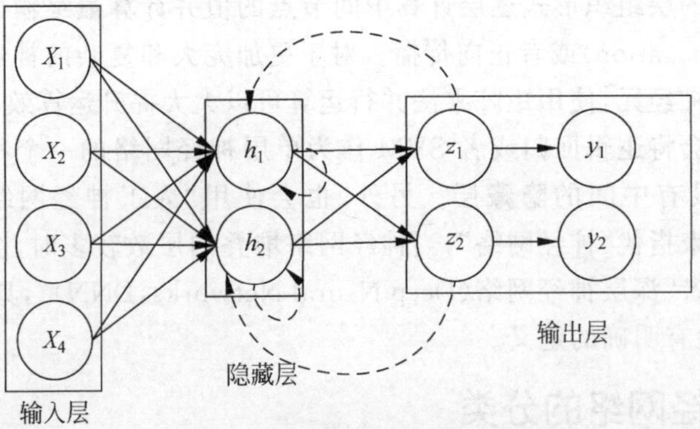

图 2-39　反馈神经网络示意图

Elman 网络和 Hopfield 网络是反馈神经网络中最具代表性的例子。其中，Hopfield 网络是反馈网络中最简单且应用广泛的模型，是美国加州理工学院物理学家 J. J. Hopfield 教授于 1982 年提出的一种单层反馈神经网络，Hopfield 网络分为离散型和连续型两种网络模型，分别记作 DHNN(Discrete Hopfield Neural Network)和 CHNN(Continues Hopfield Neural Network)。关于反馈神经网络的具体原理，在此并不展开，感兴趣的读者可自行查阅文献。

2.6　激活函数

本节介绍常用的激活函数及其优缺点。

2.6.1　常用激活函数

前文已经提及，人工神经网络中激活函数(Activation Function)是必不可少的，它将非线性特性引入网络中，用于解决更加复杂的问题。常见的激活函数主要有以下几种，接下来一一介绍。

1. sigmoid 函数

sigmoid 函数的数学公式为

$$\sigma(x)=\frac{1}{1+e^{-x}} \tag{2-33}$$

函数图像如图 2-40 所示。函数的值域为(0,1)，该函数以任意实数值为输入并将其映射至区间(0,1)，对于大的输入值，输出将十分接近于1；反之，对于很小的负输入值，输出将接近于 0。历史上很长一段时间都采用 sigmoid 函数作为激活函数，因为 sigmoid 具有良好的解释意义，其输出范围在 0 和 1 之间，可以看作神经元的放电率，从完全不激活(0)到完全饱和的激活(1)。后面将会看到，sigmoid 函数由于其饱和特性会产生梯度消失问题以及不以零为中心(非零中心)的函数特点，使参数更新效率低下。

2. tanh 函数

tanh 函数图像如图 2-41 所示，与 sigmoid 函数形似，也存在饱和时梯度消失的问题。不同之处在于，tanh 函数将输入变换至[−1,1]，是以零为中心的(零中心)，所以 tanh 函数不会有 sigmoid 函数存在的第二个问题。因此，在实践中，tanh 函数比 sigmoid 函数应用更加广泛。两个函数之间的关系为

$$\tanh(x)=2\sigma(2x)-1 \tag{2-34}$$

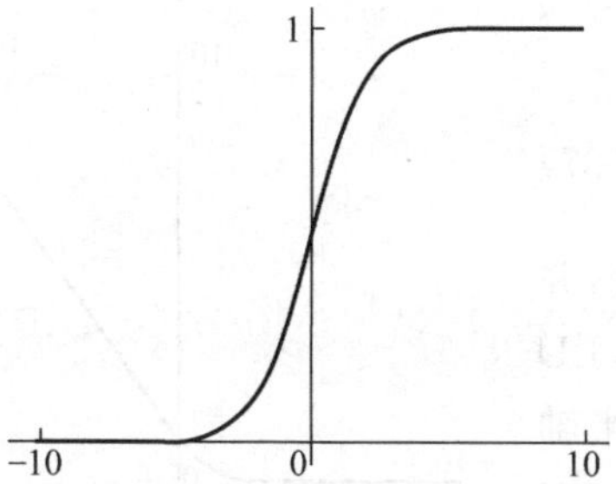

图 2-40　sigmoid 函数

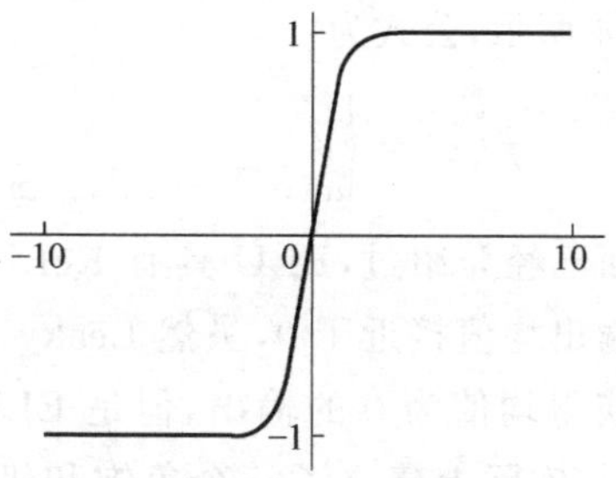

图 2-41　tanh 函数

3. ReLU 函数

ReLU 函数是近几年十分受欢迎的一个激活函数，因为从生物学角度而言，使用它作为激活函数更为合理。ReLU 函数于 2011 年被提出，2012 年的冠军模型 AlexNet 就使用了这个激活函数，后来被大量运用。ReLU 函数的形式为

$$f(x)=\max(0,x) \tag{2-35}$$

可以看出，这是阈值函数的一种。如果输入是负数，则输出为 0；如果输入为正数，则输出值等于输入值。ReLU 函数图像如图 2-42 所示，可以看出，在 x 轴的负半轴，还是会产生饱和现象，但是 x 轴的正半轴不存在饱和，这是一个优势。

4. Leaky ReLU 函数

Leaky ReLU 函数是为解决 ReLU 激活函数存在"死亡 ReLU"作出的改进，关于"死亡 ReLU"的问题将于 2.6.2 节详细讲解。由图 2-43 可以看出，其函数图像与 ReLU 看上去很相似，唯一的区别是，不同于 ReLU 函数的图像在负区间保持平直，Leaky ReLU 函数存在一个微小的负斜率，这解决了 ReLU 函数本身存在的问题，在 Leaky ReLU 函数中没有饱和机制，即使在 x 轴的负半轴也是如此。Leaky ReLU 函数的公式为

$$f(x)=I(x<0)(\sigma x)+I(x\geqslant 0)(x) \tag{2-36}$$

其中，σ 是一个小的常量，例如 0.01。有研究指出，该激活函数表现很不错，但是效果并不很稳定。Kaiming He 等人在 2015 年发表的论文中介绍了一种新函数 PReLU：$f(x)=\max(\alpha x,x)$，也叫参数整流器。它与 Leaky ReLU 函数很像，在 x 轴的负半轴是一条倾斜的线，它将 x 轴的负半轴上的斜率 σ 当作每个神经元的一个参数，因此不需要硬编码，可以通过反向传播学习得到，这赋予它更多的灵活性。

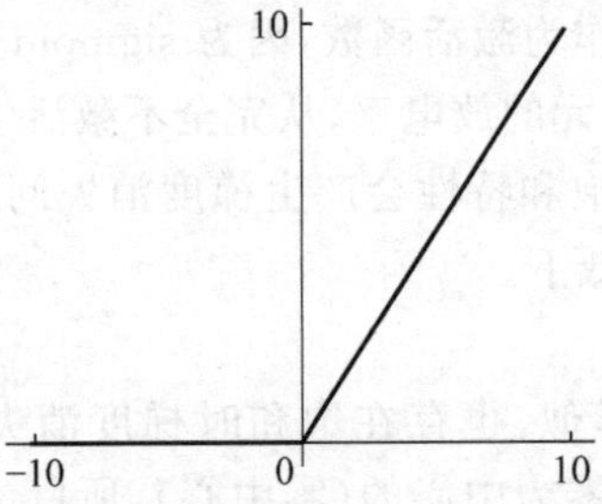

图 2-42 ReLU 函数

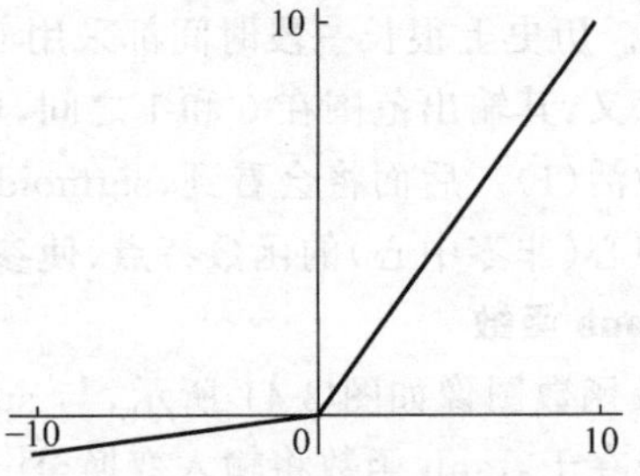

图 2-43 Leaky ReLU 函数

5. ELU 函数

还有一种称为指数线性单元(Exponential Linear Units，ELU)的激活函数，其函数图像如图 2-44 所示，公式为

$$f(x)=\begin{cases}x, & x>0\\ \alpha(\mathrm{e}^{-x}-1), & x\leqslant 0\end{cases} \tag{2-37}$$

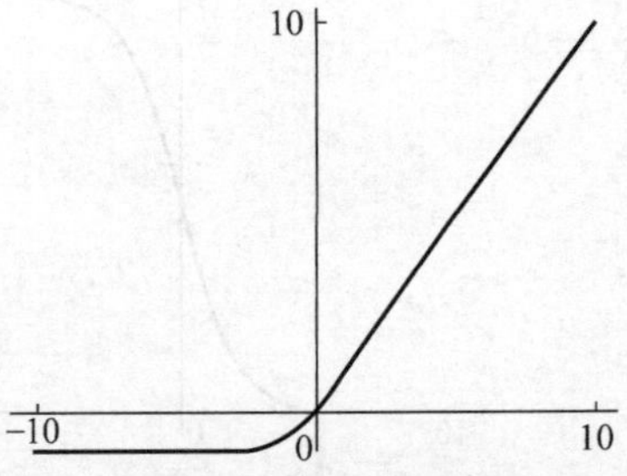

图 2-44 ELU 函数

前面已经介绍过，ELU 具有 ReLU 的所有优点，并且它的输出均值接近于 0，虽然 Leaky ReLU 和 PReLU 也可以获得均值为 0 的输出，但是 ELU 在 x 轴负半轴没有倾斜，实际上建立了一个负饱和机制。有一个具有争议性的观点，有人认为这样会使得模型对噪音具有更

强的健壮性，并得到更健壮的反激活状态，详情可以参考 Clevert 等人 2015 年发表的论文。某种意义上，ELU 是一种介于 Leaky ReLU 和 ReLU 之间的形式，具有 Leaky ReLU 所具有的曲线形状，使输出均值更接近 0，但同时也有一些比 ReLU 更饱和的行为。

6. Maxout "Neuron"

与上面几种激活函数不同，Maxout "Neuron"具有不同的形式。对于权重和数据的内积的输出结果，不再使用函数 $f(\boldsymbol{w}^{\mathrm{T}}\boldsymbol{x}+\boldsymbol{b})$ 的形式。而是从两组使用不同权重对数据进行加权的线性函数中选择取值最大的一个，公式为

$$f(x)=\max(\boldsymbol{w}_1^{\mathrm{T}}\boldsymbol{x}+\boldsymbol{b}_1,\boldsymbol{w}_2^{\mathrm{T}}\boldsymbol{x}+\boldsymbol{b}_2) \tag{2-38}$$

式中，$\boldsymbol{w}_1$ 和 $\boldsymbol{w}_2$ 是不同的权重，$\boldsymbol{b}_1$ 和 $\boldsymbol{b}_2$ 是不同的偏置，所以 Maxout "Neuron"的目的是在两个线性函数中取最大值。Maxout 是对 ReLU 和 Leaky ReLU 的一般化归纳，ReLU 和 Leaky ReLU 是式(2-38)的特殊情况(例如，当 $\boldsymbol{w}_1=0,\boldsymbol{b}_1=0$ 时，即 ReLU)，所以这是另外一种线性机制的操作。

2.6.2 各种激活函数的优缺点

介绍了不同的激活函数之后，实际应用中如何选择激活函数呢？下面对比上文提到的几种激活函数的优缺点，理解几种函数的差别。

1. sigmoid 函数

sigmoid 函数的缺点主要有以下三点。

(1) 当神经元处于饱和状态时，会使得梯度消失，即当输出为 0 或 1 时，梯度几乎为 0。如图 2-45 所示是一个 sigmoid 门，也就是计算图中的一个节点，输入变量 X 便可以从 sigmoid 门得到输出。当使用反向传播算法更新权重时，首先获得上游回传的梯度$\left(\text{即整个损失函数关于该门单元输出的梯度}\dfrac{\partial L}{\partial \sigma}\right)$，然后与局部梯度$\left(\dfrac{\partial \sigma}{\partial x}\right)$相乘，如果此时 sigmoid 门的输入是一个很小的负值(例如 -10)或者很大的正值(例如 $+10$)，sigmoid 门的局部梯度将会接近于 0，由于下游梯度是上游回传的梯度与局部梯度的乘积，如果这条梯度链中某局部梯度接近于 0，那么最终回传的梯度也接近于 0，权重最终不能得到更新，不能很好地进行学习。因此，为了防止饱和，初始化权重矩阵时要特别注意，如果初始权重过大，则网络中多数神经元都会饱和，导致整个网络不能很好地进行学习。

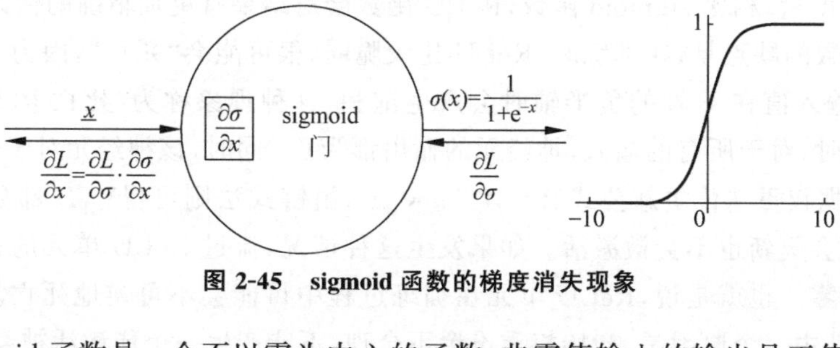

图 2-45 sigmoid 函数的梯度消失现象

(2) sigmoid 函数是一个不以零为中心的函数，非零值输入的输出是正值，这使得后层神经元的输入都是正值，会导致使用梯度下降进行参数更新时效率很低。例如，假设权重 $\boldsymbol{W}$ 是一个二维向量，可以使用平面坐标轴来表示 $\boldsymbol{W}$。对于神经网络中的任一神经元，假设

该神经元的输入为 $\boldsymbol{x}$，运行梯度下降算法使用公式 $\frac{\mathrm{d}L}{\mathrm{d}\boldsymbol{W}} \to \nabla_{\boldsymbol{W}} L$ 来更新参数 $\boldsymbol{W}$，其中 $\nabla_{\boldsymbol{W}} L = \left(\frac{\mathrm{d}L}{\mathrm{d}w_1}, \frac{\mathrm{d}L}{\mathrm{d}w_2}\right)$。由链式法则可知，若想得到关于 $\boldsymbol{W}$ 的梯度，需要将上游的梯度 $\frac{\mathrm{d}L}{\mathrm{d}f}$ 传回，它可能为正也可能为负，将它与局部梯度 $\nabla_{\boldsymbol{W}} f = \boldsymbol{x}$ 相乘，如果该神经元的输入恒为正数，那么关于 $\boldsymbol{W}$ 的梯度也是恒为正或恒为负，如果使用全为正或全为负的数去更新梯度，只能朝着一、三象限这两个方向去更新，参数矩阵 $\boldsymbol{W}$ 的所有值会同时增大或者同时减小，这种方式进行参数更新时是十分低效的。假设最优的 $\boldsymbol{W}$ 是图 2-46 中的 a 向量，从任一点开始更新，本例假设从箭头 b 的起始端顶部开始更新，注意不能沿着 $\boldsymbol{W}$ 这个方向直接求梯度，因为这个方向不是允许梯度更新的方向，只能沿着允许的方向进行一系列梯度更新。例如，沿着图中这些箭头 b 的方向进行"Z"字形更新，第一个箭头沿着第三个象限的方向进行更新，第二个箭头沿着第一个象限的方向更新，这都是允许梯度更新的方向。因为优化的目标是得到最优 $\boldsymbol{W}$，所以通常使用均值为 0 的数据，通过设置使各层神经元的输入均值为 0，可以得到正值和负值，这样就不会陷入梯度更新出现的这个问题。但是实践中通常使用批量梯度更新，批量的数据损失对于权重矩阵的梯度叠加后，最终的更新参数有正值有负值，从一定程度上解决了这个问题。

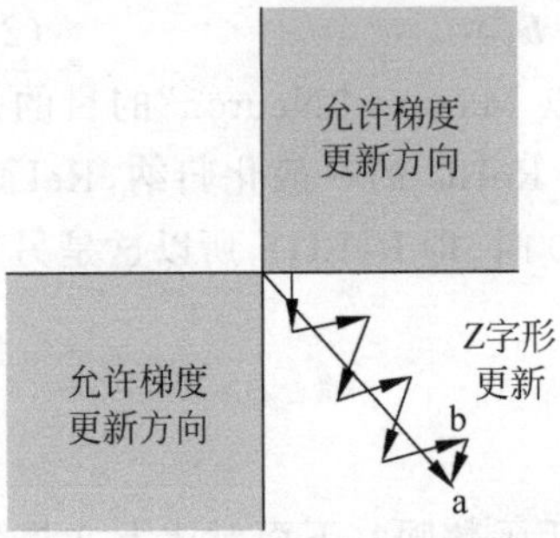

图 2-46 sigmoid 函数的 Z 字形更新

(3) 由于 sigmoid 函数是一个指数函数，因此它的计算代价略高，该问题通常影响不大，在整个网络框架中，卷积和点乘运算的代价更高，与之相比指数运算的代价不值一提。

2. tanh 函数

tanh 函数的缺点与 sigmoid 函数类似，如果神经元的输入为大的正值或小的负值，会使神经元饱和，产生梯度消失问题。

3. ReLU 函数

与 tanh 函数和 sigmoid 函数相比，ReLU 函数的优点是不含指数项，仅进行简单的 max 操作，因此计算速度比较快。实践中更常用 ReLU 函数的原因是，它比 tanh 函数和 sigmoid 函数收敛快，大约快 6 倍。同时有证据表明，sigmoid 函数更具备生物学上的合理性，从神经科学的角度度量，相比 sigmoid 函数，ReLU 函数会对结果有更加精确的估计。

ReLU 函数的缺点是，在训练时，ReLU 比较脆弱，很可能会"死亡"，因为 ReLU 函数不以零为中心，输入值在 x 轴的负半轴时会产生饱和，这种现象称为"死亡 ReLU"。当出现"死亡 ReLU"时，对于所有的输入，神经元的输出都为 0。同时，该神经元对于输入的局部梯度也为 0。根据权重迭代更新公式 $\boldsymbol{W} = \boldsymbol{W} - \alpha \nabla_{\boldsymbol{W}} L$，由链式法则可得 $\nabla_{\boldsymbol{W}} L$ 部分也为 0，将导致该单元既不会更新也不会被激活。如果发生这种情况，流过 ReLU 单元的梯度从这一点开始将永远为零。也就是说，ReLU 单元在训练过程中可能会不可逆地死亡。主要有几个可能的原因，其中一个原因是，初始权重设置不合理，不能产生一个能激活神经元的输入，没有一个合适的梯度回传回来用以更新权重，该神经元就会"死亡"。实际运用时，通常使用较小的正偏置来初始化 ReLU，以增加它在初始化时被激活的可能性，并获得更新，这些偏置项只是让更多的 ReLU 在一开始就能被激活，有人认为这么做没有用，多数时候还是将偏置项初始化为 0。

另外一个原因是，设置的学习率(即式中的 α)过大，通常在开始时正常，但在某一节点会突然变差，然后这个神经元就会“死亡”。这是因为，在训练时不断更新导致权值不断波动，出现 ReLU 被数据的多样性所淘汰的情况。由于设置的学习率是一个很大的值，如果此时回传的梯度是一个很大的负数，再与较大的学习率相乘，这将导致梯度更新进入一种特别的状态，更新后的参数是一个很大的负值，这种情况下神经元无法被其他任何数据点再次激活。实际上，“冻结”一个已经训练好的网络，将数据通过该网络传递，实际上网络中多达 10%～20%的 ReLU 都会“死亡”(即在整个训练数据集中从未被激活的神经元)，大多数使用 ReLU 神经元的网络都存在这个问题，但它还是能用于训练网络。

4. Leaky ReLU 函数

同 ReLU 函数一样，Leaky ReLU 函数在计算上是非常高效的，比 sigmoid 函数和 tanh 函数收敛得快。尽管与 ReLU 函数非常相似，但是其没有饱和机制，也没有“死亡 ReLU”的问题。

5. ELU 函数

作为 ReLU 函数的变种，ELU 函数继承了 ReLU 函数的所有优点，并且接近零均值输出。与 Leaky ReLU 函数相比，引入了负饱和机制，增加了对噪声的健壮性。ELU 函数的缺点是引入了指数运算。

6. Maxout 函数

由于 ReLU 函数和 Leaky ReLU 函数是符合 Maxout 函数的特殊形式，因此 Maxout 神经元具有 ReLU 神经元的所有优点(线性操作和不饱和)，而没有它的缺点(死亡的 ReLU 神经元)。然而和 ReLU 相比，每个神经元的参数数量增加了一倍，若每个神经元原来的权重为 $\boldsymbol{W}$，现在变成了 $\boldsymbol{w}_1$ 和 $\boldsymbol{w}_2$，这导致了整体参数的数量激增。

在实际操作中，在选择激活函数时，通常的经验是使用 ReLU 函数，它在现有的方法中总体表现最好。ReLU 函数和部分 ReLU 函数的变体会表现更好，因此也会经常使用，一般不使用 sigmoid 函数。

本章小结

本章对深度学习和神经网络进行了整体介绍。由于深度学习独特的信息处理机制，使之与传统的机器学习算法相比具有独特的优势。深度学习源于神经网络，尽管深度学习是一个新生名词，但神经网络的研究自 20 世纪 40 年代就开始了。神经网络的研究受生物神经系统的启发，通过对单一神经元的数学建模，并参考生物神经元的连接方式，将神经元分层组织起来便构成了神经网络，不同的组织方式形成不同的网络结构。本章对神经网络的结构、单一神经元的数学模型以及常用的激活函数都做了详细介绍。另外，对于神经网络中的基本概念，评分函数、损失函数及优化以及反向传播算法等也相应地进行了阐述。本章重点在于基础概念的解释，使读者对神经网络或深度学习有一个基本认知，更复杂的网络结构、更多训练相关细节以及更多实际应用将在后续章节进行详细介绍。

第3章 卷积神经网络

CHAPTER 3

本章介绍卷积神经网络(Convolutional Neural Networks,CNN)。首先,介绍卷积神经网络的基本概念和几种典型的卷积神经网络结构。然后,介绍计算机视觉问题,包括图像分类、目标定位、目标检测和图像分割。最后,介绍卷积神经网络的应用实例和常用的深度学习框架。

卷积神经网络的历史可以追溯到20世纪60年代Hubel和Wiesel等人的实验。通过对猫的基本视觉的研究,发现了猫在观看图像时有反应的大脑区域,建立视觉皮层通路中对于信息的分层处理机制,由此获得诺贝尔生理学或医学奖。之后一系列获得诺贝尔奖的成果有以下猜测:视觉皮质具有分层结构,每个简单神经元连向其他复杂神经元,简单神经元有一个本地的接收域,这些神经元通过依次连接,堆叠形成复杂的结构。

1980年,Kunihiko Fukushima等基于视觉皮层结构实现了一种多层级的神经网络,称为神经元认知机(Neocognitron),如图3-1所示。使用本地接收神经元组成分层结构,每一个神经元关注前一个神经元的一小部分区域,将这些神经元堆叠起来,得到简单神经元层(U_S)和复杂神经元层(U_C)。简单神经元负责调整网络参数,复杂神经元实现类似减小图像尺寸的功能。二者像三明治一样连接形成了分层结构。神经元认知机网络的训练方法类似非监督学习中聚类的方法。神经元认知机的出现启发了后来的卷积神经网络。

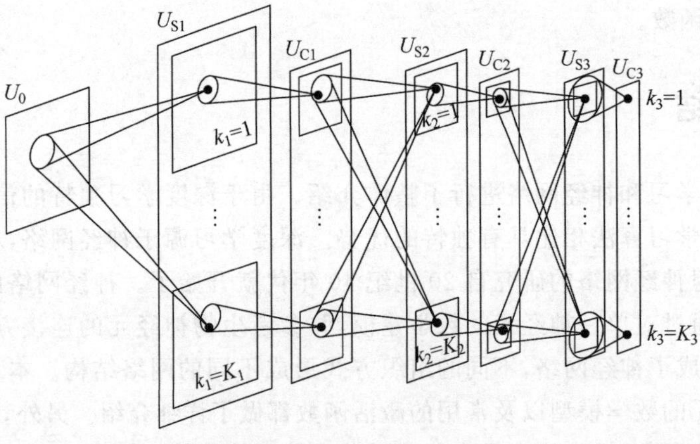

图3-1 神经元认知机结构①

① 图片来自:Fukushima K,Miyake S. Neocognitron. A new algorithm for pattern recognition tolerant of deformations and shifts in position [J]. Pattern Recognition,1982,15(6):455-469.

此后，研究人员尝试采用多层感知器(Multilayer Perceptron)，实际上是只含一层隐藏层节点的浅层神经网络模型代替手工提取特征，并使用简单的随机梯度下降方法来训练该模型。1986 年，Rumelhart、Hinton 和 Williams 发表了著名的反向传播算法，这一算法随后被证明十分有效。1998 年，LeCun 在 Fukushima 的基础上提出了 LeNet-5 网络，保留了神经网络的基本框架和层级结构，首次提出多层级联的卷积结构，并使用反向传播算法训练网络，应用于读取和校验邮政编码中的数字。LeNet-5 网络是现代卷积神经网络的基石之作。

随着神经网络规模大幅度增长，卷积神经网络的结构也在演变。AlexNet 网络与 LeNet-5 网络结构相似，在 2012 年 ILSVRC 挑战赛的图像分类项目中获得了第一名。AlexNet 使用 ReLU 激活函数、Dropout(作为训练深度神经网络的一种技巧供选择)、最大覆盖池化(邻域内的特征点取最大)、局部响应归一化(Local Response Normalization, LRN)层和图形处理器(Graphics Processing Unit, GPU)加速等新技术，并启发了后续更多的技术创新，卷积神经网络的研究从此进入快车道。2014 年的 ILSVRC 挑战赛上，牛津大学提出了 VGG(Visual Geometry Group)模型，相比于 AlexNet 缩小了卷积核，网络加深，层数更多，获得了比赛第二名。虽然增加网络层数、扩展网络宽度可以提升网络性能，但是会导致网络复杂，参数增多，容易出现过拟合问题。为此 Google 公司提出了 GoogLeNet 模型，对图像进行多尺度处理，大幅度减少了模型参数数量，该网络模型赢得 2014 年 ILSVRC 挑战赛的冠军。随着网络加深，会产生退化(Degradation)问题，即准确率会先上升然后达到饱和，持续增加网络深度则会导致准确率下降。为了解决这个问题，采用稀疏网络结构的 ResNet 模型获得 2015 年 ILSVRC 挑战赛的冠军。

目前，卷积神经网络在计算机视觉领域取得了前所未有的巨大成功，例如图像分类、目标检测、图像分割、自动驾驶和人脸识别等。随着计算机性能的提高和人类对于人工智能技术的不断探索，卷积神经网络未来的发展十分值得期待。

3.1 基本概念

传统的全连接神经网络不适合做图像识别。例如，CIFAR-10 中，图像的尺寸是 $32\times32\times3$(宽高均为 32 像素，3 个颜色通道)。因此，对应的常规神经网络的第一个隐藏层中，采用全连接的方式，每一个神经元就包含 $32\times32\times3=3072$ 个权重值。随着图像尺寸的增加，参数量会大规模增长。例如，一个尺寸为 $248\times400\times3$ 的图像，会让一个神经元包含 $248\times400\times3=297600$ 个权重值。另一个问题是，神经网络中神经元的数目也很大，这会导致神经网络参数量巨大，显然无法高效率训练全连接网络，并且容易导致网络过拟合。对于图像识别任务，每个像素和其周围像素的联系是比较紧密的，和离得很远的像素的联系可能较小。如果一个神经元和上一层所有神经元相连，相当于认为图像的所有像素具有同等地位。完成每个连接权重的学习后，有大量的权重值都是很小的，这样的学习非常低效。

卷积神经网络与全连接神经网络不同，卷积神经网络的神经元只与上一层中部分神经元相连，并且不同的神经元共享权值。通过对图像进行下采样(Subsampling)或者降采样(Downsampling)，将语义上相似的特征合并起来，这不影响整个目标。这充分运用了图像数据的以下特征：一个像素值与其附近的值通常是高度相关的，这形成了比较容易被探测到的有区分性的局部特征。同样的特征可能出现在不同区域，所以不同位置的像素可以共享权值来探测一张图像中不同位置的相同特征。卷积神经网络的特点概括如下：局部连接、权值共享和下采样。下面将依次介绍这些特点，并以 LeNet-5 网络为例阐述卷积神经网络的工作机制。

3.1.1 卷积

卷积神经网络将输入通过一系列中间层变换为输出，完成操作的中间量不再是神经网络中的向量，而是立体结构。例如，CIFAR-10 中一幅宽高和深度为 32×32×3 的图像，整个计算过程中需要保持这些三维特征。这里的"深度"不是神经网络的深度(即网络的层数)，而是一个数据体的第三个维度，图像有三个颜色通道(红、绿、蓝)，则认为图像数据体的深度是 3。神经网络中的神经元也是三维排列的，也具有宽度、高度和深度。

网络的输入(Input)是一些图像数据。假设只有一个大小为 5×5×3 的卷积核(Filter Kernel)，空间维度很小，因为输入的数据体具有 3 个通道，所以卷积核的深度也是 3。在深度方向上穿过输入数据体的每一个位置，完全覆盖输入数据体的全部深度。卷积核在输入数据体的空间维度上做滑动运算，在每一个位置卷积核和图像做点乘(Dot Product)，得到的输出称为特征图(Feature Map)，这个过程称之为卷积运算。可以将卷积核看作神经网络的权重 $\boldsymbol{W}$，一个大小为 5×5×3 的卷积核有 75 个权重值。与神经网络相似，点乘运算的结果是 $\boldsymbol{W}^{\mathrm{T}}\boldsymbol{X}+\boldsymbol{b}$，其中 x 是与卷积核做运算的输入数据体中大小为 5×5×3 的区域，$\boldsymbol{b}$ 是偏置，如图 3-2 所示。

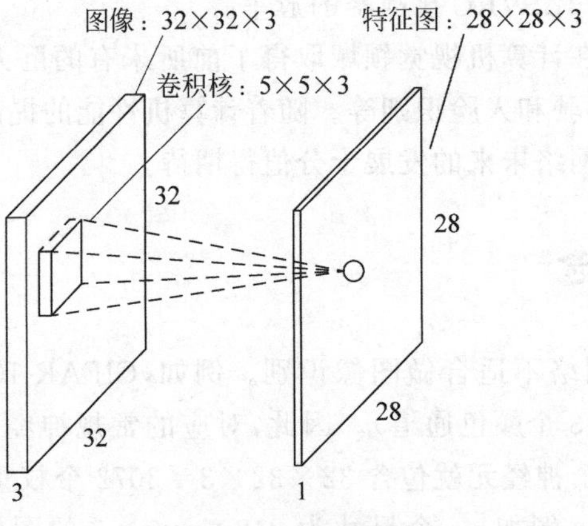

图 3-2 卷积运算

假设有 6 个大小为 5×5×3 的卷积核，它们以相同的方式在输入数据体上进行滑动，得到相应的特征图。每个卷积核的计算过程都是独立的，分别负责提取输入的一种特征。最后得到 6 个大小为 28×28 的特征图，沿着深度方向存储在一起，称之为大小为 28×28×6 的特征图组，如图 3-3 所示。

卷积层的作用是用大小为 28×28×6 的图组重新构造这幅大小为 32×32 的图像，激励图将作为后续卷积层的输入。在此之前，需要经过激活函数。卷积核的深度必须和输入数据体的深度一致，如图 3-4 所示，得到大小为 28×28×6 的图组后，需要一组深度为 6 的卷积核对其进行操作。每一个卷积层都对上一个输入的三维数据体做卷积(Convolution)，只有第一层卷积层能接收原始图像。

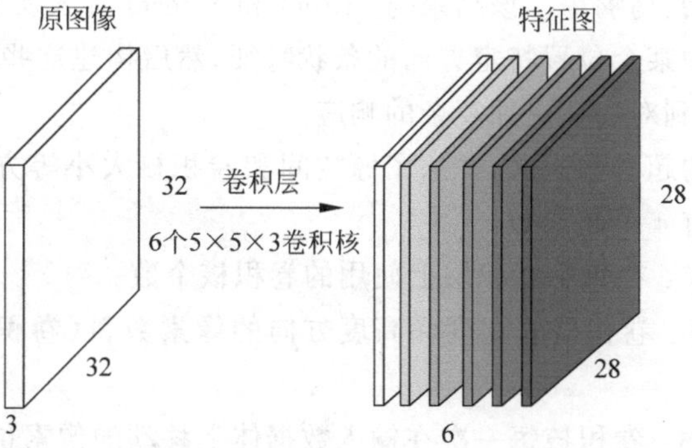

图 3-3 多个卷积核进行卷积运算

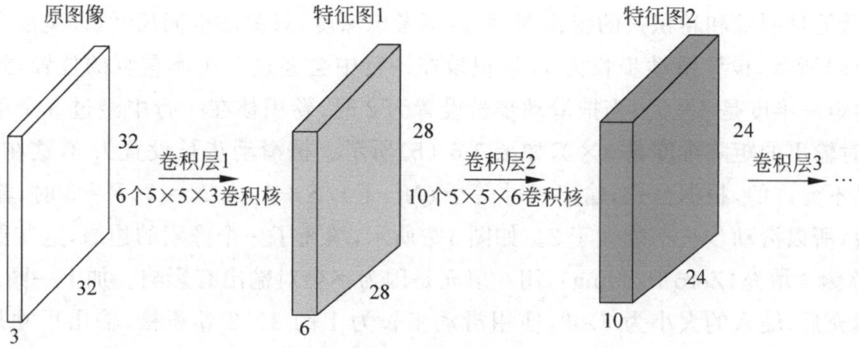

图 3-4 多层卷积运算

图 3-5 将卷积神经网络的各部分特征可视化。可以看出，第一层可视化的结果是边缘、斑点和颜色信息。第二个卷积层的工作是把第一层卷积后得到的图像块组合成更大的特征块，可以得到图像中圆圈、平行线等纹理特征。随着网络层次的加深，基本构建了有区别性

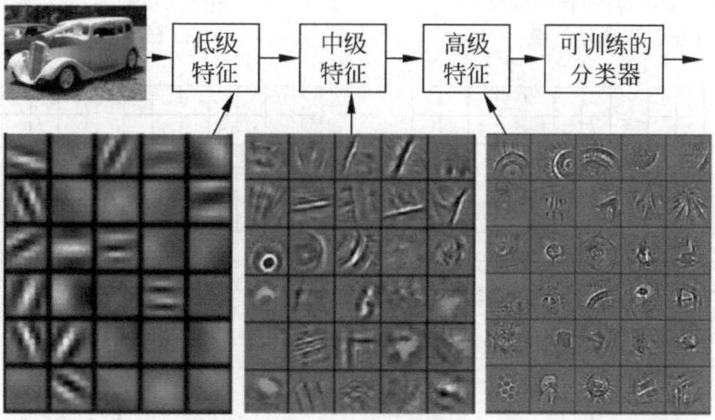

图 3-5 CNN 可视化[①]

① 图片来自：Fei-Fei Li, Justin Johnson, Serena Yeung. CS231n: Convolutional Neural Networks for Visual Recognition [J/OL]. http://cs231n.stanford.edu/2017/.

的特征，例如蜂巢、轮胎、鸟嘴等。该结果与 Hubel 和 Wiesel 等人实验中的猜想类似，通过简单的单元得到图像中某个位置特定方向的条状特征，然后构建这些特征的层级结构，在空间上组合这些特征，得到对物体更加复杂的响应。

下面给出卷积中的超参数定义，并从图像空间和卷积核大小等方面具体分析卷积运算操作方法。卷积层中有 4 个超参数。

(1) 卷积核个数 K：在每个卷积层上使用的卷积核个数。

(2) 卷积核大小 F：卷积核的宽度和高度方向的像素数目(卷积核深度与输入数据体深度一致)。

(3) 步长(Stride)S：卷积核每一次在输入数据体上移动的像素位移。

(4) 填充数量(Pad)P：对输入数据体的边缘填充像素的数量。

假设 3×3 的卷积核在 7×7 的输入图像上滑动，即在每一个位置做卷积运算。在这一部分，展示的是图像和卷积核的俯视图，所以不考虑深度，只关注空间尺寸(即宽度和高度)。如图 3-6(a)所示，设置滑动步长为 1，卷积核在一行中会经过 5 个不重复的位置，此时输出数据体的矩阵维度是 5×5。当把滑动步长设置为 2 时，卷积核在一行中经过 3 个不重复的位置，此时输出的矩阵维度是 3×3，如图 3-6 (b)所示。把滑动步长设置为 3，这在 7×7 的图像中是不允许的，根据公式，输出尺寸等于 $(N-F)/S+1$，当 $N=7, F=3$ 时，输出尺寸不是整数，所以滑动步长不能大于 2。如图 3-7 所示，填充了一个像素的边缘，这些像素的值都是 0，称为 0 填充(Zero-Padding)，用 0 填充是因为不会对输出有影响。加上一圈像素为 0 的边缘填充后，输入的大小为 9×9，使用滑动步长为 1 的 3×3 卷积核，输出尺寸是 7×7。可以发现，输出尺寸和原输入尺寸(不加填充时)相同，所以填充的作用是保持输入、输出空间大小不变，需要的填充圈数与卷积核大小有关，为 $(F-1)/2$。比如，卷积核为 5×5 时，需要的填充数是 2；卷积核为 7×7 时，需要的填充数是 3。如果不做填充，空间尺寸随着多次卷积将迅速变小，卷积神经网络中通常有几十个甚至上百个卷积层，填充可以让卷积操作不会将输入数据体的空间尺寸缩小。

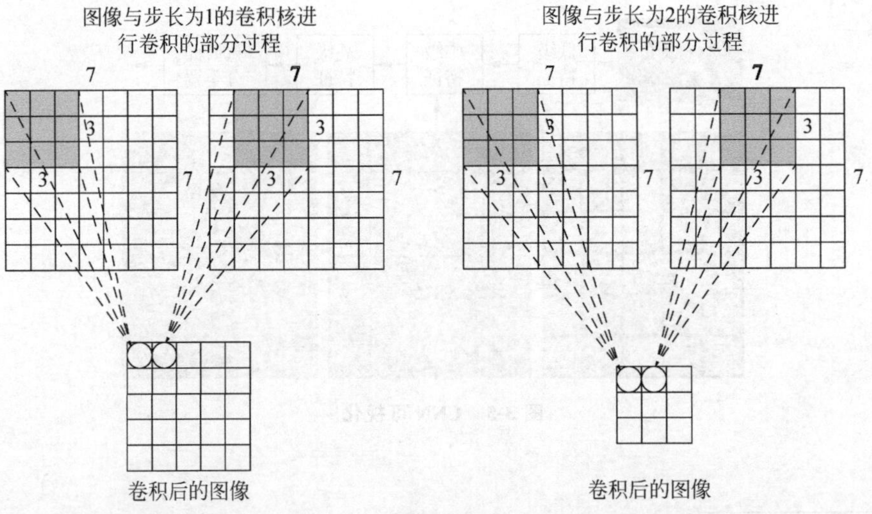

(a) 滑动步长为1的卷积　　(b) 滑动步长为2的卷积

图 3-6　不同步长的卷积操作

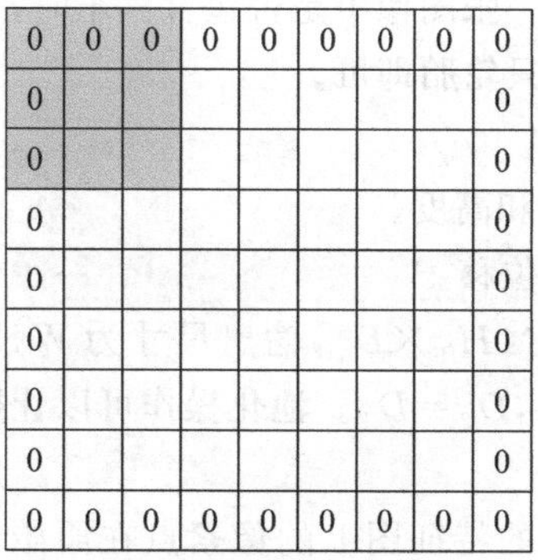

图 3-7　使用填充的图像

可以根据相关参数计算输出尺寸。设输入尺寸为 $W_1 \times H_1 \times D_1$，输出尺寸为 $W_2 \times H_2 \times D_2$，其中 $W_2=(W_1-F+2P)/S+1$，$H_2=(H_1-F+2P)/S+1$，$D_2=K$，每个卷积核包含 $F \cdot F \cdot D_1$ 个权重值，有 K 个卷积核的卷积层包含 $F \cdot F \cdot D_1 \cdot K$ 个权重值和 K 个偏置。在输出数据体中，第 d 个深度的大小为 $W_2 \times H_2$ 的部分，是步长为 S 的第 d 个卷积核在输入数据体上滑动并与第 d 个偏置相加的结果。为方便计算，K 通常是 2 的幂次，因为在某些库中，当遇到 2 的幂次，会进入一种特殊的高效的计算流程。奇数大小的卷积核有更好的表示，3 是卷积核的最小尺寸。

下面从神经元的角度分析卷积层的作用机制。卷积核在图像上滑动，并在每一个像素点进行点乘运算的过程与神经元的连接十分相似。神经元的输入是 $\boldsymbol{W}^{\mathrm{T}}$ 和输入数据 $\boldsymbol{X}$ 的点乘再加 $\boldsymbol{b}$ 的结果，卷积核在这个位置的输出可以解释为一个在固定位置的神经元，它刚好看到了图像的一部分，并且进行了以下计算：卷积核的权重值 $\boldsymbol{W}$ 的转置和输入图像的一部分 $\boldsymbol{X}$ 进行点乘并加上 $\boldsymbol{b}$。卷积的两个重要特性是局部连接和共享参数。卷积核和图像的一小部分连接，而不和图像中的其他部分连接，这称为局部连接。这些神经元的接受域是 5×5 的，指一个神经元能看到的输入数据体的大小。当卷积核滑动时，权重值 $\boldsymbol{W}$ 是不变的。对于特征图，可以把它看作排列成 28×28 的神经元网络，每个神经元的接受域都是 5×5。但是，神经元共享所有的参数，因为所有的神经元输出都是使用相同权重的卷积核计算出来的，即所有的神经元都具有相同的权重，这称为共享参数。神经元在一个激活映射中共享相同的权重，但是不同的卷积核权重不同。假设有 5 个卷积核，从整体上看，是排列在三维空间中的神经元体，在深度方向上，它们是 5 个权重不同的神经元，关注输入数据体的同一个区域。在进行卷积运算时，不会在空间上缩小数据的尺寸，空间尺寸的减小通常会在池化层进行。

3.1.2　池化

池化(pooling)也称为汇聚，在卷积层和激活函数层后进行。池化是指将输入数据体通过下采样在空间上进行压缩，降低特征图的空间分辨率。下采样在每个特征图中独立进行。假设输入维度是 $224\times224\times64$，经过下采样，图像在宽和高的方向上各缩小了一半，变成 $112\times112\times64$，而深度方向没有变化。最常见的下采样是最大池化(Max Pooling)。假设输入数据体的长度和宽度大小是 4×4，采用 2×2 的卷积核，步长取 2，做最大池化，即取 2×2 方块中的最大数字作为输出，第一个格子得到的是 6。以此类推，结果如图 3-8 所示，所有特征图的空间尺寸减半。此外，平均池化(Average Pooling)是对每一个不同区域格子中的数据取平均值作为输出。池化的目的是使用某一位置的相邻输出的总体统计特征代替网络在该位置的输出，通过减少网络参数来减小计算量，以避免过拟合问题。池化操作可以实现输入数据体的平移不变性，该操作只关心某个特

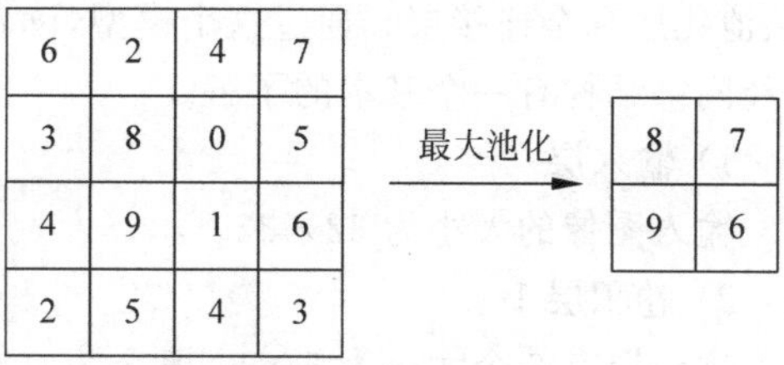

图 3-8　最大池化操作

征是否出现而不关心它出现的具体位置。例如，当网络判定一张图像中是否包含汽车时，并不需要知道轮胎的精确像素位置，只需要知道图中至少有一只轮胎即可。

池化有两个超参数：

(1) 卷积核大小 F：下采样在输入数据体上取样的宽度和高度。

(2) 步长 S：每一次卷积核在输入数据体上移动的像素位移。

通过上述参数，可以计算输出尺寸。设输入尺寸为 $W_1 \times H_1 \times D_1$，输出尺寸为 $W_2 \times H_2 \times D_2$，其中 $W_2=(W_1-F)/S+1$，$H_2=(H_1-F)/S+1$，$D_2=D_1$。池化操作可以让数据体的深度保持不变。

感受野(Receptive Field)是卷积神经网络中每一层输出的特征图上的像素点在原始图像上映射的区域大小。神经元之所以无法对原始图像的所有信息进行感知，是因为这些网络结构中普遍使用卷积层和池化层，在层与层之间均为局部连接。神经元的感受野值越大，表示其能接触到的原始图像范围就越大，也意味着可能蕴含全局化、语义层次更高的特征；而感受野值越小，则表示其所包含的特征越趋向于局部和细节。因此，感受野的值可以大致用来判断每一层的抽象层次。如图 3-9 所示，图像 2 的每一个单元所能看到的原始图像 1 的范围是 3×3；由于图像 3 的每个单元都是由 3×3 范围的图像 2 构成，因此回溯到原始图像 1，能够看到 5×5 的图像范围；同时，图像 4 的每个单元都是由 3×3 范围的图像 3 构成，因此回溯到原始图像 1，能够看到 7×7 的图像范围。所以，使用两个 3×3 卷积层堆叠(没有空间池化)形成 5×5 的有效感受野；三个 3×3 卷积层堆叠形成 7×7 的有效感受野。

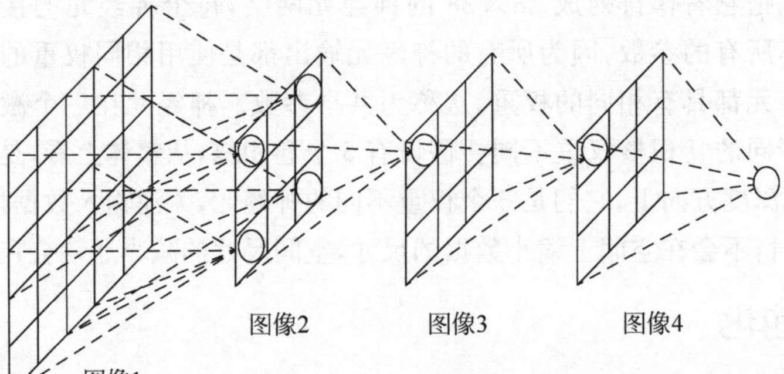

图 3-9 感受野

3.1.3 经典网络 LeNet-5

LeNet-5 网络是 LeCun 等人于 1998 年提出的模型，是一种用于识别手写体数字的卷积神经网络。其网络不包括输入层，只有 7 层，但是包含了卷积神经网络的基本模块：卷积层、池化层和全连接层。通过这个模型，读者可以加深对卷积层和池化层的理解，并对卷积神经网络结构有一个基本的了解。

1) 输入层

输入图像的大小为 32×32。

2) 卷积层 1

这一层有 6 个大小为 5×5、填充为 0、步长为 1 的卷积核对图像进行卷积操作，得到 28×28×6 的特征图 C1。该卷积层有(5×5+1)×6=156 个参数，C1 有 28×28×6=4704

个节点，每个节点与当前层的 5×5 个像素和 1 个偏置相连，所以该卷积层共有 4704×(25+1)=122304 个连接。由于权重共享，参数远远小于连接数。

3）池化层 1

本层的输入是 28×28×6 的特征图 C1，通过大小为 2×2、步长为 2 的卷积核进行下采样后，图像大小减小为 14×14，得到 14×14×6 的特征图 S2。

4）卷积层 2

本层的输入是 14×14×6 的特征图 S2，经过 16 个大小为 5×5、填充为 0、步长为 1 的卷积核卷积后，得到 10×10×6 的特征图 C3。本层每个单元与 S2 中多个特征图相连，表示本层的特征图是上一层提取到的特征图的不同组合。一种连接方式是，C3 的前 6 个特征图以 S2 中 3 个相邻的特征图子集为输入；另外 6 个特征图以 S2 中 4 个相邻特征图子集为输入；另有 3 个特征图以不相邻的 4 个特征图子集作为输入；最后一个特征图将 S2 中所有特征图作为输入。根据这种连接方式，该层共有 (5×5×3+1)×6+(5×5×4+1)×6+(5×5×4+1)×3+(5×5×6+1)×1=1516 个参数和 10×10×1516=151600 个连接。

5）池化层 2

本层输入是 10×10×6 的特征图 C3，通过大小为 2×2、步长为 1 的卷积核进行下采样后，图像大小变为 5×5，得到 5×5×16 的特征图 S4。

6）全连接层 1/卷积层 3

本层输入是 5×5×16 的特征图 S4，使用的是大小为 5×5 的卷积核。由于 S4 与卷积核大小相同，卷积后形成的特征图大小为 1×1，所以 S4 和 C5 之间是全连接层。这里使用了 120 个卷积核，得到 120 维向量 C5。该层有 (5×5×16+1)×120=48120 个参数，同样有 48120 个连接。

7）全连接层 2

本层是全连接层，输入神经元个数为 120，输出神经元个数为 84。

8）输出层

本层的输出是 10 个数值（0～9）的概率。

LeNet-5 网络的整体结构是“卷积-池化-卷积-池化-全连接”。图 3-10 是 LeNet-5 网络结构。

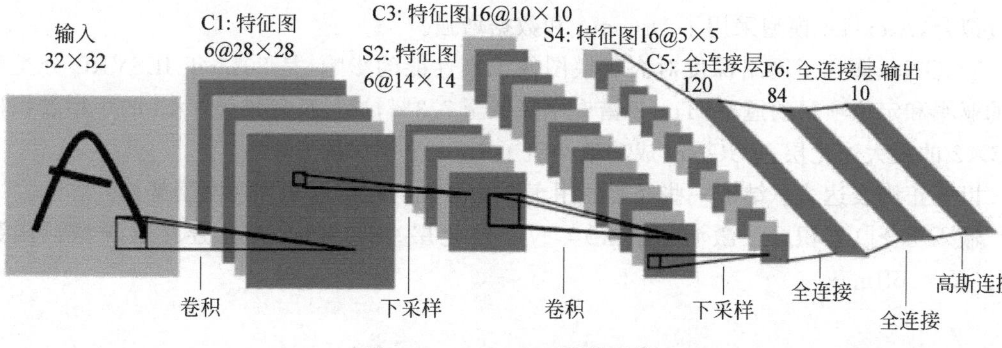

图 3-10 LeNet-5 网络结构①

① 图片来自：Y. LeCun, L. Bottou, Y. Bengio and P. Haffner. Gradient-based learning applied to document recognition [J]. Proceedings of the IEEE, 1998, 86(11): 2278-2324.

3.2 几种卷积神经网络介绍

图 3-11 所示是微软公司的刘昕博士总结的卷积神经网络结构的演化历史。1980 年出现的神经元认知机是卷积神经网络的实现原型。1989 年 LeCun 利用 BP 算法训练多层神经网络，这项工作就是 CNN 的开山之作，多处用到了 5×5 的卷积核，但在这篇文章中，LeCun 只是把 5×5 的相邻区域作为感受野，并未提及卷积或卷积神经网络。1998 年的 LeNet-5 定义了 CNN 的基本结构：卷积层、池化层、全连接层，标志着 CNN 的真正面世，但是这个模型在后来的一段时间并未能获得广泛关注，主要原因是机器的计算能力有限，而其他算法(例如支持向量机)也能达到类似的效果。

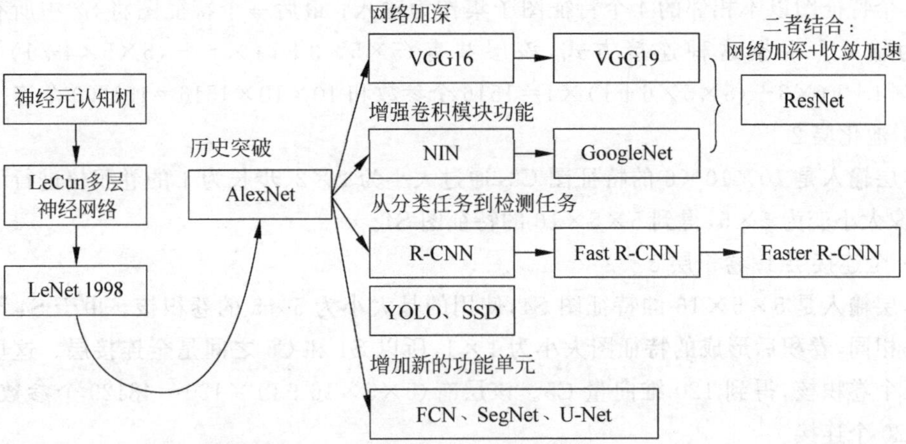

图 3-11 卷积神经网络的发展趋势[①]

大数据时代的来临，计算能力的提升，使得 CNN 在 2012 年快速发展。AlexNet 网络是历史突破，在 ILSVRC 挑战赛上超越了浅层网络模型，以 15.3%的 Top-5 错误率[②]夺得冠军。AlexNet 网络结构在整体上类似于 LeNet，但是更为复杂，包含 5 层卷积层和 3 层全连接层。采用 ReLU 作为激活函数并在多个 GPU 上进行训练，可以提高训练速度。为了减少过拟合，AlexNet 模型采用了 Dropout 和数据增强。

VGGNet 探究了网络深度对大规模图像识别性能的影响，是 2014 年 ILSVRC 分类项目的亚军和定位项目的冠军，Top-5 错误率降低至 7.3%，通过反复堆叠 3×3 的小型卷积核和 2×2 的最大池化层，VGGNet 成功地构筑了 16～19 层深的 CNN。

以下正则表达式总结了一些经典的用于图片分类问题的卷积神经网络架构：

输入层→[(卷积层→激活函数层)×N→池化层×L]×M→(全连接层→激活函数层)×K→softmax

---

① 深度学习大讲堂. CNN 的近期进展与实用技巧(上). [EB/OL]. https://mp.weixin.qq.com/s?__biz=MzI1NTE4NTUwOQ==&mid=2650324619&idx=1&sn=ca1aed9e42d8f020d0971e62148e13be&scene=1&srcid=0503De6zpYN01gagUvn0Ht8D#wechat_redirect.

② Top-5 错误率：ILSVRC 分类项目使用的主要评估标准，指图像真实类别在前 5 个预测类别之外的比例。

上述表达式中，N 表示卷积层和激活函数层的层数，大部分卷积神经网络最多连续使用5层卷积层和激活函数层。L 表示池化层的数目。虽然池化层可以减少参数防止过拟合问题，但是一些文献中也发现可以直接通过调整卷积层步长实现池化功能，所以有些卷积神经网络中没有池化层。在 M 轮卷积层和池化层之后（M 可以很大），卷积神经网络在分类之前会经过0～2个全连接层。AlexNet 模型和2013年 ILSVRC 分类项目的冠军 ZF Net 模型以及 VGGNet 模型都满足此正则表达式。

虽然增加网络层数、扩展网络宽度可以提升网络性能，但是会导致网络复杂，参数变多，容易出现过拟合问题。NIN(Network In Network)对每一个卷积层的输出加上与其通道数量相同的1×1卷积层，在通道之间做了特征融合。GoogLeNet 借鉴了 NIN 的思想，引入了 Inception 模块（一个能够产生稠密的数据的稀疏网络结构），从而减少参数量，增加网络的宽度和深度。

随着网络加深，会产生退化(Degradation)问题，即准确率会先上升然后达到饱和，持续增加深度则会导致准确率下降。为了解决这个问题，Kaiming He 等提出了采用稀疏网络结构的 ResNet 网络（残差网络），其层数超过百层。ResNet 的主要思想是，在网络中引入一个所谓的恒等快捷连接(Identity Shortcut Connection)，允许保留之前网络层的一定比例的输出，原始输入信息经过一个或多个层直接传到后面的层中。

在目标检测算法中，基于候选区域的 CNN，例如 R-CNN(Regions with CNN features)系列（包括 R-CNN、Fast R-CNN 和 Faster R-CNN），先生成有可能包含待检测目标的候选区域(Region Proposal)，然后进行细粒度的目标检测。基于直接回归的目标检测算法（例如 YOLO、SSD 等）会直接在网络中提取特征来预测目标分类和位置。

全卷积网络(Full Convolutional Network，FCN)适用于图像语义分割问题，使用1×1的卷积代替将 VGG 等预训练网络模型的全连接层，学习像素到像素的映射，输出仍为一张图片。由于 CNN 网络中的池化操作，得到的特征图谱仍需利用反卷积层进行上采样(Upsampling)。采用上采样可以扩大图像尺寸，实现图像由小分辨率到大分辨率的映射。U-Net 和 SegNet 均采用“编码器-解码器”结构，编码器用于提取图像特征，解码器用于恢复图像分辨率。

下面详细介绍广泛应用的几种网络结构，包括 AlexNet、VGGNet、NIN、GoogLeNet 以及 ResNet。

3.2.1 AlexNet

AlexNet 模型是2012年 ILSVRC 分类项目的冠军，在 Top-5 上获得了15.3%的错误率，远低于获得第二名的使用传统图像算法的模型，该模型具有26.2%的错误率。AlexNet 网络结构在整体上类似于 LeNet，但是更为复杂，包括6000万个参数和65万个神经元，5层卷积层和3层全连接层。AlexNet 网络结构如图3-12所示，网络结构有两部分的原因是，当时 GPU 内存不够大，需要使用两个 GPU 分开处理这些卷积层。为了讨论方便，只介绍其中一个 GPU 处理的卷积网络。

(1) 卷积层1（在 AlexNet 结构中，不单独列出池化层，其包含在卷积层中）的输入大小为227×227×3，使用96个大小为11×11、填充为0、步长为4的卷积核进行卷积操作，得到大小为55×55×96的特征图。AlexNet 论文中本层输入大小为224×224，但是根据此数值无法得到 55×55 特征图，本书参考斯坦福 CS231n 课程，认为输入大小应为 227×227。然后，将该特征图输入 ReLU 激活函数并进行局部归一化（Local Normalization），经过大小为 3×3、步长为 2 的最大池化后尺寸减半，得到大小为 272×227×96 的特征图。

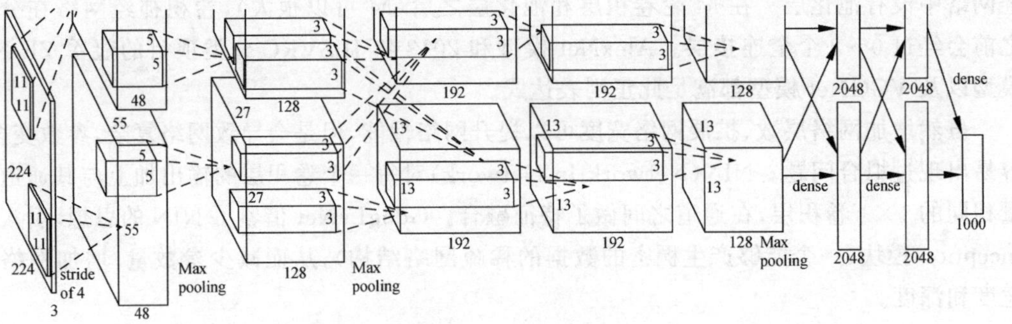

图 3-12　AlexNet 网络[①]

(2) 卷积层 2 的输入大小为 272×227×96，使用 256 个大小为 5×5、填充为 2、步长为 1 的卷积核进行卷积操作，得到大小为 27×27×256 的特征图。然后，将该特征图输入 ReLU 激活函数并进行局部归一化，经过大小为 3×3、步长为 2 的最大池化后尺寸减半，得到大小为 13×13×256 的特征图。

(3) 卷积层 3 的输入大小为 13×13×256，使用 384 个大小为 3×3、填充为 1、步长为 1 的卷积核进行卷积操作，得到大小为 13×13×384 的特征图。然后，将该特征图输入 ReLU 激活函数输出至下一层。

(4) 卷积层 4 的输入大小为 13×13×384，使用 384 个大小为 3×3、填充为 1、步长为 1 的卷积核进行卷积操作，得到大小为 13×13×384 的特征图。然后，将该特征图输入 ReLU 激活函数输出至下一层。

(5) 卷积层 5 的输入大小为 13×13×384，使用 256 个大小为 3×3、填充为 1、步长为 1 的卷积核进行卷积操作，得到大小为 13×13×256 的特征图。然后，将该特征图输入 ReLU 激活函数输出。经过大小为 3×3、步长为 2 的最大池化后尺寸减半，得到大小为 6×6×256 的特征图。

(6) 全连接层 1 的输入大小为 6×6×256，与 4096 个神经元进行全连接，得到 4096 个数据，经过 ReLU 激活函数和 Dropout 输出至下一层。

(7) 全连接层 2 的输入是 4096 个数据，与 4096 个神经元进行全连接，得到 4096 个数据经过 ReLU 激活函数和 Dropout 输出至下一层。

(8) 全连接层 3 的输入是 4096 个数据，输出为 1000 个数据，对应于 1000 个分类评分。

AlexNet 网络使用以下技术。

(1) 使用 ReLU 激活函数。在浅层神经网络中引入激活函数，可以增强神经网络的泛化能力，使得神经网络更加强健。但是，在深层网络中使用 tanh 函数作为激活函数，会增加计算量，使得训练变慢。AlexNet 网络引入 ReLU 作为激活函数，大大减小了计算量，提高

---

① 图片来自：Krizhevsky A, Sutskever I, Hinton G. ImageNet classification with deep convolutional neural networks[C]// NIPS. Curran Associates Inc. 2012.

了训练速度；并且，可以减缓深度网络中梯度衰减的现象。

(2) 在多个 GPU 上进行训练。为提高运行速度并增大网络运行规模，AlexNet 采用双 GPU 的设计模式；并且，规定 GPU 只能在特定的层进行通信交流，每一个 GPU 负责一半的运算处理。

(3) 局部响应归一化。通过将特征图输入 ReLU 激活函数，得到输出和它周围一定范围的邻居进行局部归一化，可以将 Top-1 和 Top-5 错误率分别减小 1.4%和 1.2%。

(4) 覆盖池化(Overlapping Pooling)。一般的池化层没有覆盖，池化所用的卷积核大小 F 和步长 S 相等。但是，当 $S<F$ 时，为覆盖池化，这种操作类似于卷积操作。在训练 AlexNet 模型过程中，采用覆盖池化层更不容易出现过拟合的情况，可将 Top-1 和 Top-5 正确率分别提高 0.4%和 0.3%。

为了减少过拟合，AlexNet 模型采用了 Dropout 和数据增强(Data Augmentation)。

(1) Dropout 是有效的模型集成学习方法。在测试 AlexNet 网络时，以 0.5 的概率将隐藏层神经元的输出设置为 0，每一次输入神经网络结构不同，但都共享一个参数，减少了神经元适应的复杂性，解决了过拟合问题。

(2) 数据增强是对原始的数据集进行合适的变换，以得到更多有差异的数据集，防止过拟合。数据增强方法包括在不改变图片核心元素(例如图片的分类)的前提下对图片进行一定的变换。例如，在垂直和水平方向进行一定的位移和翻转；改变图片颜色；对训练集加入噪声等。AlexNet 的数据增强使用了两种方法：第一种是从原图像中随机提取大小为 224×224 的图像和其水平方向的映射；第二种是改变训练图像中 RGB 颜色通道的强度。

2013 年的 ILSVRC 挑战赛的分类项目的冠军是 ZFNet，它基于 AlexNet 构建，并进行了一些调整。ZFNet 的作者发现，AlexNet 网络的第一层卷积层使用的卷积核滑动步长太大，容易略过图像的很多信息，所以他们推荐使用步长为 2 大小为 7×7 的卷积核代替原来步长为 4 大小为 11×11 卷积核，可以针对原始图像做更密集的计算。相比于 AlexNet，为了提取更多的特征，卷积层 3～5 使用了更多数量的卷积核。ZFNet 在 ImageNet 上的 Top-5 错误率降低至 11.2%。

3.2.2 VGGNet

VGGNet 是由牛津大学计算机视觉组和 Google DeepMind 公司研发的卷积神经网络，目的是探究网络深度对大规模图像识别性能的影响。VGGNet 将 ImageNet 的 Top-5 错误率从 2013 年的 11.2%降低至 7.3%，是 2014 年 ILSVRC 挑战赛分类项目和定位项目的亚军和冠军。

与 AlexNet 和 ZFNet 网络使用不同大小的卷积核和池化窗口不同，VGGNet 采用固定的卷积核大小和步长。整个网络结构中只使用步长为 1、填充为 1、大小为 3×3 的卷积核和滑动步长为 2、大小为 2×2 的池化窗口，通过添加更多的使用小尺寸卷积核的卷积层来稳定地增加网络的深度。VGGNet 一共有 6 种不同的网络结构，每种结构都含有 5 组卷积，每组卷积都使用相同的卷积和池化，然后连接三个全连接层，最后经过 softmax 层，用来分类。值得注意的是，VGGNet 不使用局部响应归一化技术，因为实验发现 LRN 并不能在

VGG-16	VGG-19
16层	19层
输入(224×224)	
conv3-64 conv3-64	conv3-64 conv3-64
最大池化	
conv3-128 conv3-128	conv3-128 conv3-128
最大池化	
conv3-256 conv3-256 **conv3-256**	conv3-256 conv3-256 conv3-256 **conv3-256**
最大池化	
conv3-512 conv3-512 **conv3-512**	conv3-512 conv3-512 conv3-512 **conv3-512**
最大池化	
conv3-512 conv3-512 **conv3-512**	conv3-512 conv3-512 conv3-512 **conv3-512**
最大池化	
FC-4096	
FC-4096	
FC-1000	
Soft-max	

图 3-13 VGG16 和 VGG19 网络结构①

ILSVRC 数据集上提升性能，并且会导致更多的内存消耗和计算时间的增加。如今使用得最多的是 VGG16(13 层卷积加上 3 层全连接层)和 VGG19(16 层卷积层加上 3 层全连接层)，如图 3-13 所示，这里的总层数不包括池化层和 softmax 层。

VGGNet 采用大小为 3×3 的卷积核，因为这是最小的能够捕捉某像素周围 8 个邻域像素信息的卷积核尺寸。所以，可以通过使用三个大小为 3×3 的卷积层的堆叠来替换单个大小为 7×7 的层，同时可以保持感受野不变。这样做的好处是，可以结合三个非线性修正层(因为更多的卷积层可以引入更多的激活函数)，使得决策函数更具判别性，并且可以减少参数的数量。在网络配置 C 中使用大小为 1×1 的卷积核的目的是增加决策函数非线性而不影响卷积层感受野。1×1 卷积是在相同维度空间下对输入进行形变(输入和输出通道的数量相同)。1×1 卷积层在 NIN 架构中得到了应用，将在下节进行介绍。

笔者在实验中训练 VGGNet 时，先训练级别简单(层数较浅)的 A 网络，然后使用 A 网络的权重初始化后面的复杂模型，加快训练的收敛速度。同时，采用了多尺度的方法(与 AlexNet 使用的数据增强方法相似)进行训练和预测，可以增加训练的数据量，防止模型过拟合，提升预测准确率。尽管 VGGNet 深度很大，但网络中权重数量并不大于具有更大卷积层宽度和感受野的较浅网络中的权重数量。总体来说，VGGNet 并没有偏离 LeCun 等人提出的经典卷积神经网络架构，但是通过大幅度增加网络深度进行了改善。

3.2.3 NIN

新加坡国立大学的研究人员提出的 NIN 网络结构不同于上述介绍的卷积神经网络，其结构有两个关键组成部分，如图 3-14 所示。

(1) 作者提出使用多层感知器卷积层(MLP Convolution Layers，mlpconv)替代传统的卷积层。mlpconv 层由卷积层及多层感知器组成，其中多层感知器由全连接层和非线性激活函数组成。一个卷积核与输入图像大小相同的区域进行卷积得到一个元素，该区域即一个 patch。mlpconv 层将每一个 patch 的不同卷积核的卷积结果通过多层感知器输出并作为下一层的输入，等价于对每一个卷积层输出后加上与其通道数量相同的 1×1 卷积层。mlpconv 层与传统的卷积层的不同点在于，其在通道之间做了特征融合，并且每一层卷积之后都加上一个激活函数，比原结构多了一层激活函数，增加了结构的非线性表达能力。NIN

① 图片来自：Badrinarayanan V，Kendall A，Cipolla R. Segnet. A deep convolutional encoder-decoder architecture for image segmentation [J]. IEEE transactions on pattern analysis and machine intelligence，2017，39(12)：2481-2495.

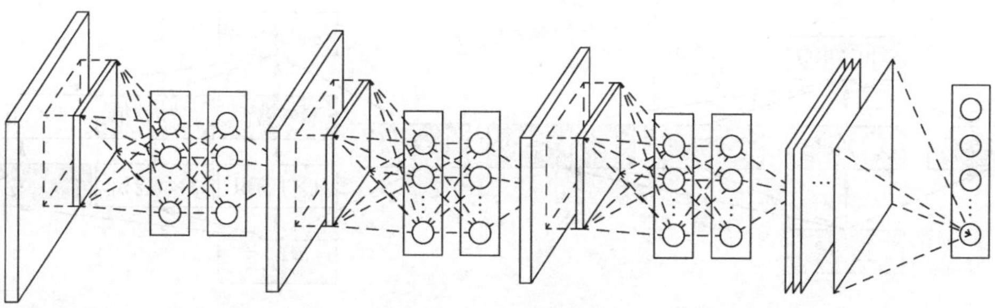

图 3-14 NIN 网络结构①

的总体结构是一系列 mlpconv 层的堆叠,它被称为“网络中的网络”。

(2) 全局平均池化层(Global Average Pooling Layer)取代了传统 CNN 中的全连接层,将最后一个 mlpconv 层的特征图的空间平均值输入 softmax 层。全局平均池化综合了整个特征图的信息,对输入的空间平移具有更强的健壮性。同时,由于其采用均值池化,无须参数计算,避免了全连接层容易出现的过拟合问题。

3.2.4 GoogLeNet

GoogLeNet 是 Google 公司提出的模型,在 2014 年获得了 ILSVRC 分类项目的冠军。GoogLeNet 的深度有 22 层,其参数数量为 AlexNet 参数数量的 1/12,而当年的亚军——VGGNet 的参数数量是 AlexNet 的 3 倍。因此,在内存或计算资源有限时,GoogLeNet 是较好的选择。同时,从模型结果看,GoogLeNet 的性能更加优越,Top-5 错误率为 6.67%。

GoogLeNet 最关键的创新点是引入了 Inception 模块(一个能够产生稠密数据的稀疏网络结构),从而减少对网络计算资源的消耗,并且在不增加计算负载的情况下,能够增加网络的宽度和深度。论文中给出的 Inception 模型如图 3-15 所示。图 3-15(a)是原始版本,对前一层的输入进行 1×1 卷积、3×3 卷积、5×5 卷积、3×3 最大池化并行操作(通过使用不同的填充,可以让不同的卷积、池化操作输出特征图的尺寸相同),在深度(通道)方向将这些结果相加。一方面增加了网络的宽度,另一方面也增加了网络对尺度的适应性。其中,卷积层提取输入的每一个细节信息,同时大小为 5×5 的卷积核也能够覆盖大部分接受层的输入。池化操作减少空间大小,降低过拟合。同时,在每一个卷积层后都要加上 ReLU 函数,以增加网络的非线性特征。由于 GoogLeNet 包含 9 个 Inception 模块的级联,原始版本中,所有的卷积核都与上一层的输出直接进行卷积,使用 5×5 的卷积操作需要巨大的计算量。为了避免这种情况,在 3×3 卷积前、5×5 卷积前、3×3 最大池化后分别加上了 1×1 卷积,以起到降低特征图维度和引入非线性激活函数 ReLU 的作用,这就是图 3-16(b)中维度减少的 Inception 模块。例如,上一层的输出大小为 56×56×192,经过 128 个步长为 1、填充为 2 的 5×5 卷积核之后,输出大小为 56×56×192。其中,卷积层的参数为 192×5×5×128=614400。如果在 5×5 卷积操作之前加上 32 个 1×1 卷积核,输出数据大小保持不变,但卷积参数的数量已经减少为 192×1×1×32+32×5×5×128=108544,与未加入 1×1

① 图片来自: Lin M, Chen Q, Yan S, et al. Network in network[C]//2th International Conference on Learning Representations(ICLR). Banff, AB: 2014.

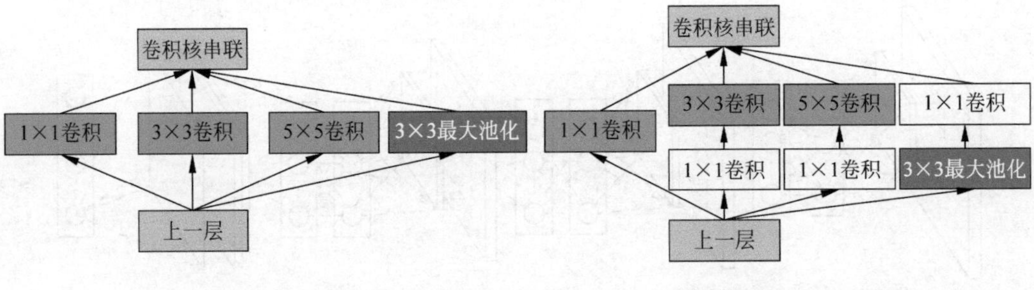

(a) 原始版本的Inception模块　　(b) 维度减少的Inception模块

图 3-15　Inception 模块①

卷积相比，参数为1/6。

GoogLeNet的网络结构细节图如表3-1所示。其中，"#3×3 reduce"和"#5×5 reduce"表示在3×3、5×5卷积操作之前使用1×1卷积的数量。输入图像大小为224×224×3，且均进行零均值化的预处理操作，所有降维层也都使用ReLU非线性激活函数。因为深度过大的网络进行反向传播时会出现梯度消失的问题，所以训练GoogLeNet网络时，额外增加了2个辅助的softmax函数用于向前传导梯度信号，称为辅助分类器。辅助分类器是将中间某一层的输出值用于分类，并按一个较小的权重值加到最终分类结果中，利用中间层特征进行模型融合，同时为网络增加了反向传播的梯度信号，也提供了额外的正则化，有利于将深度较大的网络的训练。最后采用平均池化代替全连接层，该想法同样来自NIN，可以将准确率提高0.6%。在整个网络中，有9个堆叠的Inception模块。为了能在高层提取更抽象的特征，需要减少其空间聚集性，因此通过增加高层Inception模块中的3×3卷积和5×5卷积的数量，捕获更大面积的特征。

表 3-1　由 Inception 模块构成的 GoogLeNet 网络结构①

类型	步长	输出尺寸	深度	#1×1	#3×3 reduce	#3×3	#5×5 reduce	#5×5	pool proj	参数	操作量
convolution	7×7/2	112×112×64	1							2.7K	34M
max pool	3×3/2	56×56×64	0								
convolution	3×3/1	56×56×192	2		64	192				112K	360M
max pool	3×3/2	28×28×192	0								
inception(3a)		28×28×256	2	64	96	128	16	32	32	159K	128M
inception(3b)		28×28×480	2	128	128	192	32	96	64	380K	304M
max pool	3×3/2	14×14×480	0								
inception(4a)		14×14×512	2	192	96	208	16	48	64	364K	73M
inception(4b)		14×14×512	2	160	112	224	24	64	64	437K	88M
inception(4c)		14×14×512	2	128	128	256	24	64	64	463K	100M
inception(4d)		14×14×528	2	112	144	288	32	64	64	580K	119M
inception(4e)		14×14×832	2	256	160	320	32	128	128	840K	170M

① 图片来自：Szegedy C, Liu W, Jia Y, et al. Going deeper with convolutions[C]// 2015 IEEE Conference on Computer Vision and Pattern Recognition (CVPR). Boston, MA: 2015.

续表

类型	步长	输出尺寸	深度	#1×1	#3×3 reduce	#3×3	#5×5 reduce	#5×5	pool proj	参数	操作量
max pool	3×3/2	7×7×832	0								
inception(5a)		7×7×832	2	256	160	320	32	128	128	1072K	54M
inception(5b)		7×7×1024	2	384	192	384	48	128	128	1388K	71M
avg pool	7×7/1	1×1×1024	0								
dropout(40%)		1×1×1024	0								
linear		1×1×1000	1							1000K	1M
softmax		1×1×1000	0								

3.2.5 ResNet

ResNet 是由微软亚太研究院的 Kaiming He 等人提出的模型，在 ImageNet 上实验了一个 152 层的残差网络，其比 VGG 深 8 倍，但是具有较低的计算复杂度，取得了 3.57% 的 Top-5 错误率。ResNet 是 2015 年 ILSVRC 挑战赛分类、检测和定位项目的冠军。

对于卷积神经网络，网络层数越多，能够提取到不同级别的特征越丰富。同时，网络深度越大，可以提取到更多抽象的特征，这些特征具有更多的语义信息。

然而，网络层数越多，越会出现梯度消失或者梯度爆炸问题，这可以通过归一化初始化和归一化中间层的方法解决。上述方法可以使网络收敛，但是会出现一个新的问题——退化问题。随着网络加深，在训练集上的准确率会变得饱和，然后开始下降，该问题与过拟合无关，过拟合在训练集上准确度方面表现很好。

ResNet 采用深度残差学习框架(Deep Residual Learning Framework)解决退化问题。若设输入为 $\boldsymbol{X}$，将某一有参网络层设为 H，那么以 $\boldsymbol{X}$ 为输入的此层的输出将为 $H(\boldsymbol{X})$。在 AlexNet 和 VGGNet 网络中，会通过训练直接学习出参数函数 $H(\cdot)$ 的表达式，从而直接学习 $\boldsymbol{X}\to H(\boldsymbol{X})$。如果深层网络之后的层是恒等映射(Identity Mapping)，即 $\boldsymbol{Y}=\boldsymbol{X}$，那么模型就退化为一个浅层网络，可以让网络随深度增加而不退化。但是，直接使用某些层拟合一个潜在的恒等映射函数比较困难。在深度残差学习框架中，作者使用多个有参网络层来学习输入输出之间的参差 $H(\boldsymbol{X})-\boldsymbol{X}$，即学习 $\boldsymbol{X}\to(H(\boldsymbol{X})-\boldsymbol{X})+\boldsymbol{X}$，其中残差映射(Residual Mapping)为 $\mathcal{F}(\boldsymbol{X}):=H(\boldsymbol{X})-\boldsymbol{X}$，只要 $\mathcal{F}(\boldsymbol{X})=0$，就构成一个恒等映射 $H(\boldsymbol{X})=\boldsymbol{X}$，并且拟合残差更加容易。ResNet 的主要思想是，在网络中引入一个所谓的恒等快捷连接(Identity Shortcut Connection)，其来自于 Highway Network 的思想，允许保留之前网络层的一定比例的输出，即允许原始输入信息略过一个或多个层直接传到后面的层中。这种残差学习结构如图 3-16 所示，可以通过前向神经网络加上快捷连接实现。快捷连接相当于执行了简单恒等映射，不会产生额外的参数，也不会增

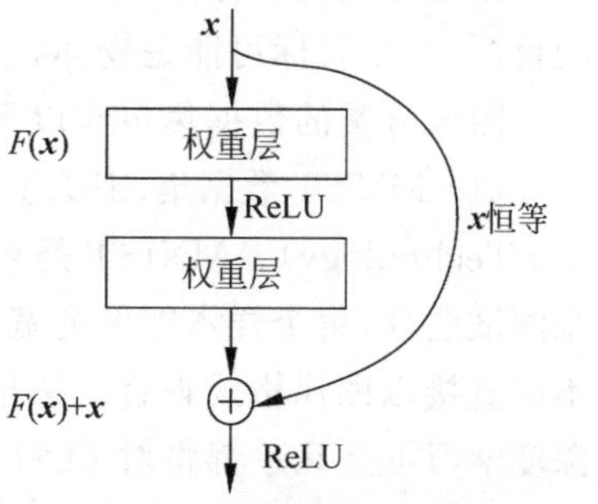

图 3-16 残差学习的基本单元[①]

① 图片来自：K. He, X. Zhang, S. Ren and J. Sun. Deep residual learning for image recognition[C]//2016 IEEE Conference on Computer Vision and Pattern Recognition (CVPR). Las Vegas, NV, 2016: 770-778.

加计算复杂度，整个网络仍然可以通过端到端的反向传播训练。实验发现，残差函数一般会有较小的响应波动，表明恒等映射提供了合理的前提条件。

一般用$\mathcal{F}(\boldsymbol{X},\{\boldsymbol{W}_i\})$表示残差映射，输出为$\boldsymbol{Y}=\mathcal{F}(\boldsymbol{X},\{\boldsymbol{W}_i\})+\boldsymbol{X}$。当输入、输出通道数相同时，直接将二者逐元素相加即可。当输入、输出通道数目不同时，需要给 X 执行一个线性映射来匹配维度，即$\boldsymbol{Y}=\mathcal{F}(\boldsymbol{X},\{\boldsymbol{W}_i\})+\boldsymbol{W}_s\boldsymbol{X}$。有两种恒等映射的方式：一种是直接将$\boldsymbol{X}$相对$\boldsymbol{Y}$缺失的通道进行补零；另一种则是通过使用 1×1 卷积来表示$\boldsymbol{W}_s$映射，使得最终输入与输出的通道达到一致。值得注意的是，用来学习残差的网络层数应当大于 1，否则网络将退化为线性结构。

3.3 计算机视觉问题

计算机视觉(Computer Vision,CV)是一门研究如何训练机器使其学会识别和理解图像/视频中内容的科学。其起源于 1966 年麻省理工学院人工智能团队 AI Group 开启的一个暑期视觉项目。经过 50 余年的发展，计算机视觉已成为一个受到广泛关注的研究领域。深度学习在计算机视觉领域有 4 个基本任务，即图像分类、目标定位(Object Localization)、目标检测(Object Detection)和图像分割(Image Segmentation)。图 3-17 是 4 个基本任务的示例图。

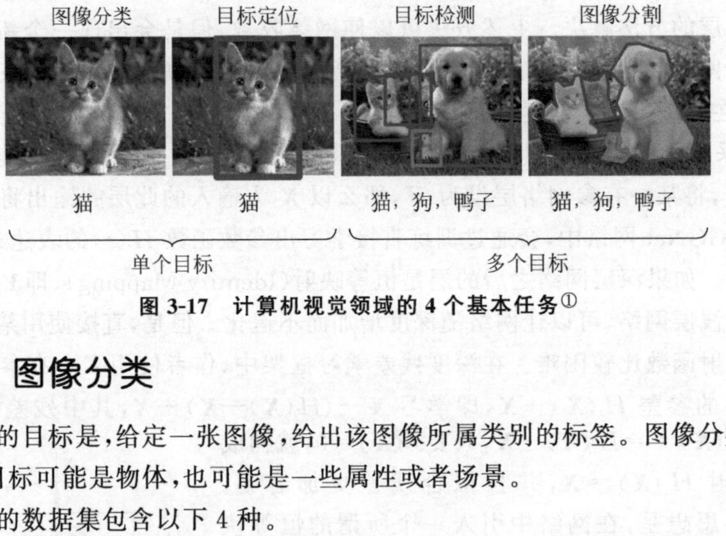

图 3-17 计算机视觉领域的 4 个基本任务①

3.3.1 图像分类

图像分类的目标是，给定一张图像，给出该图像所属类别的标签。图像分类可以是任意的目标，这个目标可能是物体，也可能是一些属性或者场景。

图像分类的数据集包含以下 4 种。

(1) MNIST 数据集，来源于美国国家标准与技术研究所(National Institute of Standards and Technology)。MNIST 是包含手写数字 0～9 的数据集。有 60000 张训练图片和 10000 张测试图片，每个样本图像的宽高是 28×28。需要注意的是，此数据集是由二进制存储的，不能直接以图像格式查看。最早的深度卷积网络 LeNet 便是针对此数据集的，当前主流的深度学习框架几乎都将对 MNIST 数据集的处理作为入门介绍。在 3.4.2 节将利用深度学习框架 TensorFlow 基于 LeNet-5 网络对 MNIST 数据集进行训练和测试。

---

① 图片来自：K. He, X. Zhang, S. Ren and J. Sun. Deep residual learning for image recognition[C]//2016 IEEE Conference on Computer Vision and Pattern Recognition (CVPR). Las Vegas, NV, 2016: 770-778.

(2) CIFAR 是加拿大政府牵头投资的一个先进科学研究项目。CIFAR 是一个用于普通物体识别的数据集。CIFAR 数据集包含两种：CIFAR-10 和 CIFAR-100。CIFAR-10 由包含 10 个类别的 60000 张大小为 32×32 的彩色图像组成，每个类别有 6000 张图像。数据集划分为 5 个训练批次和一个测试批次，每个批次有 10000 张图像，其中测试批次由从每个类别随机选择 1000 张的图像组成。CIFAR-100 由包含 100 个类别的 60000 张大小为 32×32 彩色图像组成，每个类别有 600 个图像，其训练集图片数与测试集图片数的比例是 5∶1。CIFAR-100 有 20 个大类，每个大类包含 5 个小类。

(3) ImageNet 数据集是目前深度学习图像领域应用得非常广的一个数据集，关于图像分类、定位、检测等研究工作大多基于此数据集展开。它由李飞飞团队从 2007 年开始通过各种方式(网络抓取、人工标注、亚马逊众包平台)收集制作而成。ImageNet 数据集有 1400 多万幅图片，涵盖 2 万多个类别；其中有超过百万的图片有明确的类别标注和图像中物体位置的标注。ImageNet 数据集文档详细，由专门的团队维护，使用非常方便，在计算机视觉领域的研究论文中应用非常广，几乎成为目前深度学习图像领域算法性能检验的标准数据集。

与 ImageNet 数据集对应的有一个享誉全球的 ImageNet 大规模视觉识别挑战赛，包含的比赛项目有目标定位、目标检测、视频序列的目标检测、场景分类和场景分析等。从 2010 年至 2017 年，ImageNet 每年都会举办一次竞赛，主要评价算法在大尺度上对物体检测和图像分类的效果。在这几年的比赛中，涌现了大量的优秀算法：2013 年的 ZFNet、AlexNet；2014 年的 VGGNet、GoogLeNet 和 2015 年的 ResNet。该竞赛不仅成为各团队展示实力的竞技场，也促进了人工智能领域卷积神经网络的研究和发展。

3.2 节介绍的卷积神经网络可以用于解决图像分类问题。

3.3.2 目标定位

目标定位的数据集通常是固定数量和种类的目标物体，目标定位的目的是在图像分类的基础上，定位对象在图像中的位置，输出为对象周围的某种形式的边界框。分类和定位的数据集是 ImageNet 数据集，其评判标准是交并比(Intersection over Union，IoU)，定义为算法预测的边界框和真实边界框交集的面积除以这两个边界框并集的面积，取值为[0,1]。交并比度量了算法预测的边界框和真实边界框的接近程度，交并比越大，两个边界框的重叠程度越高。

目标定位的一种思路是多任务学习，即网络在得到最终的特征图后，有两个输出分支，如图 3-18 所示。一个分支用于做图像分类，操作是全连接加上 softmax 函数判断目标类别，和单纯图像分类的区别在于，这里需要额外添加一个“背景”类；另一个分支用于判断目标位置，操作是全连接层加上回归层，在分类分支判断该目标不为“背景”类时，输出 4 个参数的值(如目标左上角横纵坐标和边框长宽)用于标记边界框的位置。

在目标定位中还考虑了滑动窗口(Sliding Window)，其思想是将分类任务和定位任务在不同的位置多次运行，在每一个位置都会得到类的分数和边界框。再将不同位置类的分数和边界框聚合，帮助模型进行修正，最终得到输出。OverFeat 网络结构运用了滑动窗口思想。OverFeat 还将全连接层替换成 1×1 卷积，以提高计算效率。

在 ILSVRC 挑战赛的定位项目中，2012 年到 2015 年的冠军分别是 AlexNet、OverFeat、

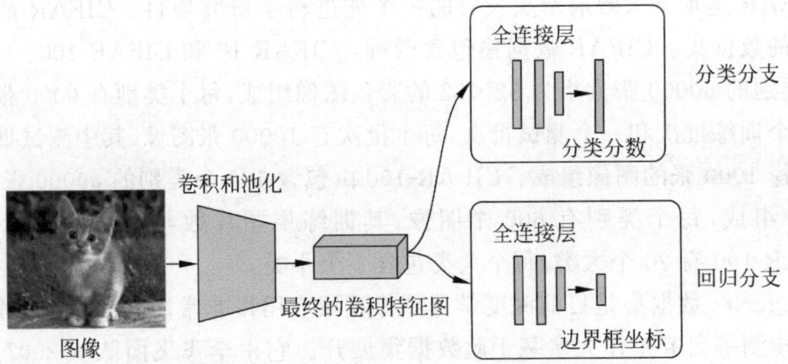

图 3-18 分类和定位网络结构示意图①

VGG 和 ResNet，Top-5 定位错误率从 34.2%降至 9%。

3.3.3 目标检测

相比于目标定位，目标检测的图像中出现的目标种类和数目都不确定。因此，目标检测相较于目标定位更具挑战性，可以看成图像分类和目标定位的结合，需要给出在图像内所有该类别的目标并用边界框标示出对应的位置。目标检测中的评估标准是平均准确率(mean Average Precision，mAP)，取值为[0，100]。

目标检测的数据集包含以下 3 种。

(1) PASCAL VOC(Pattern Analysis，Statistical Modeling and Computational Learning Visual Object Classes)数据集有 20 个类别。每张图片有两个目标，分为两种数据集 VOC2007 和 VOC2012。训练验证集与测试集的数量各占整个数据集的一半，两个数据集共有约 55000 张图片。通常用 VOC2007 和 VOC2012 的训练集的并集进行训练，用 VOC2007 的测试集进行测试。PASCAL VOC 挑战赛是计算机视觉目标检测的经典权威赛事，其数据集标注质量高、场景复杂、目标多样、检测难度大，是快速检验算法有效性的首选。在计算视觉领域，PASCAL VOC 挑战赛与 ILSVRC 挑战赛同为世界顶级的比赛，是国内外人工智能公司竞相展开激烈竞争的主赛场。PASCAL VOC 挑战赛在 2012 年后便不再举办，但其数据集图像质量好，标注完备，非常适合用来测试算法性能。

(2) ImageNet Detection 数据集类别只有 200 个，每张图片上只有一个目标，整个数据集有 50 万张图片。

(3) MS COCO(Microsoft Common Objects in Context)是微软公司于 2014 年出资标注的一个数据集，其对于图像的标注信息不仅包含类别、位置等信息，还包含对图像的语义文本描述。与 PASCAL VOC 数据集相比，MS COCO 中的图片背景比较复杂，目标数量比较多，目标尺寸更小，因此 MS COCO 数据集上的任务更困难。对于检测任务来说，衡量一个模型好坏的标准更加倾向于使用 MS COCO 数据集上的检测结果。MS COCO 数据集包含 91 个类别，每个类别的实例数量超过 10000 个，远大于 PASCAL VOC 和 ImageNet

① 图片来自：Fei-Fei Li，Justin Johnson，Serena Yeung. CS231n：Convolutional Neural Networks for Visual Recognition[J/OL]. http://cs231n.stanford.edu/2017/.

Detection 中每个类别的实例数量。MS COCO 竞赛与著名的 ImageNet 竞赛一样，被认为是计算机视觉领域的顶级赛事。而在 2017 年 ImageNet 竞赛停办后，MS COCO 竞赛就成为当前图像识别领域的一个最具权威的标杆，也是目前该领域在国际上唯一能汇集 Google、微软、Facebook 以及国内外众多顶尖院校和优秀创新企业共同参与的大赛。目前，比赛项目有目标检测、图像语义分割、图像标注（一句话准确描述图片上的信息）和人体关键点检测等。

目标检测过程中有很多不确定因素，例如图像中目标的种类和数目的不确定，目标有不同的外观、形状、姿态，加之物体成像时会有光照、遮挡等因素的干扰，对检测算法提出了更高的要求。深度学习中目标检测模型的发展主要有两个方向：基于候选区域的 CNN（例如 R-CNN 系列）和基于直接回归的目标检测算法（例如 YOLO、SSD 等）。二者的主要区别在于，基于区域的 CNN 需要先生成一个有可能包含待检测目标的候选区域，然后进行细粒度的目标检测；而基于直接回归的目标检测算法会直接在网络中提取特征来预测目标分类和位置。下面介绍这几种检测算法。

R-CNN 系列检测算法的思想是找出有可能包含待检测目标的候选区域，将候选区域中提取出的特征，使用分类器判别是否属于某一个特定类别，对于属于特定类别的候选区，用回归器进一步调整位置。

最著名的候选区域选择方法是选择性搜索（Selective Search）。其基本思想是，将具有相似颜色和纹理的相邻像素进行合并，形成相互连接的区域块，然后不断进行合并以得到更大的区域块，将这些不同规模的区域块转换成边界框。与用滑动窗口把图像所有区域都滑动一遍的方法相比，基于候选区域的方法更加高效。

如图 3-19 所示，R-CNN 的思路是对于输入图像应用一种候选方法，例如选择性搜索，得到大约 2000 个不同大小、不同位置的框，把每一个框内的图像区域进行裁剪并调整至固定大小，然后通过 CNN 提取特征进行分类，最后分别连接回归器和一个应用支持向量机的分类器，其中回归器可以对目标框进行微调。R-CNN 中每个候选区域都需要通过 CNN，测试速度很慢。

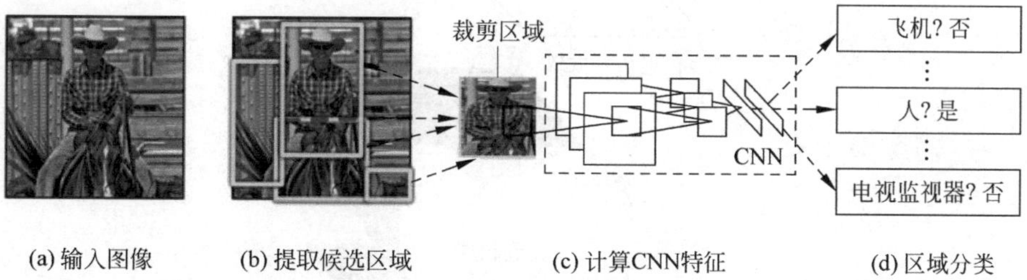

图 3-19 R-CNN 工作机制①

为了解决上述问题，Fast R-CNN 提出共享不同候选区域的卷积特征的计算方法。如图 3-20 所示，先将输入图像通过 CNN，并提取特征映射。然后，在原始图像上运行候选区

① 图片来自：Girshick R, Donahue J, Darrell T, et al. Rich feature hierarchies for accurate object detection and semantic segmentation[C]//Proceedings of the IEEE conference on computer vision and pattern recognition. 2014: 580-587.

域选择算法，对结果对应的卷积特征进行采样，这一步称为兴趣区域池化(Region Of Interest Pooling，ROI Pooling)。最后，对每个候选区域，输入全连接层及两输出分支进行目标定位。兴趣区域池化可以共享不同候选区域的计算，从而固定候选区域特征大小。这是因为，输入图像经过卷积和池化后会得到不同尺寸的特征图，而全连接层的输入需要固定尺寸。兴趣区域池化的具体做法是，对于给出的候选区域，将它投影到卷积层提取特征空间，将卷积层的特征划分成固定数目的网格(网格数目根据下一步操作中网络期望的输入大小确定)，并对每一个网格区域都进行最大池化，以得到固定大小的池化结果。Fast R-CNN 测试中，每张图像前馈网络只需 0.2s，但是提取候选区域需要 2s，仍然达不到实时检测的效果。

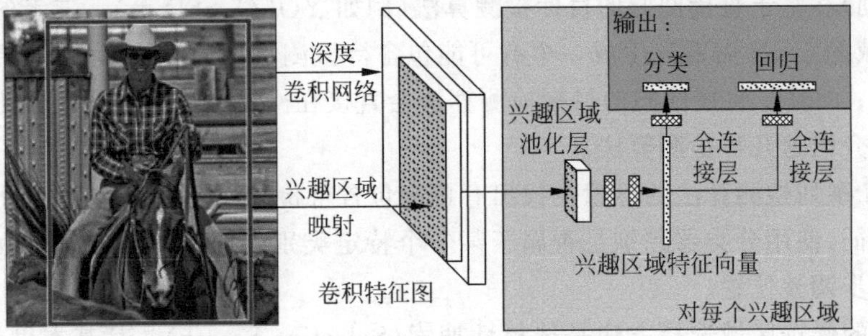

图 3-20 Fast R-CNN 系统结构①

为了解决上述问题，Faster R-CNN 采用 CNN 解决候选区域的选择问题。如图 3-21 所示，在 Faster R-CNN 中，输入图像经过卷积神经网络后，利用区域推荐网络(Region

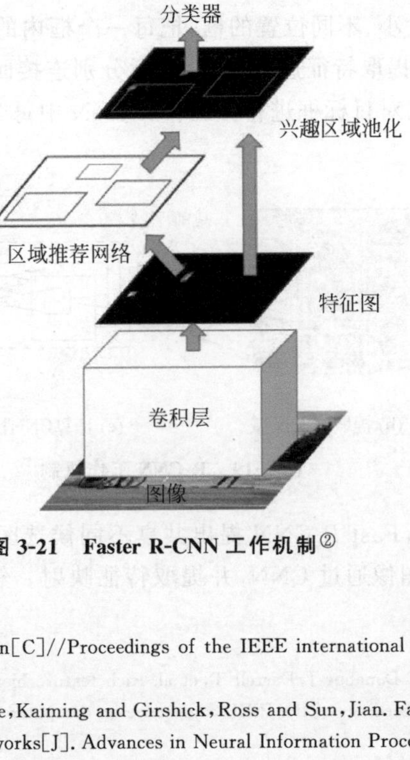

图 3-21 Faster R-CNN 工作机制②

① 图片来自：Girshick R. Fast r-cnn[C]//Proceedings of the IEEE international conference on computer vision. 2015：1440-1448.

② 图片来自：Ren，Shaoqing and He，Kaiming and Girshick，Ross and Sun，Jian. Faster R-CNN：towards real-time object detection with region proposal networks[J]. Advances in Neural Information Processing Systems 28，2015：91-99.

Proposal Network，RPN）在 CNN 最末端的特征图中获得候选区域；然后，使用兴趣区域池化，连接分类器和回归器。RPN 实际上延续了基于滑动窗口进行目标定位的思路，不同之处在于，RPN 在卷积特征图上而不是在原图上进行滑动。RPN 在卷积特征图上通过 3×3 卷积和 1×1 卷积两层卷积得到候选区域的特征，输出两个分支：分类和回归。RPN 不是直接对特征图谱中的位置进行回归，而是预先定义一些不同形状和大小的边界框，称为锚盒（Anchor），将这些边界框从特征图谱映射到原始图片。分类分支用于判断每个锚盒里是否包含了目标；回归分支对候选区域的 4 个坐标进行回归。使用锚盒的原因是，图像中的候选区域大小和长宽比不同，使用直接回归比修正锚盒坐标训练起来更困难；卷积特征感受野很大，很可能该感受野内包含了不止一个目标，使用多个不同的锚盒可以同时对感受野内出现的多个目标进行预测。可以根据数据中边界框通常出现的形状和大小设定一组锚盒。Faster R-CNN 测试一张图片的时间是 0.2s，效果和 Fast R-CNN 一致。

YOLO（You Only Look Once）的思路是将检测问题直接看作回归问题进行处理，设计一个实现回归功能的卷积神经网络。YOLO 没有选用基于滑窗的形式或提取候选区域的方式训练网络，而是直接选用整张图像训练模型。将输入图像划分为大小为 S×S 的网格（通常是 7×7），真实边界框是图像中真实目标中心所在的网格及其最接近的锚盒。对于每一个网格，网络需要预测边界框的 4 个坐标、每个锚盒包含目标的概率（不包含目标时应为 0，否则概率为锚盒与真实边界框的交并比）以及预测分类的评分。YOLO 的检测速度虽然比 Faster R-CNN 快，可以达到实时性的要求，但是以牺牲精度为代价，检测效果不如 Faster R-CNN。

相比 YOLO，SSD（Single Shot MultiBox Detector）在卷积特征后加了若干卷积层以减小特征空间的大小，并通过综合多层卷积层的检测结果以检测不同大小的目标。此外，类似于 Faster R-CNN 的 RPN，SSD 使用 3×3 卷积取代了 YOLO 中的全连接层，以对不同大小和长宽比的锚盒进行分类和回归。SSD 取得了比 YOLO 更快并接近 Faster R-CNN 的检测性能。相比其他方法，SSD 受基础模型性能的影响相对较小。

3.3.4 图像分割

图像分割将图像处理具体到像素级别，包括语义分割（Semantic Segmentation）和实例分割（Instance Segmentation）。语义分割将图像中每个像素分配到某个对象类别。在语义分割的基础上，实例分割需要对每一个像素进行分类，区分同一个类别的不同目标。目前用于语义分割研究的两个最重要的数据集是 VOC2012 和 MS COCO。其中，用于语义分割的 VOC2012 数据集有 1500 张训练图像和验证图像以及 20 个类别（包含背景）。MS COCO 数据集相比 VOC2012 更复杂，有 83000 张训练图像、41000 张验证图像、80000 张测试图像和 80 个类别。MS COCO 数据集的开源使得近两三年来图像分割语义理解取得了巨大的进展，也几乎成为图像语义理解算法性能评价的标准数据集。卷积神经网络不仅能很好地实现图像分类，在图像分割问题中也取得了很大的进展。下面介绍语义分割和实例分割的网络结构。

1. 语义分割

在语义分割中使用卷积神经网络存在两个问题。首先，图像块分类是常用的深度学习方法，即利用每个像素周围的图像块将各像素分成对应的类别。使用图像块的主要原因是，分类网络通常具有全连接层，其输入须为固定大小的图像块。2014 年，加州大学伯克利分校的 Long 等人提出的 FCN 拓展了原有的 CNN 结构，在没有全连接层的情况下能进行密集预测。这种结构的提出使得分割图谱可以生成任意大小的图像，且与图像块分类方法相比，提高了处理速度。之后，几乎所有关于语义分割的最新研究都采用了这种结构。其次，CNN 中的池化层在增大上层卷积核的感受野的同时能聚合背景，并丢弃部分位置信息。然而，语义分割方法须对类别图谱进行精确调整，因此需要保留池化层舍弃的位置信息。因此，语义分割的研究者提出了两个不同形式的结构来解决这个问题。第一种是"编码器-解码器"(Encoder-Decoder)结构，第二种是使用空洞卷积的结构，且去除池化层。条件随机场(Conditional Random Field，CRF)方法通常在后期处理中用于改进分割效果。CRF 是一种基于底层图像像素强度进行"平滑"分割的模型，运行时会将像素强度相似的点标记为同一类别。加入 CRF 可以将最终评分值提高 1%～2%。基于深度学习的图像语义分割通用框架是前端使用 FCN(包含基于此的改进，例如 SegNet、DeepLab 等)进行特征粗提取，后端使用条件随机场或马尔可夫随机场优化前端的输出，最后得到分割图。下面介绍上述提及的几种语义分割模型。

1) FCN

伯克利团队于 2015 年提出全卷积网络方法用于图像语义分割，将端到端的卷积神经网络推广到语义分割中。FCN 有以下 3 个主要贡献。

(1) 全连接层卷积化。FCN 重新将预训练的 CNN 网络用于分割问题中，将 VGG 等预训练网络模型的全连接层卷积化。由于 CNN 的输入是二维图像，输出是一个一维概率值，丢失了二维信息。而图像分割问题中，输入是一张图片，输出也是一张图片，学习的是像素到像素的映射。如图 3-22 所示，在 FCN 网络中，将 CNN 后三层全部转化为 1×1 的卷积核所对应的同向量维度的多通道卷积层，全部采用卷积计算。由于整个模型中没有向量，全部都是卷积层，所以称为全卷积。由于 CNN 网络中的池化操作，得到的特征图谱仍需进行上采样。采用上采样可以扩大图像尺寸，实现图像由小分辨率到大分辨率的映射。

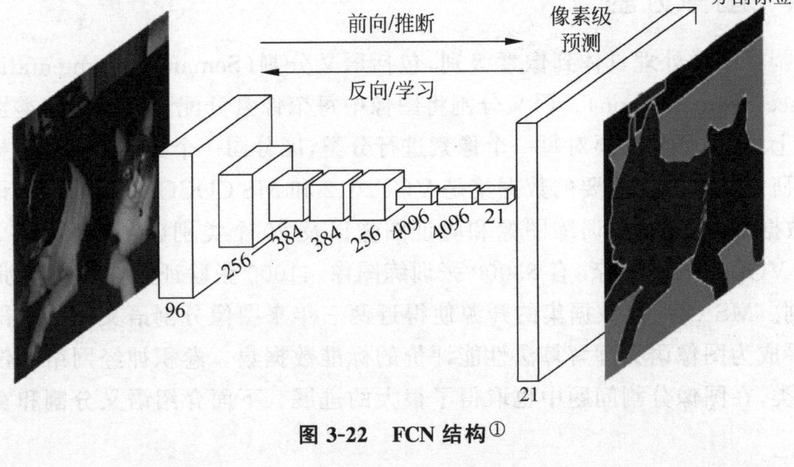

图 3-22 FCN 结构①

① 图片来自：Long J，Shelhamer E，Darrell T. Fully convolutional networks for semantic segmentation[C]// Proceedings of the IEEE conference on computer vision and pattern recognition. 2015：3431-3440.

(2) 反卷积(Transposed Convolution/Deconvolution)。文章采用的网络经过5次"卷积+池化"后，图像尺寸依次缩小为1/2、1/4、1/8、1/16、1/32倍。对最后一层进行32倍上采样(FCN用反卷积的方式进行上采样)，就可以得到与原图一样的大小。反卷积原理如图3-23所示，左图中间3×3大小的部分为原图像，周围虚线部分为对应卷积所增加的填充，通常为0，右边5×5大小的部分是卷积后图片。使用大小为3×3、滑动步长为1的卷积核，卷积后图像大小为5×5。可以看出，反卷积的大小由卷积核大小与滑动步长决定，设输入大小为$W_1 \times H_1 \times D_1$，输出大小为$W_2 \times H_2 \times D_2$，卷积核大小为$F$，滑动步长为$S$，其中$W_2=(W_1-1)\times S+F$，$H_2=(H_1-1)\times S+F$，$D_2=D_1$。笔者发现，仅对第5层做32倍反卷积(将第4层池化结果与扩大2倍的第5层池化结果相加)，得到的结果不太精确，细节部分(边缘)比较粗糙，甚至无法看出物体形状。

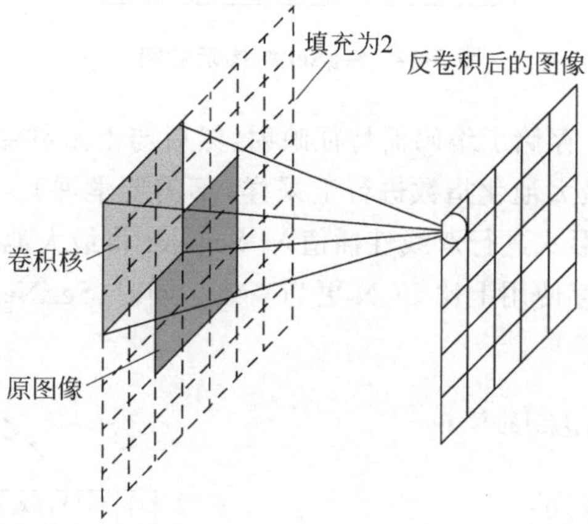

图3-23　反卷积原理

(3) 跳跃连接(Skip Architecture)。作者考虑将不同池化层的结果采用辅助叠加部分浅层反卷积信息进行上采样，然后结合这些结果来更好地优化分割结果的精度。在论文里，作者将第5层池化结果扩大2倍，与第4层池化结果融合后再扩大2倍，与第3层池化结果融合后再扩大8倍，也可以得到与原图大小相同的结果，并且能够得到更好的细节。

2) SegNet

SegNet是Cambridge于2015年提出的旨在解决自动驾驶或智能机器人问题的语义分割深度网络模型。FCN将用于分类的网络进行全卷积化，这带来了空间分辨率下降的问题，产生较为粗糙的分割结果。而后需要将低分辨率的结果进行上采样以获得原图大小，这个还原的过程即解码过程。现今大部分用于分割的网络都有相同或相似的解码网络，之所以会产生不同精度的分割结果，关键在于解码网络的不同。因此，作者分析了一些网络的解码过程，提出SegNet模型。

SegNet网络结构如图3-24所示。SegNet是一个对称网络，由中间区域b池化层与区域c上采样层作为分割。左边是编码器部分，使用VGG16的前13层，卷积提取高维特征，并通过池化使图片变小。右边是解码器部分，包括反卷积与上采样。其中，反卷积使得图像分类后特征得以重现，上采样使图像变大。最后，通过softmax函数输出每一个像素概率最大的类别，作为该像素的标签，以完成图像像素级别的分类。SegNet的池化包含指数(index)的功能，每次池化操作后，都会保存通过最大池化选出的权值在卷积核中的相对位置；在反卷积时，除了被记住位置的池化指数，其他位置的权值为 0，因为数据在池化时已经被丢弃了。因此，SegNet 使用反卷积填充缺失的内容，这里的反卷积与卷积是一样的，所以图中上采样层后的结构也是卷积层。

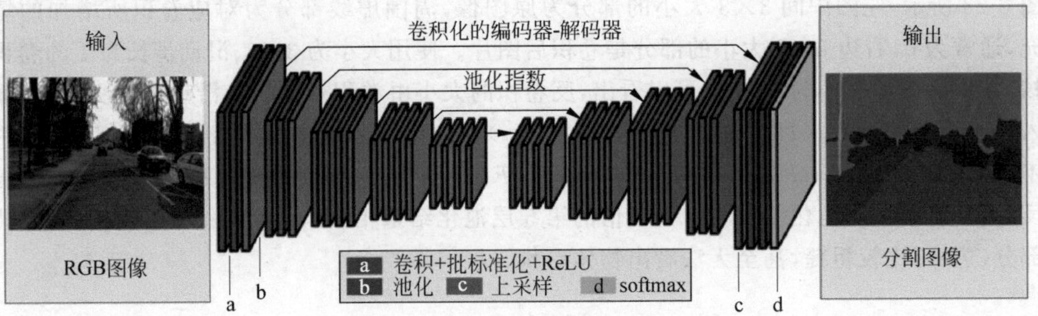

图 3-24　SegNet 结构示意图[①]

如图 3-25 所示，FCN 存储了编码器特征映射，然后与上采样结果相加得到解码器的输出。SegNet 只需要存储最大池化指数进行上采样（不需要学习）。FCN 进行上采样的方式是反卷积（可以用卷积的形式进行双线性插值）。SegNet 将最大池化指数转移至解码器中，改善了分割分辨率，在内存使用上比 FCN 更为高效。同时，SegNet 为了提升效果而引入了更多的跳跃连接。

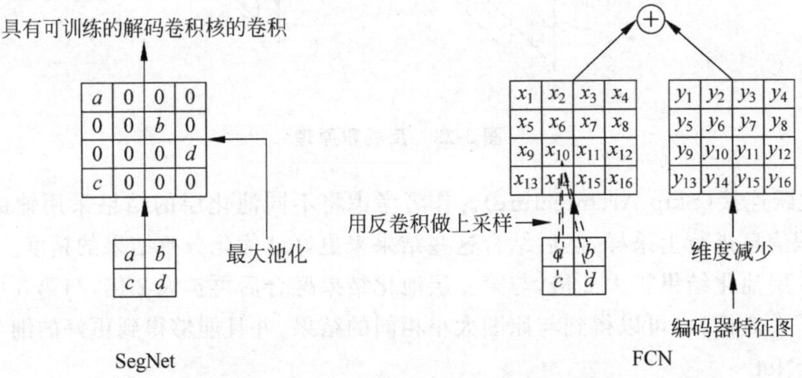

图 3-25　SegNet 和 FCN 解码器示意图[①]

3）DeepLab 系列

Google 公司和加州大学洛杉矶分校的研究人员于 2015 年提出 DeepLab-V1，将带孔(hole)算法应用到深度卷积神经网络（Deep Convolutional Neural Network，DCNN）模型中，在现代 GPU 上运行达到了每秒处理 8 张图片的速度，并于 2017 年 5 月和 2017 年 12 月分别提出了 DeepLab-V2 和 DeepLab-V3。

(1) 空洞卷积(Dilated Convolution)。池化能够减少计算量，然而很多像素级别网络需要通过上采样重新学习来填补像素的缺失，从减小到增大尺寸的过程中，很大一部分信息丢

① 图片来自：Badrinarayanan V，Kendall A，Cipolla R. Segnet：A deep convolutional encoder-decoder architecture for image segmentation [J]. IEEE transactions on pattern analysis and machine intelligence，2017，39(12)：2481-2495.

失。空洞卷积去掉下采样过程的同时可以获得更大的感受野，有助于增加精度，并且可以减少一部分由于相乘得到的权值，从而减少计算量。相比原来的卷积，空洞卷积多了一个称为扩张率(Dilation Rate)的超参数，指卷积核的间隔数量，而普通卷积的扩张率是1。

一维空洞卷积如图3-26所示，计算过程中的层级关系为，上层表示输入层像素点，下层表示输出层像素点。当卷积核元素间距为0(相邻)时，1～3对应输出A，2～4对应输出B，3～5对应输出C，那么输出A、B、C三个元素结果的感受野只覆盖了1～5这几个原始像素点。如果采用稀疏的卷积核，假设扩张率为2(相当于卷积计算时每隔一个像素点取值计算)，A对应的输入是1、3、5，B对应的输入是2、4、6，C对应的输入是3、5、7，同样输出A、B、C三个结果，在原始图像上对应的像素点长度将会变多。这是在水平方向x轴上的扩展，在y轴也会有同样的扩展。一维空洞卷积在没有增加计算量的情况下增大了感受野，并且保留了足够多的细节信息，对图像还原后的精度有明显的提升。

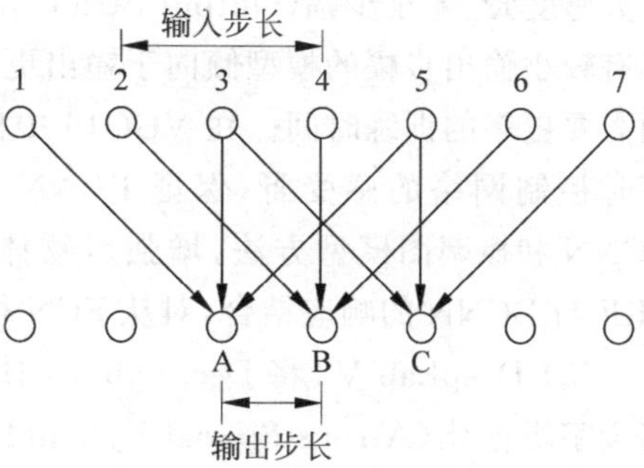

图3-26　一维空洞卷积示意图①

如图3-27所示，圆点表示卷积核元素，中间区域表示感受野(如图3-27(a)3×3大小的区域)，整个17×17大小的框表示输入图像。图3-27(a)为原始卷积核计算时覆盖的感受野，感受野大小为3×3；图3-27(b)和图3-27(c)为卷积核覆盖的元素间距增大的情况，扩张率分别为2和4，当元素间距逐渐增加时，每次计算覆盖的感受野面积越大。图3-27(b)的感受野大小为7×7，图3-27(c)的感受野大小为15×15。可以看出，感受野随着扩张率线性增加而指数增长。二维空洞卷积的操作是，首先根据扩张率对卷积核进行扩张。然后用0填充空白空间，创建稀疏的卷积核，最后使用扩张的卷积核进行常规卷积。

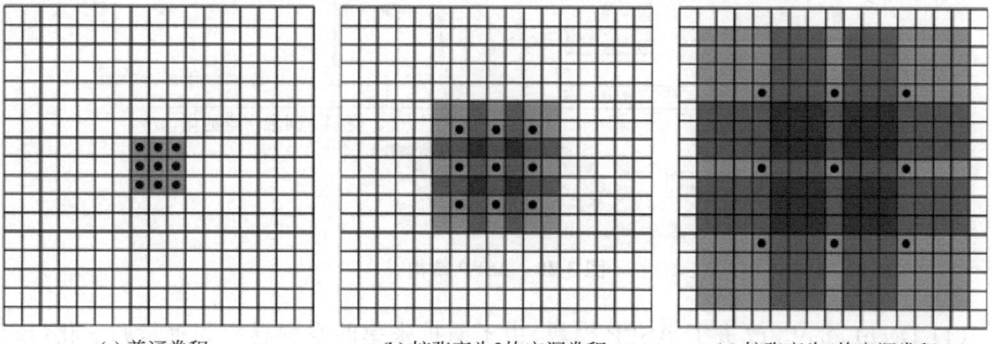

(a) 普通卷积　(b) 扩张率为2的空洞卷积　(c) 扩张率为4的空洞卷积

图3-27　普通卷积与空洞卷积的感受野比较②

---

① 图片来自：Chen L，Papandreou G，Kokkinos I，et al. DeepLab：semantic image segmentation with deep convolutional nets，atrous convolution，and fully connected CRFs[J]. IEEE Transactions on Pattern Analysis and Machine Intelligence，2018，40(4)：834-848.

② 图片来自：Chen L C，Papandreou G，Kokkinos I，et al. Semantic image segmentation with deep convolutional nets and fully connected crfs[J]. arXiv：1412.7062，2014.

(2) 在 DeepLab-V1 中,作者将 VGG16 模型调整为一个可以有效提取特征的语义分割模型。首先,将 VGG16 的全连接层转化为卷积层,使模型变为全卷积的方式;然后,在最后的两个最大池化层去掉下采样操作,再通过扩张率为 2 或 4 的空洞卷积对特征图做采样以扩大感受野、缩小步幅(Output Stride,定义为输入尺寸与输出特征尺寸的比值)。作者认为具有较小输出步幅的模型倾向于输出更精细的分割结果,然而使用较小的输出步长训练模型需要更多的训练时间。在 VGG16 中使用不同扩张率的空洞卷积,可以让模型在密集计算时控制网络的感受野,保证 DCNN 可靠地预测图像中物体的位置。同时,作者结合 DCNN 和概率图模型方法,增强对物体的边界定位。在模型最后一层,将带有全连接的 CRF 与 DCNN 的响应结合,对从 FCN 得到的分割结果进行细节上的改善。

(3) DeepLab-V2 将 DeepLab-V1 使用的基本网络 VGG16 改为 ResNet,提出了空洞空间金字塔池化(Atrous Spatial Pyramid Pooling,ASPP),以多尺度的信息得到更强健的分割结果。ASPP 并行地采用多个扩张率的空洞卷积层来探测,以多个比例捕捉对象以及图像上下文。

许多工作证明,使用图像的多尺度信息可以提高 DCNN 分割不同大小物体的精度。作者尝试了两种方法来处理语义分割中的尺度。第一种方法是标准的多尺度处理,将输入放缩为不同版本,分别输入 DCNN 中,然后融合特征图以得到预测结果。这可以显著地提升预测准确率,但是也耗费了大量的计算力和空间。第二种方法是并行地采用多个扩张率的空洞卷积提取特征,再将特征融合,类似于空间金字塔结构,称为 ASPP,如图 3-28 所示。

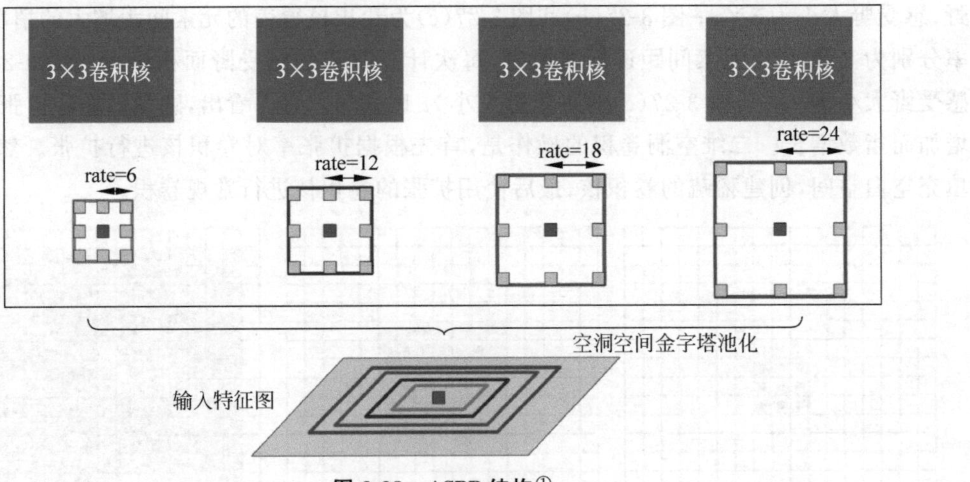

图 3-28 ASPP 结构①

(4) DeepLab-V3 改进了 ASPP 模块,由不同扩张率的空洞卷积和批量归一化(Batoh Normali-zation,BN)层组成,尝试以级联或并行的方式布局模块。作者发现,如果使用大扩张率的 3×3 空洞卷积,因为图像的边界响应无法捕捉远距离信息,将会退化为 1×1 卷积。因此,作者提出将图像级别特征融合到 ASPP 模块中,在模型最后的特征映射上应用全局平

① 图片来自:Chen L C,Papandreou G,Kokkinos I,et al. Deeplab:Semantic image segmentation with deep convolutional nets,atrous convolution,and fully connected crfs [J]. IEEE transactions on pattern analysis and machine intelligence,2017,40(4):834-848.

均池化(Global Average Pooling,GAP)。最终,作者改进的 ASPP 模块为图 3-29 中的(a)部分,一个 1×1 卷积和三个 3×3 的扩张率分别为 6、12、18 的空洞卷积。将(a)部分和(b)部分经过 1×1 卷积,再融合后得到步幅为 16 的特征图。图 3-29 中的 block 复制了 ResNet 最后的 block,并将其级联起来。DeepLab-V3 相比于前两个版本,没有使用 CRF 细化分割结果。

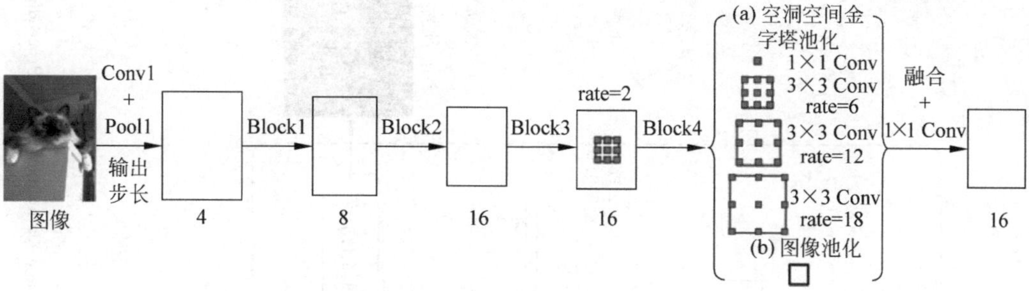

图 3-29 增加图像级别特征的具有空洞卷积的并行模型①

(5) DeepLab-V3+是"编码器-解码器"结构。DeepLab-V3 是编码器模型,包括以空洞卷积 DCNN 作为分类的网络骨干、改进的 ASPP 模块和 1×1 卷积。Xception 模型被用作网络骨干,它可以利用深度可分离卷积进行快速计算。深度可分离卷积将标准卷积分为深度卷积和点卷积(即 1×1 卷积)。深度卷积专注于在每个输入通道进行空间卷积,而点卷积则对深度卷积的输出结果进行 1×1 卷积。同时,为了适应语义分割任务,DeepLab-V3+对 Xception 进行了如下修改:①添加与微软亚洲研究院(Microsoft Research Asia,MSRA)团队修改的 Xception 模型相似(除不修改入口流网络结构以外),构建更多神经网络层的 Xception;②将所有最大池化操作替换为步长为 2 的深度可分离卷积,以任意分辨率提取特征图(另一种方式是将空洞卷积算法扩展到最大池化操作);③在 3×3 深度卷积后添加 BN 和 ReLU 激活函数。DeepLab-V3 中改进的 ASPP 将用于探索多尺度的卷积特征。最终的 1×1 卷积在 logit 之前生成最终的特征图,作为步幅为 16 的编码器的输出。

解码器模块进一步将低级特征与高级特征连接在一起,以提高分割边界的准确性。具体而言,将编码器输出双线性上采样 4 倍,以获得输出步幅为 4 的特征 A(FA),称为高级特征。对应于相同的空间分辨率(例如,输出步幅为 4),低级特征(记录为特征 B,FB)是经过 1×1 卷积以减少通道数量后的 DCNN 输出。由于 FB 通常比 FA 包含更大数量的通道(例如 256 或 512),这可能会超过编码器丰富特征的权重性,并使训练更加困难。因此,FA 和 FB 应该与相同数量的特征通道连接在一起,然后采用 3×3 卷积来细化特征,以 4 为系数进行双线性上采样以获得预测结果。DeepLab-V3+的架构如图 3-30 所示。

2. 实例分割

实例分割融合了目标检测、语义分割和图像分类,其主要思路是,首先用目标检测方法将图像中的不同实例框出,再用语义分割方法在不同边界框内进行逐像素标记,并且对检测到的物体进行分类。由于卷积的平移不变性导致一个像素点只能对应一种语义,传统的 FCN 不适用于实例分割。实例分割需要在区域级别上进行操作,相同的像素点在不同的区域中可能有不同的语义。

---

① 图片来自:Chen L, Papandreou G, Schroff F, et al. Rethinking atrous convolution for semantic image segmentation[C]//2017 IEEE Conference on Computer Vision and Pattern Recognition(CVPR). Honolulu, HI: 2017.

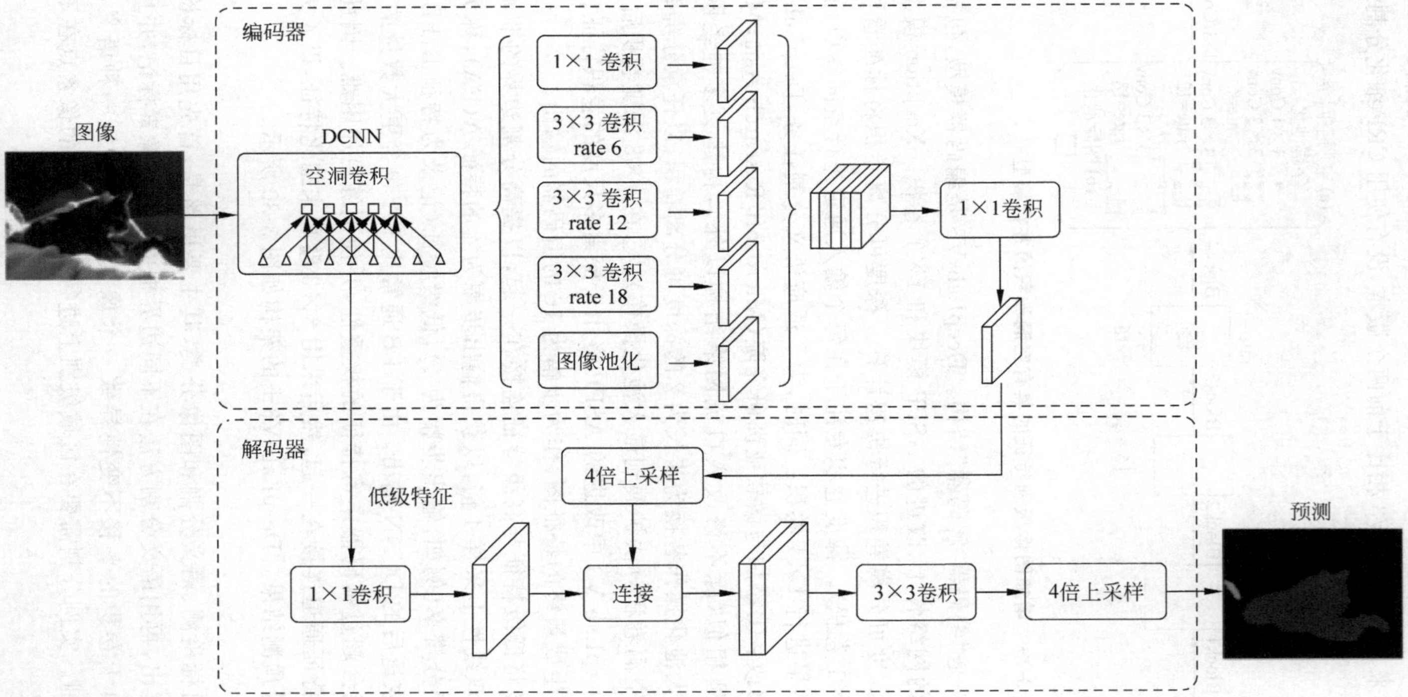

图 3-30 DeepLab-V3＋结构示意图①

① 图片来自：Chen L C, Zhu Y, Papandreou G, et al. Encoder-decoder with atrous separable convolution for semantic image segmentation[C]//Proceedings of the European conference on computer vision (ECCV). 2018: 801-818.

实时检测和分割(Simultaneous Detection and Segmentation,SDS)是由加州大学和安第斯大学的研究人员于2014年提出的一个用于实例分割的模型,其运行过程与卷积神经网络相似。首先,通过MCG算法(MCG算法是一种比选择性搜索更有效的候选区域生成方法)为每个图像生成2000个候选区域;然后,联合训练两个网络:从将候选区域作为输入的边界框网络(Bounding Box Network)和将去除背景的候选区域作为输入的区域网络(Region Network)中提取特征;其次,将两个网络特征串联,基于支持向量机区分每个类别;最后,对重复覆盖的区域进行非最大值压制,使用网络特征进行掩码预测,结合此掩码与候选区域以进一步细化分割结果。

Cascade是微软公司提出的模型,是2015年MS COCO实例分割比赛的冠军。如图3-31所示,与Faster R-CNN相似,输入图像通过卷积神经网络提取初级特征,并利用RPN提出ROI。对每一个ROI,通过ROI缩放(Warping)和ROI池化提取特征。经过全连接层进行前景与背景的划分,预测出背景部分进行掩码(Mask),只保留预测为前景的部分。然后,进行图像分类。以上过程将会使用端到端的多任务学习方法。Cascade也存在一些问题:全连接层要求ROI区域尺度相同;全连接层参数过多,容易发生过拟合;用于分割和分类的任务间没有共享参数。针对以上问题,2016年MS COCO实例分割比赛的冠军FCIS(Fully Convolutional Instance-aware Semantic Segmentation)用ROI区域的聚合取代了ROI池化,用softmax函数作为分类器取代全连接层,在图像分割和图像分类任务中使用相同的特征图。

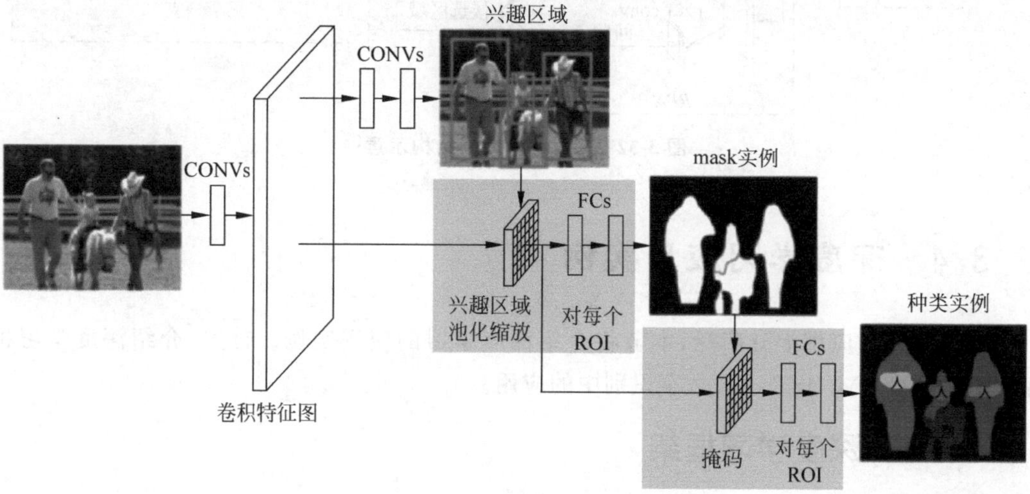

图3-31 Cascade网络①

2017年的Mask R-CNN模型沿用了Faster R-CNN框架。如图3-32所示,基础网络ResNet-FPN用于特征提取,特征金字塔网络(Feature Pyramid Network,FPN)是一种精心设计的多尺度检测方法,将各个层级的特征信息进行融合,使其同时具有强语义信息和强空间信息。在ResNet-FPN后加入了全连接的分割子网,在Faster R-CNN上面加了一个Mask预测分支(Mask Prediction Branch),由原来的两个任务(分类、回归)变为三个任务

① 图片来自:Dai J,He K,Sun J. Instance-aware semantic segmentation via multi-task network cascades[C]//Proceedings of the IEEE Conference on Computer Vision and Pattern Recognition. 2016:3150-3158.

(分类、回归、分割),并且对 ROI 池化进行改进,提出了 ROI 对齐(Align)。Faster R-CNN 中的 ROI 池化将输入图像的 ROI 映射为特征图上的 ROI 特征,采用四舍五入得到的结果,这会导致得到的输出可能和原图像上的 ROI 无法对应。同时,将每个 ROI 对应的特征转换为特定大小的维度时,使用的是取整操作,如果直接运用到像素级别,预测会出现问题。因此,ROI Align 针对 ROI 池化存在的问题提出两个改进:不再进行取整并且使用双线性插值,更精确地找到每个 ROI 对应的特征。Mask 分支并行地对每个 ROI 建立一个小型 FCN,用于对每一个 ROI 进行预测分割掩码,以检测给定像素是否是目标的一部分。Mask R-CNN 的实验取得了很好的效果,达到或者超过当时最先进的水平,但是需要较大的计算能力(8 块 GPU)进行训练。

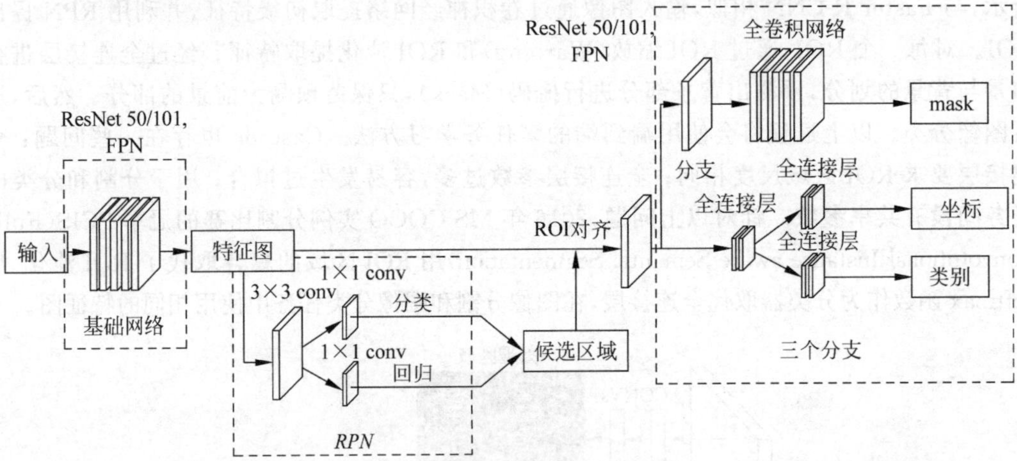

图 3-32 Mask R-CNN 结构示意①

3.4 深度学习应用实例

深度学习的应用十分广泛,本节将介绍深度学习的应用实例。首先,介绍深度学习框架。然后,介绍 MNIST 手写数字识别中的应用。

3.4.1 深度学习框架

随着人工智能和深度学习的发展,深度学习框架的出现可以让使用者便捷地进行深度学习模型的训练与推断。深度学习过程就像搭积木,而深度学习框架就是积木,每个模型或算法就是积木的一个组件,使用者只需要根据自己的需求进行设计和搭建。下面介绍几种主流的深度学习框架。

1. Caffe

Caffe(Convolutional Architecture of Fast Feature Em bedding)是一个兼具表达性、速度和思维模块化的开源深度学习框架。它由伯克利人工智能研究实验室(Berkeley Artificial

---

① 图片来自:jiongnima. 实例分割模型 Mask R-CNN 详解:从 R-CNN,Fast R-CNN,Faster R-CNN 再到 Mask R-CNN[J/OL]. (2018-01-21). https://blog.csdn.net/jiongnima/article/details/79094159.

Intelligence Research Lab)和社区贡献者开发,贾扬清在加州大学伯克利分校攻读博士学位期间创建了这个项目。Caffe是纯粹的C++/CUDA架构,其内核由C++语言编写,支持命令行、Python和MATLAB接口,可以在CPU模式和GPU模式之间无缝切换。Caffe的清晰性表现在模型与优化都由配置定义,无须硬编码,用户以文本形式而非代码形式就可以定义自己的神经网络,并按需要进行调整。Caffe具有最快的卷积神经网络实现,可以用于计算机视觉的研究,但是不适用于文本、声音或时间序列数据等其他类型的深度学习应用。快速性使Caffe成为实验研究和行业部署的理想选择。Caffe是第一个在工业领域得到广泛应用的开源深度学习框架,也是第一代深度学习框架里最受欢迎的框架。

2. TensorFlow

TensorFlow是一个用于进行高性能数值计算的开放源代码软件库。借助其灵活的架构,用户可以轻松地将计算工作部署到多种平台(CPU、GPU、TPU)和设备(桌面设备、服务器集群、移动设备、边缘设备等)中。TensorFlow最初由Google Brain团队(隶属于Google公司的人工智能部门)中的研究人员和工程师开发,可为机器学习、深度学习和强化学习提供强力支持,并且其灵活的数值计算广泛应用于其他科学领域。TensorFlow提供了非常丰富的与深度学习相关的应用程序编程接口(Application Programming Interface,API),包括基本的向量矩阵计算、各种优化算法、各种CNN和RNN基本单元的实现以及可视化的辅助工具等。TensorFlow采用数据流图(Data Flow Graphs)方式进行数值计算。节点(Node)在数据流图中表示数学操作,图中的线(Edge)则表示节点间相互联系的多维数组,即张量(Tensor)。TensorFlow的每一个计算都是计算图上的一个节点,而节点之间的边描述了计算之间的依赖关系。允许用户使用计算图的方式建立计算网络,同时又可以很方便地对网络进行操作。TensorFlow支持Python语言和C++语言,用户可以基于TensorFlow采用Python语言编写上层结构和库。如果TensorFlow没有提供用户需要的API,用户也可以编写底层的C++代码,通过自定义操作将新编写的功能添加到TensorFlow中。TensorFlow受到了工业界和学术界的广泛关注,TensorFlow社区是GitHub上最活跃的深度学习框架。

3. Theano

Theano是另一个可以在CPU或者GPU上快速运行数值计算的Python库。这是Python深度学习中的一个关键基础库,可以直接用它来创建深度学习模型或包装库,大大简化了程序。它是为深度学习中处理大型神经网络算法所需的计算而专门设计的,由蒙特利尔大学学习算法小组开发。Theano有一些突出特性,包括GPU的透明使用、与NumPy紧密结合、高效的符号区分、速度/稳定性优化、动态C代码生成以及大量的单元测试。和TensorFlow类似,Theano是一个比较底层的库,因此它并不适合深度学习而更适合数值计算优化。由于Theano多年来推出的大部分创新技术现在已被其他框架所采用和完善,开发者于2017年11月宣布他们将不再积极维护或开发Theano。

4. PyTorch

PyTorch在学术研究中很受欢迎,也是相对较新的深度学习框架。Facebook人工智能研究组专门针对GPU加速的深度神经网络编程开发了PyTorch,以解决使用数据库Torch时遇到的问题。由于编程语言Lua的普及程度不高,Torch无法像TensorFlow一样迅猛发展。因此,PyTorch采用已经被许多研究人员、开发人员和数据科学家所熟悉的原始

Python 语言命令式编程风格。同时,它还支持动态计算图,这一特性使得它对时间序列以及自然语言处理相关工作十分友好。PyTorch 提供运行在 GPU 或 CPU 之上的基础的张量操作库、内置的神经网络库,其模型训练功能支持共享内存的多进程并发(Multiprocessing)库。

5. Keras

深度学习框架在两个抽象级别上运行:低级别指数学运算和神经网络基本实体的实现(例如 TensorFlow、Theano、PyTorch 等);高级别指使用低级别的基本实体实现神经网络的抽象,例如模型和图层。Keras 就是在高级别上运行的深度学习框架。Keras 由 Google 公司的人工智能研究员 Francois Chollet 开发,使用 Python 语言编写的一个建立在 TensorFlow 和 Theano 之上的高级 API,最初是作为项目 ONEIROS(开放式神经电子智能机器人操作系统)研究工作的一部分。它的开发重点是实现快速实验,用户只需几行代码就能构建一个神经网络,并且 Keras 能够以最小的延迟将用户思想转换为结果。Keras 允许简单快速的原型设计,支持卷积网络和循环网络以及二者的组合,并可以在 CPU 和 GPU 上无缝切换。Keras 目前是人工智能领域对新手最友好,也是最易于使用的深度学习框架之一。

6. MXNet

MXNet 是一个全功能、灵活可编程、具有高扩展性的深度学习框架,支持深度学习模型中的卷积神经网络和长短期记忆网络等。MXNet 由多所顶尖大学的研究人员共同开发。MXNet 主要面向 R、Python 和 Julia 等众多语言,支持分布式,支持多机多 GPU。MXNet 对深度学习的计算做了专门的优化,GPU 显存和计算效率都比较高。亚马逊 AWS 将 MXNet 作为其深度学习应用的库,并且还会为 MXNet 的开发提供软件代码和投资。

7. Paddle Paddle

Paddle Paddle(飞桨)是百度独立研发的深度学习平台,集深度学习训练和预测框架、模型库、工具组件、服务平台为一体,兼具灵活和高效率的开发机制、工业级应用模型、超大规模并行深度学习能力、推理引擎一体化设计以及系统化的服务支持,可支持海量图像识别分类、机器翻译和自动驾驶等多个领域的业务需求,现已全面开源。飞桨同时支持动态图和静态图,兼顾灵活性和效率,它精选应用效果最佳的算法模型并提供官方支持,同时支持业界最强的超大模式并行深度学习能力。该平台具有推理引擎一体化设计,能够实现训练到多端推理的无缝连接,并且提供系统化技术服务与支持。

3.4.2 MNIST 手写数字识别

3.3.1 节介绍了 MNIST,而 MNIST 手写数字识别任务要解决的是把 28×28 像素的灰度手写数字图片识别为相应的数字,其中数字的范围为 0~9。本节将采用 3.1.3 节介绍的经典网络 LeNet-5 处理 MNIST 数据集以实现手写数字识别,使用的深度学习框架是 TensorFlow。

1. MNSIT 数据集处理

在 MNIST 官方网站下载数据集,有 4 个文件。

(1) train-images-idx3-ubyte.gz:训练集图片。

(2) train-labels-idx1-ubyte. gz： 训练集标签。

(3) t10k-images-idx3-ubyte. gz： 测试集图片。

(4) t10k-labels-idx1-ubyte. gz： 测试集标签。

由于下载的 MNIST 数据集是 IDX 文件格式——一种用来存储向量与多维度矩阵的文件格式，所以解压 4 个文件后，每个压缩包里有一个 idx-ubyte 文件。

以下两行命令能够自动下载和导入数据集到自动创建的 MNIST_data 目录(工程目录下一级)。

```
from tensorflow.contrib.learn.python.learn.datasets.mnist import read_data_sets
mnist = read_data_sets("MNIST_data/",one_hot = True)
```

其中，mnist 是一个轻量级的类，它以 NumPy 数组的形式存储训练、校验和测试数据集，同时提供了一个函数，用于在迭代中获得 Mini-Batch。

2. TensorFlow 训练 LeNet-5 网络

基于 TensorFlow 框架，编写程序实现类似 LeNet-5 模型的卷积神经网络以解决 MNIST 数字识别问题。详细程序见附录 B。

训练结果如图 3-33 所示，可以看出，训练正确率一开始很低，在迭代 100 次之后逐渐收敛，准确率接近 100%，而测试准确率可以达到 98.9%。

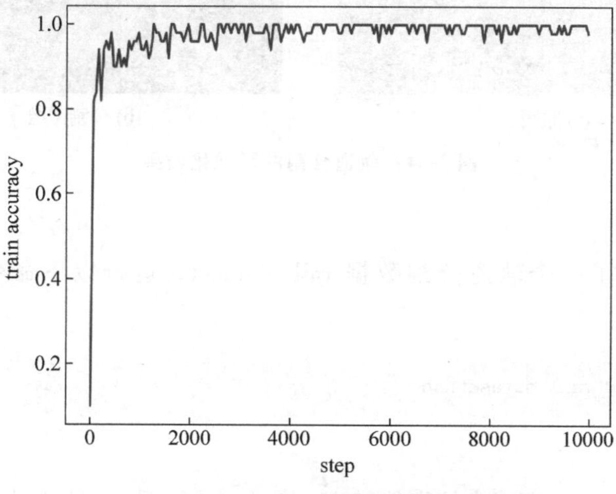

图 3-33 MNIST 手写数字识别训练结果

3.4.3 基于 DeepLab-V3+模型的轨道图像分割

手写数字识别属于图像分类问题，轨道图像分割属于语义分割问题。附录 C 列出的开源工具和项目代码基于 Paddle Paddle 框架，实现了基于 DeepLab-V3+模型的卷积神经网络，以解决轨道图像分割问题。如图 3-34 所示，轨道图像分割问题是将图片中轨道的两条钢轨进行标注，以对后续的轨道入侵检测提供依据。附录 C 中的轨道图像分割项目包括以下步骤。

1. PaddleSeg 安装

```
#下载 paddleseg
!git clone https://github.com/PaddlePaddle/PaddleSeg
!unzip work/PaddleSeg-release-v0.1.0.zip
#将 PaddleSeg 代码上移至当前目录
!mv PaddleSeg-release-v0.1.0/*./
#安装所需依赖项
!pip install -r requirements.txt
```

(a) 原图 (b) 分割图像

图 3-34 轨道分割的可视化结果

2. 数据集下载

本项目中挂载了一个轨道分割数据 rail_dataset。运行以下命令将数据集放置在 dataset 目录下。

```
!sh work/download_rail_dataset.sh
```

3. 训练模型

运行 pdseg/train.py 可以直接训练模型。其中,--cfg 是 yaml 文件的配置参数,相关参数都在相应的 yaml 文件中进行了配置,--use_gpu 指开启 GPU 进行训练。

```
!python./pdseg/train.py --cfg work/rail_dataset.yaml --use_gpu
```

4. 测试模型

运行 pdseg/eval.py 可以直接对模型进行效果评估。

```
!python./pdseg/eval.py --cfg work/rail_dataset.yaml --use_gpu
```

本章小结

卷积神经网络在各种图像数据集上的准确率越来越高，其结构也向更深的方向发展，这得益于大数据技术和 GPU 的出现。这些进步使得卷积神经网络在计算机视觉领域获得了广泛的应用，从简单的图像分类，到精确到每一像素的图像分割，卷积神经网络都有着出色的表现。随着人工智能和深度学习的发展，深度学习框架的出现可以帮助使用者便捷地进行深度学习模型的训练与推断。

第 4 章

CHAPTER 4

循环神经网络及其他深层神经网络

上一章介绍了卷积神经网络的模型和应用，本章将介绍循环神经网络和无监督学习的深度神经网络，包括自编码器和深度生成式模型。根据前文介绍，卷积神经网络适用于处理网格化数据，例如一张图片。20 世纪 80 年代，Rumelhart 等人提出循环神经网络用于处理时序数据，例如语音信号、气象数据或股票价格等。读者可以想象：打篮球时，当队友向你扔出一个篮球，你能很快通过时间和轨迹判断手在什么位置能接住篮球。篮球的运动轨迹点可以看作随时间变化的三维坐标数据，人脑可以通过连续的数据估计球到自己身旁时的位置，或者说通过大量数据，能够拟合出随着时间变化的曲线。这也是最初采用 RNN 结构的出发点。RNN 面临长期依赖问题，即当前时刻无法从序列中间隔较大的那个时刻获得需要的信息。GRU(Gated Recurrent Unit)和 LSTM 可以处理梯度消失问题和长期依赖问题，与普通的 RNN 相比，LSTM 和 GRU 能够在更长的序列中有更好的表现。RNN 在自然语言处理和时序预测方面有着大量应用。

无监督学习的输入是不带标签的一组数据，目的是学习数据潜在的隐藏的结构。自编码器学习输入数据的特征，并对输入进行压缩表示以重构其结构。深度生成式模型可以根据训练数据生成与之分布相似的样本，其中生成式对抗网络在生成图像方面有着广泛的应用。

4.1 从 DNN 到 RNN

从 DNN 到 RNN，利用了 20 世纪 80 年代机器学习和统计模型早期的优点：在模型的不同部分共享参数。参数共享使得模型能够适应不同长度的样本并进行泛化。在全连接结构的 DNN 中，每一层输出可以表示为

$$\boldsymbol{y}=\sigma(\boldsymbol{W}\cdot\boldsymbol{x}+\boldsymbol{b}) \tag{4-1}$$

其中，在之前介绍的全连接的 DNN 中，输入数据集可以是图片、文字等，它们的特点是时间上前后没有关联。也就是说，输出结果只受当前输入影响。而语音、股票信息等数据，有很强的前后关联，所以 RNN 网络的输出可以定义为

$$\delta_k^{\mathrm{T}}=\delta_t^{\mathrm{T}}\prod_{i=k}^{t-1}\operatorname{diag}[f'(\boldsymbol{net}_i)]\boldsymbol{W} \tag{4-2}$$

训练 RNN 时，也需要定义一个损失函数，衡量每个时间点的输出与训练目标 y 的距

离。因为 RNN 是时间域上的循环输入，所以要权重共享。由于 RNN 在每个时隙 t 既包含此刻的输入又包含上一时刻的输出，所以 RNN 具有记忆。有些文献也将这些保留神经网络状态的部分称为记忆单元(Memory Cell)，也被简化称为基础单元(cell)。基于这些最小单元的研究也出现了很多变体，4.2 节将详细介绍这些 RNN 的变体。

4.1.1 RNN 结构

在 RNN 中，每个输入都包含上一时刻的输出结果，图 4-1 所示为 RNN 及其展开(Unrolling)结构。

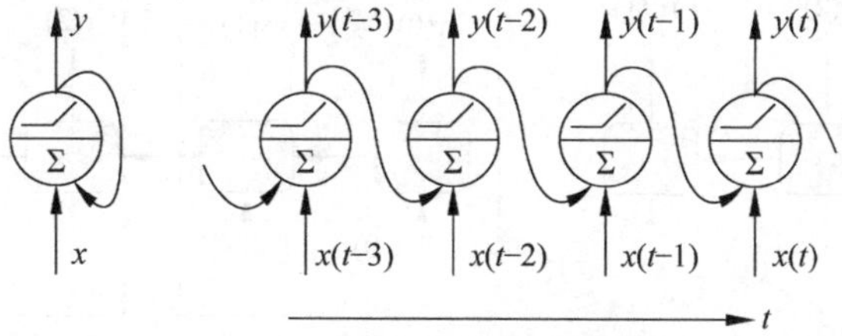

图 4-1 RNN 及其展开结构

也可以将几个神经元组成一层，形成图 4-2(a)所示的结构，它的展开结构如图 4-2(b)所示，这时输入是一个向量(vector)。

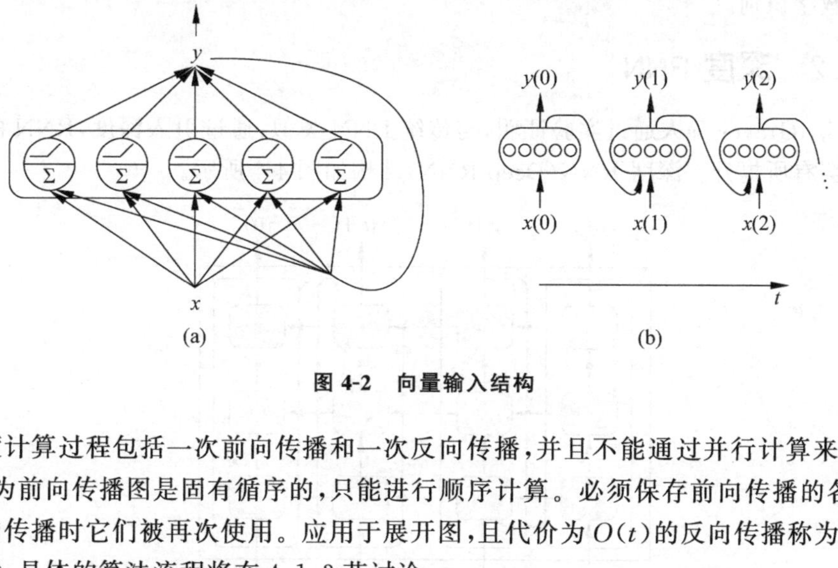

(a) (b)

图 4-2 向量输入结构

梯度计算过程包括一次前向传播和一次反向传播，并且不能通过并行计算来降低运行时间，因为前向传播图是固有循序的，只能进行顺序计算。必须保存前向传播的各个状态，直到反向传播时它们被再次使用。应用于展开图，且代价为 $O(t)$ 的反向传播称为通过时间反向传播，具体的算法流程将在 4.1.3 节讨论。

由于 RNN 在处理时序数据时的优势，基于 RNN 的自然语言处理、机器翻译等应用表现出比传统方案更高的准确度，而且针对不同的任务，RNN 的输入和输出可以进行适当的变化，如图 4-3 所示。其中，图 4-3(a)是最基本的结构，这种类型的网络通常用于时序数据的预测，例如股票价格等；图 4-3(b)是忽略了最后一个输出之前的所有输出，也叫作序列到向量(Sequence to Vector)，这个结构适用于评分系统，例如根据输入的一串单词序列，输出一个评分(−1～1)；图 4-3(c)的结构是一个向量到序列(Vector to Sequence)，例如输入一张图片，输出图片的标题；图 4-3(d)的结构称作“编码-解码器”结构，可以用于机器翻译，输入一种语言，输出另外一种语言。解码以及机器翻译将在后续内容具体说明。

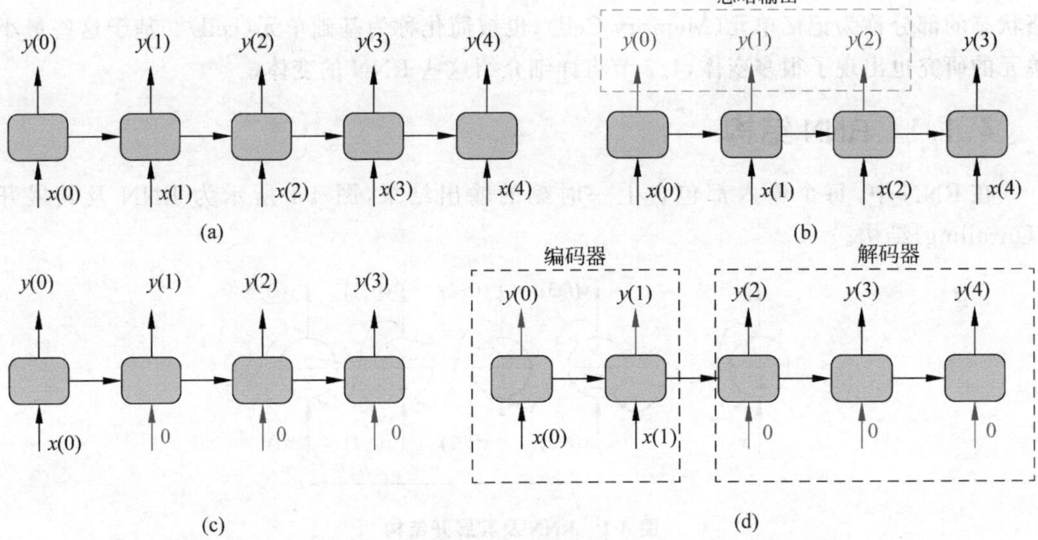

图 4-3 RNN 的几种输入/输出结构

实际上，RNN 不仅可以应用于时序数据处理，在 Ba 等人的研究[①②]中，作者使用 RNN 实现手写数字识别。

4.1.2 深度 RNN

2013 年，Graves 等人通过实验证明，与传统 DNN 类似，通过引入深度，RNN 的非线性表达能力会有所提升。深度 RNN(Deep RNN)结构如图 4-4 所示。

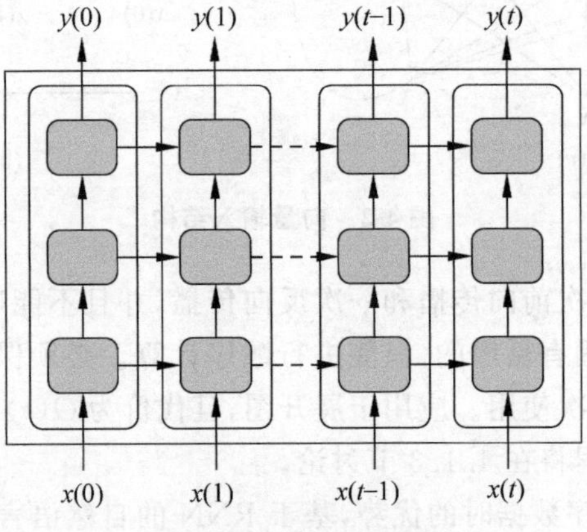

图 4-4 深度 RNN

① 图片来自：Ba J，Mnih V，Kavukcuoglu K，et al. Multiple object recognition with visual attention[C]//2015 International Conference on Learning Representations(ICLR). San Diego，CA：2015.

② 图片来自：Gregor K，Danihelka I，Graves A，et al. DRAW：A recurrent neural network for image generation [C]//Proceedings of the 32nd International Conference on Machine Learning(ICML). Lille：2015.

正如大多数深度网络一样，深度 RNN 也会有过拟合的问题，所以实际中通常不会直接使用，需要引用 Dropout 技术，在 TensorFlow 中称为 DropoutWrapper 层。直接调用即可，调用方式如下：

```
cell = tf.contrib.rnn.BasicRnnCell(num_units = 10)
cell_drop = tf.contrib.rnn.DropoutWrapper(cell, input_keep_prob = 0.5)
```

以上代码以 0.5 的概率丢弃神经元。

4.1.3 RNN 的训练

本节首先简单回顾一般化的反向传播算法，图 4-5 所示是 RNN 内部的数据流，可以看到各个神经元共享参数的过程。各个时刻的输入 $x_0, x_1, x_2, \cdots$ 与上一时刻的输入组成一个长度为 n 的向量。

与常规的 DNN 不同，RNN 的前向传播和反向传播包含之前时刻的信息，如图 4-6 所示。

将 RNN 的每个隐含神经元用 $\boldsymbol{s}$(state)表示，可以写成

$$\boldsymbol{s}_t = f(\boldsymbol{U}\boldsymbol{x}_t + \boldsymbol{W}\boldsymbol{s}_{t-1}) \tag{4-3}$$

写成矩阵形式为

$$\begin{bmatrix} s_1^t \\ s_2^t \\ \vdots \\ s_n^t \end{bmatrix} = f\left(\begin{bmatrix} u_{11} & u_{12} & \cdots & u_{1m} \\ u_{21} & u_{22} & \cdots & u_{2m} \\ \vdots & \vdots & \ddots & \vdots \\ u_{n1} & u_{n2} & \cdots & u_{nm} \end{bmatrix}\begin{bmatrix} x_1 \\ x_2 \\ \vdots \\ x_m \end{bmatrix} + \begin{bmatrix} w_{11} & w_{12} & \cdots & w_{1n} \\ w_{21} & w_{22} & \cdots & w_{2n} \\ \vdots & \vdots & \ddots & \vdots \\ w_{n1} & w_{n2} & \cdots & w_{nn} \end{bmatrix}\begin{bmatrix} s_1^{t-1} \\ s_2^{t-1} \\ \vdots \\ s_n^{t-1} \end{bmatrix}\right) \tag{4-4}$$

为了方便计算总误差，将激活函数内的部分表示成 $\boldsymbol{net}$，公式改写成如下形式。

$$\begin{aligned} \boldsymbol{net}_t &= \boldsymbol{U}\boldsymbol{x}_t + \boldsymbol{W}\boldsymbol{s}_{t-1} \\ \boldsymbol{s}_{t-1} &= f(\boldsymbol{net}_{t-1}) \end{aligned} \tag{4-5}$$

根据链式法则，有

$$\frac{\partial \boldsymbol{net}_t}{\partial \boldsymbol{net}_{t-1}} = \frac{\partial \boldsymbol{net}_t}{\partial \boldsymbol{s}_{t-1}} \frac{\partial \boldsymbol{s}_{t-1}}{\partial \boldsymbol{net}_{t-1}} \tag{4-6}$$

对于前一项，容易得出

$$\frac{\partial \boldsymbol{net}_t}{\partial \boldsymbol{s}_{t-1}} = \begin{bmatrix} \frac{\partial net_1^t}{\partial s_1^{t-1}} & \frac{\partial net_1^t}{\partial s_2^{t-1}} & \cdots & \frac{\partial net_1^t}{\partial s_n^{t-1}} \\ \frac{\partial net_2^t}{\partial s_1^{t-1}} & \frac{\partial net_2^t}{\partial s_2^{t-1}} & \cdots & \frac{\partial net_2^t}{\partial s_n^{t-1}} \\ \vdots & \vdots & \ddots & \vdots \\ \frac{\partial net_n^t}{\partial s_1^{t-1}} & \frac{\partial net_n^t}{\partial s_2^{t-1}} & \cdots & \frac{\partial net_n^t}{\partial s_n^{t-1}} \end{bmatrix} = \begin{bmatrix} w_{11} & w_{12} & \cdots & w_{1n} \\ w_{21} & w_{22} & \cdots & w_{2n} \\ \vdots & \vdots & \ddots & \vdots \\ w_{n1} & w_{n2} & \cdots & w_{nn} \end{bmatrix} = \boldsymbol{W} \tag{4-7}$$

对于后一项，同样容易得出

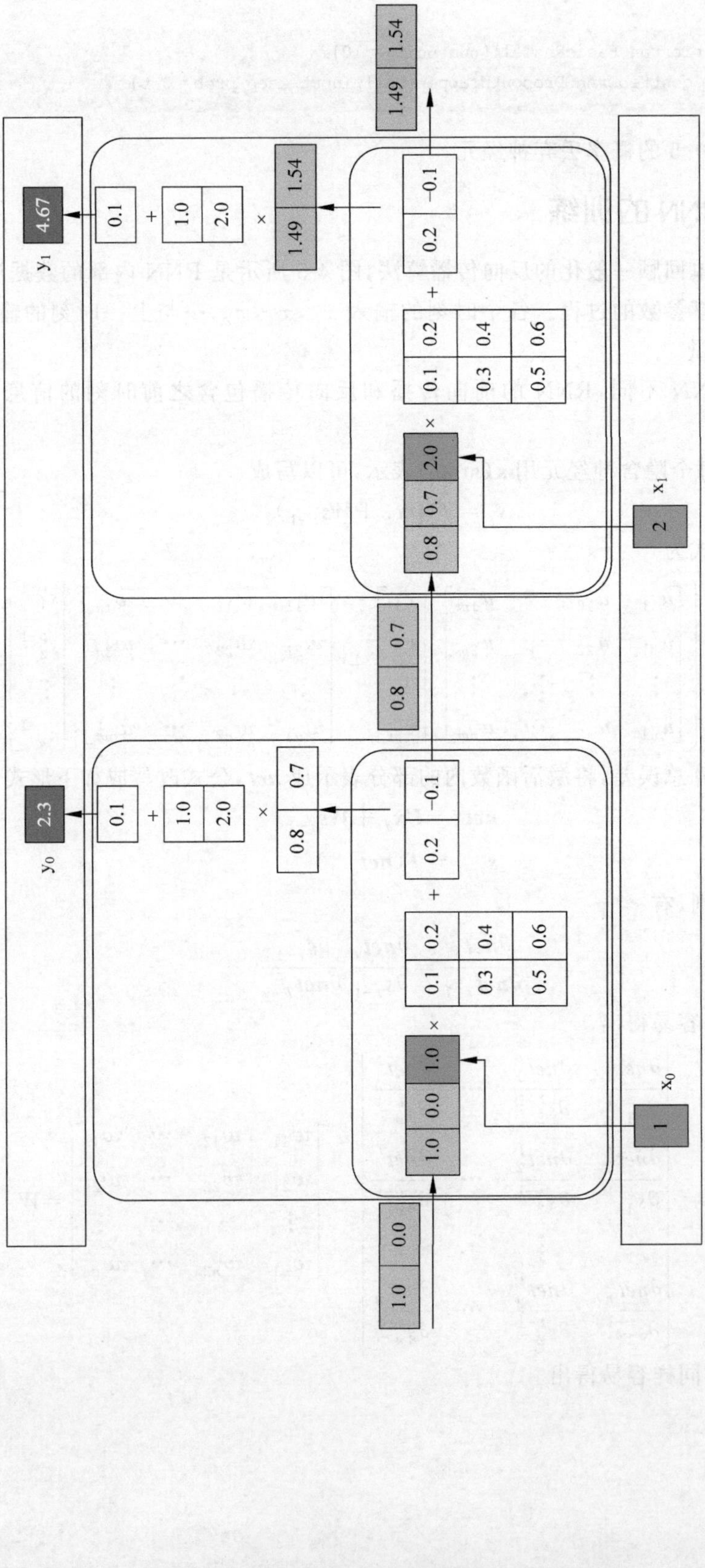
y₀
2.3
0.1
1.0
2.0
0.8
0.7
0.2
−0.1
0.1
0.2
0.3
0.4
0.5
0.6
1.0
0.0
1.0
1
x₀
y₁
4.67
1.49
1.54
2.0
0.7
0.8
2
x₁

图 4-5 RNN 的数据流

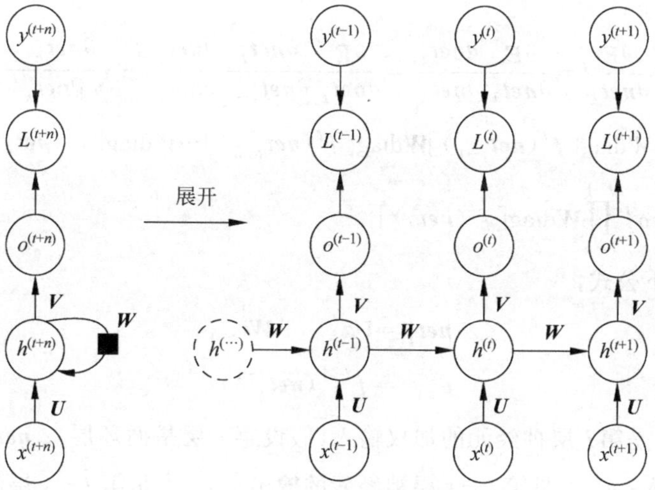

图 4-6 RNN 的前向传播过程

$$\frac{\partial \boldsymbol{s}_{t-1}}{\partial \boldsymbol{net}_{t-1}}=\begin{bmatrix}\frac{\partial s_1^{t-1}}{\partial net_1^{t-1}} & \frac{\partial s_1^{t-1}}{\partial net_2^{t-1}} & \cdots & \frac{\partial s_1^{t-1}}{\partial net_n^{t-1}}\\ \frac{\partial s_2^{t-1}}{\partial net_1^{t-1}} & \frac{\partial s_2^{t-1}}{\partial net_2^{t-1}} & \cdots & \frac{\partial s_2^{t-1}}{\partial net_n^{t-1}}\\ \vdots & \vdots & & \vdots\\ \frac{\partial s_n^{t-1}}{\partial net_1^{t-1}} & \frac{\partial s_n^{t-1}}{\partial net_2^{t-1}} & \cdots & \frac{\partial s_n^{t-1}}{\partial net_n^{t-1}}\end{bmatrix}=\begin{bmatrix}f'(net_1^{t-1}) & 0 & \cdots & 0\\ 0 & f'(net_2^{t-1}) & \cdots & 0\\ \vdots & \vdots & \ddots & \vdots\\ 0 & 0 & \cdots & f'(net_n^{t-1})\end{bmatrix}$$

$$=\mathrm{diag}[f'(\boldsymbol{net}_{t-1})] \tag{4-8}$$

其中，diag 表示对角矩阵，表示为

$$\mathrm{diag}(\boldsymbol{x})=\begin{bmatrix}x_1 & 0 & \cdots & 0\\ 0 & x_2 & \cdots & 0\\ \vdots & \vdots & \ddots & \vdots\\ 0 & 0 & \cdots & x_n\end{bmatrix} \tag{4-9}$$

综合上述公式，公式(4-6)可以表示为

$$\frac{\partial \boldsymbol{net}_t}{\partial \boldsymbol{net}_{t-1}}=\frac{\partial \boldsymbol{net}_t}{\partial \boldsymbol{s}_{t-1}}\frac{\partial \boldsymbol{s}_{t-1}}{\partial \boldsymbol{net}_{t-1}}=\boldsymbol{W}\mathrm{diag}[f'(\boldsymbol{net}_{t-1})]$$

$$=\begin{bmatrix}w_{11}f'(net_1^{t-1}) & w_{12}f'(net_2^{t-1}) & \cdots & w_{1n}f(net_n^{t-1})\\ w_{21}f'(net_1^{t-1}) & w_{22}f'(net_2^{t-1}) & \cdots & w_{2n}f(net_n^{t-1})\\ \vdots & \vdots & \ddots & \vdots\\ w_{n1}f'(net_1^{t-1}) & w_{n2}f'(net_2^{t-1}) & \cdots & w_{nn}f'(net_n^{t-1})\end{bmatrix} \tag{4-10}$$

δ_k^{T} 的定义如下：

$$\begin{aligned}\delta_k^{\mathrm{T}} &= \frac{\partial \boldsymbol{E}}{\partial \boldsymbol{net}_k} = \frac{\partial \boldsymbol{E}}{\partial \boldsymbol{net}_t}\frac{\partial \boldsymbol{net}_t}{\partial \boldsymbol{net}_k} = \frac{\partial \boldsymbol{E}}{\partial \boldsymbol{net}_t}\frac{\partial \boldsymbol{net}_t}{\partial \boldsymbol{net}_{t-1}}\frac{\partial \boldsymbol{net}_{t-1}}{\partial \boldsymbol{net}_{t-2}}\cdots\frac{\partial \boldsymbol{net}_{k+1}}{\partial \boldsymbol{net}_k} \\ &= \boldsymbol{W}\mathrm{diag}[f'(\boldsymbol{net}_{t-1})]\boldsymbol{W}\mathrm{diag}[f'(\boldsymbol{net}_{t-2})]\cdots\boldsymbol{W}\mathrm{diag}[f'(\boldsymbol{net}_k)]\delta_t^l \\ &= \delta_t^{\mathrm{T}}\prod_{i=k}^{t-1}\boldsymbol{W}\mathrm{diag}[f'(\boldsymbol{net}_i)] \end{aligned} \tag{4-11}$$

可以得到以下公式，

$$\begin{aligned}\boldsymbol{net}_t^l &= \boldsymbol{U}\boldsymbol{a}_t^{l-1} + \boldsymbol{W}\boldsymbol{s}_{t-1} \\ \boldsymbol{a}_t^{l-1} &= f^{l-1}(\boldsymbol{net}_t^{l-1})\end{aligned} \tag{4-12}$$

上式中，$\boldsymbol{net}_t^l$ 是第 l 层神经元的加权输入(假设第 l 层是循环层)；$\boldsymbol{net}_t^{l-1}$ 是第 $l-1$ 层神经元的加权输入；$\boldsymbol{a}_t^{l-1}$ 是第 $l-1$ 层神经元的输出；f^{l-1} 是第 $l-1$ 层的激活函数。

$$\frac{\partial \boldsymbol{net}_t^l}{\partial \boldsymbol{net}_t^{l-1}} = \frac{\partial \boldsymbol{net}^l}{\partial \boldsymbol{a}_t^{l-1}}\frac{\partial \boldsymbol{a}_t^{l-1}}{\partial \boldsymbol{net}_t^{l-1}} = \boldsymbol{U}\mathrm{diag}[f'^{l-1}(\boldsymbol{net}_t^{l-1})] \tag{4-13}$$

第 $l-1$ 层神经元的 δ_t^{l-1} 为

$$(\delta_t^{l-1})^{\mathrm{T}} = \frac{\partial \boldsymbol{E}}{\partial \boldsymbol{net}_t^{l-1}} = \frac{\partial \boldsymbol{E}}{\partial \boldsymbol{net}_t^l}\frac{\partial \boldsymbol{net}_t^l}{\partial \boldsymbol{net}_t^{l-1}} = (\delta_t^l)^{\mathrm{T}}\boldsymbol{U}\mathrm{diag}[f'^{l-1}(\boldsymbol{net}_t^{l-1})] \tag{4-14}$$

最后一步是计算每个权重的梯度。只要知道了任意一个时刻的误差项 δ_t，以及上一个时刻循环层的输出值 $\boldsymbol{s}_{t-1}$，就可以按照公式(4-15)求出权重矩阵在 t 时刻的梯度 $\nabla_{\boldsymbol{W}_t}$。

$$\nabla_{\boldsymbol{W}_t}\boldsymbol{E} = \begin{bmatrix} \delta_1^t s_1^{t-1} & \delta_1^t s_2^{t-1} & \cdots & \delta_1^t s_n^{t-1} \\ \delta_2^t s_1^{t-1} & \delta_2^t s_2^{t-1} & \cdots & \delta_2^t s_n^{t-1} \\ \vdots & \vdots & \ddots & \vdots \\ \delta_n^t s_1^{t-1} & \delta_n^t s_2^{t-1} & \cdots & \delta_n^t s_n^{t-1} \end{bmatrix} \tag{4-15}$$

与公式(4-5)并写成矩阵形式为

$$\begin{aligned}\begin{bmatrix} net_1^t \\ net_2^t \\ \vdots \\ net_n^t \end{bmatrix} &= \boldsymbol{U}\boldsymbol{x}_t + \begin{bmatrix} w_{11} & w_{12} & \cdots & w_{1n} \\ w_{21} & w_{22} & \cdots & w_{2n} \\ \vdots & \vdots & \ddots & \vdots \\ w_{n1} & w_{n2} & \cdots & w_{nn} \end{bmatrix}\begin{bmatrix} s_1^{t-1} \\ s_2^{t-1} \\ \vdots \\ s_n^{t-1} \end{bmatrix} \\ &= \boldsymbol{U}\boldsymbol{x}_t + \begin{bmatrix} w_{11}s_1^{t-1} + w_{12}s_2^{t-1} + \cdots + w_{1n}s_n^{t-1} \\ w_{21}s_1^{t-1} + w_{22}s_2^{t-1} + \cdots + w_{2n}s_n^{t-1} \\ \vdots \\ w_{n1}s_1^{t-1} + w_{n2}s_2^{t-1} + \cdots + w_{nn}s_n^{t-1} \end{bmatrix}\end{aligned} \tag{4-16}$$

因为对 $\boldsymbol{W}$ 求导与 $\boldsymbol{U}\boldsymbol{x}_t$ 无关，所以不再考虑。下面考虑对权重 w_{ij} 项求导，通过上式可以发现，求导结果只与 net_j^t 有关。

$$\frac{\partial \boldsymbol{E}}{\partial w_{ji}}=\frac{\partial \boldsymbol{E}}{\partial \boldsymbol{net}_j^t}\frac{\partial \boldsymbol{net}_j^t}{\partial w_{ji}}=\delta_j^t s_i^{t-1} \tag{4-17}$$

最终，所有项之和为

$$\nabla_{\boldsymbol{W}}\boldsymbol{E}=\sum_{i=1}^{t}\nabla_{\boldsymbol{W}_i}\boldsymbol{E}$$

$$=\begin{bmatrix}\delta_1^t s_1^{t-1} & \delta_1^t s_2^{t-1} & \cdots & \delta_1^t s_n^{t-1}\\ \delta_2^t s_1^{t-1} & \delta_2^t s_2^{t-1} & \cdots & \delta_2^t s_n^{t-1}\\ \vdots & \vdots & \ddots & \vdots\\ \delta_n^t s_1^{t-1} & \delta_n^t s_2^{t-1} & \cdots & \delta_n^t s_n^{t-1}\end{bmatrix}+\cdots+\begin{bmatrix}\delta_1^1 s_1^0 & \delta_1^1 s_2^0 & \cdots & \delta_1^1 s_n^0\\ \delta_2^1 s_1^0 & \delta_2^1 s_2^0 & \cdots & \delta_2^1 s_n^0\\ \vdots & \vdots & \ddots & \vdots\\ \delta_n^1 s_1^0 & \delta_n^1 s_2^0 & \cdots & \delta_n^1 s_n^0\end{bmatrix} \tag{4-18}$$

根据公式(4-5)和公式(4-3)容易得出

$$\boldsymbol{net}_t=\boldsymbol{U}\boldsymbol{x}_t+\boldsymbol{W}f(\boldsymbol{net}_{t-1}) \tag{4-19}$$

对权重求偏导数，可得

$$\frac{\partial \boldsymbol{net}_t}{\partial \boldsymbol{W}}=\frac{\partial \boldsymbol{W}}{\partial \boldsymbol{W}}f(\boldsymbol{net}_{t-1})+\boldsymbol{W}\frac{\partial f(\boldsymbol{net}_{t-1})}{\partial \boldsymbol{W}} \tag{4-20}$$

最终需要计算下式。

$$\nabla_{\boldsymbol{W}}\boldsymbol{E}=\frac{\partial \boldsymbol{E}}{\partial \boldsymbol{W}}=\frac{\partial \boldsymbol{E}}{\partial \boldsymbol{net}_t}\frac{\partial \boldsymbol{net}_t}{\partial \boldsymbol{W}}=\underbrace{\delta_t^{\mathrm{T}}\frac{\partial \boldsymbol{W}}{\partial \boldsymbol{W}}f(\boldsymbol{net}_{t-1})}_{①}+\underbrace{\delta_t^{\mathrm{T}}\boldsymbol{W}\frac{\partial f(\boldsymbol{net}_{t-1})}{\partial \boldsymbol{W}}}_{②} \tag{4-21}$$

对式(4-21)的①部分进行矩阵求导，其结果是一个四维张量。对于第②部分，

$$\begin{aligned}\delta_t^{\mathrm{T}}\boldsymbol{W}\frac{\partial f(\boldsymbol{net}_{t-1})}{\partial \boldsymbol{W}}&=\delta_t^{\mathrm{T}}\boldsymbol{W}\frac{\partial f(\boldsymbol{net}_{t-1})}{\partial \boldsymbol{net}_{t-1}}\frac{\partial \boldsymbol{net}_{t-1}}{\partial \boldsymbol{W}}=\delta_t^{\mathrm{T}}\boldsymbol{W}f'(\boldsymbol{net}_{t-1})\frac{\partial \boldsymbol{net}_{t-1}}{\partial \boldsymbol{W}}\\&=\delta_t^{\mathrm{T}}\frac{\partial \boldsymbol{net}_t}{\partial \boldsymbol{net}_{t-1}}\frac{\partial \boldsymbol{net}_{t-1}}{\partial \boldsymbol{W}}=\delta_{t-1}^{\mathrm{T}}\frac{\partial \boldsymbol{net}_{t-1}}{\partial \boldsymbol{W}}\end{aligned} \tag{4-22}$$

可以得到递推公式，

$$\begin{aligned}\nabla_{\boldsymbol{W}}\boldsymbol{E}&=\frac{\partial \boldsymbol{E}}{\partial \boldsymbol{W}}=\frac{\partial \boldsymbol{E}}{\partial \boldsymbol{net}_t}\frac{\partial \boldsymbol{net}_t}{\partial \boldsymbol{W}}=\nabla_{\boldsymbol{W}_t}\boldsymbol{E}+\delta_{t-1}^{\mathrm{T}}\frac{\partial \boldsymbol{net}_{t-1}}{\partial \boldsymbol{W}}\\&=\nabla_{\boldsymbol{W}_t}\boldsymbol{E}+\nabla_{\boldsymbol{W}_t}\boldsymbol{E}+\delta_{t-2}^{\mathrm{T}}\frac{\partial \boldsymbol{net}_{t-2}}{\partial \boldsymbol{W}}\\&=\nabla_{\boldsymbol{W}_t}\boldsymbol{E}+\nabla_{\boldsymbol{W}_{t-1}}\boldsymbol{E}+\cdots+\nabla_{\boldsymbol{W}_1}\boldsymbol{E}=\sum_{k=1}^{t}\nabla_{\boldsymbol{W}_t}\boldsymbol{E}\end{aligned} \tag{4-23}$$

与对 $\boldsymbol{W}$ 求导类似，可以得到权重矩阵 $\boldsymbol{U}$ 的计算方法。

$$\nabla_{\boldsymbol{U}_t}\boldsymbol{E}=\begin{bmatrix}\delta_1^t x_1^t & \delta_1^t x_2^t & \cdots & \delta_1^t x_m^t\\ \delta_2^t x_1^t & \delta_2^t x_2^t & \cdots & \delta_2^t x_m^t\\ \vdots & \vdots & \ddots & \vdots\\ \delta_n^t x_1^t & \delta_n^t x_2^t & \cdots & \delta_n^t x_m^t\end{bmatrix} \tag{4-24}$$

式(4-24)是误差函数在 t 时刻对权重矩阵 $\boldsymbol{U}$ 的梯度。与权重矩阵 $\boldsymbol{W}$ 相似，最终得到的梯度也是各个时刻的梯度之和，即

$$\nabla_{\boldsymbol{U}} \boldsymbol{E} = \sum_{i=1}^{t} \nabla_{\boldsymbol{U}_i} \boldsymbol{E} \tag{4-25}$$

4.2 RNN 变体

DNN 的输入是一串特征所对应的状态概率。由于语音信号是连续的，不仅音节以及词语之间没有明显的边界，各个发音单位也会受到上下文的影响。DNN 中一般采用拼接帧技术来考虑上下文相关信息对于当前语音帧的影响，这并不是反映语音序列之间相关性的最佳方法。而 RNN 可以记住更多的历史信息，更有利于对语音信号的上下文信息进行建模。

由于简单的 RNN 存在梯度爆炸和梯度消失的问题，难以训练，无法直接应用于语音信号建模，因此学者们进一步探索，开发出了很多适用于语音建模的 RNN 结构，其中最著名的是 LSTM 和 GRU。LSTM 通过输入门、输出门和遗忘门结构可以更好地控制信息的流动和传递，具有长短时记忆功能。虽然 LSTM 的计算复杂度比 DNN 大，但其整体性能相对 DNN 有 20%左右的稳定提升。

GRU 的思路和 LSTM 类似，都是通过门控制信息的流向。不同的是，GRU 只有两个门，一定程度上减少了计算量，能加速网络的训练，也很好地解决了 RNN 中的长期依赖问题。下面详细介绍 LSTM 和 GRU 的结构和原理。

4.2.1 LSTM

LSTM 是一种特殊的 RNN 类型。一般的 RNN 结构只有一个神经元和一个 tanh 层进行重复学习，这样会存在一些弊端。当语音数据较长时，例如在“I grew up in France… I speak fluent French”中预测最后的 French，模型会推荐一种语言的名字，但是预测具体是哪一种语言时需要用到前文中的“France”，这说明输入序列较长时，相关信息和预测的词之间的间隔可以是非常长的。理论上，RNN 可以处理这样长的语言序列。人们可以通过参数选择来解决这类问题中的初级形式，但在实践中，RNN 并不能够成功学习到这些知识。LSTM 模型就可以解决这一问题，LSTM 模型的结构如图 4-7 所示。

在 LSTM 模型中，第一步是确定从“细胞”(cell)中丢弃什么信息，该操作由遗忘门完成。遗忘门读取当前输入 x 和前神经元信息 h，由 $f(t)$决定丢弃的信息。输出结果 1 表示“完全保留”，0 表示“完全舍弃”。第二步是确定细胞状态所存放的新信息，这一步需要两层完成。logistic 层作为“输入门层”，决定要更新的值 i；tanh 层将创建一个新的候选值 $c(t)$ 加入状态中。在语言模型中，需要增加新的主语到细胞状态中，替代旧的需要忘记的主语。第三步是更新旧细胞的状态，将 $c(t-1)$更新为 $c(t)$。将旧细胞的状态与 $f(t)$相乘，确定需要丢弃的信息，并加上 $i(t)\cdot c(t)$，这就是新的候选值，根据每个状态更新的情况进行变化。在语言模型中，这个候选值就是根据确定的目标丢弃旧代词的信息并添加新信息的地

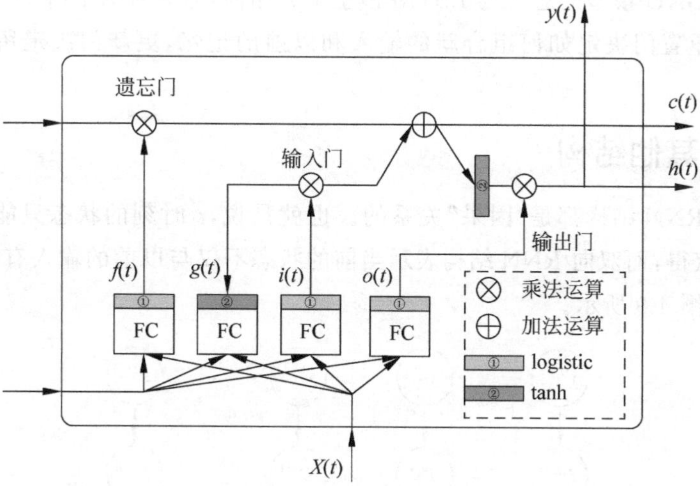

图 4-7　LSTM 模型结构

方。最后一步是确定输出，输出将会基于细胞状态进行过滤。首先，logistic 层确定细胞状态的哪个部分将被输出；接着，细胞状态通过 tanh 层处理(得到一个−1～1 的值)，并将它和 logistic 门的输出相乘，最终仅输出确定输出的部分。在语言模型中，因为语境中有一个代词，可能需要输出与之相关的信息。例如，输出判断是一个动词，则需要根据相应的代词是单数还是复数，进行动词的词形变化。

4.2.2 GRU

GRU 模型的隐藏层上不同时刻的输入对当前隐藏层的状态影响不同，距离越远，影响越小，如图 4-8 所示。

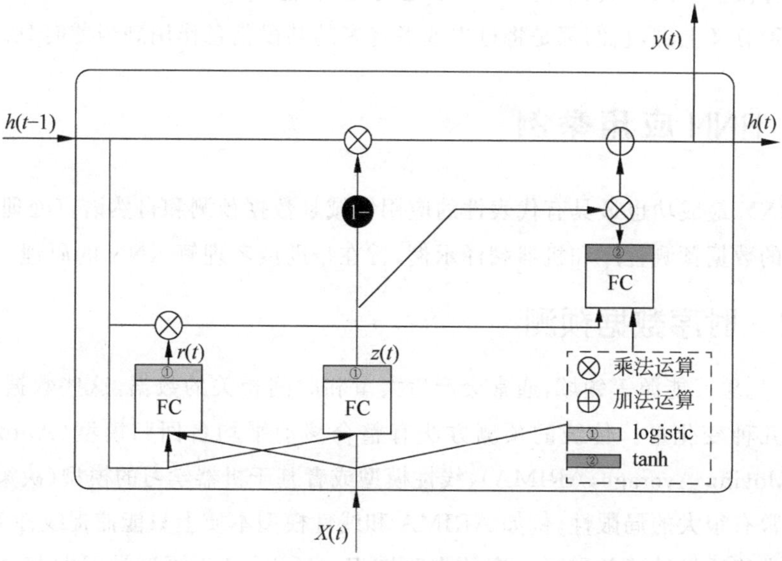

图 4-8　GRU 模型结构

如图所示，GRU 模型的思想与 LSTM 模型十分相似，它只有两个门——重置门 $r(t)$ 和更新门 $z(t)$。重置门决定如何组合新的输入和以前的记忆，更新门决定留下多少之前的记忆。

4.2.3 其他结构

目前为止，RNN 结构都是“因果”关系的。也就是说，t 时刻的状态只能从当前以及更早的输入序列获得，而双向 RNN 结构表示当前的状态不仅与以前的输入有关，也会和未来的输入有关，如图 4-9 所示。

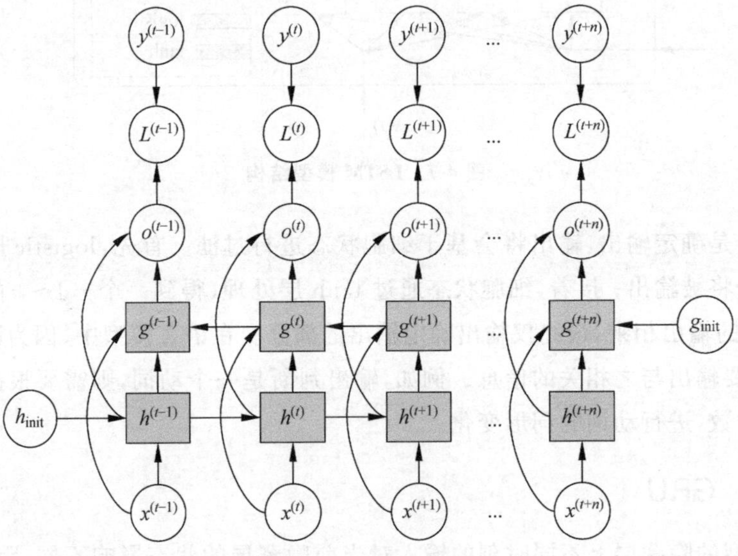

图 4-9　双向 RNN

与前两种模型不同的是，双向 RNN 不是改变“细胞”中的内部结构，而是重新改变信息流向。从某种意义上讲，它们都是将过去或者将来的某段信息作用到当前时刻。

4.3 RNN 应用举例

目前，RNN 最成功也最具有代表性的应用领域是数据预测和自然语言处理。本节介绍两个最简单的数据预测程序和机器翻译示例，旨在帮助读者理解 RNN 的原理。

4.3.1 时序数据预测

在股票、气象或能源等领域，通常会产生大量和时间相关的数据，这些数据记录过去时刻某一种或几种变化量。传统的预测方法有整合移动平均自回归模型（Auto Regressive Integrated Moving Average，ARIMA）、线性模型或者基于机器学习的模型（决策树、SVM）。这些模型通常有很大的局限性，例如 ARIMA 和线性模型本质上只能捕捉线性关系，机器学习方法对异常值比较敏感并需要一定的先验知识。所以，基于深度学习尤其是以 RNN 为代表的时序预测模型表现出了强大的适用性和准确性。

时序数据预测代码见附录 D。

4.3.2 自然语言处理

语言模型是指语言产生的规律,一般用于预测所使用语言的语序,或者当前时刻使用某个词语的概率。换句话说,就是对语言产生顺序的建模,判断使用某个词是否恰当、语序结构是否妥当等。训练一个语言模型需要相当大的样本数量。语言模型可以分为文法型的语言模型(定义相关的文法结构,例如“主语+谓语+宾语”构成陈述句)、统计模型和神经网络语言模型。

RNN 语言模型就是利用 RNN 对语言建模,用于描述语言序列的产生过程。RNN 是循环神经网络,能很好地拟合序列数据。

图像分类问题会使用 one-hot 编码,例如图像一共有 5 类,如果像素属于第二类,它的编码就是(0,1,0,0,0)。对于分类问题,这个过程非常简单,但是在自然语言处理中,因为单词的数目过多,这个过程会非常烦琐。例如,有 10000 个不同的单词,如果使用 one-hot 的方式来定义,效率将特别低,每个单词都是 10000 维的向量,其中只有一维是 1,其余都是 0,特别占用内存。另外,这种方式也不能体现单词的词性,有些单词在语义上会很接近,但是 one-hot 方式无法体现这个特点,所以必须使用另外一种方式定义每一个单词,这就引出了词嵌入。

词嵌入是指对于每个词,可以使用一个高维向量去表示它,这里的高维向量和 one-hot 的区别在于,这个向量元素不再是 0 和 1 的形式,向量的每一维都是一个实数,而这个实数隐含着这个单词的某种属性。举例说明,下面有 4 个语句。

(1) The cat likes playing ball.

(2) The kitty likes playing wool.

(3) The dog likes playing ball.

(4) The boy likes playing ball.

重点分析语句中的 4 个单词：cat、kitty、dog 和 boy。如果使用 one-hot 方式,那么 cat 可以表示成(1,0,0,0),kitty 可以表示成(0,1,0,0),但是 cat 和 kitty 其实都表示猫,所以这两个词语义是接近的,one-hot 并不能体现这个特点。

下面使用词嵌入的方式来表示这 4 个单词。假设使用一个二维向量(a,b)表示一个单词,a 和 b 分别代表这个词的一种属性,例如 a 代表是否喜欢玩球,b 代表是否喜欢玩毛线,数值越大表示越喜欢,这样就能够定义每一个词的词嵌入,并且通过这种方式来区分语义。

对于 cat,可以定义它的词嵌入是(−1,4),因为它不喜欢玩球,喜欢玩毛线；而对于 kitty,它的词嵌入可以定义为(−2,5)；对于 dog,它的词嵌入是(3,−2),因为它喜欢玩球,不喜欢玩毛线；对于 boy,他的词嵌入是(−2,−3),因为这两样东西他都不喜欢。

自然语言处理代码见附录 E。

传统的 n-gram 模型和 MLP 模型都不能变长输入,通过 RNN 可实现变长输入。RNN 实现机器翻译的过程如图 4-10 所示。通过读取输入序列,生成目标语言,得到“编码器-解码器”的结果,从输入到输出的概括称为“上下文”。

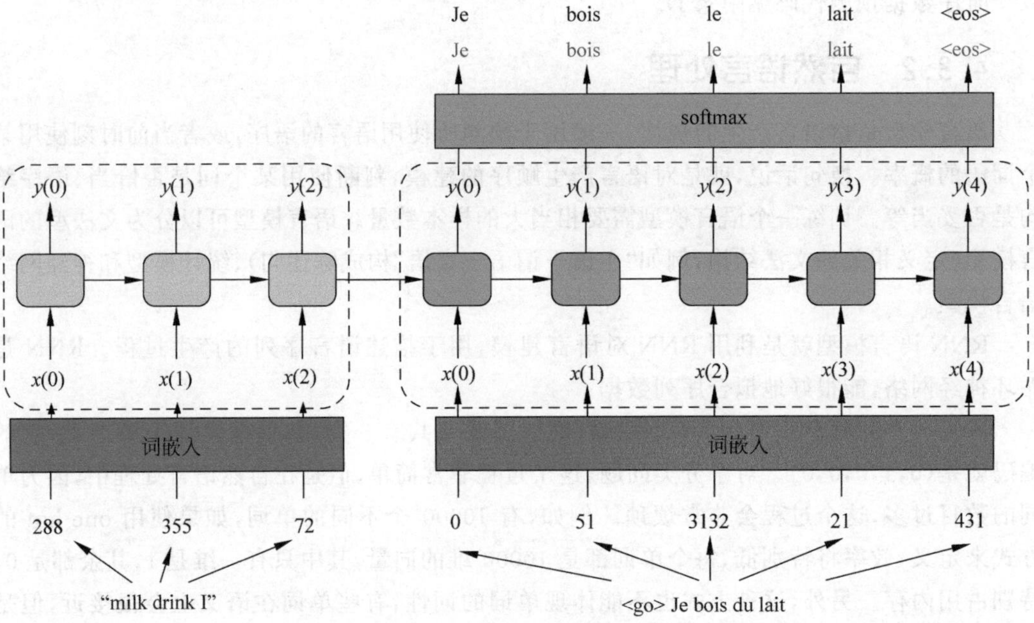

图 4-10 RNN 机器翻译过程

4.4 自编码器

监督学习的输入是一组数据以及相对应的标签，目的是学习输入到输出的映射关系。无监督学习的输入是不带标签的一组数据。而无监督学习的目的是学习数据潜在的隐藏结构。

自编码器(Auto-Encoder)是属于无监督学习的神经网络，用于学习输入数据的特征，并对输入进行压缩表示重构其结构。如图 4-11 所示，自编码器的输入是无标签数据 $\boldsymbol{x}$，编码器从输入数据中学习特征 $\boldsymbol{z}$，将 $\boldsymbol{x}$ 映射为 $\boldsymbol{z}$，$\boldsymbol{z}$ 的维度通常比 $\boldsymbol{x}$ 小，目的是降低维度以捕捉数据中有意义的变化因素的特征。解码器用于学习特征以重构输入数据得到输出 $\hat{\boldsymbol{x}}$。编码器和解码器通常使用神经网络，例如全连接网络、卷积神经网络等。自编码器通过最小化重构误差$\mathcal{L}(\boldsymbol{x},\hat{\boldsymbol{x}})$进行训练，重构误差是原始输入 $\boldsymbol{x}$ 和重构输出 $\hat{\boldsymbol{x}}$ 之间差异的度量。

如图 4-12 所示，自编码器尝试学习的映射是 $h_{\boldsymbol{W},\boldsymbol{b}}(\boldsymbol{x})\approx\boldsymbol{x}$，目的是希望输出 $\hat{\boldsymbol{x}}$ 近似于输入 $\boldsymbol{x}$。通过在网络结构上设置约束，如限制隐藏层中单元的数目以限制通过网络传输的信息量，可以学习数据的特征。这种编码维度小于输入维度的自编码器称为欠完备自编码器(Under Complete Auto-Encoder)。学习欠完备的表示将强制自编码器捕捉输入数据中最显著的特征。假设输入数据 $\boldsymbol{x}$ 是 10×10 图像的像素值，即 $n=100$，L2 层有 50 个神经元，即 $s_2=50$，这将迫使网络学习输入的压缩特征。如果输入数据完全随机，压缩任务将非常困难，如果输入数据特征相关，编码器将很好地发现这些关联，对特征属性降维。解码器用来对学习的特征进行恢复，尝试重新构建输入 $\boldsymbol{x}$。

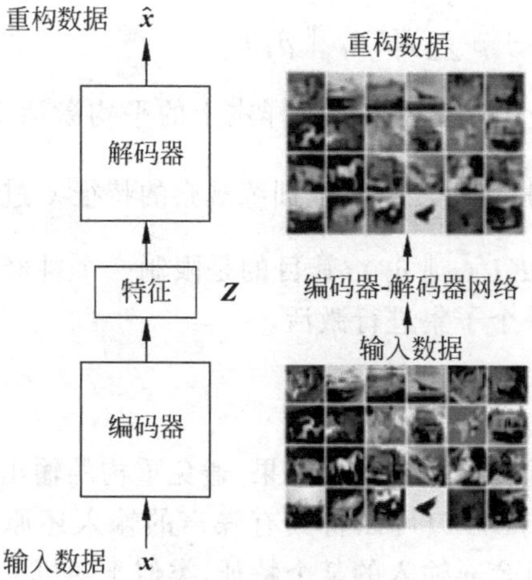

图 4-11 自编码器结构①

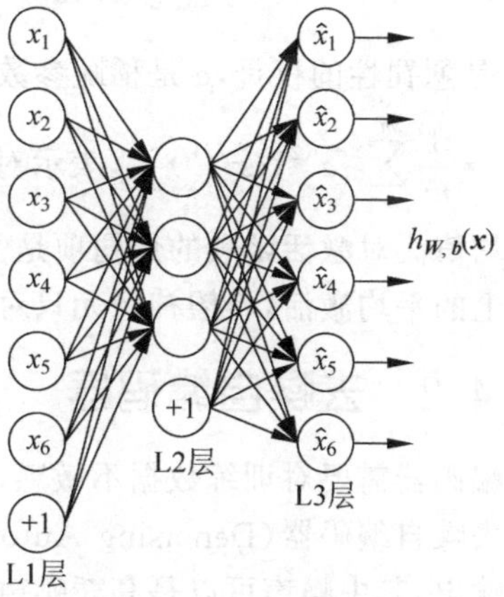

图 4-12 欠完备自编码器结构②

4.4.1 稀疏自编码器

当自编码器中的隐藏层神经元的数量大于输入数据的数量时，仍然可以通过对网络施加其他约束(如“稀疏性”约束)，对输入数据中的特征进行提取并表示，这种自编码器称为稀疏自编码器(Sparse Auto-Encoder)。稀疏自编码器同样用于对输入数据进行特征提取，与输入数据的维度相比，隐藏层具有更多的神经元，通过对输入数据有选择性地激活神经元，从而对输入数据进行稀疏表示，如图 4-13 所示。稀疏自编码器将对激活函数的惩罚项作为正则化项，并加入原始的损失函数 $J(\boldsymbol{W},\boldsymbol{b})$ 中，得到稀疏自编码器的损失函数为

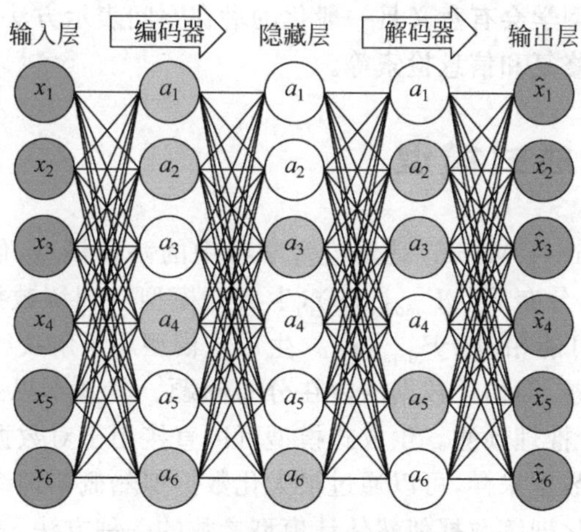

图 4-13 稀疏自编码器结构③

① 图片来自：Fei-Fei Li, Justin Johnson, Serena Yeung. Convolutional neural networks for visual recognition [J/OL]. http://cs231n.stanford.edu/2017/.

② 图片来自：Andrew Ng. CS294A Lecture notes[J/OL]. https://web.stanford.edu/class/cs294a/sparseAutoencoder.pdf.

③ 图片来自：Jeremy Jordan. Introduction to autoencoders[J/OL]. https://www.jeremyjordan.me/autoencoders/.

$$J_{\text{sparse}}(\boldsymbol{W},\boldsymbol{b}) = J(\boldsymbol{W},\boldsymbol{b}) + \beta \sum_{j=1}^{s_2} KL(\rho \parallel \hat{\rho}_j) \tag{4-26}$$

其中，β 是惩罚性的权重，ρ 是稀疏参数，表示一个神经元在训练样本上的平均激活值，其期望为 $\hat{\rho}_j = \frac{1}{m}\sum_{i=1}^{m}[a_j^{(2)}(x^{(i)})]$，表示对 m 个在特定神经元 j 上训练观察的特征 $\boldsymbol{x}$ 进行激活并求平均值。对激活函数的惩罚项是 KL 散度 $KL(\rho \parallel \hat{\rho}_j)$，其目的是限制一个神经元在样本集合上的平均激活，希望神经元只对观测的一个子集进行激活。

4.4.2 去噪自编码器

自编码器需要对训练数据不敏感，以足够重构原始观察的结果，避免重构的输出与输入相同。去噪自编码器(Denoising Auto-Encoder，DAE)可以将具有噪声的输入还原得到无噪声的输出，其中噪声可以是高斯噪声或者随机舍弃输入的某个特征，类似于随机失活。

4.4.3 压缩自编码器

输入的微小扰动被认为是噪声，去噪自编码器希望重构功能(即解码器)能够抵抗输入的有限扰动。而压缩自编码器(Contractive Auto-Encoder，CAE)希望隐藏层激活函数的导数相对于输入变化较小，即对于输入的微小变化，仍可以保持非常相似的编码状态。压缩自编码器可以通过对损失函数添加正则化项，惩罚隐藏层中激活函数的导数相对于输入变化较大的情况，目的是希望特征提取功能(即编码器)抵抗无穷小的输入扰动，使模型学会将输入的邻近区域收缩为较小的输出邻近区域。注意，重构数据的斜率(即导数)对于输入数据的局部邻域基本为零。

自编码器的期望压缩表示的重构可以代表原始输入数据的特征属性，使用自编码器时最大的挑战是如何让模型学会有意义且一般化的潜在空间表示方法。自编码器的应用有异常检测、数据去噪、图像修复和信息检索等。

4.5 深度生成式模型

生成式模型(Generative Model)是无监督学习中的一种模型，假设训练数据的分布服从 $P_{\text{data}}(\boldsymbol{x})$，生成的样本分布服从 $P_{\text{model}}(\boldsymbol{x})$，生成式模型从训练数据的相同分布中产生新的样本，使 $P_{\text{model}}(\boldsymbol{x})$ 尽可能相似于 $P_{\text{data}}(\boldsymbol{x})$。生成式模型用于解决密度估计问题，这是无监督学习中的一个核心问题，即估计数据的内在分布问题。其基本思想是建立样本的概率密度模型，再利用模型进行推理预测。生成式模型可以直接用于对数据建模。例如，根据某个变量的概率密度函数对数据采样，可以通过最大化数据似然概率训练模型。在统计学中，最大似然估计是通过最大化训练数据似然估计模型参数的一种方法。使用生成式模型进行训练可以从数据分布中创造需要的真实样本，产生时序数据用于强化学习应用，并且有利于对隐式表达特征的推断等。

Ian Goodfellow 根据密度估计(此处指最大似然估计)方法的不同将生成式模型分为显式密度估计和隐式密度估计。显式密度估计指明确地定义生成样本分布 $P_{\text{model}}(\boldsymbol{x})$；隐式密度估计指从训练分布 $P_{\text{data}}(\boldsymbol{x})$ 中产生样本，而不显式地定义生成样本分布 $P_{\text{model}}(\boldsymbol{x})$。如图 4-14 所示，显式密度估计可分为易处理密度和近似密度，易处理密度估计包括全可见信念网络(Fully Visible Belief Nets,FVBN)、神经自回归密度估计器(Neural Autoregressive Distribution Estimator,NADE)、掩码自动编码器(Masked Auto-encoder for Distribution Estimator,MADE)、像素 RNN(Pixel RNN)、像素 CNN(Pixel CNN)和非线性独立分量分析(Nonlinear Independent Component analysis,Nonlinear ICA);近似密度估计可分为确定性近似的可变分和随机近似的马尔可夫链,前者的代表是变分自编码器(Variational Auto-Encoder,VAE),后者的代表是玻尔兹曼机(Boltzmann Machine)。隐式密度模型不直接使用概率密度函数表示数据分布,而是对训练分布进行采样。一种是使用马尔可夫链采样,随机转换一个存在的样本以从相同的分布中获得另一个样本,其代表是生成式随机网络(Generative Stochastic Network,GSN)。而生成式对抗网络(Generative Adversarial Network,GAN)使用一个隐式模型直接从代表数据分布的模型中采样生成新的样本。本节将介绍几种最流行的深度生成式模型:Pixel RNN、Pixel CNN、VAE 和 GAN。

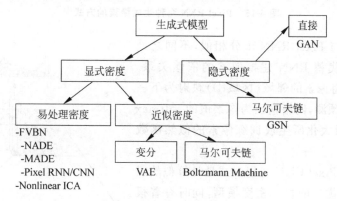

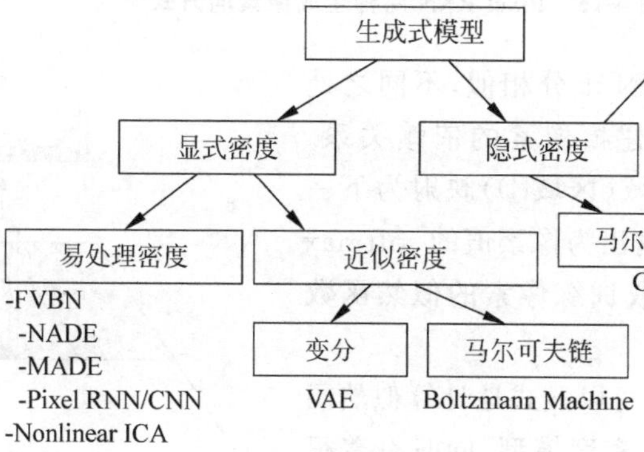

图 4-14 生成式模型分类①

4.5.1 全可见信念网络

Pixel RNN、Pixel CNN 属于全可见信念网络,需要对一个密度分布显式地建模。具体来说,给定一幅图像 $\boldsymbol{x}$,需要对其概率分布或似然函数 $p(\boldsymbol{x})$ 进行建模。全可见信念网络可以通过链式法则将似然函数分解为一维分布的乘积,即图像中所有像素的条件概率相乘。

$$p(\boldsymbol{x})=\prod_{i=1}^{n} p(x_i \mid x_1,\cdots,x_{i-1}) \tag{4-27}$$

其中,像素 x_i 的条件概率为给定所有次序小于 i 的前序像素 $x_1 \sim x_{i-1}$ 时,像素 x_i 的概率。定义好似然函数 $p(\boldsymbol{x})$ 后,通过最大化训练数据的似然函数训练模型,将一个联合建模问题转换成序列问题,下一个像素点的预测是基于之前所有生成的像素点。由于像素值的分布过于复杂,可以使用神经网络表示像素值分布,涉及如何估计像素的分布、如何规定前序像素等一系列问题。

Pixel RNN 在图像合成领域有着广泛的应用,特别是由残缺图像补全完整图像的过程中。神经网络通过逐行逐个像素的方式扫描像素值,对每个像素值的条件分布进行预测,从

① 图片来自:Goodfellow I. NIPS 2016 tutorial: Generative adversarial networks [EB/OL]. (2019-10-16)[2017-04-03] https://arxiv.org/pdf/1701.00160.pdf.

而构成似然函数并产生新的像素，对图像中所有像素点的预测共享参数。Pixel RNN 规定生成像素的方式有两种：一种是逐行处理像素；另一种是以双向对角线方式扫描图像，如图 4-15 所示。序列中每一个像素对前序像素的依赖关系由 RNN 中的 LSTM 建模，沿着生成像素方向根据所连接像素生成所有像素值，使用 Pixel RNN 将得到一个良好的训练结果，缺点是由于需要按次序生成像素，生成结果较慢。

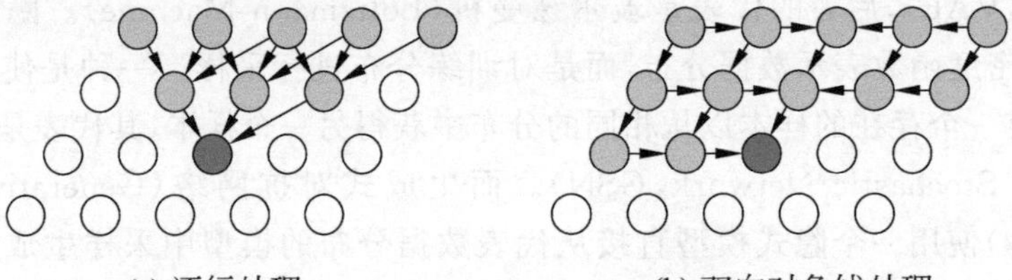

(a) 逐行处理　　(b) 双向对角线处理

图 4-15　Pixel RNN 两种生成像素的方式①

Pixel CNN 与 Pixel RNN 十分相似，不同之处在于使用 CNN 代替 RNN 建模像素的依赖关系。如图 4-16 所示，将像素的邻域（区域①）映射为下一像素（区域③）的预测，网络输出为像素值的 softmax 函数，然后通过最大化所生成训练像素的似然函数来训练模型。

Pixel RNN、Pixel CNN 可以显式地计算似然函数 $p(\boldsymbol{x})$，是一种优化的显式密度模型，同时有着很好的评估方式，可以通过所能计算的数据的似然来度量生成样本的好坏。由于像素生成过程是序列化的，所以速度较慢。

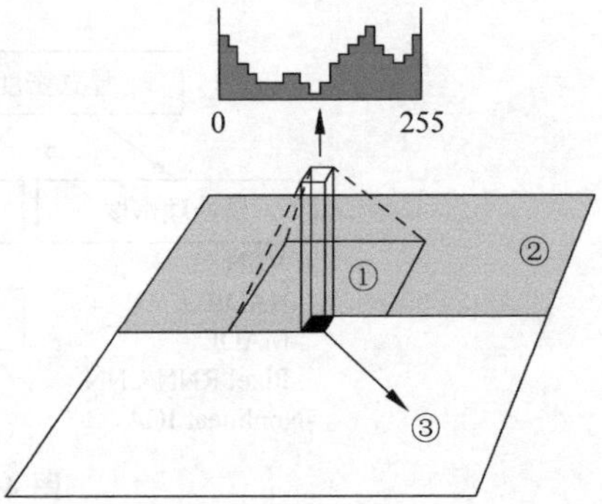

图 4-16　Pixel CNN 的可视化②

4.5.2　变分自编码器

变分自编码器是在自编码器加入随机因子后的一种模型，编码器将表示数据潜在属性的特征表示为概率分布，将从概率分布中随机采样得到的向量作为解码器的输入。对于潜在分布的所有采样，解码器模型的目的是能够准确地重构输入。

考虑包含 N 个独立同分布样本的数据集 $\boldsymbol{X}=\{\boldsymbol{x}^{(i)}\}_{i=1}^{N}$，假设数据由包含连续不可观测的潜在隐式特征 $\boldsymbol{z}$ 生成，$\boldsymbol{z}$ 称为隐变量（Latent Variable）。例如，如果 $\boldsymbol{x}$ 表示生成的人脸图像，$\boldsymbol{z}$ 就是人脸的某种属性，如微笑的程度、嘴巴眼睛的位置、头部的朝向等等。对于某种属性，可以假设其服从某种先验分布。一般假设 $\boldsymbol{z}$ 中每个元素服从高斯分布，即 $p(\boldsymbol{z})\sim N(\mu,\sigma^2)$。生成过程包括两个部分：先从关于 $\boldsymbol{z}$ 的先验分布 $p(\boldsymbol{z})$ 中随机采样，生成一个向量作为解码器网络的输入，从给定 $\boldsymbol{z}$ 关于 $\boldsymbol{x}$ 的条件概率分布 $p(\boldsymbol{x}|\boldsymbol{z})$ 中采样生成图像。对于

① 图片来自：Den Oord A V, Kalchbrenner N, Kavukcuoglu K, et al. Pixel recurrent neural networks[C]// Proceedings of the 33nd International Conference on Machine Learning(ICML). New York City, NY, 2016.

② 图片来自：Den Oord A V, Kalchbrenner N, Vinyals O, et al. Conditional image generation with PixelCNN decoders[C]//Annual Conference on Neural Information Processing Systems 2016. Barcelona, 2016: 4797-4805.

上述采样过程，真实的参数是$\boldsymbol{\theta}^*$，希望获得生成式模型以生成新的数据，评估生成模型中真正的参数$\boldsymbol{\theta}^*$。由于选择的先验分布较为简单，而用于生成图像的条件概率$p(\boldsymbol{x}|\boldsymbol{z})$可以用神经网络解码器表示。训练生成式模型的策略，如全可见信念网络 Pixel RNN 和 Pixel CNN，通过最大化训练数据的似然函数寻找模型的参数。在这种情况下，给定隐变量$\boldsymbol{z}$的情况下，写出$\boldsymbol{x}$的分布，并对所有可能的$\boldsymbol{z}$求期望得到似然函数$p_{\boldsymbol{\theta}}(\boldsymbol{x})$，因为$\boldsymbol{z}$是连续的，可以得到如下表达式。

$$p_{\boldsymbol{\theta}}(x)=\int p_{\boldsymbol{\theta}}(z)\,p_{\boldsymbol{\theta}}(\boldsymbol{x}\mid z)\,\mathrm{d}z \tag{4-28}$$

虽然$p_{\boldsymbol{\theta}}(z)$服从高斯分布，$p_{\boldsymbol{\theta}}(\boldsymbol{x}|z)$可以由神经网络获得，但是这一似然函数不易求解。根据贝叶斯公式可得后验密度分布$p_{\boldsymbol{\theta}}(z|\boldsymbol{x})=\dfrac{p_{\boldsymbol{\theta}}(\boldsymbol{x}|z)p_{\boldsymbol{\theta}}(z)}{p_{\boldsymbol{\theta}}(\boldsymbol{x})}$，由于$p_{\boldsymbol{\theta}}(\boldsymbol{x})$难以求解，导致后验密度分布也难以求解。

这一似然函数不易求解，可使用已经定义的解码器神经网络建模$p_{\boldsymbol{\theta}}(\boldsymbol{x}|z)$，解码器也称为生成网络，然后可以定义编码器(编码器也称为识别或推断网络)采用神经网络建模$q_{\boldsymbol{\phi}}(z|\boldsymbol{x})$。编码器的目的是将输入编码为$\boldsymbol{z}$，用$q_{\boldsymbol{\phi}}(z|\boldsymbol{x})$估计后验分布$p_{\boldsymbol{\theta}}(z|\boldsymbol{x})$，对不可解的后验分布进行变分近似。

在变分自编码器中，通过建模得到生成数据的概率模型，编码器产生$\boldsymbol{z}$的分布(如高斯分布)进行采样得到隐变量$\boldsymbol{z}$；解码器产生给定$\boldsymbol{z}$关于$\boldsymbol{x}$的条件概率分布$p(\boldsymbol{x}|\boldsymbol{z})$并从分布中采样以生成数据$\hat{\boldsymbol{x}}$，所以编码器和解码器都是概率化的。编码器网络用变分参数$\boldsymbol{\phi}$表示，网络输入是$\boldsymbol{x}$，输出为关于隐变量$\boldsymbol{z}$的均值$\mu_{z|x}$和对角协方差矩阵$\boldsymbol{\Sigma}_{z|x}$，其目的是用神经网络拟合$p_{\boldsymbol{\theta}}(z|\boldsymbol{x})$的均值和方差。解码器网络用生成参数$\boldsymbol{\theta}$表示，网络输入是$\boldsymbol{z}$，输出为关于生成图像$\hat{\boldsymbol{x}}$的均值$\mu_{x|z}$和对角协方差矩阵$\boldsymbol{\Sigma}_{x|z}$，如图 4-17 所示。

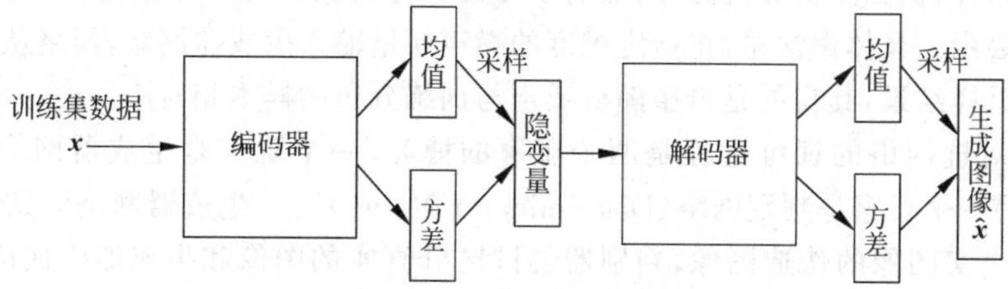

图 4-17 变分自编码器结构示意

通过定义编码器和解码器网络，可以求解对数形式的数据似然函数。要求得$\log p_{\boldsymbol{\theta}}(\boldsymbol{x}^{(i)})$，关于$\boldsymbol{z}$取$\log p_{\boldsymbol{\theta}}(\boldsymbol{x}^{(i)})$的期望，而$\boldsymbol{z}$是采样自分布$q_{\boldsymbol{\phi}}(z|\boldsymbol{x}^{(i)})$，即$\log p_{\boldsymbol{\theta}}(\boldsymbol{x}^{(i)})=\mathrm{E}_{z\sim q_{\boldsymbol{\phi}}(z|\boldsymbol{x}^{(i)})}[\log p_{\boldsymbol{\theta}}(\boldsymbol{x}^{(i)})]$，对其展开最终可得到

$$\log p_{\boldsymbol{\theta}}(\boldsymbol{x}^{(i)})=\underbrace{\mathrm{E}_z[\log p_{\boldsymbol{\theta}}(\boldsymbol{x}^{(i)}\mid z)]-D_{\mathrm{KL}}(q_{\boldsymbol{\phi}}(z\mid \boldsymbol{x}^{(i)})\,||\,p_{\boldsymbol{\theta}}(z))}_{\mathcal{L}(\boldsymbol{x}^{(i)},\boldsymbol{\theta},\boldsymbol{\phi})}+\underbrace{D_{\mathrm{KL}}(q_{\boldsymbol{\phi}}(z\mid \boldsymbol{x}^{(i)})\,||\,p_{\boldsymbol{\theta}}(z\mid \boldsymbol{x}^{(i)}))}_{\geqslant 0} \tag{4-29}$$

其中，$\mathrm{E}_z[\log p_{\boldsymbol{\theta}}(\boldsymbol{x}^{(i)}|z)]$是对$\log p_{\boldsymbol{\theta}}(\boldsymbol{x}^{(i)}|z)$关于$\boldsymbol{z}$取期望，通过采样计算得到这一项的值，可以通过重参数化的方法直接使用随机梯度下降算法进行优化，这一项用于最大程度地

重构数据；第二项和第三项是两个 KL 散度，用于度量两个分布的距离。第二项 $D_{\mathrm{KL}}(q_{\boldsymbol{\phi}}(z|\boldsymbol{x}^{(i)})||p_{\boldsymbol{\theta}}(z))$ 是度量后验分布的估计 $q_{\boldsymbol{\phi}}(z|\boldsymbol{x}^{(i)})$ 与先验分布 $p_{\boldsymbol{\theta}}(z)$ 的相似程度，为了保证模型具有生成能力，$q_{\boldsymbol{\phi}}(z|\boldsymbol{x}^{(i)})$ 也是高斯分布，其均值和协方差为编码器的输出，由于 $q_{\boldsymbol{\phi}}(z|\boldsymbol{x}^{(i)})$ 与 $p_{\boldsymbol{\theta}}(z)$ 均是高斯分布，可以得到可微分的闭式解。第三项中 $p_{\boldsymbol{\theta}}(z|\boldsymbol{x}^{(i)})$ 是难以求解的后验分布，但是 $D_{\mathrm{KL}}(q_{\boldsymbol{\phi}}(z|\boldsymbol{x}^{(i)})||p_{\boldsymbol{\theta}}(z|\boldsymbol{x}^{(i)}))\geqslant 0$，所以可以通过前两项确定似然函数的下界，即 $\log p_{\boldsymbol{\theta}}(\boldsymbol{x}^{(i)})\geqslant \mathcal{L}(\boldsymbol{x}^{(i)},\boldsymbol{\theta},\boldsymbol{\phi})$，对其取梯度并进行优化。所以，训练变分自编码器转化为优化并最大化数据似然函数的下界，参数 $\boldsymbol{\theta}^*,\boldsymbol{\phi}^*$ 可以通过下式得到。

$$\boldsymbol{\theta}^*,\boldsymbol{\phi}^* = \arg\max_{\boldsymbol{\theta},\boldsymbol{\phi}} \sum_{i=1}^{N} \mathcal{L}(\boldsymbol{x}^{(i)},\boldsymbol{\theta},\boldsymbol{\phi}) \tag{4-30}$$

变分自编码器的目的是构建一个从隐变量 z 生成目标数据 $\boldsymbol{x}$ 的模型。解码器用于从输入数据中采样隐变量的均值和方差，隐变量服从高斯分布，这是变分自编码器与标准自编码器的区别。生成图像是从高斯分布中采样隐变量 z 并将其传递给解码器，对其采样生成新的数据。变分指用近似的方法求解复杂的似然函数，虽然可以得到似然函数的下界，但是不能像 Pixel RNN 和 Pixel CNN 那样直接求解和优化似然函数。与目前其他效果最好的模型例如生成式对抗网络相比，变分自编码器生成的样本较模糊，不够清晰。

4.5.3 生成式对抗网络

与 Pixel RNN、Pixel CNN 和变分自编码器相比，生成式对抗网络不再采用显式密度模型，而采用博弈论的方法，基于两个玩家的博弈，模型学会从训练分布中生成数据。生成式网络的目的是从一个复杂的高维的训练分布中采样，但是这种方法很难实现，通常是从一个简单分布中采样，例如随机噪声分布，然后学习简单分布到训练分布的变换，这种变换可以用神经网络表示。具体做法是，将指定维度的噪声向量输入生成器网络，网络从训练分布中采样并输出采样结果，其目的是希望随机噪声与训练分布的样本相对应。

生成式对抗网络的训练过程是两个玩家的博弈，一个玩家是生成器网络（Generator Network），另一个玩家是判别网络（Discriminator Network）。生成器网络尝试欺骗判别器以生成类似真实图像的伪造图像，判别器尝试区分真实的图像和生成器生成的虚假图像。生成式对抗网络的流程如下：首先，将随机噪声输入生成器网络，以生成虚假图像，称为伪造数据；判别器的输入是伪造数据或来自训练集的真实样本，判别器对每个样本进行区分；如果判别器可以很好地分辨伪造数据和真实样本，或者生成器产生的伪造数据能够欺骗判别器，就是获得了一个很好的生成式模型，如图 4-18 所示。由于这是一个博弈过程，需要通过一个极小极大博弈联合训练两个网络。

$$\min_{\boldsymbol{\theta}_{\mathrm{g}}}\max_{\boldsymbol{\theta}_{\mathrm{d}}}\left[\mathrm{E}_{\boldsymbol{x}\sim p_{\mathrm{data}}}\log D_{\boldsymbol{\theta}_{\mathrm{d}}}(\boldsymbol{x})+\mathrm{E}_{z\sim p(z)}\log(1-D_{\boldsymbol{\theta}_{\mathrm{d}}}(G_{\boldsymbol{\theta}_{\mathrm{g}}}(z)))\right] \tag{4-31}$$

其中，$\boldsymbol{\theta}_{\mathrm{g}}$ 是生成器网络参数，$\boldsymbol{\theta}_{\mathrm{d}}$ 是判别器网络参数。式(4-3)中括号内的第一项是在训练数据的分布 p_{data} 上取 $\log D_{\boldsymbol{\theta}_{\mathrm{d}}}(\boldsymbol{x})$ 的期望，$\log D_{\boldsymbol{\theta}_{\mathrm{d}}}(\boldsymbol{x})$ 指判别器网络在输入为真实数据（训练数据）时的输出，是一个似然概率。第二项是对生成器网络采样的分布 $p(z)$ 上取 $\log(1-D_{\boldsymbol{\theta}_{\mathrm{d}}}(G_{\boldsymbol{\theta}_{\mathrm{g}}}(z)))$ 的期望，$D_{\boldsymbol{\theta}_{\mathrm{d}}}(G_{\boldsymbol{\theta}_{\mathrm{g}}}(z))$ 是判别器网络在输入为生成器网络产生的伪造数据 $G_{\boldsymbol{\theta}_{\mathrm{g}}}(z)$ 的输出。判别器希望 $\boldsymbol{\theta}_{\mathrm{d}}$ 最大化目标函数，这样 $D_{\boldsymbol{\theta}_{\mathrm{d}}}(\boldsymbol{x})$ 接近于 1，而

$D_{\boldsymbol{\theta}_d}(G_{\boldsymbol{\theta}_g}(\boldsymbol{z}))$接近于0，判别器很好地对真实样本和伪造数据进行分类；生成器希望在$\boldsymbol{\theta}_g$上最小化目标函数，使$D_{\boldsymbol{\theta}_d}(G_{\boldsymbol{\theta}_g}(\boldsymbol{z}))$接近于1，以使判别器认为伪造数据就是真实样本。由于生成式对抗网络是无监督模型，所以没有外部标签，对于判别器的损失函数，生成器的伪造数据的标签为0，而来自训练数据的真实样本的标签为1。

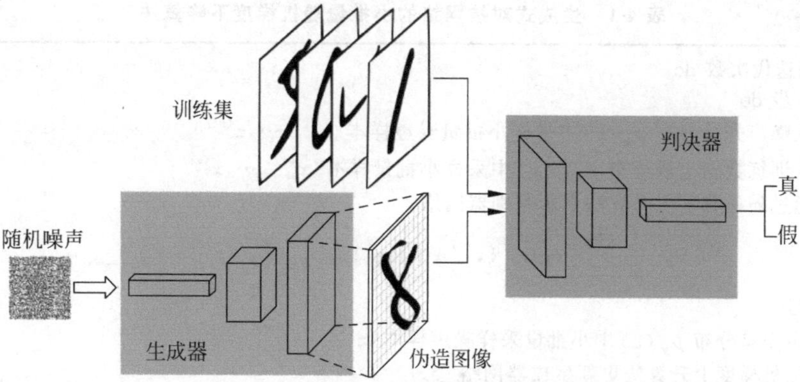

图 4-18　生成式对抗网络结构示意图[①]

训练生成式对抗网络的过程是交替地训练两个网络。具体地，判别器的优化目标是

$$\max_{\boldsymbol{\theta}_d}[\mathrm{E}_{\boldsymbol{x}\sim p_{\text{data}}}\log D_{\boldsymbol{\theta}_d}(\boldsymbol{x})+\mathrm{E}_{\boldsymbol{z}\sim p(\boldsymbol{z})}\log(1-D_{\boldsymbol{\theta}_d}(G_{\boldsymbol{\theta}_g}(\boldsymbol{z})))] \tag{4-32}$$

由于是最大化目标函数，所以对判别器网络执行梯度上升算法。

生成器的优化目标是

$$\min_{\boldsymbol{\theta}_g}\mathrm{E}_{\boldsymbol{z}\sim p(\boldsymbol{z})}\log(1-D_{\boldsymbol{\theta}_d}(G_{\boldsymbol{\theta}_g}(\boldsymbol{z}))) \tag{4-33}$$

由于是最小化目标函数，所以对生成器执行梯度下降算法。但是，对于生成器目标函数，执行梯度下降算法不能得到很好的效果。关于$D_{\boldsymbol{\theta}_d}(G_{\boldsymbol{\theta}_g}(\boldsymbol{z}))$的目标函数的函数空间表明，在早期学习阶段，当$D_{\boldsymbol{\theta}_d}(G_{\boldsymbol{\theta}_g}(\boldsymbol{z}))$较小时，生成器还未学会生成较好的样本，函数斜率较小，而当$D_{\boldsymbol{\theta}_d}(G_{\boldsymbol{\theta}_g}(\boldsymbol{z}))$接近于1时，学习即将完成，生成器的样本与真实样本差距较小时，函数斜率较大。梯度信号受到采样良好的区域支配，所以在生成器开始学习的时候，学习速率较慢，而当生成器生成较好的样本的时候，学习效率较高。为了提高学习效率，需要定义一个不同的目标函数$\mathrm{E}_{\boldsymbol{z}\sim p(\boldsymbol{z})}\log(D_{\boldsymbol{\theta}_d}(G_{\boldsymbol{\theta}_g}(\boldsymbol{z})))$，优化目标改为$\min\limits_{\boldsymbol{\theta}_g}\mathrm{E}_{\boldsymbol{z}\sim p(\boldsymbol{z})}\log(D_{\boldsymbol{\theta}_d}(G_{\boldsymbol{\theta}_g}(\boldsymbol{z})))$，即最大化判别器判断错误的似然估计，并且执行梯度上升算法。通过改变优化目标与对应的算法，可以在生成器生成的样本与真实样本差距较大时学习到更多的知识以加速生成器网络学习过程。

改进生成器优化目标的生成式对抗网络的算法如表4-1所示，在每一个训练迭代期间，都先训练判别器网络，对于k个训练步骤，分别从噪声先验分布和训练数据中采样包含m个噪声数据的小批量噪声样本$\{\boldsymbol{z}^{(1)},\cdots,\boldsymbol{z}^{(m)}\}$和包含$m$个训练数据的小批量真实样本$\{\boldsymbol{x}^{(1)},\cdots,\boldsymbol{x}^{(m)}\}$，将噪声样本传递给生成器网络，然后获得伪造样本。将小批量样本作用在

① 图片来自：Den Oord A V, Kalchbrenner N, Vinyals O, et al. Conditional image generation with PixelCNN decoders[C]//Annual Conference on Neural Information Processing Systems 2016. Barcelona, 2016: 4797-4805.

判别器网络上，执行一次梯度上升算法，更新网络参数，按照以上步骤迭代一定的次数以训练判别器。对于生成器网络，输入是从噪声先验分布中采样的小批量噪声样本，执行一次梯度上升算法，更新网络参数。训练判别器需要进行 k 步梯度计算，在不同的文献中，k 可能是 1 也可能是大于 1 的整数，这里没有明确的规定。

表 4-1 生成式对抗网络的小批量随机梯度下降算法

1. For 训练迭代次数 do
2.   For k 步 do
3.   从噪声先验分布 $p_g(\boldsymbol{z})$ 中采样小批量噪声样本 $\{\boldsymbol{z}^{(1)},\cdots,\boldsymbol{z}^{(m)}\}$
4.   从训练数据生成分布 $p_{\text{data}}(\boldsymbol{x})$ 中采样小批量样本 $\{\boldsymbol{x}^{(1)},\cdots,\boldsymbol{x}^{(m)}\}$
5.   通过随机梯度上升算法更新判别器网络

$$\nabla_{\boldsymbol{\theta}_d} \frac{1}{m}\sum_{i=1}^{m}\left[\log D_{\boldsymbol{\theta}_d}(\boldsymbol{x}^{(i)}) + \log(1 - D_{\boldsymbol{\theta}_d}(G_{\boldsymbol{\theta}_g}(\boldsymbol{z}^{(i)})))\right]$$

6.   End for
7.   从噪声先验分布 $p_g(\boldsymbol{z})$ 中小批量采样噪声样本 $\{\boldsymbol{z}^{(1)},\cdots,\boldsymbol{z}^{(m)}\}$
8.   通过随机梯度上升算法更新生成器网络

$$\nabla_{\boldsymbol{\theta}_g} \frac{1}{m}\sum_{i=1}^{m}\log(D_{\boldsymbol{\theta}_d}(G_{\boldsymbol{\theta}_g}(\boldsymbol{z}^{(i)})))$$

9. End for

2014 年提出的原始生成式对抗网络使用的是简单的全连接网络，与其他生成模型（如 Pixel RNN/CNN、变分自编码器等）相比，生成式对抗网络生成的样本具有较好的质量。基于生成式对抗网络理论，Alex Redford 提出了基于 CNN 架构的深度卷积生成式对抗网络（Deep Convolutional Generative Adversarial Network，DCGAN），以帮助生成式对抗网络生成更好的样本。与传统的卷积神经网络从图像中提取特征相比，这是一个反向架构，用于生成图像，需要将一组特征值恢复成一张图片。如图 4-19 所示，DCGAN 生成器网络的输入是噪声数据，经过上采样网络，将噪声数据的特征映射为新的伪造图像。

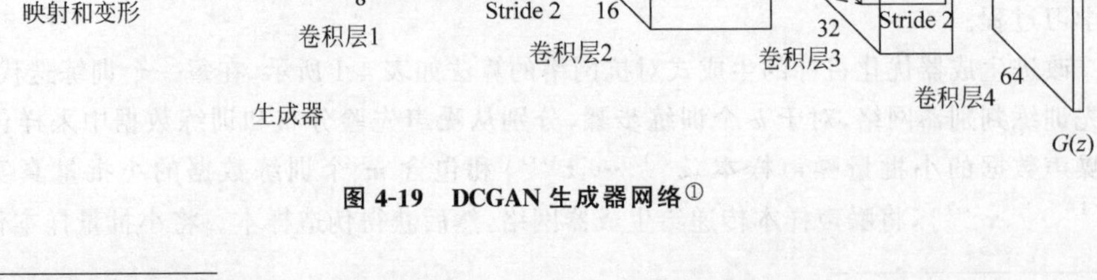

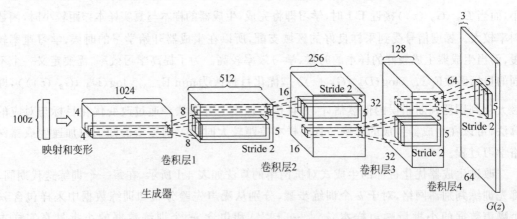

图 4-19 DCGAN 生成器网络①

① 图片来自：Radford A，Metz L，Chintala S，et al. Unsupervised representation learning with deep convolutional generative adversarial networks[C]//4th International Conference on Learning Representations(ICLR). San Juan：2016.

DCGAN 精心设计网络架构以尝试解决生成式对抗网络训练困难、生成器和判别器的损失函数无法指示训练进程、生成样本缺乏多样性等问题，Wasserstein GAN（WGAN）从理论角度分析了原始生成式对抗网络存在的问题，并给出改进的算法流程。原始的生成式对抗网络生成器有两种损失函数：$\mathrm{E}_{z\sim p(z)}[\log(1-D_{\boldsymbol{\theta}_d}(G_{\boldsymbol{\theta}_g}(\boldsymbol{z})))]$ 和 $\mathrm{E}_{z\sim p(z)}[-\log(D_{\boldsymbol{\theta}_d}(G_{\boldsymbol{\theta}_g}(\boldsymbol{z})))]$。原始生成式对抗网络的问题在于，其（近似）最优判别器下，第一种生成器损失函数面临梯度消失问题；第二种生成器损失函数面临优化目标相互矛盾导致梯度不稳定，生成样本多样性与准确性惩罚不平衡导致模式崩溃（Mode Collapse）而不能产生连续分布的样本这两个问题。Wasserstein 距离相比原始生成式对抗网络中 KL 散度、JS 散度的优越性在于，即便两个分布没有重叠，Wasserstein 距离仍然能够反映它们的远近，并且提供有意义的梯度。WGAN 通过构造一个包含参数 $\boldsymbol{w}$ 的判别器网络 $f_{\boldsymbol{w}}$ 和包含参数$\boldsymbol{\theta}$ 的生成器网络 $g_{\boldsymbol{\theta}}$，在限制 $\boldsymbol{w}$ 不超过某个范围的条件下，最小化判别器损失函数 $[\mathrm{E}_{x\sim p_r}f_{\boldsymbol{w}}(\boldsymbol{x})-\mathrm{E}_{z\sim p(z)}f_{\boldsymbol{w}}(g_{\boldsymbol{\theta}}(\boldsymbol{z}))]$ 和生成器损失函数 $-[\mathrm{E}_{x\sim p_r}f_{\boldsymbol{w}}(\boldsymbol{x})]$。注意，原始生成式对抗网络的判别器的任务是真假二分类，所以最后一层是 sigmoid 函数，但是现在 WGAN 中的判别器要做的是近似拟合 Wasserstein 距离，属于回归任务，所以要把最后一层 sigmoid 去掉。WGAN 的算法流程如表 4-2 所示，其基本流程与生成式对抗网络类似，不同之处在于生成器和判别器的损失函数不采用对数形式，每次更新判别器的参数之后把它们的绝对值截断，不超过一个固定常数 c。优化算法采用 RMSProp 或随机梯度下降代替基于动量的优化算法（包括 momentum 和 Adam）。

表 4-2 WGAN 算法

输入：学习率 α；截断参数 c；Mini-Batch 尺寸 m；每个生成过程中判别器迭代次数 n_{critic}

输入：判别器网络初始参数$\boldsymbol{w}_0$；生成器网络初始参数$\boldsymbol{\theta}_0$

1. While θ 还未收敛 do
2.   For $t=0,\cdots,n_{\text{critic}}$ do
3.   从真实数据采样小批量样本 $\{\boldsymbol{x}^{(i)}\}_{i=1}^{m}\sim p_r$
4.   从先验样本采样小批量样本 $\{\boldsymbol{z}^{(i)}\}_{i=1}^{m}\sim p(\boldsymbol{z})$
5. $g_{\boldsymbol{w}}\leftarrow\nabla_{\boldsymbol{w}}\left[\frac{1}{m}\sum_{i=1}^{m}f_{\boldsymbol{w}}(\boldsymbol{x}^{(i)})-\frac{1}{m}\sum_{i=1}^{m}f_{\boldsymbol{w}}(g_{\boldsymbol{\theta}}(\boldsymbol{z}^{(i)}))\right]$
6. $\boldsymbol{w}\leftarrow\boldsymbol{w}+\alpha\cdot RMSProp(\boldsymbol{w},g_{\boldsymbol{w}})$
7. $\boldsymbol{w}\leftarrow clip(\boldsymbol{w},-c,c)$
8.   end for
9.   从先验样本采样小批量样本 $\{\boldsymbol{z}^{(i)}\}_{i=1}^{m}\sim p(\boldsymbol{z})$
10. $g_{\boldsymbol{\theta}}\leftarrow-\nabla_{\boldsymbol{\theta}}\frac{1}{m}\sum_{i=1}^{m}f_{\boldsymbol{w}}(g_{\boldsymbol{\theta}}(\boldsymbol{z}^{(i)}))$
11. $\boldsymbol{\theta}\leftarrow\boldsymbol{\theta}-\alpha\cdot RMSProp(\boldsymbol{\theta},g_{\boldsymbol{\theta}})$
12. End while

使用 WGAN 算法进行图片生成实验，与标准的生成式对抗网络算法相比，有两点优点。第一是有效的度量损失 Wasserstein 距离与生成器的收敛和生成样本质量高度相关，如图 4-20 所示；第二是提高了优化过程的稳定性。如图 4-21 所示，如果 WGAN 采用类似 DCGAN 的架构，二者都能生成高质量样本。如果生成器没有使用批标准化算法，WGAN 仍能生成样本，而 DCGAN 不能学习，如图 4-22 所示。如图 4-23 所示，如果 WGAN 和标准生成式对抗网络均使用多层全连接层，WGAN 生成的样本质量变差，标准生成式对抗网络不仅生成样本质量变得很差，同时会出现多样性不足的问题。

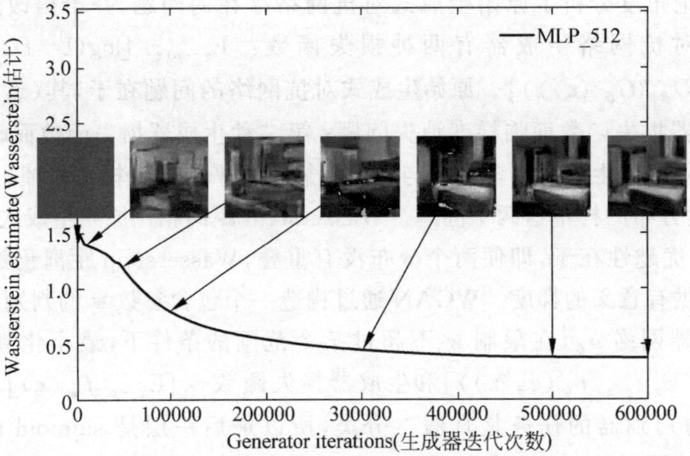

图 4-20　在不同训练阶段的训练曲线①

(a) WGAN算法　　(b) 标准生成式对抗网络算法

图 4-21　用 DCGAN 生成器架构训练的 GAN 算法生成图片②

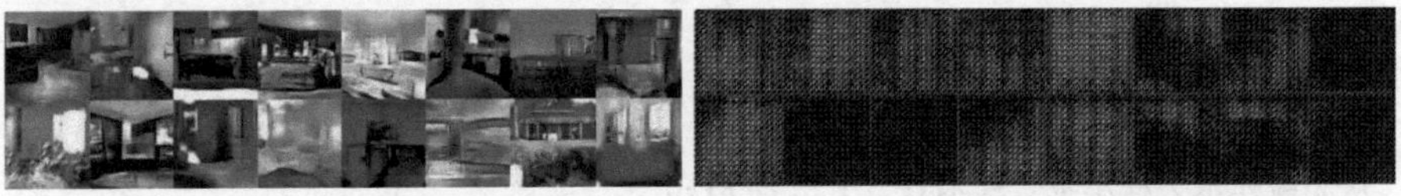

(a) WGAN算法　　(b) 标准生成式对抗网络算法

图 4-22　不使用批标准化训练的算法生成图片②

(a) WGAN算法　　(b) 标准生成式对抗网络算法

图 4-23　使用多层全连接层训练的算法生成图片②

---

① Arjovsky M, Chintala S, Bottou L. Wasserstein GAN[EB/OL]. (2019-10-16)[2017-12-06] https://arxiv.org/pdf/1701.07875.pdf.

② 图片来自：Den Oord A V, Kalchbrenner N, Vinyals O, et al. Conditional image generation with PixelCNN decoders[C]//Annual Conference on Neural Information Processing Systems 2016. Barcelona, 2016: 4797-4805.

生成式对抗网络有着广泛的应用前景，如提高图像分辨率、按文本生成图像、图像到图像的翻译（将一种类型的图像转换为另一种类型的图像，如将草图具象化、根据卫星图生成地图）、人脸图像生成、视频自动生成。同时，生成式对抗网络还可以应用在强化学习、迁移学习等领域，不同的领域结合会极大促进人工智能的发展。

本章小结

循环神经网络不同于卷积神经网络，其网络结构适用于处理时序数据，例如气象数据、股票数据和语音数据等，在自然语言处理方面有着广泛的应用。自编码器是一种无监督学习的神经网络，用于对输入数据进行压缩表示以重构其结构。生成式模型用于生成与训练数据分布相似的数据，生成式对抗网络的发展十分迅速，涌现出许多新的网络模型，应用场景十分广泛。同时，与强化学习等技术的结合使得生成式对抗网络有着十分广阔的发展前景。未来深度学习的研究重点将从监督学习转向半监督学习和无监督学习等领域，无监督学习与人类和动物的学习方式类似，因此无监督学习将会在未来大放异彩。

第 5 章 深层神经网络的训练方法

CHAPTER 5

本章将详细介绍深层神经网络训练过程中的相关细节和实践中经常使用的方法和技巧。神经网络的训练实质上是一个优化问题，5.1 节和 5.2 节将详细介绍各种优化算法，并比较各种优化算法的优劣，帮助读者在实践中选择合适的优化算法。首先，对梯度下降算法存在的问题进行阐述，然后基于此引出其他改进的优化算法。这些改进的算法主要从两个方面对原始随机梯度下降算法进行改进，其中一大类优化算法旨在调整参数更新方向，优化训练速度；而另一大类算法旨在调整学习率，即对步长做改进，使得优化更加稳定。调整参数更新方向的优化算法有动量法（或称为带动量的随机梯度下降算法）、Nesterov 加速梯度；调整学习率的算法主要包括 AdaGrad、RMSprop、AdaDelta，而 Adam 算法对这两方面都做了相应的调整。另外，对于二阶优化算法牛顿法、拟牛顿法也会做相应介绍。5.3 节介绍常见的几种参数初始化方法，如 Xavier 初始化、He 初始化等。另外，还会介绍逐层进行批量归一化操作然后使用小随机数进行初始化的方法，这样可以降低对参数初始化的要求，在实践中取得了不错的效果。合理正则化的网络模型具有更好的泛化能力，5.4 节将介绍几种常用的正则化策略。为了提升模型性能，5.5 小节将介绍几种训练深层神经网络常用的小技巧，例如数据预处理、超参数调优等，有些方法已成为模型训练的标准操作。

5.1 参数更新方法

本节介绍参数更新方法。首先，分析梯度下降算法的问题，然后介绍改进的优化策略，目的是调整参数更新方向，优化训练速度，包括基于动量的更新。另外对于二阶优化算法牛顿法、拟牛顿法也会做相应介绍。

5.1.1 梯度下降算法的问题

在第 2 章中已经提到，模型表现的好坏是通过损失函数衡量的，需要找到让损失函数取得最小值的参数矩阵 $\boldsymbol{W}$，这一过程是一个优化问题，通常使用迭代优化方法来找到最优解。需要注意的是，对于深层神经网络，由于其高度非线性特性，优化的目标函数是一个非凸函数，因此神经网络的优化是一个非凸优化问题，策略上与凸优化问题有些不同。第 2 章提到了梯度下降算法，以及应对大数据量高计算成本的解决方案——小批量梯度下降算法和随机梯度下降算法，它们分别使用全部训练集样本、小批量训练集样本和一个样本求解损失和梯度。小批量梯度下降算法和随机梯度下降算法是对实际损失和梯度的估计。实际应用中,可以根据数据量和参数量,以及精度和计算量之间的权衡,任意选取其中一种方式。梯度下降算法是最简单的一种参数更新策略,但其存在许多问题。

(1)"z"字形下降:当损失函数具有高条件数时会发生这种情况。也就是说,当损失函数对不同方向的参数变换敏感程度不同时,运行梯度下降算法参数会产生"z"字形下降。图 5-1 所示为损失函数等高线图,对于该损失函数只有两个参数 W_1 和 W_2,如果改变其中之一,如在水平方向改变 W_1 值,则损失函数变化非常慢,而在垂直方向对 W_2 进行相同程度的改动,损失值变化则非常快。对于这样的损失函数,在其上运行随机梯度下降算法会产生"z"字形下降,原因是这类目标函数的梯度方向与最小值方向不一致,当计算梯度并沿着梯度前进时,在敏感方向变化较大,而在不敏感方向变化较小,可能会一遍遍跨过等高线,"z"字形前进或者后退,在敏感度较低的维度前进速度非常慢,在敏感度较高的维度上进行"z"字形运动,使得参数更新效率低下,这个问题在高维空间更加普遍。

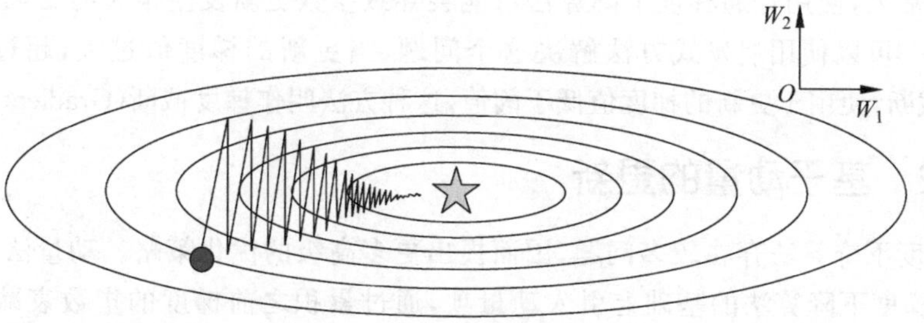

图 5-1 二维损失函数等高线

(2)局部极小值(可辨识性问题)、鞍点和平坦区域:如图 5-2 所示的一维损失函数,损失函数中间有一段凹陷,运行梯度下降算法会出现参数更新"卡"在凹陷处的现象,最终得到一个局部极小点而非全局最小点。因为局部极小点处梯度为 0,梯度下降算法在此处不执行更新。可以通过合理选择参数的初始值远离局部最小点来解决这个问题。实际上,局部极小值问题在低维空间更加严重,在高维空间并不是一个很大的问题。对于一个含有一亿个参数的高维空间,要求一个点对于一亿个维度的点都是局部极小的,向任何一个方向前进较小的一步损失都会变大,这种情况非常稀少。如果一个点在某一维度上是局部极小点的概率为 p,那么在整个参数空间(假设有一亿个参数),该点是局部极小点的概率为 p^{10^8},随着网络规模的增加,陷入局部极小值的可能性大大降低。

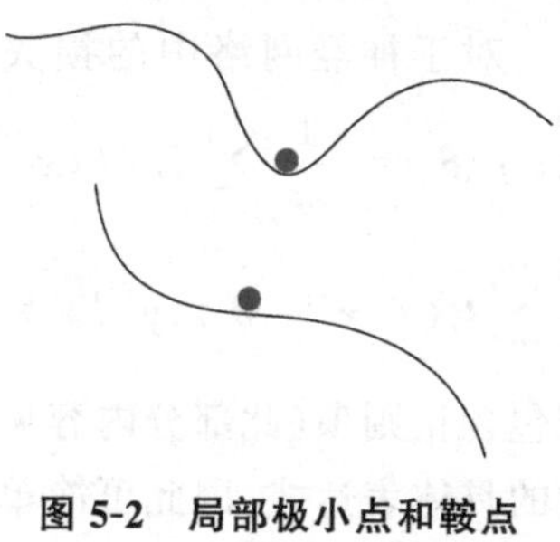

图 5-2 局部极小点和鞍点

高维空间中更为突出的一个问题是鞍点,鞍点处梯度也为零。不同于局部极小点或者局部极大点在任何维度上都是局部极大点或者局部极小点,鞍点在某些维度上是局部极大点在某些维度上是局部极小点。图 5-2 中下面的曲线是二维情形中鞍点的示意图,可以看到,鞍点在水平维度上为局部极小点,而在垂直维度上为局部极大点。鞍点是高维空间中的难点,如果在一个有一亿个维度的参数空间,鞍点部分维度上为局部极小点的概率远远大于局部极小点。因此,高维空间中大部分梯度为 0 的点都是鞍点,并非局部极小点。鞍点使得基于梯度下降的优化算法会在此处停滞，难以从鞍点处“逃离”。在高维空间中，这是一个亟待解决的问题。

另外，还可能存在恒值的宽阔平坦区域。因为深层神经网络的参数数量极大，具有一定的冗余性，每一个参数对损失函数的贡献很小，这就导致损失函数的这种特殊“地形”，在平坦区域内梯度接近于0，若该区域又恰好是“高原”地带(即损失值很高的区域)，也会导致非常差的优化结果。

(3) 随机性：随机性是随机梯度下降的另一个问题。损失函数是在整个训练集上所有样本上定义的，如果训练集有 N 个样本，那么损失即这 N 个样本损失的和。出于提升效率的考虑，实际中通过使用小批量样本来对损失和梯度进行近似估计。也就是说，在每一次更新中没有使用真实的梯度，而是使用带噪声的梯度估计来执行参数更新，这会导致参数更新比较曲折，从而需要很长的时间达到收敛状态。

另外一个在循环神经网络中比较常见的问题是，当损失函数呈现悬崖结构，在悬崖结构附近梯度非常大，使用普通梯度下降算法可能会导致参数更新发生很大的变化，从而出现梯度爆炸现象。可以使用启发式方法解决这个问题，当更新的梯度值过大，超过规定的阈值时，就进行截断，使用于更新的梯度值低于阈值，这种方法叫作梯度截断(Gradient Clipping)。

5.1.2 基于动量的更新

由于梯度下降算法存在较多问题，因而提出更多高级的优化策略。动量法(Momentum Method)在梯度下降算法的基础上引入动量项，通过累积之前梯度的指数衰减加权移动平均代替当前的梯度作为参数的更新方向，实现迭代更新，更新公式如式(5-2)所示，其中 v 由式(5-1)给出。

$$\boldsymbol{v} \leftarrow \rho \boldsymbol{v} - \alpha \nabla_{\boldsymbol{\theta}} f(\boldsymbol{\theta}) = \rho \boldsymbol{v} - \alpha \boldsymbol{g} \tag{5-1}$$

$$\boldsymbol{\theta} \leftarrow \boldsymbol{\theta} + \boldsymbol{v} \tag{5-2}$$

对于神经网络中的损失函数，即需要优化的目标函数，本章统一使用函数 $f(\boldsymbol{\theta})$ 表示，$f(\boldsymbol{\theta}) = \frac{1}{m}\sum_{i=1}^{m} L(f(\boldsymbol{x}^{(i)};\boldsymbol{\theta}), \boldsymbol{y}^{(i)})$，$f(\boldsymbol{x}^{(i)};\boldsymbol{\theta})$ 指神经网络学习得到的函数，$\frac{1}{m}\sum_{i=1}^{m} L(f(\boldsymbol{x}^{(i)};\boldsymbol{\theta}), \boldsymbol{y}^{(i)})$ 为数据损失。有时需要优化的目标函数不仅仅为数据损失，有可能包含正则项(此部分内容见5.4节)，由于5.1节和5.2节涉及的优化方法不需要目标函数的具体表达式，因此可简单使用 $f(\boldsymbol{\theta})$ 表示。另外，优化方法常用到目标函数关于参数的梯度，为方便将其表示为 $\boldsymbol{g}$，即 $\boldsymbol{g} = \nabla_{\boldsymbol{\theta}} f(\boldsymbol{\theta})$。符号 $\boldsymbol{\theta}$ 表示需要优化的参数，既包括权重 $\boldsymbol{W}$，也包括偏置 $\boldsymbol{b}$。

$\boldsymbol{v}$ 表示速度，是参数在参数空间移动的方向和速率，$\boldsymbol{v}$ 一般初始化为0。在第 k 次迭代时，首先使用梯度信息更新速度，然后使用更新后的速度进行参数更新，当前速度实质上是以往累积梯度的移动平均。这与梯度下降算法不同，梯度下降算法直接使用梯度信息对参数进行更新。α 为学习率，与梯度下降算法中含义相同。ρ 为动量因子，根据经验，ρ 一般设置为0.5、0.9、0.95和0.99中的一个值。与学习率类似，一般将 ρ 设置为随时间变化的值能够改善优化性能，初始值一般设置为一个较小的数值，随后慢慢变大。ρ 决定了前一时刻的速度对当前时刻速度预测的贡献。ρ 越大，代表之前时刻累积的梯度对现在梯度方向的影响越大，而 α 代表当前时刻梯度对参数更新方向的重要性。完整的基于动量的梯度下降算法或者称为动量法的算法流程如表 5-1 所示。

表 5-1　基于动量的随机梯度下降（动量法）

1. **Input**：初始参数 $\boldsymbol{\theta}$，初始速度 $\boldsymbol{v}_0$
2. **While** 没有达到停止准则 **do**
3. 　　从训练集中采集包含 m 个样本的小批量 $\{\boldsymbol{x}^{(1)},\cdots,\boldsymbol{x}^{(m)}\}$，对应目标为 $\boldsymbol{y}^{(i)}$。
4. 　　计算梯度估计：$\boldsymbol{g}\leftarrow\frac{1}{m}\nabla_{\boldsymbol{\theta}}\sum_{i=1}^{m}L(f(\boldsymbol{x}^{(i)};\boldsymbol{\theta}),\boldsymbol{y}^{(i)})$
5. 　　计算速度更新：$\boldsymbol{v}\leftarrow\rho\boldsymbol{v}-\alpha\boldsymbol{g}$
6. 　　应用更新：$\boldsymbol{\theta}\leftarrow\boldsymbol{\theta}+\boldsymbol{v}$
7. **End while**

物理学中，一个物体的动量指该物体在它的运动方向上保持运动状态的趋势，动量表示为物体质量与速度的乘积。在动量法中，将参数的更新看作粒子的运动，并且假定粒子的质量为单位质量，所以粒子的动量值等同于粒子的速度值。设想一个具有单位质量的小球从一个小坡上滑下。首先，小球有一个初始速度 $\boldsymbol{v}_0$，然后小球由于力的作用向着下坡的方向滚动。在动量法中，力正比于损失函数的负梯度，根据公式 $F=ma$，力给小球一个加速度，使得小球速度改变。传统的梯度下降算法中，梯度直接改变位置；动量法使用梯度改变速度，速度再改变位置。超参数 ρ 可以看作摩擦系数，能够有效地抑制粒子的速度，降低粒子动能，使粒子最终能够停下来。

动量法可以帮助解决梯度下降算法存在的问题。尽管在局部极小点和鞍点附近梯度为0，但小球有累积的速度，这个速度可以帮助小球越过梯度为 0 的点，而不至于陷入这些点无法继续更新。另外，当损失函数对不同方向的参数变换敏感程度差异较大时，运行普通梯度下降算法会出现“z”字形下降，使用动量法可以很好地进行改善，因为每个参数的更新不仅取决于当前的梯度，还取决于之前累积的梯度加权平均。如果一段时间内的梯度方向一致，那么参数更新的幅度将大于仅使用当前梯度进行更新的幅度，这会起到加速作用，这对应于参数不敏感的方向，在这些方向上更新步幅会增大，从而在这些方向获得加速；相反地，如果一段时间内的梯度方向不一致，可以很快地抵消“z”字形梯度更新的情况，有效减少参数敏感方向步进的数量。因此，使用动量法可以有效提升效率，加速学习进程。同时，动量法可以获得一系列随时间变换的速度，估计梯度时可抵消部分噪音，与随机梯度下降相比，能够更加平稳地接近最小值点。图 5-3 可视化了参数的更新过程，黑点代表不同迭代参数的大小，虚线箭头代表当前参数值处损失函数关于参数的梯度，实线代表使用动量法执行更新的过程。可以看到，动量法参数更新方向实质上与真实梯度方向有偏差，减小了在参数敏感方向的震荡，加速了收敛过程。

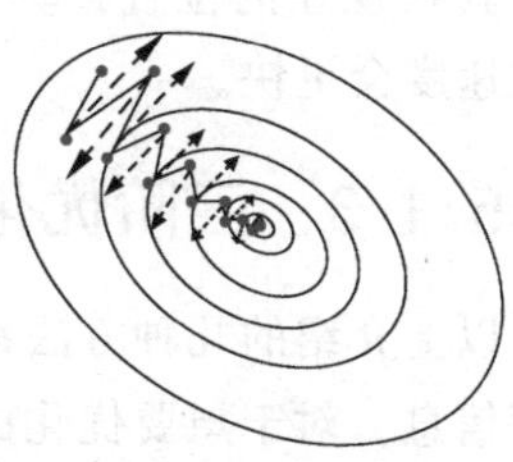

图 5-3　动量法参数更新过程

图 5-4 中，将动量法的每一步更新用向量化的形式表示出来，黑点为当前参数的位置，“梯度”向量表示负梯度或者对当前位置梯度估计的负方向。当使用动量法进行更新时，实际上是对“梯度”向量和“速度向量”两者进行加权平均进行步进。

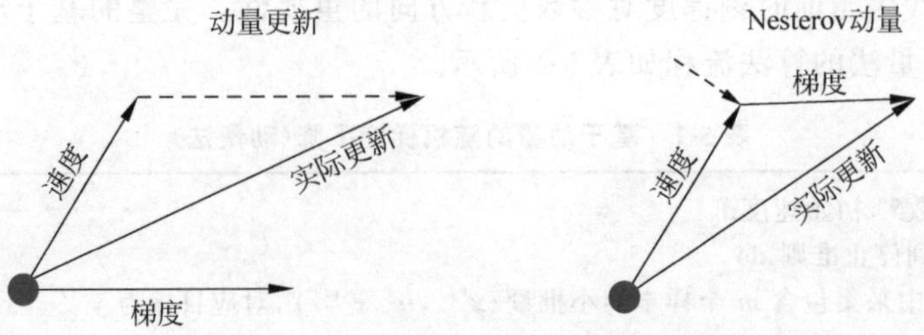

图 5-4　动量法与 Nesterov 动量的比较

另一种改进的动量法为 Nesterov 加速梯度(Nesterov Accelerated Gradient,NAG),也称为 Nesterov 动量(Nesterov Momentum)。在动量法中,先获取当前位置的梯度,然后使用梯度和速度的加权平均进行更新。而 Nesterov 动量中,需要根据当前的速度方向预先前进一步,在这个新的位置求取梯度,然后再回到起始位置,根据速度和新位置的梯度的加权平均实现更新。NAG 的速度更新公式如式(5-3)所示,参数更新公式与式(5-2)相同,算法流程见表 5-2。

$$\boldsymbol{v} \leftarrow \rho \boldsymbol{v} - \alpha \nabla_{\boldsymbol{\theta}} f(\boldsymbol{\theta} + \rho \boldsymbol{v}) \tag{5-3}$$

表 5-2　基于 Nesterov 动量的随机梯度下降算法

1. **Input**:学习率 α,动量因子 ρ
2. **Input**:初始参数$\boldsymbol{\theta}$,初始速度$\boldsymbol{v}_0$
3. **While** 没有达到停止准则 **do**
4. 　从训练集中采集包含 m 个样本的小批量$\{\boldsymbol{x}^{(1)},\cdots,\boldsymbol{x}^{(m)}\}$,对应目标为 $\boldsymbol{y}^{(i)}$。执行临时更新:$\tilde{\boldsymbol{\theta}} \leftarrow \boldsymbol{\theta} + \rho \boldsymbol{v}$
5. 　计算梯度估计:$\boldsymbol{g} \leftarrow \frac{1}{m} \nabla_{\tilde{\boldsymbol{\theta}}} \sum_{i=1}^{m} L(f(\boldsymbol{x}^{(i)};\tilde{\boldsymbol{\theta}}),\boldsymbol{y}^{(i)})$
6. 　计算速度更新:$\boldsymbol{v} \leftarrow \rho \boldsymbol{v} - \alpha \boldsymbol{g}$
7. 　应用更新:$\boldsymbol{\theta} \leftarrow \boldsymbol{\theta} + \boldsymbol{v}$
8. **End while**

实际两者的差别在于梯度的计算,动量法在当前位置计算梯度,NAG 施加速度后在新的位置计算梯度。可以这样解释:既然速度向量最终会将小球带到虚线箭头指向的位置,那与其在现在的位置计算梯度,不如向前看一步,用未来位置计算梯度。实验证明,NAG 收敛速度会更快。

5.1.3　二阶优化方法

以上介绍的几种方法都是一阶优化方法,因为仅使用梯度信息。对于想要优化的目标函数 $f(\boldsymbol{\theta})$,在点$\boldsymbol{\theta}_0$ 处进行一阶泰勒公式展开可得

$$f(\boldsymbol{\theta}) \approx f(\boldsymbol{\theta}_0) + (\boldsymbol{\theta} - \boldsymbol{\theta}_0)^{\mathrm{T}} \boldsymbol{g} \tag{5-4}$$

其中,$\boldsymbol{g}$ 为 $f(\boldsymbol{\theta})$的梯度在$\boldsymbol{\theta}_0$ 处的值,通过计算点$\boldsymbol{\theta}_0$ 处的梯度可以得到目标函数在$\boldsymbol{\theta}_0$ 局部区域的线性近似,如图 5-5 所示。使用近似函数代替原始函数计算梯度更新,即在原始函数的梯度方向上前进较小的一步。由于该近

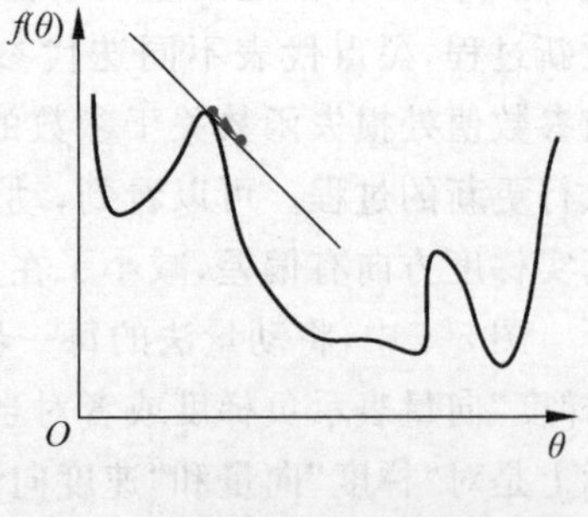

图 5-5　损失函数的一阶线性近似

似仅在局部小区域内成立，在更大的范围内并不成立，因此不能在该方向前进太多，这就是一阶优化方法使用梯度的原因。对目标函数进行一阶近似后，将下降方向选择为下降最快的负梯度方向，因此梯度下降法也被称为最速下降法。

一阶优化方法使用函数的一阶偏导数信息，也存在使用二阶偏导数来指导搜索的二阶优化方法。将目标函数在$\boldsymbol{\theta}_0$处做二阶泰勒公式展开，得到$f(\boldsymbol{\theta})$的近似式为

$$f(\boldsymbol{\theta}) \approx f(\boldsymbol{\theta}_0)+(\boldsymbol{\theta}-\boldsymbol{\theta}_0)^{\mathrm{T}} \cdot \boldsymbol{g}+\frac{1}{2}((\boldsymbol{\theta}-\boldsymbol{\theta}_0)^{\mathrm{T}} \boldsymbol{H}(\boldsymbol{\theta}-\boldsymbol{\theta}_0)) \tag{5-5}$$

其中，$\boldsymbol{g}$仍为$f(\boldsymbol{\theta})$的梯度在$\boldsymbol{\theta}_0$处的值，$\boldsymbol{H}$是$\boldsymbol{\theta}_0$点的Hessian矩阵，Hessian矩阵为$f(\boldsymbol{\theta})$二阶偏导数组成的矩阵，其定义如下：

$$\boldsymbol{H}(f)(\boldsymbol{\theta})_{i,j}=\frac{\partial^2}{\partial\theta_i\partial\theta_j}f(\boldsymbol{\theta}) \tag{5-6}$$

基于二阶近似，目标函数可以通过一个二次函数来局部近似，如图5-6所示。不同于一阶近似的线性函数，可以通过近似二次函数的最小值点，不断迭代找到原始目标函数的最小值点，这就是二阶优化的思想。对于该近似二次函数的最小值点$\boldsymbol{\theta}^*$，可以通过解析方法求出。

$$\boldsymbol{\theta}^*=\boldsymbol{\theta}_0-\boldsymbol{H}(f)(\boldsymbol{\theta}_0)^{-1}\nabla_{\boldsymbol{\theta}}f(\boldsymbol{\theta}_0) \tag{5-7}$$

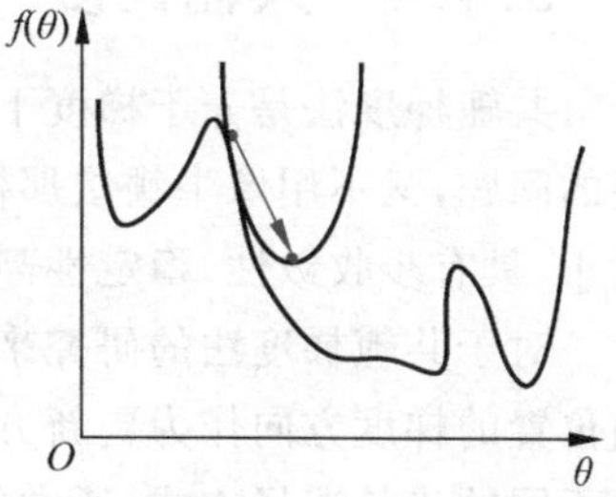

图5-6 损失函数的二阶近似

此方法也被称为牛顿法。计算Hessian矩阵，即二阶偏导数的矩阵，然后求逆，可以直接得到对原始目标函数进行二次近似后的最小值。Hessian矩阵也被称为牛顿步长，它等价于一阶优化方法中的超参数α（也叫步长或者学习率）。实际上，二阶优化方法的好处就在于没有学习率，不用通过交叉验证确定学习率的值，相较于一阶优化方法，这是一个巨大的优势。由于神经网络中需要优化的目标函数通常不是二次函数，因此需要多次对原目标函数进行近似并使用公式(5-7)得到近似函数的最小值。综上所述，牛顿法先基于二阶泰勒公式展开式近似$\boldsymbol{\theta}_0$处附近的$f(\boldsymbol{\theta})$，然后使用以下更新公式：

$$\boldsymbol{\theta}_k=\boldsymbol{\theta}_{k-1}-\boldsymbol{H}(f)(\boldsymbol{\theta}_{k-1})^{-1}\nabla_{\boldsymbol{\theta}}f(\boldsymbol{\theta}_{k-1}) \tag{5-8}$$

直接得到近似函数的最小值，再在新的位置对损失函数进行二阶泰勒公式展开，这样不断迭代更新近似函数。式(5-8)中$\boldsymbol{\theta}_k$表示第k轮迭代更新后的参数，$\boldsymbol{\theta}_{k-1}$为上一轮迭代的参数。经证明，该方法能够比梯度下降法更快地达到临界点。

Hessian矩阵利用了二阶偏导数信息，从而使得参数更新更加高效，它描述了损失函数的局部曲率，使得在曲率小时能大步长更新，曲率大时小步长更新，这可以解决梯度下降算法中的"z"字形下降问题。牛顿法在选择方向时，不仅考虑梯度还考虑梯度的变化。梯度下降法每次前进时选择坡度最陡峭的方向（即梯度方向），而牛顿法不仅考虑当前坡度是否足够大，还会进一步考虑迈出一步后坡度是否变得更大。因此，牛顿法比梯度下降法更具全局思想，所以收敛速度更快。

对于牛顿法而言，鞍点是一个突出问题，如果没有适当地改进，牛顿法就会陷入鞍点。在深度神经网络中，其高度非线性导致优化的目标函数通常是一个非凸问题，这种情形下，牛顿法就会被吸引到鞍点。换句话说，由于非凸性导致Hessian矩阵非正定，在靠近鞍点处，牛顿法实际上会朝错误的方向进行更新。高维空间中鞍点数量激增，这是牛顿法不能代

替梯度下降法用于训练大型神经网络的一个原因。有部分研究者提出了无鞍点牛顿法(Saddle-free Newton Method),或许可以帮助二阶优化方法扩展到大型神经网络。另外,对Hessian矩阵求逆带来存储和计算负担,Hessian矩阵元素个数是参数数量N的平方,对于一个包含100万个参数的神经网络模型,Hessian矩阵大小为1000000^2,占用将近3725GB的内存。牛顿法需要求解这个$N\times N$矩阵的逆矩阵,计算复杂度为$O(N^3)$。每次迭代更新都要重新计算新位置的Hessian矩阵的逆矩阵,导致更新速度非常慢,因此牛顿法只适用于具有少量参数的网络。为解决Hessian矩阵求逆的复杂度问题,提出一系列拟牛顿法,旨在对Hessian矩阵的逆矩阵进行近似来代替Hessian矩阵进行更新,可使用正定矩阵来近似Hessian矩阵的逆矩阵。正定矩阵能保证每一步搜索方向是向下的,可降低运算复杂度。比较常用的两种拟牛顿法为DFP(Davidon-Fletcher-Powell)算法和BFGS(Broyden-Fletcher-Goldfarb-Shanno)算法,以及为解决BFGS高存储代价的无存储的L-BFGS(Limited-memory BFGS)算法。

5.1.4 共轭梯度

共轭梯度法是介于梯度下降法和牛顿法之间的一种方法,它既克服了梯度下降法收敛慢的问题,又不用像牛顿法那样使用Hessian矩阵的逆矩阵,它仅利用一阶导数信息,存储量小,具有步收敛性,稳定性高,并且不需要任何外部参数。

对于共轭梯度法的研究来源于对梯度下降法缺点的研究,梯度下降法每次迭代都将当前位置的梯度方向作为更新方向,使用学习率参数确定在该更新方向上前进的步长。有几种不同的步长选择方式,通常的方式是选择一个小的常数,并随迭代次数衰减。还有一种被称为线搜索的策略,该策略在每一个搜索方向(即梯度方向)上选取能使得目标函数$f(\boldsymbol{\theta}-\alpha\nabla_{\boldsymbol{\theta}}f(\boldsymbol{\theta}))$最小的步长$\alpha$,可以保证在每个线搜索方向上都能找到该方向上的极小值,将线搜索迭代地应用于与梯度相关的方向直至找到目标值。实际上,这是一种相当低效的方式。如图5-7所示,对于二维的二次目标函数,运用梯度下降算法更新路线,在每个更新方向执行线搜索,因此每次迭代使用的是最优步长α,可以看到梯度下降路线呈现锯齿形,收敛速度很慢。尽管这种方法比使用固定学习率更优,但是算法朝最优目标值前进的路线非常曲折。因为每一个由梯度给出的线搜索方向都与上一个线搜索方向正交,下面给出线搜索方向正交性的数学证明:在迭代点$\boldsymbol{\theta}_k\in R^n$处,沿梯度方向$\boldsymbol{d}_k$执行线搜索,搜索满足式(5-9)的步长$\alpha_k$,将$f(\boldsymbol{\theta}_k+\alpha\boldsymbol{d}_k)$关于$\alpha$求导可得式(5-10),由于$\nabla f(\boldsymbol{\theta}_{k+1})=\boldsymbol{d}_{k+1}$,所以方向$\boldsymbol{d}_k$与$\boldsymbol{d}_{k+1}$是正交的,因此上一次线搜索方向并不会影响下一次线搜索的方向,在当前梯度方向执行线搜索下降到极小值,再在新的位置重新确定搜索方向,这相当于放弃了之前线搜索方向上取得的进展,共轭梯度法则试图解决这个问题。

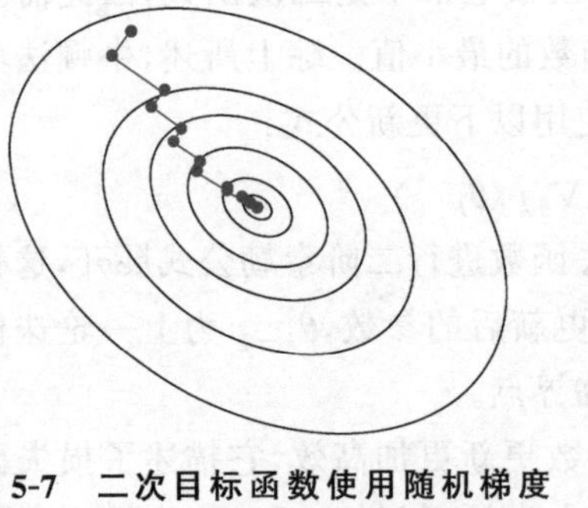

图5-7 二次目标函数使用随机梯度下降的参数更新路线

$$\alpha_k=\operatorname{argmin}f(\boldsymbol{\theta}_k+\alpha\boldsymbol{d}_k) \tag{5-9}$$

$$\boldsymbol{d}_k^{\mathrm{T}}\times\nabla f(\boldsymbol{\theta}_{k+1})=0 \quad (其中,\boldsymbol{\theta}_{k+1}=\boldsymbol{\theta}_k+\alpha_k\boldsymbol{d}_k) \tag{5-10}$$

共轭梯度法最早由Hastiness和Stiefle提出,是一种旨在求解线性方程组$\boldsymbol{A}\boldsymbol{x}=\boldsymbol{b}$的迭代

方法,其中 $\boldsymbol{A}$ 为实对称正定矩阵。求解线性方程组 $\boldsymbol{Ax}=\boldsymbol{b}$ 实际上可以转换为求解式(5-11),其中 $\boldsymbol{b}^{\mathrm{T}}\boldsymbol{b}$ 项对最小值点没有影响,因此可以等价转化为求二次规划问题式(5-12)。

$$\min \|\boldsymbol{Ax}-\boldsymbol{b}\|_2^2=\min(\boldsymbol{x}^{\mathrm{T}}\boldsymbol{A}^{\mathrm{T}}\boldsymbol{Ax}-\boldsymbol{b}^{\mathrm{T}}\boldsymbol{Ax}+\boldsymbol{b}^{\mathrm{T}}\boldsymbol{b}) \tag{5-11}$$

$$\min \|\boldsymbol{Ax}-\boldsymbol{b}\|_2^2=\min(\boldsymbol{x}^{\mathrm{T}}\boldsymbol{A}^{\mathrm{T}}\boldsymbol{Ax}-\boldsymbol{b}^{\mathrm{T}}\boldsymbol{Ax}) \tag{5-12}$$

因此,对于标准目标函数

$$\min_{\boldsymbol{\theta}} f(\boldsymbol{\theta})=\frac{1}{2}\boldsymbol{\theta}^{\mathrm{T}}\boldsymbol{Q}\boldsymbol{\theta}+\boldsymbol{q}^{\mathrm{T}}\boldsymbol{\theta} \tag{5-13}$$

其中,$\boldsymbol{Q}\in R^{n\times n}$ 为对称正定矩阵,$\boldsymbol{q}\in R^n$,由于矩阵 $\boldsymbol{Q}$ 正定,目标函数的 Hessian 矩阵 $\frac{\partial^2 f(\boldsymbol{\theta})}{\partial\boldsymbol{\theta}\,\partial\boldsymbol{\theta}^{\mathrm{T}}}=\boldsymbol{Q}>0$,故该问题实际上是一个凸优化问题。对于 n 维优化问题$\boldsymbol{\theta}\in R^n$,共轭梯度法最多 n 次迭代就可以准确找到最优解。

首先介绍共轭的概念,对于向量 $\boldsymbol{d}_1,\cdots,\boldsymbol{d}_m\in R^n$,对于对称正定矩阵 $\boldsymbol{Q}\in R^{n\times n}$,若满足 $\boldsymbol{d}_i^{\mathrm{T}}\boldsymbol{Q}\boldsymbol{d}_j=0,i\neq j$,则称 $\boldsymbol{d}_1,\cdots,\boldsymbol{d}_m$ 关于$\boldsymbol{Q}$ 相互共轭,向量组 $\boldsymbol{d}_1,\cdots,\boldsymbol{d}_m$ 称为 Q-共轭向量组,并且 $\boldsymbol{d}_1,\cdots,\boldsymbol{d}_m$ 线性无关。共轭梯度法旨在寻找一组共轭向量作为每次迭代的搜索方向,然后在这些方向上执行线搜索取得在该方向上的极小值。与梯度下降法不同,每一次搜索方向不仅由当前梯度方向得到,也与前一次搜索方向有关,当沿着当前搜索方向求极小值的时候,不会影响在之前方向取得的极小值,即不会舍弃之前方向上的进展。对于第 k 次迭代,搜索方向 $\boldsymbol{d}_k$ 满足

$$\boldsymbol{d}_k=\nabla f(\boldsymbol{\theta}_k)+\beta_k\boldsymbol{d}_{k-1} \tag{5-14}$$

其中,系数 β_k 用于控制先前方向对当前方向的贡献,可以证明当前搜索方向 $\boldsymbol{d}_k$ 与先前所有的搜索方向 $\boldsymbol{d}_0,\cdots,\boldsymbol{d}_{k-1}$ 是满足两两共轭的,因此由当前迭代点梯度$\nabla f(\boldsymbol{\theta}_k)$和上一次搜索方向$\boldsymbol{d}_{k-1}$ 来确定新的搜索方向是可行的,一旦确定了每一次迭代的搜索方向就可以在这些方向上执行线搜索确定每一次迭代的步长。下面详细说明搜索方向 $\boldsymbol{d}_k$ 和最优步长α_k 的确定方法。

1. 线搜索方向的确定

根据公式(5-14),每次求新的搜索方向需要先求解系数 β_k,由于当前搜索方向与前一搜索方向共轭,因此 $\boldsymbol{d}_{k-1}^{\mathrm{T}}\boldsymbol{Q}\boldsymbol{d}_K=0$,将式(5-14)代入可得

$$\beta_k=\frac{\boldsymbol{d}_{k-1}^{\mathrm{T}}\boldsymbol{Q}\ \nabla f(\boldsymbol{\theta}_k)}{\boldsymbol{d}_{k-1}^{\mathrm{T}}\boldsymbol{Q}\boldsymbol{d}_{K-1}} \tag{5-15}$$

可以看到,直接使用该方法求解每一次迭代的线搜索方向 $\boldsymbol{d}_k$ 时需要求解参数β_k,而该参数的求解需要计算 Hessian 矩阵,为了避免应用 Hessian 矩阵的运算,对原始的共轭梯度法进行修正,使得不需要推导计算 Hessian 矩阵也能求得这些共轭的搜索方向。常用的两种方法为 Fletcher-Reeves 共轭梯度修正方法和 Polak-Ribière 共轭梯度修正方法,参数 β_k 的计算公式如式(5-16)和式(5-17)所示。

1) Fletcher-Reeves

$$\beta_k=\frac{\nabla_{\boldsymbol{\theta}} f(\boldsymbol{\theta}_k)^{\mathrm{T}}\ \nabla_{\boldsymbol{\theta}} f(\boldsymbol{\theta}_k)}{\nabla_{\boldsymbol{\theta}} f(\boldsymbol{\theta}_{k-1})^{\mathrm{T}}\ \nabla_{\boldsymbol{\theta}} f(\boldsymbol{\theta}_{k-1})} \tag{5-16}$$

2）Polak-Ribière

$$\beta_k=\frac{(\nabla_{\boldsymbol{\theta}}f(\boldsymbol{\theta}_k)-\nabla_{\boldsymbol{\theta}}f(\boldsymbol{\theta}_{k-1}))^{\mathrm{T}}\nabla_{\boldsymbol{\theta}}f(\boldsymbol{\theta}_k)}{\nabla_{\boldsymbol{\theta}}f(\boldsymbol{\theta}_{k-1})^{\mathrm{T}}\nabla_{\boldsymbol{\theta}}f(\boldsymbol{\theta}_{k-1})} \tag{5-17}$$

2. 最优步长的确定

确定了每次迭代的搜索方向，便可以在此方向上执行线搜索，确定每次迭代的最优步长。根据定义将式 $f(\boldsymbol{\theta}_k+\alpha\boldsymbol{d}_k)$关于$\alpha$求导，得到$\alpha_k$，详细步骤如下：

令

$$\frac{\mathrm{d}f(\boldsymbol{\theta}_k+\alpha\boldsymbol{d}_k)}{\mathrm{d}\alpha}\Big|_{\alpha=\alpha_k}=0$$

得

$$\boldsymbol{d}_k^{\mathrm{T}}\times\nabla f(\boldsymbol{\theta}_{k+1})=0$$

其中，$\nabla f(\boldsymbol{\theta}_{k+1})=\boldsymbol{Q}\boldsymbol{\theta}_{k+1}+\boldsymbol{q}=\boldsymbol{Q}(\boldsymbol{\theta}_{k+1}-\boldsymbol{\theta}_k)+\nabla f(\boldsymbol{\theta}_k)$，代入上式，得

$$\boldsymbol{d}_k^{\mathrm{T}}\times(\boldsymbol{Q}(\boldsymbol{\theta}_{k+1}-\boldsymbol{\theta}_k)+\nabla f(\boldsymbol{\theta}_k))=0$$

$$\boldsymbol{d}_k^{\mathrm{T}}\times(\boldsymbol{Q}(\alpha_k\boldsymbol{d}_k)+\nabla f(\boldsymbol{\theta}_k))=0$$

$$\alpha_k=-\frac{\boldsymbol{d}_k^{\mathrm{T}}\boldsymbol{Q}\,\nabla f(\boldsymbol{\theta}_k)}{\boldsymbol{d}_k^{\mathrm{T}}\boldsymbol{Q}\boldsymbol{d}_k} \tag{5-18}$$

共轭梯度法详细流程见表 5-3。

表 5-3　共轭梯度法

对于凸二次优化问题式(5-13)：
1. 任意选择初始点$\boldsymbol{\theta}_0$，初始更新方向 $\boldsymbol{d}_0=\nabla f(\boldsymbol{\theta}_0)$
2. 判断$\nabla f(\boldsymbol{\theta}_k)$的值：若等于 0，$\boldsymbol{\theta}_k$ 即为最优值，返回$\boldsymbol{\theta}_k$ 并停止迭代；否则进行更新$\boldsymbol{\theta}_{k+1}=\boldsymbol{\theta}_k+\alpha_k\boldsymbol{d}_k$，$\alpha_k$ 由式(5-18)确定
3. 根据式(5-14)更新下一次搜索方向，其中 β_k 见式(5-16)和式(5-17)
重复步骤 2，3 直至找到最优解

通过共轭梯度法的算法步骤可以看出，其只需要计算和存储目标函数的梯度值，与牛顿法 $\boldsymbol{d}_k=-\boldsymbol{H}_k\boldsymbol{g}_k$（其中 $\boldsymbol{H}_k$ 是 Hessian 矩阵在$\boldsymbol{\theta}_k$ 处的值）相比，共轭梯度法存储量大大减小，因此适合求解大规模问题。同时，对于梯度下降法收敛速度慢以及锯齿现象也有很大改善，但其收敛速度仍然显著慢于牛顿法或拟牛顿法。

以上对于共轭梯度法的讨论都是基于目标函数是凸二次函数的情况，是用于求解线性方程组的线性共轭梯度方法。对于深层神经网络或者其他深度学习模型，其目标函数远比二次函数复杂得多，共轭梯度法仍然适用，但是需要做一些修改。Fletcher 和 Reeves 最早将线性共轭梯度法的思想用于求解非线性最优化问题。非线性共轭梯度法求解无约束极小化问题 $\min f(\boldsymbol{\theta})$，其中 $f:R^n\to R$ 连续可微。不同的非线性共轭梯度法求解 β_k 的算法不同，例如上文提到的 Fletcher-Reeves 方法和 Polak-Ribière 方法，实际上还有很多其他方法，在此不展开介绍。需要注意的是，当目标函数是凸二次函数，并且步长 α_k 由精确搜索得到（精确搜索要求步长 α_k 根据式(5-9)求得，实际上还有其他搜索策略，例如 Armijo 搜索和 Wolfe 搜索以及满足 Goldstein 条件的非精确搜索），并且第一个搜索方向是梯度方向时，非

线性共轭梯度法等价于标准的线性共轭梯度法。当采用精确线搜索时，所有的共轭梯度法都是下降算法，即保证每一个搜索方向都是下降方向。而采用非精确线性搜索时则不满足这样的性质，某些非线性共轭梯度法不能保证每一步都是下降方向。因此，非线性共轭梯度算法执行过程中可能需要重设参数，在执行若干步后沿负梯度方向重新开始并采取精确线搜索。实践表明，可以使用非线性共轭梯度算法训练神经网络，使用随机梯度下降迭代若干步来初始化参数效果会更好。有许多对于非线性共轭梯度法全局收敛性分析的研究，感兴趣的读者可自行查阅。

5.1.5 拟牛顿法

由于 Hessian 矩阵维度过大带来的巨大计算量，使得牛顿法无法有效执行。为了克服这个问题，在牛顿法的基础上提出了系列改进方法——拟牛顿法(Quasi-Newton Methods)。该方法的基本思想是使用正定对称矩阵近似 Hessian 矩阵，使用近似矩阵执行参数的更新，因此拟牛顿法可以看作对牛顿法的近似。不同的拟牛顿法构造近似矩阵的方法不同，常用的拟牛顿法包括 DFP、BFGS、L-BFGS 等。拟牛顿法只需要使用一阶导数，不需要计算 Hessian 矩阵及其逆矩阵，减少了运算复杂度，因此能够更快地收敛。

构造 Hessian 矩阵的近似矩阵需要满足一定的条件——拟牛顿条件(也称为拟牛顿方程或者割线条件)，该条件给出了构造近似矩阵的理论指导，构造的矩阵必须满足这个条件。回顾牛顿法，首先对目标函数在任一点$\boldsymbol{\theta}_{k+1}$处进行二阶泰勒公式展开得到近似函数，如式(5-19)；然后对近似函数求导得到式(5-20)。令$\boldsymbol{\theta}=\boldsymbol{\theta}_k$代入式(5-20)并移项整理可得式(5-21)，通过引入变量$\boldsymbol{s}_k$和$\boldsymbol{y}_k$将式(5-21)进行整合可得式(5-24)，使用 Hessian 矩阵的逆矩阵的形式进行表达则为式(5-25)。式(5-26)和式(5-27)即所谓的拟牛顿条件，二者是等价的，构造的近似矩阵需要满足相应约束，即$\boldsymbol{H}$的近似矩阵$\boldsymbol{B}$或者$\boldsymbol{H}^{-1}$的近似矩阵$\boldsymbol{D}$都需要满足这个条件。

$$f(\boldsymbol{\theta})\approx f(\boldsymbol{\theta}_{k+1})+(\boldsymbol{\theta}-\boldsymbol{\theta}_{k+1})^{\mathrm{T}}\cdot\nabla f(\boldsymbol{\theta}_{k+1})+\frac{1}{2}((\boldsymbol{\theta}-\boldsymbol{\theta}_{k+1})^{\mathrm{T}}\cdot\nabla^2 f(\boldsymbol{\theta}_{k+1})\cdot(\boldsymbol{\theta}-\boldsymbol{\theta}_{k+1})) \tag{5-19}$$

$$\nabla f(\boldsymbol{\theta})\approx\nabla f(\boldsymbol{\theta}_{k+1})+\boldsymbol{H}_{k+1}\cdot(\boldsymbol{\theta}-\boldsymbol{\theta}_{k+1}) \tag{5-20}$$

$$\boldsymbol{g}_{k+1}-\boldsymbol{g}_k\approx\boldsymbol{H}_{k+1}\cdot(\boldsymbol{\theta}_{k+1}-\boldsymbol{\theta}_k) \tag{5-21}$$

$$\boldsymbol{s}_k=\boldsymbol{\theta}_{k+1}-\boldsymbol{\theta}_k \tag{5-22}$$

$$\boldsymbol{y}_k=\boldsymbol{g}_{k+1}-\boldsymbol{g}_k \tag{5-23}$$

$$\boldsymbol{y}_k\approx\boldsymbol{H}_{k+1}\cdot\boldsymbol{s}_k \tag{5-24}$$

$$\boldsymbol{s}_k\approx\boldsymbol{H}_{k+1}^{-1}\cdot\boldsymbol{y}_k \tag{5-25}$$

$$\boldsymbol{y}_k=\boldsymbol{B}_{k+1}\cdot\boldsymbol{s}_k \tag{5-26}$$

$$\boldsymbol{s}_k=\boldsymbol{D}_{k+1}\cdot\boldsymbol{y}_k \tag{5-27}$$

有了拟牛顿条件，如何在满足此条件的基础上构造近似矩阵呢？下面将介绍几种常见的拟牛顿法。对于 DFP 算法，其实际上对 Hessian 矩阵的逆矩阵进行近似运算，即求矩阵$\boldsymbol{D}$；而 BFGS 算法直接对 Hessian 矩阵进行运算，求其近似矩阵$\boldsymbol{B}$，BFGS 算法求得 Hessian 矩阵的近似矩阵$\boldsymbol{B}$后还需要对$\boldsymbol{B}$求逆矩阵用以执行参数的更新，接下来将简述这两种方法的迭代步骤。

1. DFP 算法

DFP 算法最早由 Davidon W. D. 于 1959 年提出，随后由 Fletcher R. 和 Powell M. J. D. 加以完善和发展，是最早的一种拟牛顿法，DFP 算法因此以三人的名字命名。该算法的核心是迭代更新 $\boldsymbol{H}^{-1}$ 的近似矩阵 $\boldsymbol{D}$，其公式为

$$\boldsymbol{D}_{k+1}=\boldsymbol{D}_k+\frac{\boldsymbol{s}_k\boldsymbol{s}_k^{\mathrm{T}}}{\boldsymbol{s}_k^{\mathrm{T}}\boldsymbol{y}_k}-\frac{\boldsymbol{D}_k\boldsymbol{y}_k\boldsymbol{y}_k^{\mathrm{T}}\boldsymbol{D}_k}{\boldsymbol{y}_k^{\mathrm{T}}\boldsymbol{D}_k\boldsymbol{y}_k} \tag{5-28}$$

完整的 DFP 算法步骤如表 5-4 所示。

表 5-4　DFP 算法

1. 任意选择初始点 $\boldsymbol{\theta}_0$，令近似矩阵 $\boldsymbol{D}_0=\boldsymbol{I}$，$k=0$，设置精度阈值 ε
2. 确定搜索方向 $\boldsymbol{d}_k=-\boldsymbol{D}_k\cdot\boldsymbol{g}_k$
3. 利用线搜索得到当前搜索步长 α_k，执行更新 $\boldsymbol{\theta}_{k+1}=\boldsymbol{\theta}_k+\boldsymbol{d}_k\alpha_k$
4. 计算 $\boldsymbol{g}_{k+1}$，若 $\Vert\boldsymbol{g}_{k+1}\Vert<\varepsilon$，算法结束
5. 计算 $\boldsymbol{y}_k=\boldsymbol{g}_{k+1}-\boldsymbol{g}_k$，并更新近似矩阵 $\boldsymbol{D}_{k+1}=\boldsymbol{D}_k+\frac{\boldsymbol{s}_k\boldsymbol{s}_k^{\mathrm{T}}}{\boldsymbol{s}_k^{\mathrm{T}}\boldsymbol{y}_k}-\frac{\boldsymbol{D}_k\boldsymbol{y}_k\boldsymbol{y}_k^{\mathrm{T}}\boldsymbol{D}_k}{\boldsymbol{y}_k^{\mathrm{T}}\boldsymbol{D}_k\boldsymbol{y}_k}$
6. 令 $k\leftarrow k+1$，重复步骤 2～5

2. BFGS 算法

BFGS 算法同样是以 4 个发明者的名字命名的。与 DFP 算法不同，BFGS 算法的核心是求得 Hessian 矩阵的近似矩阵。其性能优于 DFP 算法，已取代 DFP 算法成为求解无约束非线性优化问题的流行方法。BFGS 算法的核心迭代更新公式如式(5-29)所示。

由于式(5-29)计算得到的是 Hessian 矩阵的近似矩阵，而执行参数更新需要用到 Hessian 矩阵的逆矩阵，因此还需要对得到的近似矩阵求逆矩阵，使用 Sherman-Morrison 公式，可以将式(5-29)转换成含有近似矩阵的逆矩阵的更新公式，如式(5-30)所示。Powell 证明了具有 Wolfe 搜索的 BFGS 算法的全局收敛性和超线性收敛性。

$$\boldsymbol{B}_{k+1}=\boldsymbol{B}_k+\frac{\boldsymbol{y}_k\boldsymbol{y}_k^{\mathrm{T}}}{\boldsymbol{y}_k^{\mathrm{T}}\boldsymbol{s}_k}-\frac{\boldsymbol{B}_k\boldsymbol{s}_k\boldsymbol{s}_k^{\mathrm{T}}\boldsymbol{B}_k}{\boldsymbol{s}_k^{\mathrm{T}}\boldsymbol{B}_k\boldsymbol{s}_k} \tag{5-29}$$

$$\boldsymbol{B}_{k+1}^{-1}=\left(\boldsymbol{I}-\frac{\boldsymbol{s}_k\boldsymbol{y}_k^{\mathrm{T}}}{\boldsymbol{y}_k^{\mathrm{T}}\boldsymbol{s}_k}\right)\boldsymbol{B}_k^{-1}\left(\boldsymbol{I}-\frac{\boldsymbol{y}_k\boldsymbol{s}_k^{\mathrm{T}}}{\boldsymbol{y}_k^{\mathrm{T}}\boldsymbol{s}_k}\right)+\frac{\boldsymbol{s}_k\boldsymbol{s}_k^{\mathrm{T}}}{\boldsymbol{y}_k^{\mathrm{T}}\boldsymbol{s}_k} \tag{5-30}$$

完整的 BFGS 算法如表 5-5 所示。

表 5-5　BFGS 算法

1. 任意选择初始点 $\boldsymbol{\theta}_0$，令近似矩阵 $\boldsymbol{D}_0=\boldsymbol{I}$，$k=0$，设置精度阈值 ε
2. 确定搜索方向 $\boldsymbol{d}_k=-\boldsymbol{D}_k\cdot\boldsymbol{g}_k$
3. 利用线搜索得到当前搜索步长 α_k，执行更新 $\boldsymbol{\theta}_{k+1}=\boldsymbol{\theta}_k+\boldsymbol{d}_k\alpha_k$
4. 计算 $\boldsymbol{g}_{k+1}$，若 $\Vert\boldsymbol{g}_{k+1}\Vert<\varepsilon$，算法结束
5. 计算 $\boldsymbol{y}_k=\boldsymbol{g}_{k+1}-\boldsymbol{g}_k$，并更新近似矩阵 $\boldsymbol{B}_{k+1}^{-1}=\left(\boldsymbol{I}-\frac{\boldsymbol{s}_k\boldsymbol{y}_k^{\mathrm{T}}}{\boldsymbol{y}_k^{\mathrm{T}}\boldsymbol{s}_k}\right)\boldsymbol{B}_k^{-1}\left(\boldsymbol{I}-\frac{\boldsymbol{y}_k\boldsymbol{s}_k^{\mathrm{T}}}{\boldsymbol{y}_k^{\mathrm{T}}\boldsymbol{s}_k}\right)+\frac{\boldsymbol{s}_k\boldsymbol{s}_k^{\mathrm{T}}}{\boldsymbol{y}_k^{\mathrm{T}}\boldsymbol{s}_k}$
6. 令 $k\leftarrow k+1$，重复步骤 2～5

3. L-BFGS 算法

由于 BFGS 算法在每次迭代中必须存储近似矩阵 $\boldsymbol{D}_k$，对于含有 N 个参数的模型，$\boldsymbol{D}_k$ 矩阵的大小为 $N\times N$。对于百万级别参数的深度学习模型，需要极大的存储代价，一般的服务器是很难承受的。因此，为了减少 BFGS 算法迭代过程中所需的内存开销，L-BFGS 算法通过改进 BFGS 算法来避免存储完整的近似矩阵，大大降低了存储代价。与 BFGS 算法不同，L-BFGS 算法不再存储完整的近似矩阵 $\boldsymbol{D}_k$，而是存储用于计算 $\boldsymbol{D}_k$ 的向量序列 $\{\boldsymbol{s}_i,\boldsymbol{y}_i\}$，当需要使用矩阵 $\boldsymbol{D}_k$ 时，就利用存储的向量序列 $\{\boldsymbol{s}_i,\boldsymbol{y}_i\}$ 计算得到。另外，用户也可以只选择存储最近的 m 个向量 $\boldsymbol{s}_i$ 和 $\boldsymbol{y}_i$，而非存储计算过程中所有的 $\boldsymbol{s}_i$ 和 $\boldsymbol{y}_i$。矩阵 $\boldsymbol{D}_{k+1}$ 的计算需要使用序列 $\{\boldsymbol{s}_i,\boldsymbol{y}_i\}_{i=0}^{k}$，如果只存储 m 组，只需要存储最近的 m 组序列 $\{\boldsymbol{s}_i,\boldsymbol{y}_i\}_{i=k-m+1}^{k}$，因此计算得到的 $\boldsymbol{D}_{k+1}$ 是近似值。这样存储的代价由原来的 $O(N^2)$ 降为 $O(mN)$。

5.2 自适应学习率算法

本节介绍调整学习率的优化算法，主要包括 AdaGrad、RMSprop、AdaDelta 和 Adam 算法，并对这几种优化方法进行比较。

5.2.1 学习率衰减

学习率表示每次更新的幅度，是深度学习中最重要的超参数，必须谨慎设置。学习率太大会导致损失函数爆炸，容易在目标值周围剧烈震荡，不能收敛到目标值；而学习率太小则导致收敛速度过慢，效率不高。选择合适的学习率需要一定的技巧。实践中，将学习率随时间进行衰减（学习率衰减也称学习率退火），训练开始时使用较大的学习率以保证收敛速度，迭代过程中逐渐衰减，在接近最优点附近时使用较小的学习率。因为在目标值附近，梯度已经很小了，维持原有的学习率将使得参数在最优点附近来回震荡，此时降低学习率损失函数会获得进一步的下降。

学习率随步数衰减的设置方式：根据经验人为设定，例如训练若干轮或迭代若干次后，将学习率进行衰减。具体何时进行衰减以及衰减多少依赖于具体问题和选择的模型。实践中的一种经验做法是，使用初始学习率训练，同时观察验证集上的错误率，当验证集上的错误率不再下降时，就乘以一个常数（例如 0.5）降低学习率。

(1) 逆时衰减

$$\alpha_t=\alpha_0\frac{1}{1+\beta t} \tag{5-31}$$

(2) 指数衰减

$$\alpha_t=\alpha_0\beta t \tag{5-32}$$

(3) 自然指数衰减

$$\alpha_t=\alpha_0 \mathrm{e}^{-\beta t} \tag{5-33}$$

其中，α_0 为初始学习率，第 t 次迭代的学习率为 α_t，β 为衰减率，一般取值为 0.96。需要注意的是，上述学习率的调整方法对所有参数适用，即所有参数在每次迭代时使用的学习率是相同的，进行相同的衰减。但是，由于损失函数在每个参数维度上的收敛速度不同（如图 5-1 中的示例），因此有必要根据不同参数的收敛情况分别设置下学习率，根据不同的参数自适应地调整每个参数学习率的方法包括 AdaGrad、RMSprop、AdaDelta 等，这些方法为每个参数设置不同的学习率。下面将详细介绍这几种方法。

5.2.2 AdaGrad 算法

AdaGrad（Adaptive Gradient）是自适应学习率算法的一种，由斯坦福大学的 John Duchi 教授在其攻读博士期间提出，基本思想是使用 L^2 正则化对梯度进行调节，核心思想是训练过程中累加梯度平方和，如式(5-34)所示，$\boldsymbol{g}_k$ 表示第 k 次迭代的梯度值。在第 k 次迭代时，先累加之前所有迭代步骤的梯度的平方和（符号“$\odot$”表示逐元素进行乘积），然后更新参数向量时使用初始学习率除以该项，如式(5-35)所示，其中 α 为初始学习率，ε 是为了防止分式分母为 0 而设置的小常数，一般取值为 $\mathrm{e}^{-10} \sim \mathrm{e}^{-7}$，另外，分式中的加、除、开平方运算都是逐元素进行的。

$$\boldsymbol{G}_k = \sum_{i=1}^{k} \boldsymbol{g}_i \odot \boldsymbol{g}_i \tag{5-34}$$

$$\Delta \boldsymbol{\theta}_k = -\frac{\alpha}{\sqrt{\boldsymbol{G}_k + \varepsilon}} \odot \boldsymbol{g}_k \tag{5-35}$$

AdaGrad 算法对于 Hessian 矩阵高条件数的情况很有帮助，这种情况下目标函数对不同维度的参数敏感度不同，相对敏感的维度坡度比较陡峭，因此梯度较大，而不太敏感的维度坡度比较平缓，因此梯度较小，此种情形运行梯度下降算法会导致“z”字形下降，AdaGrad 算法可以很好地解决这个问题，对于小梯度方向，累加的梯度和是一个较小的数值，对此方向的学习率进行自适应调整，使用原始学习率除以该项，可以提升在该方向上的训练速度；而在大梯度方向会累加一个相对较大的梯度和，得到较大的除项，导致该方向的学习率下降，因此会相应地降低该方向上的训练速度。尽管调整后小梯度方向的学习率相对较大，大梯度方向的学习率相对较小，但整体上随着迭代次数的增加，累加的梯度和是单调递增的。因此，对于所有的维度，学习率都是逐渐减小的，这也导致了 AdaGrad 算法的一个问题：随着迭代步骤 k 的增加，更新的步长越来越小。对于凸函数，AdaGrad 算法表现良好，会在局部极小点附近慢下来并最终收敛；但对于非凸的目标函数，AdaGrad 算法可能会导致学习率过早和过量地减小，以至于算法还没有找到最优点就停滞不前了，很难再继续搜索最优点。

5.2.3 RMSProp 算法

针对 AdaGrad 算法存在的问题，Geoffrey Hinton 提出另一种改进的自适应学习率的 RMSProp 算法，该方法以一种相对温和的方式调整学习率，从而改善了 AdaGrad 算法中因学习率单调下降导致的过早衰减问题。RMSProp 算法的大体思想与 AdaGrad 算法相同，只是将累加梯度平方和变为梯度平方指数加权的移动平均，如式(5-36)所示。其中，β 为衰减率，一般设置为 0.9。然后，使用原始学习率除以该项进行更新，如式(5-37)所示，α 为原始学习率。因此，相对于 AdaGrad 算法，RMSProp 算法给遥远的历史梯度的平方一个很小的权重，相当于舍弃遥远的历史值，参数的学习率不会呈衰减趋势，有可能变小也有可能变大。RMSProp 算法已经作为一种有效的优化算法用于训练深层神经网络，并成为广泛使用的优化算法之一。

$$\boldsymbol{G}_k=\beta\boldsymbol{G}_{k-1}+(1-\beta)\boldsymbol{g}_k\odot\boldsymbol{g}_k=(1-\beta)\sum_{i=1}^{k}\beta^{k-i}\boldsymbol{g}_i\odot\boldsymbol{g}_i \tag{5-36}$$

$$\Delta\boldsymbol{\theta}_k=-\frac{\alpha}{\sqrt{\boldsymbol{G}_k+\varepsilon}}\odot\boldsymbol{g}_k \tag{5-37}$$

5.2.4 AdaDelta 算法

AdaDelta 算法是对 AdaGrad 算法的另一种改进算法，由 Matthew D. Zeiler 提出。尽管 RMSProp 算法解决了 AdaGrad 算法存在的学习率衰减的问题，但是原始学习率仍然需要人为设置。AdaDelta 算法使用前后两次参数更新差值 $\Delta\boldsymbol{\theta}$ 的平方指数衰减移动平均来代替原始学习率，仍然使用梯度平方的指数衰减移动平均来调整学习率。对于第 k 次迭代，RMSProp 算法根据历史迭代参数更新差 $\Delta\boldsymbol{\theta}$ 的平方求移动平均，如式(5-38)所示。其中，$\Delta\boldsymbol{\theta}_\tau(1\leqslant\tau\leqslant k-1)$是前 $k-1$ 次迭代的更新差，$\Delta\boldsymbol{X}_{k-1}^2$ 为前 $k-1$ 次迭代的参数差平方的移动平均，β_1 为衰减率。使用前 $k-1$ 次迭代求得的量 $\Delta\boldsymbol{X}_{k-1}^2$ 开平方作为第 k 次迭代的未调整学习率。然后，与 RMSProp 算法的处理方式相同，对除以梯度平方的指数衰减进行调整，得到完整的第 k 次迭代的学习率，更新公式为式(5-39)，此时可以计算出第 k 次迭代的更新差值，便可以再次使用更新公式(5-38)计算下一次迭代的学习率了。可以看到，AdaDelta 算法将 RMSProp 算法中初始学习率 α 改为随迭代步骤动态计算的$\sqrt{\Delta\boldsymbol{X}_{k-1}^2}$，这在一定程度上抑制了学习率的波动。

$$\Delta\boldsymbol{X}_{k-1}^2=\beta_1\Delta\boldsymbol{X}_{k-2}^2+(1-\beta_1)\Delta\boldsymbol{\theta}_{k-1}\odot\Delta\boldsymbol{\theta}_{k-1} \tag{5-38}$$

$$\Delta\boldsymbol{\theta}_k=-\frac{\sqrt{\Delta\boldsymbol{X}_{k-1}^2+\varepsilon}}{\sqrt{\boldsymbol{G}_k+\varepsilon}}\boldsymbol{g}_k \tag{5-39}$$

AdaDelta 算法在训练的初期和中期具有不错的加速效果，但到训练后期，可能会陷入局部极小值，在局部较小值附近抖动。此时，若换作带动量的随机梯度下降算法并将学习率降低一个量级，会在验证集上获得 2%～5%正确率的提升。

5.2.5 Adam 算法

自适应动量估计(Adaptive Moment Estimation，Adam)是由 Kingma D. P. 和 Ba J. 提出的另外一种自适应学习率算法，它融合了动量法和 RMSProp 算法的优势，既使用动量法中梯度的移动平均代替负梯度方向作为参数更新方向，同时对不同的参数进行自适应调整学习率。首先，与动量法相同，Adam 算法计算梯度的指数衰减移动平均作为新的更新方向，如式(5-40)所示。然后，与 RMSProp 算法相同，计算梯度平方的指数衰减移动平均来调整学习率，如式(5-41)所示，其中 β_1 和 β_2 是两个移动平均的衰减系数，一般 β_1 设为 0.9，β_2 设为 0.99。式(5-40)和式(5-41)可以看作是对梯度一阶矩和二阶矩的估计。Adam 算法不是动量法和 RMSProp 算法的简单组合，还包括偏置修正，用来修正从原点初始化的一阶矩(均值)和非中心二阶矩(方差)的估计。因为如果将 $\boldsymbol{M}_0$ 和 $\boldsymbol{G}_0$ 都设置为 0，那么在迭代初期，$\boldsymbol{M}_k$ 和 $\boldsymbol{G}_k$ 的值会比真实的均值和方差要小，特别是当 β_1 和 β_2 都接近于 1 时，偏差会很大,因此需要对偏差进行修正,修正公式如式(5-42)和式(5-43)所示。更新一阶矩估计和二阶矩估计之后,构造无偏估计,修正之后的 Adam 算法参数更新公式如式(5-44)所示。同样地,初始学习率可以设置为 0.001,在迭代过程中也可以根据情况进行学习率衰减。Adam 算法是一种非常好的优化方法,不同的问题使用 Adam 算法都能得到比较不错的结果。

$$\boldsymbol{M}_k = \beta_1 \boldsymbol{M}_{k-1} + (1-\beta_1)\boldsymbol{g}_k \tag{5-40}$$

$$\boldsymbol{G}_k = \beta_2 \boldsymbol{G}_{k-1} + (1-\beta_2)\boldsymbol{g}_k \odot \boldsymbol{g}_k \tag{5-41}$$

$$\hat{\boldsymbol{M}}_k = \frac{\boldsymbol{M}_k}{1-\beta_1^k} \tag{5-42}$$

$$\hat{\boldsymbol{G}}_k = \frac{\boldsymbol{G}_k}{1-\beta_2^k} \tag{5-43}$$

$$\Delta\boldsymbol{\theta}_k = -\frac{\alpha}{\sqrt{\hat{\boldsymbol{G}}_k + \varepsilon}}\hat{\boldsymbol{M}}_k \tag{5-44}$$

5.2.6 几种常见优化算法的比较

本章介绍了多种适用于深层神经网络的优化算法,本节对不同的优化算法进行比较,帮助读者在实践中根据需要选择合适的优化算法。优化算法是通过迭代的方法寻找目标函数的最优解,每次迭代目标函数值不断变小,不断逼近最优解,因此优化问题的重点在于如何进行迭代,即迭代公式如何选择。

将目标函数进行一阶泰勒公式的近似,通过数学分析可知参数更新方向为负梯度方向时下降速度最快,因此梯度下降法也被称为最速下降法。确定更新方向后,步长的选择有多种方式,可以人为选定也可以在选择的方向执行线搜索寻找最优步长。对于梯度下降法,每次迭代求梯度需要遍历整个训练集,从而导致巨大的计算量和存储代价,提出了梯度下降法的改进方法批量梯度下降法和随机梯度下降法,分别采用小批量和单独的样本进行梯度估计,从而降低了计算量。针对梯度下降法及其改进方法存在的缺陷,提出更多的改进优化算法。这些算法主要从两个方面对原始随机梯度下降算法进行改进,其中一大类优化算法旨在调整参数更新方向,优化训练速度;而另一大类算法旨在调整学习率,即对步长进行改进,使得优化更加稳定。

同样也可以使用二阶优化方法,与一阶优化方法相比,二阶优化方法使用二阶导数。最广泛使用的二阶优化方法是牛顿法。牛顿法没有学习率这个超参数,收敛速度也更快,但在深层神经网络中,百万级的参数量使得 Hessian 矩阵的逆矩阵求解困难,Hessian 矩阵的逆矩阵的存储也是一个问题。因此,通过构造近似矩阵代替 Hessian 逆矩阵的拟牛顿法被提出,本章介绍了其中两种算法:DFP 算法和 BFGS 算法,以及能够降低 BFGS 存储代价的 L-BFGS 算法。虽然 L-BFGS 算法能够解决存储空间的问题,它的一个巨大劣势是需要对整个训练集进行计算,而整个训练集一般包含几百万个样本。和小批量梯度下降法不同,在小批量上应用 L-BFGS 算法需要一定的技巧,这也是研究热点。实践中,深层神经网络并不常用例如 L-BFGS 算法这种二阶方法,反而是基于动量更新的梯度下降算法更加常用,因为它们更加简单并且容易扩展。

另外，还有一种特殊的优化方法——共轭梯度法，它介于梯度下降法和牛顿法之间，仅利用一阶导数信息，收敛速度比梯度下降法快，同时不需要存储和计算 Hessian 矩阵的逆矩阵，也不需要任何外部参数。其特点是，一系列搜索方向是共轭的。

实际应用中，Adam 算法在很多情况下都是一个比较好的选择，如果能够进行整个训练集的更新，并且要解决的问题没有太大的随机性，那么 L-BFGS 算法也是一个很好的选择。带动量的随机梯度下降算法、RMSProp 算法和 Adam 算法都是使用度比较高的优化算法，读者可以根据自己对算法的熟悉程度进行选择。

5.3 参数初始化

本节介绍常见的几种参数初始化方法，包括随机初始化、Xavier 初始化、He 初始化等。另外，还会介绍逐层进行批量归一化操作并使用小随机数进行初始化的方法。最后，介绍神经网络的一种有效训练方式——预训练。

5.3.1 合理初始化的重要性

由于深层神经网络的复杂性，其优化问题不具有解析解，只能通过迭代优化的方式在有限时间内收敛到一个可以接受的解。迭代优化算法需要有一个初始点，而训练结果的好坏很大程度上受选择的初始点的影响，因此，对于初始点的选择必须谨慎。初始点不仅决定算法是否收敛，也能决定收敛速度的快慢以及收敛点的损失大小。即使收敛点的损失相差不大，对于训练集以外的数据点，泛化误差也可能不同，因此初始点也能影响泛化性能。由于迭代优化是一种局部优化方式，只能利用局部信息而不具有全局概念，因此其性能总是受初始点的影响。如图 5-8 所示的二维函数，如果选择初始点为 w_0 并在此处运行梯度下降算法，算法最终会收敛到 w_1 这个局部极小值处，而不是真正的最优解 w^*，这种情况下算法永远找不到最优解。好的初始化策略应该是怎样的呢？本节将介绍几种实践中表现较好的初始化策略，例如随机初始化 Xavier 初始化、He 初始化以及批量归一化和小随机数初始化。本节介绍的方法主要是针对权重矩阵 $\boldsymbol{W}$ 的初始化，对于偏置，一般情况直接将其初始化为 0。也有部分研究人员在使用 ReLU 函数作为激活函数时，将偏置初始化为类似 0.01 这样的小数值，目的是使所有的 ReLU 单元在一开始时就能被激活并进行梯度传递，但将偏置初始化为 0 的情况更为常见。

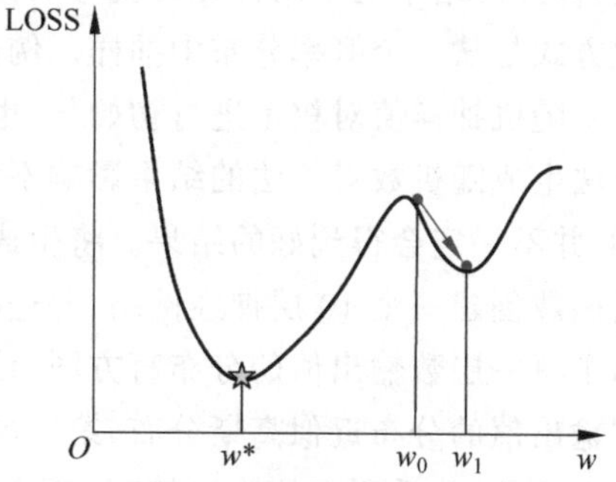

图 5-8 不合适的初始值使得损失函数陷入局部极小值

5.3.2 随机初始化

目前，对于参数初始化的明确指导是需要打破不同单元之间的对称性。在神经网络的训练中，一般希望数据和参数的均值都为 0。数据经过合适的归一化处理，能够保证参数初始化的均值也为 0，正负参数的数量大致相等。一个似乎合理的想法是把所有的参数都初始化为0。对于如图5-9所示的标准的双层神经网络,每一条实线代表不同单元之间的连接权重,将这些不同的连接权重全都设置为0,然后运行梯度下降算法,会发生什么呢?所有神经元将会执行相同的操作,由于初始权重都为0,给定任意输入,每个隐藏层神经元都会对输入数据做相同的运算,得到相同的激活值,并且输出层单元也会输出相同的结果。这里假设隐藏层内的神经元类型相同,输出层神经元类型相同。同样地,在运行反向传播时,也会得到相同的梯度,然后使用相同的方式进行更新,最终会得到完全相同的神经元,这将导致神经元之间没有可区分性,而实际上我们期望不同的神经元学习不同的知识。

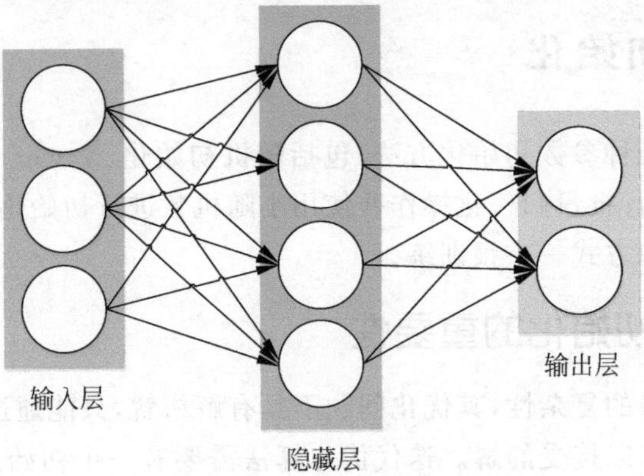

图5-9 双层神经网络示意图

为了打破参数之间的对称性,不能使用全0或者其他相同的数值去初始化所有参数。一种比较好的方式是对每个参数进行随机初始化,使得不同神经元之间的区分性更好。因此,更为合理的一种方式是采用小随机数进行初始化,将参数初始化为随机且不相等的小数值,神经网络中的不同神经元就可以得到不同的更新,可以学到数据中不一样的知识。其实现方式是从一个概率分布中抽样。例如,基于一个零均值的高斯分布生成随机数,使用该分布中随机抽样值对权重进行初始化,也可以使用均匀分布生成随机数。实践证明,采用哪种方法生成随机数对算法的结果影响不大。但是,并不是采用小随机数进行初始化就圆满顺利,并不一定会得到好的结果。将生成随机数的高斯分布的方差设置为0.01,使用tanh激活函数创建一个10层神经网络,并进行初始化,使得每层参数都服从高斯分布。图5-10给出了每一层数输出值的分布直方图,该图统计了每一层输出值的分布情况。可以看到,第一层输出值的分布近似高斯分布,第二层输出分布类似高斯分布但其方差快速变小,第3层及以后几层,几乎所有的输出值都在零值附近。分析神经网络的前向传播过程可以解释这种现象。对于每一层,其输入$\boldsymbol{x}$与$\boldsymbol{W}$进行点积,然后通过非线性激活函数得到激活值,即本层的输出值。因为这里使用的激活函数tanh是以0为中心的,所以可以解释为什么每层输出值是零中心分布的。由于每层权重都是使用小随机数进行初始化的,乘以一个小随机数$\boldsymbol{W}$后,输出值会随着多次乘法运算后迅速减小,最终经过多层前向传播后,输出值将会变成一组接近于0的数,信号在前向传递的过程中逐渐消失。现在考虑反向传播,使用反向传播计算梯度时,根据链式法则,为了得到关于权重的梯度,需要上游回传的梯度乘以局部梯度。每一层权重都是与本层输入进行点积,再送入激活函数的。因此,关于本层权重的局部梯度也是本层的输入(即上一层的输出),由于这些输入值很小,其关于权重的梯度也非常小,使得这些权重基本得不到更新或者更新缓慢。类似于正向传播中输出值趋向于0,反向传播中从上游回传的梯度也会越来越接近于0。因此,小随机数初始化在结构较深的网络中可能会出现问题。

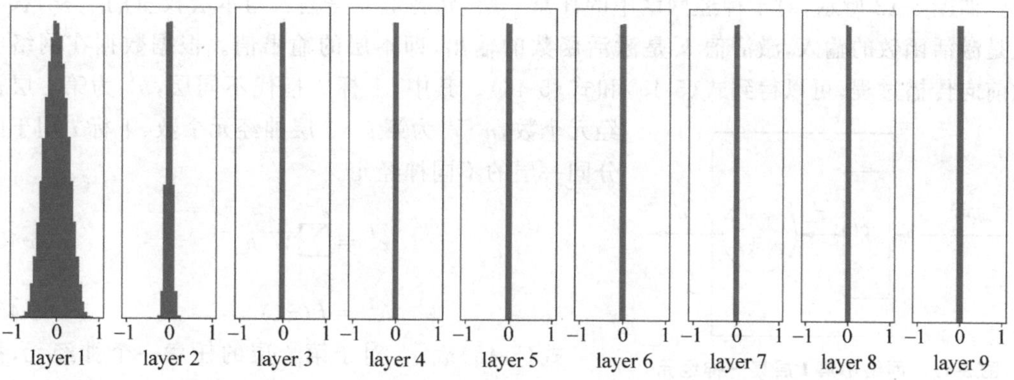

图 5-10 使用小随机数初始化的神经网络输出值逐层分布直方图①

如果将初始值调大,使得生成随机数的高斯分布方差变为1(均值仍保持为0),再次统计每层输出值的分布,如图5-11所示。可以看到,几乎所有层的输出值都集中在+1和−1附近。不难解释,这种情况是因为激活函数的输入过大,落在tanh激活函数的非线性区域,导致神经元的饱和。分析前向传播过程,由于每一层都乘以一个比较大的权重**W**,会导致激活函数的输入越来越大,导致所有的神经元都发生饱和,而神经元饱和则会导致反向传播梯度为0,因为所有参数都得不到更新。由此可以看到,使用大值随机数进行初始化仍然存在很多问题,初始化参数过大或者过小都会产生相应问题。

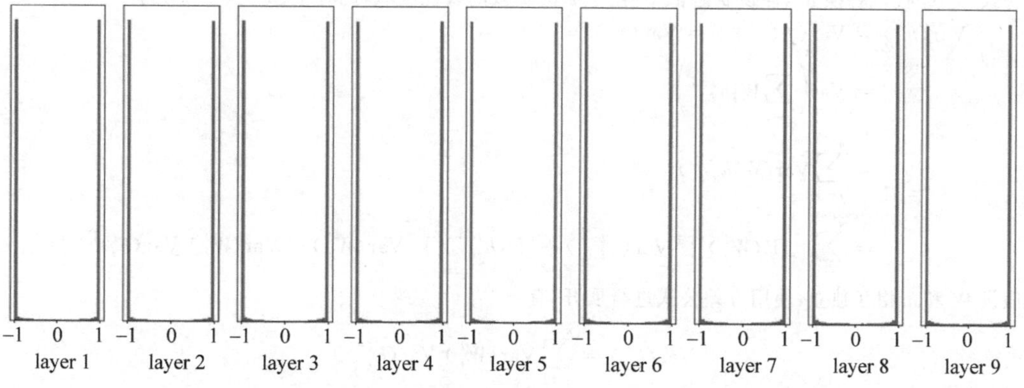

图 5-11 使用大值随机数初始化的神经网络输出值逐层分布直方图①

5.3.3 Xavier 初始化

一些研究表明,参数初始化的一个较好的方式是Xavier初始化,这是Xavier Gorton等作者在2010年发表的论文中提出的。其核心思想是要求输入的方差等于输出的方差,在满

① 图片来自:夏飞.聊一聊深度学习的weight initialization.[Z/OL].https://zhuanlan.zhihu.com/p/25110150https://zhuanlan.zhihu.com/p/25110150.

足这一条件的前提下，推导出参数的值并进行初始化。

可以通过数学推导证明其合理性，使用小随机数进行参数初始化时，网络输出数据分布的方差会随着输入神经元个数而改变，关于状态梯度的方差会随着输出神经元的个数而改变。如图 5-12 所示，对于神经网络中的任意一层，状态值 $\boldsymbol{z}$ 是输入与本层权重的点积，状态值是激活函数的输入，激活值 $\boldsymbol{h}$ 是激活函数的输出，即本层的输出值。根据数据在网络中的前向传播过程，可以得到式(5-45)和式(5-46)。其中，上标 l 指代不同层，n^l 为第 l 层神经元个数，n^{l-1} 为第 $l-1$ 层神经元个数，下标 i 用于区分同一层的不同神经元。

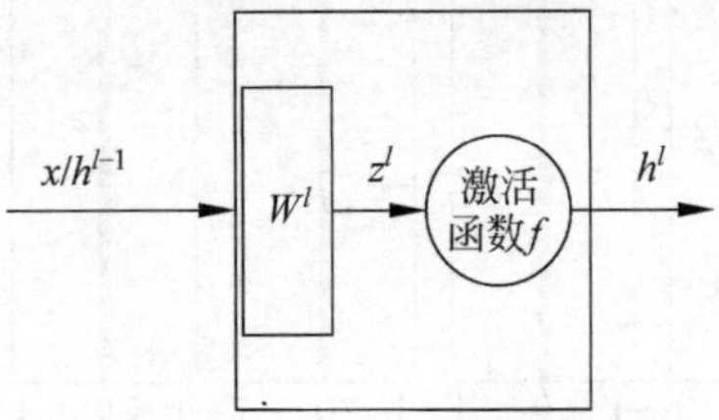

图 5-12　网络中第 l 层某一神经元

$$z^l = \sum_{i=1}^{n^{l-1}} W_i^l h_i^{l-1} \tag{5-45}$$

$$h^l = f(z^l) \tag{5-46}$$

式(5-45)表示，对于第 l 层的任意一个神经元，接受前一层 n^{l-1} 个神经元的输出 h_i^{l-1}，进行加权求和得到状态值 z^l，其中 $i\in[1,n^{l-1}]$；同样地，反向传播可以得到梯度信息，为损失函数关于状态 $\boldsymbol{z}$ 的梯度$\frac{\partial \boldsymbol{y}}{\partial \boldsymbol{z}}$，另一组为损失函数关于参数 $\boldsymbol{W}$ 的梯度$\frac{\partial \boldsymbol{y}}{\partial \boldsymbol{W}}$。

对于第 l 层任一神经元的激活值求方差可得

$$\mathrm{Var}(h^l) = n^{l-1}\mathrm{Var}(W^l)\mathrm{Var}(h^{l-1}) = \mathrm{Var}(x)\prod_{L=1}^{l} n^{L-1}\mathrm{Var}(W^L) \tag{5-47}$$

详细推导过程如下：

将式(5-46)代入替换 h^l，假设状态值 z^l 位于激活函数的线性区域，此时 $f(z^l)=z^l$，可得

$$\begin{aligned}
\mathrm{Var}(h^l) &= \mathrm{Var}(f(z^l)) = \mathrm{Var}(z^l) \\
&= \mathrm{Var}\left(\sum_{i=1}^{n^{l-1}} W_i^l h_i^{l-1}\right) \\
&= \sum_{i=1}^{n^{l-1}} \mathrm{Var}(W_i^l h_i^{l-1}) \\
&= \sum_{i=1}^{n^{l-1}} \left\{ [\mathrm{E}(W_i^l)]^2 \mathrm{Var}(h_i^{l-1}) + [\mathrm{E}(h_i^{l-1})]^2 \mathrm{Var}(W_i^l) + \mathrm{Var}(W_i^l)\mathrm{Var}(h_i^{l-1}) \right\}
\end{aligned}$$

假设 W 和 h 相互独立，使用方差公式进行展开，有

$$\mathrm{Var}(h^l) = \sum_{i=1}^{n^{l-1}} \mathrm{Var}(W_i^l)\mathrm{Var}(h_i^{l-1})$$

对上式进行简化，假设网络参数和数据均值为 0，假设同层参数和激活值均服从同一分布，可得

$$\begin{aligned}
\mathrm{Var}(h^l) &= n^{l-1}\mathrm{Var}(W^l)\mathrm{Var}(h^{l-1}) \\
&= \mathrm{Var}(x)\prod_{L=1}^{l} n^{l-1}\mathrm{Var}(W^l)
\end{aligned}$$

同理可得 $\mathrm{Var}(h^{l-1})=n^{l-2}\mathrm{Var}(W^{l-1})\mathrm{Var}(h^{l-2})$，将其递归代入上式，直至式子不能继续展开。其中，$\mathrm{Var}(x)$ 为网络输入的方差，这里假设所有输入服从同一分布，且 $z^l = \sum_{i=1}^{n_x} W_i^l x_i$，$n_x$ 为输入参数的数量。

输入信号经过本层神经元后，方差多了一个乘积因子 $n^{l-1}\mathrm{Var}(W^l)$。在深层神经网络中，经过多层传播就会累乘这个因子。经过 l 层传播后，输出的方差与输入的倍数是 $\prod_{L=1}^{l} n^{L-1}\mathrm{Var}(W^L)$，这就是导致小随机数初始化应用于深层神经网络出现问题的原因，参数方差过小，使得输出方差累积相乘一个小数值，导致输出也越来越小，而参数方差过大可能又会导致神经元饱和。为了保证输入信号不被过分地放大和缩小，一个合理的想法是保持每层神经元的输入和输出的方差不变，这也是 Glorot 条件之一，即令 $n^{l-1}\mathrm{Var}(W^l)$ 为 1，那么只需要将参数初始化为方差满足式(5-48)即可。

$$\mathrm{Var}(W^l)=\frac{1}{n^{l-1}} \tag{5-48}$$

如果考虑反向传播，损失函数关于第 l 层任意神经元状态值的方差也可以采用类似方法推导出。

$$\mathrm{Var}\left(\frac{\partial L}{\partial z^l}\right)=n^{l+1}\mathrm{Var}(W^{l+1})\,\mathrm{Var}\left(\frac{\partial L}{\partial z^{l+1}}\right) \tag{5-49}$$

可以看到，神经网络的任一层数据输出的方差与上一层神经元数量有关，而反向传播的状态梯度方差与后一层神经元数量有关。因此，为了保证在反向传播中误差信号不被过分放大和缩小，各层对状态值 z 的梯度方差也应保持一致，即 $n^{l+1}\mathrm{Var}(W^{l+1})$ 应为 1，也即 $n^l\mathrm{Var}(W^l)=1$。因此，参数方差应满足

$$\mathrm{Var}(W^l)=\frac{1}{n^l} \tag{5-50}$$

若要保证信号在前向传播和反向传播中都不被过分放大和缩小，可以设置参数方差为

$$\mathrm{Var}(W^l)=\frac{2}{n^{l-1}+n^l} \tag{5-51}$$

Grolot 条件只强调参数方差应当满足的条件，只需要生成参数分布的方差满足上式即可。因此，Xavier 初始化实际上有两种具体的形式，分别对应于高斯分布的 Xavier 初始化和均匀分布的 Xavier 初始化。高斯分布的 Xavier 初始化更简单，直接根据每层输入参数数量对高斯分布的方差进行缩放即可。如果该层输入参数数量较少，那么就要除一个较小的数以得到较大的方差，随机采样得到的参数值就会较大。这是符合直观的想法的，因为输入参数数量少，则必须让参数足够大，才能保证输出的方差与输入相同。反之亦然，如果输入参数数量较大，就会得到较小的参数使输出也得到相同的扩展。考虑反向传播，同时使用输入参数数量和输出值的数量对方差进行调整。对每层参数都计算出相应的高斯分布的方差，并从分布中随机采样对参数进行初始化。实践证明，Xavier 初始化在使用 tanh 函数和 sigmoid 函数做激活函数的神经网络中表现不错。如图 5-13 所示，对于上文中 10 层神经网络的例子，将小随机数初始化替换为高斯分布的 Xavier 初始化，得到的各层输出值分布图。可以看到，Xavier 初始化有效地解决了随机初始化存在的问题，输出值在经过很多层之后仍然保持良好的分布，这有利于神经网络的优化。

对于在区间$[-a,a]$服从均匀分布的变量，其方差为$\frac{a^2}{3}$，因此可求得满足Glorot条件的均匀分布，即$W^l: U\left(-\sqrt{\frac{3}{n^{l-1}}},\sqrt{\frac{3}{n^{l-1}}}\right)$，考虑反向传播则$W^l: U\left(-\sqrt{\frac{6}{n^{l-1}+n^l}},\sqrt{\frac{6}{n^{l-1}+n^l}}\right)$。实践中使用哪种形式的Xavier初始化都是可以的。

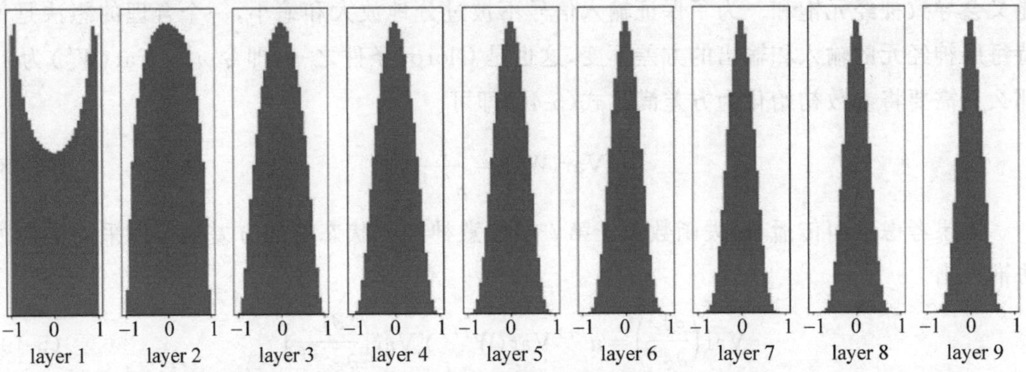

图 5-13 使用 Xavier 初始化的神经网络输出值逐层分布直方图①

尽管已经证明Xavier初始化在实践中表现良好，但由于其推导过程是基于线性激活这一假设，即神经元是处于激活状态的，因此对于tanh函数和sigmoid函数这种含有线性激活区域的函数仍然表现良好，只要保证状态值落在激活函数的线性区域即可。但是，对于使用ReLU函数及其系列变体作为激活函数的网络，效果并不好。仍以10层神经网络举例。如图5-14所示，将tanh激活函数替换为ReLU激活函数，依旧使用Xavier初始化。可以看到，尽管前几层看起来表现不错，但是后面几层的输出越来越接近0。因此，对于ReLU激活函数，可使用另外一种初始化方法——He方法，它可以很好地解决这个问题。

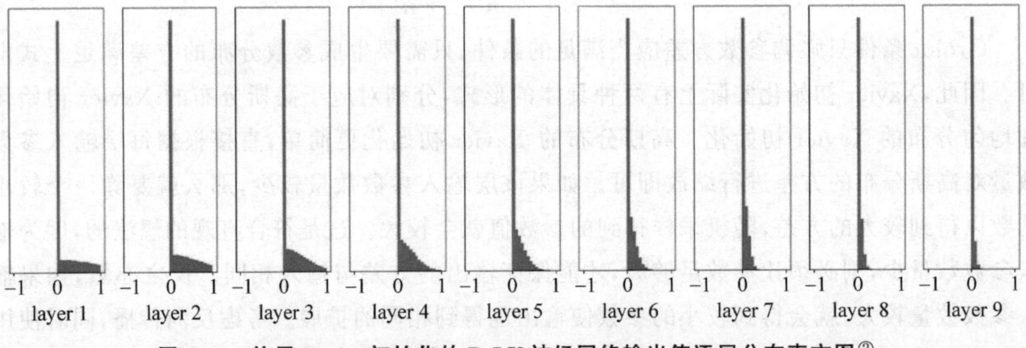

图 5-14 使用 Xavier 初始化的 ReLU 神经网络输出值逐层分布直方图②

① 图片来自：夏飞. 聊一聊深度学习的 weight initialization. [Z/OL]. https://zhuanlan.zhihu.com/p/25110150https://zhuanlan.zhihu.com/p/25110150.

② 图片来自：夏飞. 聊一聊深度学习的 weight initialization. [Z/OL]. https://zhuanlan.zhihu.com/p/25110150https://zhuanlan.zhihu.com/p/25110150.

5.3.4 He 初始化

He 初始化也称为 Kaiming 初始化和 MSRA 初始化，由 Kaiming He 提出。由于 Xavier 初始化并不适用于使用 ReLU 做激活函数的网络，Xavier 初始化的 Glorot 条件为，正向传播时，保持输出值的方差不变；反向传播时，保持状态值梯度的方差保持不变。

对 Glorot 条件稍作变换，改为正向传播时，保持状态值的方差保持不变；反向传播时，损失函数关于输出值的梯度的方差保持不变，这就是 He 初始化需要满足的条件。基于这两个条件进行数学推导，能够得到参数初始化的方法。对正向传播的状态值求方差，使其等于前一层神经元状态值的方差，推导可得

$$\mathrm{Var}(z^l)=\frac{1}{2}n^{l-1}\mathrm{Var}(W^l)\,\mathrm{Var}(z^{l-1}) \tag{5-52}$$

详细证明过程如下：

$$\begin{aligned}\mathrm{Var}(z^l) &= \mathrm{Var}\left(\sum_{i=1}^{n^{l-1}} W_i^l h_i^{l-1}\right)\\ &=\sum_{i=1}^{n^{l-1}}\mathrm{Var}(W_i^l h_i^{l-1})\\ &=\sum_{i=1}^{n^{l-1}}\{[\mathrm{E}(W_i^l)]^2\mathrm{Var}(h_i^{l-1})+[\mathrm{E}(h_i^{l-1})]^2\mathrm{Var}(W_i^l)+\mathrm{Var}(W_i^l)\mathrm{Var}(h_i^{l-1})\}\end{aligned}$$

假设参数和输出值独立，并且参数的均值 $\mathrm{E}(W_i^l)=0$，因为激活函数为 ReLU 函数，所以激活值的期望 $\mathrm{E}(h_i^l)\neq 0$。于是，上式可以改写成

$$\begin{aligned}\mathrm{Var}(z^l) &= \sum_{i=1}^{n^{l-1}}\{[\mathrm{E}(h_i^{l-1})]^2\mathrm{Var}(W_i^l)+\mathrm{Var}(W_i^l)\mathrm{Var}(h_i^{l-1})\}\\ &=\sum_{i=1}^{n^{l-1}}\mathrm{Var}(W_i^l)\{[\mathrm{E}(h_i^{l-1})]^2+\mathrm{Var}(h_i^{l-1})\}\\ &=\sum_{i=1}^{n^{l-1}}\mathrm{Var}(W_i^l)\mathrm{E}[(h_i^{l-1})^2]\\ &=n^{l-1}\mathrm{Var}(W^l)\mathrm{E}[(h^{l-1})^2]\end{aligned}$$

因为

$$\begin{aligned}\mathrm{E}[(h^{l-1})^2] &= \mathrm{E}[(f(z^{l-1}))^2]\\ &=\int_{-\infty}^{\infty}p(z^{l-1})(f(z^{l-1}))^2\mathrm{d}z^{l-1}\\ &=\int_{-\infty}^{0}p(z^{l-1})(f(z^{l-1}))^2\mathrm{d}z^{l-1}+\int_{0}^{\infty}p(z^{l-1})(f(z^{l-1}))^2\mathrm{d}z^{l-1}\\ &=0+\int_{0}^{\infty}p(z^{l-1})(z^{l-1})^2\mathrm{d}z^{l-1}\\ &=\frac{1}{2}\int_{-\infty}^{\infty}p(z^{l-1})(z^{l-1})^2\mathrm{d}z^{l-1}\\ &=\frac{1}{2}\mathrm{E}[(z^{l-1})^2]\\ &=\frac{1}{2}\mathrm{Var}(z^{l-1})\end{aligned}$$

将上述结果代入，可得

$$\mathrm{Var}(z^l)=\frac{1}{2}n^{l-1}\mathrm{Var}(W^l)\mathrm{Var}(z^{l-1})$$

因此，为了保证正向传播时，状态值的方差保持不变，必须满足$\frac{1}{2}n^{l-1}\mathrm{Var}(W^l)=1$，即式(5-53)。参数的方差需要根据输入参数的数量进行调整。

$$\mathrm{Var}(W^l)=\frac{2}{n^{l-1}} \tag{5-53}$$

同样，反向传播采用相同的分析方式，可以计算出损失函数关于第 l 层任一神经元激活值的方差满足

$$\mathrm{Var}\left(\frac{\partial L}{\partial h^l}\right)=\frac{1}{2}n^{l+1}\mathrm{Var}(W^{l+1})\,\mathrm{Var}\left(\frac{\partial L}{\partial h^{l+1}}\right) \tag{5-54}$$

令$\frac{1}{2}n^{l+1}\mathrm{Var}(W^{l+1})=1$，可得 $\mathrm{Var}(W^{l+1})=\frac{2}{n^{l+1}}$，即方差满足

$$\mathrm{Var}(W^l)=\frac{2}{n^l} \tag{5-55}$$

因此，如果同时考虑正向和反向传播，将方差设置为$\frac{4}{n^{l-1}+n^l}$即可。He 初始化考虑了非线性激活函数 ReLU 对输入的影响，ReLU 函数会消除一半的神经元，即将这一半神经元的参数设置为 0，会使得得到的方差减半，因此使用 ReLU 函数时，开始时表现良好，层数加深方差会变小，从而导致越来越多的输出值集中在 0 附近。可以这样理解 He 初始化：对于使用 ReLU 函数的网络，如果与使用其他激活函数例如 tanh 函数的网络的输入相同，因为有一半神经元的参数被设置为 0，相当于只有一半输入，所以需要将 Xavier 方法中方差的规范化分母$\sqrt{n}$变为$\sqrt{\frac{n}{2}}$。这样，能够保证状态值的分布在深度网络的每一层都表现良好。

因此，实际中如果使用 ReLU 函数作为激活函数，最好使用 He 初始化方法，将参数初始化为高斯分布或者均匀分布的较小随机数。选择高斯分布对初始化参数进行采样时，每层神经元应满足高斯分布 $N\left(0,\frac{2}{n^{l-1}}\right)$，考虑反向传播时，应满足高斯分布 $N\left(0,\frac{4}{n^{l-1}+n^l}\right)$；如果使用均匀分布进行采样，应为$U\left(-\sqrt{\frac{6}{n^{l-1}}},\sqrt{\frac{6}{n^{l-1}}}\right)$。

5.3.5 批量归一化

批量归一化(Batch Normalization，BN)是 Sergey Ioffe 等人于 2015 年提出的一种用于训练深层神经网络的方法。BN 并不是一种参数初始化方法，而是一种训练深层神经网络的技巧，一种对每层神经元进行数据处理的方法。使用 BN 可以减少网络对参数初始尺度的依赖，降低合理初始化参数的难度，使用 BN 的网络仅使用小随机数进行初始化就能得到不错的效果。图 5-15 为仅使用小随机数初始化的 ReLU 神经网络输出值逐层分布直方图；图 5-16 为使用 BN 和小随机数初始化的 ReLU 神经网络输出层逐层分布直方图。参数采样均来自高斯分布 $N(0,0.01)$。可以看到，使用 BN 的效果非常好，每层输出分布近似，深层网络也没有出现信号消失等问题。

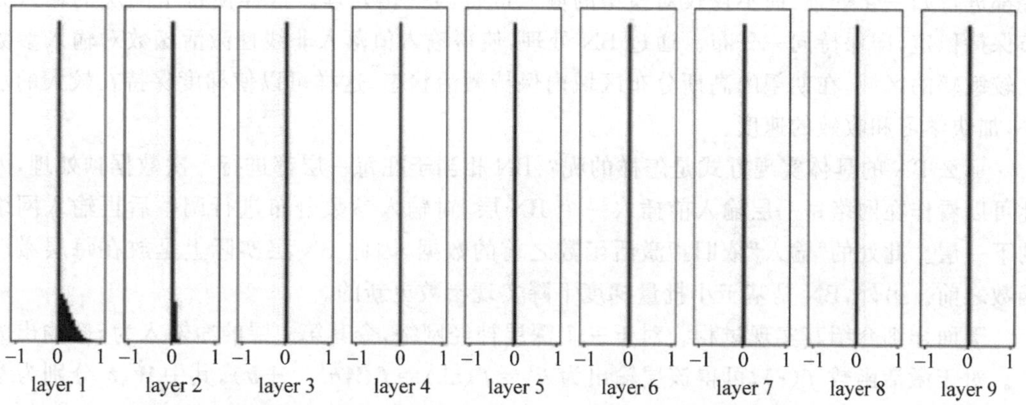

图 5-15 仅使用小随机数初始化的 ReLU 神经网络输出值逐层分布直方图①

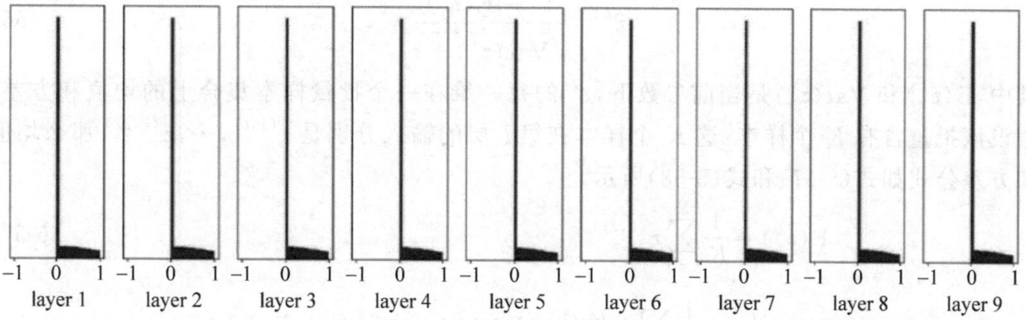

图 5-16 使用 BN 和小随机数初始化的 ReLU 神经网络输出值逐层分布直方图①

实践证明，使用 BN 能带来很多训练优势，例如极大的训练速度，以及解决了深层神经网络中梯度消失的问题，还可以提升模型训练精度，对参数初始化要求低，使得训练深层网络模型更加容易和稳定。因此，BN 已经成为训练深层神经网络的一种标准处理方法。

BN 的核心思想是，将每一层神经元输入数据进行归一化处理，使其为高斯分布，从而保证每一层神经网络的输入参数具有相同分布。此处所说"每一层神经元的输入"为该层神经元激活函数之前的输入，即该层的状态值，是由上一层神经元的输出和本层权重计算得到的。对于深层神经网络，由于中间任意一层神经元的输入都由上一层神经元的输出得到，因此使用反向传播进行参数更新时，前层参数的变化会导致后层输入的分布发生较大的变化，引起后面每一层神经元参数的分布发生改变，由于累积效应，网络层次越深，这种变化越严重。这种在训练过程中网络中间层输入分布发生改变的现象叫作内部协变量偏移(Internal Covariate Shift)。这种现象使得深层输入分布发生改变，通常是整体分布逐渐向非线性激活函数的线性区间的上下限靠近，导致反向传播时底层神经网络产生梯度消失问题，使得模型收敛过慢。为了提升训练速度，需要减小内部协变量的偏移，因此考虑对神经网络的每一

① 图片来自：夏飞. 聊一聊深度学习的 weight initialization. [Z/OL]. https://zhuanlan.zhihu.com/p/25110150https://zhuanlan.zhihu.com/p/25110150.

层都进行归一化处理，而不仅仅对模型的输入进行归一化处理。这样使得中间层的输入分布保持稳定，即保持同一分布。通过 BN 处理，使得输入值落入非线性激活函数对输入参数比较敏感的区域，在期望的高斯分布区域内保持激活状态，这样可以使梯度保持在较大的水平，加快学习和收敛的速度。

那么 BN 的具体实现方式是怎样的呢？BN 相当于在每一层都进行一次数据预处理，因此可以看作在网络每一层输入前插入一个 BN 层，对输入参数分布进行调整后再输入网络的下一层。此处的“输入”依旧指激活函数之前的数据，因此 BN 层实际上是放在每层激活函数之前。另外，BN 是基于小批量梯度下降实现参数更新的。

下面详细介绍其实现过程。对于一个深层神经网络，令其第 l 层的净输入为 $\boldsymbol{z}^l$，输出为 $\boldsymbol{h}^l$。对于激活函数 $f(\cdot)$，可得该层输出为 $\boldsymbol{h}^l=f(\boldsymbol{z}^l)=f(\boldsymbol{W}\boldsymbol{h}^{l-1}+\boldsymbol{b})$，其中 $\boldsymbol{W}$、$\boldsymbol{b}$ 分别为参数和偏置。为了提升归一化效率，使用标准归一化，将输入 $\boldsymbol{z}^l$ 的每一维按照式(5-56)归一化为标准正态分布。

$$\hat{\boldsymbol{z}}^l=\frac{\boldsymbol{z}^l-\mathrm{E}(\boldsymbol{z}^l)}{\sqrt{\mathrm{Var}(\boldsymbol{z}^l)+\varepsilon}} \tag{5-56}$$

其中，$\mathrm{E}(\boldsymbol{z}^l)$ 和 $\mathrm{Var}(\boldsymbol{z}^l)$ 是当前参数下，$\boldsymbol{z}^l$ 的每一维在一个批量样本集合上的均值和方差。假设该批量含有 K 个样本，这 K 个样本在第 l 层的输入分别是 $\boldsymbol{z}^{(1,l)},\cdots,\boldsymbol{z}^{(k,l)}$，那么均值和方差公式如式(5-57)和式(5-58)所示。

$$\mathrm{E}(\boldsymbol{z}^l)=\frac{1}{K}\sum_{k=1}^{K}\boldsymbol{z}^{(k,l)} \tag{5-57}$$

$$\mathrm{Var}(\boldsymbol{z}^l)=\frac{1}{K}\sum_{k=1}^{K}(\boldsymbol{z}^{(k,l)}-\mathrm{E}(\boldsymbol{z}^l))\odot(\boldsymbol{z}^{(k,l)}-\mathrm{E}(\boldsymbol{z}^l)) \tag{5-58}$$

尽管通过归一化处理，可以使偏移的输入分布符合均值为 0、方差为 1 的标准正态分布，远离导数为 0 的饱和区，但是对于在区间(−1,1)梯度变化不大的激活函数，效果反而更差。例如，sigmoid 函数在区间(−1,1)近似线性激活，逐层归一化处理后使其丧失了非线性变换的能力；对于 ReLU 函数，效果更差，因为有一半神经元被置 0。对于这些激活函数，逐层归一化操作实际削弱了网络的性能，为了使归一化操作不对网络的表示能力造成负面影响，可以通过添加额外的缩放和平移操作，改变输入的分布区间，如式(5-59)。

$$\hat{\boldsymbol{z}}^l=\frac{\boldsymbol{z}^l-\mathrm{E}(\boldsymbol{z}^l)}{\sqrt{\mathrm{Var}(\boldsymbol{z}^l)+\varepsilon}}\odot\gamma+\beta=\mathrm{BN}_{\gamma,\beta}(\boldsymbol{z}^l) \tag{5-59}$$

其中，γ 和 β 分别为缩放和平移因子，可以作为可学习的参数由反向传播确定，缩放和平移因子通过控制激活函数的输入参数的取值范围，使得网络通过学习拥有控制不同饱和度的能力。引入缩放和平移因子的逐层归一化处理最终构成完整的批量归一化的定义。缩放和平移是关键步骤，提供了更多的灵活性。另外，也可以通过设置 $\gamma=\alpha$ 和 $\beta=\mathrm{E}(\boldsymbol{z}^l)$ 恢复恒等映射，从而将参数还原为未做批量归一化时的输入，即 $\hat{\boldsymbol{z}}^l=\boldsymbol{z}^l$。因此，使用批量归一化的神经网络的每一层输出为 $\boldsymbol{h}^l=f(\mathrm{BN}_{\gamma,\beta}(\boldsymbol{z}^l))=f(\mathrm{BN}_{\gamma,\beta}(\boldsymbol{W}\boldsymbol{h}^{l-1}))$。这里引入平移变换，相当于为神经层增加偏置，因此标准归一化之前的输入值 $\boldsymbol{W}\boldsymbol{h}^{l-1}$ 不用增加偏置。完整的 BN 算法流程如表 5-6 所示。

表 5-6 BN 算法流程

1. **Input**：包含 K 个样本的小批量，其任意中间层第 l 层的净输入为 z^l
2. **Output**：$\hat{z}^l = \mathrm{BN}_{\gamma,\beta}(z^l)$
3. **Calculate**：
4. 小批量均值：$\mathrm{E}(z^l) = \frac{1}{K}\sum_{k=1}^{K} z^{(k,l)}$
5. 小批量方差：$\mathrm{Var}(z^l) = \frac{1}{K}\sum_{k=1}^{K}(z^{(k,l)} - \mathrm{E}(z^l)) \odot (z^{(k,l)} - \mathrm{E}(z^l))$
6. 标准归一化：$\hat{z}^l = \frac{z^l - \mathrm{E}(z^l)}{\sqrt{\mathrm{Var}(z^l) + \varepsilon}}$
7. 缩放和平移：$\hat{z}^l = \frac{z^l - \mathrm{E}(z^l)}{\sqrt{\mathrm{Var}(z^l) + \varepsilon}} \odot \gamma + \beta = \mathrm{BN}_{\gamma,\beta}(z^l)$
8. **End**

需要注意的是，在前向传播中使用批量样本计算的均值 $\mathrm{E}(z^l)$ 和方差 $\mathrm{Var}(z^l)$ 是输入 z^l 的函数，不是固定常量。因此，在反向传播计算参数梯度时，需要考虑 $\mathrm{E}(z^l)$ 和 $\mathrm{Var}(z^l)$ 对梯度的影响。在训练完成后，用整个数据集上的均值 E 和方差 Var 代替每一次小批量样本的均值和方差，然后在测试阶段使用这两个全局统计量来进行 BN 操作。数据集上的均值 E 和方差 Var 可以通过以下方式获得：每次迭代只使用小批量的样本，在每次迭代时，都将数据集在每层输入的均值和方差存储起来，当遍历整个数据集后，再根据迭代次数将得到的所有均值和方差计算数学期望，这样就可以得到整个数据集的均值和方差。

关于 BN 层的使用位置，通常是在全连接层和卷积层使用批量归一化处理，并且要在激活函数之前使用。使用批量归一化有很多好处，例如可以改进整个网络的梯度流，避免饱和型激活函数导致的"梯度消失"问题，使网络具有更高的健壮性；能够在更广范围的学习率和不同的初始值下进行工作，使得参数初始化问题不再棘手，使用批量归一化会使训练变得容易；实践证明，使用批量归一化可以提升训练速度，加快模型收敛。另一点需要指出的是，BN 也可以看作一种正则化的方法，因为每层神经元的输出都源于输入以及同一批量样本中被采样的其他样本，给定的训练样本不再对网络提供确定性的输入值，输入值由随机采样确定的批量决定，因此就像在输入中添加一些噪声从而实现正则化的效果。

5.3.6 预训练

预训练是早期训练深层神经网络的一种有效方式，是由 Hinton 基于深度信念网络提出的一种针对训练深层网络的可行方法。首先，使用自动编码器进行逐层贪婪无监督预训练，然后进行微调。主要分为以下两个阶段。

(1) 预训练阶段：先将深层网络的输入层和第一个隐藏层取出，为网络添加与输入层同等数量的输出层构造自动编码器，优化自动编码器，使得输入和输出保持一致，这样得到的中间层表示可以看作对输入的特征表示。因此，优化自动编码器的过程实质上就是在寻找输入的其他特征表示。首先，将输出层去掉，仅保留输入层和第一个隐藏层作为深层神经网络的前两层，由此得到输入层到第一个隐藏层的初始化参数；然后，将第一个隐藏层和第二个隐藏层取出构造自动编码器；将第一个隐藏层作为自动编码器的输入，添加额外的输出层使之与第一个隐藏层保持一致。优化完成可以得到第一个隐藏层和第二个隐藏层之间的连接权重，再将其应用于深层网络。这样不断对深层神经网络训练的每一层进行相同的操作，最终可以得到所有层间的连接权重，将这些权重作为网络的初始化参数。

(2) 微调阶段：将神经网络视为一个整体，使用预训练阶段得到的参数初始值和原始训练数据对模型进行调整。在这一过程中，参数被进一步更新，形成最终的模型。

目前，随着数据量的增加和计算能力的提升，深层神经网络已经很少采用自动编码器进行预训练这种方式了，而是直接使用训练数据对网络整体进行训练。但是，在计算资源或者时间有限的情况下，如果不想重新训练一个新的神经网络模型，一种简便并且十分有效的方法是，选择一个已经在其他任务上训练完成的且表现良好的模型(称为 Pre-trained Model)，将其参数作为新任务的初始化参数并根据新任务进行调整。例如，有一个任务是分辨图片场景，这是一个图像识别问题，对于该问题，可以从头开始基于搜集的数据集构建一个性能优良的图像识别算法，这可能需要花费数年的时间。如果使用 Google 公司在 ImageNet 训练集上得到的 VGG 模型作为预训练模型，基于该模型进行参数初始化，在场景分辨任务上对模型进行调整训练并且进行微调，具体怎样进行微调需要根据不同的任务确定。这种方法可以大大减少训练时间，提升在新任务上的训练速度。

5.4 网络正则化

本节介绍网络正则化。首先，阐述进行正则化的原因；然后，介绍几种常用的正则化策略，包括 L^1 正则化、L^2 正则化、权重衰减、提前停止、数据增强以及丢弃法和标签平滑。

5.4.1 正则化的目的

优化和正则化是机器学习中的两个重要方面，优化旨在训练集上尽可能地降低损失值，即减小训练误差，获取全局最优解。5.1 节和 5.2 节所描述的优化算法，都是在最小化目标函数的过程中不断减小训练误差。但是，训练的目的不仅是希望模型在训练数据上表现得很好，更重要的是能够在未知的新数据上具有良好的预测能力，即模型要具备良好的泛化能力。当使用训练集训练某个模型时，将训练集上的训练误差(Training Error)作为目标函数，则对模型的训练转换为一个优化问题。使用训练集训练完成的模型，要使用在先前未观测到的新数据上并对其进行预测。因此，泛化误差作为衡量模型在新数据上的表现度量，被定义为模型在新数据上的误差期望，即

$$R_{\exp}(f)=\mathrm{E}_p\left[L(\boldsymbol{y},f(\boldsymbol{x};\boldsymbol{\theta}))\right]=\int_{x\times y}L(\boldsymbol{y},f(\boldsymbol{x};\boldsymbol{\theta}))p(\boldsymbol{x},\boldsymbol{y})\,\mathrm{d}\boldsymbol{x}\mathrm{d}\boldsymbol{y} \tag{5-60}$$

泛化误差一般通过模型在测试集数据上的测试误差进行评估，即测试误差 $\frac{1}{m_{\text{test}}}\|\boldsymbol{x}_{\text{test}}\boldsymbol{W}-\boldsymbol{y}_{\text{test}}\|_2^2$。由于训练数据和测试数据都是从同一分布采样得到的，因此模型的训练误差期望和测试误差期望是相同的。一个模型表现良好必须具备以下两点：①训练误差要低；②训练误差和测试误差之间的差距小。对应于两个极端的情况：欠拟合和过拟合。如果训练误差不够低，会产生欠拟合现象；反之，如果训练误差和测试误差之间的差距过大，会产生过拟合现象。图 5-17 给出了欠拟合、过拟合以及刚好拟合的情形。

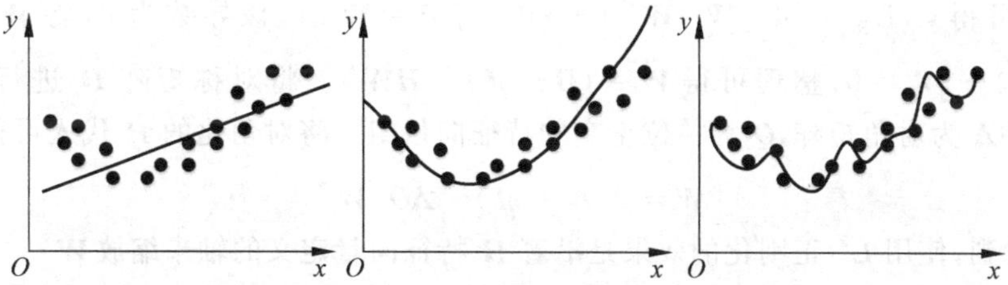

图 5-17　欠拟合、过拟合与刚好拟合

一系列优化算法的提出使得深层神经网络的优化问题不再困难，但由于神经网络的表示能力非常强，常常会出现学习到的模型完美地拟合训练数据的情况，从而导致过拟合现象。正则化(Regularization)作为一种避免过拟合、提高模型的泛化能力的策略，已被广泛应用于不同的机器学习算法中。本节主要针对深度学习中经常使用的几种正则化策略进行介绍。本章介绍的正则化策略旨在提升单一模型的泛化性能，通过在现有模型中添加某些部分，防止在训练集上过拟合，从而使模型在测试集上的效果得到提升。对于通过集成多个模型以实现正则化的方法，将在 5.5.3 节介绍。

5.4.2　L^1 和 L^2 正则化

1. 参数范数惩罚

L^1 和 L^2 正则化都属于参数范数惩罚的方法，被广泛用于机器学习中。参数范式惩罚通过向目标函数(训练集上的损失函数)添加惩罚项，限制模型的复杂度。添加惩罚项后的目标函数变为

$$L_{\mathrm{Reg}}=\frac{1}{N}\sum_{i=1}^{N}L_i(\boldsymbol{y}_i,f(\boldsymbol{x}_i;\boldsymbol{\theta}))+\eta\Omega(\boldsymbol{\theta})=L+\eta\Omega(\boldsymbol{\theta}) \tag{5-61}$$

超参数 η 用来衡量惩罚项 $\Omega(\boldsymbol{\theta})$ 和数据损失项 L 之间的相对重要性；$L()$表示数据损失；N 为训练样本的数量；$f()$表示待学习的神经网络；惩罚项表示不同的参数范数。L^1 正则化和 L^2 正则化对应于 L^1 范数和 L^2 范数，分别表示参数矩阵元素的绝对值之和与平方和，不同参数范数偏好不同的解。需要注意，数据损失函数 L 既与权重 $\boldsymbol{W}$ 相关，也与偏置相关，因此使用符号 $\boldsymbol{\theta}$ 表示变量；但惩罚项 $\Omega(\boldsymbol{\theta})$ 一般只对权重矩阵进行惩罚，不会对偏置参数进行正则化。因为偏置参数在前向传播中不与输入数据产生互动，因而不需要控制其在数据维度上的效果。为保持统一，数据损失项和惩罚项都使用符号 $\boldsymbol{\theta}$ 表示变量。下面详细介绍 L^1 正则化和 L^2 正则化这两种范数惩罚方法对模型带来的影响。

2. L^2 正则化

L^2 正则化向目标函数添加惩罚项 $\Omega(\boldsymbol{\theta})=\frac{1}{2}\|\boldsymbol{W}\|_2^2$，乘数因子 $\frac{1}{2}$ 可以使得惩罚项在求梯度时约掉系数 2，是为了计算方便。L^2 正则化使得权重趋近于 0(注意不是为 0)，可以通过数学分析得到。令 $\boldsymbol{W}^*$ 为未进行正则化的目标函数 L 最小化时的最优解，$\widetilde{\boldsymbol{W}}$ 为添加 L^2 正则化后的目标函数 L_{Reg} 的最优解，将 L 在最优值 $\boldsymbol{W}^*$ 处进行二阶泰勒公式近似展开，并求导得 $\nabla_{\boldsymbol{W}}L=\boldsymbol{H}(\boldsymbol{W}-\boldsymbol{W}^*)$，$\boldsymbol{H}$ 为 L 在 $\boldsymbol{W}^*$ 处的 Hessian 矩阵。对正则化后的目标函数

L_{Reg} 求导可得 $\nabla_{\boldsymbol{W}} L_{\text{Reg}} = \boldsymbol{H}(\boldsymbol{W}-\boldsymbol{W}^*) + \eta \boldsymbol{W}$，当 $\boldsymbol{W}=\widetilde{\boldsymbol{W}}$ 时，该导数为 0，将 $\widetilde{\boldsymbol{W}}$ 代入可得 $\boldsymbol{H}(\widetilde{\boldsymbol{W}}-\boldsymbol{W}^*)+\eta\widetilde{\boldsymbol{W}}=0$，整理可得 $\widetilde{\boldsymbol{W}}=(\boldsymbol{H}+\eta\boldsymbol{I})^{-1}\boldsymbol{H}\boldsymbol{W}^*$。将对称矩阵 $\boldsymbol{H}$ 进行分解 $\boldsymbol{H}=\boldsymbol{Q}\boldsymbol{\Lambda}\boldsymbol{Q}^{\mathrm{T}}$，其中 $\boldsymbol{\Lambda}$ 为对角矩阵，$\boldsymbol{Q}$ 为单位正交的特征向量组。将对角化的 $\boldsymbol{H}$ 代入可得

$$\widetilde{\boldsymbol{W}}=\boldsymbol{Q}(\boldsymbol{\Lambda}+\eta\boldsymbol{I})^{-1}\boldsymbol{\Lambda}\boldsymbol{Q}^{\mathrm{T}}\boldsymbol{W}^* \tag{5-62}$$

可以看到，使用 L^2 正则化的效果是沿着 $\boldsymbol{H}$ 特征向量定义的轴来缩放 $\boldsymbol{W}^*$。具体而言，是使用因子 $\frac{\lambda_i}{\lambda_i+\eta}$ 对 $\boldsymbol{H}$ 中第 i 个特征向量对齐的 $\boldsymbol{W}^*$ 的分量进行缩放。对于 $\boldsymbol{H}$ 特征值较大的方向($\lambda_i \neq \eta$)正则化的影响较小；而对于特征值较小的方向($\lambda_i=\eta$)，会使得参数分量收缩至 0 附近。而 $\boldsymbol{H}$ 的特征值大小决定不同参数分量变化对目标函数的影响程度，对于参数变化不会引起目标函数明显变化的方向(对应的特征值 λ_i 较小)，这些相对不重要的方向上的分量在训练过程中因为使用正则化而被衰减；对于那些参数变化会引起目标函数强烈变化的方向(λ_i 较大)，正则化对这些方向上的参数分量影响有限。图 5-18 展示了 L^2 正则化的影响，实线表示未使用正则化目标函数的等值线，越往内表示目标函数值越小，中心是未正则化时的最小值点 $\boldsymbol{W}^*$；虚线为 L^2 正则化惩罚项的等值线，二者相切点为使用正则化后目标函数的最小值点 $\widetilde{\boldsymbol{W}}$。可以看到，对目标函数影响较小的方向 W_1，正则化给出了强烈的惩罚，使得 W_1 方向收缩至 0 附近，而对目标函数影响较大的方向 W_2 影响相对较小。

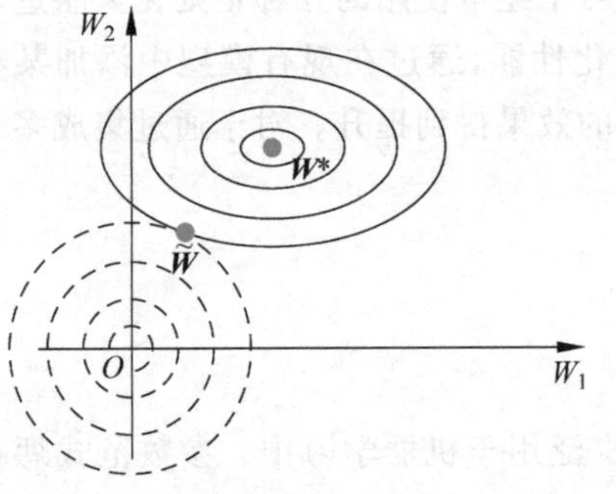

图 5-18 L^2 正则化对最优点的影响

3. L^1 正则化

L^1 正则化向目标函数引入惩罚项 $\Omega(\boldsymbol{\theta})=\|\boldsymbol{W}\|_1=\sum_i |\boldsymbol{W}_i|$，与 L^2 正则化的效果不同，L^1 正则化使得权重矩阵具有稀疏性。将 L 在未正则化时的最优值 $\boldsymbol{W}^*$ 处进行一阶泰勒公式展开得到近似的导数 $\nabla_{\boldsymbol{W}} L=\boldsymbol{H}(\boldsymbol{W}-\boldsymbol{W}^*)$，使用 L^1 正则化的目标函数求导后表达式为 $\nabla_{\boldsymbol{W}} L_{\text{Reg}}=\boldsymbol{H}(\boldsymbol{W}-\boldsymbol{W}^*)+\eta\,\text{sign}(\boldsymbol{W})$，其中符号函数 $\text{sign}(x)$ 输出 ± 1(当 x 大于 0 时输出 1，反之输出 -1)。对于该种形式的梯度表达式，令其为 0，无法像 L^2 正则化一样直接写出解析解。进一步假设 Hessian 矩阵是对角矩阵，即 $\boldsymbol{H}=\text{diag}([H_{11},\cdots,H_{nn}])$，且每个元素都大于 0，可以通过对输入数据使用 PCA 进行预处理使该条件得到满足。直接对带有 L^1 正则化的目标函数 L_{Reg} 进行二阶泰勒公式近似，并按元素进行展开可得

$$L_{\text{Reg}}=L|_{\boldsymbol{W}=\boldsymbol{W}^*}+\sum_i \frac{1}{2}[H_{ii}(W_i-W_i^*)^2+\eta|W_i|] \tag{5-63}$$

其中，$L|_{\boldsymbol{W}=\boldsymbol{W}^*}$ 为未正则化的目标函数在 $\boldsymbol{W}^*$ 处的取值。现在对于任一维 W_i 都可以求出使目标函数(带 L^1 正则化)最小化的解析解。

$$\widetilde{W}_i=\text{sign}(W_i^*)\max\left\{|W_i^*|-\frac{\eta}{H_{ii}},0\right\} \tag{5-64}$$

如果 $|W_i^*|\leqslant\frac{\eta}{H_{ii}}$，正则化后该分量 $\widetilde{W}_i$ 被推向 0；反之，$|W_i^*|>\frac{\eta}{H_{ii}}$ 时，正则化将 $\widetilde{W}_i$

向 0 的方向推进$\frac{\eta}{H_{ii}}$的距离。因此，L^1 正则化使得最优解 $\widetilde{\boldsymbol{W}}$ 具有稀疏性，使得某些分量为 0。图 5-19 展示了 L^1 正则化的影响，虚线为 L^1 正则化惩罚项的等值线。可以看到，使用 L^1 正则化的目标函数的最小点 $\widetilde{\boldsymbol{W}}$，在水平维度上的分量为 0。$L^1$ 正则化带来的稀疏性可用于特征选择(Feature Selection)，即从所有特征中选择有意义的特征，简化机器学习问题。实践中，除非进行模型压缩，通常更倾向于使用 L^2 正则化，也可以同时使用 L^1 正则化和 L^2 正则化，这种方法也叫作弹性网络正则化(Elastic Net Regularization)。

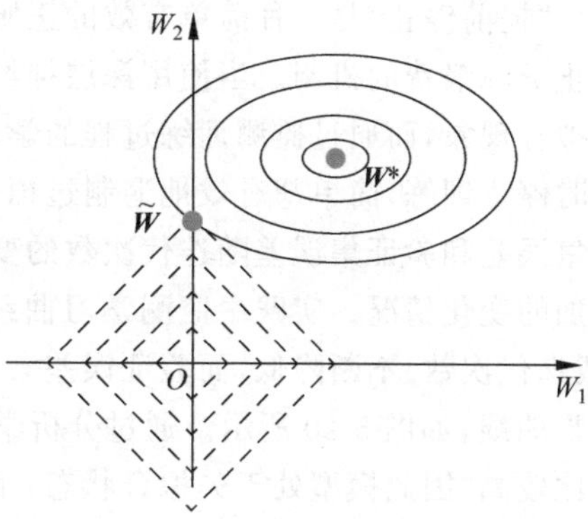

图 5-19　L^1 正则化对最优点的影响

4. 最大范式约束

对于带惩罚项的优化问题，实际上可以转化为带约束条件的优化问题：$\boldsymbol{\theta}^* = \arg\min_{\boldsymbol{\theta}} \frac{1}{N}\sum_{i=1}^{N} L_i(\boldsymbol{y}_i, f(\boldsymbol{x}_i;\boldsymbol{\theta}))$，约束条件为 $\Omega(\boldsymbol{\theta}) \leqslant k$。$\Omega(\boldsymbol{\theta})$代表不同类型的范数，因此该方法也被称为最大范式约束(Max Norm Constrains)，可以通过构造广义 Lagrange 函数求解。该方法通过对每个神经元的权重向量的范数设定上限，使用投影梯度下降来确保约束条件的满足，有研究证明使用约束条件比直接使用惩罚项的效果会更好。该方法的一个优点是，使用较大的学习率也不会导致网络出现数值"爆炸"的情况，因为参数更新始终是被约束着的，因此可以快速探索参数空间并保持一定的稳定性。

5.4.3　权重衰减

对于使用 L^2 正则化的模型，其目标函数为 $L_{\text{Reg}} = L + \frac{\eta}{2}\|\boldsymbol{W}\|_2^2$，其中 L 为未使用正则化的损失函数，对其求梯度得到表达式$\nabla_{\boldsymbol{W}} L_{\text{Reg}} = \nabla_{\boldsymbol{W}} L + \eta \boldsymbol{W}$。使用梯度下降法执行参数更新，在一次迭代中可得 $\boldsymbol{W} \leftarrow \boldsymbol{W} - \alpha(\eta\boldsymbol{W} + \nabla_{\boldsymbol{W}} L)$，整理可得 $\boldsymbol{W} \leftarrow (1-\alpha\eta)\boldsymbol{W} - \alpha\nabla_{\boldsymbol{W}} L$。可以看到，使用 L^2 正则化会导致更新规则的改变，与普通梯度下降法的参数更新规则 $\boldsymbol{W} \leftarrow \boldsymbol{W} - \alpha\nabla_{\boldsymbol{W}} L$ 不同，使用 L^2 正则化后，每次使用梯度信息执行参数更新之前，要先对历史参数向量进行收缩，即乘以一个常数因子$(1-\alpha\eta)$，然后再向负梯度方向前进较小的一步。正是由于 L^2 正则化的这种特性，部分文献也称 L^2 正则化为权重衰减(Weight Decay)。实际上，权重衰减有更广义的定义，只要满足下式即可。

$$\boldsymbol{W} \leftarrow (1-\varepsilon)\boldsymbol{W} - \alpha\nabla_{\boldsymbol{W}} L \tag{5-65}$$

其中，$\nabla_{\boldsymbol{W}} L$ 为损失函数关于 $\boldsymbol{W}$ 的梯度；α 与普通梯度下降法的含义相同，为学习率；ε 为权重衰减系数，通常取值较小。通过引入衰减系数 ε，在每次参数更新时先对参数进行衰减，这样的方法就叫作权重衰减。当使用标准梯度下降法时，L^2 正则化与权重衰减的效果相同，衰减系数为 $\varepsilon = \alpha\eta$。因此，在一些深度学习框架中，权重衰减通常通过 L^2 正则化来实现，但是在其他复杂的优化方法例如 Adam 方法中，二者并不等价。

5.4.4 提前停止

"提前停止"是一种简单有效的正则化方法，并且在训练发生错误时，可以作为一种有效防止资源浪费的机制。当使用深层神经网络这类具有强大表示能力的网络时，常常会发生过拟合现象，而通过监测训练过程的学习曲线，能够容易地判断模型发生过拟合的时间点并及时停止训练，简单却有效地遏制过拟合情况的发生，同时避免资源的浪费。学习曲线指训练集误差和验证集误差随迭代次数的变化曲线，体现了所训练模型的表示能力随训练次数增加的变化情况。实践中监测学习曲线时，通常会看到这样一种情形：训练误差随着时间（或迭代次数）不断降低，而验证误差会在前期下降，到某一个节点后又开始上升，总体呈现U形曲线，如图5-20所示。通过分析学习曲线可知，在训练的前半段，训练误差和测试误差都比较高，因此模型处于欠拟合状态；而到后期，训练误差趋于稳定接近于0，但测试误差比较高，因此训练误差与测试误差之间的差距比较大，发生过拟合现象。因此，可以判断最优的时刻应该是某一中间时刻，训练误差此时已经稳定，而测试误差最小，理所当然的想法就是在此刻停止训练，可以获得最优复杂度的模型。

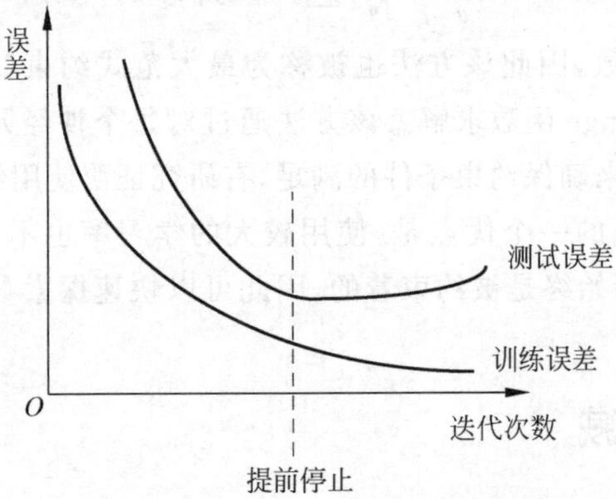

图5-20 L^2 训练误差、测试误差与欠拟合、过拟合之间的关系

"提前停止"策略的具体操作过程：分离训练集和验证集，对网络进行随机初始化并开始训练，每隔一定时间对当前训练好的模型在验证集上进行评估，并保留到目前为止使验证集误差最小的模型参数。如果验证集误差在指定的循环次数内没有进一步降低就停止训练，并输出验证集误差最小时的模型参数配置。使用"提前停止"可以获得使验证集误差最小时刻的模型，更有希望获得更低的测试误差，具有更好的泛化能力。"提前停止"作为一种隐式的正则化方法，对整个动态训练过程没有任何影响，既没有改变目标函数也没有改变网络结构，只需要定期对模型进行评估，并且保存最佳的模型参数配置。这些过程可以并行化，对训练过程产生的影响甚微。另外，"提前停止"可以与其他正则化策略结合使用，更大限度地提升模型的泛化能力。

与其他正则化方法相比，"提前停止"存在的一个缺点是，需要分离部分数据作为验证集。这会减少可以用于训练的数据，理想的情况是使用尽可能多的数据用于模型的训练。为了能够充分利用这部分分离出去的数据，可以采用二次训练，即在第一轮训练中使用"提前停止"后，再将所有数据用于二次训练过程。第二轮训练有两种策略可以使用：一种方法是再次初始化网络，然后使用全部数据集进行训练，并在确定的训练次数后停止，这里确定的训练次数是指第一轮训练中使验证集误差最小时的训练次数；另外一种方法是，使用第一轮训练得到的模型并在此基础上使用全部数据继续进行训练。

"提前停止"具有正则化效果，可以这样解释：将学习率 α 和迭代次数 τ 的乘积看作权重衰减系数 ε 的倒数，即 $\alpha\tau \approx \frac{1}{\varepsilon}$，使用固定的学习率迭代优化 τ 次，相当于将参数空间限制在初始参数的小邻域中。可以证明，使用二次误差函数的简单线性模型，当使用普通梯度下降算法时，提前终止相当于 L^2 正则化。如图 5-21 所示，实线表示二次误差函数的等值线，左侧虚线表示普通梯度下降算法执行参数更新的路线，$\widetilde{\boldsymbol{W}}$ 为使用"提前停止"确定的参数取值。可以看到，"提前停止"方法中，在轨迹较早的点处就停止了训练过程；右侧虚线为 L^2 惩罚项的等值线，是不同直径的同心圆，虚线与实现相切的点为通过 L^2 正则化确定的最优值 $\widetilde{\boldsymbol{W}}$。对比左右图可以看出，二者的效果是一样的。实践中，"提前停止"比权重衰减更有优势，因其不需要对多个超参数值（衰减系数 ε）进行实验，能一步到位地确定合适的正则化程度。

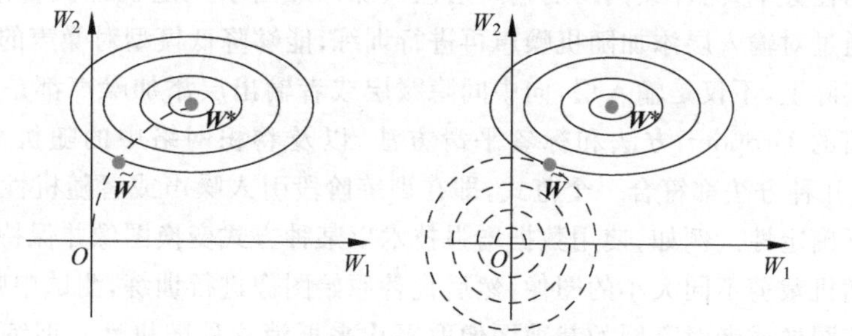

图 5-21 "提前停止"与 L^2 正则化的效果对比

5.4.5 数据增强

众所周知，深度学习依靠大数据驱动才得以迅速发展。深度学习模型的复杂度以及规模，决定了必须有充分多的数据才能训练出泛化性能良好的模型，使用更多高质量的数据进行训练总能得到更好的效果，因此增加训练数据量是提升模型泛化能力最直接的方法。但是，某些情况下数据量有限，可以使用数据增强(Data Augmentation)技术生成新的数据添加至训练集中以扩大数据量。即使数据集规模足够大，也可能不能覆盖全部场景，例如图像数据可能不能完全涵盖不同的视角、不同的光线照射等情况，使得训练出的模型对训练集中未出现过的场景泛化性不强。另外，某些数据的采集及处理可能困难度极高，需要高昂的成本，使用数据增强技术自动生成训练数据，可以降低获取数据的压力。综上所述，使用数据增强技术可以扩大数据集规模，使神经网络学习到不相关的模式，提高模型健壮性，防止过拟合。

数据增强技术最常应用于图像识别问题中：每个训练样本都是一个数据点对 $(\boldsymbol{x},\boldsymbol{y})$，其中 $\boldsymbol{x}$ 是图片，$\boldsymbol{y}$ 是标签，即图片所属的类。只要对原始图片进行一系列操作和转化而不改变标签，就可以生成新的数据点对 $(\boldsymbol{x}',\boldsymbol{y})$。应用于图像的不改变标签的转换操作有很多。

(1) 平移(shift)：将图像沿水平或者垂直方向移动若干个像素。

(2) 旋转(rotation)：将图像顺时针或者逆时针旋转一定角度。

(3) 缩放(zoom In/Out):保持图像的比例进行整体的放大或者缩小。

(4) 翻转(flip):将图像沿水平或垂直方向进行翻转。

(5) 裁剪(clip):将图像随机裁剪成任意大小。

除了以上方法外,还有各种仿射类变换、视觉变换等。以上方法属于空间几何变换方法,也可以对像素颜色进行变换,例如添加噪声以及模糊操作。应用这些转换操作时必须注意,不能改变图像的类别。例如,在光学字符识别(Optical Character Recognition,OCR)任务中,需要从输入的图像中识别出对应的光学字符,这种情形下,水平翻转和旋转180°这两种转换操作就不适用,因为水平翻转会将字符"b"变为"d",旋转180°会将字符"6"变为"9"。因此,对不同的任务选择合适的转换操作。

不仅图像数据可以应用数据增强技术,文本数据相应的也有一系列数据增强方法,例如随机删除、打乱词序、同义词替换、回译、文档裁剪等。数据增强技术也可以应用于语音识别任务,例如可以通过向输入层注入噪声来实现数据增强。更高级的数据增强策略可用于生成对抗网络,例如可以用来生成新的图像,一些方法可能也适用于文本数据。

在不同的任务中,向神经网络的输入层注入噪声或者引入随机性被看作是数据增强的一种方式。通过对输入层添加随机噪声再进行训练,能够降低模型对噪声的敏感性,提升模型健壮性。实际上,不仅是输入层,向中间隐藏层或者输出层添加噪声都是可行的,对应于后面将要介绍的 Dropout 方法和标签平滑方法,以及卷积网络中的随机池化(Stochastic Pooling)。这几种方法都符合一个范式,即在训练阶段引入噪声或者随机性,然后在测试阶段消除这种不确定性。例如,使用数据增强技术以某种方式变换图像并保持标签不变,假设这种变换为随机裁剪不同大小的图像,然后代替原始图像进行训练,测试中则会通过评估某些固定的裁剪图像或者对不同的裁剪图像取平均来抵消这种随机性。训练时,只需将随机转换应用于输入数据,这种方式对网络有正则化效果。

5.4.6 丢弃法

丢弃法(Dropout)是一种在训练神经网络时,以概率 $1-p$ 丢弃部分神经元的方法。Dropout 作为一种简单却极其有效的正则化方法,由 Srivastava 提出,该方法可以与 L^1 正则化、L^2 正则化以及最大范式约束等其他正则化方法结合使用。

Dropout 的具体操作流程:在每次迭代进行前向传播时,对于所有的输入和隐藏单元都随机采样得到一个对应的二值掩码,该二值掩码 $m\in\{0,1\}^d$ 是从参数为 p 的伯努利分布中采样得到的,不同单元的掩码是独立采样的。掩码为1的单元被保留下来,掩码为0的单元被丢弃。Dropout 是逐层进行的。首先,将输入 x 与输入单元的掩码相乘,使得部分输入单元被置0。然后,继续向前传播,每经过一层先计算出该层的输出值与对应的单元掩码相乘,因此每层都有部分隐藏单元被随机置0。当前向传播完成后,由于部分神经元被丢弃,网络规模会缩小,变成原始网络的一个子网络,如图5-22所示,然后在子网络中进行反向传播并更新参数矩阵。注意,每次迭代前向传播神经元都要以概率 p 对掩码进行采样,因此每次迭代被丢弃的神经元都不是相同的,因而实际上每次迭代都是在训练从原始网络抽样得到的一个子网络,并且只更新子网络对应部分的参数集,剩余部分的参数仍保持。因此,这些子网络之间是共享参数的。对于上文中的保留概率 p(丢弃概率为 $1-p$),通常对输入单元和隐藏单元是不同的,输入单元一般设置为0.8,尽可能保留较多的输入,使得输入变化不会太大；而隐藏单元的保留概率一般设置为0.5，这样生成的网络有最大的随机性。不考虑输入单元，对于含有 n 个隐藏单元的神经网络，通过 Dropout 生成的子网络总共有 2^n 个，如果原始网络很庞大，那么通过采样获得的子网络数量具有指数级别。

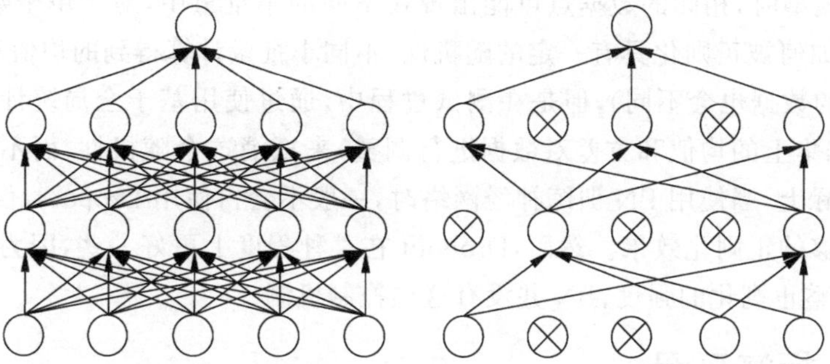

图 5-22 神经网络使用 Dropout 前后对比

Dropout 可以看作在单一模型中进行集成学习，Dropout 中所有子网络都不独立，而是通过继承父网络参数的不同子集来共享参数。另外，由于子网络数量巨大，每个抽样得到的子网络都没有经过完全的训练，每次迭代中仅训练一个子网络，参数共享使得其余子网络也有良好的参数设定，因此最终训练得到的网络可以视为集成了数量为指数级别的不同子网络的集成模型。

模型训练完成后，为消除训练时引入的随机性，在测试阶段并不使用 Dropout。因为测试阶段对样本的预测需要有一个确定的结果，如果保留这种随机性，那么可能使用同一测试样本进行两次测试，而模型可能会给出不一样的结果。由于在训练过程中使用了 Dropout 而测试阶段未使用，对于任一神经元，会导致输出的期望值在训练阶段和测试阶段不一致。例如，对于某一神经元的激活值 x，使用 Dropout 与二值掩码相乘后，该神经元的期望输出为 $px+(1-p)0$，以 $1-p$ 的概率输出为 0，以 p 的概率直接输出。测试阶段神经元总是激活的，因此期望输出总为 x。为了保证训练阶段与测试阶段输出的期望值一致，需要在测试阶段将该单元神经元的权重乘以单元的保留概率 p，从而使得期望输出由 x 变为 px，指导这种修改的准则被称为权重比例推断规则(Weight Scaling Inference Rule)。经验证明，这种近似推断规则在神经网络上表现良好。实践中，为提升测试阶段的效率，避免在测试阶段根据概率 p 对神经元的激活值进行数值调整，常用的一种技巧是在测试时不做任何处理，而在训练阶段除以保留概率 p 以进行数值调整，这种方法叫作反向随机丢弃(Inverted Dropout)。比起普通的 Dropout，该方法的一个好处在于，无论是否使用随机丢弃，预测阶段的代码都可以保持不变。

Srivastava 等人在论文中表示，Dropout 是一种非常有效的正则化方法。其显著优点是计算方便，只需在每次迭代时随机抽样生成 n 个二值掩码与神经元相乘；另外一个优点是，Dropout 几乎在所有使用分布式表示并且采用梯度下降算法训练的模型上都表现良好。除此之外，Dropout 还可以进行扩展，不仅可以以任意概率对神经元进行丢弃，还可以对神经元之间的连接或者神经网络中的某些层进行随机丢弃，分别对应于 Dropconnect 方法和随机深度方法。Dropconnect 方法在前向传播时随机将权重矩阵中的某些值设置为零，随机深度方法在训练时随机丢弃神经网络的部分层，而在测试时使用完整的网络。

Dropout 这种正则化策略，在训练阶段为网络引入随机性或者噪声以防止过拟合，而在测试阶段消除这种随机性来提高泛化能力的方法，实际上批量归一化也符合这种策略。当使用 BN 训练模型时，相同的数据点可能出现在不同的小批量中，对于单个数据点，在训练过程中该点会如何被正则化具有一定的随机性(不同小批量计算得到的均值和方差不同，使用 BN 调整后的数据也会不同)，但是在测试过程中，通过使用基于全局统计的正则化方法(使用整个数据集上的均值和方差对数据进行调整)来抵消这个随机性，而不是采用小批量进行估计。实际上，当使用 BN 训练神经网络时，一般不会再使用 Dropout，仅使用 BN 就能给网络带来足够的正则化效果。然而，Dropout 在某种程度上更好一些，因为其可以通过改变参数 p 来调整正则化的强度，BN 并没有这种控制机制。

5.4.7 标签平滑

作为训练时引入随机性这种正则化范式的另一具体实例，标签平滑(Label Smoothing)技术对网络输出即样本标签引入了一定的噪声。数据集内的样本可能会产生误标记，即对应样本的标签是错误的，如果使用这些误标记的样本数据进行训练，会导致网络过拟合，影响预测的效果。

可以通过显式地对标签的噪声进行建模来改善这种情况。标签平滑技术采用以下思路解决这个问题：不再使用硬编码标签，在训练时假设标签可能错误，并将这种错误编码在标签中，使用软编码标签。其中，硬编码标签使用 one-hot 向量表示样本的标签，即 $\boldsymbol{y}=[0,\cdots,0,1,0,\cdots,0]^{\mathrm{T}}$，如果有 k 种类别，相应的标签是一个 k 维向量，并且正确类别对应的元素为 1，其余元素为 0。使用硬编码标签时，如果使用 softmax 分类器及对应的交叉熵损失函数，会使得模型永远追求正确类别的概率趋近于 1，而错误类别的概率趋近于 0，这使得未经过 softmax 函数进行概率归一化的类别分值越来越大，与其他类别的分值相比过大，因此对应正确类别的权重会越来越大，与其他类的权重差异巨大，从而导致过拟合现象。不仅如此，如果标签是错误标记的会导致更严重的过拟合现象。对于交叉熵损失函数，模型输出永远不可能达到 1(正确类别)或者 0(错误类别)，因此模型为了更近一步逼近这两个值会一直进行优化，从而使得权重不断增大。

标签平滑技术则通过引入噪声对标签进行平滑，将确切的类别概率 0 和 1 替换为相对容易实现的值 ε 和 $1-\varepsilon$，模型输出在达到这个目标后，便不再继续进行优化，从而实现正则化。可以看作样本以概率 ε 被划分其他类，如果有 K 种类别，那么划为任意一种错误类别的概率为 $\frac{\varepsilon}{K-1}$，正确标记的概率为 $1-\varepsilon$，因此软编码标签的形式为 $\boldsymbol{y}=\left[\frac{\varepsilon}{K-1},\cdots,\frac{\varepsilon}{K-1},1-\varepsilon,\frac{\varepsilon}{K-1},\cdots,\frac{\varepsilon}{K-1}\right]^{\mathrm{T}}$。通过使用软编码标签，标签平滑技术能够避免模型输出过度拟合硬编码标签，能够防止模型追求确切概率同时不影响模型学习正确分类的能力。

上文令所有错误类别的概率都是相同的，即 $\frac{\varepsilon}{K-1}$，更好的做法是考虑类别之间的相关性以赋予错误类别不同的概率。

对于本节涉及的正则化方法，L^1 正则化、L^2 正则化在传统机器学习中使用较多，但是在深层神经网络中其作用有限。目前,深度学习中较多使用的正则化方法主要有简单有效的"提前停止"策略、Dropout 和 BN 等。对于正则化方法的使用,应有的放矢,即先不使用正则化策略进行模型训练,观察学习曲线,当发生过拟合现象时,再考虑引入各种正则化方法。另外,多种正则化策略也可以结合使用,以获得更进一步的提升。

5.5 训练深层神经网络的小技巧

本节介绍训练深层神经网络的小技巧,包括数据预处理、超参数调优、集成学习和监视训练过程。

5.5.1 数据预处理

深度学习中常常需要对数据进行预处理,因为原始训练数据中,每一维特征的来源以及度量单位都有可能不同,从而造成特征之间取值范围不同。例如,在判断零件是否合格的任务中,选取的三个特征分别为零件长度、直径和表面光滑度。对"长细形"零件,长度的取值范围就会大于直径的取值范围,对"短粗形"零件则反之。对于这种不同特征取值范围差异较大的原始数据,使用基于相似性度量的机器学习算法(例如最近邻分类器)时,因为要计算例如样本之间的欧氏距离来衡量不同样本之间的相似性,取值范围较大的特征会占主导作用,所以使用之前必须要对原始训练样本进行预处理,将不同维度的特征取值范围限制在同一个区间。另外,即使神经网络可以自动调整参数来适应不同特征的取值范围,也会导致训练效率低下,使用数据预处理可以减少人工干预并且提升收敛速度。因此,数据预处理已经成为必要的一步,在很多深度学习算法中起着重要作用。数据预处理一般位于数据增强操作之后,模型训练之前,训练流程一般为数据采集、数据标记(可选)、数据增强(可选)、数据预处理和模型训练,可将训练流程分为数据和模型两部分。模型训练包括训练过程的所有方面,例如模型架构设计、参数初始化策略、优化方法、正则化策略、各种超参数的设置以及实践中使用的小技巧等,其结果是产生一个性能良好的模型;模型训练之前的步骤都是对于数据的处理,其结果是产生能用于训练模型的数据集合。

通常使用的数据预处理包括以下两种方法:数据归一化;白化。下面将对这两种处理方法进行详细介绍。

数据归一化(Data Normalization)也称数据标准化,一般作为数据预处理的第一步,将数据按比例缩放,使之落入一个小的特定区间内。有很多方法可以实现数据归一化,在深度学习中比较常用的主要有缩放归一化和标准归一化。

缩放归一化是非常简单的一种归一化方法,它通过缩放将数据所有特征的取值范围重新调节,使得每一维特征的取值落在[0,1]或[−1,1]。对于每一维特征 $\boldsymbol{x}$,调节公式为

$$\hat{x}_i = \frac{x_i - \min_i(x_i)}{\max_i(x_i) - \min_i(x_i)} \tag{5-66}$$

其中,$\min(\boldsymbol{x})$和 $\max(\boldsymbol{x})$分别是所有样本中的特征 $\boldsymbol{x}$ 的最小值和最大值。例如,在处理图像时,每个像素都是一维特征,所有像素的初始值都在[0,255]。因此,对于每一个像素,只需要将其除以 255 就可以缩放至[0,1]。

标准归一化是另外一种比较常用的归一化方法,也称为 z-score 归一化。经过标准归一

化处理后，所有维度的特征都服从均值为 0、方差为 1 的标准正态分布。其具体做法是，对于训练集内的所有样本，假设样本数量为 N，对于每一维特征 x，首先计算特征 x 在所有训练样本上的均值和标准差，如式(5-67)和式(5-68)。

$$\mu=\frac{1}{N}\sum_{i=1}^{N}x_i \tag{5-67}$$

$$\sigma^2=\frac{1}{N}\sum_{i=1}^{N}(x_i-\mu)^2 \tag{5-68}$$

然后，将所有样本的特征 x 减去均值得到零中心化的数据，再除以标准差，调整数值范围，得到新的特征值，如式(5-69)。

$$\hat{x}_i=\frac{x_i-\mu}{\sigma} \tag{5-69}$$

图 5-23 展示了原始数据、零中心化数据和标准归一化后的数据分布。可以看到，相对于二维原始数据，去均值后的数据是以原点为中心的，然后两个维度都除以标准差调整数值范围，双向箭头描绘了数据不同维度的数值范围，中间的零中心化数据两个维度的数值范围不同，标准归一化的数据两个维度数值范围相同。

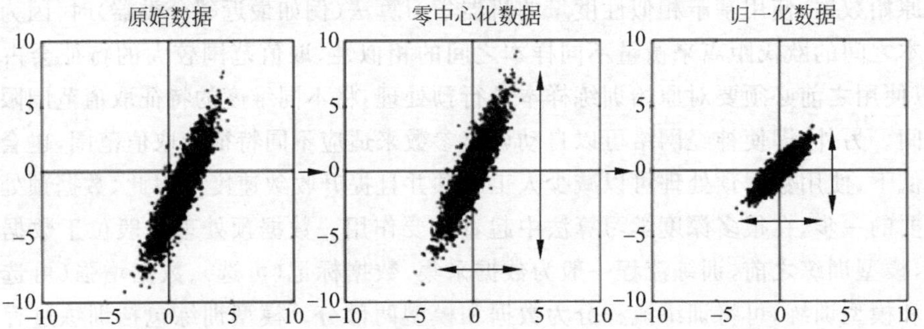

图 5-23　原始数据、零中心化数据与标准归一化后的数据[①]

注意，对于图像数据，由于像素的数值范围是 0～255，因此一般不需要对图像进行标准归一化操作；对于音频数据，该方法是十分有用的。

白化是另一种数据预处理方法，这种方法需要先对数据进行零中心化处理。白化的目的是去除输入信息的冗余信息。例如图像数据，相邻像素之间具有很强的相关性，这种相关性对于模型训练而言是冗余的。使用白化进行预处理后，可以大大降低特征之间的相关性，使得所有维度的特征都有相同的方差。数据白化首先需要使用主成分分析（Principal Component Analysis，PCA）方法去除不同成分之间的相关性。熟悉 PCA 的读者可能知道，PCA 算法一般用于降维，此处不再用于降维，而是使用 PCA 去除特征间的相关性，在求出特征向量后，直接将数据映射到新的特征空间（相当于坐标空间的旋转）。白化操作的输入是特征基准上的数据，令每个维度都除以其特征值来对数值范围进行归一化。因此，白化的步骤主要包括 PCA 预处理和白化操作。详细过程如下：

(1) 对数据进行零中心化处理，即数据的每一维度独立的特征都减去该特征的样本均

① 图片来自：杜客. CS231n 课程笔记翻译：线性分类笔记(上)[Z/OL]. https://zhuanlan.zhihu.com/p/20918580.

值，几何上可以理解为在每个维度上都将数据集的中心迁移到原点。

(2) 求解数据的协方差矩阵，对协方差矩阵分解得到特征向量，然后将经过零中心化处理的原始数据投影到特征向量上进行坐标转换，该过程去除了数据的相关性。PCA 在本步骤只选取部分特征向量，丢弃那些方差较小的维度，从而实现降维。

(3) 将上一步得到的以特征向量为基准的数据的每一维都除以对应维度的特征值，这样得到的数据被重新调整数值范围，数据的分布变成均值为 0、协方差矩阵为单位矩阵的高斯分布。

图 5-24 展示了对于二维原始数据，分别使用 PCA 进行去相关性以及使用白化操作之后数据的分布。对于图左侧的二维原始数据，中间表示的是经过 PCA 操作的数据。可以看出，去相关性的数据是零中心的，变换到了数据协方差矩阵的基准轴上，协方差矩阵变成对角阵。白化后的数据，每个维度都被特征值调整了数值范围，将数据协方差矩阵变为单位矩阵。从几何上解释，就是对数据在各个方向上拉伸压缩，使之服从高斯分布。

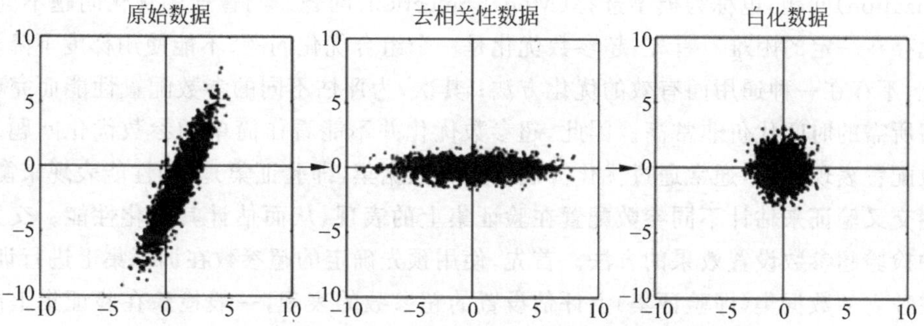

图 5-24 原始数据、去相关性数据与白化后的数据[①]

实际上，对于图像数据，大部分情况下只进行零中心化的处理，而不会归一化像素值。因为对于图像来说，每个像素已经具有相对一致的范围和分布，没有必要进行归一化。相比之下，一般的机器学习问题的数据有取值范围差别很大的特征，需要对这些特征进行归一化处理。对于 PCA 或者白化等更为复杂的预处理操作，图像应用领域也不会使用。需要注意的是，如果在训练阶段进行了数据预处理，那么在测试阶段也需要做预处理。例如，训练阶段求出了训练集数据的均值，在测试阶段同样应使用这个均值做相同的处理。总之，对于图像数据，只进行零中心化的预处理，使用整个训练集计算出均值图像，其尺寸和每张图像相同，然后将所有训练图像都减去均值图像的值；对测试图像也要进行相同的操作，将测试图像减去这张均值图像然后再输入网络。

5.5.2 超参数调优

神经网络中存在许许多多的超参数，在前文优化部分频繁提及的学习率就是神经网络中最重要的超参数之一。超参数是一类在模型开始学习之前就要设置的参数，不能像权重矩阵那样通过训练得到。神经网络中存在的超参数主要包括以下几类。

(1) 网络结构类：包括神经网络的组织形式、层数、每层神经元数量、激活函数的类型、卷积网络中的核宽度以及每层核数量、是否使用零填充、池化方式的选择、卷积和池化步长、是否使用 Dropout 以及 Dropout 比率等。

(2) 优化类：包括优化算法的选择、学习率的设置、小批量样本的数量、权重衰减系数，如果选择动量法或 Adam 方法，还有衰减率等。

(3) 正则类：包括正则化策略的选择以及正则化系数。

尽管神经网络有非常多的超参数需要设置，但是不同超参数的设置难度是不同的。例如，对于 Dropout 比率，一般选为 0.5；动量法中的衰减因子 ρ，根据经验一般设置为 0.5，0.9，0.95 和 0.99 中的一个值。因此，这种类型的超参数一般设置为经验上表现良好的数值即可，而不必重新尝试不同的值来找到最优的设置。但是，对于学习率这个十分重要的超参数，必须谨慎设置，因为它以一种更为复杂的方式控制模型的性能，既不能设置得太大也不能太小。因此，如果由于时间限制或者计算代价限制而只能调整少量的超参数，应当优先调整学习率。

超参数在更高层次上控制着模型的性能，因此在实践过程中，总希望找到一组最优的超参数配置，提升训练的效果，使得模型发挥最大的性能，这就是超参数优化（Hyperparameter Optimization）问题，也称为模型选择（Model Selection）问题。与普通的优化问题不同，超参数优化存在一定的困难。首先，超参数优化是一个组合优化问题，不能使用梯度下降算法进行优化，不存在一种通用而有效的优化方法；其次，为评估不同的参数配置性能而完整地训练模型所需的时间代价非常高。因此，超参数优化并不能看作简单的参数优化问题。一组超参数配置表现如何，通常通过优化算法在独立数据集（即验证集）上的性能表现来衡量，一般采用交叉验证来估计不同参数配置在验证集上的表现，从而估计其泛化性能。交叉验证是一种检验超参数设置效果的方法。首先，使用预先确定的超参数在训练集上进行训练，然后再在独立的数据集（即验证集）上评估设置的超参数的表现，一般检验在验证集上的错误率，最终选择在验证集上表现最好的超参数配置来确定最终训练模型；然后再使用额外的独立数据集——测试集来评估最终模型在未知数据上的泛化性能。其中，需要注意的是，无论训练集、验证集或测试集，都是从同一分布中抽取的，它们独立且同分布。另外，测试数据在模型训练期间是不可见的，只有在模型最终训练完成后用于测试阶段，测试数据不可用于训练阶段，因为这样可能会产生过拟合现象，无法正确评估模型的泛化性能。而训练集和验证集都是在训练阶段使用的，验证集是从训练集中分离出的独立数据集，二者一个用于确定超参数，另一个用于确定模型中可学习的参数。

实践中设置超参数常用的方法有人工设置、网格搜索以及随机搜索等，下面对这些方法进行详细介绍。

1. 人工设置

人工设置超参数必须充分了解超参数、训练误差和泛化误差以及计算资源（包括内存和运行时间）之间的关系，其目标是在有限运行时间和内存大小的条件下，最小化泛化误差，即提升模型在未知数据上的泛化性能。如果某些超参数配置在实践中证明具有不错的效果，可以直接基于这些经验配置。另外，在已有相同类型的应用或架构上表现不错的参数配置也可以直接使用。人工搜索主要依靠使用者的经验和判断来设置超参数，好处是可以大大降低搜索最优超参数的时间和计算代价，并且对于某些超参数而言选择经验值一般表现不错。

2. 网格搜索

网格搜索是一种传统的超参数优化方法，通过对超参数空间的一个较小的有限子集进行搜索,即通过尝试组合各个超参数的不同配置来确定一组表现不错的超参数配置。例如,对于一个含有 K 个超参数的模型,每个可行的超参数配置 $\boldsymbol{x}$ 都是超参数取值空间 χ 的一个点,$\chi \subset \mathbf{R}^K$。如果第 k 个超参数有 m_K 个可行的取值,对于所有超参数,共有 $m_1 \times m_2 \times \cdots \times m_K$ 个可行的超参数配置,如果某些参数是连续实值或者搜索范围无界,在引用网格搜索之前需要对这些参数设置边界并进行离散化。一般而言,对于连续的超参数,不能等间隔抽取进行离散化,需要根据超参数本身的特点来离散化。例如,对于学习率,通常是在对数尺度上进行采样,选取的学习率一般为 0.1,0.01,0.001 等数值;但对于 Dropout 率,可能在(0,1)进行均匀采样更合适。对于超参数的搜索范围,每个超参数最小值或者最大值可以基于先前相似实验得到的经验保守地进行选取,以保证最优的超参数配置在搜索范围内。在确定了每个超参数的有限值集后,就可以对不同超参数组合进行搜索了,如图 5-25 左图展示了一个只含有两个超参数的例子,对于该例,每个超参数都包含三个可能的取值,网格搜索算法通过选取不同超参数取值组合进行训练,即选择图中每个网格点来训练不同的模型,最后在验证集上测试这些模型的性能,选取一组性能最好的配置。

通常需要多次使用网格搜索来确定最优的配置,这样效果会更好。对于超参数 α,在其离散化的值集合$\{-1,0,1\}$内执行网格搜索从而确定 α 的最佳取值为集合中的 1,极有可能是因为设置的搜索范围过小,低估了最优值 α 所在的范围,因此需要改变搜索的范围,例如在集合$\{1,2,3\}$再次进行搜索。实践中通常采用粗细粒度结合进行搜索,首先从粗粒度网格开始搜索,例如先在集合$\{1,2,3\}$中进行搜索,如果最佳值为 1,就缩小范围,细化为细粒度网格进行搜索,在集合$\{-0.1,0,1\}$上进行精确搜索。

网格搜索存在的一个问题是,其仅适用于网络中含少量超参数的情况,例如含有三个或者三个以下的超参数的网络,常用网格搜索。一旦超参数数量明显增加,计算代价会相应地随着超参数的数量呈指数级增长,对于 K 个超参数的所有可能的配置,总共需要训练 $m_1 \times m_2 \times \cdots \times m_K$ 个模型并需要对这些模型进行性能评估。对于较大的 K 和更多的可能取值,计算量巨大,虽然可以并行地训练不同的模型,也无法提供令人满意的搜索规模。

3. 随机搜索

网格搜索是一种穷尽所有网格点(每个网格点代表一种超参数配置)的方法,需要巨大的运算力。随机搜索作为网格搜索的替代方法,简单方便,可以快速地收敛到良好取值点。与网格搜索不同,随机搜索不再对搜索范围进行固定采样,而是对超参数进行固定次数的随机搜索,对每一个超参数在固定范围内进行随机采样,然后选取一个性能最优的配置。

随机搜索比网格搜索更有效的原因在于,不同的超参数对于模型性能的影响是不同的,对于某些超参数例如学习率,对模型性能影响较大,而另外一些像正则化系数的超参数对模型性能的影响就很小。如果使用网格搜索,会在不重要的参数上做大量不必要的尝试,例如对于某个超参数 α,其取值对模型性能影响甚微,此时网格搜索对于该参数的两个不同的取值(其他超参数取值都相同的情况下)会给出几乎相同的结果。而随机搜索中,其他超参数取值两次都相同的概率是很低的,随机搜索随机采样的两组超参数配置一般不会很相似,所以随机搜索会比网格搜索更快地找到较优取值,减少了对不重要参数的过度探索。

如图 5-25 所示,图中有两个需要进行搜索的超参数,分别使用网格搜索和随机搜索得到图示采样点。两个超参数一个比较重要,对模型性能影响较大,另外一个对模型性能影响较小，图中的曲线显示了重要参数良好取值的位置。可以看到，如果采用网格搜索就只能采样到3个值而错过了重要参数良好取值的区域。而随机搜索可以探索重要变量的不同取值，尽快找到良好取值的区域，可以使用更少的搜索次数更快速地确定良好取值。

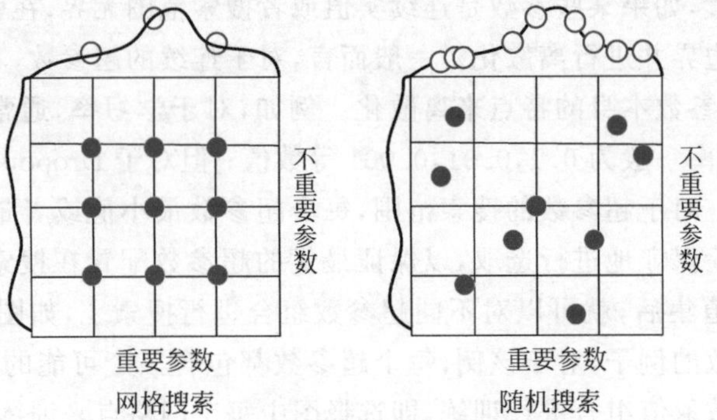

图 5-25　网格搜索与随机搜索的对比

与网格搜索类似，通常也会由粗粒度到细粒度进行多次随机搜索，基于前一次的结果细化搜索范围来改进下一次搜索，直到找到一个比较合适的配置。

4. 贝叶斯优化

超参数的搜索也可以看作一种优化问题，将超参数优化问题用式(5-70)表示。

$$x^{*}=\underset{x\in\chi}{\arg\min}\, f(x) \tag{5-70}$$

其中，决策变量 x 是超参数；优化的目标函数 $f(\cdot)$ 是验证集上的性能度量，例如验证集上的错误率；x^{*} 是理想的超参数组合，是搜索的目标；χ 表示可行超参数域，x 的取值可以是域 χ 中的任何值。简单来说，超参数优化问题即找到在验证集性能度量上表现最佳的超参数。

一个比较合理的想法是像训练模型参数一样对超参数进行优化，计算验证集上误差函数关于超参数的梯度，然后执行梯度下降算法进行更新。但是，这个想法大多数情况下是不可实现的，一方面因为超参数优化需要高额的计算和存储成本；另一方面误差函数关于超参数不一定可导，因为某些超参数可能是离散的。针对以上问题，提出一系列基于模型的超参数搜索算法，其中之一就是贝叶斯优化(Bayesian Optimization，BO)。与网络搜索和随机搜索这种当前搜索结果独立于历史搜索结果的方式不同，贝叶斯优化旨在寻找更加高效的搜索算法，其充分利用历史搜索结果，并在此基础上进行进一步的探索。贝叶斯优化根据历史信息对目标函数建立概率模型，将超参数映射为目标函数的得分概率 $p(y|x)$，建立的概率模型被称为目标函数的“代理”，选择在代理函数上表现最佳的超参数，并用此超参数来评估目标函数以衡量选择的超参数的表现。然后，该组超参数和目标函数组成新的数据点对，作为历史信息更新概率模型以实现对目标函数更加精准的建模，再在更新后的模型上选择最有可能的解并评估目标函数，如此反复。因此，贝叶斯优化框架能够使用较少的评估次数求得目标函数的近似最优解。

需要注意的是，超参数优化是一个“黑盒优化”问题，因为关于决策变量 x 的目标函数 $f(x)$ 并不可知，即超参数和验证集上性能度量值之间的映射关系无法获得，因此在优化的过程中只能获取模型的输入值和输出值，不能获取模型训练过程中的梯度信息，也不能使用凸优化方法求解。另外，评估目标函数的代价是昂贵的，因为对于不同的超参数配置，要想获取目标函数值来评估超参数配置在验证集上的表现，需要按照选取的超参数配置对模型进行完整的训练，然后再在验证集上进行评估，计算相应的性能度量，对于深层神经网络这种复杂模型，超参数数量比较多，训练复杂度高，周期也比较长，可能需要数天才能完成。而贝叶斯优化恰好可以解决上述问题，其通过选择代理而非直接对目标函数进行优化，因为代理有具体的形式且比目标函数更容易优化。另外，贝叶斯优化充分利用历史信息，尽量减少评估目标函数的次数，评估代价相对较低。因此，其在目标函数表达式未知、非凸、多峰、评估代价高昂(需要花费高额代价才能观测到目标函数的返回值)的复杂优化问题上表现良好，已被作为一种有效方法广泛使用。

在其他领域，贝叶斯优化也被称为序贯克里金优化(Sequential Kriging Optimization，SKO)、基于模型的序贯优化(Sequential Model-based Optimization，SMBO)、高效全局优化(Efficient Global Optimization，EGO)，它是一种基于模型的序贯优化方法，在前一次评估完成后才能进行下一次评估，因此贝叶斯优化是顺序的。由于其利用历史信息修正优化，因此能耗费较少的评估代价得到一个近似最优解。贝叶斯优化算法流程如表 5-7 所示，其优化过程是顺序的，体现在循环体内相同操作的多次循环。对该算法进行简单介绍：输入参数 f、χ、S、M 分别表示目标函数、可行超参数域、采集函数(Acquisition Function)、目标函数的概率代理模型(Probabilistic Surrogate Model)。其中，采集函数和概率代理模型是贝叶斯优化框架的核心部分，采集函数是一种选择超参数的标准，目的是选择当前最有潜力的解从而避免不必要的采样。代理模型是以(超参数配置，目标函数值)为数据点对建立的模型，替代目标函数进行建模并进行优化，在优化过程中不断根据新增的数据点进行调整以更好地逼近目标函数。代理模型的选择有很多种，常用的有随机森林(Random Forest，RF)、高斯过程(Gaussian Processes，GPs)等。同理，采集函数也有多种选择，常用的有期望改善(Expected Improvement，EI)函数、概率改善(Probability of Improvement，PI)函数、高斯过程置信上界(GP Upper Confidence Bound，GP-UCB)等。不同的贝叶斯优化方法的采集函数和代理模型有所不同，需要针对具体问题进行选择。

对于贝叶斯优化算法流程每一步的详细解释如表 5-7 所示。

表 5-7　贝叶斯优化算法流程

1. 输入参数：f,χ,S,M
2. 初始化数据集$(f,\boldsymbol{x})\rightarrow D$：首先在可行超参数域中随机采样，然后使用选择的超参数配置训练模型并进行评估来构造初始数据集 $D=\{(\boldsymbol{x}_1,\boldsymbol{y}_1),\cdots,(\boldsymbol{x}_n,\boldsymbol{y}_n)\}$，其中 $\boldsymbol{y}_i=f(\boldsymbol{x}_i)$，该数据集用来训练代理模型。
3. 对于$|D|\leqslant i\leqslant T$，执行如下操作：初始化数据集后进入循环体进行迭代优化，T 为循环次数，需人为设定，是参数选择的次数或者目标函数评估次数，因此 T 不能太大，因为评估目标函数的代价是昂贵的。
4. 选择模型函数 $p(\boldsymbol{y}|\boldsymbol{x},D)\leftarrow(M,D)$：根据选择的概率代理模型，基于数据集 D 可计算得到具体的模型函数表达形式，从而得到对于不同的输入目标函数的后验概率。
5. $\boldsymbol{x}_i\leftarrow\arg\max_{\boldsymbol{x}\in\chi}S(\boldsymbol{x},p(\boldsymbol{y}|\boldsymbol{x},D))$：根据代理模型给出的结果，即目标函数的后验概率分布，由采集函数确定的标准来选择下一个最具潜力的超参数。
6. $\boldsymbol{y}_i\leftarrow f(\boldsymbol{x}_i)$：使用选择的超参数代入模型进行训练并评估，得到输出值 $\boldsymbol{y}_i$。
7. $D\leftarrow D\cup(\boldsymbol{x}_i,\boldsymbol{y}_i)$：最后将新的数据点对加入数据集 D 中，作为历史信息以更精确地更新代理模型，掌握更多信息的代理模型对超参数的选择会越来越有把握。

下面采用一个具体的例子详细描述贝叶斯优化的具体流程，该例子使用高斯过程回归建立概率代理模型。假设目标函数 $f(\boldsymbol{x})$ 服从高斯过程，每次迭代通过已有的 N 组实验结果 $D=\{\boldsymbol{x}_n,\boldsymbol{y}_n\}_{n=1}^{N}$（$\boldsymbol{y}_n$ 为 $f(\boldsymbol{x}_n)$ 的观测值）对高斯过程进行建模，则对于任意超参数，目标函数值都服从高斯分布，即 $p(\boldsymbol{y}|\boldsymbol{x},D)=N(\boldsymbol{y}|\mu,\sigma^2)$，计算出 $f(\boldsymbol{x})$ 的后验分布便可以使用采集函数来确定下一个超参数。首先，对于初始数据集 D（有三个数据点），通过高斯过程回归得到参数在每一个取值点处目标函数的后验概率分布，每个点都服从高斯分布，虚线代表的是代理模型预测的目标函数的均值，阴影区域代表的是目标函数以均值为中心一个方差内的区域，实线代表真实目标函数值。可以看到对于已知的数据点，其方差很小，因为其真实目标函数值是已知的，因此具有高度确定性。对于其他超参数对应的点，也给出了相应的均值和方差，其中均值代表该点期望获得的效果，均值越大表示对应该点的超参数配置在模型上表现越好。因此，直观上应当选择均值较大的点，而方差反映该点的效果的不确定性，方差越大说明该点是否能在模型上取得良好效果的概率越不能确定，极可能带来显著的效果提升也有可能效果很差，因此也应该去探索。如果追求稳妥而选择均值大的点，这称为利用(Exploitation)，而冒险选择方差大的点则称作探索(Exploration)，不同的场景应该选择不同的策略。如果需要确定超参数配置的模型比较复杂，训练起来费时费力，这种情况下应尽量选择均值较大的超参数配置；而如果计算力足够且模型易于训练，就不能放弃探索的机会，可以选择方差较大的点以探索性能更好的配置方案。实际上，采集函数就是在利用和探索之间权衡，给出最大化采集函数的解。例如，UCB 算法中的采集函数为均值加上 n 倍的方差，更为复杂的 EI 函数，其表达式如下：

$$\mathrm{EI}(\boldsymbol{x},D)=\int_{-\infty}^{\infty}\max(\boldsymbol{y}^*-\boldsymbol{y},0)\,p(\boldsymbol{y}\mid\boldsymbol{x},D)\,\mathrm{d}y \tag{5-71}$$

其中，$y^*=\min\{y_n,1\leqslant n\leqslant N\}$ 是当前已有样本中的最优值。该优化问题的目标是寻找在当前模型 $p(\boldsymbol{y}|\boldsymbol{x},D)$ 下，$f(\boldsymbol{x})$ 超过 $\boldsymbol{y}^*$ 的期望最大的点 $\boldsymbol{x}$。

假设本例中使用最简单的 UCB 算法，并将采集函数绘出，如图 5-26 所示。最大化采集函数的点已用星号标出，使用该点代表的超参数训练模型，并评估模型在该组超参数组合下的效果，将得到的观测数据加入数据集，则数据集内的样本就变成了 4 个，使用新的数据集更新概率模型，重新得到目标函数的后验概率分布并再次计算采集函数，如图 5-27 所示。可以看到，图中右边点的均值和方差都比较大，应当作为探索的区域，采集函数给出相同的结果，其给出的推荐超参数位于右边区域。再次使用推荐的超参数训练和评估，更新模型，不断重复上述过程。图 5-28 展示了当数据集有 7 个样本时的效果，可以看到，当样本越来越多时，对于目标函数预测的不确定性逐渐降低。因为获得了更多的信息，修正的高斯过程会越来越接近目标函数的真实分布，因此能够在极少样本的情况下逼近真实目标函数。当然，实际中深度学习中的超参数优化是一个黑盒问题，并不能得知真实的目标函数曲线，通过使用代理模型可以较大概率找到一个表现不错的解。

贝叶斯优化方法已经是一种比较成熟的超参数优化方法，Python 语言中就有几个贝叶斯优化库可以直接调用，它们关于目标函数使用的代理算法不同，例如 Spearmint（高斯过程代理）、SMAC（随机森林回归）、TPE(Tree Parzen Estimator，其中一种实现是 Hyperopt)。贝叶斯优化仍然是一个重要的研究领域，对于其存在的种种问题，已存在部分解决措施。例如使用高斯过程建模需要计算协方差矩阵的逆矩阵，时间复杂度为 $O(n^3)$，则可以使用一系

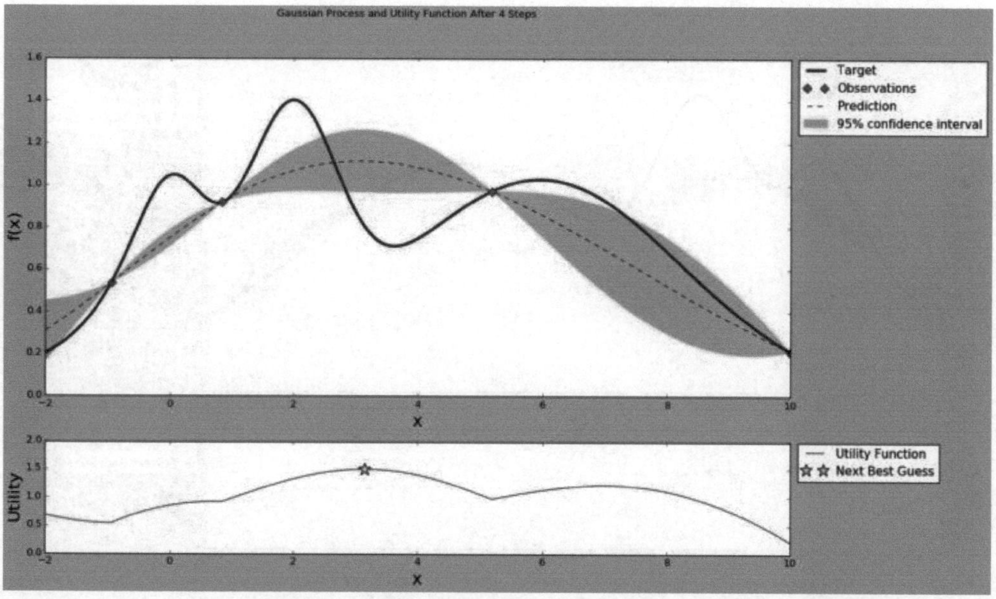

图 5-26 样本数为 3 时概率代理模型给出的预测以及采集函数给出的推荐点[①]

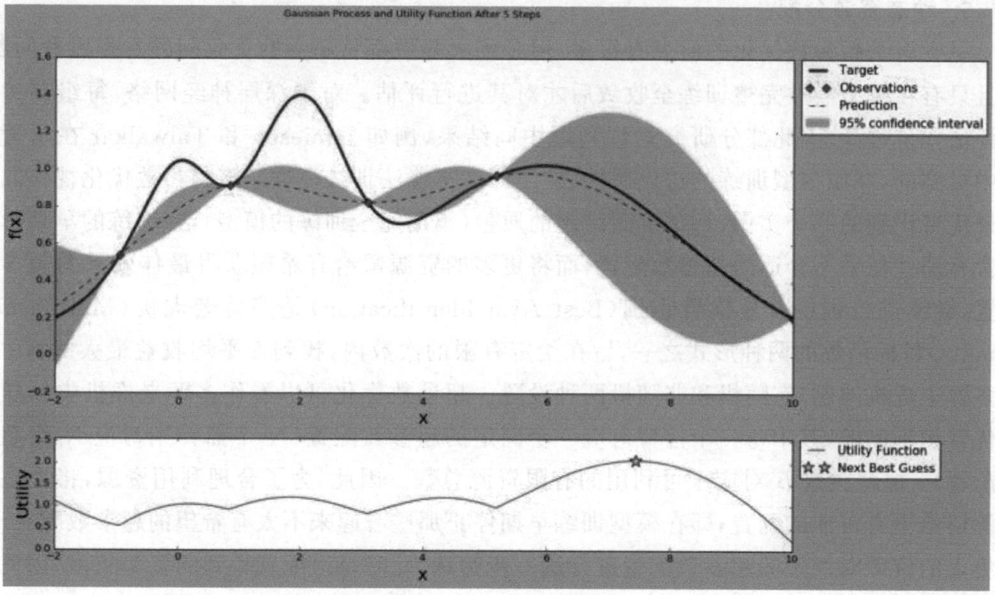

图 5-27 样本数为 4 时更新的概率代理模型和采集函数[①]

列近似技术在精度和复杂度之间权衡。另外，关于贝叶斯优化算法的扩展也有很多研究，例如概率代理模型向高维扩展、向多任务扩展、向冻融(Freeze-thaw)扩展。相应地，对于采集函数的扩展有：提出具有代价敏感性的采集函数，进行并行化扩展等。对于此部分内容不进行详细介绍，感兴趣的读者可自行查阅相关资料。

① 图片来自：tobe. 贝叶斯优化：一种更好的超参数调优方式[Z/OL]. https://zhuanlan.zhihu.com/p/29779000.

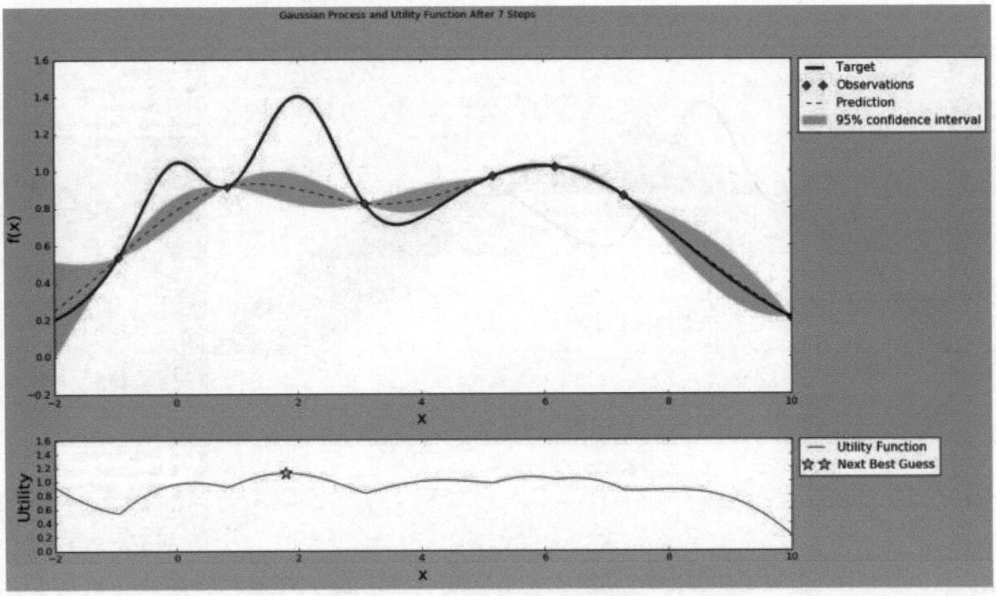

图 5-28 样本数为 7 时更新的概率代理模型和采集函数①

5. 动态资源分配

尽管对于超参数优化的研究有很多，但是绝大多数都将超参数优化问题看作黑盒问题，并且只有在模型经过完整训练至收敛后才对其进行评估。对于深层神经网络，每组超参数的评估代价过高，因此部分研究尝试利用中间结果，例如 Jamieson 和 Talwalkar 在所著论文中提到的，利用模型训练的迭代属性（使用梯度下降法训练模型），将超参数优化视作非随机最优臂识别的一个实例，评估中间结果的质量（不用完全训练的模型），在训练的早期阶段就舍弃那些似乎不合适的超参数配置，而将更多的资源留给有希望获得最佳效果的超参数配置，继续进行训练。最优臂识别（Best Arm Identification）是多臂老虎机（Multi-armed Bandits）目标函数的两种形式之一，旨在给定有限的次数内，找到使平均收益最大的臂；对于多臂老虎机问题，有随机和非随机两种设置。超参数优化可以看作多臂老虎机中非随机最优臂识别问题，其中每一个摇臂对应一个固定的超参数配置（N 个摇臂则对应 N 组超参数配置），摇臂次数 B 对应于可利用的有限资源总数。因此，为了合理利用资源，将更多的资源留给更有可能的配置，即在模型训练早期停止那些看起来不太有希望的超参数配置，使用更多的资源对候选的超参数配置进行进一步筛选，此时每组配置得到的资源更多，因此评估的结果更为准确，逐轮筛选直至确定最优配置并输出。对于该问题的解决方案——逐次减半（Successive Halving）算法，其具体过程如图 5-29 所示。

一共进行 $T(T=\lceil\log_2 n\rceil-1)$ 轮筛选，每轮筛选逐次减半直至选出最优的超参数配置。先将总的资源分为 T 份，每一轮筛选使用一份资源，第一轮筛选对所有超参数配置都进行评估，因此第一轮筛选中每一组超参数配置分到的资源为总资源的 $1/TN$，N 为超参数配置组数。根据评估结果选择一半数量的超参数配置进入第二轮筛选，第二轮筛选只有一半

① 图片来自：tobe. 贝叶斯优化：一种更好的超参数调优方式[Z/OL]. https://zhuanlan.zhihu.com/p/29779000.

Successive Halving Algorithm

input: Budget B, n arms where $\ell_{i,k}$ denotes the kth loss from the ith arm

Initialize: $S_0=[n]$.

For $k=0,1,\cdots,\lceil\log_2(n)\rceil-1$

  Pull each arm in S_k for $r_k=\left\lfloor\frac{B}{|S_k|\lceil\log_2(n)\rceil}\right\rfloor$ additional times and set $R_k=\sum_{j=0}^{k}r_j$.

  Let σ_k be a bijection on S_k such that $\ell_{\sigma_k(1),R_k}\leqslant\ell_{\sigma_k(2),R_k}\leqslant\cdots\leqslant\ell_{\sigma_k(|S_k|),R_k}$

  $S_{k+1}=\{i\in S_k:\ell_{\sigma_k(i),R_k}\leqslant\ell_{\sigma_k(\lfloor|S_k|/2\rfloor),R_k}\}$

output: Singleton element of $S_{\lceil\log_2(n)\rceil}$

图 5-29 逐次减半算法①

数量的超参数配置，其可利用的资源仍然为一份，因此每一组超参数分到的资源是第一轮的两倍，因此有更多的资源进行更准确的评估。再根据评估结果继续筛选直到输出最优配置，筛选轮数越多每组超参数分配到的资源越多。在逐次减半算法中，超参数配置的数量 N 十分关键，所有的超参数配置都是从可行超参数域中采样得到的。如果采样的数量越多，那么采样中包含最佳配置的可能性越高。但是总体上，每组配置分到的资源也越少，早期评估的结果就很有可能不准确。反之，如果选择的 N 较小，对于超参数的评估就会越准确，但很有可能无法得到最优配置，因此 N 的设置是一个关键问题。来自 JMLR 2018 最新的研究提出一种改进算法——HyperBand，通过尝试不同的 N 来选取最优的超参数。算法流程如图 5-30 所示，本质是在逐次减半法的外层增加一层循环，外层循环用于确定合适的 N 值，不同循环采样得到用于评估的超参数组合的数量不同，而内层循环即逐次减半算法，通过逐

Algorithm 1: HYPERBAND algorithm for hyperparameter optimization.

  input: R, η(default $\eta=3$)

  initialization: $s_{\max}=\lfloor\log_\eta(R)\rfloor$, $B=(s_{\max}+1)R$

for $s\in\{s_{\max},s_{\max}-1,\cdots,0\}$ do

  $n=\left\lceil\frac{B}{R}\frac{\eta^s}{(s+1)}\right\rceil$, $r=R\eta^{-s}$

  //begin SUCCESSIVEHALVING with (n,r) inner loop

  T=get_hyperparameter_configuration(n)

  for $i\in\{0,\cdots,s\}$ do

    $n_i=\lfloor n\eta^{-i}\rfloor$

    $r_i=r\eta^{i}$

    $L=\{$run_then_return_val_loss$(t,r_i):t\in T\}$

    T=top_k$(T,L,\lfloor n_i/\eta\rfloor)$

  end

end

return *Configuration with the smallest intermediate loss seen so far.*

图 5-30 HyperBand 算法②

① 图片来自：Jamieson K, Talwalkar A. Non-stochastic best arm identification and hyperparameter optimization [C]//Artificial Intelligence and Statistics. 2016: 240-248.

② 图片来自：Li L, Jamieson K, DeSalvo G, et al. Hyperband: a novel bandit-based approach to hyperparameter optimization[J]. Journal of Machine Learning Research, 2017, 18(1): 6765-6816.

轮筛选挑选出最优的超参数配置。文中给出了一个基于 MNIST 数据集对 LeNet 网络使用 HyperBand 算法进行超参数调优的示例,并将迭代次数定义为预算(budget),即一个 epoch 代表一个预算。超参数搜索空间包括学习率、用于批量梯度下降的批大小、卷积核数目等,图 5-31 的表中给出了需要训练的超参数组的数量和每组超参数资源分配情况。s 为不同的外层循环,不同循环中超参数配置数量 N 不同,分别为 81、27、9、6 和 5; n_i 为内层循环逐次减半算法第 i 轮需要评估筛选的超参数配置的数量; r_i 为每一组配置分配得到的资源。经过逐轮筛选得到当前 N 组超参数配置下,评估性能最好的一组。图 5-31 中右图给出了不同的 s(代表不同的 N)对搜索结果的影响,可以看到 $s=0$(对应 $N=81$)或者 $s=4$(对应 $N=5$)表现都不是最好的,因此选择合适的 N 实际上是对利用和探索的权衡,关于该算法的具体细节可参考相关论文。

	$s=4$		$s=3$		$s=2$		$s=1$		$s=0$	
i	n_i	r_i	n_i	r_i	n_i	r_i	n_i	r_i	n_i	r_i
0	81	1	27	3	9	9	6	27	5	81
1	27	3	9	9	3	27	2	81		
2	9	9	3	27	1	81				
3	3	27	1	81						
4	1	81								

Table 1: Values of n_i and r_i for the brackets of HYPERBAND when $R=81$ and $\eta=3$.

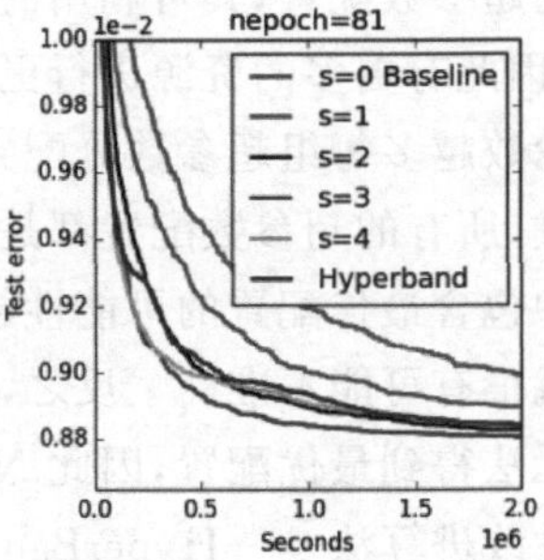

Figure 2: Performance of individual brackets s and HYPERBAND.

图 5-31 不同的 s 使用 HyperBand 算法的表现①

上述算法中对超参数的采样默认使用均匀随机采样,有些算法在此基础上结合了贝叶斯优化进行采样,例如 BOHB 算法。BOHB 算法依赖 HyperBand 算法来决定每次运行多少组参数和每组参数分配多少预算,它的改进之处是将 HyperBand 算法中每个循环开始时随机选择参数的方法替换成依赖历史数据建立模型(贝叶斯优化)进行参数选择。一旦贝叶斯优化生成的参数达到迭代所需的配置数,就会使用这些配置执行标准的逐次减半算法。观察这些参数在不同资源分配下的表现,在后续迭代中用作贝叶斯优化模型选择参数的基准数据。无论是逐次减半算法还是 HyperBand 算法,都是在给定有限资源的条件下,更好地利用资源找到最优超参数,并且可以和贝叶斯优化算法进行融合。

6. 神经架构搜索

神经网络中的超参数可以根据其属性分为两类。一类是与训练有关的超参数,例如学习率、批量大小、正则化系数以及学习率衰减系数等。而另一类则是与网络结构有关的超参数,例如网络的拓扑结构,包括网络层数以及层间的连接关系、层的类型选择、层之间的组织排布等;层内部也包括各种各样的超参数,例如卷积层中卷积核的大小、数量、步长以及是否使用零填充等,还有池化大小、步长的选择以及采用哪种池化方式等。部分文章将深度学习中只与训练有关的超参数优化称为超参数优化;而将调节与网络结构有关的超参数称为

① 图片来自:Li L,Jamieson K,DeSalvo G,et al. Hyperband:a novel bandit-based approach to hyperparameter optimization[J]. Journal of Machine Learning Research,2017,18(1):6765-6816.

神经架构搜索(Neural Architecture Search,NAS),对该类超参数进行调整会改变神经网络的结构,其优化本质即通过大量尝试来探索一种更为合理的网络结构。已经发现的并且证明表现良好的几种神经网络架构通常都是由有数年经验的专家设计的,而NAS作为一种新兴研究方向,旨在将神经网络结构设计的过程自动化,使得非神经网络领域专家也能根据具体任务使用自动设计的模型来解决问题,有效降低神经网络的使用和实现成本。论文*A Survey on Neural Architecture Search*总结了截至2019年所有与NAS相关的工作,NAS作为自动机器学习(Automatic Machine Learning,AutoML)的子领域之一,主要用来探索深度学习中的网络结构。该文中作者提出了一种形式化的方法,用于统一并分类现有的关于神经架构搜索的方法。如图5-32所示,构成NAS的三要素为搜索空间、搜索策略和性能评估策略,其搜索流程如图5-32所示。对于给定的"搜索空间"(即候选神经网络架构集合),使用某种搜索策略从这些候选架构中搜索出最优的神经网络架构,对于搜索出的优秀神经网络架构,使用评估策略评估该架构的性能,常用的性能指标有精度、速度等。

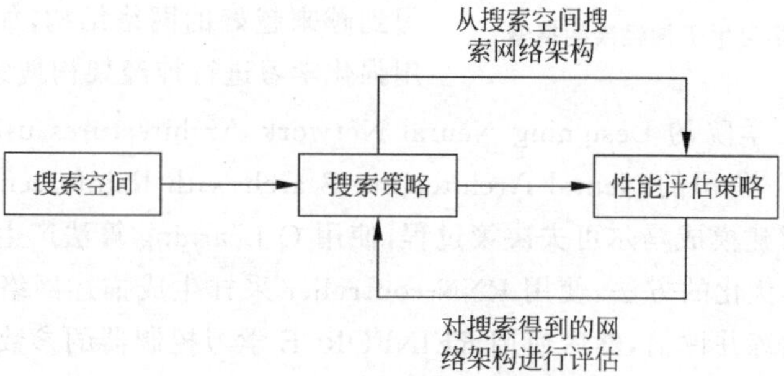

图5-32　神经架构搜索框架图

搜索空间定义了可以搜索的架构类型以及形式化描述结构。从数学上看,神经网络是一个函数,对输入变量进行一系列操作得到输出,因此神经网络可以用计算图语言形式化地表示为无孤立节点的有向无环图(DAG),由于神经网络的层数、层内超参数数量都不固定,因此用于描述网络结构的参数是变长的。搜索空间的设计是神经架构搜索的重要组成部分,好的搜索空间不仅可以加速搜索过程,还会影响搜索的持续时间和架构的质量。早期的NAS工作中,由于当时的神经网络都是基于链式的前馈型网络,空间的设计主要是用于搜索链式结构。随着ResNet、DenseNet、Skip Connection等结构的出现,分支架构在性能上超越了传统网络,NAS也将这种分支架构纳入考虑,提出了合适的搜索空间,可以产生更加多样的架构。另外,NAS还考虑了含有很多重复模块的结构,例如Inception、DenseNet、ResNet等。这些重复的模块被称为cell或者block,相应地提出了基于cell的搜索,探索cell的内部结果并按一定的方式进行组合。文中将搜索空间分为全局搜索空间和基于cell的搜索空间,前者是为表示整个神经架构的图定义的;后者假定神经架构是由若干cell组成的,这些cell被重复用于构建完整的网络,其通过减少自由度达到减小搜索空间的目的,并且使得搜索到的结构在数据集之间具有更好的迁移能力。总体来说,基于cell的搜索空间(特别是NASNet已成为领域规范)是探索新架构的良好选择。

搜索策略定义了如何在搜索空间中找到最优的网络结构,其本质是一个优化问题,通过最大化验证集上的目标函数来找到最优的结构α^*,形式化表示为

$$\alpha^* = \underset{\alpha \in A}{\operatorname{argmax}} f(\alpha) \tag{5-72}$$

其中，A 为搜索空间，$f(\cdot)$为给定结构在验证集上使用选择的性能评估策略给出的性能度量，因为 $f(\cdot)$是不可知的，故神经架构搜索实际上是一个黑盒优化问题。文中给出了 4 种典型的优化方法：强化学习、进化算法、基于代理模型的优化和一次性架构搜索。其中，强化学习系列和进化算法系列有着不错的表现。

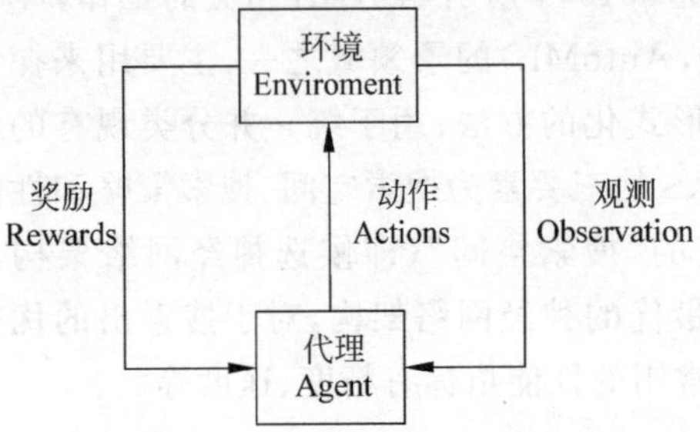

图 5-33　强化学习用于神经架构搜索

基于强化学习的 NAS 算法将神经网络结构设计视为强化学习问题，最终习得能够产生网络结构的最优策略。NAS 任务中，架构的生成可以看作智能体（agent）选择一系列动作（action），而奖励（reward）则是生成的架构在验证集上的性能度量。通过将奖励传回智能体，使得智能体进行调整从而做出更好的动作，学习到越来越好的网络结构，如图 5-33 所示。使用强化学习进行神经架构搜索的两项开创性工作分别为麻省理工学院的 Designing Neural Network Architectures using Reinforcement Learning 和 Google 公司的 Neural Architecture Search with Reinforcement Learning。前者将网络架构搜索建模成马尔可夫决策过程，使用 Q-Learning 算法产生 CNN 架构；后者使用基于策略梯度优化的方法，使用 RNN-controller 采样生成描述网络结构的字符串，对生成的结构进行训练并评估，然后使用 REINFORCE 学习控制器的参数，使控制器产生准确率更高的结构。后来 Google 公司提出了 NASNet，通过限定网络结构的类型，对搜索空间进行简化，即使用基于 cell 的搜索空间，依旧使用策略梯度方法来学习该空间下的控制器参数，具体使用 PPO(Proximal Policy Optimization)算法对控制器参数进行更新。为提升搜索效率，Google 公司先后提出了 PNAS(Progressive Neural Architecture Search)方法和 ENAS(Efficient Neural Architecture Search)方法，前者使用“基于序列模型优化（SMBO）”的策略取代 NASNet 所用的强化学习；后者通过在各个网络之间共享权重来减少计算量。

进化算法(Evolutionary Algorithm，EA)是一种针对黑盒问题的基于种群的全局优化方法，由以下基本组件组成：初始化、父代选择、重组和变异、幸存者选择。初始化定义了如何产生第一代种群，完成初始化后，重复以下步骤直到算法终止，如图 5-34 所示。

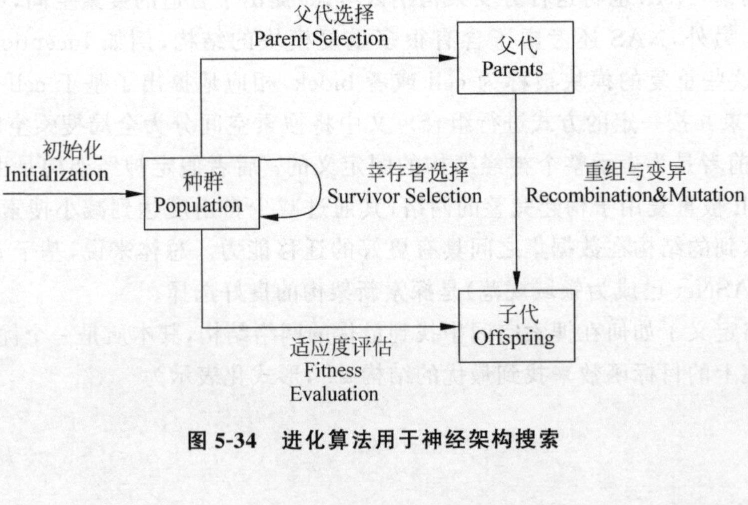

图 5-34　进化算法用于神经架构搜索

(1) 从种群中选择父代。

(2) 重组和编译产生新的个体。

(3) 评估新个体的适应度。

(4) 选择种群的幸存者。

在神经架构搜索任务中,种群由一组网络结构组成。首先,随机初始化若干网络结构作为初始种群,在步骤(1)中选择一个父代结构或者对一对结构进行变异或重组,该操作使得搜索空间中产生了新的网络结构。步骤(3)对这些结构计算适应度值(即神经网络在验证集上的精度),经过重组和变异,种群规模随之增长,"幸存者选择"是为了减小种群规模,并使个体之间的竞争成为可能。不断重复上述过程,直到找到最优网络结构。遗传算法(Genetic Algorithms,GA)是一类广泛应用于神经结构搜索的进化算法。用进化算法解决NAS 问题,不同的工作聚焦在不同的方面,例如如何选择父代,如何更新种群,如何生成子代种群等。文中给出了 6 个基于 EA 的 NAS 相关工作的比较,详情可参考论文。

除了强化学习和进化算法,另一类比较新的方法为基于梯度的方法。通过将离散的搜索空间变成连续空间,目标函数变为可微函数,然后使用基于梯度的优化方法高效地寻找最优结构,其中 DARTS 方法和 Neural Architecture Optimization 中提出的方法都是基于梯度的。

除了上述三种主流方法外,实际上还有很多其他搜索策略用于神经架构搜索,例如基于模型的序列优化(上文提到的 PNAS)、蒙特卡罗树搜索(MCTS)、贝叶斯优化等。由于神经结构搜索的低效性,搜索空间巨大以及评估性能需要对模型进行训练导致过大的计算量,使得 NAS 无法进行推广,因此后续很多工作都是针对效率问题展开的。常见的方法有层次化表示(例如 NASNet 使用基于 cell 的搜索空间减少了搜索规模)、权重共享(例如 ENAS 令所有的子网络重用权重而非对每个候选模型从头训练)、表现预测(例如 PNAS 中使用代理模型来评估候选模型的性能从而减少大量训练时间的耗费)。随着 NAS 的发展,作为新的研究方向,提出一系列变种及扩展。例如多目标架构搜索,同时考虑架构性能、存储空间、模型大小、计算量、功耗等多个目标。另外,已开发的结构搜索技术也已经扩展到深度学习的相关组件的高级自动化,例如搜索激活函数、自动数据增强、模型压缩等。NAS 作为当前高热的研究方向,旨在帮助人们自动搜索适合当前任务的深度神经网络,以使用较低成本获得最优的深度模型。目前,已经产生了一些自动化工具可以使用,例如 Google 公司推出相应的平台 CLOUD AUTOML,使得用户无须具备深度学习或者人工智能相关知识背景,只需根据给定的训练集和任务就能轻松地训练出高性能的深度网络,但是该平台是收费的。另一款 NAS 开源框架 AUTO KERAS(GitHub 地址为 https://github.com/jhfjhfj1/autokeras)以论文 *Efficient Neural Architecture Search with Network Morphism*(即 ENAS)做指导,基于贝叶斯优化来搜索深度模型。读者可自行安装 Auto-Keras,并尝试给定数据集使用 AUTO KERAS 自动执行架构搜索。

对超参数执行交叉验证,交叉验证是在训练集上进行训练,然后在验证集上验证这些超参数的试验效果。首先,需要选择相当分散的数值,在几个 epoch 中进行迭代,经过迭代可以判断数值的好坏并做出相应的调整,这样就可以发现一个更精确的参数区间,并进一步搜索更精确的值。由于不断减小搜索区间的过程非常耗费时间,可以采用类似 NANS 激增这样的技巧,训练参数时,在每一个迭代或者 epoch 观察代价,如果出现一个远远大于初始代价的值,例如超过了 3 倍,就认为这不是一个正确的方向,则跳出循环停止对该参数的训练。

与均匀采样相比，在区间内使用10的幂指数进行采样效果更好。

学习率、不同类型的衰减表、更新类型正则化以及网络结构隐藏层的数量和深度，这些都是可以优化的超参数。实际中，有大量的超参数优化采用交叉验证方式观察哪些配置效果更好。通过监测和可视化损失函数曲线可以看到哪些学习率值是好的，哪些学习率值是不好的。

5.5.3 集成学习

集成学习(Ensemble Learning)作为一种在各类机器学习比赛中经常使用的技巧，实践中总能稳定提升模型的性能。集成学习通过训练多个模型并将这些模型组合起来以取得比单个模型更好的性能，其中多个模型被称为弱学习器，可以作为生成复杂模型的构件。这些弱学习器基于同一任务，通过样本扰动、输入特征扰动、输出表示扰动、算法参数扰动等方式生成，然后使用某种结合策略进行集成从而生成强学习器。集成学习的两个核心问题是如何生成弱学习器和如何组合弱学习器。可以通过使用不同的模型、不同的训练算法、不同的目标函数等生成不同的弱学习器，并且这些弱学习器需要满足"好而不同"，才能充分发挥集成学习的作用，即要求弱学习器尽量满足预测精准性和多样性。常见的组合策略有平均法(包括算术平均和加权平均)、投票法(主要有相对多数投票法、绝对多数投票法、加权投票法三种)和Stacking策略。其中，Stacking策略是在弱学习器的基础上再添加一层权重学习器(Meta Learner)，该学习器将弱学习器的预测结果作为输入得到最终的预测结果。

传统集成学习中，所有弱学习器都是同质的，即如果使用决策树算法，那么对所有弱学习器都使用决策树。但是，现在集成学习的定义更加广泛，用于集成的模型也可以是异质的。为区分，前者称为同质集成，后者称为异质集成。具有代表性的集成学习方法主要有Bagging和Boosting。

1. Bagging

Bagging(Bootstrap Aggregating)的主要思想是独立并行地训练多个不同的学习器，所有学习器共同决定测试样本的输出。该方法体现了自助采样法的思想。首先，通过有放回地采样构造N个数据集用于训练N个学习器，每个数据集的样本数量与原始数据集一致，因此可能有重复的样本，并且缺少部分原始训练集中的样本。通过自助采样法得到的数据集中大概有2/3的数据与原始数据集一致，并且不同的数据集缺失和重复的部分各不相同，训练集之间的差异造成训练出的学习器之间也具有差异性。图5-35为Bagging用于集成学习的示意图。训练得到N个弱学习器后，Bagging的结合策略非常简单，对于分类任务，可以根据N个弱学习器的结果投票决定输出值；对于回归问题，则可以取N个学习器输出结果的算术平均值。

随机森林(Random Forest，RF)是采用Bagging思想的一个具体实例，其以决策树作为弱学习器，然后采用Bagging集成技术训练得到随机森林模型。Bagging作为一大类集成方法，能够有效降低泛化误差，抑制模型的过拟合问题，使得集成得到的模型比单一模型更正则化，使得集成的模型泛化能力更强。

2. Boosting

Bagging方法中各个弱学习器之间互相独立，与此不同，Boosting中弱学习器之间存在强依赖关系，各个弱学习器必须顺序生成。Boosting的工作机制为：首先，使用初始训练集训练一个弱学习器；然后，根据这个弱学习器的表现，基于先前的模型进行调整；这样重复

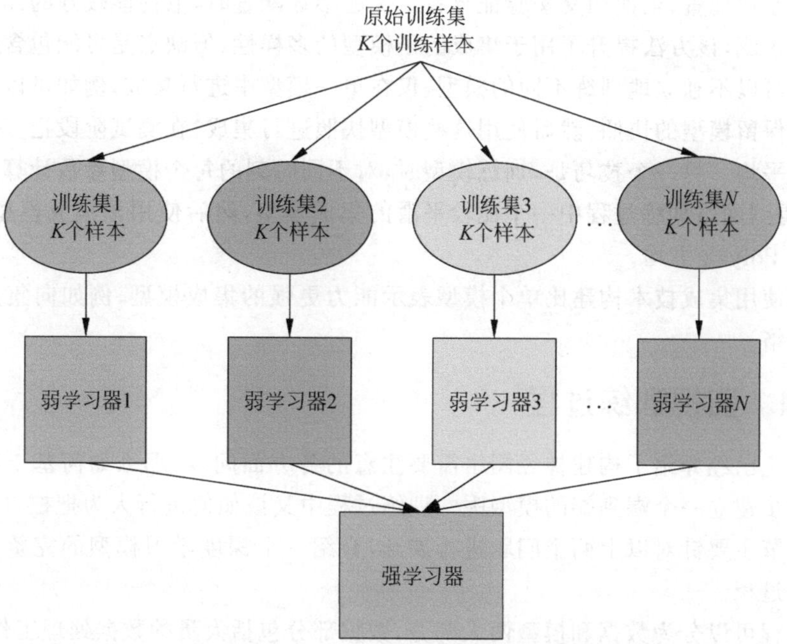

图 5-35 Bagging 实现集成学习的示意图

N 次就可以生成 N 个弱学习器，每一个弱学习器都比前一个弱学习器有性能上的提升。按照这种方法，这些弱学习器必须顺序生成，无法并行化。Boosting 框架将这些模型进行加权组合生成强学习器，这里弱学习器既可以使用同质模型也可以使用异质模型，常用作弱学习器的算法有神经网络和决策树等。

Boosting 系列算法比较著名的有 AdaBoost(Adaptive Boosting)算法和 GBDT(Gradient Boosting Decision Tree)算法。AdaBoost 算法在每次生成新的弱学习器时，将上一弱学习器发生错误的训练样本的权重增大，使得这些错误样本在后续受到更多的关注，最后将这些弱学习器进行加权组合，并且根据弱学习器的准确率赋予相应的权重，使准确率较高的弱学习器权重更高，每一轮训练中需要关注样本权重和弱学习器权重的更新。GBDT 算法通过计算负梯度来改进模型，每一轮训练关注的重点是预测的残差(即负梯度)，将前一次样本的残差作为输入数据进行训练，尽量拟合该参数，使得下一轮输出的残差不断减小，因此 GBDT 算法可以做到每一轮训练一定会向损失函数减小的梯度方向变化。GBDT 算法仅利用了一阶的导数信息，改进算法 XGBoost(EXtreme Gradient Boosting)对损失函数进行二阶泰勒公式展开，并添加正则项以避免过拟合。

与 Bagging 算法不同，Boosting 算法旨在提升弱学习器的性能，随着集成的模型数量增加，算法性能会稳健提升，但效果的提升速度会越来越慢。

3. 神经网络中的集成

神经网络中使用集成技术主要是为了减小模型的泛化，避免过拟合。因此，部分模型集成方法可以看作正则化方法。通过训练多个独立的模型，然后在测试时对多个模型的预测结果取均值，使用该方法总能提升神经网络的准确率。有多种集成方法可以帮助实现正则化，例如使用同一神经网络进行不同的初始化，模型的多样化来自不同的初始条件；或者应用不同的超参数配置，当使用交叉验证寻找最优超参数配置时，取性能较好的几组配置训练模型以实现集成，该方法提升了用于集成的子模型的多样性，但缺点是可能包含性能不理想的模型。也可以不独立地训练不同的模型，仅在单一模型中进行集成，例如可以在训练过程的不同时刻保留模型的快照，然后使用这些模型快照进行集成，在测试阶段把多个快照的预测结果进行平均。另一个技巧是，训练模型时，对不同时刻的每个模型参数计算指数衰减平均值，从而得到网络训练过程中一个比较平滑的集成模型，然后使用该集成模型的参数，这种方法叫作 Polyak 平均。

也可以使用集成技术构建比单个模型表示能力更强的集成模型，例如向集成模型逐步引入神经网络。

5.5.4 监视训练过程

目前为止已经介绍了构建神经网络需要注意的各方面问题，那么如何基于特定任务从无到有地逐步建立一个端到端的模型呢？训练过程中又该如何进行人为把控以获得最好的效果呢？本节主要针对以上两个问题进行展开，介绍一个深度学习模型的完整构建流程以及监视训练过程。

设计流程可以分为数据和模型两大部分，数据部分包括大量的数据处理工作，例如数据采集。如果是监督学习，还需要为样本数据打标签，还要进行数据清洗等基础数据操作。总之，数据处理旨在获取高质量的数据集，这对模型性能的表现有很大的影响。假设已经获得了质量良好的数据集，本节将重点关注模型构建与训练。

针对具体应用，实际中通常将设计流程分为以下板块。

(1) 确定目标，根据具体任务选择合适的性能度量，并确定合理的性能期望作为目标。

(2) 确定合适的代理损失函数，建立一个尽量简单的端到端的工作流程。

(3) 搭建系统，监视整个训练过程，确定性能瓶颈。

(4) 查找产生性能瓶颈的原因，并进行改善，进一步提升模型性能。

在确定了任务以后，就要确定合适的性能度量，这些性能度量通常不能用作训练模型的目标函数，而是从任务层面衡量所构建系统的有效性。例如，在图像识别任务中，一般使用准确率或者等价的错误率衡量构建的系统的性能，而不是将其作为优化目标的交叉熵损失函数(不考虑正则化)。另外，许多任务需要更高级的性能度量。例如，在“癌症检测”的任务中，系统将“健康”误判为“患癌症”和将“患癌症”误判为“正常”这两种错误带来的后果是不同的，第二种错误是需要减少甚至避免的，为达到这个要求甚至可以增大第一种错误的概率。可以考虑使用代价函数来解决这个问题，对于不同的错误赋予不同的代价，可以给予第一种错误较小代价，而给予第二种错误较高代价，构建的系统应使整体代价尽可能小。其他可以用于描述系统的性能度量有精度、召回率、P 权限、F 分数/覆盖等，某些专业领域也有相应的标准。在确定了性能度量后，应当设立一个可实现的目标，即希望系统可以达到的性能期望，可以根据类似任务的表现来大致确定这个目标，当系统表现不佳时指导系统改进，进一步实现性能的提升。

确定好性能度量后，下一步需要确定合适的代理损失函数，并建立一个端到端的系统。由于某些性能指标难以用数学参数形式化表达并且不能直接作为优化的目标，因此代理目标函数将作为实际的优化目标，应当在构建完整的系统之前就确定其具体形式。这里应当注意，构建系统的初期应当尽量简单，可以使用小数据集进行拟合，使用较为简单的模型和简单的优化算法，并且不使用各种正则化策略。当出现问题时再根据实验反馈改善系统，可以考虑收集更多的数据，使用数据增强策略，增加模型复杂度，以提升模型的表示能力，考虑引入正则化、使用更复杂的优化策略等措施逐步改善系统的性能。不要一开始就使用复杂的系统，因为难以监控和调试，实践中成功的经验表明更重要的是正确地构建完整的操作流程而非使用复杂的系统。

构建一个端到端的系统，首先需要根据数据结构选择一类合适的模型。如果数据是维度固定的向量，可以使用普通的全连接网络；如果是类似图像数据这样具有拓扑结构的数据，则可以考虑卷积神经网络模型；如果数据是类似语音数据这种序列数据，可以使用循环神经网络来建模。确定网络类型后，需要根据任务构建具体的网络结构，包括网络深度、每层神经元个数、不同类型的层的排布、激活函数的确定等。卷积网络还需要确定卷积核、池化核的大小及数量以及池化方法等。自主设计网络架构可能会比较困难，但可以使设计的网络更贴近具体任务，也可以直接选择在类似任务上表现优良的模型架构。网络框架搭建完成后，需要确定各种超参数的值，例如小批量的大小、优化方法的确定以及相应的超参数设置、权重衰减系数等，这里的超参数不包括与网络结构有关的超参数，超参数优化与配置的内容见 5.5.2 节。然后对网络进行初始化，初始化策略可见 5.3 节的介绍。如果使用 sigmoid 函数或者 tanh 函数作为激活函数，可选择 Xavier 初始化；如果使用 ReLU 函数则可以使用 He 初始化或者使用简单的小随机数初始化，但是要配合使用批量归一化策略。初始后的网络接受预处理过的数据作为输入，先计算各层激活值和最终输出值进行前向传播，再利用反向传播计算参数梯度，并根据确定的优化策略对参数执行更新，不断迭代直至目标函数收敛或者达到预期值，常见的优化策略见 5.1 节和 5.2 节。在整个过程中，可以进行监控，发现错误适时停止以避免资源的浪费。当模型训练完成后，根据模型的性能度量评估模型的表现，这里注意应当关注模型的泛化能力，而不应该一味追求模型在训练集上的表现。根据模型的表现以及训练过程中发现的问题，对模型进行改进，例如加入各种正则化策略，使用集成学习或者对模型的某些方面做出改进，使得模型性能获得进一步提升。图 5-36 展示了深度模型构建流程，此处不包括依赖于具体任务的性能度量和代理损失函数的确定，仅将适用于所有任务的通用步骤提取出来。

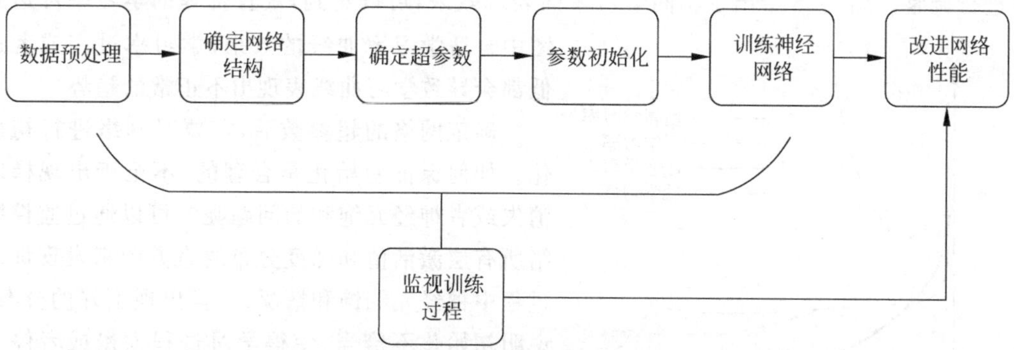

图 5-36 深度模型构建流程图

通过以上介绍，已经大概了解了基于特定任务构建深度学习模型的流程。在整个过程中进行人为控制可以帮助模型取得更好的效果，那么如何监视训练过程并根据监视结果改善模型的表现呢？下面将根据流程图的顺序介绍“监视”是如何在不同部分发挥作用的。首先是超参数的确定，这里的超参数指广义的超参数，包括模型结构类型相关的超参数和与模型训练有关的超参数，涵盖流程图中确定网络结构和确定超参数两部分。由上文可知，需要评估不同超参数配置在验证集上的表现来选择超参数，需要对待评估的每一组超参数配置完整运行训练过程，这导致计算代价巨大，并且搜索速度很慢。因此，可以通过监视训练过程的学习曲线进行选择。图 5-37 展示了几种可能的学习曲线，一旦模型表现得很差导致学习曲线不能收敛或者收敛到一个较差的位置，对应图中第一种和第二种情况，可以在早期做出判断并停止训练，即使用“提前停止”策略终止模型的训练，减少在不可能有良好表现的配置上浪费过多时间和资源，而将资源留给那些更有可能表现良好的超参数配置。“提前终止”不仅可以作为一种正则化策略，还可以在训练发生错误时，有效防止资源的浪费。学习曲线横轴通常出现的两个量：迭代次数(Iterations)和遍历次数(Epochs)。其中，每一次迭代表示执行一次参数更新，而遍历次数指遍历原始训练集的次数。假设训练集有 100 个样本，使用小批量梯度下降算法进行参数更新，小批量的数目为 10，那么每次迭代使用 10 个样本进行一次更新。当遍历完训练集的全部样本时，进行了 10 次迭代，1 次遍历。实际上，由于训练数据有限，可能需要多次遍历训练集，例如设置遍历次数为 5，那么当训练结束时，就进行了 50 次迭代。另外，有些文献中学习曲线的横轴变量表示时间，这也是可以的。

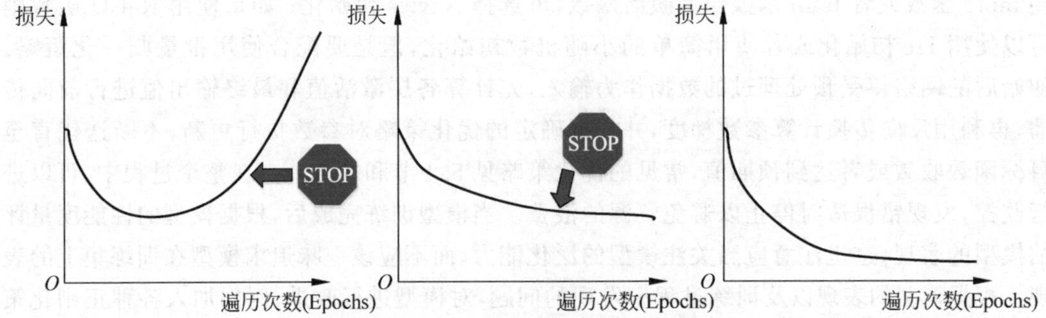

图 5-37 几种可能的学习曲线

对于最重要的一个超参数——学习率，当时间和其他资源有限时，应当首先考虑对学习率进行调整。图 5-38 给出了不同学习率的表现效果，可以看到，设置合理的学习率可达到图中合适学习率曲线的效果，学习率过高或者过低都会导致学习曲线表现出不正常的趋势。

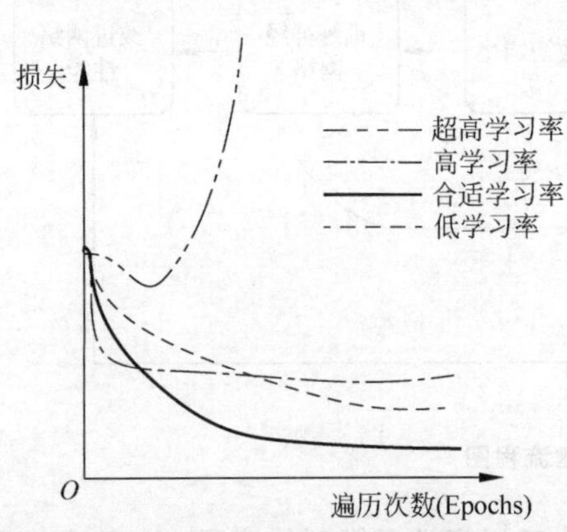

图 5-38 不同学习率的效果

确定网络的超参数后，需要对网络进行初始化。如何保证初始化是合理的，不至于出现梯度消失或者神经元饱和的问题呢？可以通过监控网络所有层激活值和梯度分布的直方图来发现训练过程中神经元的饱和情况，一旦出现不好的分布，说明初始化不恰当，使得学习过程太慢或者停止了。传播梯度的快速增长或者快速消失，都会阻碍优化过程。

对网络进行合理的初始化后，便可以开始训

练模型了。在对整个训练集进行正式训练之前，可以先尝试在一个比较小的训练集上进行训练，确保损失值能够达到 0。训练过程中应跟踪权重更新比例，即每次迭代的所有参数的更新量与未更新前参数量之间的比例，也就是在一个小批量更新中参数的变化幅度。经验性的结论是这个比例应该为 10^{-3} 左右，如果比例太低说明学习率可能太小，如果比例太高则说明学习率可能太大。也可以跟踪梯度的范式及其更新，通常可以得到相似的结果。另外，在训练过程中需要重点关注模型在验证集上的表现，通过定期对训练的模型在验证集上进行评估并绘出对应性能曲线，可以判断模型是否发生过拟合，并且可以根据两条曲线之间的距离判断过拟合的程度。如图 5-39 所示，与线②相比，线③说明模型发生更严重的过拟合现象。当模型发生过拟合时，就应当考虑加入正则化策略或者增大正则化的强度，或者使用集成学习，或者收集更多的训练数据，或者使用数据增强策略等。如果训练和测试误差都比较高，可能的原因是模型欠拟合，因此应当增加模型复杂度以提升模型容量。另外一个需要检验的是通过反向传播计算得到的梯度，这在前文提及过，可以通过将部分参数的解析梯度和数值梯度进行比较验证计算的正确性。

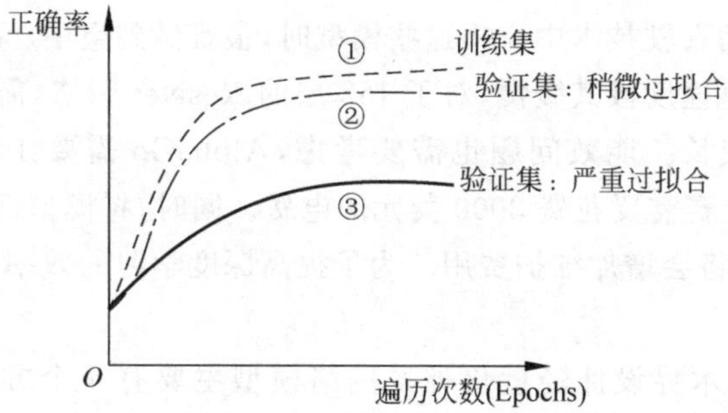

图 5-39　模型在验证集上的表现与过拟合现象

还有很多策略可以帮助监视训练过程中的行为，例如图像数据，可以通过特征可视化来判断模型的行为。在实践中遵循以上设计流程，并通过监视训练动态，可以帮助快速定位存在的问题，带来训练上的成功，获得高性能的模型。

本章小结

本章按照神经网络训练的流程，详细介绍了训练过程中的各种细节。对于神经网络的两个重要方面“优化”和“正则化”进行了重点介绍。其中，优化旨在尽可能地降低训练误差，要求最终训练的模型在训练集上表现良好。5.1 节和 5.2 节所描述的优化算法，都是在最小化目标函数的过程中不断降低训练误差。而正则化则要求模型在测试集上表现良好，模型要具备良好的泛化能力，即要在未知的数据上具有良好的预测能力，5.4 节介绍了相关的正则化策略。另外，网络参数的合理初始化对训练过程也至关重要，因此 5.3 节介绍了几种实践证明比较有效的初始化方法。最后，对于实际训练中常用的小技巧也做了简要介绍。阅读完本章，读者可自行设计一个简单的模型，尝试不同的优化策略、正则化策略、初始化方法等，感受不同方法的效果，实践可帮助读者进一步提升对相关知识的理解。

第6章 轻量化神经网络模型

CHAPTER 6

为了获得更高的准确率，深层神经网络结构规模越来越大。在图像识别领域，从 2012 年的 AlexNet 模型到 2015 年的 ResNet 模型，模型尺寸增长了 16 倍。但是，如果将模型部署在移动端设备，会带来一些问题。模型尺寸太大将导致下载时延较高、占用内存较大，在对时延要求较高的自动驾驶技术中应用这些模型时，很难做到空中/无线电更新。另一个问题是深层神经网络训练速度极其缓慢，对于 152 层的 ResNet 网络，需要花费一周半的时间进行训练，生产周期较长。能效问题也需要考虑，AlphaGo 需要 1920 个 CPU 和 280 个 GPU 进行计算，每场比赛需要花费 3000 美元的电费。同时，将模型部署在移动端设备上将会消耗电量，数据中心将会增加维护费用。为了提高深度学习的效率，需要在算法和硬件方面共同设计。

目前，工业界和学术界设计轻量化神经网络模型主要有 4 个方向：人工设计轻量化神经网络模型，即设计更高效的“网络计算方式”（主要针对卷积网络）以减少网络参数；深度神经网络模型压缩，即对现有的卷积神经网络模型进行压缩，使得网络具有更少的参数，同时能降低模型的计算复杂度；基于 NAS 的自动化神经网络设计；基于 AutoML 的自动模型压缩（AutoML for Model Compression，AMC），利用强化学习提供模型压缩策略。

本章重点介绍人工设计轻量化神经网络和模型压缩。6.1 节介绍 4 种人工设计的深度学习轻量化模型，主要思想是对卷积方式进行重新设计，有效降低模型所需的存储空间和计算量，同时保证网络性能不受影响。6.2 节介绍深度神经网络模型压缩，主要是对现有的卷积神经网络模型进行压缩，使得网络具有更少的参数，同时降低模型的计算复杂度。6.3 节分别从推理和训练两个阶段介绍深度神经网络的硬件加速方法。6.4 节介绍移动端深度学习。

6.1 深度学习轻量化模型

从 AlexNet 到 ResNet，卷积神经网络发展的一个研究方向是通过增加网络层数以增加网络性能，但是随之而来会产生效率问题。效率问题主要体现在模型的存储和计算能力。由于数百层网络有着大量的权重参数，保存大量权重参数对设备的内存要求很高，并且这些模型还需要非常强大的 GPU 来进行运算。在某些低功耗领域，例如手机和无人机等移动端设备，如果使用这样的大规模 CNN，几乎很难做到。所以，近年来 CNN 模型的另外一个很重要的研究方向就是如何在算法层面有效降低模型所需要的存储和计算量。轻量化模型可以很好地解决上述问题，其主要思想是对卷积方式进行重新设计，使计算更为高效，减少网络参数的同时保持网络性能。

6.1.1 SqueezeNet 模型

斯坦福大学的研究人员在 2016 年 2 月提出 SqueezeNet 模型，此模型可以达到 AlexNet 模型在 ImageNet 数据集上的准确率，并且与 AlexNet 模型相比，减少了 50 倍的网络参数。

SqueezeNet 模型有以下三个特征：用 1×1 卷积核代替 3×3 卷积核，1×1 卷积核对特征图的深度进行压缩，与 3×3 卷积核相比，参数为 1/9；通过使用 squeeze 层减少输入通道到 3×3 卷积核的数目；在网络后期采用下采样可以使卷积层有更大的激活图，从而有更高的分类准确率。其中，前两个特征操作的目的是减少参数，第三个特征操作的目的是在模型大小有限的情况下最大化准确率。

SqueezeNet 模型堆叠地使用 Fire 模块，包括 squeeze 层和 expand 层。squeeze 层包含 1×1 卷积核，其卷积核数目小于输入特征图数目。expand 层包含 1×1 卷积核和 3×3 卷积核，并把二者得到的激活图进行合并，如图 6-1 所示。Fire 模块的输入和输出特征图的大小是不变的，仅通道数改变。

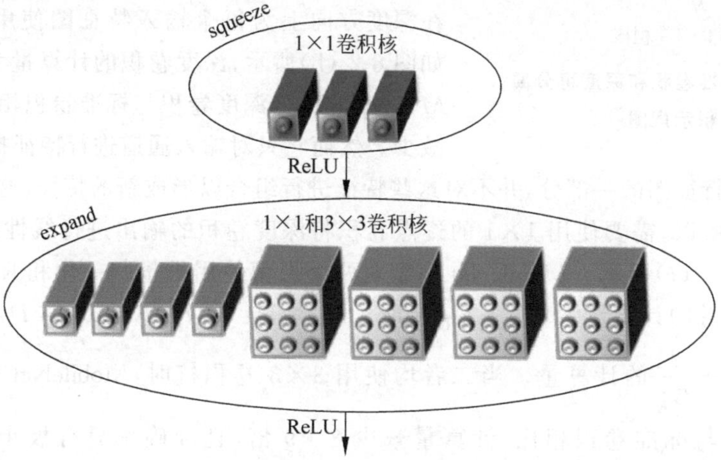

图 6-1 Fire 模块[①]

同时，SqueezeNet 模型使用深度压缩算法进行模型压缩，使模型大小小于 0.5MB。

6.1.2 MobileNet 模型

Google 团队于 2016 年 4 月提出 MobileNet 模型，是一个能在移动端和嵌入式设备上进行计算机视觉应用的模型。

---

① 图片来自：Iandola F N，Han S，Moskewicz M W，et al. SqueezeNet：AlexNet-level accuracy with 50x fewer parameters and < 0.5 MB model size[EB/OL]. (2019-10-16)[2016-11-04] https://arxiv.org/pdf/1602.07360.pdf.

MobileNet 模型使用深度可分离卷积(Depthwise Separable Convolutions)构造轻量化的 28 层深度神经网络。深度可分离卷积是一种分解卷积的形式,它将标准卷积分解为深度卷积(Depthwise Convolution)和称为逐点卷积(Pointwise Convolution)的 1×1 卷积。深度卷积对每一个输入特征图通道使用一个单独的卷积核,逐点卷积使用 1×1 卷积将深度卷积的输出结合在一起。这种分解卷积的方式可以减少计算量和减小模型大小。

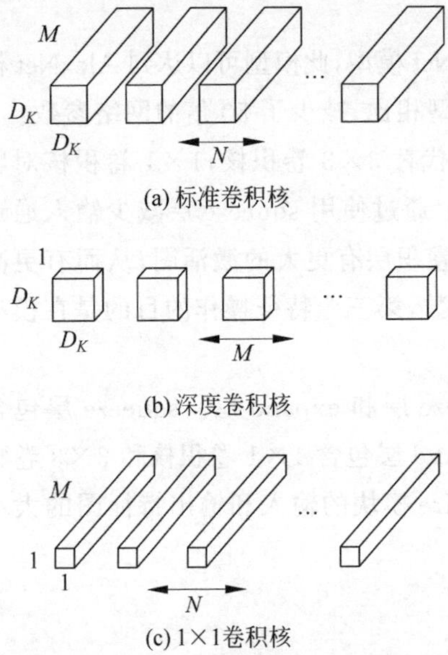

图 6-2 标准卷积和深度可分离卷积示意图①

图 6-2 展示了一个标准卷积核被深度卷积和逐点卷积替代以构成一个深度可分离卷积核的过程。标准卷积使用大小为 $D_K \times D_K \times M \times N$ 的卷积核,其中 $D_K \times D_K$ 是卷积核的大小,M 是输入特征图数目,N 是输出特征图数目,如图 6-2 (a)所示。标准卷积的计算量是 $D_K \times D_K \times M \times N \times D_F \times D_F$,其中 $D_F \times D_F$ 是特征图的大小。MobileNet 模型首先使用深度可分离卷积打破输出通道数量和卷积核大小之间的相互作用。标准卷积基于卷积核提取特征并将特征组合在一起形成新的表示,提取特征和特征组合可以通过深度可分离卷积分成两步完成,从而可以显著降低计算成本。深度可分离卷积由深度卷积和逐点卷积两层组成。MobileNet 模型使用深度卷积在深度方向上为每个输入特征图使用单个卷积核。如图 6-2 (b)所示,深度卷积的计算量为 $D_K \times D_K \times M \times D_F \times D_F$,深度卷积与标准卷积相比计算量大大减少。然而它只对输入通道进行特征提取,输出特征图只包含输入特征图的一部分,并不对这些特征进行组合以形成新的特征,这导致通道之间信息不流通。所以,需要使用 1×1 的逐点卷积将深度卷积的输出进行线性组合以产生新的特征,如图 6-2(c)所示。MobileNet 模型对两个层都使用批量归一化和 ReLU 函数。深度可分离卷积总的计算量为 $D_K \times D_K \times M \times D_F \times D_F + M \times N \times D_F \times D_F$,与标准卷积相比减少了 $\frac{1}{N}+\frac{1}{D_K^2}$ 的计算量。当二者均使用 3×3 卷积核时,MobileNet 模型使用的深度可分离卷积与标准卷积相比,计算量减少 8～9 倍,且准确率只有极小幅度的下降。MobileNet 模型借鉴了 VGGNet 模型的思想,堆叠地使用深度可分离卷积获得 MobileNet 网络。

6.1.3 ShuffleNet 模型

Face++团队的研究人员在 2016 年 6 月提出的 ShuffleNet 模型在 ImageNet 分类和 MS COCO 目标检测方面的表现优于 MobileNet 模型。在嵌入式移动设备上,ShuffleNet

---

① 图片来自:Howard A G, Zhu M, Chen B, et al. MobileNets: Efficient convolutional neural networks for mobile vision applications[EB/OL]. (2019-10-16)[2017-04-17] https://arxiv.org/pdf/1704.04861.pdf.

模型相比于 AlexNet 模型有 13 倍的加速，同时保持可比较的准确率。

逐点分组卷积(Pointwise Group Convolution)可以减少 1×1 卷积的计算复杂度，为了克服分组卷积(Group Convolution)所带来的副作用，一种新型的通道重排(Channel Shuffle)操作可以帮助信息在每组特征通道之间进行交互。基于这两种技术，作者提出一种有效的结构 ShuffleNet。

分组卷积的概念最初是在 AlexNet 模型中引入的，用于在两个 GPU 上分布式训练模型；Xception 和 MobileNet 网络中均采用深度可分离卷积。ShuffleNet 模型概括了分组卷积和深度可分离卷积。分组卷积确保每个卷积只对对应的输入通道进行分组操作，如果多个分组卷积堆叠在一起，某个分组卷积的输出仅来自于一部分输入通道。图 6-3(a)是两个分组卷积层堆叠的情况，可以看出，某一组的输出仅与该组内的输入有关，这会产生通道之间的信息流畅不通的问题。如果分组卷积可以从不同的组获取输入数据，如图 6-3(b)所示，输入通道和输出通道将被完全地连接起来。对于从上一层产生的特征图，可以将每个分组的通道划分为几个子通道，将每个分组的子通道作为下一层不同分组的子组，这可以通过通道重排进行操作。如图 6-3(c)所示，把各组的通道平均分为 g(图中 $g=3$)份，然后依序重新构成特征图。

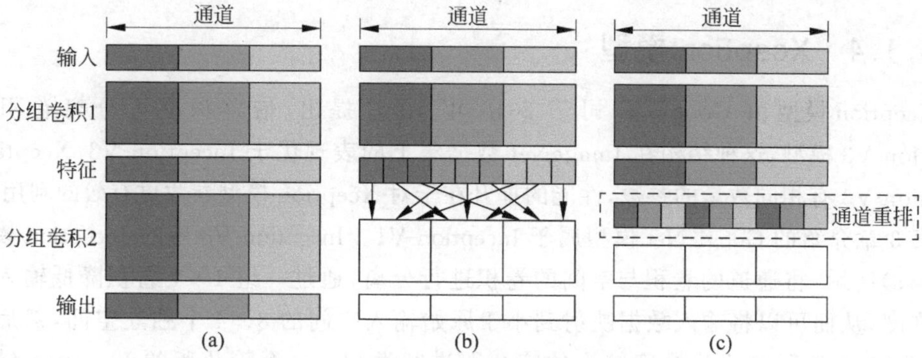

图 6-3　两个卷积层堆叠的通道重排①

基于通道重排的优势，作者提出一种用于小型网络的结构 ShuffleNet 单元。图 6-4(a)是一个瓶颈单元(Bottleneck Unit)，它是一个残差块，在残差分支中对瓶颈特征图应用 3×3 深度卷积。然后，用逐点分组卷积和通道重排操作，代替 1×1 卷积层，以形成 ShuffleNet 单元，如图 6-4(b)所示。逐点分组卷积的另一个目的是恢复通道维度以匹配快捷连接方式路径。对于 ShuffleNet 单元应用步长为 2 的情况，图 6-4(c)与图 6-4(b)相比，在快捷连接路径上应用 3×3 平均池化可以减小特征图分辨率，用通道级联代替元素相加，可以以极少的计算成本扩大通道维度，弥补分辨率减小带来的信息损失。ShuffleNet 模型借鉴了 ResNet 模型的思想，堆叠地使用 ShuffleNet 单元形成 ShuffleNet 网络。

---

① 图片来自：Zhang X，Zhou X，Lin M，et al. ShuffleNet：An extremely efficient convolutional neural network for mobile devices[C]. Proceedings of the IEEE Conference on Computer Vision and Pattern Recognition. 2018：6848-6856.

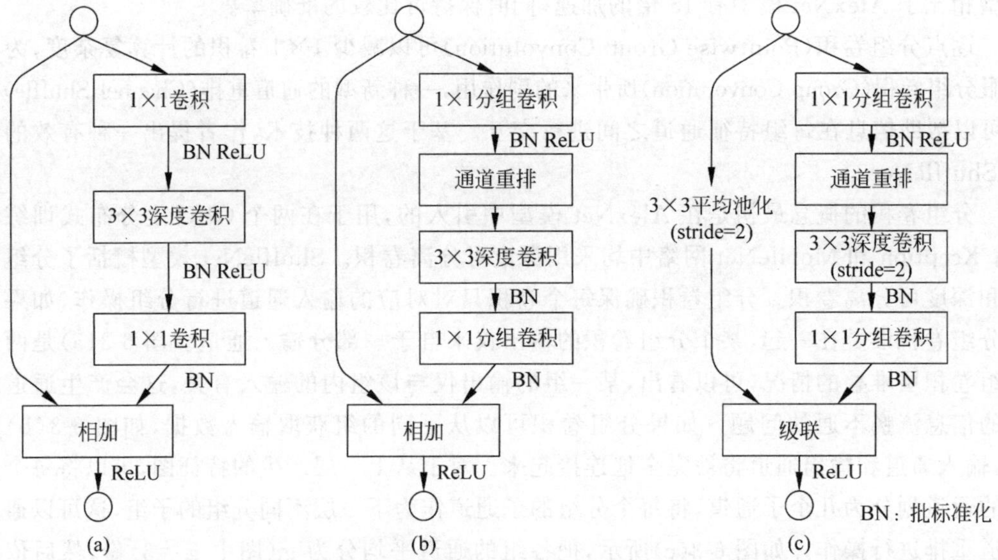

图 6-4 ShuffleNet 单元①

6.1.4 Xception 模型

Xception 模型由 Google 公司于 2016 年 10 月提出，借鉴深度可分离卷积改进 Inception-V3 模型，这种结构在 ImageNet 数据集上的表现优于 Inception-V3，Xception 和 Inception-V3 有相同数量的参数，性能的提升在于对 Xception 模型参数更有效的利用。

第 3 章介绍的 GoogleNet 模型属于 Inception-V1。Inception-V3 中的 Inception 模块如图 6-5(a)所示，将通道的卷积与空间的卷积进行分离，通过一组 1×1 卷积降低输入特征图的维度，从而可以将输入数据映射到小于原始输入空间的 3～4 个独立空间，然后通过 3×3 或 5×5 卷积对这些维度较小的特征图进行卷积。一个简化版的 Inception 模块如图 6-5(b)所示，只使用 3×3 卷积，并且不包括平均池化。这个简化版本可以表示为一个 1×1 卷积和分别在其输出通道不重叠地进行 3×3 卷积两部分，如图 6-5(c)所示。Inception 模块的极端(extreme)版本，使用 1×1 卷积降低输入特征图的维度，然后在每个 1×1 卷积输出通道上分别进行 3×3 卷积，如图 6-5(d)所示，这种极端形式的 Inception 模块与深度可分离卷积相似，但是仍有不同。深度可分离卷积首先执行深度卷积然后执行 1×1 卷积，而 Inception 模块首先执行 1×1 卷积。Inception 模块中 1×1 卷积和 3×3 卷积之后均有非线性激活函数，而原始版本的深度可分离卷积的两种卷积之间没有激活函数。

Xception 模型有 36 个卷积层，被分成 14 个模块，除了第一个和最后一个模块外，其余模块均具有线性残差连接结构。简而言之，Xception 模型是具有残差连接的深度可分离卷积层的线性堆叠。

① 图片来自：Zhang X，Zhou X，Lin M，et al. ShuffleNet：An extremely efficient convolutional neural network for mobile devices[C]. Proceedings of the IEEE Conference on Computer Vision and Pattern Recognition. 2018：6848-6856.

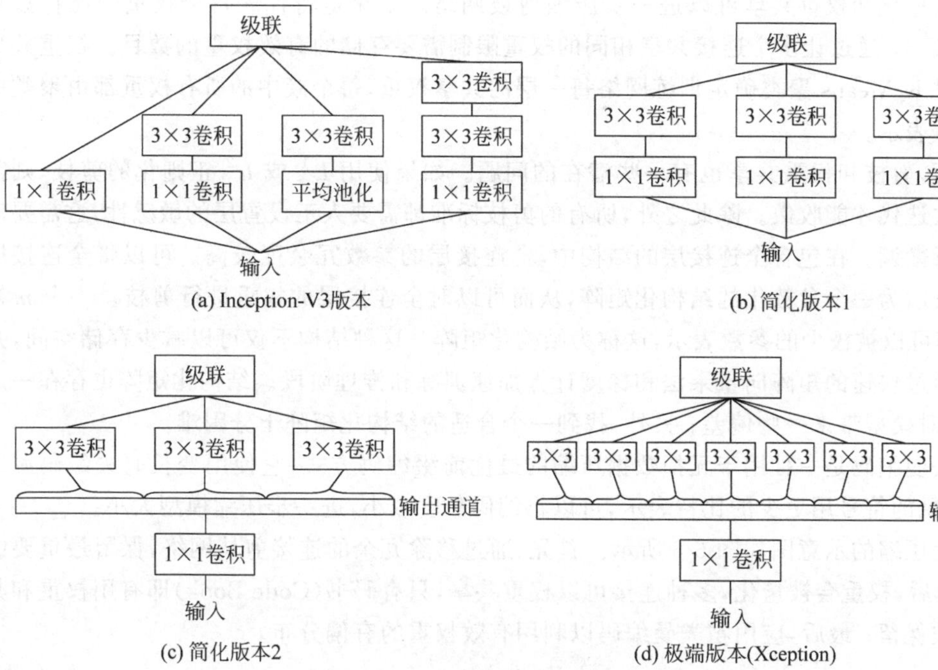

图 6-5 Inception 模块的不同版本①

6.2 深度神经网络模型压缩

深度学习分为两个阶段：训练(Training)和推理(Inference)。人工设计轻量化模型的思路是,首先对网络结构进行设计,然后对模型进行训练和推理。本节介绍的深度神经网络模型压缩是在算法层面进行优化,分为两个部分：对已经训练好的模型在推理阶段使用算法进行压缩；直接在训练阶段对模型进行压缩。这些方法能够在不同维度提高深度学习效率。

6.2.1 推理阶段的压缩算法

Han Song 等人提出的深度压缩(Deep Compression)算法包括剪枝(Pruning)、量化(Quantization)和霍夫曼编码(Huffman Coding)。这种操作将卷积神经网络的存储空间缩小为原空间的 1/49～1/35,并且不影响其准确率。剪枝在压缩 CNN 模型中有着广泛的应用,网络剪枝可以有效减少网络复杂度并且解决过拟合问题,可以证明剪枝对 CNN 模型的准确率没有影响。剪枝操作首先学习网络训练中的连接关系；然后剪去具有较小权重的连接,即所有权重小于阈值的连接将被从网络中移除；最后重新训练网络学习剪枝后剩余的稀疏连接的权重。剪枝可以将 AlexNet 模型和 VGG16 模型的网络参数分别减少为原网络的 1/9 和 1/13。

---

① 图片来自：Chollet F. Xception：Deep learning with depthwise separable convolutions[C]. Proceedings of the IEEE conference on computer vision and pattern recognition. 2017：1251-1258.

网络量化和权重共享可以进一步压缩剪枝网络。量化是将代表每个权重的比特数从 32 减少至 5；通过让多个连接共享相同的权重限制需要存储的有效权重的数目。权重共享可以通过 K-Means 聚类确定训练网络每一层的共享权重，每个簇中的所有权重都由聚类中心的权重表示。

然而，剪枝和权重共享也有一些潜在的问题。如果使用 L^1 或 L^2 正则化的剪枝，则需要很多次迭代才能收敛。除此之外，所有的剪枝标准都需要人工设置层的敏感性，这需要对参数进行微调。在包含全连接层的结构中，全连接层的参数冗余度较高。可以将全连接层的输入表示为一个参数化的结构化矩阵，从而可以对全连接层的权重进行剪枝。一个 $m\times n$ 的矩阵可以被极少的参数表示，这称为结构化矩阵。这种结构不仅可以减少存储空间，并且可以通过快速的矩阵向量乘法和梯度计算加速训练和推理阶段。结构化矩阵也存在一定问题，会对模型带来一些偏差；另外，找到一个合适的结构化矩阵十分困难。

霍夫曼编码是一种用于无损数据压缩的最优前缀编码方式，它使用变长码去编码源符号，将常见的符号用更少的比特表示，可以将编码长度减小，进一步压缩模型大小。

深度压缩的示意图如图 6-6 所示。首先，通过移除冗余的连接剪枝网络，保留最重要的连接；然后，权重会被量化，多种连接可以权重共享，只有码书(Code Book)即有用权重和其索引会被保留；最后，应用霍夫曼编码以利用有效权重的有偏分布。

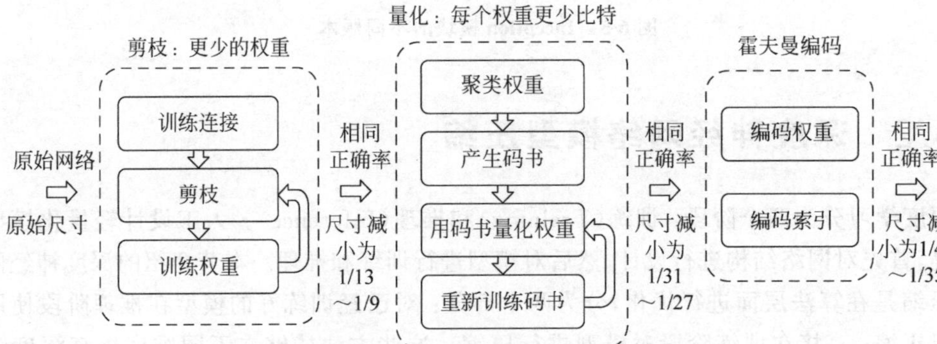

图 6-6 深度压缩的三个阶段：剪枝、量化和霍夫曼编码①

在 ImageNet 数据集上，深度压缩在保持精度的同时，可以将 AlexNet 模型所需的存储空间从 240MB 减少到 6.9MB，减少了 35 倍；将 VGG16 的尺寸从 552MB 缩小到 11.3MB，SqueezeNet 的尺寸从 4.8MB 压缩到 0.47MB。这有助于在应用程序大小和下载带宽受限的移动应用程序中使用复杂的神经网络。在 CPU、GPU 和移动 GPU 上进行基准测试，压缩网络具有 3～4 倍的分层加速和 3～7 倍的更高能效。

对于卷积核，可以将其视作 4D 张量，4D 张量中有许多冗余。对于全连接层，可以视作 2D 矩阵，采用低秩分解(Low-rank Factorization)的方法压缩并加速模型。低秩分解使用矩阵/张量分解评估深度 CNN 中的信息参数。低秩近似是逐层操作的，当一层经过低秩滤波器后，这个层的参数就固定了，然后这些层将基于重构误差函数进行微调。这是压缩 2D 卷

① 图片来自：Han S, Mao H, Dally W J, et al. Deep Compression: Compressing Deep Neural Networks with Pruning, Trained Quantization and Huffman Coding[C]//4th International Conference on Learning Representations (ICLR). San Juan: 2016.

积层的典型低秩方法，如图 6-7 所示，左图为原始卷积层，右图为使用秩为 k 的低秩约束的卷积层。低秩方法补充了深度学习近年出现的新技术（例如 Dropout、修正单元和 Maxout 等）。然而，低秩分解十分耗费计算力，并且逐层进行低秩分解，很难得到全局的参数压缩。分解需要不断重新训练以达到收敛条件。

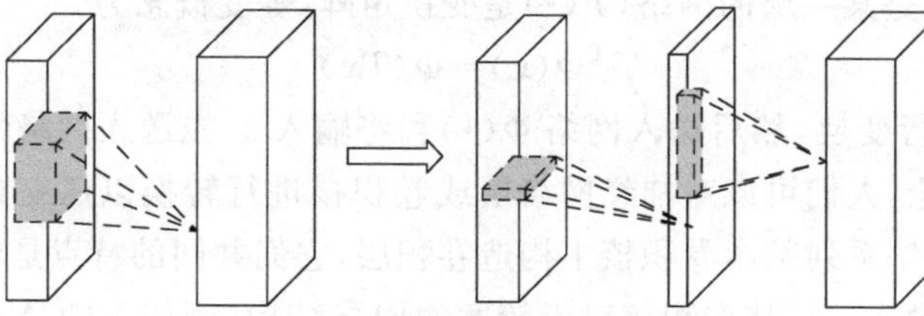

图 6-7 低秩分解的典型框架①

网络量化通过减少表示每个权重的比特数压缩原始模型。如果将每个权重的比特数减少为 1，这就是二元权重神经网络（Binary/Ternary Net）。三元网络是只用三个权重表示的网络。然而这种二元/三元网络的准确率对于大型网络（例如 GoogleNet）会大大下降。并且这种二元/三元策略基于简单的矩阵近似，忽略了二元/三元化对于准确率的影响。

乘法和加法在硬件实现上的时间复杂度一般是不同的，乘法运算所需的时间通常远大于加法所需的时间。因此，用更多的加法运算代替乘法运算就成为加速运算的一种方法。Winograd 卷积是一种传统的代替直接卷积的加速方法，对于一个 3×3 卷积核，对于每个输出，需要 9 次乘法和加法。Winograd 卷积取代了直接做卷积的方法，首先将 4×4 大小的输入特征图映射为只包含权重的特征图，同时也将权重转换为一个 4×4 的张量，只需在点乘 C 上做相加，所以只有 16 次乘法，然后进行逆变换得到 4 个输出，如图 6-8 所示。转换和逆转换可以相互抵消，由此乘法可以忽略。为了获得 4 个输出，直接卷积的乘法需要 3×3×4＝36 个通道，而 Winograd 卷积现在只需要 16 次乘法，所以相比于直接卷积有 2.25 倍的加速。

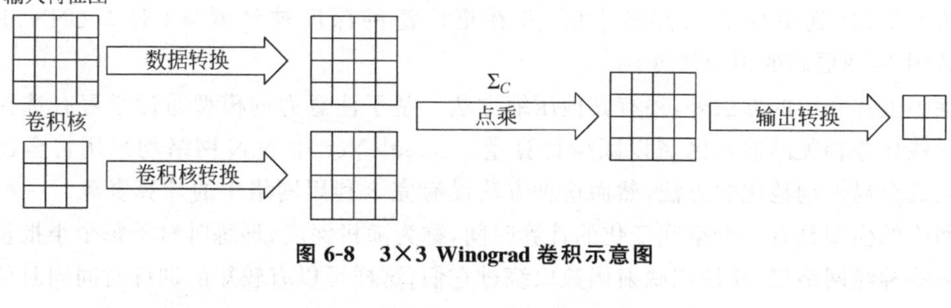

图 6-8 3×3 Winograd 卷积示意图

6.2.2 训练阶段的压缩算法

FP16 和 FP32 的混合精度训练指 32 位浮点数表示的权重转换为 16 位浮点数并经过前馈网络和反向传播，权重更新时用 32 位浮点数和 16 位浮点数表示的权重组合用于权重

① 图片来自：Cheng Y, Wang D, Zhou P, et al. A survey of model compression and acceleration for deep neural networks [EB/OL]. (2019-10-16)[2019-09-08]https://arxiv.org/pdf/1710.09282.pdf.

更新。与 FP32 表示的权重组成的网络相比，混合精度表示的网络权重没有降低模型准确率。

由于 CNN 对输入图片特征的平移不变性，训练这些深度模型取得了巨大的成功。使用迁移卷积核(Transferred/Compact Convolutional Filters)的想法受到等变群理论的启发。$\boldsymbol{x}$ 为输入，$\Phi(\cdot)$是某一层的网络，$T(\cdot)$是变换矩阵，等变概念为

$$T^{\mathrm{T}}\Phi(\boldsymbol{x})=\Phi(T\boldsymbol{x}) \tag{6-1}$$

将输入 $\boldsymbol{x}$ 先进行变换，然后送入网络 $\Phi(\cdot)$和将输入 x 先送入网络然后进行转换是等价的。应用这个理论，人们可以对神经网络层或卷积核进行转换以压缩整个网络模型。基于这个理论，可以从一系列基本卷积核中构造卷积层，它们共同的特点是转换函数只在卷积核的空间领域进行操作。迁移卷积核对于较宽的网络结构(例如 VGGNet)较为有效，而对较深的网络结构(例如 GoogleNet)没有竞争力。过强的迁移假设可能造成学习结果不稳定。使用紧凑的卷积核可以直接减少参数空间，节约存储空间和计算量。提高的关键在于用紧凑块代替松散和参数冗余的卷积核。在 Inception 结构中将 3×3 卷积分解为两个 1×1 卷积，在 SqueezeNet 中将 3×3 卷积用 1×1 卷积代替，都构造了更为紧凑的神经网络。

知识蒸馏(Knowledge Distillation)方法可以学习蒸馏过的模型并且学习一个更加紧凑的神经网络以重新产生更大规模的输出。利用知识迁移压缩模型最早的方法是训练一个带有伪数据标记的用于强分类器的压缩模型，并复制原始大型网络的输出，但是这项工作仅限于浅层模型。该想法被称为知识蒸馏，将较深和较宽的网络模型压缩为浅层网络模型，压缩模型模仿复杂模型学习的功能。知识蒸馏将知识通过 softmax 函数学习类别分布输出，从一个较大的高级别的教师模型(Teacher Model)转换为一个小型模型。知识蒸馏模型只能应用于带有 softmax 函数的分类任务，同时模型假设过于严格，与其他方法相比不具有竞争性。

"稠密-稀疏-稠密训练"(Dense-Sparse-Dense，DSD)是一种更好的正则化方法，首先使用剪枝将网络变得稀疏进行训练，然后重新将剪枝后的网络加上剪去的权重进行训练，并周期性地重复上述过程。与模型压缩相比，DSD 产生相同的模型架构，但可以找到更好的优化解决方案，达到更好的局部最小值，并在更广泛的深度神经网络(例如 CNN、RNN、LSTM)中实现更高的预测精度。

除了上述介绍的方法外，还有其他压缩方法。基于注意力的模型通过学习有选择性地关注一些任务相关的输入区域以减少计算量。GoogleNet 和 NiN 网络均采用将全连接网络替换成全局平均池化的方法，然而这种方法没有完全利用网络中的计算资源。一种基于残差网络的模型具有一个空间变化的计算时间，称为随机深度，训练时对于每个小批量随机丢弃某些神经网络层，并使用映射函数以绕过它们，这样可以有较短的训练时间同时可以用于测试较深的模型。

深度卷积网络压缩与加速问题仍然具有挑战性，大多数方法建立在已经设计好的模型基础上，网络结构、超参数等难以改变。通道剪枝可以减少特征图宽度并将模型压缩，但是可能改变后续层的输入。结构化矩阵和迁移卷积滤波器的方法将人类先验知识强加于模型，可能会影响模型性能和稳定性，如何减少这些先验知识的影响值得考虑。知识蒸馏不需要特定的硬件实现就可以直接加速模型，如何进一步拓展基于知识蒸馏的方法并探索如何提升性能仍然值得研究。不同小型化平台的硬件限制(移动设备、机器人、自动驾驶等)仍然

是制约深度CNN模型扩展的主要问题，如何充分利用这些平台的有限计算资源并为其设计特殊的压缩模型仍然是严峻的挑战。

6.3 深度神经网络的硬件加速

本节将从推理阶段和训练阶段分别介绍深度神经网络的硬件加速。

6.3.1 推理阶段的硬件加速

Google公司于2016年公布了用于加速神经网络推理过程的一种定制ASIC芯片：张量处理器(Tensor Processing Unit，TPU)。TPU的核心是一个65536的8位矩阵乘单元阵列(Matrix Multiply Unit，MXU)和片上28MB的软件管理存储器，峰值计算能力为92TOPS。Google公司应用了一种称为量化的技术进行整数运算，与在CPU或者GPU上对所有数学计算进行32位或者16位浮点运算相比，减少了所需的内存容量和计算资源。复杂指令集(Complex Instruction Set Computer，CISC)作为TPU指令集的基础，侧重于运行更复杂的任务，关注直接表征和优化主要的深度神经网络推理的数学运算。MXU作为矩阵处理器，可以在单个时钟周期内处理数十万次运算，即矩阵运算。CPU和GPU需要考虑各种任务的性能优化造成的执行时间不确定的问题，TPU的确定性执行模块能够让芯片以接近峰值吞吐量的状态运行，同时严格控制延迟。由于缺乏主流的CPU/GPU硬件特性，尽管具有数量巨大的矩阵乘单元和极大的片上存储空间，TPU计算速度比当前的GPU或CPU平均快15～30倍，性能功耗比(TOPS/Watt)高出30～80倍。

高效推断机(Efficient Inference Engine，EIE)是一种在推理阶段针对稀疏矩阵的压缩深度神经网络模型进行加速并且节约能耗的结构。EIE通过在处理单元上交织矩阵的行来分配稀疏矩阵并实现并行计算。EIE执行了自定义的稀疏矩阵乘法，以压缩稀疏列(Compressed Sparse Column，CSC)格式存储权重不为零的稀疏权重矩阵，只在权重和激活值都不为零的情况下执行乘法。EIE以游程编码(Run-Length Encoded)格式存储每个权重的地址索引。在量化训练和共享权重之后，获取每个权重只需要4比特的内存。EIE在稀疏网络上的处理能力为102GOPS，相当于在同等准确度的稠密网络上3TOPS的处理能力。EIE的能耗分别是CPU和GPU能耗的1/24000和1/3400。

6.3.2 训练阶段的硬件加速

CPU曾经是主流深度学习平台的重要组成部分，英特尔于2017年推出针对深度学习的至强融合系列处理器(Knights Mill)。Knights Mill能充当主处理器，可以在不配备其他加速器或协处理器的情况下高效处理深度学习应用。随着深度学习的发展，基于CPU的传统计算架构无法满足深度学习并行计算、大量浮点计算以及矩阵运算的需求。因此，在通用芯片的基础上，需研发适合人工智能架构的专属芯片。专门为人工智能定制的GPU目前是深度学习的主流解决方案。2017年，英伟达发布先进的Volta架构，装备有Volta GV100架构的英伟达Tesla V100加速器是当时世界上速度最快的并行计算处理器。Tesla GV100的硬件创新十分显著，除了为高性能计算系统和应用提供更强的计算能力之外，它还可以大大加快深度学习算法和框架的运行速度。FPGA作为半定制化的专用集成电路，专用化程度更高，相比 GPU 具有低功耗优势，成为部分人工智能厂商实现硬件加速的方案。随着专用化需求的发展，专门为人工智能应用设计的专属架构的处理器芯片例如 TPU 等，从性能、面积、功耗等各方面，都优于 GPU 和 FPGA。Google 公司的云 TPU（Cloud TPU）是一种机器学习专用芯片，作为第二代 TPU，不仅能处理推理任务，还可以用于机器学习模型的训练。Google 云 TPU 使用 4 个定制化 ASIC 构建，单个云 TPU 的计算能力能达到 180 万亿次浮点运算，具备 64GB 的高带宽内存，其可以单独使用也可以通过专用网络构建千万亿次加速的机器学习超级计算机，称为 TPU 池。

6.4 移动端深度学习

随着人工智能技术的发展，越来越多的公司希望将深度学习模型部署在移动端，以优化用户体验。然而，主流的深度学习模型往往对计算资源要求较高，导致较高的功耗；同时，模型内存比较大，如果直接部署在移动端设备运行，运行速度较慢，更难以直接部署在消费级移动设备中。在移动端部署深度学习模型常用的解决方案是将复杂的深度学习模型部署在云端，移动端对待识别的数据进行初步预处理后上传至云端，再等待云端返回识别结果。该方式的优点是部署相对简单，将现成的深度学习框架进行封装后就可以直接使用。虽然云端服务器性能较好，能够处理规模较大的模型，但这对网络传输速度的要求较高，在网络覆盖不佳的地区，用户使用体验较差；同时，数据上传至云端后，隐私性也难以保证。在这种情况下，移动端深度学习应运而生，它采用一种离线的方式：首先，将深度学习模型在服务器中进行训练，然后通过移动端深度学习框架对其进行转换，从而可以在本地移动设备上进行部署推理。

6.4.1 移动端深度学习概述

与训练阶段相比，推理阶段需要较少的资源，可以在移动端设备进行推理，包括两种方式：一种是在云端服务器进行推理；另一种是在本地设备进行推理。

训练完成的深度神经网络模型可以部署在云端服务器，发布一个接口，通过互联网与用户的移动应用程序进行交互。以图像识别应用为例，移动端将图片传送给云端，服务器接收图片并将其输入深度神经网络中用于推理，然后将结果传回移动端。在云端服务器上进行推理的好处是可以将复杂的模型部署在云端，模型可以随时更新，无须修改本地应用程序。由于模型部署在受控制的服务器上，深度学习服务提供商可以不用担心模型泄漏。然而，将模型部署在云端存在一些问题。由于云服务器和移动设备之间的交互需要互联网连接，无法满足实时性应用的要求；并且，将个人数据上传至云服务器后，隐私性难以保证。

在移动设备上进行推理时，需要将训练完成的模型部署在本地设备上，在推理期间与其他设备没有交互，用户无须使用网络连接就可以使用深度学习应用，同时也可以保证个人数据的隐私性。由于深度神经网络模型规模通常很大，难以在移动端部署。同时，对于复杂的模型进行推理会消耗大量计算资源，快速消耗移动设备有限的电池能量。目前，有许多技术手段用于在移动端部署深度学习网络，包括模型压缩、异构加速、汇编优化等。模型压缩与加速算法能够在较小的精度损失（甚至无损）下，有效提升 CNN 和 RNN 等网络结构的计算效率，从而使得深度学习模型在移动端的部署成为可能。

6.4.2 移动端深度学习框架

本节介绍几种国内外移动端深度学习框架的特点与应用场景。移动端深度学习框架是，将在服务器中进行训练的深度学习模型进行转换和优化，从而可以在本地移动设备上进行部署推理。同时，移动端深度学习框架可以对移动设备的处理器（例如 CPU、GPU 等）进行加速优化，充分发挥移动端设备计算能力。

1. Caffe 2

Caffe 2 是 2017 年 4 月 Facebook 推出的在 Caffe 基础上进行重构和升级的全新开源深度学习框架。Caffe 2 一方面集成了诸多新出现的算法和模型；另一方面在保证运算性能和可扩展性的基础上，重点加强了在轻量级硬件平台的部署能力，使其可以部署在 iOS、Android、英伟达 Tegra X1 和树莓派等多种移动平台上。用户只需要加载 Caffe 2 框架，通过几行简单的 API 接口调用，就能在手机 App 上实现图像识别、自然语言处理和计算机视觉等各种人工智能功能。目前，Caffe 2 代码也已正式并入 PyTorch，使 Facebook 能在大规模服务器和移动端部署时更流畅地进行人工智能研究、训练和推理。

2. TensorFlow Lite

TensorFlow Lite 是 Google 公司于 2017 年 11 月发布的用于移动端和嵌入式设备的轻量化框架。TensorFlow Lite 支持机器学习模型在较小二进制数和快速初始化/启动的设备上进行推理。TensorFlow Lite 允许跨平台运行，目前支持的平台包括 Android 和 iOS。另外，该框架针对移动设备进行了优化，包括大幅提升模型加载时间和支持硬件加速。TensorFlow Lite 目前支持很多针对移动端的训练和优化模型。TensorFlow Lite 发布一个月后，Google 公司宣布与苹果公司达成合作，TensorFlow Lite 将支持 Core ML。TensorFlow Lite 为 Core ML 提供支持后，iOS 开发者就可以利用 Core ML 的优势来部署模型。目前，该框架还在不断更新与升级中，随着 TensorFlow 的用户群体越来越大，同时得益于 Google 公司的背书，TensorFlow Lite 极有可能成为在移动端和嵌入式设备上部署模型的推荐解决方案。

3. Core ML

苹果公司在 2017 年 6 月推出面向开发者的全新机器学习框架 Core ML，能用于众多苹果公司的产品，包括智能语音助手 Siri、相机和 QuickType（快速输入）。Core ML 可以带来极速的性能提升，例如机器学习模型的轻松整合、将众多机器学习模型集成到 App 中。它不仅支持广泛的深度学习，而且还支持树集成、支持向量机和广义线性模型等机器学习模型。

4. SNPE

骁龙神经处理引擎（Snapdragon Neural Processing Engine，SNPE）是高通公司在 2017 年 7 月推出的面向骁龙移动平台设计的深度学习软件框架。SNPE 帮助开发人员充分利用骁龙的异构计算能力，在高通骁龙芯片所有内核（CPU、GPU、DSP、HVX）上运行深度神经网络。SNPE 目前支持 CNN、RNN 和用户/开发者自定义层，开发者可以利用离线网络转化工具调试并分析网络性能，API 和软件开发工具包文件（包括示例代码）也非常易于集成到客户应用中。SNPE 将向多个行业（包括移动通信、汽车、医疗健康、安全与图像）的开发者提供他们所需的工具，以实现移动终端神经网络驱动的人工智能应用。例如，Facebook

已宣布计划将 SNPE 集成到 Facebook 应用的相机功能中，以促进 Caffe 2 支持的增强现实特性实现。相较于通过一般的 CPU 实现，Facebook 可利用 SNPE 基于 Adreno GPU 达到 5 倍的性能提升，从而在拍摄照片和直播视频时，实现更流畅、无缝且逼真的 AR 特性应用。

5. MACE

MACE(Mobile AI Compute Engine)是小米公司在 2018 年 6 月正式发布的用于移动端异构计算设备优化的深度学习模型预测框架。它的特点是支持异构计算加速，可以在 CPU、GPU 和 DSP 上运行不同的模型，实现真正的生产部署。在框架底层，MACE 针对 ARM CPU 进行了 NEON 指令级优化。针对移动端 GPU，实现了高效的 OpenCL 内核代码。针对高通 DSP，集成了 nnlib 计算库进行向量扩展加速。同时，在算法层面，采用 Winograd 算法对卷积进行加速。MACE 支持 TensorFlow 和 Caffe 模型，提供转换工具，可以将训练好的模型转换成专有的模型数据文件；同时可以选择将模型转换成 C++代码，支持生成动态库或者静态库，提高模型保密性。目前，MACE 已经在小米手机的多个应用场景得到了应用，其中包括相机的人像模式、场景识别等。

6. ncnn

腾讯优图实验室于 2017 年 7 月公布了成立以来的第一个开源项目 ncnn，这是一个为手机端优化的高性能神经网络前向计算框架。ncnn 是纯 C/C++语言实现，无第三方依赖，库体积很小，部署方便，支持跨平台，支持 Android 和 iOS。ncnn 为手机端 CPU 运行做了深度细致的优化，采用 ARM NEON 汇编级优化，计算速度极快。通过精细的内存管理和数据结构设计使得内存占用极低，并支持多核并行计算加速。ncnn 支持 CNN，具有多输入和多分支结构，可计算部分分支，以减少计算量。ncnn 在手机端 CPU 的运算速度在开源框架中处于领先水平，目前已在腾讯公司的多款应用中使用(例如 QQ、微信、天天 P 图等)。

7. MDL

2017 年 9 月，百度在 GitHub 上开源了其研发的移动端深度学习框架 Mobile Deep Learning(MDL)的全部代码以及脚本。这项研究旨在高速和简单地将 CNN 部署在移动端，目前已经在百度 App 上有所使用。MDL 的特点是具有一键部署功能，根据脚本参数就可以切换 iOS 或者 Android。经过测试，可以稳定运行 MobileNet、GoogLeNet、SqueezeNet、ResNet-50 模型。MDL 体积极小，无任何第三方依赖，纯人工汇编实现。同时，提供量化函数，直接支持对 32 位浮点数转换为 8 位整型，模型体积量化后约为 4MB。MDL 中的 NEON 使用涵盖了卷积、归一化、池化所有方面的操作，针对寄存器汇编操作具体优化。并采用循环展开，为提升性能减少不必要的 CPU 消耗。

8. MNN

2019 年 5 月，阿里巴巴在 GitHub 上正式开源轻量级的深度神经网络推理引擎 Mobile Neural Network(MNN)，在移动端加载深度神经网络模型进行推理预测。MNN 是一个轻量化、通用化、高性能、易用的框架。MNN 针对移动设备的特点深度定制和裁剪，不需任何依赖，可以方便地部署到移动设备和各种嵌入式设备中。MNN 支持 TensorFlow、Caffe、ONNX 等主流模型文件格式，支持 CNN、RNN、GAN 等常用网络；支持异构设备混合计算，目前支持 CPU 和 GPU。不依赖任何第三方的计算库，MNN 依靠大量手写汇编实现核心运算，充分发挥 ARM CPU 的计算力。在 iOS 设备上可以开启 GPU 加速，常用模型的推理速度快于苹果原生的 Core ML；而 Android 上提供了 OpenCL、Vulkan、OpenGL 三套方案，尽可能多地满足设备需求，针对主流 GPU（Adreno 和 Mali）做了深度调优。MNN 中的卷积、转置卷积算法高效稳定，对于任意形状的卷积均能高效运行，广泛运用了 Winograd 卷积算法。MNN 有高效的图像处理模块，覆盖常见的形变、转换等需求，一般情况下无须额外引入 libyuv 或 opencv 库处理图像；支持回调机制，可以在网络运行中插入回调，提取数据或者控制运行走向；支持只运行网络中的一部分，或者指定 CPU 和 GPU 并行运行。目前，MNN 已经在阿里巴巴的手机淘宝、手机天猫、优酷等 20 多个应用程序中使用，覆盖直播、短视频、搜索推荐、商品图像搜索、互动营销、权益发放、安全风控等场景。此外，物联网等场景下也有若干应用。

6.4.3 移动端深度学习示例

随着移动端深度学习框架的出现，移动端深度学习应用也迅速发展，下面介绍利用上述深度学习框架进行移动端深度学习应用开发的示例（运行环境是 Ubuntu 16.04）。

1. 移动端语义分割应用

第 3 章介绍了深度学习中语义分割模型，本例将语义分割模型 DeepLab 部署到移动端，目的是将标签（例如人、狗、猫等）逐像素分配给输入图像。本例使用的是 TensorFlow Mobile，它旨在将机器学习应用部署在移动设备上，并且适用于 iOS 和 Android 等移动平台。TensorFlow Mobile 适用于成功拥有 TensorFlow 模型并希望将模型集成到移动环境中的开发人员。使用 TensorFlow Mobile 将深度学习模型部署到 Android 设备上包括三个步骤：①将训练好的模型转换成 TensorFlow Mobile 可识别使用的模型文件；②将 TensorFlow Mobile 依赖项添加到移动应用程序中；③在 Android Studio 中使用深度学习模型执行推理。值得注意的是，TensorFlow Lite 是 TensorFlow Mobile 的升级版。在 TensorFlow Lite 上开发的应用程序将具有比 TensorFlow Mobile 更好的性能和更小的网络模型。在 Android 8.1 及以上版本中，TensorFlow Lite 使用 Android 神经网络 API 进行加速。TensorFlow Lite 目前为开发预览阶段，没有涵盖所有案例。TensorFlow Lite 支持选择性的运算符集，因此默认情况下并非所有模型都适用于 TensorFlow Lite。然而，TensorFlow Mobile 适合所有模型。由于 TensorFlow Lite 不支持语义分割模型中的某些运算符，所以本例使用 TensorFlow Mobile，使用的深度学习模型是 TensorFlow DeepLab Model Zoo（网址见附录 F）在 PASCAL VOC2012 数据集上训练的 DeepLab 模型 mobilenetv2_coco_voc_trainaug，其中网络架构使用 MobileNet-V2。MobileNet-V2 是 Google 公司推出的一个轻量级的神经网络结构，在保证一定准确率的情况下通过降低参数量而更好地运行在移动端。

在 Android 手机上部署语义分割模型包括以下步骤。

(1) 模型训练：训练好的 TensorFlow 模型包括 ckpt 和 pb 文件，下面以上文介绍的模型 mobilenetv2_coco_voc_trainaug 为例进行演示。值得注意是，需要固化模型，即将该模型的图结构和权重固化到一起，将其所有变量转换为常量写入 pb 文件中。此外，固化模型必须是符合 Google Protocol Buffers 序列化格式的单个二进制文件，这样才能将其与 TensorFlow Mobile 配合使用。通常使用 TensorFlow 源码中的 freeze_graph 工具进行固化操作，合成 ckpt 和 pb 文件并生成固化模型文件 frozen_inference_graph.pb，然后使用 optimize_for_inference、quantize_graph 进行优化（本例中模型已经过固化）。

（2）运行命令行，从 TensorFlow 模型库中下载 DeepLab 源代码。

```
git clone https://github.com/tensorflow/models.git
```

将训练好的模型和固化模型放在 models/research/deeplab/下的新建文件夹 model 中，包括以下三个文件：frozen_inference_graph.pb、model.ckpt-30000.data-00000-of-00001、model.ckpt-30000.index。

（3）在 GPU 上训练模型时，TensorFlow Mobile 可能不支持某些运算符，需要进行转换。修改 export_model.py 文件中

```
semantic_predictions = tf.slice(
        predictions[common.OUTPUT_TYPE],
        [0,0,0],
        [1,resized_image_size[0],resized_image_size[1]])
```

为

```
semantic_predictions = tf.slice(
        tf.cast(predictions[common.OUTPUT_TYPE],tf.int32),
        [0,0,0],
        [1,resized_image_size[0],resized_image_size[1]])
```

运行命令行，进入 export_model.py 所在文件夹，执行以下命令。

```
python export_model.py \
    --checkpoint_path model/model.ckpt-30000 \
    --export_path./frozen_inference_graph.pb \
    --model_variant = "mobilenet_v2" \
    --num_classes = 21 \
    --crop_size = 513 \
    --crop_size = 513 \
    --inference_scales = 1.0
```

执行完以上脚本语句后，即可在当前文件夹下生成新的文件 frozen_inference_graph.pb，这就是将要部署到移动端的深度学习模型。

（4）在 Android Studio 创建 Android 项目，将 TensorFlow Mobile 依赖项添加到 build.gradle 中。

```
Implementation"org.tensorflow:tensorflow-android: ${project.ext.tfVersion}"
```

（5）将转换后的模型文件 frozen_inference_graph.pb 执行以下命令部署在手机中（需连接手机并运行 USB 调试）。

```
adb shell mkdir /sdcard/deeplab/
adb push frozen_inference_graph.pb /sdcard/deeplab/
```

(6) 集成了 TensorFlow Mobile 库的项目就可以调用相关 TensorFlow API 来加载并运行模型。TensorFlow Mobile 中提供了接口可以调用模型。创建 deeplabmodel 类，在类中进行初始化和调用 TensorFlowInferenceInterface 加载和运行模型，以下为加载模型并进行预测的代码。

```
private final static String MODEL_FILE = "/sdcard/deeplab/frozen_inference_graph.pb";
private final static String INPUT_NAME = "ImageTensor";
private final static String OUTPUT_NAME = "SemanticPredictions";
public final staticint INPUT_SIZE = 513;
private staticTensorFlowInferenceInterface sTFInterface = null;
public synchronized staticboolean initialize() {
        final FilegraphPath = new File(MODEL_FILE);
        FileInputStream graphStream;
        …
        sTFInterface = new TensorFlowInferenceInterface(graphStream);
        …
        }
```

传入经过处理的存储图像信息的字节数组 mFlatIntValues。

```
sTFInterface.feed(INPUT_NAME,mFlatIntValues,1,h,w,3 );
```

运行以下模型。

```
sTFInterface.run(new String[] { OUTPUT_NAME },true);
```

取得以下预测结果。

```
sTFInterface.fetch(OUTPUT_NAME,mOutputs);
```

(7) 在 Android Studio 中运行项目并部署到手机上。至此，已经成功将模型部署到移动端。相关工具和代码详见附录 F。

2. 移动端手写数字识别

本例是在移动设备上实现手写数字识别。MNIST 是一个简单的计算机视觉数据集，它包含手写数字的图像集。本例使用的是 TensorFlow Mobile。

在 Android 手机上运行手写数字识别包括以下步骤。

(1) 按照常规方法使用 MNIST 数据集训练一个手写数字识别模型。

(2) 利用 TensorFlow 中的 tf.graph_util.convert_variables_to_constant 函数，将模型转换为运行在移动端的模型。最后，训练模型保存为 mnist.pb 文件。

(3) 进行下一步模型移植。首先，需要两个文件，libtensorflow_inference.so 和 libandroid_tensorflow_inference_java.jar，可以从网上下载，或者在本地生成。具体方法见官方技术文档 tensorFlow/examples/android/README.md。把训练好的 pb 文件(mnist.pb)放入 Android 项目中 app/src/main/assets 下，若不存在 assets 目录，可通过右键单击 main→new→Directory，输入 assets 生成。添加生成的 jar 包，打开 Project view，将 jar 包复制到

app→libs 下，选中 jar 文件，右键单击 add as library。打开 Project view，将. so 文件复制到 app/libs/armeabi-v7a 下。

(4) 配置 build. gradle 文件，添加以下命令。

```
minSdkVersion 18
targetSdkVersion 26
versionCode 1
versionName "1.0"
   testInstrumentationRunner"android.support.test.runner.AndroidJUnitRunner"
multiDexEnabled true
ndk{
    abiFilters "armeabi-v7a"
   }
```

(5) 创建 java 文件，加载模型并实现移动端的功能。加载模型的方法为

```
private static final String MODEL_FILE = "file:///andriod_asset/mnist.pb";
```

(6) 在 Android Studio 上编译项目，编译成功后会生成软件安装包。将软件安装包安装到手机上，至此已经成功在手机上部署手写数字识别。相关工具和代码详见附录 F。

本章小结

当深度神经网络网络层次加深时，需要的参数也越多，GPU 的存储空间无法容纳更多的参数，因此硬件限制了深度网络的发展。为了能够提高网络的深度和精度，研究人员尝试使用小的卷积核代替大的卷积核以带来精度上的提升，并且大幅度地减少参数数量，使网络的深度不再受硬件性能的制约。同时，随着网络的层次加深，运算速度也变慢。这使得难以将网络较深、模型尺寸较大、运算速度慢的模型直接部署在移动端。深度学习的轻量化模型和模型压缩算法可以很好地解决上述问题。尽管人们已经做了大量努力来设计和改进移动端模型，例如 MobileNet 系列、ShuffleNet 系列，但人工设计高效模型仍然是一项挑战。基于 NAS 的自动化神经网络设计和基于 AutoML 的自动模型压缩可以促进移动端 CNN 模型的自动化设计。随着移动端硬件能力的提升，移动端深度学习将会是深度学习的一个重要发展方向。深度学习在移动端的部署可以优化用户体验，最大限度运用手机的 CPU、GPU 等进行人工智能应用(例如增强现实等)，实现万物互联的世界。

第 7 章 强化学习算法

CHAPTER 7

本章介绍强化学习的基本概念、模型框架以及主要算法。首先,介绍有模型的马尔可夫决策以及使用动态规划寻找最优策略的方法;然后,详细介绍无模型的强化学习算法,包括基于值函数的强化学习算法和基于策略梯度的强化学习算法;最后,介绍针对状态空间特别大或者连续状态值的问题,采用值函数逼近的求解方法。

7.1 强化学习综述

强化学习是机器学习中的一个领域,强调如何基于环境而行动,以取得最大化的预期利益。强化学习的基本问题可以描述为一个基本框架,即与环境不断交互从而达到学习目标。学习和决策者称为智能体,与智能体交互的对象为环境。如图 7-1 所示,强化学习由智能体和环境两部分组成。

从图 7-1 可以看出,强化学习是智能体和环境不断交互的过程。智能体执行操作,环境对这些操作做出响应并向智能体呈现新情况。与此同时,环境也会产生回报。随着时间的推移,智能体会不断试错和改进,使最终获得的报酬总额最大化。一般而言,动作可以是学习时做出的任何决定,而状态可以是所知道的任何可能对决策有用的信息。

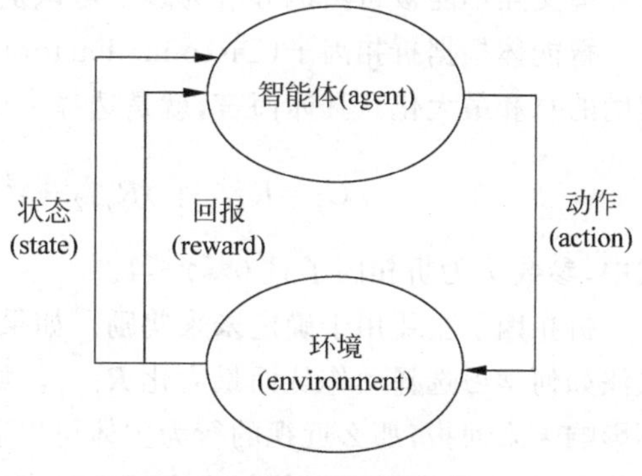

图 7-1 强化学习基本框架

强化学习可以看作状态、动作和奖励三者的时间序列。时间序列代表智能体的经验,该经验是用于强化学习的数据。强化学习聚焦于该数据来源(即数据流)。

状态可以分为三种:环境状态,智能体状态和信息状态。其中,环境状态对智能体而言并不总是可见的,可以根据环境状态对智能体是否可见,将强化学习分为基于模型的和无模型的,环境状态主要用于选择下一状态或者获得回报数据。智能体状态主要包括智能体目前得到了什么,预计采取何种行动等。信息状态则包含历史的所有有用信息、一般指马尔科夫状态。马尔科夫状态中,当前状态只与前一个状态有关,一旦当前状态已知,就会舍弃历史信息,只需要保留当前状态。

强化学习是一个抽象的目标导向的学习与互动过程。任何学习问题都可以简化为一个数据交互过程，在这个过程中，智能体通过动作与环境进行交互，在交互中智能体逐渐改变行为，从而获得更高的回报。该学习框架可能不足以有效地表示所有的决策学习问题，但已被证明是广泛适用的。

7.1.1 目标、单步奖励与累积回报

在强化学习中，智能体的目标是最大化它所能得到的奖励，这一奖励不是即时回报而是长期的累积回报(return)。可以将这种非正式的想法表述为奖励假说。

奖励假说：所有目标和目的都可以被看作所接收的标量信号(奖励)累积和的期望值的最大化。

利用奖励信号使目标的概念形式化是强化学习最显著的特征之一。如果智能体的目标是在长期过程中最大化所获得的累积奖励，那么应该如何定义呢？如果步长 T 后的奖励序列为 $R_{t+1}, R_{t+2}, R_{t+3}, \cdots$，那么期望最大化该序列的哪一方面呢？一般情况下，期望收益的最大化。其中，收益 G_t 定义为奖励序列的某个特定函数，称为累积回报。简单而言，累积回报是单步奖励的总和，如式(7-1)所示。

$$G_t = R_{t+1} + R_{t+2} + R_{t+3} + \cdots + R_T \tag{7-1}$$

其中，T 是最后一个时间步长。将智能体与环境交互的过程自然地分解为子序列，这种方法是有意义的。例如游戏中的重复交互。每一回合以一种被称为“结束状态”的特殊状态结束，然后重置为标准启动状态，或从标准启动状态分布中获取样本。即使每一回合都有不同的结局，例如一场比赛的输赢，但是下一回合的开始与前一回合的结局无关。因此，所有事件都可以被认为以相同的最终状态结束，不同的结果有不同的回报。在许多情况下，智能体与环境交互不能被自然地分解为多个可识别的事件，而是无限地持续下去。

智能体根据折扣因子(Discount Factor)试图选择相应的行动，使其在未来收到的折扣奖励的总和最大化。具体而言，就是选择一个动作来使累积收益最大化，公式如下：

$$G_t = R_{t+1} + \gamma R_{t+2} + \gamma^2 R_{t+3} + \cdots = \sum_{k=0}^{\infty} \gamma^k R_{t+k+1} \tag{7-2}$$

式中，参数 γ 为折扣因子且 $0 \leqslant \gamma \leqslant 1$。

折扣因子主要用于确定未来奖励。如果 $\gamma = 0$，则智能体“近视”，只关心即时回报，即只关注如何学习选择动作从而最大化 R_{t+1}。如果每个行为主体的行为都只影响即时回报，而不影响未来回报，那么近视的行为主体可以通过分别最大化每个即时回报来最大化 G_t。但总体上，最大化即时回报的行为会减少对未来回报的获取，因此未来回报可能会减少。而当 γ 接近 1，则考虑了未来的回报，智能体将会更有远见。

某些决策问题中，决策者仅作一次决策即可，这类决策方法称为单阶段决策。某些决策问题，从初始状态开始，每个时刻做出最优决策后又会产生一些新情况，接着观察下一步出现的状态，收集新的信息，然后再做出新的最优决策。这样，决策、状态、决策……，就构成一个序列，这就是序贯决策。序贯决策是指按时间顺序做出的各种决策(策略)。这种在时间上有先后的多阶段决策方法，也称为动态决策法。多阶段决策的每一个阶段都需要做出决策，从而使整个过程达到最优。序贯决策问题可基于马尔可夫模型解决，主要研究的对象是运行系统的状态和状态的转移。根据变量的现时状态及其发展趋势，预测它在未来可能出

现的状态,以做出正确决策。解决序贯决策问题的算法可以分为基于模型的动态规划方法和无模型的强化学习算法,如图 7-2 所示。

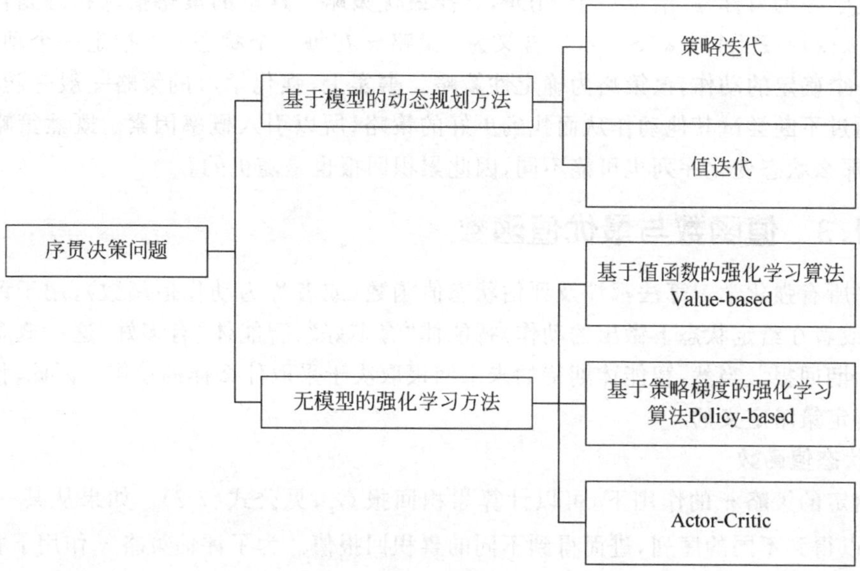

图 7-2 强化学习方法

7.1.2 马尔可夫决策过程

本节介绍马尔可夫性、马尔可夫过程、马尔可夫决策过程的数学描述和定义。

1. 马尔可夫性

马尔可夫性指下一个状态只与当前状态有关,与之前的状态无关。马尔可夫性的定义为:状态 s_t 是马尔可夫性的,当且仅当 $P[s_{t+1}|s_t]=P[s_{t+1}|s_1,\cdots,s_t]$

从上面的定义可以看出,某个状态是马尔可夫的,即该状态从历史中捕获了所有信息。因此,一旦得到了该状态,就可以舍弃历史信息了。换句话说,当前状态是未来的充分统计量。在强化学习中,状态 s 可以看作未来的充分统计量,指状态 s 包含了足够多的历史信息,来描述未来所有的回报。

2. 马尔可夫过程

马尔可夫过程的定义:随机变量序列中的每个状态都是马尔可夫的,是一个二元组 (S,P),S 为有限状态集,P 是状态转移概率。

对于马尔可夫状态 s 和它的后继状态 s',定义状态转移概率为

$$P_{ss'}=[s_{t+1}=s'|s_t=s] \tag{7-3}$$

状态转移矩阵 $\boldsymbol{P}$ 定义了所有由状态 s 到后继状态 s' 的转移概率,即

$$\boldsymbol{P}=\begin{bmatrix} p_{11} & \cdots & p_{1n} \\ \vdots & \ddots & \vdots \\ p_{n1} & \cdots & p_{nn} \end{bmatrix} \tag{7-4}$$

3. 马尔可夫决策过程

马尔可夫决策过程(Markov Decision Process,MDP)由五元组 $\langle S,A,P,R,\gamma\rangle$ 组成。

其中，S 为有限的状态集；A 为有限的动作集；P 为状态转移概率；R 为回报函数；γ 为折扣因子，用于计算累积回报。

强化学习的目标是，给定一个 MDP，寻找最优策略。这里的策略指从状态到行动的映射，即 $\pi(a|s)=P[A_t=a|S_t=s]$，含义为：策略 π 在每一个状态 s 下指定一个动作概率，如果是一个确定的动作，该策略为确定性策略。事实上，强化学习的策略一般是随机策略，智能体通过不断尝试其他动作从而找到更好的策略，所以引入概率因素。既然策略是随机的策略，那么状态变化序列也可能不同，因此累积回报也是随机的。

7.1.3 值函数与最优值函数

几乎所有强化学习算法都涉及评估状态值函数（或者称为动作值函数），用于评估给定状态下（或者在给定状态下做出的动作）智能体"有多好"，智能体"有多好"这一概念在此处指的是预期回报。当然，智能体期待的未来回报取决于采取什么样的动作。因此，价值函数是根据特定策略定义的。

1. 状态值函数

在给定的策略 π 的作用下，可以计算累积回报 G_t，见公式(7-2)。如果从某一状态 s_1 出发，可以得到不同的序列，进而得到不同的累积回报值。为了评估策略 π 作用下状态 s 的价值，可将其期望定义为状态值函数，为

$$v_\pi(s)=\mathrm{E}_\pi\left[\sum_{k=0}^{\infty}\gamma^k R_{t+k+1}\mid S_t=s\right] \tag{7-5}$$

式(7-5)的含义是，在策略 π 的作用下，状态 s 所有回报的加权和的均值。

2. 动作值函数

在 MDP 中，往往是评估在策略 π 和状态 s 下的行为 a 的价值，定义为动作值函数，表示为

$$q_\pi(s,A)=\mathrm{E}_\pi\left[\sum_{k=0}^{\infty}\gamma^k R_{t+k+1}\mid S_t=s,A_t=a\right] \tag{7-6}$$

式(7-6)的含义是，在策略 π 的作用下，状态 s 下采取动作 a 的所有回报加权和的均值。

贝尔曼方程的核心思想是对价值函数进行递归分解，将回报分为当前回报和后继回报，状态值函数的贝尔曼方程推导如下：

$$\begin{aligned}
v_\pi(s)&=\mathrm{E}_\pi\left[\sum_{k=0}^{\infty}\gamma^k R_{t+k+1}\mid S_t=s\right]\\
&=\mathrm{E}_\pi[R_{t+1}+\gamma R_{t+2}+\cdots\mid S_t=s]\\
&=\mathrm{E}_\pi[R_{t+1}+\gamma(R_{t+2}+\gamma R_{t+3}+\cdots)\mid S_t=s]\\
&=\mathrm{E}_\pi[R_{t+1}+\gamma G_{t+1}\mid S_t=s]\\
&=\mathrm{E}_\pi[R_{t+1}+\gamma v(S_{t+1})\mid S_t=s]
\end{aligned} \tag{7-7}$$

同理可得，状态动作值函数的贝尔曼方程如下：

$$q_\pi(s,A)=\mathrm{E}_\pi[R_{t+1}+\gamma q(S_{t+1},A_{t+1})\mid S_t=s,A_t=a] \tag{7-8}$$

3. 状态值函数与动作值函数的关系

状态值函数和动作值函数之间的关系是什么呢？可以通过一个简单的例子进行讲解，如图 7-3 所示。

状态 s 处的状态值函数，等于在状态 s 处采用策略 π 的所有状态-动作值函数的总和，公式如下：

$$v_\pi(s)=\sum_{a\in A}\pi(a\mid s)q_\pi(s,A) \tag{7-9}$$

在状态 s 采用动作 a 的状态值函数，即在状态 s 处的动作值函数，等于当前回报加上后续状态值函数，公式如下：

$$q_\pi(s,A)=R_s^a+\gamma\sum_{s'\in S}P_{ss'}^a v(s') \tag{7-10}$$

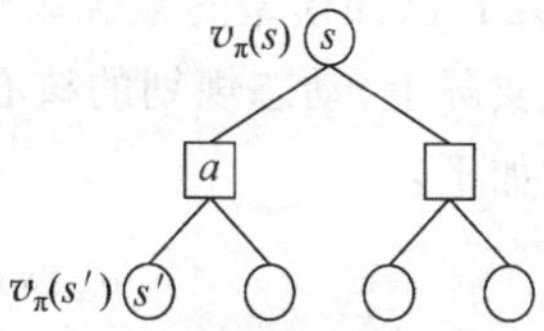

图 7-3 状态值函数与动作值函数的关系

将式(7-10)代入式(7-9)，可得

$$v_\pi(s)=\sum_{a\in A}\pi(a\mid s)\left(R_s^a+\gamma\sum_{s'\in S}P_{ss'}^a v(s')\right) \tag{7-11}$$

也就是说，在状态 s 处的值函数 $v_\pi(s)$，可以利用后续状态的值函数 $v(s')$ 来表示。

强化学习的过程就是不断寻找最优策略的过程，贝尔曼最优方程就是要寻找最优策略，即通过对动作值函数执行贪婪法得到。贝尔曼方程并不是线性方程，它引入了 max 函数，所以只能通过迭代的方式求解。

在所有的策略中，使得值函数最大的策略称为最优策略，同时对应最优状态值函数和最优动作值函数，表示如下：

$$v^*(s)=\max_\pi v_\pi(s) \tag{7-12}$$

$$q^*(s,A)=\max_\pi q_\pi(s,A) \tag{7-13}$$

可以得到最优状态值函数和最优动作值函数的贝尔曼方程，表示如下：

$$v^*(s)=\max_a R_s^a+\gamma\sum_{s'\in S}P_{ss'}^a v^*(s') \tag{7-14}$$

$$q^*(s,A)=R_s^a+\gamma\sum_{s'\in S}P_{ss'}^a\max_{a'}q^*(s',a') \tag{7-15}$$

如果知道最优动作值函数，最优策略 $\pi^*(a|s)$ 可以直接由最大化 $q^*(s,A)$ 确定，即

$$\pi^*(a\mid s)=\begin{cases}1, & a=\text{argmax}_a q^*(s,a)\\ 0, & \text{其他}\end{cases} \tag{7-16}$$

这一策略称为贪婪策略，仅仅考虑当前最优。贪婪策略可以看作确定性策略，即只有在使得动作值函数 $q^*(s,a)$ 最大的动作处取概率 1，选择其他动作的概率为 0。

7.2 动态规划方法

动态规划(Dynamic Programming)方法指的是一类算法，其中“动态”指该问题是时间序贯的，“规划”指的是优化一个策略。动态规划通常分为三步：将问题分解为子问题；求解子问题；合并子问题的解。

并不是所有的问题都可以用动态规划方法求解，使用动态规划方法求解的问题包含两个性质：最优子结构和重叠子问题。最优子结构保证问题能够使用最优性原则，使问题的最优解可以分解为子问题最优解；重叠子问题是指子问题重复出现多次，可以缓存并重用子问题的解。马尔可夫决策问题符合使用动态规划的两个条件，因此动态规划可以用于计

算 MDP 已知模型的最优策略。

实际上，动态规划的核心也是找到最优值函数，而值函数的计算过程前面已经介绍过，公式如下：

$$v_\pi(s)=\sum_{a\in A}\pi(a\mid s)\left(R_s^a+\gamma\sum_{s}P_{ss'}^a v_\pi(s')\right) \tag{7-17}$$

由式(7-17)可以看出，状态 s 处的值函数 $v_\pi(s)$ 可以利用后继状态的值函数 $v_\pi(s')$ 来表示，由于后继状态的值函数也是未知的，那么如何求解当前状态的值函数呢？引入 Bootstrapping 算法。Bootstrapping 算法并不使用真实的反馈，而是使用自己的估计反馈，将自己的价值函数作为目标，用已估计的价值函数进行更新。

在强化学习中，要求具备一个完全已知的环境模型，所谓"完全已知"指 MDP 的五元组全部已知。这种学习方式就是有模型学习(Model-based Learning)，由于假设了一个完全已知的模型并且计算代价很高，所以在强化学习中作用有限，但动态规划仍然为理解值迭代和策略迭代两个方法提供了一个必要的基础。

7.2.1 策略迭代

从一个初始化的策略出发，先进行策略评估，然后进行策略改进；评估当前的策略，再进一步改进策略；经过不断迭代更新，直至策略收敛，这种算法被称为策略迭代。

1. 策略评估

策略评估就是计算任意策略的状态值函数 v_π，即在当前策略下计算出每个状态的状态值，也将其称为预测问题。

策略评估指 $\pi(a|s)$，即在 s 状态下选取 a 的可能性。可以用图 7-4 中的简单例子来进行说明。

如图 7-4 所示，有 2×2 的网格，每个格子代表一个状态编号{1,2}。图 7-4 右图中状态 1 表示陷阱，状态 2 表示奖励；动作空间为{上，下，左，右}，将 v_{k+1} 初始化为 −1 和 1。然后根据每个状态 s 分别对当前状态下可选取的动作获得的回报进行预估，选择其中获得回报最大的动作保留，即增加动作被选择的概率，迭代过程如图 7-5 所示。

0	陷阱
奖励	0

0	1
2	0

图 7-4　2×2 网格

0	0
0	0

k=0

0	−1
1	0

k=1

0	−1.5
1.5	0

k=2

图 7-5　迭代过程

用高斯-塞德尔迭代算法进行求解，即

$$v_{k+1}(s)=\sum_{a}\pi(a\mid s)\left(R_s^a+\gamma\sum_{s'\in S}P_{ss'}^a v_k(s')\right) \tag{7-18}$$

进一步说明从状态 $k=1$ 到 $k=2$ 的计算过程，以状态 1 处的计算为例，由公式(7-18)可得

$$v_2(1)=0.25\times(-1-1)+0.25\times(-1-1)+0.25\times(-1+0)+0.25\times(-1+0)$$

保留一位小数，可得 $v_2(1)=-1.5$，所有计算方法相同，这里不一一列举。计算值函数

的目的是利用值函数找到最优策略，已知当前策略的值函数时，在每个状态采用贪婪策略对当前策略进行改进。

2. 策略改进

计算策略的价值函数的目的是为了帮助找到更好的策略。通过策略评估得到了上一个策略的每个状态的状态值，接下来就要根据这些状态值对策略进行改进，计算新的策略。

在每个状态 s，对每个可能的动作 a 都计算采取这个动作后到达的下一个状态的期望价值。哪个动作可以到达的状态的期望价值函数最大，就选取哪个动作，以此进行更新。计算公式如下：

$$q_\pi(s,a)=\sum_{s',r}P(s',r\mid s,a)(r+\gamma v_\pi(s')) \tag{7-19}$$

改进策略公式如下：

$$\pi'(s)=\arg\max_a q_\pi(s,a) \tag{7-20}$$

计算改进后更新状态值：

$$v_{\pi'}(s)=\max_a\sum_{s',r}P(s',r\mid s,a)(r+\gamma v_{\pi'}(s')) \tag{7-21}$$

如图 7-6 所示，策略迭代算法包括策略评估和策略改进两个步骤。在策略评估中，给定策略，通过数值迭代不断计算该策略下每个状态的值函数 v_π，利用该值函数和贪婪策略进行策略改进，进而得到新的策略 π'，如此循环最终找到最优策略。值得注意的是，在进行策略改进之前，需要得到收敛的值函数，而值函数收敛往往需要多次迭代。在进行策略改进之前一定得等待策略值函数收敛吗？实际上是不需要的，接下来介绍的值迭代就能很好地解决这一问题。

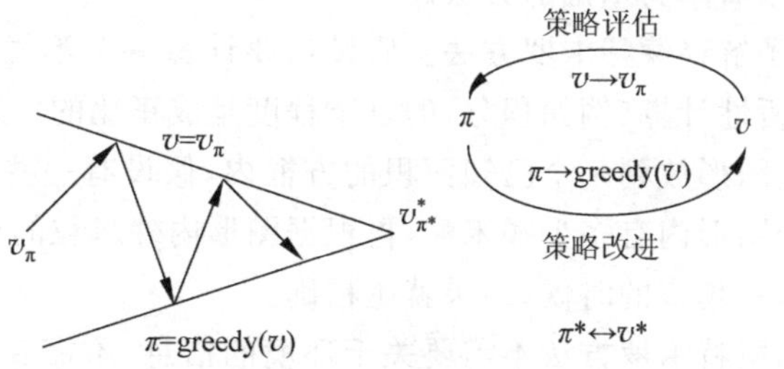

图 7-6　策略迭代

7.2.2　值迭代

如果说策略迭代是基于贝尔曼方程和贪婪法的，那么值迭代就是基于贝尔曼最优方程的。

首先介绍最优性原理，最优性原理可以理解为：对于某一个最优决策序列，不论初始状态如何，对于之前决策造成的某一状态而言，其后各阶段的决策序列必须构成最优策略。

对每一个当前状态 s，对每个可能的动作 a 都计算采取该动作后到达的下一个状态的期望价值。哪个动作可以到达的状态的期望价值函数最大，就将这个最大的期望价值函数作为当前状态的价值函数 $v(s)$，循环执行这个步骤，直到价值函数收敛。

期望值计算公式如下：

$$v_{k+1}(s)=\max_a\sum_{s',r}P(s',r\mid s,a)(r+\gamma v_k(s')) \tag{7-22}$$

与策略迭代不同的是，值迭代根据状态期望值选择动作，策略迭代是根据概率选择动作。

与策略迭代类似，值迭代最终也同样收敛到最优值函数，但是值迭代没有显式的策略，它通过贝尔曼最优方程，隐式地实现了策略改进这一步。值得注意的是，中间过程的值函数可能并不对应任何策略。实际上，值迭代就是在已知策略和 MDP 模型的情况下，根据策略获得最优值函数和最优策略。

与贝尔曼期望方程相比，贝尔曼最优方程将期望操作变为最大操作，即隐式地实现了策略改进这一步，但是它没有采用其他策略改进方法，仅仅采用贪婪法，而通过贪婪法得到的策略通常为确定性策略。

7.3 基于值函数的强化学习算法

序贯决策问题是基于马尔可夫模型进行求解的，MDP 又可以分为基于模型的动态规划方法和无模型的强化学习算法。动态规划既可以用于预测也可以用于控制，但是需要预先知道环境模型。实际中多数情况下，智能体面对的环境是未知的，需要在未知环境寻找最优解决方案，就需要无模型的强化学习算法。无模型的强化学习算法主要包括蒙特卡罗方法和 TD-Learning，下面分别进行介绍。

7.3.1 基于蒙特卡罗的强化学习算法

蒙特卡罗（Monte Carlo，MC）方法又称为统计模拟方法，它使用随机数（或伪随机数）来求解计算问题，是一类重要的数值计算方法。该方法的名字来源于世界著名的赌城蒙特卡罗。蒙特卡罗方法是以概率为基础的方法。

用一个简单的例子解释蒙特卡罗方法。假设需要计算一个不规则图形的面积，那么图形的不规则程度和分析性计算（例如积分）的复杂程度是成正比的。采用蒙特卡罗方法是怎样计算的呢？首先，把图形放到一个已知面积的方框内，假设有一些米粒，把米粒均匀地撒在这个方框内，数这个图形内有多少颗米粒，再根据图形内外米粒的比例来计算面积。米粒数目越小，但图形内米粒越多的时候，结果就越精确。

与动态规划不同，蒙特卡罗方法不需要关于环境的信息，不需要理解环境，仅仅需要经验就可以求解最优策略。计算状态值函数和动作值函数实际上是计算返回值的期望，动态规划方法是利用模型计算期望，蒙特卡罗方法则是利用经验平均代替随机变量的期望。因此，需要理解经验和平均。

经验就是训练样本。例如，在初始状态 s，遵循策略 π，经过一个完整的实验（episode）最终获得总回报 R，这就是一个样本。如果有许多这样的样本，就可以估计在状态 s 下，遵循策略 π 的期望回报，即状态值函数 $v_\pi(s)$。平均指平均值，蒙特卡罗方法就是依靠样本的平均回报来解决强化学习问题的。

尽管蒙特卡罗方法和动态规划方法存在诸多不同，但是蒙特卡罗方法借鉴了很多动态规划中的思想。动态规划方法中，首先进行策略估计，计算特定策略 π 对应的 v_π 和 q_π，然后进行策略改进，最终形成策略迭代。这些想法同样在蒙特卡罗方法中应用。

1. 蒙特卡罗策略估计

考虑使用蒙特卡罗方法来学习状态值函数 $v_\pi(s)$，估计 $v_\pi(s)$ 的一个方法是对于所有达到过该状态的回报取平均值。考虑一个问题，如果在某个实验中状态 s 出现了两次，分别在 t_1 时刻和 t_2 时刻，那么计算状态 s 的值时是只用第一个还是两个都用呢？这里有两种对应的方法，First-Visit MC Methods 和 Every-Visit MC Methods。First-Visit MC Methods 是指，在计算状态 s 处的值函数时，只利用每次实验中第一次访问到状态 s 时的返回值，公式如下：

$$v(s)=\frac{G_{11}(s)+G_{21}(s)+\cdots}{N(s)} \tag{7-23}$$

Every-Visit MC Methods 是指，在计算状态 s 处的值函数时，利用所有访问到状态 s 时的返回值，公式如下：

$$v(s)=\frac{G_{11}(s)+G_{12}(s)+\cdots+G_{21}(s)+\cdots}{N(s)} \tag{7-24}$$

根据大数定律，当 $N(s)\to\infty$ 时，$v(s)\to v_\pi(s)$。

现在只考虑 First-Visit MC Methods，即在一个实验内，只记录 s 的第一次访问，并对它取平均回报。假设有如下一些样本，取折扣因子 $\gamma=1$，即直接计算累积回报，如图 7-7 所示。

根据 First-Visit MC Methods，对出现过状态 s 的实验的累积回报取均值，有 $v_\pi(s)\approx(3-1+2+1)/4=1.25$。容易知道，当经过无穷多个实验后，$v_\pi(s)$ 的估计值将收敛于其真实值。

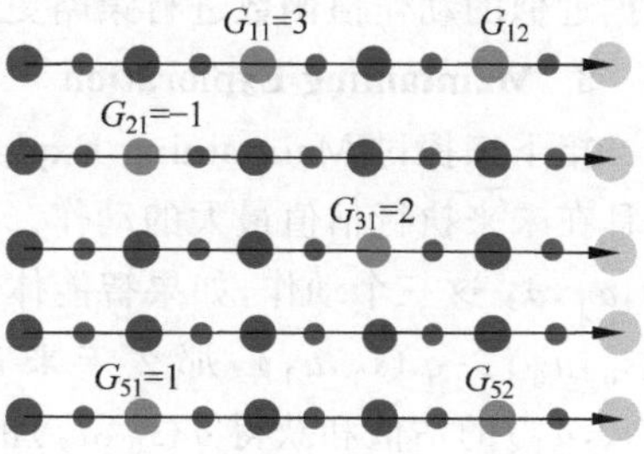

图 7-7 蒙特卡罗中的经验

无论是 First-Visit MC Methods 还是 Every-Visit MC Methods，在计算回报均值时，都是用总回报除以状态 s 的总访问次数。那么能否对均值进行递增性求取呢？可以通过式(7-25)将一般的均值求取转变为增量式均值求取。

$$\begin{aligned}v_k(s)&=\frac{1}{k}\sum_{j=1}^{k}G_j(s)=\frac{1}{k}\left(G_k(s)+\sum_{j=1}^{k-1}G_j(s)\right)\\&=\frac{1}{k}(G_k(s)+(k-1)v_{k-1}(s))\\&=v_{k-1}(s)+\frac{1}{k}(G_k(s)-v_{k-1}(s))\end{aligned} \tag{7-25}$$

根据递增的思想，可以把蒙特卡罗算法中的求经验均值的公式进行类似的转化。用 T 步的反馈总和 G_t 与上一次均值 $v(S_t)$ 的偏差对当前的 $v(S_t)$ 进行更新。具体公式如下：

$$\begin{aligned}&N(S_t)\leftarrow N(S_t)+1\\&v(S_t)\leftarrow v(S_t)+\frac{1}{N(S_t)}(G_t-v(S_t))\end{aligned} \tag{7-26}$$

在一些动态问题上，可以用固定步长 α 取代 $1/N(S_t)$，让整个估计值向偏差项的方向以恒定步长移动。算法思想不变，可以得到一个很有用的更新规则，为

$$v(S_t)\leftarrow v(S_t)+\alpha(G_t-v(S_t)) \tag{7-27}$$

2. 蒙特卡罗策略改进

在状态转移概率 $P(s'|a,S)$ 已知的情况下，进行策略估计后将得到新的值函数，可以据此进行策略改进，只需要看哪个动作能获得最大的期望累积回报。然而，在没有准确的状态转移概率矩阵的情况下，这种方法是不可行的。因此，需要估计动作值函数 $q_\pi(s,A)$。$q_\pi(s,A)$ 的估计方法与前面介绍的类似，不再关注对状态的访问，而是关注对状态动作对的访问，即在状态 s 下采用动作 a，遵循策略 π 获得的期望累积回报，仍然采用平均回报进行估计。得到 $q_\pi(s,A)$，就可以进行策略改进了，公式如下：

$$\pi'(s)=\arg\max_a q_\pi(s,A) \tag{7-28}$$

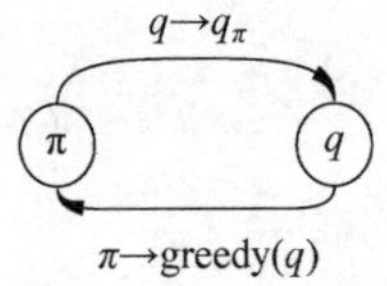

图 7-8 广义策略迭代

值函数 $q_\pi(s,A)$ 的估计值需要在无穷多次实验后才能收敛到其真实值。这样导致策略迭代必然是低效的。在动态规划中，使用了值迭代算法，即每次都不采用完整的策略估计，仅使用值函数的近似值进行迭代，这里也采用了类似的思想。每次使用策略的近似值来更新得到一个近似的策略，并最终收敛到最优策略，这一思想被称为广义策略迭代，如图 7-8 所示。

具体到蒙特卡罗方法，就是在每个实验后重新估计动作值函数(尽管不是真实值)，然后根据近似的动作值函数进行策略更新。

3. Maintaining Exploration

接下来探讨 Maintaining Exploration 的问题。前面讲到，通过一些样本来估计 q 和 v，并且在未来执行估值最大的动作。这里存在一个问题，假设在某个确定状态 s_0 下，能执行 a_0,a_1,a_2 这三个动作，如果智能体已经估计了两个 q 函数值，例如 $q(s_0,a_0)$，$q(s_0,a_1)$，且 $q(s_0,a_0)>q(s_0,a_1)$，那么未来它将只执行一个确定的动作 a_0。这样导致无法更新 $q(s_0,a_1)$ 的估值和获得 $q(s_0,a_2)$ 的估值，无法保证 $q(s_0,a_0)$ 就是 s_0 下最大的 q 函数。

Maintaining Exploration 的思想很简单，就是用 Soft Policy 替换确定性策略，使所有的动作都有可能被执行。其中一种方法是 ε-Greedy Policy，即在所有的状态下，以 ε 的概率执行当前的最优动作 a_0，以 $1-\varepsilon$ 的概率执行其他动作。这样就可以获得所有动作的估计值，然后通过缓慢增加 ε 值，最终使算法收敛，并得到最优策略。在下面蒙特卡罗方法中，使用 Exploring Exploration，即仅在第一步令所有的 a 都以一定的概率被选中。

表 7-1 所示为探索性初始化蒙特卡罗方法的伪代码。

表 7-1 探索性初始化蒙特卡罗方法

1. 初始化：对于所有 $s\in S, a\in A(s)$，令 $q(s,a)$ 为任意值，令 $\pi(s)$ 为任意值，令 $R(s,a)$ 为空列表
2. 循环：
3. 　　随机选择状态和动作 $s_0\in S, a_0\in A(s_0)$
4. 　　从 s_0,a_0 开始，以策略 π 生成一个实验
5. 　　对于每一个出现的状态动作对 (s,a)：
   　　　　$G=(s,a)$ 第一次出现的回报
   　　　　将回报 G 附加到 $R(s,a)$ 中
6. 　　　　$q(s,a)=R(s,a)$ 的平均值
7. 　　对于实验中的每一个状态 s
8. 　　　　$\pi(s)\leftarrow\arg\max_a q(s,a)$

表 7-1 中，第一步，初始化所有状态和动作，保证每次实验的初始状态和动作都是随机的；第二步，随机选择 $s_0 \in S, a_0 \in A(s)$，从 (s_0, a_0) 开始以策略 π 生成一个实验，对实验中出现的状态和动作对进行策略评估；第三步，在一个实验中出现 (s_0, a_0) 后，将状态和动作对的回报 G 附加到回报 $R(s,a)$ 上，然后对回报取均值；第四步，对实验中的每一个状态进行策略改进。

蒙特卡罗方法的一个显而易见的好处是不需要环境模型，不需要完整的环境信息，可以从经验中直接学习到策略。另一个好处是，它对所有状态的估计都是独立的，不依赖其他状态的值函数。很多情况下，不需要对所有状态值进行估计，此时蒙特卡罗方法就十分适用。

在强化学习中直接使用蒙特卡罗方法的情况比较少，大多数情况下采用时间差分(Temporal-Difference，TD)算法族。与动态规划类似，时间差分方法和蒙特卡罗方法也是强化学习的基础。

7.3.2 基于时间差分的强化学习算法

时间差分方法也属于无模型强化学习，本节介绍其中一种方法 TD-Learning。

1. TD-Learning 与蒙特卡罗方法及以动态规划方法的比较

TD-Learning 结合了动态规划和蒙特卡罗方法，是强化学习的核心思想。与蒙特卡罗方法类似，TD-Learning 从实验中学习；与动态规划方法类似，TD-Learning 使用后继状态的值函数更新当前状态的值函数，有句话总结得很好"TD Updates A Guess Towards A Guess."。

蒙特卡罗方法是模拟(或者经历)一段序列，在序列结束后，根据序列中各个状态的价值，来估计状态价值。TD-Learning 是模拟(或者经历)一段序列，智能体每次行动一步(或者几步)，根据新状态的价值，估计执行前的状态价值。蒙特卡罗算法是利用经验平均估计状态值函数，存在的问题是，经验平均需要一个实验回合结束后才能出现，学习速度慢，学习效率不高。蒙特卡罗算法中状态值函数的更新方式如下：

$$v(s_t) \leftarrow v(s_t) + \alpha(G_t - v(s_t)) \tag{7-29}$$

其中，状态值函数要等一次实验结束后才出现。那么能否借鉴动态规划中的 Bootstrapping 算法，在试验未结束时就估计当前的值函数呢？这就是 TD-Learning。TD-Learning 与蒙特卡罗方法最大的区别在于它将实际的回报替换成对回报的估计，这一估计称为 TD Target，其中状态值函数的更新方式如下所示。

$$v(s_t) \leftarrow v(s_t) + \alpha(R_{t+1} + \gamma v(s_{t+1}) - v(s_t)) \tag{7-30}$$

其中，$R_{t+1} + \gamma v(s_{t+1})$ 称为 TD Target，与式(7-29)中的 G_t 对应，此处将 G_t 写成递归的形式，这样每走一步都可以更新一次 v，蒙特卡罗方法需要经历一个完整的实验才得到 G_t。$R_{t+1} + \gamma v(s_{t+1}) - v(s_t)$ 称为 TD Error。TD Target 利用 Bootstrapping 方法估计当前值函数。Bootstrapping 即 TD Target $R_{t+1} + \gamma v(s_{t+1})$ 代替 G_t 的过程。

接下来用两张图简单对比蒙特卡罗方法和 TD-Learning。

图 7-9(a)中的树代表了整个状态与动作空间。对于蒙特卡罗方法，要更新一次价值函数，需要有一个完整的样本(图中粗实线 a 就是一个样本)。这条路径经过了 3 个状态，所以可以更新三个状态的 v 值。由于不知道模型情况，所以无法计算从 s_t 到下面 4 个节点的概

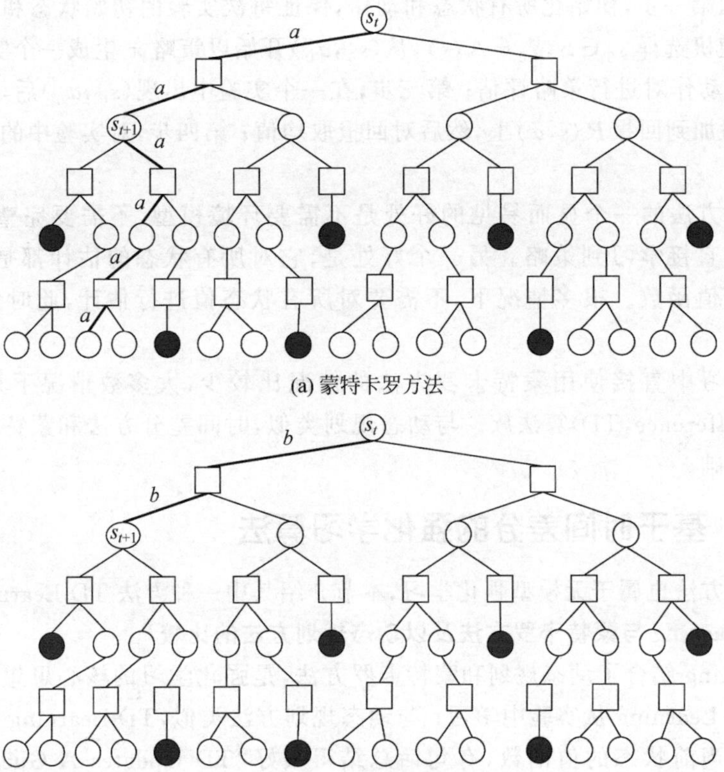

(a) 蒙特卡罗方法

(b) TD-Learning方法

图 7-9 状态更新图

率以及即时奖励，所以一次只能更新一条路径。如果重复次数足够多，就能覆盖所有路径，最后得到的结果才与动态规划相同。图 7-9(b)中粗实线 b 是 TD-Learning 每次更新所需要的，TD-Learning 每走一步就更新一步价值函数，并不需要等到一个实验回合的结束。对于蒙特卡罗方法和 TD-Learning，它们都是模型不可知的，所以只能通过尝试来近似真实值。

下面举例说明 TD-Learning 和蒙特卡罗方法的区别。日常生活中经常网上购物，可以对从下单到签收物品所花费的时间进行简单的预测，预测结果如表 7-2 所示。

表 7-2 快递接收时间预测

状　　态	已过去时间	预测还要多久	预测总时间
下单	0	30	30
发货	2	24	26
揽件	8	24	32
运输	24	12	36
派送	28	4	32
待取件	32	1	33
签收	34	0	34

从表中可以看出，第一列是快递的状态，第二列是已经过去的时间，第三列是预测还需要多久才能收到快递，第四列是从快递下单到收到快递需要花费的总时间。利用蒙特卡罗方法和 TD-Learning 对所需的总时间进行估计，如图 7-10 所示。

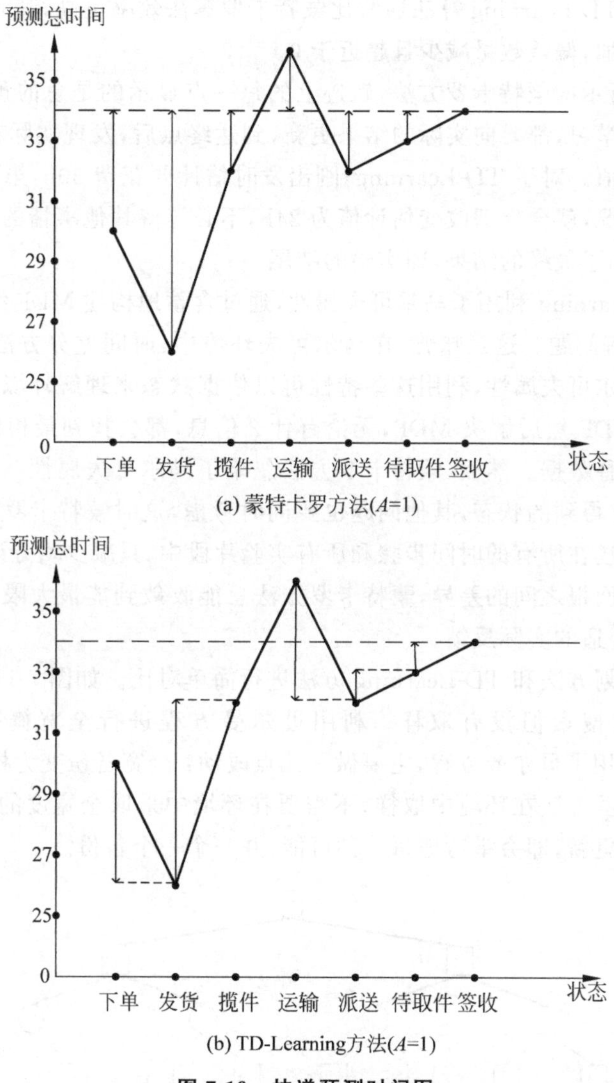

图 7-10 快递预测时间图

图 7-10 中，不带箭头的实线表示当前时刻对于时间的预测；虚线表示 Target，即更新时的参照物，对于蒙特卡罗方法来说是 G_t，对于 TD-Learning 方法来说是 Guess，即之前讲过的 TD Target；带箭头的实线则表示更新的方向。例如，在网上买了一件东西，下单的时候预测收到快递大约需要 30h。下单后发现 2h 后就发货了，这时预测还需要 24h 才能收到，加上已经过去的 2h，预测总时间为 26h。后来快递员揽件的时间用了 8h，依然预测还需 24h 的时间送达，预测总时间为 32h。快递运输花费了 24h 后，预测还要 12h 收到快递，预测总时间则为 32h。当显示待取件时，时间已经过去了 32h，这时大概 1h 内就会去快递柜把快递取回来，预测总时间为 33h。可是，在去取快递的路上遇到了一位朋友，于是开始聊天，由于聊天忘记了时间，不知不觉过去 2h，取到快递时，总时间已过去 34h。当然，这些不是关

键,关键是理解蒙特卡罗方法和 TD-Learning 方法基于不同的目标更新值函数。蒙特卡罗方法学习预测和实际的时间差,TD-Learning 预测的是基于前序状态的偏差。TD-Learning 算法在知道结果之前进行学习,即在每一步之后都能在线学习,而蒙特卡罗算法必须等到回报值后才能学习。TD-Learning 算法通常比蒙特卡罗算法效率更高,其对初始值比较敏感,随着样本数量的增加,偏差数量减少且趋近于 0。

如图 7-10(a)所示的蒙特卡罗方法,轨迹上的每一点显示的是总的预计时间,每一步都使用蒙特卡罗方法学习,都要向实际的结果更新,到达终点后,发现实际花费了 34h,然后才能更新每一个估计值。对于 TD-Learning,刚出发时估计要花费 30h,第一步操作完成后可能出现发货快等情况,就会立即改变估计值为 24h,不必等待其他事情的发生……直到真正到达终点时,也得到了最终的结果,即实验的结尾。

实际上,TD-Learning 利用了马尔可夫属性,通过含蓄地构建 MDP 结构来利用它,然后从 MDP 结构来求解问题。这意味着,在马尔可夫环境中,时间差分方法通常是有效的,因为它实际利用了马尔可夫属性,利用这些特性可以依据状态来理解环境。时间差分方法的第一步就是适应 MDP 然后解决 MDP,无论有什么信息,都会找到最相似的 MDP 模型,并找到解决方案来解释数据。然而,蒙特卡罗方法忽略了马尔可夫属性。若在非马尔可夫环境中,不能仅依赖已得到的状态,其他问题也要同时考虑,这时蒙特卡罗方法是一个不错的选择。蒙特卡罗方法在所有的时间步骤和所有实验片段中,只减少均方误差,并尽量减少价值函数和所观测的回报之间的差异,蒙特卡罗方法总能收敛到能最大限度减少均方误差的解决方案,找到最合适的实际反馈。

下面对动态规划方法和 TD-Learning 方法进行简单对比。如图 7-11 所示,动态规划方法进行了一步向前搜索但没有取样。利用贝尔曼方程进行全宽概率分布求解。TD-Learning 方法也利用了贝尔曼方程,主要做了几点改动:全宽备份变为样本备份,并去掉了期望符号。蒙特卡罗方法在环境中取样,不需要在环境中采取全宽度的穷举搜索;动态规划方法采取全宽度更新,即穷举考虑每一种可能,并一个一个备份。

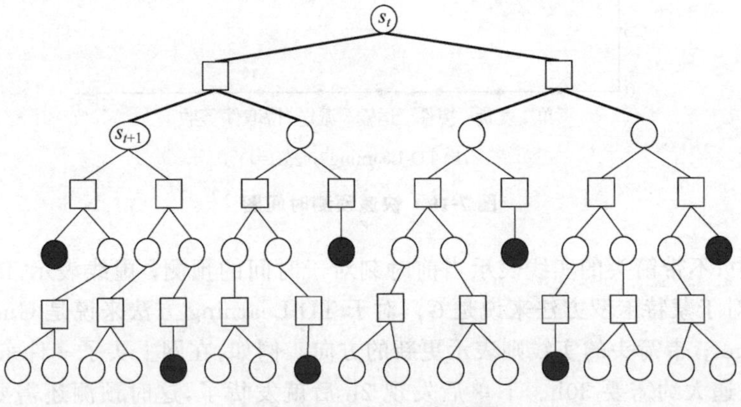

图 7-11 动态规划备份图

2. TD Prediction

TD-Learning 包括 TD Prediction 和 TD Control 两部分,TD-Learning 预测的基本算法如表 7-3 所示。

表 7-3 TD-Learning 预测

```
1. 输入：需要评估的策略 π
2. 初始化 v(s)（例如，v(s)=0，∀s∈S⁺）
3. 循环（对于每个实验）：
4.     初始化状态 s
5.     循环（对于实验中的每一步）：
6.         a←根据策略 π 在状态 s 得到动作
7.         执行动作 a，观察奖励 R，下一状态 s′
8.         v(s)←v(s)+α[R+γv(s′)−v(s)]
9.         s←s′
10. 直到状态 s 为终止状态
```

表 7-3 中，第一步，对每个实验完成状态 s 的初始化；第二步，对实验中的每一步通过 $\pi(\cdot|s)$ 采样 a，执行动作 a 观测 R,s'；第三步，通过 Bootstrapping 对当前值函数进行估计进而更新。

在介绍 TD Control 之前先对 Greedy 和 ε-Greedy 进行简单的说明。

(1) Greedy

Greedy 即贪婪算法，贪婪算法是什么意思？举个例子就很清楚了：有一张五元纸币需要换成零钱，零钱有两种更小面额的纸币，一种是一元纸币，另一种是两元纸币。其中，一元纸币有 5 张，两元纸币有 2 张，规定每次还钱必须选择同一种纸币，那么怎么置换才能获得更多零钱？当然，按照人类思维方式考虑是换五张一元纸币，刚好换完；但是，如果按贪婪算法，首先要选择纸币面额最大的，即选择 2 张两元纸币，但是并没有使得总额最大。

贪婪算法在求解问题时，总是做出当前时刻看来最好的选择。也就是说，不考虑整体最优，所得到的是某种意义上的局部最优解。

(2) ε-Greedy

介绍 ε-Greedy 算法前不妨先介绍 EE 问题，什么是 EE 问题呢？这两个"E"，其中一个代表"Exploit"，中文可译作"利用"；另一个代表"Explore"，中文可译作"探索"。结合例子可能更方便对 EE 作一个简单的解释。

假设有 N 种彩票，每种彩票中奖的概率不一样，并且不清楚每种彩票中奖的概率分布。如果想要最大化收益，该怎么办呢？通常来说，直观上可能有两种好的决策：一种是找到某一种收益还不错的彩票，然后坚持买这种彩票；另一种是不断尝试探索新种类的彩票。在探索的过程中，可能发现更好的彩票，当然也要承担买到不好种类的彩票所带来损失的风险。显然，第一种对应的就是"Exploit"，第二种对应"Explore"。

ε-Greedy 算法是如何在"Exploit"和"Explore"之间实现权衡，以尽可能实现最大化收益的呢？首先，从算法的名称知道，这是一种贪婪算法。单纯的贪婪算法，在买彩票的场景中每次都选择当前最好的彩票，即使从长远看可能非常不好。那么，ε-Greedy 和 Greedy 的区别是什么呢？就像它的名字所展示的那样，区别就在这个"E"。"E"代表执行"探索"的概率。例如设置 $\varepsilon=0.1$，就表示有 10% 的概率会进行"Explore"操作，而 90% 会进行"Exploit"操作，即买当前种类最好的彩票。如果用买彩票的次数来算，也就是每买 10 次彩票，仅有 1 次去进行探索来尝试其他种类的彩票。ε-Greedy 算法的定义如下：

$$\begin{cases} \arg\max_a q(a), & (1-\varepsilon) \\ \text{其他}, & \varepsilon \end{cases} \tag{7-31}$$

简单介绍二者的区别，当 $\varepsilon=0$ 时，ε-Greedy 算法就可以看作 Greedy 算法。一般情况下，在 $\varepsilon>0$ 时，ε 设置得越小，找到最优策略的概率也就越大。而事实上，在 $\varepsilon>0$ 时，ε 设置得越小，收敛到最佳收益的速度越快。在一定范围内，ε 越小，随机探索的概率越大，越能更快地探索到最优策略，同时获得的平均回报也越多。为什么是在一定范围内呢？如果 ε 设置得过小，获得的平均回报不一定越高。当 $0.5<\varepsilon<0.9$ 时，ε 设置得越大，最终的平均收益越高。如果每次都以很大概率进行随机探索，就会有很多效果不好的情况发生，那么平均收益也必然会降低。

3. TD Control

TD-Learning 策略迭代包括策略评估和策略改善，也可以看作是 TD Prediction 和 TD Control 两部分。其中，策略评估为 $q=q_\pi$，策略改善为 ε-Greedy 策略提升。若策略评价与策略提升的策略更新方式相同则为 On-Policy，否则为 Off-Policy。TD-Learning 方法包括 On-Policy 的 SARSA 和 Off-Policy 的 Q-Learning。

(1) SARSA：On-Policy TD 优化

策略评价的策略跟策略提升使用的策略相同，典型算法为 SARAS。基于当前的策略直接执行一次动作选择，然后用这个样本更新当前的策略，因此生成样本的策略和学习时的策略相同，算法为 On-Policy 算法。该方法会遭遇 Exploration(探索)和 Exploitation(利用)的矛盾，只利用目前已知的最优选择，可能学不到最优解，收敛到局部最优，而加入探索又降低了学习效率。ε-Greedy 算法是这种矛盾下的折中，优点是直接快速，劣势是不一定找到最优策略。

SARSA 的更新迭代方式为

$$q(s_t,a_t)\leftarrow q(s_t,a_t)+\alpha\left[R_{t+1}+\gamma q(s_{t+1},a_{t+1})-q(s_t,a_t)\right] \tag{7-32}$$

表 7-4 为 SARSA 算法的伪代码。

表 7-4 SARSA：On-Policy TD Control 算法

```
1.  初始化 q(s,a)，∀s∈S,a∈A(s)，设终止状态下 q=0
2.  循环(对于每个实验)：
3.      初始化状态 s
4.      循环(对于实验中的每一步)：
5.          在状态 s 下根据 ε-Greedy 策略选择动作 a
6.              选择动作 a，得到回报 R 和下一个状态 s′
7.              在状态 s′下根据 ε-Greedy 策略得到动作 a′
8.              q(s,a)←q(s,a)+α[R+γq(s′,a′)−q(s,a)]
9.              s←s′；a←a′
10.     直到 s 为终止状态
11. 输出最终策略 π(s)=arg max_a q(s,a)
```

表 7-4 中，第一步，初始化状态和动作值；第二步，给定起始状态 s，对于一个实验的每一步，在状态 s 下根据 ε-Greedy 策略选择动作 a，得到回报 R 和下一个状态 s'，在状态 s' 下根据 ε-Greedy 策略得到动作 a'，直到 s 为终止状态；第三步，输出最终策略 $\pi(s)=\arg\max_a q(s,a)$。

(2) Q-Learning：Off-Policy TD 优化

策略评价的策略跟策略提升使用的策略不同，典型算法为 Q-Learning。更新下一状态时使用了 max 操作，直接选择最优动作，而当前策略并不一定能选择到最优动作，因此这里策略评价的策略和策略改进的策略不同，为 Off-Policy 算法。先产生某概率分布下的大量行为策略(Behavior Policy)，旨在探索。从这些偏离(Off)最优策略的数据中寻求目标策略(Target Policy)。

当然，这么做是需要满足数学条件的：假设 π 是目标策略，μ 是行为策略，那么从策略 μ 学到策略 π 的条件是：$\pi(a|s)>0$，必然有 $\mu(a|s)>0$。两种学习策略的关系是：On-Policy 是 Off-Policy 的特殊情形，其目标策略和行为策略相同。

Q-Learning 的更新迭代方式为

$$q(s_t,a_t) \leftarrow q(s_t,a_t)+a\,[R_{t+1}+\gamma \max_a(s_{t+1},a)-q(s_t,a_t)] \tag{7-33}$$

表 7-5 为 Q-Learning 算法的伪代码。

表 7-5 Q-Learning：Off-Policy TD Control 算法

初始化 $q(s,a)$，$\forall s\in S, a\in A(s)$，设终止状态下 $q=0$
循环(对于每个实验)：
　　初始化状态 s
　　循环(对于实验中的每一步)：
　　在状态 s 下根据 ε-Greedy 策略选择动作 a
　　选择动作 a，得到回报 R 和下一个状态 s'
　　$q(s,a)\leftarrow q(s,a)+a\,[R+\gamma \max_a q(s',a)-q(s,a)]$
　　$s\leftarrow s'$
　　直到 s 为终止状态
输出最终策略 $\pi(s)=\arg\max_a q(s,a)$

表 7-5 中，第一步，初始化状态和动作值；第二步，给定起始状态 s，在一个实验中的每一步，根据 ε-Greedy 策略在状态 s 下选择动作 a，得到回报 R 和下一个状态 s'，直到 s 为终止状态；第三步，输出最终策略 $\pi(s)=\arg\max_a q(s,a)$。

Q-Learning 与 SARSA 不同的是，SARSA 的行为策略和目标策略均选择 ε-Greedy 策略；而对于 Q-Learning，行动策略采取的是 ε-Greedy 策略，目标策略为 Greedy 策略。行为策略是具有探索性的策略，专门用于为实验积累经验；而目标为 Greedy 策略，它更具贪婪性，通过不断贪婪改进以达到最优。Q-Learning 在每一步时间差分中贪心的获取下一步最优的状态动作值函数。而 SARSA 则是 ε-Greedy 的选取时间差分中的下一个状态动作值函数。在这种情况下，Q-Learning 更倾向于找到一条最优策略，而 SARSA 则会找到一条次优的策略。这是由于 SARSA 在 TD Error 中随机地选取下一个状态动作值函数，这样可能会使整体的状态值函数降低。如果 ε-Greedy 的 ε 逐渐减小，则 SARSA 与 Q-Learning 的结果都近似收敛到最优解。

接下来用一个具体的例子来进行 SARSA 和 Q-Learning 的比较，突出 On-Policy (SARSA)和 Off-Policy(Q-Learning)方法之间的差异。如图 7-12 所示，River 是一条河流，上面的小方格表示可以走的道路。S 为起点，G 为终点。这是一项标准的情景性任务，这项任务具有开始和目标状态，以及向上、向下、向右和向左移动的常见动作。除掉进河流区域外，所有的回报为−1。掉入河流将获得−200 的回报，并立即将智能体送回起始位置。

图 7-13 显示了 SARSA 和 Q-Learning 算法的选择结果，其中 $\varepsilon=0.1$。在初始状态之后，Q-Learning 学习最优策略的值，即沿着河流边缘运行的值。所以，Q-Learning 的最终选

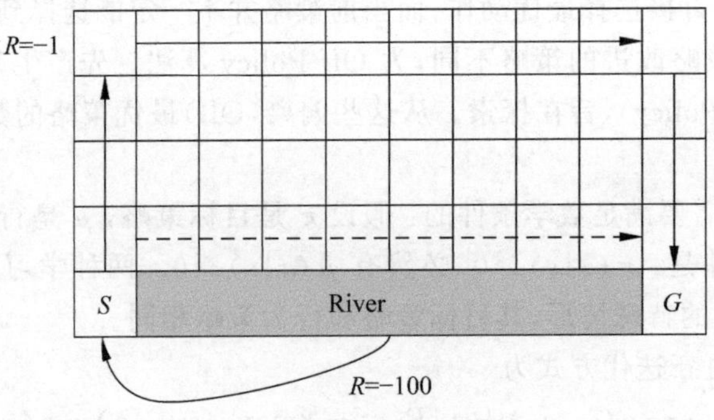

图 7-12　情景示例

择结果为最优路径(Optimal Path)，虚线部分即 Q-Learning 选择的最优路径，然而这将导致其偶尔因为 ε-Greedy 失足落水的行动选择。而在 SARSA 更新的过程中，如果在河流边缘处，随机选取下一个状态，可能会掉进河流，因此当前状态值函数会降低，使得智能体不愿意走靠近河流的路径。SARSA 将动作选择考虑在内，并学习通过网格上方的较长但更安全的路径，如图 7-13 中实线箭头所示路径为 SARSA 选择的安全路径。

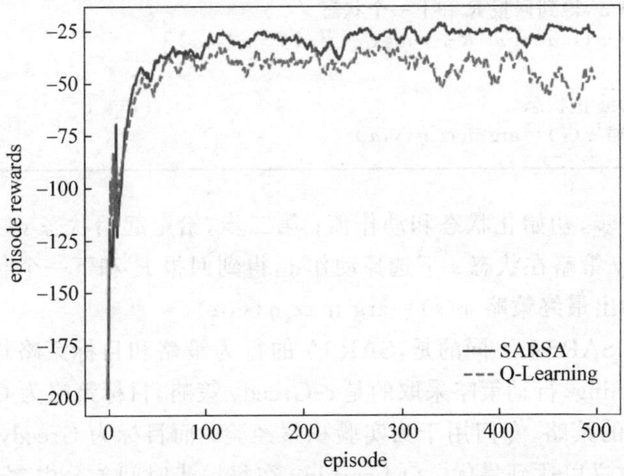

图 7-13　仿真结果：累积回报

对 Q-Learning 和 SARSA 两种算法进行简单的比较。如图 7-13 所示，实线 SARSA 累积回报高于虚线 Q-Learning 部分，虽然 Q-Learning 实际学习的是最优策略的值，但其在线性能比学习迂回策略的 SARSA 差。相比于 Q-Learning，SARSA 会更保守。换句话说，Q-Learning 太过勇敢，所以增大了掉进河流的概率，虽然可以找到最优策略，但是在探索的过程也会有回报不高的情况。所以，总体而言 Q-Learning 的累积回报低于 SARSA。当然，如果 ε 逐渐减小，那么这两种方法将渐近收敛于最优策略。

通过两张图来更清晰地比较 Q-Learning 和 SARSA 状态更新过程，如图 7-14 所示。

选择在新状态 s' 下的动作 a' 时，Q-Learning 使用贪心策略(Greedy)，即选择值函数最大的 a'，此时只是计算出哪个 a' 可以使 $q(s,a)$ 取到最大值，并没有真正采用这个动作 a'；而 SARSA 则仍使用 ε-Greedy 策略，并真正采用了这个动作 a'。

(a) Q-Learning选取A'　　(b) SARSA选取A'

图 7-14　算法比较

(3) Expected SARSA

Expected SARSA 只有策略评估部分，而没有策略改进部分。因此，不同的策略改进方法能够产生不同的 Expected SARSA，其中包括普通 SARSA(On-Policy)和 Q-Learning(Off-Policy)。Expected SARSA 的策略评估部分表达式如下：

$$q(S_t,A_t) \leftarrow q(S_t,A_t)+a\left[R_{t+1}+\gamma \mathrm{E}_\pi(q(S_{t+1},A_{t+1})\mid S_{t+1})-q(S_t,A_t)\right]$$

$$=q(S_t,A_t)+a\left[R_{t+1}+\gamma\sum_a \pi(a\mid S_{t+1})q(S_{t+1},a)-q(S_t,A_t)\right] \tag{7-34}$$

如果采用 On-Policy 的思路，使用 ε-Greedy 进行策略改良，那么 Expected SARSA 将和普通 SARSA 非常类似，只是从一个确定性的 $q(S_{t+1},A_{t+1})$换成了期望值；如果采用 Off-Policy 的思路，使用 ε-Greedy 生成数据，使用 Greedy 进行决策，那么 Expected SARSA 将和 Q-Learning 完全一样。当然，也可以把 Expected SARSA 用于其他策略改进，例如 softmax。

7.3.3 TD(λ)算法

前面介绍了蒙特卡罗算法以及 TD-Learning 算法，这一部分把蒙特卡罗算法和 TD-Learning(One-Step TD)统一起来。这两种算法都不可能永远是最好的，它们都是比较极端的形式。N-Step TD 算法解决了固定时间步骤的缺点。例如 One-Step TD 算法固定了每次选择动作和更新值的时间间隔。One-Step TD 属于单步自举(Bootstrapping)，固定更新时间间隔需要牺牲更新的速度和自举的优势。但是，N-Step TD 算法可以在多步后进行自举，属于 N 步自举，这就解决了固定一步时间间隔的缺点。选择多少步数作为一个较优的计算参数也是一个问题。于是，引入一个新的参数 Λ。通过这个新的参数，可以做到在不增加计算复杂度的情况综合考虑所有步数的预测。

类似地，先介绍预测方法，然后介绍控制算法。

1) N-Step TD Prediction

蒙特卡罗算法根据一个完整的实验观察当前状态后所有状态的反馈，以对当前状态值函数进行更新。One-Step TD 算法确实基于下一步的反馈以及对一步后的状态的自举作为再往后状态的一个估计而用来更新值函数。这两种算法是否可以进行折中呢？可不可以用大于一步的反馈加上剩下的自举作为值更新的目标呢？事实上是可以的，可以采取例如两步 TD，可以用采取动作后的两个反馈值以及两步后的值函数作为更新目标，三步更新也类似。将它的备份图画出来如图 7-15 所示。

可以将 N-Step Return 考虑为从当前时间点，在未来方向考虑 N 步，预测自己在这 N

步中会得到多少回报，然后加上站在 N 步后的那个点可能得到的回报。用 $G_t^{(1)}=R_{t+1}+\gamma v(S_{t+1})$ 来表示 TD Target，利用第二步值函数来估计当前值函数，可表示为 $G_t^{(2)}=R_{t+1}+\gamma R_{t+2}+\gamma^2 v(S_{t+1})$。以此类推，利用第 N 步的值函数更新当前值函数可表示为

$$G_t^{(n)}=R_{t+1}+\gamma R_{t+2}+\gamma^2 R_{t+3}+\cdots+\gamma^{n-1}R_{t+n}+\gamma^n v(S_{t+n}) \tag{7-35}$$

从图 7-16 中的定义可以看出，这是综合了所有步数的情况，不直接选取一个具体的 N 步，然后忽略其他步数。而是利用 λ 来综合所有的步数。对所有的 N-Step Return 按指数分布进行加权，引入权重 $(1-\lambda)\lambda^{n-1}$，得

$$\begin{aligned} G_t^{\lambda} &=(1-\lambda)G_t^{(1)}+(1-\lambda)\lambda G_t^{(2)}+\cdots+(1-\lambda)\lambda^{n-1}G_t^{(n)} \\ &\approx[(1-\lambda)+(1-\lambda)\lambda+\cdots+(1-\lambda)\lambda^{n-1}]v(S_t) \\ &=v(s_t) \end{aligned} \tag{7-36}$$

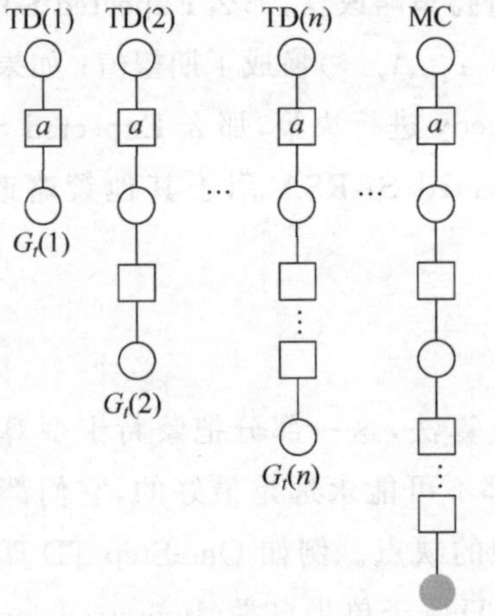

图 7-15　TD 算法备份图

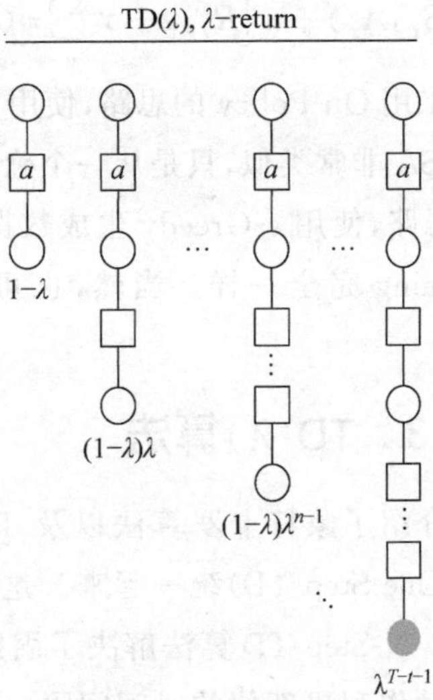

图 7-16　N-Step Return 加权

λ 的定义与上文的 γ 参数类似，是用于控制权重的。与 λ 有关的权重如图 7-17 所示。

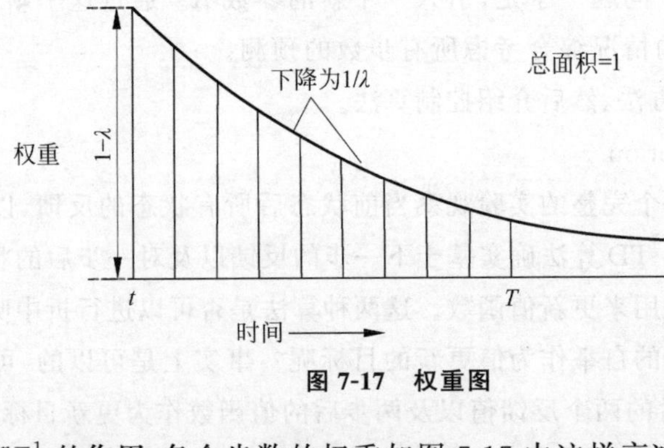

图 7-17　权重图

受 $(1-\lambda)\lambda^{n-1}$ 的作用，各个步数的权重如图 7-17 中这样衰减。相当于距离状态 s 越远的，权重就越小。这也符合一般的想法，离得远的作用小。利用 G_t^{λ} 更新当前状态的值函

数的方法称为 TD(λ)方法,一般可以从两个视角来理解 TD(λ),分别为前向视角和后向视角。

(1) 前向 TD(λ)

引入λ后,要更新一个状态的值,必须有一个完整的实验。这和蒙特卡罗算法的要求一致。所以,前向 TD(λ)在实际应用中也很少。

TD(λ) 的前向视角可以看作一个人坐在状态流上看向前方,前方是那些将来的状态。从 TD(λ)的定义可以知道,估计当前状态的值函数需要用到将来时刻的值函数。

$$v(S_t) \leftarrow v(S_t) + a(G_t^\lambda - v(S_t))$$

$$G_t^\lambda = (1-\lambda)\sum_{n=1}^{\infty}\lambda^{n-1}G_t^{(n)} = v(S_t) \tag{7-37}$$

(2) 后向 TD(λ)

TD(λ)的后向视角可以看作一个人坐在状态流上,面朝着已经过去的状态,获得当前回报,并利用下一个状态的值函数得到 TD Error 后,此人会告诉已经经历过的状态处的值函数需要利用当前时刻的 TD Error 进行更新。此时,过往的每个状态值函数更新的大小应该与距离当前状态的步数有关。假设当前状态为 S_t,TD Error 为 δ_t,那么 S_{t-1} 处的值函数更新应该乘以一个衰减因子 $\gamma\lambda$,状态 S_{t-2} 处的值函数更新应该乘以 $(\gamma\lambda)^2$,以此类推。

计算当前状态的 TD-Error:

$$\delta_t = R_{t+1} + \gamma v(S_{t+1}) - v(S_t) \tag{7-38}$$

更新 Eligibility Trace:

$$\mathrm{E}_t(s) = \begin{cases} \gamma\lambda \mathrm{E}_{t-1}, & s \neq S_t \\ \gamma\lambda \mathrm{E}_{t-1} + 1, & s = S_t \end{cases} \tag{7-39}$$

得到后向 TD(λ)的更新过程为

$$v(s) \leftarrow v(s) + a\delta_t \mathrm{E}_t(s)$$

Eligibility Trace 的提出基于一个信用分配(Credit Assignment)问题,通过一个例子进行简单说明。如果跟别人下围棋,最后输了,那么中间下的哪一步棋应该负责呢?或者说,每一步棋对于最后输掉比赛这个结果,分别承担多少责任?这就是一个信用分配问题。在下棋的过程中失误了三次,其中前两次失误相同,究竟是第一种失误导致的失败,还是第三种失误导致失败的呢?如果按照事件的发生频率来看,是第一种失误导致的;如果按照最近发生原则来看,那就是第二种失误导致的。但是,更合理的想法是,这三次失误共同导致了失败。于是为这两个失误事件分别分配权重,如果某个事件 S 发生,那么 S 对应的 Eligibility Trace 的值就增加 1。如果在某一段时间 S 未发生,则按照某个衰减因子进行衰减,这也是 Eligibility Trace 的计算方式。

假设在某个实验中,状态 s 在 K 时刻被访问了一次,按照上面的计算,可以知道当整个实验完成时,后向视角方法对于值函数 $v(s)$的增量等于 Λ-Return;如果状态 s 被访问了多次,那么 Eligibility Trace 就会累积,相当于累积了更多的 $v(s)$的增量。这直观地解释了前向视角和后向视角的等价性。

总的来说,前向视角方法是一种理论方法,更直观,更容易理解;后向视角方法是一种工程方法，更容易实现。因为前向视角方法总是要等到整个实验结束，而后向视角方法却可以在每一个时间步进行更新。

2）N-Step TD Control

对于 N-Step TD Control，主要介绍 N-Step SARSA 算法。N-Step SARSA 算法很自然地将 N 步反馈加入 SARSA 算法中，实现 N-Step SARSA。N-Step SARSA 算法主要是改变值函数的更新，其备份图如图 7-18 所示。与 N-Step TD 类似，只是起始状态和结束状态都变成了动作。

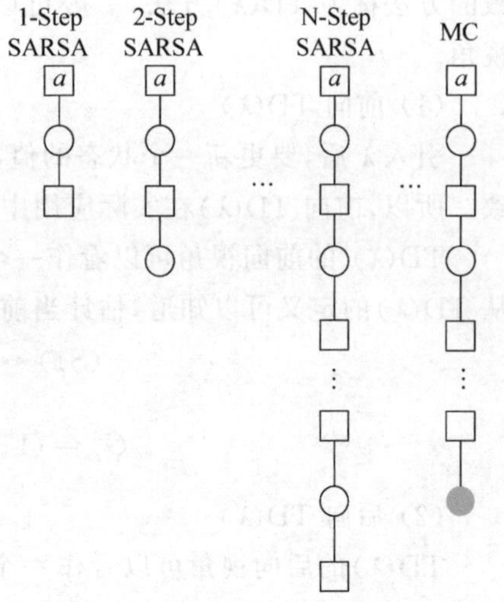

图 7-18 N-Step SARSA 算法备份图

与一般的 TD-Learning 一样，可以定义 N-Step SARSA，N-Step SARSA 把 N 步后的回报作为目标，意味着要用函数值的近似值选取一个状态下的行为，使其朝着 N 步后的目标移动更新。SARSA(λ)的算法如表 7-6 所示。

表 7-6 SARSA(λ)算法

1. 对于所有的状态-动作对 $s\in S, a\in A(s)$，初始化 $q(s,a)$
2. 循环(对于每个实验)：
3. 　　对于所有的状态-动作对 $s\in S, a\in A(s), E(s,a)=0$，
4. 　　初始化状态和动作 s, a
5. 　　循环(对于实验中的每一步)：
6. 　　　　选择动作 a，得到回报 R 和下一个状态 s'
7. 　　　　在状态 s' 下根据 E-Greedy 策略得到动作 a'
8. 　　　　$\Delta \leftarrow R+\gamma q(s',a')-q(s,a)$
9. 　　　　$E(s,a)\leftarrow E(s,a)+1$
10. 　　　　对于所有的状态和动作 $s\in S, a\in A(s)$：
11. 　　　　　　$q(s,a)\leftarrow q(s,a)+A\Delta E(s,a)$
　　　　　　$E(s,a)\leftarrow \gamma\lambda E(s,a)$
12. 　　　　$s\leftarrow s'; a\leftarrow a'$
13. 　　直到 s 是终止状态
14. 输出最终策略 $\pi(s)=\arg\max_a q(s,a)$

SARSA(λ)算法是 SARSA 算法的改进版，二者的主要区别在于：在每次执行动作获得回报后，SARSA 算法只对前一步 $q(s,a)$ 进行更新，SARSA(λ)算法则会对获得回报之前的 λ 步进行更新。

从表 7-6 可以看出，和 SARSA 算法相比，SARSA(λ)算法中多了一个表格 E（Eligibility Trace），用来保存在路径中所经历的每一步，因此在每次更新时也会对之前经历的步进行更新。

参数 λ 取值范围为[0,1]，如果 $\lambda=0$，SARSA(λ)算法将退化为 SARSA 算法，即只更新获取到回报前经历的最后一步；如果 $\lambda=1$，SARSA(λ)算法更新的是获取到回报前的所有步。λ 可理解为脚步的衰变值，即离最终状态越近的步越重要，越远的步则对于获取回报不是太重要。

和 SARSA 算法相比，SARSA(λ)算法有如下优势：SARSA 算法虽然会边走边更新，但是在没有获得回报之前，当前一步的 q 值是没有任何变化的，直到获取回报后，才会对获取回报的前一步更新，而之前为了获取回报所走的所有步都被认为和获取回报没关系。SARSA(λ)算法则会对获取回报所走的步都进行更新，离奖励越近的步越重要，越远的则越不重要(由参数 λ 控制衰减幅度)。因此，SARSA(λ)算法能够更加快速有效地学到最优的策略。

7.4 基于策略梯度的强化学习算法

通常所说的策略是一种规则的集合，智能体根据策略在不同状态中决定采取的动作。策略可以是确定性的，μ 是一个确定的函数，输入状态 s_t，输出策略为确定性动作，即

$$a_t = \mu(s_t) \tag{7-40}$$

策略也可以是随机的，π 是一种概率分布，表示在状态 s_t 下可能采取动作的概率分布情况，即

$$a_t \sim \pi(\cdot \mid s_t) \tag{7-41}$$

而策略参数化(Parameterized Policy)方法，是将用于决策的策略表示为一个策略函数，通过一系列参数将策略计算出来，同时可以通过控制影响分配的参数以选择合适的行为，直接操纵策略。输出策略可以是确定性的，也可以是随机的，根据采取的方法而定。

7.4.1 何时应用基于策略的学习方法

基于策略的学习方法和基于价值的学习方法是对强化学习的一种分类方式，两者有相似之处，也存在各自的优势和缺点。

基于价值的强化学习算法通常是学习值函数(包括动作值函数和状态值函数)，再根据所得的值选择动作。这种基于值函数估值进行动作选择的方法就称作基于价值的方法(Value-based Methods)。智能体多是以最大化累积回报为目标，选择最接近目标的动作。

广义的值函数方法包括策略评估和策略改善两个步骤，当值函数最优时，策略也是最优的，而此时的最优策略就是贪婪策略。贪婪策略指在状态 s 下，选择对应最大 q 值的动作，是一个状态空间向动作空间的映射，这种映射对应的是最优策略，策略是确定的。另一种常见的 ε-Greedy 策略，智能体会以 ε 的概率选择最大动作值函数对应的动作。

借鉴将值函数参数化的思路，将策略直接参数化，利用线性或者非线性对策略进行标识，寻找最优参数实现累积回报最大的目标，这种方法称作基于策略的方法(Policy-based Methods)。

在基于价值的学习方法中，迭代计算的是值函数；而在基于策略的学习方法中，直接对策略的参数进行迭代计算，直到累积回报最大，此时参数对应的策略即最优策略。此时，值函数将被用来学习策略参数，不再是动作的选择。策略参数化的方法采用了不同的函数逼近方法，定义了行为分配的可能性。

同时，计算策略函数和值函数的方法又称作 Actor-Critic 算法，Actor 表示学习策略，

Critic 表示学习值函数，具体内容会在之后的内容进行详细讲解。它们之间的关系如图 7-19 所示。

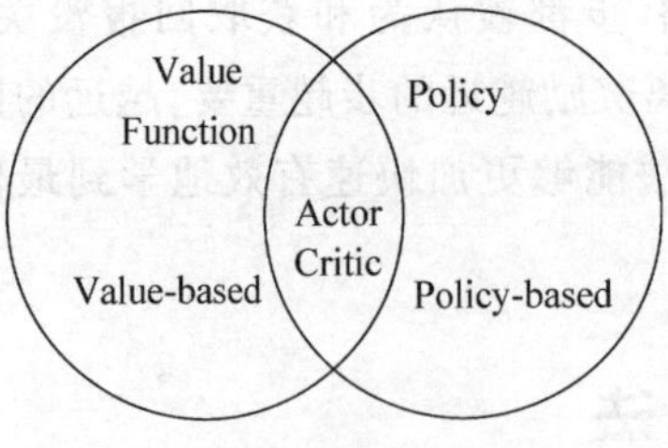

图 7-19 Value-based 和 Policy-based 的关系图

什么时候使用基于价值的方法，什么时候使用基于策略的方法，需要根据具体的问题特点来决定。基于策略的方法有更好的收敛特性，相较而言也更适应具有高纬度或连续的状态空间，同时能够学习一些随机策略，是对原本的基于价值的学习方法的很好的补充优化。下面将通过例子帮助读者加深对基于策略的学习方法优势的理解。

策略参数化的方法能够实现选择动作的随机策略，也就是对于动作任意分配概率。在某些问题中，例如猜拳，随机策略在赢得游戏上更有优势，因为任何确定性策略都容易被探索。如果参与者按照某一种确定性策略出拳，那么很容易被对方抓住出拳的规律，一旦被对手知悉规律，就容易输掉比赛。所以，最好的策略是采用随机的方法任意出拳。但是，基于值函数的方法是不支持随机策略的，所以需要采用基于策略的方法。确定性策略指的是，在给定一个状态 s 的情况下，输出的动作 a 是确定的。而随机策略指的是，给定一个状态 s，输出的是在该状态下的动作的概率分布，因此即使在相同的状态下，采取的动作也可能存在差异。

如图 7-20 所示，智能体需要尽量不进入标注“×”的方格，尽可能进入带有“灯泡”的方格。如果使用智能体的前进方向以及前进方向上是否有墙表示方格的状态，那么很容易发现两个区域 a 的格子的状态是相同的，智能体无法进行区分。

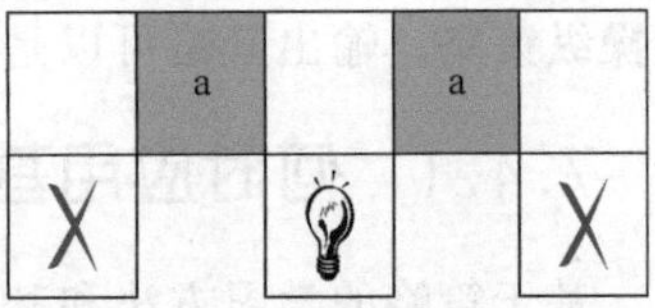

图 7-20 智能体所处环境

如果采用基于价值的方法，这种情况下得出最优策略时处于区域 a 的方格采取的动作应该是一致的，均向左或均向右，可能的情况如图 7-21 所示。这种情况下，智能体会被困在两个方格中间。如果均向右前进结果也是相同的。将这个简单的方格进行扩大，假设智能体处于一个巨大的迷宫中，且无法获取全局信息。那么在类似灰色方格的状态下智能体总会做出相同的判断，会有很大概率进行原地打转。事实上，很多现实问题尤其是对弈问题都有类似的特征，需要在相同特征的状态下做出不同的动作，例如围棋游戏中的开局。此时，基于价值的方法并不适用。

在刚才的问题中，最优策略应该是在左边区域 a 的方格向右走，在靠右的方格向左走。采用基于价值的方法产生的确定性策略是无法得出最优解的。如果采用基于策略的方法，即将策略进行参数化，可以产生随机策略，如图 7-22 所示，智能体在区域 a 方格中可以随机选择向左或者向右，就能避免在原地打转。而随机策略的结果优于采用基于价值的方法。

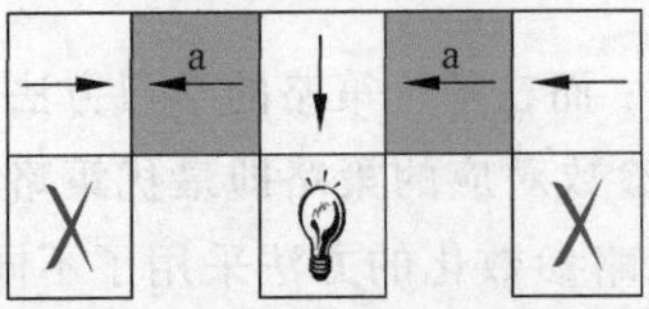

图 7-21 智能体所处环境和动作 1

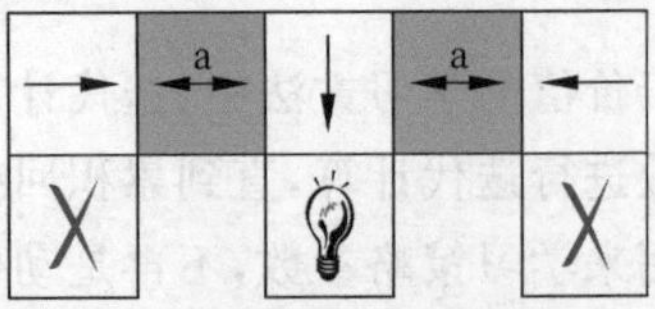

图 7-22 智能体所处环境和动作 2

基于策略的方法正是为了解决动作连续或者状态量完全决定策略但需要引入随机策略而产生的。随机策略能够提供非确定的结果，但这种非确定的结果并不代表完全随意，而是服从某种概率分布。

除了需要随机策略的问题外，在有些难以计算价值函数的场景也可以优先考虑采用基于策略的方法。例如小球下落的场景中，需要智能体通过左右移动接住小球。这种情况下，如果采用基于价值的学习方法，动作连续的情况下是很难给出值函数的具体值的，计算小球在某一个位置需要采取什么样的行动是十分困难的，如果采用基于策略的方法，只需要朝着小球落地的方向修改策略即可。

对连续的参数化策略，动作概率作为一种已学习参数可保持平稳变化。但是，在结合 ε-Greedy 的基于价值的学习方法中，针对估算的动作值的任意微小变化，动作概率是存在突变可能的，而这种变化对于策略的影响很大，直接影响被选择的动作。正是因为这个原因，参数化策略的方法有着更好的收敛特性。特别地，策略依赖于参数的连续性，使得该方法能够逼近梯度下降算法。一旦能够遵循梯度下降的策略，升级策略时会更稳定顺利，不会像基于价值的学习方法中容易受到动态摆动的影响。

另外，在某些问题中，策略参数化的近似函数更简单，更容易获取。问题的复杂度是根据其对应的策略和动作值函数变化的，对于某些问题而言，动作值函数会更简单且容易近似，但对于另外一些问题，策略更简单。对于这些问题，基于策略的方法能够学习得更快，并生成更优的渐近策略。在强化学习中，策略参数化使得在目标策略中添加先验知识成为可能，而这也是选择使用基于策略的方法的最重要原因之一。

7.4.2 策略梯度详解

在策略参数化的方法中，采用$\boldsymbol{\theta} \in \mathbb{R}^{d'}$ 作为策略的参数因子，A 表示动作，S 表示状态，t 表示时刻。参数$\boldsymbol{\theta}$ 的策略函数在时刻 t 处于状态 s，选择动作 a 的概率可以表示为

$$\pi(a \mid s, \boldsymbol{\theta}) = P\{A_t = a \mid S_t = s, \boldsymbol{\theta}_t = \boldsymbol{\theta}\} \tag{7-42}$$

策略梯度是一种典型的基于策略的方法，它的基本原理是通过反馈来调整策略，得到正向回报，则增加相应动作的概率；得到负向回报，则降低相应动作的概率。这种方法避免了为了计算回报而需要维护的庞大的状态表。

1. 目标函数

无论是基于价值的方法还是基于策略的方法，都属于强化学习。强化学习的目标就是选择一个能够最大化累积回报的策略。假设智能体和环境交互后得到一个 T 步长的轨迹 τ (trajectory)，τ 经历的状态和动作可以表示为

$$\tau = \{s_0, a_0, s_1, a_1, \cdots, s_{T-1}, a_{T-1}\} \tag{7-43}$$

初始状态 s_0 服从分布 $s_0 \sim p_0(\cdot)$。假设状态的转移和策略都是随机的，那么轨迹 τ 的概率为

$$p(\tau \mid \pi) = p_0(s_0) \prod_{t=0}^{T-1} \pi(a_t \mid s_t) p(s_{t+1} \mid s_t, a_t) \tag{7-44}$$

在基于策略的学习方法中，使用 $J(\boldsymbol{\theta})$表示能够获得期望回报，即

$$J(\pi) = \int_{\tau} p(\tau \mid \pi) R(\tau) = \mathrm{E}_{\tau,\pi}[R(\tau)] \tag{7-45}$$

算法的优化目标是找到最优的参数$\boldsymbol{\theta}$以最大化累积回报，即

$$\pi^{*}=\underset{\pi}{\operatorname{argmax}} J(\boldsymbol{\theta}) \tag{7-46}$$

对于带有参数$\boldsymbol{\theta}$的策略$\pi_{\boldsymbol{\theta}}(s,a)$，如何判断其优劣？常使用的目标函数有三种。

(1) 初始价值(Start Value)

在能够产生完整实验的环境中，即智能体能够在有限步数到达终止状态，此时可以通过初始状态的价值来衡量整个策略的优劣。需要注意的是，初始价值是指智能体在一个实验期间从初始状态到终止状态获得的累积回报，为了简便，初始状态从某个特定状态s_1算起，则有

$$J_1(\boldsymbol{\theta})=V_{\pi_{\boldsymbol{\theta}}}(s_1)=\mathrm{E}_{\pi_{\boldsymbol{\theta}}}[v_1] \tag{7-47}$$

其中，$V_{\pi_{\boldsymbol{\theta}}}$是采用策略$\pi_{\boldsymbol{\theta}}$的状态值函数，表示从状态$s_1$开始预期的累积回报；$\pi_{\boldsymbol{\theta}}$是由$\boldsymbol{\theta}$决定的策略(假设折扣因子$\gamma=1$)。$J_1(\boldsymbol{\theta})$表示如果智能体总是从状态$s_1$开始，或者以一定的概率分布从该状态开始，那么从状态开始到实验结束智能体将会获得的最终回报。这里需要关注的是，如何找到一个策略，使得当智能体从状态s_1开始执行当前的策略时，能够获得初始价值对应的回报。优化目标就从抽象的优化策略变为使初始价值最大化的问题。

(2) 平均价值(Average Value)

在连续环境条件下，是不存在初始状态的，此时多采用平均价值作为目标策略。平均价值是由智能体在某时刻的状态分布计算而来的，如式(7-48)所示。

$$J_{\mathrm{av}v}(\boldsymbol{\theta})=\int_{s} d_{\pi_{\boldsymbol{\theta}}}(s) V_{\pi_{\boldsymbol{\theta}}}(s) \tag{7-48}$$

其中，$d_{\pi_{\boldsymbol{\theta}}}(s)=\sum_{s'\in S} d_{\pi_{\boldsymbol{\theta}}}(s')P_{s's}$指基于策略$\pi_{\boldsymbol{\theta}}$的状态的静态分布，在某个时刻，智能体可能处于所有的状态。对每个时刻，从该时刻可能的状态开始计算，在和环境交互的过程中持续，将得到所有回报进行累积，最终的积分运算是对该时刻各个可能状态的概率求和。这就是适用于连续环境状态条件下的目标函数，目标也是最大化累积回报。

(3) 每步长的平均回报(Average Reward Per Time-Step)

在连续环境中，也可以利用每一个时间步在各种情况下所能得到的平均回报，即在一个确定的步长内，观察智能体处于所有状态的可能性，然后记录每种可能下采取的动作所获得的回报，所有回报按照概率求和。

$$J_{\mathrm{av}R}(\boldsymbol{\theta})=\iint_{s,a} d_{\pi_{\boldsymbol{\theta}}}(s)\pi_{\boldsymbol{\theta}}(s,a)R_a^s \tag{7-49}$$

$J_{\mathrm{av}R}(\boldsymbol{\theta})$和$J_{\mathrm{av}v}(\boldsymbol{\theta})$的形式十分类似，但并不完全相同。平均价值$J_{\mathrm{av}v}(\boldsymbol{\theta})$是一种固定分配，涉及的状态分布是一种静态分布，因此无论在整个实验中的哪个状态终止，都是求取平均值，与具体状态无关。但是每步长的平均回报淡化了累积回报的影响，而是将经历过的状态获得的回报进行均值运算并进行分配，关注的是处在某个状态获得多少回报的可能性，比平均价值更具有即时性。

通过以上三种方法均可以确定目标函数，这三种方法只是在分配的定义上有所区别，本质是相同的。

对于目标函数$J(\boldsymbol{\theta})$的最大化问题，有很多成熟的算法均可以尝试求解，例如爬山算法(Hill Climbing)、单纯形法(Simplex)和遗传算法，但是使用梯度方法效率更高，而梯度下降

算法的扩展可能性最高，所以在实际中使用最为普遍。

2. 策略梯度

对于式(7-46)中的最优化问题，直接求解是十分困难的。为了使目标函数的表现最优，即实现最大化 $J(\boldsymbol{\theta})$ 的目的，可以结合梯度学习的原理，使用梯度上升算法进行参数的更新并得到局部最大值，原理如图 7-23 所示。

参数的更新可以表示为

$$\boldsymbol{\theta}_{t+1}=\boldsymbol{\theta}_t+\alpha\hat{\nabla}J(\boldsymbol{\theta}_t) \tag{7-50}$$

上式是策略梯度算法的一般形式，其中 $\hat{\nabla}J(\boldsymbol{\theta}_t)$ 是一种随机估计，其期望值近似于性能函数的梯度。式(7-50)可以写作式(7-51)的形式。

$$\Delta\boldsymbol{\theta}=\alpha\nabla_{\boldsymbol{\theta}}J(\boldsymbol{\theta}) \tag{7-51}$$

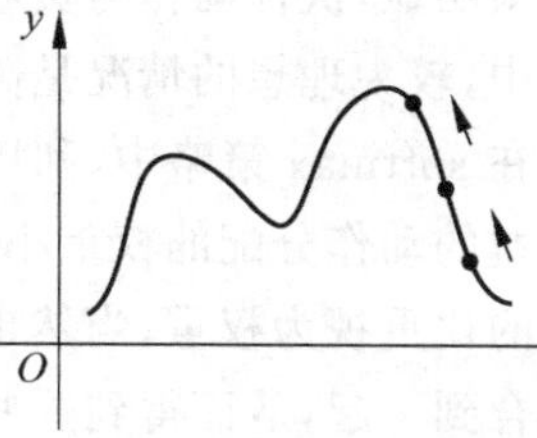

图 7-23 梯度上升原理

其中，α 为步长参数，$\nabla_{\boldsymbol{\theta}}J(\boldsymbol{\theta})$ 表示策略梯度，具体为

$$\nabla_{\boldsymbol{\theta}}J(\boldsymbol{\theta})=\begin{pmatrix}\dfrac{\partial J(\boldsymbol{\theta})}{\partial\boldsymbol{\theta}_1}\\ \vdots\\ \dfrac{\partial J(\boldsymbol{\theta})}{\partial\boldsymbol{\theta}_n}\end{pmatrix} \tag{7-52}$$

对于所有满足此类形式的算法，都可以称为策略梯度方法(Policy Gradient Methods)。在策略梯度方法中，策略可以通过任意形式进行参数化，只要最终的策略函数 $\pi(a|s,\boldsymbol{\theta})$ 对于对应的参数可微，即 $\nabla\pi(a|s,\boldsymbol{\theta})$ 的列向量对参数 $\boldsymbol{\theta}$ 的偏导数存在且有限。实际上，为了确保参数的可探索性，通常假设策略是不确定的，即对所有 $s,a,\boldsymbol{\theta}$，$\pi(a|s,\boldsymbol{\theta})\in(0,1)$。$\pi(a|s,\boldsymbol{\theta})$ 表示智能体在参数为 $\boldsymbol{\theta}$ 的随机策略 π 下，状态为 s 时，选择动作 a 的概率。

当很难得到梯度函数的情况下，按照上述方法求解梯度的复杂度增大。有限差分方法提供了一种更简便的思路，对 θ 在每个维度都单独计算差分来估算梯度。

$$\frac{\partial J(\boldsymbol{\theta})}{\partial\boldsymbol{\theta}_k}\approx\frac{J(\boldsymbol{\theta}+\varepsilon\boldsymbol{u}_k)-J(\boldsymbol{\theta})}{\varepsilon} \tag{7-53}$$

其中，ε 为 $\boldsymbol{\theta}$ 的微小增量；$\boldsymbol{u}_k$ 为单位向量，其第 k 个维度值为 1，其他维度均为 0。式(7-53)对应的算法简单，同时并不强调策略函数的可微性，可以用于任意场景。但缺点也是十分明显的，有限差分法需要对每个维度都进行单独计算，即使是简单的问题也需要大量计算，并不适用于高维空间；另外，这种方法的计算结果存在噪声，效率较低。

在大多数情况下，在计算过程中都会假设策略是可微的，对于变量 $\boldsymbol{\theta}$ 的函数 $\pi_{\boldsymbol{\theta}}(s,a)$，可以利用似然比(Likelihood Ratios)对其进行转换。对 $\pi_{\boldsymbol{\theta}}(s,a)$ 作策略乘积和分割操作，转换后的形式如下：

$$\begin{aligned}\nabla_{\boldsymbol{\theta}}\pi_{\boldsymbol{\theta}}(s,a)&=\pi_{\boldsymbol{\theta}}(s,a)\frac{\nabla_{\boldsymbol{\theta}}\pi_{\boldsymbol{\theta}}(s,a)}{\pi_{\boldsymbol{\theta}}(s,a)}\\&=\pi_{\boldsymbol{\theta}}(s,a)\nabla_{\boldsymbol{\theta}}\log\pi_{\boldsymbol{\theta}}(s,a)\end{aligned} \tag{7-54}$$

对策略进行分割后得到的策略梯度为策略对数的梯度 $\nabla_{\boldsymbol{\theta}}\log\pi_{\boldsymbol{\theta}}(s,a)$，称该项为得分函数，得分函数在统计学和机器学习中十分常见。下面将得分函数与 softmax 策略和高斯策略结合,进一步阐述得分函数的应用的本质。softmax 策略常用于离散动作,而高斯策略多用于连续动作。

(1) softmax 策略

softmax 策略和 E-Greedy 策略相同,属于常用的动作选择策略。E-Greedy 策略中,假设 $\varepsilon=0.9$,那么智能体有 90%的概率选择最优动作,10%的概率选择其他动作。该策略的缺点很明显,次优动作与负收益动作被选择的概率相等,这对于累积回报是不利的。在动作选择中,较为理想的情况是高收益的动作被选择的概率高,低收益的动作被选择的概率低。

在 softmax 策略中,利用权重代替动作选择概率,高收益的动作分配的权重大;反之,低收益的动作分配的权重小。最简单的权重计算方法是将每个动作的收益与所有动作的总收益的比重视为权重,当然也可以选择其他特征值。通过获取动作的某些特征值,将这些特征整合到一起,从而得到这些特征的线性组合 $\boldsymbol{\phi}(s,a)^{\mathrm{T}}\boldsymbol{\theta}$,有时也将 $\boldsymbol{\phi}(s,a)^{\mathrm{T}}\boldsymbol{\theta}$ 称为偏好函数(Parameterizes Numerical Preferences)。事实上,选择动作的概率和特征的线性组合的指数加权的值成比例,即

$$\pi_{\boldsymbol{\theta}}(s,a) \propto e^{\boldsymbol{\phi}(s,a)^{\mathrm{T}}\boldsymbol{\theta}} \tag{7-55}$$

将特征的线性组合转换为概率,一般操作为取幂并标准化,即

$$\pi_{\boldsymbol{\theta}}(s,a)=\frac{e^{\boldsymbol{\phi}(s,a)^{\mathrm{T}}\boldsymbol{\theta}}}{\sum_{a'} e^{\boldsymbol{\phi}(s,a')^{\mathrm{T}}\boldsymbol{\theta}}} \tag{7-56}$$

那么,得分函数可以表示为

$$\nabla_{\boldsymbol{\theta}} \log \pi_{\boldsymbol{\theta}}(s,a)=\boldsymbol{\phi}(s,a)-\mathrm{E}[\boldsymbol{\phi}(s,A)] \tag{7-57}$$

即正在执行的动作的特征减去所有可能采取动作特征的平均值,即当前动作和平均水平的差值。据此,得分函数可以理解为现在拥有的相比平均情况的优劣,而这也是得分的含义。在策略梯度中,得分高意味着动作被选择的概率高,智能体需要调整策略尽可能地多选择这种动作。

(2) 高斯策略

高斯策略常用于连续的动作空间,高斯策略的一般形式为

$$\pi_{\boldsymbol{\theta}}=\mu_{\boldsymbol{\theta}}+\varepsilon \tag{7-58}$$

其中,$\mu_{\boldsymbol{\theta}}$ 为确定性部分,ε 为零均值的高斯随机噪声,ε 服从分布 $N(0,\sigma^2)$。确定性部分常表示为动作特征值的线性组合,即

$$\mu(s)=\boldsymbol{\phi}(s)^{\mathrm{T}}\boldsymbol{\theta} \tag{7-59}$$

方差可以固定为 σ^2,或者也将其进行参数化,实现方差的可调性。动作服从的高斯策略为

$$a \sim N(\mu(s),\sigma^2) \tag{7-60}$$

高斯策略下的得分函数可以表示为

$$\nabla_{\boldsymbol{\theta}} \log \pi_{\boldsymbol{\theta}}(s,a)=\frac{(a-\mu(s))\boldsymbol{\phi}(s)}{\sigma^2} \tag{7-61}$$

与采用 softmax 策略的得分函数类似,利用动作值减去动作平均值,可以看出现在采用的动作和均值动作相差多少,是表现得更好还是表现得更坏;再乘以对应的特征,利用方差进行缩放,实现控制策略的探索性。

可以看出，无论采用哪种策略的得分函数，都是以与平均值相比的形式出现的，这种方式能够直观地表现出调整策略的思路，帮助智能体朝着获取更多回报的方向前进。

3. 策略梯度定理

对于函数逼近，朝着确保策略优化的方向对策略参数$\boldsymbol{\theta}$进行改变是很有挑战性的。性能函数$J(\boldsymbol{\theta})$受限于智能体选择的动作和状态分布，而它们都受到参数$\boldsymbol{\theta}$的影响。结合式(7-44)，在策略π_θ下，概率可以表示为

$$p_{\pi_{\boldsymbol{\theta}}}(\tau)=p_0(s_0)\prod_{t=0}^{T-1}\pi_{\boldsymbol{\theta}}(a_t\,|\,s_t)\,p_{\pi_{\boldsymbol{\theta}}}(s_{t+1}\,|\,s_t,a_t) \tag{7-62}$$

其中，$p_{\pi_{\boldsymbol{\theta}}}(s_{t+1}\,|\,s_t,a_t)$取决于环境内部规则，不受策略的控制；$\pi_{\boldsymbol{\theta}}(a_t\,|\,s_t)$为智能体根据观察到的环境信息给出的反馈，受策略$\pi_{\boldsymbol{\theta}}$的影响。所以，在给定的状态下，根据参数化的知识，可以通过相对简单的方式计算得出策略参数$\boldsymbol{\theta}$对于动作行为的影响，从而得出对回报的影响。

但是，策略对状态分布的影响是一个与环境有关的函数，并且大多数情况都是未知的。当参数$\boldsymbol{\theta}$的梯度依赖于策略变化对状态分布的未知影响时，如何估计与$\boldsymbol{\theta}$相关的性能梯度是问题的难点。策略梯度定理（The Policy Gradient Theorem）提供了一个关于策略参数$\boldsymbol{\theta}$的性能梯度的解析表达式，避免了状态分布的导数，为问题的解答提供了一个很好的思路。

情节性任务（Episodic Task）指智能体能够在有限步骤中结束任务。在情节性任务的条件下，策略梯度定理的表现形式如式(7-63)所示。

$$\nabla J(\boldsymbol{\theta})\propto\sum_s\mu(s)\sum_a q_\pi(s,a)\,\nabla\pi(a\,|\,s,\boldsymbol{\theta}) \tag{7-63}$$

梯度是关于$\boldsymbol{\theta}$偏导数的列向量，π是参数向量$\boldsymbol{\theta}$对应的策略，符号$\propto$表示“与……成比例”。在情节性任务中，比例系数是任务中每个实验的平均长度，在连续性任务中，比例系数为1，因此这个关系式可以看作一个等式。具体的推导过程本书不再描述，有兴趣的读者可以查阅 Richard S. Sutton 的著作 Reinforcement Learning 进行了解。

$\mu(s)$指在策略π下的 On-Policy 分布。在情节性任务中，On-Policy 分布区别于其他分布，因为它依赖于每个实验开始时选择的初始状态。令$h(s)$表示实验从状态s开始的概率，$\eta(s)$表示在单个实验中状态s经历的平均时间步长，则从状态s开始再回到该状态，或者从之前的状态$\bar{s}$转换到状态s，所花费的时间可以表示为

$$\eta(s)=h(s)+\sum_{\bar{s}}\eta(\bar{s})\sum_a\pi(a\,|\,\bar{s})\,p(s\,|\,\bar{s},a),\ \forall s,\bar{s}\in S \tag{7-64}$$

其中，$\pi(a\,|\,\bar{s})$表示随机策略π在状态$\bar{s}$选择动作a的概率，$p(s\,|\,\bar{s},a)$表示在状态$\bar{s}$、选择动作a的前提下转变到状态s的概率。On-Policy 分布就是每个状态经历时间的百分比，并将其归一化为1，即

$$\mu(s)=\frac{\eta(s)}{\sum_{s'}\eta(s')},\quad \forall s,s'\in S \tag{7-65}$$

等式中不包含折扣因子，如果折扣因子$\gamma<1$，那么应该将其视为终止状态，在式(7-64)的第二项中加入折扣项γ即可。

7.4.3 蒙特卡罗策略梯度算法

1. Reinforce 算法

在引入策略梯度时，曾给出了策略梯度算法的一般表现形式，即随机梯度上升的总体策略。

$$\boldsymbol{\theta}_{t+1}=\boldsymbol{\theta}_t+\alpha\hat{\nabla}J(\boldsymbol{\theta}_t) \tag{7-66}$$

该式表明在具体的应用过程中，获取的样本需要满足条件：样本梯度的期望与目标函数的实际梯度成正比。策略梯度定理给出了精确表达式，需要做的是找到某种合适的抽样方法，使得其期望等于或近似于该表达式。

$$\nabla J(\boldsymbol{\theta})\propto\sum_s\mu(s)\sum_a q_\pi(s,a)\nabla\pi(a\mid s,\boldsymbol{\theta}) \tag{7-67}$$

需要注意表达式(7-67)右侧是遵循策略 π 的情况下状态的价值和，其权重是采用策略 π 时状态出现的频率。在策略 π 允许的情况下，目标函数的梯度可以写为

$$\begin{aligned}\nabla J(\boldsymbol{\theta})&\propto\sum_s\mu(s)\sum_a q_\pi(s,a)\nabla\pi(a\mid s,\boldsymbol{\theta})\\&=\mathrm{E}_\pi\left[\sum_a q_\pi(s_t,a)\nabla\pi(a\mid s_t,\boldsymbol{\theta})\right]\end{aligned} \tag{7-68}$$

在经典的 Reinforce 算法中，参数更新不依赖所有动作，在时刻 T 的更新只依赖该时刻实际发生的动作 A_t。A_t 类似于式(7-67)中的 S_t，使用策略 π 时产生的期望，代替随机变量可能值的和，然后对期望进行抽样。式(7-67)中包含对动作价值的求和，但是并不是每一项都按照策略 π 预期的那样，以 $\pi(a\mid S_t,\boldsymbol{\theta})$ 为权重，因此需要对等式做一定程度的修改，变换为更便于求解的值。

$$\begin{aligned}\nabla J(\boldsymbol{\theta})&=\mathrm{E}_\pi\left[\sum_a\pi(a\mid S_t,\boldsymbol{\theta})q_\pi(S_t,a)\frac{\nabla\pi(a\mid S_t,\boldsymbol{\theta})}{\pi(a\mid S_t,\boldsymbol{\theta})}\right]\\&=\mathrm{E}_\pi\left[q_\pi(S_t,A_t)\frac{\nabla\pi(A_t\mid S_t,\boldsymbol{\theta})}{\pi(A_t\mid S_t,\boldsymbol{\theta})}\right]\\&=\mathrm{E}_\pi\left[G_t\frac{\nabla\pi(A_t\mid S_t,\boldsymbol{\theta})}{\pi(A_t\mid S_t,\boldsymbol{\theta})}\right]\end{aligned} \tag{7-69}$$

A_t 表示采用策略 π 时的动作取样，即 $A_t\to a\sim\pi$；G_t 为累积回报，在介绍动作值函数时曾定义过。$\mathrm{E}_\pi[G_t\mid S_t,A_t]=q_\pi(S_t,A_t)$，利用该表达式可对梯度计算进行变换，它是能够在每个时间步长上采样的量，其期望等于梯度。这样，参数 $\boldsymbol{\theta}$ 的增量就可以表示为

$$\boldsymbol{\theta}_{t+1}=\boldsymbol{\theta}_t+\alpha G_t\frac{\nabla\pi(A_t\mid S_t,\boldsymbol{\theta})}{\pi(A_t\mid S_t,\boldsymbol{\theta})} \tag{7-70}$$

从式(7-70)可以看出，$\Delta\boldsymbol{\theta}$ 与 $\frac{G_t\nabla\pi(A_t\mid S_t,\boldsymbol{\theta})}{\pi(A_t\mid S_t,\boldsymbol{\theta})}$ 成正比。该向量的方向是增加未来重复访问 A_t 概率的方向，选择累积回报最多的动作或者被选中次数最多的动作，目的是使参数向产生最高回报的方向移动；$\Delta\boldsymbol{\theta}$ 与 $\pi(A_t\mid S_t,\boldsymbol{\theta})$ 成反比，因为被频繁选择的操作在实际回报的表现中可能处于优势，这些操作说明更新方向通常在它的方向上，即使不能产生最高的回报，但相较于其他动作也有可能胜出。

注意，这里 Reinforce 算法运用了时刻 T 开始的完整回报，包含了这个实验情节所有未来的回报。从这个方面来说，Reinforce 算法属于蒙特卡罗方法的一种。

在基于价值的学习方法中介绍的蒙特卡罗方法，是通过采样若干经历完整的实验情节来估计真实值的状态，对该方法而言，如果要求解某一个状态的累积回报，只需要求出所有完整序列中该状态出现时刻的累积回报的平均值，即可进行近似求解。蒙特卡罗方法对情节性任务进行了明确的定义，所有更新都必须在任务情节完成后进行。

借鉴这种思路，应用策略梯度理论，使用随机梯度上升方法来更新参数，即用 T 时刻的累积回报 G_t 作为当前策略的 $q_{\pi_{\boldsymbol{\theta}}}(s,a)$ 的无偏估计，结合似然比的定义，参数的增量可以表示为：

$$\boldsymbol{\theta}_{t+1}=\boldsymbol{\theta}_t+\alpha G_t\nabla_{\boldsymbol{\theta}}\log\pi(A_t\mid S_t,\boldsymbol{\theta}) \tag{7-71}$$

算法描述如表 7-7 所示。

表 7-7 Reinforce 算法

1. 输入：参数化的可微策略 $\pi(a\mid s,\boldsymbol{\theta})$
2. 算法参数：步长 $\alpha>0$
3. 随机初始化策略参数 $\boldsymbol{\theta}$
4. 循环(对于每个实验)：
5. 生成一个实验 $\{s_0,a_0,s_1,a_1,\cdots,s_{T-1},a_{T-1}\}\sim\pi(\cdot\mid\cdot,\boldsymbol{\theta})$
6. 对于实验中的每一步循环 $t=0,1,\cdots,T-1$：
7. 计算累积回报 $G_t\leftarrow\sum_{k=t+1}^{T}\gamma_{k-t-1}R_k$
8. 更新参数 $\boldsymbol{\theta}_{t+1}=\boldsymbol{\theta}_t+\alpha G_t\nabla_{\boldsymbol{\theta}}\log\pi(A_t\mid S_t,\boldsymbol{\theta})$

如算法所描述的，在每个实验结束后智能体都会对梯度方向进行微调，朝着能获得更多回报的方向前进。

2. 带基准项的蒙特卡罗策略梯度算法

调整策略的最终目的是最大化累积回报，某个动作的回报越高，它被选择的概率就应越大。假设所有动作的回报都为正值，那么所有动作的概率都会被提高，归一化后回报小的动作对应的概率相应较低，这是能够遍历所有情况的理想状态。但是在实际应用中，通过采样得到动作，如果一个回报很高的动作没有被抽样，它的概率就会因为其他动作的概率提高而降低。可以通过在策略梯度定理的表达式中加入基准项(Baseline)来避免这种情况的发生，如式(7-72)所示。

$$J(\boldsymbol{\theta})\propto\sum_s\mu(s)\sum_a(q_\pi(s,a)-b(s))\nabla\pi(a\mid s,\boldsymbol{\theta}) \tag{7-72}$$

其中，基准项 $b(s)$ 可以是任意函数，也可以是随机变量，只要与 a 无关即可。加入该项后不影响等式成立，因为

$$\sum_a b(s)\nabla\pi(a\mid s,\boldsymbol{\theta})=b(s)\nabla\sum_a\pi(a\mid s,\boldsymbol{\theta})=b(s)\nabla 1=0 \tag{7-73}$$

那么，上一节中介绍的 Reinforce 算法的更新公式可以更新为

$$\boldsymbol{\theta}_{t+1}=\boldsymbol{\theta}_t+\alpha(G_t-b(S_t))\frac{\nabla\pi(A_t\mid S_t,\boldsymbol{\theta})}{\pi(A_t\mid S_t,\boldsymbol{\theta})} \tag{7-74}$$

当累积回报超过基准值时，对应动作的概率才会提高，因此即使所有回报均为正值，也

不会存在无差别概率提高的现象。这种方法能够极大地减少参数更新时的波动，有效降低方差。最常用的基准项是状态值函数，当 $b(s)=\mathrm{E}_a[q_\pi(s,a)]=v_\pi(s)$ 时，方差最小。

选择状态值函数作为基准项时，算法如表 7-8 所示。

表 7-8　带基准项的蒙特卡罗策略梯度算法

1. 输入：参数化的可微策略 $\pi(a|s,\boldsymbol{\theta})$
2. 输入：可微的参数化状态值函数 $\hat{v}(s,\boldsymbol{\omega})$
3. 算法参数：步长 $\alpha_{\boldsymbol{\theta}}>0,\alpha_{\boldsymbol{\omega}}>0$
4. 初始化策略参数 $\boldsymbol{\theta}\in\mathbb{R}^{d'}$ 和状态值函数权重 $\boldsymbol{\omega}\in\mathbb{R}^{d}$
5. 循环(对于每个实验)：
6. 　　生成一个实验 $\{s_0,a_0,s_1,a_1,\cdots,s_{T-1},a_{T-1}\}\sim\pi(\cdot|\cdot,\boldsymbol{\theta})$
7. 　　对于实验中的每一步循环 $t=0,1,\cdots,T-1$：
8. 　　　　$G\leftarrow\sum_{k=t+1}^{T}\gamma_{k-t-1}R_k$
9. 　　　　$\delta\leftarrow G-\hat{v}(S_t,\boldsymbol{\omega})$
10. 　　　　$\boldsymbol{\omega}\leftarrow\boldsymbol{\omega}+\alpha_{\boldsymbol{\omega}}\delta\nabla\hat{v}(S_t,\boldsymbol{\omega})$
11. 　　　　$\boldsymbol{\theta}\leftarrow\boldsymbol{\theta}+\alpha_{\boldsymbol{\theta}}\gamma_t\delta\nabla\log\pi(A_t|S_t,\boldsymbol{\theta})$

带基准项的 Reinforce 方法，虽然在应用策略参数化的同时，通过状态值函数降低了方差，但是状态值函数的学习是利用策略梯度的方法进行的，因此本质上仍属于策略梯度方法。

7.4.4　Actor-Critic 算法

Reinforce 方法具有蒙特卡罗算法的特质，是一种无偏估计，能逐步收敛到局部最小值，但也存在蒙塔卡罗方法更新速度慢和方差过大的问题，在线学习(online)和连续环境。TD 方法是单步更新，更新速度快于蒙特卡罗方法的回合更新，同时 Multi-Step 方法可以选择 Bootstrapping 的程度。为了利用这个优势，将策略梯度方法和 TD 学习方法相结合，产生了一种新的算法——Actor-Critic 算法。将基于价值的方法和基于策略的方法有效结合起来，策略梯度方法部分为 Actor，TD 方法部分为 Critic。

Actor 的角色类似于参赛选手，选手需要获得更多的回报才能赢得游戏。具体实现方式是利用一个特定的函数，函数输入为状态，输出为动作，朝着能获得更多回报的方向不断优化函数。Critic 角色类似于教练，为了训练选手 Actor，需要知道 Actor 的实际表现，根据其表现不断调整 Actor 前进的方向。

训练过程可以大致描述为：Actor 和 Critic 获取相同的环境信息，Actor 通过环境信息得知目前所处的状态，并选择要执行的动作；而 Critic 根据 Actor 对于环境信息的反馈表现对 Actor 进行打分；Actor 根据打分情况调整自己的策略，争取下一次做得更好；而 Critic 也需要根据系统返回的回报来调整自己的打分策略。开始 Actor 随机表现，Critic 随机打分，但是因为有回报作为反馈，所以之后两者的表现都会越来越好，越来越准确。

在 Reinforce 方法中，为便于求解，利用行为值函数和累积回报的关系，对策略梯度定理的表达式做了一定程度的调整。但是，采用累积回报 G_t 有一个显著的问题：样本的随机性过大，G_t 稳定性差。因此，在 Actor-Critic 算法中选择使用带 q 函数项的策略梯度表达式。

$$\nabla J(\boldsymbol{\theta})=\mathrm{E}_\pi[\nabla_{\boldsymbol{\theta}}\log\pi_{\boldsymbol{\theta}}(s,a)q_\pi(s,a)] \tag{7-75}$$

取状态值函数为基准项,即 $b(s)=v_{\pi_\theta}(s)$,则

$$A_{\pi_\theta}(s,a)=q_{\pi_\theta}(s,a)-v_{\pi_\theta}(s) \tag{7-76}$$

将 $A_{\pi_\theta}(s,a)$ 称为优势函数(Advantage Function),目标函数梯度可以表示为

$$\nabla J(\boldsymbol{\theta})=\mathrm{E}_{\pi_\theta}[\nabla_{\boldsymbol{\theta}}\log\pi_{\boldsymbol{\theta}}(s,a)A_{\pi_\theta}(s,a)] \tag{7-77}$$

优势函数中涉及状态值函数和行为值函数,实际中需要两个不同的函数逼近器对函数值进行估计。

$$A(s,a)=q_{\boldsymbol{\omega}}(s,a)-v_v(s) \tag{7-78}$$

其中,$v_v(s)\approx v_{\pi_\theta}(s)$,$q_{\boldsymbol{\omega}}(s,a)\approx q_{\pi_\theta}(s,a)$,利用值函数近似方法实现对状态值函数和动作值函数的估计。结合贝尔曼公式,可以将两个变量进行统一,即

$$\begin{aligned} A_{\pi_\theta}(s,a)&=\mathrm{E}_{\pi_\theta}[r+\gamma v_{\pi_\theta}(s')\mid s,a]-v_{\pi_\theta}(s) \\ &=\mathrm{E}_{\pi_\theta}[\delta^{\pi_\theta}\mid s,a] \end{aligned} \tag{7-79}$$

其中,δ^{π_θ} 表示 TD 算法中的 TD Error,好处是只添加一个参数 v 就能够实现对 TD Error 的估计,即

$$\delta_v^{\pi_\theta}=\gamma+\gamma v_v(s')-v_v(s) \tag{7-80}$$

如此,就能够利用 TD Error 进行目标函数梯度的计算。

$$\nabla J(\boldsymbol{\theta})=\mathrm{E}_{\pi_\theta}[\nabla_{\boldsymbol{\theta}}\log\pi_{\boldsymbol{\theta}}(s,a)\delta^{\pi_\theta}] \tag{7-81}$$

如果采用这种近似方法,Actor-Critic 算法中只需要两个参数,一个是 Actor 部分更新策略的参数$\boldsymbol{\theta}$,一个是更新 TD Error 中的参数 v。这样极大地简化了计算。但是,开始时 Critic 对状态值函数的估计不准确,会出现 Actor 对策略梯度的估计出现偏差。同时,参数的更新都处于连续状态,每次参数更新前后都存在相关性,而且用抽样值代替了本来的期望值,也增加了不确定性。A3C 算法提出通过多个并行 Actor-Critic 进行学习,而 DDPG 算法将策略更新的目标更改为最大化 Q 值,都是对原 Actor-Critic 算法的优化,这两种算法会在后续的章节进行讲解。

7.5 值函数近似和衍生算法

本节介绍的值函数近似和衍生算法可以不受状态空间大小的限制,适应于连续高维的场景,包括基于值函数近似的 TD 方法、在 Off-Policy 的环境下的基于线性值函数近似的 GTD 方法以及 Off-Policy 和 Actor-Critic 方法的结合体——Off-Policy Actor-Critic 算法。

7.5.1 值函数近似

在强化学习的实际应用中,离散且少量的状态集的情况并不多见,大部分场景具有的状态数量都是数以万计的,在计算机围棋游戏中,状态的数量多达 10170,更有连续高维的场景亟待研究。

表格式(Lookup Table)学习方法记录每个状态或每个状态动作对对应的特征值,查找某个状态的对应特征值需要对表格内容进行遍历。这种方法不仅需要大量的存储空间,运行速率也随着状态数量的增长更加缓慢。因此,需要一种对数据集进行扩展的方法,使得算

法能够不受状态空间大小的限制，适应无限大的状态空间。值函数近似（Value Function Approximation）就是一种解决方法。

在值函数近似中，不再使用表格形式存储函数值，而是以权重向量$\boldsymbol{\theta}$的参数化函数的形式表示。将抽取的特征值和对应的权重作为值函数的输入参数，利用已知状态的值函数的值，通过参数函数估算出未知状态对应的值函数的值，经过迭代学习得到最优的近似函数。

$$\hat{v}(s,\boldsymbol{\theta}) \approx v_\pi(s) \tag{7-82}$$

$$\hat{q}(s,a,\boldsymbol{\theta}) \approx q_\pi(s,a) \tag{7-83}$$

用式(7-82)表示给定权重$\boldsymbol{\theta}$的状态s的状态值函数的近似值，也可以将动作a作为输入参数，能够得到动作值函数的近似值，如式(7-83)。近似函数有多种表现形式，可以是线性函数、多层神经网络、决策树等。当$\hat{v}$为状态特征值的线性函数时，参数$\boldsymbol{\theta}$为特征值对应的权重；当$\hat{v}$为多层神经网络时，$\boldsymbol{\theta}$为不同层之间的连接权重，通过调节参数，大部分不同形式的函数都可以通过神经网络进行近似表示；如果使用决策树表示$\hat{v}$，则$\boldsymbol{\theta}$为叶子节点的取值和树节点分裂的阈值。

通常参数$\boldsymbol{\theta}$的数量小于状态s的数量，因此改变一个参数会改变多个状态的估算值。因此，当一个状态进行更新时，影响从该状态扩展的其他状态，这种泛化方式能够实现对数据库的压缩，提高效率。

在值函数近似的方法中，常用梯度下降方法实现参数的更新。令$J(\boldsymbol{\theta})$表示参数向量$\boldsymbol{\theta}$的目标函数。目标函数多设置为真实值和估计值差值的平方，即

$$J(\boldsymbol{\theta}) = \mathrm{E}_\pi\left[(v_\pi(s) - \hat{v}(s,\boldsymbol{\theta}))^2\right] \tag{7-84}$$

$v_\pi(s)$表示值函数的真实值，是与参数$\boldsymbol{\theta}$无关的常量。需要注意的是，目标函数的表示方法并不唯一，此处仅举例以便于理解。$J(\boldsymbol{\theta})$的梯度可定义为

$$\nabla_w J(\boldsymbol{\theta}) = \begin{pmatrix} \dfrac{\partial J(\boldsymbol{\theta})}{\partial \boldsymbol{\theta}_1} \\ \vdots \\ \dfrac{\partial J(\boldsymbol{\theta})}{\partial \boldsymbol{\theta}_n} \end{pmatrix} \tag{7-85}$$

梯度下降方法中需要修正的权重$\Delta\boldsymbol{\theta}$为反方向梯度乘以学习速率，即

$$\begin{aligned} \Delta\boldsymbol{\theta} &= -\frac{1}{2}\alpha\,\nabla_{\boldsymbol{\theta}} J(\boldsymbol{\theta}) \\ &= \alpha \mathrm{E}_\pi\left[(v_\pi(s) - \hat{v}(s,\boldsymbol{\theta}))\nabla_\theta \hat{v}(s,\boldsymbol{\theta})\right] \end{aligned} \tag{7-86}$$

如果采用随机梯度下降法，将均值更改为梯度的抽样即可。

在值函数近似中，线性函数近似是最简单的一种形式。用特征向量$\boldsymbol{\phi}(s)$表示状态s，即

$$\boldsymbol{\phi}(s) = \begin{pmatrix} \boldsymbol{\phi}_1(s) \\ \vdots \\ \boldsymbol{\phi}_n(s) \end{pmatrix} \tag{7-87}$$

那么，可以使用特征值的线性组合近似状态值函数，即

$$\hat{v}(s,\boldsymbol{\theta}) = \boldsymbol{\phi}(s)^{\mathrm{T}}\theta = \sum_{j=1}^{n} \boldsymbol{\phi}_j(s)\boldsymbol{\theta}_j \tag{7-88}$$

此时，参数的更新为

$$\nabla_{\boldsymbol{\theta}} \hat{v}(s,\boldsymbol{\theta}) = \boldsymbol{\phi}(s) \tag{7-89}$$

参数的更新表示为学习速率、预期误差和特征值的乘积。

需要特别说明的是，表格式查找其实是线性值函数近似的一种特例。每个状态就是一个特征，智能体到达该特征就取 1，否则为 0。

$$\hat{v}(s,\boldsymbol{\theta}) = \boldsymbol{\phi}_{\text{table}}(s) \cdot \begin{pmatrix} \boldsymbol{\theta}_1 \\ \vdots \\ \boldsymbol{\theta}_n \end{pmatrix} = \begin{pmatrix} 1(s=s_1) \\ \vdots \\ 1(s=s_n) \end{pmatrix} \cdot \begin{pmatrix} \boldsymbol{\theta}_1 \\ \vdots \\ \boldsymbol{\theta}_n \end{pmatrix} \tag{7-90}$$

7.5.2 基于值函数近似的 TD 方法

TD 方法是强化学习中使用范围最广的方法之一，值函数近似的思想为解决传统 TD 方法的一些困境提供了新的思路。本节以 TD(0)为例对两者结合的新方法进行简单介绍，其他方法可以基于相同的思路进行拓展。

1. TD(0)

在本章之前的内容中，介绍过 TD(λ)算法，λ 为衰减因子，λ=0 时的算法统称为 TD(0)。将 TD(0)方法与值函数近似的方法相结合，近似函数可以是线性的也可以是非线性的。令近似函数的参数为$\boldsymbol{\theta}$，那么

$$\boldsymbol{\theta}_{t+1} = \boldsymbol{\theta}_t + \alpha_t \delta_t(\boldsymbol{\theta}_t) \nabla v_{\boldsymbol{\theta}_t}(S_t) \tag{7-91}$$

其中，$\nabla v_{\boldsymbol{\theta}_t}(s_t)$表示用参数$\boldsymbol{\theta}$表示的值函数 $v_{\boldsymbol{\theta}}$ 在状态 s 下的梯度，α 为学习速率，Δ 为 TD Error。

$$\delta_t(\boldsymbol{\theta}_t) = R_{t+1} + \gamma v_{\boldsymbol{\theta}_t}(S_{t+1}) - v_{\boldsymbol{\theta}_t}(S_t) \tag{7-92}$$

将结合值函数近似的 TD(0)方法称作线性/非线性 TD(0)(Linear/Nonlinear TD(0))。如果对值函数采取线性近似，即$\boldsymbol{\phi}_t \equiv \boldsymbol{\phi}(S_t)$，参数的更新可表示为

$$\boldsymbol{\theta}_{t+1} = \boldsymbol{\theta}_t + \alpha_t \delta_t(\boldsymbol{\theta}_t) \boldsymbol{\phi}_t \tag{7-93}$$

其中，结合近似函数，TD Error 为

$$\delta_t(\boldsymbol{\theta}_t) = R_{t+1} + \gamma \boldsymbol{\theta}_t^{\mathrm{T}} \boldsymbol{\phi}_{t+1} - \boldsymbol{\theta}_t^{\mathrm{T}} \boldsymbol{\phi}_t \tag{7-94}$$

如果折扣因子 γ 为 0，那么表达式与传统的监督学习十分相似，区别强化学习和监督学习的一个关键就是自举项(Bootstrapping Term)$\boldsymbol{\theta}_t^{\mathrm{T}} \boldsymbol{\phi}_{t+1}$，这也是 TD 方法与蒙特卡罗方法的区别。这种从不完整的序列、无须等待最终输出的学习方法也为智能体从单个状态转移获取经验知识提供了可能。Off-Policy 条件下的 TD 方法就是基于这种特征进行延伸的。

在 On-Policy 条件下，线性近似的算法能够收敛。根据随机方法的理论，线性 TD(0)的收敛点满足

$$0 = \mathrm{E}[\delta_t(\boldsymbol{\theta}) \boldsymbol{\phi}_t] = \boldsymbol{b} - \boldsymbol{A}\boldsymbol{\theta} \tag{7-95}$$

其中，$\boldsymbol{A} = \mathrm{E}[\boldsymbol{\phi}_t(\boldsymbol{\phi}_t - \gamma \boldsymbol{\phi}_{t+1})^{\mathrm{T}}]$，$\boldsymbol{b} = \mathrm{E}[R_{t+1} \boldsymbol{\phi}_t]$，满足上式的参数$\boldsymbol{\theta}$称作 TD-Solution。需要注意的是，在非线性的情况下，TD(0)并不能保证收敛。

在实际应用中，TD(0)算法常使用均方差(Mean-Square-Error)作为目标函数，即

$$\mathrm{MSE}(\boldsymbol{\theta}) = \mathrm{E}[(v_\pi(S_t) - v_{\boldsymbol{\theta}}(S_t))^2] \tag{7-96}$$

根据梯度下降思想，参数$\boldsymbol{\theta}$沿着目标函数变化最大的方向即负梯度方向。为了使目标函数最小，参数更新方向应该是梯度的反方向，即

$$-\frac{1}{2}\nabla \text{MSE}(\boldsymbol{\theta}) = \text{E}\left[(v_\pi(S_t) - v_{\boldsymbol{\theta}}(S_t))\nabla v_{\boldsymbol{\theta}}(S_t)\right] \tag{7-97}$$

式(7-97)中的更新表达式在实践中并不适用，一是因为目标值 $v_\pi(S_t)$ 无法获知；二是环境模型未知导致无法计算期望。但利用值函数近似的方法就能够很好地解决第一个问题。

$$v_\pi(s) \approx \text{E}\left[R_{t+1} + \gamma v_{\boldsymbol{\theta}}(S_{t+1}) \mid S_t = s, \pi\right] \tag{7-98}$$

至于无法获得期望的问题，可以通过在每个时隙直接抽样进行解决。结合值函数近似和随机抽样的方法，TD(0)算法中参数的更新规则可以表示为

$$\boldsymbol{\theta}_{t+1} = \boldsymbol{\theta}_t + \alpha_t \delta_t \nabla v_{\boldsymbol{\theta}_t}(S_t) \tag{7-99}$$

利用 Bootstrapping 和抽样的方法对 TD(0)更新算式无法获得真实值和期望的问题进行了转换，利用随机梯度下降的方法实现对参数进行更新。随机梯度下降(Stochastic Gradient Descent)法是在计算下降最快的方向随机选一个数据进行计算。但在强化学习中，这种更新方法并不是真正的梯度下降法，因为式中只包含一部分梯度，只考虑了参数改变对于估算值的影响，忽略了对于目标值的影响，将这种只包含一部分的不完全的梯度下降方法称作半梯度方法(Semi-Gradient Methods)。

残差梯度法(Residual Gradient Method)则实现了真正的梯度下降，是作为采用值函数近似的 TD(0)方法的替代算法出现的，残差梯度法采用不同的目标函数，保证了算法的收敛性，遗憾的是并不一定会收敛到理想点，因此综合效果并不如 TD 方法，有兴趣的同学可以自行了解，这里不再介绍。

2. Off-Policy TD(0)

强化学习中需要面对的一种困境是，需要通过后续的最优行为来学习动作，但是为了探索更多的行为(以找到最优动作)，需要执行非最优操作，即之前介绍过的探索(exploration)和利用(exploitation)的平衡问题。On-Policy 选择了一种折中，学习探索到的次优动作。

实际上可以直接采用两种策略来解决困境，一种用来学习并获得最优策略；一种用来探索更多的动作。将正在学习的策略称作目标策略(Target Policy)，用于生成更多行为和动作的策略称作行为策略(Behavior Policy)。这种用于学习的数据并非由目标策略产生的方法，称作 Off-Policy。

大部分 Off-Policy 方法都会用到重要性采样(Importance Sampling)，重要性采样通过给定的样本估计同一分布下的其他估计平均值。通过对目标策略和行为策略下发生轨迹(trajectory)回报的比例，对回报进行加权。假设目标策略为 π，行为策略为 b，$\pi \neq b$。给定初始状态 s_0，在策略 π 下，后续状态动作轨迹 $\tau = \{A_t, S_{t+1}, A_{t+1}, \cdots, A_T, S_T\}$ 发生的概率为

$$\begin{aligned} & p\{A_t, S_{t+1} \mid A_{t+1}, \cdots, S_T \mid S_t, A_{t:T-1\sim\pi}\} \\ &= \pi(A_t \mid S_t)p(S_{t+1} \mid S_t, A_t)\pi(A_{t+1} \mid S_{t+1})\cdots p(S_T \mid S_{T-1}, A_{T-1}) \\ &= \prod_{k=t}^{T-1} \pi(A_k \mid S_k)p(S_{k+1} \mid S_k, A_k) \end{aligned} \tag{7-100}$$

那么，重要性采样比率为

$$\rho_{t:T-1} = \frac{\prod_{k=t}^{T-1} \pi(A_k \mid S_k)p(S_{k+1} \mid S_k, A_k)}{\prod_{k=t}^{T-1} b(A_k \mid S_k)p(S_{k+1} \mid S_k, A_k)} = \prod_{k=t}^{T-1} \frac{\pi(A_k \mid S_k)}{b(A_k \mid S_k)} \tag{7-101}$$

注意，比率只依赖于两个策略下动作序列的顺序，与马尔可夫转移概率无关。

在 Off-Policy 的情形下，智能体根据行为策略获取数据和在行为策略下的累积回报 $E[G_t|S_t=s]=v_b(s)$，利用重要性采样比率就可以得到目标策略下的累积回报为

$$E[\rho_{t:T-1}G_t|S_t=s]=v_\pi(s) \tag{7-102}$$

在采用线性值函数近似的 On-Policy TD(0)的基础上，可以通过重要性采样将原算法延伸到 Off-Policy 的情境下，此时参数 θ 的更新规则为

$$\boldsymbol{\theta}_{t+1}=\boldsymbol{\theta}_t+\alpha_t\rho_t\delta_t\boldsymbol{\phi}_t \tag{7-103}$$

其中，ρ_t 表示时刻 T 的重要性采样比率，$\rho_t=\rho_{t:t}$。

7.5.3 基于线性值函数近似的 GTD 方法

传统的 TD 方法，例如 TD(λ)、Q-Learning 和 SARSA，在结合值函数近似方法后，很容易变得不稳定和发散，尤其是 Off-Policy 的环境下，很难保证收敛。为了解决该问题，TD 算法家族出现了一位新的成员——梯度时间差分(Gradient-Temporal-Difference)法。还有在 GTD 基础上改良的其他两种算法，这三种算法都能够兼容线性值函数近似和 Off-Policy 情境下的数据训练，算法的复杂度与近似函数的大小呈线性增长关系。

1. GTD

GTD 根据原 TD(0)算法更新预期估计值，使用 L^2 范数进行随机梯度下降。不同于 TD(0)使用均方差作为目标函数，GTD 选择贝尔曼误差(Bellman Error)作为目标函数，该函数又被称为 NEU($\boldsymbol{\theta}$)(The Norm Of The Expected TD Update)。

$$\text{NEU}(\boldsymbol{\theta})=E[\delta(\boldsymbol{\theta})\boldsymbol{\phi}]^{\mathrm{T}}E[\delta(\boldsymbol{\theta})\boldsymbol{\phi}] \tag{7-104}$$

其形式类似于在线性值函数近似的条件下求解 TD-Solution，当 $E[\delta(\boldsymbol{\theta})\boldsymbol{\phi}]=0$ 时，取得最小值。在线性近似的情况下，第 k 个时隙对应三元组($\boldsymbol{\phi}_k, R_k, \boldsymbol{\phi}'_k$)，其中$\boldsymbol{\phi}_k=\boldsymbol{\phi}(S_k)$，$(S_k)\boldsymbol{\phi}'_k=\boldsymbol{\phi}(S'_k)$，目标函数的梯度可表示为

$$-\frac{1}{2}\nabla\text{NEU}(\boldsymbol{\theta})=E[(\boldsymbol{\phi}-\gamma\boldsymbol{\phi}')\boldsymbol{\phi}^{\mathrm{T}}]E[\delta(\boldsymbol{\theta})\boldsymbol{\phi}] \tag{7-105}$$

一般做法是通过抽样对期望进行近似，但如果直接对两个期望进行抽样，产生的是有偏估计；将原思路进行改良，对其中一个期望进行抽样，对另一个期望进行长期准平稳估计并存储对应的值。对不同的期望进行抽样会生成不同的算法。

(1) 估算 $\boldsymbol{A}=E[(\boldsymbol{\phi}-\gamma\boldsymbol{\phi}')\boldsymbol{\phi}^{\mathrm{T}}]$，对 $E[\delta(\boldsymbol{\theta})\boldsymbol{\phi}]$ 抽样。

根据之前的数据($\boldsymbol{\phi}_0, R_0, \boldsymbol{\phi}'_0$)，…，($\boldsymbol{\phi}_k, R_k, \boldsymbol{\phi}'_k$)，很容易得到 $\boldsymbol{A}$ 的对应值为

$$\boldsymbol{A}_k=\frac{1}{k}\sum_{i=0}^{k}\boldsymbol{\phi}_i(\boldsymbol{\phi}_i-\gamma\boldsymbol{\phi}'_i)^{\mathrm{T}} \tag{7-106}$$

$\boldsymbol{A}$ 为静态分布，并不依赖于参数$\boldsymbol{\theta}$，好处是在$\boldsymbol{\theta}$ 改变的情况下不需要对 $\boldsymbol{A}$ 进行重新估计。此时，参数$\boldsymbol{\theta}$ 的更新规则为：

$$\boldsymbol{\theta}_{k+1}=\boldsymbol{\theta}_k+\alpha_k\boldsymbol{A}_k^{\mathrm{T}}(\delta_k\boldsymbol{\phi}_k) \tag{7-107}$$

δ_k 为 TD Error，初始状态$\boldsymbol{\theta}_0$ 任意指定，$(\alpha_k)_{k\geqslant 0}$ 为一系列步长因子，可能随着时间递减。这种方法不需要进行更进一步的了解，因为每个时隙需要的存储空间和计算的复杂度为 $O(d^2)$，在实际应用中并不划算。

(2) 估算 $\boldsymbol{u}_k=\mathrm{E}[\delta(\boldsymbol{\theta})\boldsymbol{\phi}]$，对 $\mathrm{E}[(\boldsymbol{\phi}-\gamma\boldsymbol{\phi}')\boldsymbol{\phi}^{\mathrm{T}}]$ 抽样。

将基于该抽样实现的算法称作 GTD。令 $\boldsymbol{u}_k$ 表示 k 个样本数据后 $\mathrm{E}[\delta(\boldsymbol{\theta})\boldsymbol{\phi}]$ 的估计值，$\boldsymbol{u}_0=0$。GTD 算法定义为

$$\boldsymbol{\theta}_{k+1}=\boldsymbol{\theta}_k+\alpha_k(\boldsymbol{\phi}_k-\gamma\boldsymbol{\phi}'_k)\boldsymbol{\phi}_k^{\mathrm{T}}\boldsymbol{u}_k \tag{7-108}$$

$$\boldsymbol{u}_{k+1}=\boldsymbol{u}_k+\beta_k(\delta_k\boldsymbol{\phi}_k-\boldsymbol{u}_k) \tag{7-109}$$

δ_k 为 TD Error，初始状态 $\boldsymbol{\theta}_0$ 任意指定，$(\alpha_k,\beta_k)_{k\geqslant 0}$ 为一系列步长因子，可能随着时间递减，此时算法的复杂度为 $O(d)$。与 TD(0)相比，GTD 是一种十分缓慢的算法，在保证收敛的情况下，收敛速度要比 TD(0)缓慢得多。为了提升 GTD 算法的速度，研究者对 GTD 算法进行了改良，又提出了 GTD2 和 TDC 算法。

2. GTD2 和 TDC

不同于 GTD 算法，GTD2(Gradient Temporal-Difference2)和 TDC(Temporal-Difference With Gradient Correction Term)算法使用了新的目标函数 MSPBE($\boldsymbol{\theta}$)(Mean-Square Projected Bellman-Error)，收敛速度更快。

$$\mathrm{MSPBE}(\boldsymbol{\theta})=\|v_{\boldsymbol{\theta}}-\Pi T v_{\boldsymbol{\theta}}\|_{\mu}^{2} \tag{7-110}$$

Π 为投影算子(Projected Operator)，对于线性表示 $v_{\boldsymbol{\theta}}=\boldsymbol{\Phi\theta}$，矩阵 $\boldsymbol{\Phi}$ 由特征向量 $\boldsymbol{\phi}_s$ 组成，$\Pi=\boldsymbol{\Phi}(\boldsymbol{\Phi}^{\mathrm{T}}\boldsymbol{D}\boldsymbol{\Phi})^{-1}\boldsymbol{\Phi}^{\mathrm{T}}\boldsymbol{D}$，$\boldsymbol{D}$ 为对角矩阵，元素为对应策略下的状态分布 $\mu(s)$；T 为贝尔曼算子(Bellman Operator)，在线性 TD(0)算法中介绍过的 TD-Solution，需要满足的方程为 $v\boldsymbol{\theta}=\Pi T v_{\boldsymbol{\theta}}$，以此延伸设置了新的目标函数，经过转换可以写为

$$J(\boldsymbol{\theta})=\mathrm{E}[\delta(\boldsymbol{\theta})\boldsymbol{\phi}]^{\mathrm{T}}\mathrm{E}[\boldsymbol{\phi\phi}^{\mathrm{T}}]^{-1}\mathrm{E}[\delta(\boldsymbol{\theta})\boldsymbol{\phi}] \tag{7-111}$$

GTD 算法中设置了一个新的参量 $\boldsymbol{u}\in\mathbb{R}^d$，用于目标函数中期望值的准平稳估计，以此避免两个独立的抽样过程，在这里也采用相同的方法，设置新的参量 $\boldsymbol{w}\in\mathbb{R}^d$，包含对于目标函数中逆矩阵的计算，即

$$\boldsymbol{w}(\boldsymbol{\theta})=\mathrm{E}[\boldsymbol{\phi\phi}^{\mathrm{T}}]^{-1}\mathrm{E}[\delta(\boldsymbol{\theta})\boldsymbol{\phi}] \tag{7-112}$$

3. GTD2

参数 $\boldsymbol{w}$ 的定义类似于监督学习中线性最小二乘问题的解的形式。据此，可以写出目标函数的梯度为

$$-\frac{1}{2}\nabla J(\boldsymbol{\theta})=\mathrm{E}[(\boldsymbol{\phi}-\gamma\boldsymbol{\phi}')\boldsymbol{\phi}^{\mathrm{T}}]\boldsymbol{w}(\boldsymbol{\theta}) \tag{7-113}$$

通过直接采样就能得到目标函数的梯度值，参数的更新表达式为

$$\boldsymbol{\theta}_{k+1}=\boldsymbol{\theta}_k+\alpha_k(\boldsymbol{\phi}_k-\gamma\boldsymbol{\phi}'_k)(\boldsymbol{\phi}_k^{\mathrm{T}}\boldsymbol{w}_k) \tag{7-114}$$

$$\boldsymbol{w}_{k+1}=\boldsymbol{w}_k+\beta_k(\delta_k-\boldsymbol{\phi}_k^{\mathrm{T}}\boldsymbol{w}_k)\boldsymbol{\phi}_k \tag{7-115}$$

采用以上形式更新参数的算法称作 GTD2 算法。

4. TDC

TDC 算法的不同之处在于，对目标函数梯度的推导采用不同的路径，最终得到不同的表达式。

$$-\frac{1}{2}\nabla J(\boldsymbol{\theta})=\mathrm{E}[\delta\boldsymbol{\phi}]-\gamma\mathrm{E}[\boldsymbol{\phi}'\boldsymbol{\phi}^{\mathrm{T}}]\boldsymbol{w}(\boldsymbol{\theta}) \tag{7-116}$$

参数 $\boldsymbol{w}$ 的更新同 GTD2 算法，但是 $\boldsymbol{\theta}$ 的更新规则发生了改变，为

$$-\frac{1}{2}\nabla J(\boldsymbol{\theta})=\mathrm{E}[\delta\boldsymbol{\phi}]-\gamma\mathrm{E}[\boldsymbol{\phi}'\boldsymbol{\phi}^{\mathrm{T}}]\boldsymbol{w}(\boldsymbol{\theta}) \tag{7-117}$$

对比传统线性 TD 方法，$\boldsymbol{\theta}$ 的更新中增添了一个修正项(Correction)$\gamma\boldsymbol{\phi}'_k(\boldsymbol{\phi}_k^{\mathrm{T}}\boldsymbol{w}_k)$，目的是让参数的更新遵循目标函数 MSPBE($\boldsymbol{\theta}$)的梯度方向，因此将该算法称作时间差分法的修正算法。如果参数初始化为 0，即 $\boldsymbol{w}_0=0$，同时对应的步长因子 β_k 足够小，那么 TDC 的更新过程基本与传统线性 TD 方法相同。

5. Off-Policy TDC

在 Off-Policy 的情境下，需要将目标策略 π 的目标函数 $J(\boldsymbol{\theta})=\|v_{\boldsymbol{\theta}}-\Pi T^{\pi}v_{\boldsymbol{\theta}}\|_{\mu}^{2}$ 最小化，但获得的数据均来自于行为策略 b，因此需要结合重要性采样，将原 TDC 算法进行扩展。此时，目标函数为

$$J(\boldsymbol{\theta})=\mathrm{E}[\rho_t\delta_t(\boldsymbol{\theta})\boldsymbol{\phi}_t]^{\mathrm{T}}\mathrm{E}[\boldsymbol{\phi}_t\boldsymbol{\phi}_t^{\mathrm{T}}]^{-1}\mathrm{E}[\rho_t\delta_t(\boldsymbol{\theta})\boldsymbol{\phi}_t] \tag{7-118}$$

根据 TDC 算法中参数的更新规则，能得到 Off-Policy 下的更新规则为

$$\boldsymbol{\theta}_{t+1}=\boldsymbol{\theta}_t+\alpha_t\rho_t[\delta_t\boldsymbol{\phi}_t-\gamma\boldsymbol{\phi}_{t+1}(\boldsymbol{\phi}_t^{\mathrm{T}}\boldsymbol{w}_t)] \tag{7-119}$$

$$\boldsymbol{w}_{t+1}=\boldsymbol{w}_t+\beta_t(\rho_t\delta_t-\boldsymbol{\phi}_t^{\mathrm{T}}\boldsymbol{w}_t)\boldsymbol{\phi}_t \tag{7-120}$$

推导 Off-Policy GTD2 算法的思路也类似，这里不再赘述。

本节涉及具体的数学推导过程均可参考 Hamid Reza Maei 的著作 *Gradient Temporal-Difference Learning Algorithms*。

7.5.4 Off-Policy Actor-Critic 算法

Off-Policy 有着更为广阔的应用范围，不仅能够很好地平衡探索和利用之间的关系，在学习最优策略的同时执行探索性策略，还能够从示例中进行学习，通过单一的环境交互并行进行多任务学习。因此，越来越多的关注点从容易理解的 On-Policy 转移到 Off-Policy。

前文介绍的 Off-Policy 都是和基于值的方法结合的。基于值的强化学习方法的缺点也十分明显，目标策略固定，无法学习随机策略；一旦动作状态空间增大，执行贪婪策略就变得不可行；值函数的微小变化就会造成策略上的重大变化，不利于收敛。

本节将介绍 Off-Policy 和 Actor-Critic 方法的结合——Off-Policy Actor-Critic，简称 Off-PAC。在许多问题上，Actor-Critic 方法比单纯基于值的方法更有效，不仅能够表示随机策略，还能适应数量较大的动作值空间。

Critic 部分基于 GTD(λ)算法，此时目标函数类似式(7-110)，目标是最小化 MSPBE($\boldsymbol{v}$)，即近似函数的估计值与真实值的差别最小。GTD(λ)只将贝尔曼算子 T^{π} 进行扩展，修改为带有权重的形式 $T_{\pi}^{\lambda,\gamma}$，λ 为衰减因子，γ 为终止概率，即

$$\mathrm{MSPBE}(\boldsymbol{v})=\|v_{\boldsymbol{v}}-\Pi T_{\pi}^{\lambda,\gamma}v_{\boldsymbol{v}}\|_{D}^{2} \tag{7-121}$$

Actor 部分采用了策略梯度方法，为了获得最优策略，希望最大化累积回报。假设策略参数为 $\boldsymbol{u}$，那么目标函数为

$$J_{\gamma}(\boldsymbol{u})=\sum_{s\in S}d^{b}(s)v^{\pi_{\boldsymbol{u}},\gamma}(s) \tag{7-122}$$

b 为行为策略，$d^{b}(s)$为在行为策略下状态 s 的分布。与其他策略梯度算法相同，Actor 部分参数 $\boldsymbol{u}$ 的更新与$\nabla J_{\gamma}(\boldsymbol{u})$成正比关系：$\Delta\boldsymbol{u}\approx\alpha_{\boldsymbol{u},t}\nabla_{\boldsymbol{u}}J_{\gamma}(\boldsymbol{u})$。利用状态值函数和动作值

函数的贝尔曼关系式：$v^{\pi_u,\gamma}(s)=\sum_{a\in A}\pi(a|s)q^{\pi,\gamma}(s,a)$，目标函数的梯度可以转换为

$$\nabla_u J_\gamma(u)=\sum_{s\in S}d^b(s)\sum_{a\in A}[\nabla_u\pi(a|s)q^{\pi,\gamma}(s,a)+\pi(a|s)\nabla_u q^{\pi,\gamma}(s,a)] \tag{7-123}$$

梯度$\nabla_u q^{\pi,\gamma}(s,a)$在 Off-Policy 的环境下很难进行估算，因此在 Off-PAC 算法中将该项忽略，只保留第一项，$\nabla_u J_\gamma(u)\approx g(u)=\sum_{s\in S}d^b(s)\sum_{a\in A}\nabla_u\pi(a|s)q^{\pi,\gamma}(s,a)$。经证明，这种近似对于算法的精确性和收敛特性并未产生影响。

通过对行为策略进行抽样，可以将目标函数的梯度改写为期望形式，即

$$J_\gamma(u)=\sum_{s\in S}d^b(s)v^{\pi_u,\gamma}(s) \tag{7-124}$$

其中，$\rho(s_t,a_t)$为重要性采样比率，$\rho(s_t,a_t)=\frac{\pi(a|s)}{b(a|s)}$，$\psi(s_t,a_t)$为得分函数，$\psi(s_t,a_t)=\nabla_u\log\pi_u(s_t,a_t)$。在减小策略梯度算法中的方差时，曾介绍过加入基准项的方法，包含状态的任意函数都能作为基准项，并且不影响期望。在此选择 Critic 中得到的近似值函数 v_v 作为基准项。同时，利用能够得到的回报值对状态值函数做近似替换：$R_t^\lambda\approx Q^{\pi,\gamma}(s,a)$。最终，得到的前向视角的 Off-Policy 中参数 u 的更新算式如下：

$$\Delta u=\alpha_{u,t}\rho(s_t,a_t)\psi(s_t,a_t)(R_t^\lambda-v_v(s_t)) \tag{7-125}$$

Off-PAC 算法如表 7-9 所示。

表 7-9 Off-PAC 算法

1. 初始化 e_v，e_u 和 w 为零
2. 随机初始化向量 v 和 u
3. 初始化状态 s
4. 对于每一步：
5. 　根据 $b(\cdot\|s)$，选择动作 a
6. 　观察回报 R 和下一个状态 s'
7. 　$\delta\leftarrow R+\gamma(s')\theta^{T}\phi_{s'}-\theta^{T}\phi_s$
8. 　$\rho\leftarrow\pi_u(a\|s)/b(a\|s)$
9. 　更新 Critic(GTD(λ) 算法)：
10. 　$e_v\leftarrow\rho(\phi_s+\gamma(s)\lambda e_v)$
11. 　$v\leftarrow v+\alpha_v[\delta e_v-\gamma(s')(1-\lambda)(w^{T}e_v)\phi_s]$
12. 　$w\leftarrow w+\alpha_w[\delta e_v-(w^{T}\phi_s)\phi_s]$
13. 　更新 Actor：
14. 　$e_u\leftarrow\rho\left[\frac{\nabla_u\pi_u(a\|s)}{\pi_u(a\|s)}+\gamma(s)\lambda e_u\right]$
15. 　$u\leftarrow u+\alpha_u\delta e_u$
16. 　$s\leftarrow s'$

本章小结

本章介绍了强化学习的基本概念，主要介绍了基于值函数和基于策略的强化学习算法以及两者相结合的 Actor-Critic 算法，并且引入了基于值函数的一些衍生算法，为后面章节深度学习和强化学习的结合做了铺垫。

第8章 多智能体多任务学习

CHAPTER 8

随着对强化学习的广泛研究，人们开始考虑更加实际的场景，推动人工智能的落地，从而产生了一些新的演进方向：在多智能体的场景下，多个智能体如何相互交互、共同学习；在面对多个不同的但具有关联性的任务时，如何挖掘共同特征，同时学习；当面对新的任务时，如何利用之前的经验，快速学习；当数据由于隐私问题无法共享时，如何在保障数据安全的前提下，进行学习。本章将针对这些问题，探讨相关的场景和解决方法。

8.1 多智能体学习

本节主要介绍多智能体强化学习的相关知识，包括多智能体强化学习的背景和数学基础、任务分类及算法，并介绍一个多智能体的增强学习平台。

8.1.1 多智能体强化学习背景

与单智能体强化学习不同，多智能体强化学习是一个多智能体共存的系统，更关注各智能体之间的交互过程。多智能体系统中，智能体之间可能涉及合作与竞争等关系，引入博弈的概念，将博弈论与强化学习相结合可以很好地处理这些问题。单智能体强化学习使用马尔可夫决策过程来描述，借助于博弈论，可以将多智能体强化学习建模为马尔可夫博弈过程。

1. 引言

自然界中存在大量的多智能体系统，例如蚁群、鱼群等。这些弱小的个体通过种群可以获得很强的生存能力，这就是种群智能(Swarm Intelligence)的作用。因此，研究人员希望将人工多智能体系统，例如通信网络、物联网或者车联网，赋予这种种群智能，从而最优化个体和群体的收益。为此，人们开始研究多智能体系统下的人工智能。由于大多数多智能体系统的核心问题是决策，因此最直接的思路是将强化学习用于多智能体系统，形成多智能体强化学习(Multi-Agent Reinforcement Learning，MARL)。

多智能体强化学习，是将强化学习的算法与方法论运用在真实复杂的多智能体环境中来解决最优的决策问题。在现实问题中，由于各种资源和条件的限制，使得用一个中心化的智能体来解决问题变得困难重重，甚至不可行。此外，有些实际生活中的问题从形式上可以建模成多个智能体之间的交互过程。多智能体系统(Multi-Agent System,MAS)就是一个多智能体共存的系统,是在单智能体学习的基础上对不同问题与现实环境的扩展,不仅是智能体数量上的扩展,还要关注各智能体之间的交互过程。

多智能体系统提供了一种分布式看待问题的视角,可以将控制权限分布在各个智能体上。尽管多智能体系统可以被赋予预先设计的行为,但是它们通常需要在线学习,使得多智能体系统的性能逐步提高。在强化学习中,智能体通过与环境交互进行学习。每个初始时刻,智能体感知环境的状态并采取行动,使得自身转变为新的状态,在这个过程中,智能体获得回报,智能体必须在交互过程中最大化期望回报。

根据定义,多智能体强化学习至少应该包括以下几个要素。

(1) 多智能体系统中至少有两个智能体。

(2) 智能体之间存在一定的关系,例如合作关系、竞争关系,或者同时存在竞争与合作的关系。

(3) 每个智能体最终所获得的回报不仅与自身的动作有关系,还与其他智能体的动作有关系。

在多智能体系统中,每个智能体通过与环境进行交互获得回报,并据此不断改善自己的策略,从而获得该环境下最优的策略。在单智能体强化学习中,智能体所处的环境是稳定不变的,但是在多智能体强化学习中,环境是复杂的、动态的,因此给学习过程带来很大的困难,主要有

(1) 维度爆炸:在单智能体强化学习中,需要存储状态值函数或动作-状态值函数。在多智能体强化学习中,状态空间变大,动作空间也由于智能体数量增加呈指数增长,因此多智能体系统维度非常大,计算复杂。

(2) 目标回报确定困难:多智能体系统中每个智能体的任务可能不同,但是彼此之间又相互耦合和影响。回报函数设计的优劣直接影响学习策略的好坏。

(3) 不稳定:在多智能体系统中,多个智能体是同时学习的。当同伴的策略改变时,每个智能体自身的最优策略也可能会变化,这会对算法的收敛性带来影响。

(4) 难以找到探索-利用的平衡:不仅要考虑自身对环境的探索,也要对同伴的策略变化进行探索,可能打破同伴策略的平衡状态。每个智能体的探索都可能对同伴智能体的策略产生影响,这将使算法很难稳定,学习速度慢。

在多智能体系统中,智能体之间可能涉及合作与竞争等关系,引入博弈的概念,将博弈论与强化学习相结合可以很好地处理这些问题。

2. 博弈论

一个完整的博弈应当包括5个方面的内容:①博弈的参加者,即博弈过程中独立决策、独立承担后果的个人和组织;②博弈信息,即博弈者所掌握的对选择策略有帮助的情报资料;③博弈方可选择的全部行为或策略的集合;④博弈的次序,即博弈参加者做出策略选择的先后顺序;⑤博弈方的收益,即各博弈方做出决策选择后的所得和所失。

矩阵博弈是一个多智能体(玩家)、单状态的博弈框架。矩阵博弈可以用一个元组$(n,\boldsymbol{A}_{1\cdots n},\boldsymbol{R}_{1\cdots n})$来表示,其中$n$是玩家数,$\boldsymbol{A}_i$是玩家$i$的可选动作集合(动作空间),$\boldsymbol{A}$是联合动作空间$\boldsymbol{A}=\boldsymbol{A}_1\times\boldsymbol{A}_2\times\cdots\times\boldsymbol{A}_n$,$\boldsymbol{R}_i$是玩家$i$的收益函数$\boldsymbol{A}\rightarrow\boldsymbol{R}$。玩家从动作空间中选择动作,并根据所有玩家的行为,得到相应的回报。由于函数$\boldsymbol{R}_i$可以用一个N维矩阵来表

示，所以这类博弈通常叫作矩阵博弈。

矩阵博弈的状态值函数为

$$
\begin{aligned}
V_i^{\pi}(s) &= \mathrm{E}_{\pi}\left\{\sum_{k=0}^{+\infty}\gamma^k R_i(t+k+1)\mid s_t=s\right\} \\
&= \mathrm{E}_{\pi}\left\{R_i(t+1)+\gamma\sum_{k=0}^{+\infty}\gamma^k R_i(t+k+2)\mid s_t=s\right\} \\
&= \sum_a \pi(a\mid s)\sum_{s!} p(s'\mid s,a)\left\{R_i(s',a)+\gamma \mathrm{E}_{\pi}\left[\sum_{k=0}^{+\infty}\gamma^k R_i(t+k+2)\mid s_{t+1}=s'\right]\right\} \\
&= \sum_a \pi(a\mid s)\sum_{s!} p(s'\mid s,a)\left[R_i(s',a)+\gamma V_i^{\pi}(s')\right]
\end{aligned} \tag{8-1}
$$

其中，$\pi(a|s)$是在状态 s 下选择动作 a 的概率。此外，需要针对每个智能体定义其状态值，期望值取决于联合策略，而不是单独某个智能体的策略。

从宏观上可以将博弈论(Game Theory)研究的问题分为合作(团队合作博弈)、竞争(零和博弈)和混合(一般和博弈)。

(1) 合作博弈：参与人之间有一个对各方具有约束力的协议，参与人在协议范围内进行博弈。这种博弈强调团队理性。

(2) 非合作博弈：参与人的策略选择没有约束，只考虑选择何种策略使自身的收益最大，强调个人理性。非合作博弈可分为静态博弈和动态博弈。静态博弈是指在博弈中，两个参与人同时选择或两人不同时选择，但后行动者并不知道先行动者采取什么样的具体行动。动态博弈是指在博弈中，两个参与人有行动的先后顺序，且后行动者能够观察到先行动者所选择的行动。

(3) 混合博弈：既存在合作也存在竞争的博弈。

按照参与人对其他参与人的了解程度可分为完全信息博弈和不完全信息博弈。完全信息博弈是指在博弈过程中，每一位参与人对其他参与人的特征、策略空间及收益函数有准确的信息。如果了解得不够精确，或者不是对所有的参与人都有精确了解，这种情况为不完全博弈。

纳什均衡是一种策略组合，使得每个人的策略是对其他参与人的策略的最优反应。使用 π_i^* 表示纳什均衡策略，那么纳什均衡策略应该满足以下不等式：

$$
V_i(\pi_1^*,\cdots,\pi_i^*,\cdots,\pi_n^*) \geqslant V_i(\pi_1^*,\cdots,\pi_i,\cdots,\pi_n^*) \tag{8-2}
$$

关于纳什均衡策略，需要说明以下几点：

(1) 纳什均衡策略是一个极值点，任何单个参与方偏离该点时，该参与人的回报都会受损。这里的关键词是“单个参与方”，也就是说，当其他参与者都采用纳什均衡策略，而该参与人不采用纳什均衡策略，那么此时该参与人的利益相比于该参与人采用纳什均衡策略要小。

(2) 纳什均衡策略并非一直是合理的。在不知对手如何决策时，纳什均衡策略是一个比较保守的极值点。但是，当知道对手的策略时，纳什均衡策略并不是最优的。

(3) 纳什均衡策略并不唯一。在很多博弈问题中，纳什均衡点并非唯一。

3. 马尔可夫博弈

在建模时，单智能体强化学习使用马尔可夫决策过程来描述，为了体现不同智能体之间的交互,借助于博弈论,将多智能体强化学习建模为马尔可夫博弈过程。马尔可夫博弈(Markov Game)又称为随机博弈(Stochastic Game)。其中,马尔可夫性是指多智能体系统的状态,即下一时刻的状态只与当前时刻有关,与前面的时刻没有直接关系;博弈描述的是多智能体之间的关系。

马尔可夫博弈可以用一个元组$(n,S,\boldsymbol{A}_1,\cdots,\boldsymbol{A}_n,T,\gamma,\boldsymbol{R}_1,\cdots,\boldsymbol{R}_n)$来描述。其中,$n$是智能体的个数,$S$为系统状态,一般指多智能体的联合状态,包括每个智能体的状态。$\boldsymbol{A}_i$是智能体i的行动集,T为状态转移函数,指给定参与人当前状态和联合行为时,下一状态的概率分布,即$T:S\times\boldsymbol{A}_1\times\boldsymbol{A}_2\times\cdots\times\boldsymbol{A}_n\times S\rightarrow[0,1]$。$\gamma\in[0,1]$是折扣因子,$\boldsymbol{R}$为回报函数,$\boldsymbol{R}_i:S\times\boldsymbol{A}_1\times\boldsymbol{A}_2\times\cdots\times\boldsymbol{A}_n\times S\rightarrow\boldsymbol{R}$,$\boldsymbol{R}_i(s,a_1,\cdots,a_n,s')$表示智能体$i$在状态$s$时,各智能体采取联合行为$(a_1,\cdots,a_n)$之后在状态$s'$所得到的回报。

图8-1为多智能体强化学习系统示意图,需要注意的是,与单智能体相比,多智能体强化学习中多智能体的状态转移和回报都是建立在联合动作的条件下。多智能体同时执行动作,在联合动作下,整个系统状态才会转移,才能得到即时回报。

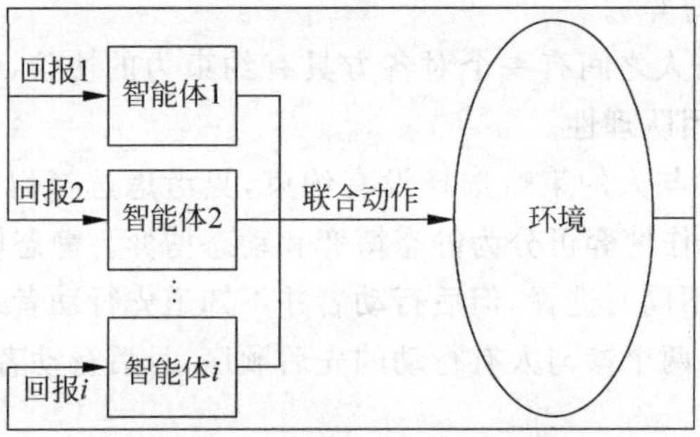

图8-1 多智能体强化学习系统

8.1.2 多智能体强化学习任务分类及算法介绍

与单智能体强化学习类似,多智能体强化学习任务可以分为模型已知和无模型的情况。下面分别对这两种情况和对应的算法进行介绍。

1. 模型已知的情况(策略迭代/值迭代)

(1) 值迭代

在每个状态s下,阶段博弈可以用矩阵博弈表示,用G_s表示该状态下各参与方的值,$-i$表示除了参与者i之外的其他参与者,即

$$G_s=\left(R_i(s,a_i,a_{-i})+\gamma\sum_{s'}p(s'\mid s,a_i,a_{-i})G_{s'}\right) \tag{8-3}$$

如果模型已知,每个阶段的博弈都可以找到其对应的值,即对$s\in S$,有

$$V(s)=\mathrm{Val}\left(R_i(s,a_i,a_{-i})+\gamma\sum_{s'}p(s'\mid s,a_i,a_{-i})V(s)\right) \tag{8-4}$$

那么,在状态s下,每个参与者都有其固定的混合策略,使得其值最大,即

$$G_s(V)=\left(R_i(s,a_i,a_{-i})+\gamma\sum_{s'}p(s'\mid s,a_i,a_{-i})V(s)\right) \tag{8-5}$$

值迭代更新算法如表8-1所示。

表 8-1 值迭代更新算法

1. 初始化 V
2. 对每一次迭代，执行以下步骤：
3. 对于每个状态，计算矩阵

$$G_s(V)=\left(R_i(s,a_i,a_{-i})+\gamma\sum_{s'}p(s'\mid s,a_i,a_{-i})V(s)\right)$$

4. 更新 $V(s)\leftarrow \mathrm{Val}(G_s(V))$
5. 结束

Val 指求解矩阵博弈，利用数学方法计算出纳什均衡，例如可使用线性规划的方法。

(2) 策略迭代

与值迭代类似，策略迭代的算法如表 8-2 所示。

表 8-2 策略迭代更新算法

1. 初始化 V
2. 对每一次迭代，执行以下步骤：
3. 对于每个状态，计算 $\rho_i\leftarrow \mathrm{Solve}_i\,[G_s(V)]$
4. 更新 $V(s)\leftarrow \mathrm{E}\left\{\sum\gamma_t R_t\mid s_0=s,\rho_i\right\}$
5. 结束

每个参与者根据当前值函数选择其纳什均衡策略，然后根据这些策略的实际回报更新值函数。

在策略迭代中，有几种不同的策略：

(1) 确定性策略，指在每一个可能的博弈阶段，智能体都有某个确定的动作。

(2) 混合策略，指选择某种确定性策略的概率。

(3) 行为策略：在动态博弈中，行为策略是一种混合策略，指在每轮历史博弈中独立发生的混合策略。

2. 无模型状态下的纳什均衡

纳什均衡学习者的目标是找到随机博弈的纳什均衡策略，主要研究集中于一般和博弈以及零和博弈两种情况。

与马尔可夫决策过程类似，随机博弈的 Q 值定义为

$$\begin{aligned}
Q_i^\pi(s,a)&=\mathrm{E}_\pi\left\{\sum_{k=0}^{+\infty}\gamma^k R_i(t+k+1)\mid s_t=s,a_t=a\right\}\\
&=\mathrm{E}_\pi\left\{R_i(t+1)+\gamma\sum_{k=0}^{+\infty}\gamma^k R_i(t+k+2)\mid s_t=s,a_t=a\right\}\\
&=\sum_{s'}p(s'\mid s,a)\left[R_i(s',a)+\gamma\mathrm{E}_\pi\left\{\sum_{k=0}^{+\infty}\gamma^k R_i(t+k+2)\mid s_{t+1}=s',a_t=a\right\}\right]\\
&=\sum_{s'}p(s'\mid s,a)\left[R_i(s',a)+\gamma V_i^\pi(s')\right]
\end{aligned}\tag{8-6}$$

其中，$\pi(s|a)$是在状态 s 下选择动作 a 的概率，并且每个参与者的 Q 值依赖于所有参与者的动作。

一般来说，纳什均衡最终会收敛到一个固定点，即参与者策略为 $\pi^*=(\pi_i^*,\pi_{-i}^*)$，每个参与者的 Q 值为 $Q_i^*(s,a)=R_i(s,a)+\gamma\sum_{s'}p(s'|s,a)V_i^*(s')$。其中，$V_i^*(s')$ 表示当联合策略为纳什均衡策略时，玩家 i 的均衡值。

对于一般和博弈，采用 Nash-Q 算法。Nash-Q 算法是基于 Q-Learning 的改进算法，如表 8-3 所示。

表 8-3 Nash-Q 算法

1. 令 $t=0$，初始化状态 s_0
2. 初始化 $Q_t^j(s,a^1,\cdots,a^n)=0,\forall s\in S,a^j\in A^j,j=1,\cdots,n$
3. 循环：
4. 参与者 j 根据 *E-Greedy* 算法选择动作 a_t^i
5. 进入下一个状态 $s_{t+1}=s'$，并观察每个参与者收到的回报及选择的动作 $R_t^1,\cdots,R_t^n;a_t^1,\cdots,a_t^n$，
6. 参与者 j 更新其 Q 值以及对其他参与者的估计 Q 值 $Q_{t+1}^j(s,a^1,\cdots,a^n)=(1-\alpha_t)Q_t^j(s,a^1,\cdots,a^n)+\alpha_t[R_t^j+\beta Q_t^j(s')]$
7. 设置 $t:=t+1$

对于零和博弈，在完全竞争的环境中，可以很直观地理解为，每个智能体都只关心自己的回报，想要最大化自己的回报，并不考虑自己的动作对于他人的影响。

一个比较常见的场景是，两个智能体在环境中交互，它们的回报互相为相反数。在这个场景中，最大化自己的回报就是最小化对手的回报，所以智能体间不存在合作的可能。这样的场景很常见，很多双人棋类游戏的奖励通常就这样设计的，例如围棋，AlphaGo 的目的就是最大化自己的胜率，最小化对手的胜率。这种情况下，采用最大最小 Q 算法，如表 8-4 所示。

表 8-4 最大最小 Q 算法

1. 初始化 $V_i^*(s)$，$Q_i^*(s,a_i,a_{-i})$，$\pi_i(s,a_i)$
2. 对每一次迭代，执行以下步骤：
3. 第 $i(i=1,2)$ 个智能体根据当前状态 s，采取探索-发现策略选择动作 a_i 并执行
4. 进入下一个状态 s'，智能体 i 收到奖励 R_i，并观测其他智能体 $-i$ 在状态 s 执行的策略 a_{-i}
5. 更新 $Q_i(s,a_i,a_{-i})$：$Q_i(s,a_i,a_{-i})\leftarrow Q_i(s,a_i,a_{-i})+\alpha[R_i+\gamma V_i(s')-Q_i(s,a_i,a_{-i})]$
6. 利用线性规划求解 $V_i^*(s)=\max_{\pi_i(s,\cdot)}\min_{a_{-i}\in A_{-i}}\sum_{a_i\in A_i}Q_i^*(s,a_i,a_{-i})\pi_i(s,a_i)$，并更新 $V_i(s)$ 和 $\pi_i(s,a)$
7. 结束

最大最小 Q 算法还可以扩展到更一般的随机博弈场景，在每个状态下，参与者会被告知是在和朋友还是敌人进行博弈，如果是和朋友进行博弈，会得到合作均衡，达到全局最优；如果是和敌人博弈，会收敛到对抗平衡的鞍点。算法如表 8-5 所示。

3. 无模型状态下的最佳响应

在博弈论中，如果其他智能体所采取的行动（策略选择）是已知或者能被预测的，根据已知的或可预测的行动而采取的能使自己的收益最大化的策略，称为最佳响应(Best Response)。下面证明最佳响应的存在。

表 8-5 最大最小 Q 算法的一般情况

1. 初始化 $Q_i^*(s,a_i,a_{-i})$，$\pi_i(s,a_i)$
2. 在每一次迭代中，执行以下步骤：
3. 　　第 i 个智能体根据当前状态 s，采取探索-发现策略选择动作 a_i 并执行动作
4. 　　进入下一个状态 s'，计算智能体 i 的奖励 R_i，并观测其他智能体 $-i$ 在状态 s 执行的策略 a_{-i}
5. 　　更新 $Q_i(s,a_i,a_{-1})$：$Q_i(s,a_i,a_{-1}) \leftarrow Q_i(s,a_i,a_{-1}) + \alpha(R_i + \gamma V_i(s') - Q_i(s,a_i,a_{-i}))$
6. 　　如果是与敌人博弈，则
7. 　　　　$V(s) = \max_{\pi' \in \mathrm{PD}(A)} \min \sum_{a' \in A} \pi(s,a') Q(s,(a_i,a_{-i}))$
8. 　　　　$\pi(s) \rightarrow \mathrm{argmax}_{\pi' \in \mathrm{PD}(A)} \min \sum_{a' \in A} \pi(s,a') Q(s,(a_i,a_{-i}))$
9. 　　如果是与朋友博弈，则
10. 　　　　$V(s) = \max_{a' \in A} Q(s,\langle a',a_{-i}\rangle)$
11. 　　　　$\pi(s,a) = \begin{cases} 1, & a = \arg\max_{a' \in A} \{\max Q(s,\langle a',a_{-i}\rangle)\} \\ 0, & 其他 \end{cases}$
12. 结束

合理性：如果其他智能体的策略收敛到固定策略，那么学习算法就可以收敛到对于其他智能体策略的最佳响应策略。

收敛性：学习者一定收敛到一个固定策略。对于任意 $\varepsilon > 0$，一定存在时间 $T > 0$，使得学习者 i 收敛到一个固定策略，使得

$$|p(a_i \mid s,t) - \pi(s,a_i)| < \varepsilon \quad \forall t > T, a_i \in A_i, s \in S, p(s,t) > 0 \tag{8-7}$$

其中，$p(s,t)$ 是博弈过程在时刻 t 处于状态 s 的概率，$p(a_i|s,t)$ 是智能体在 t 时刻 s 状态下，选择行为 a_i 的概率。

如果只有一个智能体的策略需要通过学习得到，其他智能体的策略都是固定策略，随机博弈退化为一个马尔可夫决策过程。因为所有的状态转移函数和回报函数都可以根据其他智能体的策略得到。这种情况下，可以采用 Wolf-PHC 算法去找到最佳响应行为。

Wolf-PHC 算法是将"Win Or Learn Fast"规则与 Policy Hill-Climbing 算法相结合。

Wolf 是指，当智能体的表现比期望值好时，则小心缓慢地调整参数；当智能体的表现比期望值差时，要加快步伐调整参数。

PHC 是单智能体在稳定环境下的一种学习算法。该算法的核心与强化学习的思想类似，增大能够得到最大累积期望的动作的选取概率。该算法具有合理性，能够收敛到最优策略，算法流程如表 8-6 所示。

表 8-6 PHC 算法

1. 初始化 $Q(s,a)$，$\pi_i(s,a)$
2. 对于每一次迭代，执行以下步骤：
3. 　　智能体根据当前状态 s，采取探索-发现策略选择动作 a 并执行
4. 　　进入下一个状态 s'，计算智能体的回报 R
5. 　　更新 $Q(s,a)$：$Q(s,a) \leftarrow Q(s,a) + \alpha[R + \gamma \max_{a'} Q(s',a') - Q(s,a)]$
6. 　　根据 $Q(s,a)$，更新 $\pi(s,a)$：$\pi(s,a) \leftarrow \pi(s,a) + \Delta_{s,a}$
7. 　　其中，$\Delta_{s,a} = \begin{cases} -\delta_{s,a}, & a \neq \mathrm{argmax}_{a'} Q(s,a') \\ \sum_{a' \neq a} \delta_{s,a'}, & 其他 \end{cases}$，$\delta_{s,a} = \min\left(\pi(s,a), \frac{\delta}{|A|-1}\right)$
8. 结束

为了将 PHC 算法应用于动态环境中，将 Wolf 与 PHC 算法结合，使得智能体获得的回报比预期差时，能够快速调整适应其他智能体的策略变化，比预期好时谨慎学习，给其他智能体适应策略变化的时间。Wolf-PHC 算法能够收敛到纳什均衡策略，同时具备合理性，当其他智能体采用某个固定策略时，其也能收敛到一个目前状况下的最优策略而不是收敛到一个可能效果不好的纳什均衡策略。在 Wolf-PHC 算法中，使用一个可变的学习速率 δ 来实现 Wolf 效果，当策略效果较差时使用 δ_1，策略效果较好时使用 δ_w，并且满足 $\delta_1 > \delta_w$。Wolf-PHC 算法不用观测其他智能体的策略、动作及回报值，需要更少的空间去记录 Q 值，并且 Wolf-PHC 算法是通过 PHC 算法进行学习改进策略的，所以不需要使用线性规划方法或者二次规划方法求解纳什均衡，算法速度得到了提高。虽然 Wolf-PHC 算法在实际应用中取得了非常好的效果，并且能够收敛到最优策略，但是其收敛性在理论上一直没有得到证明，其算法流程如表 8-7 所示。

表 8-7 Wolf-PHC 算法

1. 初始化 $Q_i(s,a_i)$，$\pi_i(s,a_i)$，$\bar{\pi}_i(s,a_i)$，$\delta_1 > \delta_w$，$C(s)=0$ 为状态 s 出现的次数
2. 对于每一次迭代，执行以下步骤：
3. 　　第 i 个智能体根据当前状态 s，采取探索-发现策略选择动作 a_c 并执行
4. 　　进入下一个状态 s'，计算智能体 i 的奖励 R_i
5. 　　更新 $Q_i(s,a_c)$：$Q_i(s,a_c) \leftarrow Q_i(s,a_c)+\alpha[R_i+\gamma \max_{a'} Q_i(s',a')-Q_i(s,a_c)]$
6. 　　对于每个动作，更新平均估计策略 $\bar{\pi}_i(s,a_i)$：

$$C(s)=C(s)+1;$$

$$\bar{\pi}_i(s,a_i)=\bar{\pi}_i(s,a_i)+\frac{1}{C(s)}[\pi_i(s,a_i)-\bar{\pi}_i(s,a_i)]$$

7. 　　根据 $Q_i(s,a_i)$，更新 $\pi_i(s,a_i)$：$\pi_i(s,a_i) \leftarrow \pi_i(s,a_i)+\Delta_{s,a_i}$
8. 　　其中，$\Delta_{s,a_i}=\begin{cases}-\delta_{s,a_i}, & a_c \neq \operatorname{argmax}_{a_i \in A_i} Q_i(s,a_i) \\ \sum_{a_j \neq a_i} \delta_{s,a_j}, & \text{其他}\end{cases}$，
9. 　　$\delta_{s,a}=\min\left(\pi_i(s,a_i), \frac{\delta}{|A_i|-1}\right)$
10. 　　$\delta=\begin{cases}\delta_w, & \text{if } \sum_{a_i \in A_i} \pi_i(s,a_i) Q_i(s,a_i) > \sum_{a_i \in A_i} \bar{\pi}_i(s,a_i) Q_i(s,a_i) \\ \delta_1, & \text{其他}\end{cases}$
11. 结束迭代

8.1.3 多智能体增强学习平台

上海交通大学和伦敦大学学院（UCL）在 2017 年神经信息处理系统大会（Conference And Workshop On Neural Information Processing Systems，NIPS）大会和美国人工智能协会年会（The National Conference On Artificial Intelligence，AAAI2018）上发表了一篇论文 *MAgent: A Many-Agent Reinforcement Learning Platform For Artificial Collective Intelligence*。该文章展示了一个多智能体的增强学习平台，模拟智能体群体之间的交互作用，不仅可以研究智能体最优策略的学习算法，更重要的是，可以观察和理解 AI 社会中个

体智能体的行为和社会现象，包括沟通语言、领导能力、利他主义。该平台扩展性很强，可以在一个 GPU 服务器上同时训练百万个智能体。此外，该平台还提供了环境/代理配置和回报描述语言，可以自定义环境。该平台还提供了可视化界面，可以交互地呈现环境和智能体的状态。用户可以滑动或缩放视觉范围窗口，甚至操纵游戏中的智能体。

目前，该学习平台有三个示例：追击、集结和战斗。

图 8-2 是追击的示意图，对于捕食者，属于合作博弈，捕食者可以通过攻击猎物得到奖励，而猎物如果受到攻击，则会得到惩罚。经过训练，食肉动物学会与附近的队友合作，形成几种类型的追击(如图 8-2(b)中所示，7 个捕食者包围 1 个猎物，4 个捕食者包围 1 个猎物，捕食者形成一堵墙来包围猎物)，以锁定猎物。

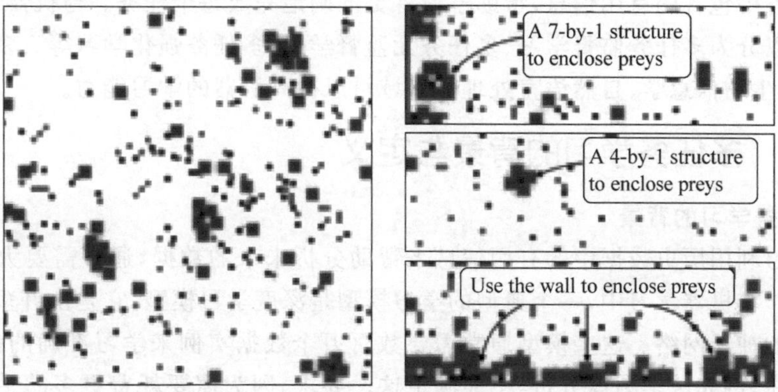

(a) Pursuit(1) (b) Pursuit(2)

图 8-2 追击示意图

集结属于竞争任务。如图 8-3 所示，智能体处于一个两难的境地，是直接通过吃东西来获得奖励，还是通过杀死其他智能体来垄断食物。经过训练，它们首先学会了匆忙地吃东西。但当两名智能体接近时，它们会试图杀死对方。

战斗是合作与竞争结合的任务。如图 8-4 所示，地图上有两支军队，每一支都由数百名特工组成。目标是与队友合作，消灭所有对手的特工。简单的自我游戏训练可以让他们学习全局和本地的战略，包括包围攻击、游击战。

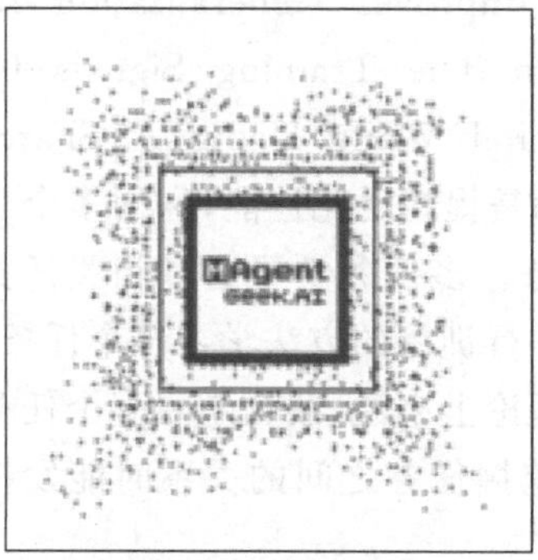

Gathering

图 8-3 集结示意图

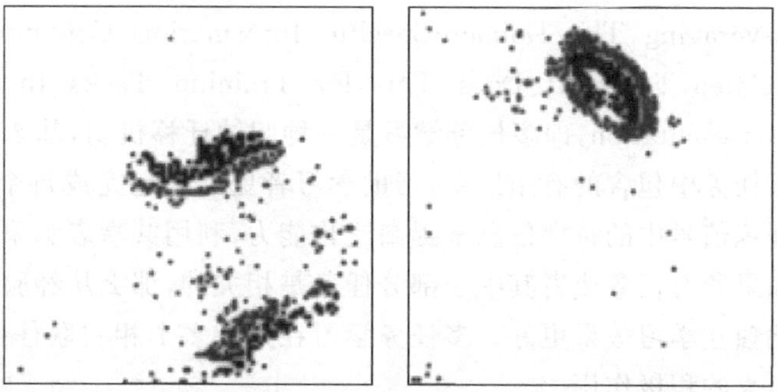

(a) Battle(1) (b) Battle(2)

图 8-4 战斗示意图

该学习平台中,一个大规模的网格被用作智能体的基本环境。每个智能体都有一个矩形体,其中包含本地详细透视图和可选的全局信息。动作可以是移动、转弯或攻击。提供了一个 C++引擎来支持快速仿真。可以方便地配置状态空间、操作空间和智能体的属性,从而快速开发各种环境。用户可以利用 Python 接口描述奖励、智能体和事件,从而自定义自己的多智能体学习任务。其完整代码参见 https://Github.Com/Geek-Ai/Magent。

8.2 多任务学习

目前大多数机器学习任务都是单任务学习,而多任务学习是机器学习的一个分支,利用多个学习任务中包含的有用信息,帮助学习者更准确地完成每个任务。与机器学习类似,多任务学习可以分为多任务监督学习、多任务无监督学习、多任务强化学习等。多任务学习在计算机视觉、生物信息学、自然语言处理等领域可以提高机器的学习能力。

8.2.1 多任务学习的背景与定义

1. 多任务学习的背景

机器学习利用历史数据中的有用信息来帮助分析未来的数据,通常需要大量的标记数据进行训练。在机器学习中,一个典型的学习模型是深度学习模型,它是由许多隐含层和许多参数组成的神经网络。这些模型通常需要数百万个数据实例来学习准确的参数。然而,一些应用程序,例如医学图像分析,不能满足这一要求,因为需要耗费更多的手工劳动来标记数据实例。此外,目前大多数机器学习任务都是单任务学习。对于复杂的问题,也可以分解为简单且相互独立的子问题来解决,然后再合并结果,得到最初复杂问题的结果。但是,现实世界中很多问题不能分解为独立的子问题,即使可以分解为子问题,各个子问题之间也是相互关联的,通过某些共享因素或共享表示(Share Representation)联系在一起。因此,需要多任务学习(Multitask Learning,MTL),从其他相关任务中探索有用的信息解决数据稀疏问题。

多任务学习是机器学习的一个分支,按照 1997 年综述论文 *Multi-Task Learning* 一文的定义:Multitask Learning (MTL) Is An Inductive Transfer Mechanism Whose Principle Goal Is To Improve Generalization Performance. MTL Improves Generalization By Leveraging The Domain-Specific Information Contained In The Training Signals Of Related Tasks. It Does This By Training Tasks In Parallel While Using A Shared Representation,即多任务学习是一种归纳迁移机制,基本目标是提高泛化性能,利用多个学习任务中包含的有用信息,帮助学习者更准确地完成每个任务。多任务学习通过相关任务训练信号中的特定信息来提高泛化能力,利用共享表示采用并行训练的方法学习多个任务。如果所有任务或者其中一部分任务是相关的,那么从经验和理论上来说,联合学习多个任务比独立学习效果更好。多任务学习在处理多个相关联任务、挖掘任务之间的关系时能发挥很大的积极作用。

传统的机器学习方法主要是基于单任务的学习模式,对于复杂的学习任务,也可将其分解为多个独立的单任务进行学习,然后对学习得到的结果进行组合,得到最终的结果。但是,现实生活中人们往往会遇到几个相关联的学习任务,例如人脸识别、表情识别和年龄预测，都是与人脸有关的任务。传统的单任务学习方法会针对每一个任务（每个任务包含一个数据集）进行学习，通过训练得到最终的机器学习模型。事实上，这些任务之间是有一定关联的，数据集都包含人脸。因此，可以利用多任务学习，通过挖掘这些任务之间的关系，将这些相关的任务放到一起学习，从而提高每个特定任务的表现。

多任务学习可以被看作机器模仿人类学习活动的一种方式，因为人们经常将知识从一个任务迁移到另一个任务，当这些任务相关时，知识也会从另一个任务迁移到另一个任务。例如，打壁球和网球的技巧可以互相借鉴。与人类学习相似，同时学习多个任务也是有用的，因为一个任务中的知识可以被其他相关任务利用。

多任务学习与机器学习的其他领域相关，包括迁移学习、多标签学习和多输出回归，但表现出不同的特征。例如，与多任务学习类似，迁移学习也是将知识从一个任务迁移到另一个任务，但不同之处在于，迁移学习希望使用一个或多个任务来帮助一个目标任务，而多任务学习则是多个任务之间互相学习，互相提高。当多任务监督学习中的不同任务共享训练数据时，就变成了多标签学习或多输出回归。从这个意义上说，多任务学习可以看作多标签学习和多输出回归的泛化。

2. 多任务学习的定义

多任务学习是给定 m 个学习任务 $\{\mathrm{T}_i\}_{i=1}^{m}$，其中所有任务或某一个子集都是相关但并不相同的，多任务学习的目的是通过使用任务中包含的知识来帮助改进 T_i 模型的学习。

多任务学习有两个基本元素：

(1) 任务关联性。任务关联性是对不同任务之间如何关联的理解，这些任务将被编码到多任务学习模型的设计中。

(2) 任务的定义。在机器学习中，学习任务主要包括有监督的分类回归任务、无监督的聚类任务、半监督的学习任务、主动学习任务、强化学习任务、在线学习任务和多视图学习任务。因此，在多任务学习中，不同的学习任务需要不同的设置。

给定几个相关联任务的输入数据和输出数据，多任务学习能够发挥优势，找到任务之间的关系，同时学习多个模型。与单任务学习相比，多任务学习主要有以下几个方面的优势：

(1) 多任务学习通过挖掘任务之间的关系，能够得到额外的有用信息，大部分情况下比单任务学习的效果好。在有标签样本比较少的情况下，单任务学习模型往往不能够学习到足够的信息，表现较差。多任务学习能克服当前任务样本较少的问题，从其他任务中获取有用信息，学习到效果更好、健壮性更好的机器学习模型。

(2) 多任务学习有更好的模型泛化能力，通过同时学习多个相关的任务，得到的共享模型能够直接应用于将来的某个相关联的任务上。

相比于单任务学习，以上优点使得多任务学习在很多情况下都是更好的选择。

3. 多任务学习的分类

多任务学习的关键在于寻找任务之间的关系，如果任务之间的关系衡量恰当，那么不同任务之间就能相互提供额外的有用信息，利用这些额外信息，可以训练出表现更好、健壮性更强的模型。反之，如果关系衡量不恰当，不仅不会引入额外的有用信息，反而会给任务本身引入噪声，模型学习效果不升反降。当单个任务的训练数据集不充分时，多任务学习的效果能够有比较明显的提升，主要因为单个任务无法通过自己的训练数据集获得关于数据分布的足够信息。如果多个任务联合学习，那么这些任务将能从相关联的任务中得到额外的信息，因此学习效果将有显著的提升。目前，多任务学习已经在多个领域得到广泛应用，例如人脸属性的相关研究、人类疾病的研究（小孩自闭症、老年痴呆症等）、无人驾驶的研究等。这些应用不仅能够方便人类的生活，还能预防疾病，保障人类的健康。除此之外，多任务学习的学习效果往往比单任务学习要好，模型更加健壮，因此多任务学习是一个有意义的研究方向。

根据任务的性质，多任务学习可以分为多任务监督学习、多任务无监督学习、多任务半监督学习、多任务主动学习、多任务强化学习和多任务在线学习。

(1) 在多任务监督学习中，每个任务（可以是分类或回归问题）根据由训练数据实例及其标签组成的训练数据集，预测未知数据实例的标签。

(2) 在多任务无监督学习中，每个任务是一个聚类问题，目标是识别只包含数据实例的训练数据集中的有用模式。

(3) 多任务半监督学习与多任务监督学习相似，不同之处在于训练集不仅包括有标记的数据，还包括无标记的数据。

(4) 在多任务主动学习中，每个任务利用未标记的数据帮助从类似于多任务半监督学习的标记数据中学习，通过选择未标记的数据实例来主动查询它们的标记，以不同的方式学习。

(5) 在多任务强化学习中，每一项任务的目标都是选择行为，使累积回报最大化。

(6) 在多任务在线学习中，每个任务处理顺序数据。

(7) 在多任务多视图(Multi-View)学习中，每个任务都要处理多视图数据，其中有多个特性集来描述每个数据实例。

8.2.2 多任务监督学习

多任务监督学习意味着多任务学习中的每个任务都是一个监督学习任务，对从数据实例到标签的功能映射建模。假设有 m 个监督学习任务 $\mathrm{T}_i(i=1,\cdots,m)$，每个监督任务与一个训练数据集$\mathcal{D}_i=\{(\boldsymbol{x}_j^i,y_j^i)\}_{j=1}^{n_i}=1$ 相关联，其中每个数据实例$\boldsymbol{x}_j^i$ 位于 D 维空间中，y_j^i 是它的标签。因此，对于第 i 个任务 T_i，有 n_i 对数据实例和标签。当 y_j^i 在连续空间或等价于实标量时，对应的任务是回归任务；如果 y_j^i 是离散的，即 $y_j^i\in\{-1,1\}$，对应的任务是一个分类任务。

多任务监督学习要对 m 个任务学习获得 m 个函数$\{f_i(\boldsymbol{x})\}_{i=1}^m$，使得 $f_i(\boldsymbol{x}_j^i)$对于每个 i 和 j 都能对标签 y_j^i 进行一个很好的近似估计。学习得到 m 个近似函数后，多任务监督学习使用函数 $f_i(\cdot)$预测第 i 个任务里的未知数据实例的标签。

任务关联性的理解影响多任务监督学习模型的设计。具体来说，现有的多任务监督学习模型从特征、参数和实例三个方面反映了任务的关联性，从而形成了基于特征、基于参数和基于实例的三大类多任务监督学习模型。

基于特征的多任务监督学习模型假设不同的任务共享相同或类似的特征表示，这些表示可以是原始特征的子集或转换形式。基于参数的多任务监督学习模型通过对模型参数的正则化或先验化，将任务关联性编码到学习模型中。基于实例的多任务监督学习模型构造一个学习了所有任务的数据实例的模型，通过调整实例权重为每个任务构造一个学习者。

1. 基于特征的多任务监督学习

基于特征的多任务监督学习中,所有模型都假设不同的任务共享一个特征表示。根据共享特征表示的出现方式,将多任务模型进一步划分为三种方法,包括特征转换方法、特征选择方法和深度学习方法。特征变换方法将共享的特征表示形式学习为原始特征的线性或非线性变换。特征选择方法假设共享特征表示是原始特征的子集。深度学习方法利用深度神经网络学习多个任务的共享特征表示,该特征表示被编码在隐含层中。

1) 特征转换方法

在该方法中,共享特征表示是原始特征表示的线性或非线性变换。典型的模型是多层前馈神经网络,多层前馈神经网络的一个示例如图 8-5 所示。本例中,多层前馈神经网络由输入层、隐藏层和输出层组成。输入层有 d 个单元接收来自 m 个任务的数据作为输入,每一个单元对应一个特征。隐藏层包含多重非线性激活单元并接收输入层的转换输出作为输入,其中转换依赖于连接输入层和隐藏层的权重。作为原始特征的转换,隐藏层的输出是所有任务共享的特征表示。隐藏层的输出首先基于连接隐藏层和输出层的权重进行转换,然后将其输入输出层,输出层有 m 个单元,每个单元对应一个任务。

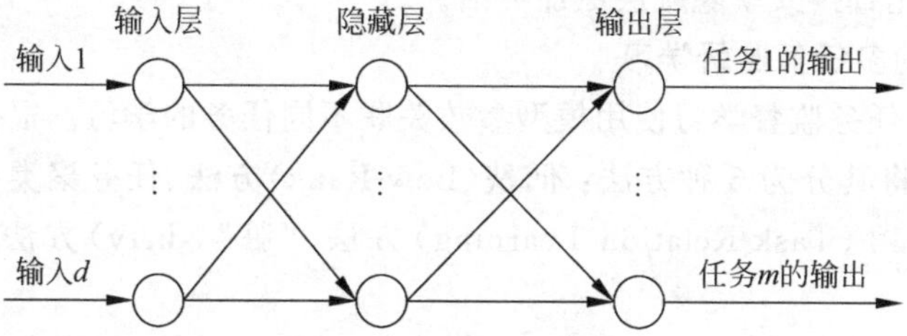

图 8-5 多层前馈神经网络

与基于神经网络的多层前馈神经网络不同,多任务特征学习(Multi-Task Feature Learning, MTFL)方法和多任务稀疏编码(Multi-Task Sparse Coding,MTSC)方法是在正则化框架下,首先对数据实例进行转化 $\hat{\boldsymbol{x}}_j^i=\boldsymbol{U}^{\mathrm{T}}\boldsymbol{x}_j^i$,然后学习线性函数 $f_i(\boldsymbol{x}_j^i)=(\boldsymbol{a}^i)^{\mathrm{T}}\hat{\boldsymbol{x}}_j^i+\boldsymbol{b}_i$。从这个公式可以看出,这两种方法的目的是学习线性变换 $\boldsymbol{U}$,而不是多层前馈神经网络中的非线性变换。此外,这两种方法存在一些差异。例如,多任务特征学习方法中,$\boldsymbol{U}$ 是正交的,参数矩阵 $\boldsymbol{A}=(\boldsymbol{a}^1,\cdots,\boldsymbol{a}^m)$ 经过 $\ell_{2,1}$ 正则化后是行稀疏的。而在多任务稀疏编码方法中,$\boldsymbol{U}$ 是过完备(overcomplete)的,这意味着 $\boldsymbol{U}$ 中的列数远大于行数,$\boldsymbol{A}$ 经过 L^1 正则化后是稀疏的。

2) 特征选择方法

特征选择方法旨在选择原始特征的子集作为不同任务的共享特征表示。进行多任务特征选择有两种方法,第一种方法基于 $\boldsymbol{W}=(\boldsymbol{w}^1,\cdots,\boldsymbol{w}^m)$ 的正则化,其中 $f_i(\boldsymbol{x})=(\boldsymbol{w}^i)^{\mathrm{T}}\boldsymbol{x}+\boldsymbol{b}_i$ 定义为 T_i 的线性学习函数;另一种方法基于 $\boldsymbol{W}$ 的稀疏概率先验知识。

在多任务特征选择的正则化方法中,应用最广泛的是利用 $\ell_{p,q}$ 范数($\ell_{p,q}$ 范数是矩阵列的欧几里得范数之和 $\ell_{2,1}$ 范数的扩展)来选择特征,目标函数可以表示为

$$\min_{\boldsymbol{W},\boldsymbol{b}} L(\boldsymbol{W},\boldsymbol{b})+\lambda\|\boldsymbol{W}\|_{p,q}$$

其中,$p>1,q\geqslant 1$ 拟确保目标函数的凸性。

3）深度学习方法

与特征变换方法中的多层前馈神经网络模型相似，深度学习方法中的基本模型包括卷积神经网络和递归神经网络等高级神经网络模型。然而，与具有少量隐藏层（例如2～3层）的多层前馈神经网络不同，深度学习方法涉及具有数十甚至数百个隐藏层的神经网络。此外，与多层前馈神经网络相似，大部分深度学习模型将一个隐藏层的输出作为共享特征表示。

“十字绣”网络结合了两个任务的隐藏特征表示，构造了更强大的隐藏特征表示。具体而言，将两个任务输入两个网络架构相同的深度神经网络A和B，其中 $x_{i,j}^{\mathrm{A}}$ 和 $x_{i,j}^{\mathrm{B}}$ 表示网络A和B的第 i 个隐藏层的第 j 个单元所包含的隐藏特征，对 $x_{i,j}^{\mathrm{A}}$ 和 $x_{i,j}^{\mathrm{B}}$ 的“十字绣”操作可以定义为 $\begin{pmatrix}\tilde{x}_{i,j}^{\mathrm{A}}\\ \tilde{x}_{i,j}^{\mathrm{B}}\end{pmatrix}=\begin{pmatrix}\alpha_{11} & \alpha_{12}\\ \alpha_{21} & \alpha_{22}\end{pmatrix}\begin{pmatrix}x_{i,j}^{\mathrm{A}}\\ x_{i,j}^{\mathrm{B}}\end{pmatrix}$，其中 $\tilde{x}_{i,j}^{\mathrm{A}}$ 和 $\tilde{x}_{i,j}^{\mathrm{B}}$ 表示两个任务联合学习后得到的新隐藏特征。通过反向传播方法从数据中学习得到矩阵 $\boldsymbol{\alpha}=\begin{pmatrix}\alpha_{11} & \alpha_{12}\\ \alpha_{21} & \alpha_{22}\end{pmatrix}$ 以及两个网络中的参数，因此该方法比直接共享隐藏层更加灵活。

2. 基于参数的多任务监督学习

基于参数的多任务监督学习使用模型参数关联不同任务的学习。根据不同任务的模型参数之间的关系，将其分为5种方法：低秩（Low-Rank）方法、任务聚类（Task-Clustering）方法、任务关系学习（Task-Relation Learning）方法、“脏”（dirty）方法和多层次（Multi-Level）方法。

假设任务是相关的，所以参数矩阵 $\boldsymbol{W}$ 很可能是低秩的，这就是低秩方法的动机。任务聚类方法将任务划分为多个集群，假设集群中所有任务共享相同或相似的模型参数。任务关系学习方法直接从数据中学习成对的任务关系。“脏”方法将参数矩阵 $\boldsymbol{W}$ 分解为两个分量矩阵，每个分量矩阵进行稀疏性正则化。作为“脏”方法的推广，多层次方法将参数矩阵分解为两个以上的分量矩阵，对所有任务之间的复杂关系进行建模。

1）低秩方法

相似的任务通常具有相似的模型参数，这使得 $\boldsymbol{W}$ 很可能是低秩的。假设 m 个任务的模型参数共享一个低秩子空间，$\boldsymbol{w}^i$ 就能被参数化为 $\boldsymbol{w}^i=\boldsymbol{u}^i+\boldsymbol{\theta}^{\mathrm{T}}\boldsymbol{v}^i$，其中 $\boldsymbol{\theta}\in R^{h\times d}$，是所有 $h<d$ 的任务共享的低秩子空间，$\boldsymbol{u}^i$ 是任务 T_i 的系数。为了消除冗余，假设 $\boldsymbol{\theta}$ 是正交的，即 $\boldsymbol{\theta}\boldsymbol{\theta}^{\mathrm{T}}=\boldsymbol{I}$，其中 $\boldsymbol{I}$ 表示具有适当大小的单位矩阵，通过最小化所有任务的训练损失来学习这些参数。

2）任务聚类方法

任务聚类方法将数据聚类方法的思想应用于任务分类中，通过将任务分组到多个簇中，使得每个簇在模型参数方面具有相似的任务。

早期任务聚类算法的思想是将任务聚类过程和模型学习过程解耦。具体而言，首先根据单任务学习的模型参数对任务进行聚类，然后将任务集群中所有任务的训练数据进行汇聚，从而对任务集群中的所有任务进行更准确的学习。这种两阶段的方法可能是次优的，因为在单任务设置下学习的模型参数可能不准确，使得任务聚类过程表现不够好。因此，后续研究的目的是识别任务群，共同学习模型参数。

3) 任务关系学习法

任务关系的包括任务相似性和任务协方差等。

在此方法的早期研究中，任务关系要么由模型假设定义，要么由先验信息给出。这两种方法都不理想，也不实用，因为模型假设很难对实际应用进行验证，并且很难获得先验信息。更高级的方法是从数据中学习任务关系。

4) “脏”方法

“脏”方法将参数矩阵 $\boldsymbol{W}$ 分解为 $\boldsymbol{W}=\boldsymbol{U}+\boldsymbol{V}$，其中 $\boldsymbol{U}$ 和 $\boldsymbol{V}$ 包含任务关联的不同部分。在这种方法中，不同模型的目标函数可以被统一成一个目标函数，目标是最小化所有任务的训练集损失以及 $\boldsymbol{U}$ 和 $\boldsymbol{V}$ 的两个正则化项 $g(\boldsymbol{U})$ 和 $h(\boldsymbol{V})$。因此，这种方法的不同类型主要体现在 $g(\boldsymbol{U})$ 和 $h(\boldsymbol{V})$ 的选择上。

5) 多层次方法

多层次方法是“脏”方法的一种泛化形式。它将参数矩阵 $\boldsymbol{W}$ 分解成 h 个分量矩阵 $\{\boldsymbol{W}_i\}_{i=1}^{h}$，即 $\boldsymbol{W}=\sum_{i=1}^{h}\boldsymbol{W}_i$。与侧重于识别噪声或异常值的“脏”方法相比，多层次方法能够建模更复杂的任务结构，例如复杂的任务集群和树结构。

3. 基于实例的多任务监督学习

基于实例的多任务监督学习中，首先估计每个实例来自自己的任务和来自所有任务集合的概率之比。确定了此比率后，利用该比率针对每一个任务加权所有任务的数据，并利用加权的数据学习每一个任务的模型参数。

基于特征的多任务监督学习可以为不同的任务学习常见的特征表示，而且更适合原始特征信息不多和区分度不大的应用，例如计算机视觉、自然语言处理和语音。但是，基于特征的多任务监督学习容易受与它无关的离群任务(Outlier Task)影响，因为它难以为彼此无关的任务学习共有特征。在有良好的特征表示时，基于参数的多任务监督学习可以学习到更加准确的模型参数，并且对离群任务也具有健壮性。因此，基于特征的多任务监督学习和基于参数的多任务监督学习可以相互补充。基于实例的多任务监督学习目前还处于探索阶段，它与其他两种方法并行发展。

总而言之，在多任务学习研究中，多任务监督学习是最重要的，因为它是其他研究的基础。在多任务学习领域已有的研究工作中，大约 90% 都是关于多任务监督学习的；而在多任务监督学习中，基于特征和基于参数的多任务监督学习得到的关注最多。

8.2.3 其他多任务学习

1. 多任务无监督学习

与多任务监督学习不同，多任务无监督学习的训练集仅由数据样本构成，其目标是挖掘数据集中所包含的信息。典型的无监督学习任务包括聚类、降维、流形学习(Manifold Learning)和可视化等，而多任务无监督学习主要关注多任务聚类。聚类是指将一个数据集分成多个簇，其中每簇中都有相似的实例，因此多任务聚类的目的是通过利用不同数据集中包含的有用信息在多个数据集上同时执行聚类。

2. 多任务半监督学习

在很多应用中，数据通常需要大量人力来进行标注，这使得有标签数据并不充足，无标签数据则非常丰富。所以在这种情况下,可以使用无标签数据帮助提升监督学习的表现,这就是半监督学习。半监督学习的训练集由有标签和无标签的数据混合构成。在多任务半监督学习中,目标是一样的,其中无标签数据被用于提升监督学习的表现,而不同的监督学习任务则共享有用的信息。

3. 多任务主动学习

多任务主动学习的设置和多任务半监督学习几乎一样,其中每个任务的训练集都有少量有标签数据和大量无标签数据。不同于多任务半监督学习,在多任务主动学习中,每个任务都会选择部分无标签数据来查询数据库以主动获取其标签。因此,无标签数据的选择标准是多任务主动学习领域的研究重点。

4. 多任务强化学习

受行为心理学的启发,强化学习研究的是如何在环境中采取行动以最大化累积回报。其在很多应用上都表现出色,在围棋比赛中击败人类的 AlphaGo 就是其中的代表。当环境相似时,不同的强化学习任务可以使用相似的策略进行决策,因此研究者提出了多任务强化学习。

5. 多任务在线学习

当多个任务的训练数据以序列的形式出现时,传统的多任务学习模型无法处理它们,但多任务在线学习可以进行处理。

6. 多任务多视角学习

在计算机视觉等一些应用中,每个数据样本可以使用不同的特征来描述。以图像数据为例,其特征包含 SIFT 和小波(Wavelet)等。在这种情况下,一种特征被称为一个视角(view)。多视角学习是为处理这样的多视角数据而提出的一种机器学习范式。与监督学习类似,多视角学习中每个数据样本通常都关联一个标签。多视角学习的目标是利用多个视角中包含的有用信息在监督学习的基础上进一步提升表现。多任务多视角学习是多视角学习向多任务的扩展,其目标是利用多个多视角学习问题,通过使用相关任务中所包含的有用信息提升每个多视角学习问题的性能。

7. 并行和分布式多任务学习

当任务数量很大时,如果直接应用一个多任务学习器,可能具有很高的计算复杂度。现在的计算机使用了多 CPU 和多 GPU 架构,其计算能力非常强大,所以可以使用这些强大的计算设备设计并行多任务学习算法,从而加速训练过程。

在某些情况中,用于不同任务的训练数据可能存在于不同的机器中,这会使传统的多任务学习模型难以工作。如果将所有的训练数据都转移到一台机器上,这会造成额外的传输和存储成本。设计能够直接处理分布在多台机器上的数据的分布式多任务学习模型是更好的选择。

8.2.4 多任务学习的应用

包括计算机视觉、生物信息学、卫生信息学、语音、自然语言处理、Web 应用程序和泛在计算在内的多个领域使用多任务学习来提高各自应用程序的性能。

1. 计算机视觉

多任务学习在计算机视觉中的应用可分为基于图像的应用和基于视频的应用两大类。

基于图像的多任务学习应用包括人脸图像和非人脸图像两大类。具体而言,基于人脸图像的多任务学习应用包括人脸验证、个性化年龄估计、多线索人脸识别、头部姿态估计,人脸地标检测以及人脸图像旋转等。基于非人脸图像的多任务学习应用包括对象分类、图像分割、识别脑成像预测因子、显著性检测、动作识别、场景分类、多属性预测、多摄像头人的重新识别以及即时性预测。

基于视频的多任务学习应用包括视觉跟踪和缩略图选择。

2. 生物信息学

多任务学习在生物信息学和健康信息学中的应用包括生物建模、治疗靶点反应机制识别、跨平台 Sirna 疗效预测、通过多因素关联分析检测种群因果遗传标记、个性化脑-机接口的构建,MHC-I 结合预测以及剪接位点预测。

3. 语音以及自然语言处理

多任务学习在语音中的应用包括语音合成,在自然语言处理的应用包括六项自然语言任务的联合学习(即词性标注、分块、命名实体识别、语义角色标注、语言建模、语义相关词)、多域情绪分类、多域对话框状态跟踪、机器翻译、语法分析以及微博分析。

4. 网页应用

基于多任务学习的 Web 应用包括 Web 搜索排名、多领域协同过滤、行为定向以及展示广告中的转换最大化。

5. 普适计算

多任务学习在普适计算领域也有广泛应用,例如库存预测、多设备定位、机器人逆动力学问题、路网出行成本估计、路网出行时间预测、交通标志识别等。

8.3 元学习

人类学习新技能极少是在没有任何经验的情况下从零开始,一般而言,人类倾向于从早期的相关任务中学习到的技能开始,重用之前工作得很好的方法,并根据经验去尝试可能会带来更好效果的方法。随着技能的熟练,学习新技能变得更容易,需要的例子更少,尝试和错误也更少。简而言之,人类倾向于跨任务学习。同样地,对于机器学习,当为特定的任务构建机器学习模型时,如果利用相关任务的经验或者对机器学习的理解来帮助做出正确的选择,也可以加快学习速率,降低学习难度,这就是元学习(Meta-Learning),即学会学习(Learn To Learn)。

与经典的机器学习一样,元学习是通过从历史经验中提取知识,并基于这些知识对学习者(learner)进行训练,并应用于之后的问题中。元学习的一般框架如下:首先,对学习问题和学习工具进行描述,这些特征(例如数据集的统计特性、学习工具的超参数)通常被称为元特征;然后,从过去的经验中提取元知识,除了特征外,还需要关于元学习目标的经验知识,例如学习工具的性能或针对特定问题最适用的工具;最后,用这些知识训练学习者。大多数现有的机器学习技术和统计方法,都可以用来训练学习者。训练过的学习者可以应用于之后的特征学习问题。

元学习通过找到对学习问题和工具的特征描述来实现自动学习,这些特征通常与问题和工具的重要信息相关。此外,利用这些特征,可以评估不同任务和工具之间的相似性,从而实现不同任务之间的信息共享和利用。一种简单但广泛使用的方法是，在元特征空间中，使用该任务邻域的经验最佳配置作为新任务的推荐配置。另一种方法是，学习者对过去的经验进行编码，并作为解决未来问题的指导。经过训练之后，元学习者就可以快速评估学习工具的配置，从而节省昂贵的计算训练和模型评估开销。它们还可以生成推荐的配置，这些配置可以直接指定或初始化一个学习工具。这样一来，元学习可以极大地提高自动机器学习的效率。

对于元学习，首先，需要收集之前的学习任务和学习模型的元数据，包括训练模型的精确算法配置(例如超参数设置、管道组成和/或网络架构)、模型评估(例如准确性和训练时间)、学习模型参数、(例如神经网络的训练权重)以及任务本身的可测量属性，这些元数据也称为元特征。其次，需要从之前的元数据中学习，提取和传递知识，引导搜索新的任务的最佳模型。

“元学习”一词涵盖了任何基于先前的其他任务经验的学习类型。以前的任务越相似，可以利用的元数据类型就越多，而定义任务相似度是一个主要的挑战。当一项新任务出现完全不相关的现象或随机噪音时，之前的经验是无效的。但在实际任务中，有很多机会可以从以前的经验中进行学习接下来介绍不同的学习方法：从模型评估中学习和从任务特征中学习。

8.3.1 从模型评估中学习

假设可以访问之前所有的任务 $t_j \in T$，包括任务和学习算法以及配置 $\theta_i \in \Theta$。这里的配置包括超参数设置、管道组件以及网络架构。$\boldsymbol{P}$ 是所有之前标量评价 $P_{i,j}=P(\theta_i,t_j)$ 的集合，即配置 θ_i 在任务 t_j 上的性能好坏。$\boldsymbol{P}_{\text{new}}$ 是在新任务 t_{new} 上评估值 $P_{i,\text{new}}$ 的集合。目的是训练一个元学习者 L 为新任务 t_{new} 的推荐配置进行评估，由此能够带来以下好处。

1. 推荐配置生成

通过学习一个函数 $f:\Theta \times T \rightarrow \{\theta_k^*\}, k=1,2,\cdots,K$，生成一系列与新任务 t_{new} 无关的推荐配置，通过对这些配置 θ_k^* 进行评估，从而选择最佳的配置。比较常见的方法是找到推荐的前 K 个配置，然后依次进行评估，从而找到足够精确的模型。

2. 配置空间设计

与推荐配置类似，也可以通过评估，学习到更优化的可选配置空间，这样可以加快寻找到最佳模型的速度。在计算资源有限的情况下，这种方法很实用，而且被证明是实现自动机器学习的一个重要方法。

一种常见的方法是：首先，学习一个最优的超参数默认值；然后，将超参数定义成一个能通过调整来提高性能的值。通过为算法训练大量任务的代理模型，可以联合学习算法的所有超参数的默认值。对各种配置进行取样，将所有任务的平均风险最小化的配置作为推荐的默认配置。最后，通过观察调优每个超参数可以获得多少改进，来估计每个超参数的重要性(或可调性)。

3. 配置迁移

如果要对新任务进行配置推荐，需要得到新任务与之前任务相似程度的信息。其中一种方法是，在新任务上用推荐配置进行评估，得到评估值 $\boldsymbol{P}$，如果新任务与之前任务评估值相似，则可以认为任务也是类似的。

8.3.2 从任务特征中学习

任务特征可以用来表示任务的不同特性。将每个任务 $t_j \in T$ 用一个由 K 个特征组成的向量 $\boldsymbol{m}(t_j)=(\boldsymbol{m}_{j,1},\cdots,\boldsymbol{m}_{j,K})$ 表示，根据向量的欧氏距离定义任务的相似程度，并以此为依据，将最相似任务的信息进行迁移。

1. 任务特征(Meta-Feature)

为了构建元特征向量，需要选择并进一步处理这些元特征。通过对动态媒体创作标准(OpenML)元数据的研究，证明了最优的数据属性集取决于应用的属性。许多任务特征可以通过对单一特征或组合特征的数据运算得到，例如最小值、最大值、均值、均方差等。除了这些基本的特征，还有一些特定的特征，例如对于流数据，利用流的 Landmarks；对于时间序列数据，可以计算自相关系数或回归模型的斜率；对于非监督问题，可以用不同的方法对数据进行聚类，并提取这些聚类的属性。

2. 学习任务特征

除了手动定义任务特征之外，还可以通过学习的方法学到任务的特征，也就是将任务本身也作为一种输入，去学习一个与任务相关的特征。一个典型的例子如图 8-6 所示。

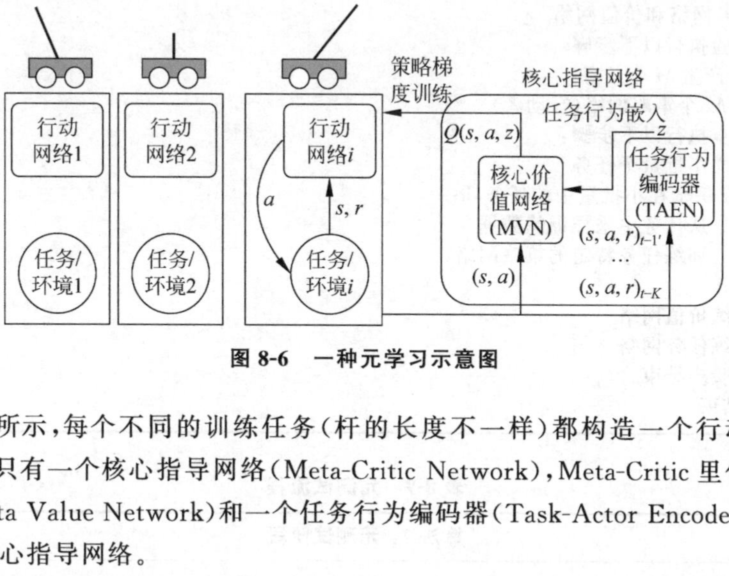

图 8-6 一种元学习示意图

如图 8-6 所示，每个不同的训练任务(杆的长度不一样)都构造一个行动网络(Actor Network)，但只有一个核心指导网络(Meta-Critic Network)，Meta-Critic 里包括一个核心价值网络(Meta Value Network)和一个任务行为编码器(Task-Actor Encoder)。用多个任务同时训练核心指导网络。

训练时，最为关键的部分是任务行为编码器，它可以根据输入任务的历史经验(状态、动作、回报)，输出一个任务的表示信息 Z，把 Z 和一般价值网络的输入(状态和动作)一起，输入核心价值网络里，这样训练出核心指导网络。

每当面对新任务时，建立一个行动网络，保持核心指导网络不变，使用 Actor-Critic 方法进行训练。

首先，元学习针对的是无模型强化学习场景。用神经网络作为函数近似，来估计策略网络和价值网络。Actor-Critic 算法是一个传统的强化学习思路，其主要思路如下：

价值网络的目标是提高预测的精准度，即

$$\boldsymbol{\phi} \leftarrow \arg\min_{\boldsymbol{\phi}} (Q_{\boldsymbol{\phi}}^{P_{\boldsymbol{\theta}}}(s_t,a_t)-r_t-\gamma Q_{\boldsymbol{\phi}}^{P_{\boldsymbol{\theta}}}(s_{t+1},a_{t+1}))^2 \tag{8-8}$$

策略网络的目标是最大化折扣未来回报，也就是价值网络的估计回报值，即

$$\boldsymbol{\theta} \leftarrow \arg\max_{\boldsymbol{\theta}} Q_{\boldsymbol{\phi}}^{P_{\boldsymbol{\theta}}}(s_t, a_t) \tag{8-9}$$

然而，传统的 Actor-Critic 方法，面对新任务，都要创建新的价值网络，比较烦琐。为了能够评估任意策略，适用于任何任务，元价值网络需要进行一般化（针对任务和策略对 Meta-Critic 的参数进行调节），这就需要额外的输入来区分不同的任务。所以，利用任务-策略编码网络（Task-Action Encoder Network）产生 Task-Actor Embedding。任务行为编码器是递归神经网络，输入是 K 个连续的历史学习经验序列，输出编码 Z。通过观察状态-行为对，编码器理解它要去评判的策略，通过观察回报，可以了解策略执行任务的特征。

这种情况下，元学习包括元训练和元测试两部分。训练部分策略网络与元价值网络同时训练；元测试部分元价值网络固定不变，针对新的任务来训练策略。算法流程分别如表 8-8 和表 8-9 所示。

表 8-8　元训练流程

算法 1：元训练阶段
输入：任务产生器 *T*
输出：训练完成的任务网络和价值网络
1. 初始化：任务网络和价值网络
2. 对每一次实验执行以下步骤：
3. 　　从 T 中产生 M 个任务
4. 　　初始化 M 个策略网络（行动者）
5. 　　对每一步执行以下步骤：
6. 　　　　采样小批量个任务
7. 　　　　For 每个在小批量中的任务 do
8. 　　　　　　从任务中采样训练数据
9. 　　　　　　训练任务特定的策略网络
10. 　　　　End
11. 　　　　训练价值网络
12. 　　　　训练任务网络
13. 　　一个实验步结束
14. 一次实验结束

表 8-9　元测试流程

算法 2：元测试阶段
输入：一个新的任务
输入：训练完成的任务网络和价值网络
输出：训练完成的策略网络
1. 初始化：一个策略网络（行动者）
2. 对每一步执行以下步骤：
3. 　　从任务中采样训练数据
4. 　　训练策略网络
5. 一个实验步结束

元价值网络包括核心价值网络和任务-策略编码网络。

假设有 M 个训练任务，对于每个任务，其策略的更新规则为

$$\boldsymbol{\theta}^{(i)} \leftarrow \arg\max_{\boldsymbol{\theta}^{(i)}} Q_{\boldsymbol{\phi}}(s_t^{(i)}, a_t^{(i)}, z_t^{(i)}) \quad \forall i \in \{1,2,\cdots,M\} \tag{8-10}$$

对于整体的元价值网络，其更新规则为

$$\boldsymbol{\phi}, \boldsymbol{\omega} \leftarrow \arg\min_{\boldsymbol{\phi},\boldsymbol{\omega}} \sum_{i=1}^{M} (Q_{\boldsymbol{\phi}}(s_t^{(i)}, a_t^{(i)}, z_t^{(i)}) - r_t^{(i)} - \gamma Q_{\boldsymbol{\phi}}(s_{t+1}^{(i)}, a_{t+1}^{(i)}, z_{t+1}^{(i)}))^2 \tag{8-11}$$

元学习在离散行为的增强学习场景下的更新函数如下：

(1) 如果是单一的任务，即 Actor-Critic，价值网络规则不变。策略网络更新规则变为 $\boldsymbol{\theta} \leftarrow \arg\min_{\boldsymbol{\theta}} L(o_t, a_t) Q_{\boldsymbol{\phi}}^{P_{\boldsymbol{\theta}}}(s_t, a_t)$。其中，$L(\cdot,\cdot)$是交叉熵损失函数，当误差大时，权重更新快；当误差小时，权重更新慢。好处是避免训练过程太慢。

(2) 当为多任务时，更新规则为

$$\boldsymbol{\theta}^{(i)} \leftarrow \arg\min_{\boldsymbol{\theta}} L(o_t^{(i)}, a_t^{(i)}) Q_{\boldsymbol{\phi}}(s_t^{(i)}, a_t^{(i)}, z_t^{(i)}) \quad \forall i \in \{1,2,\cdots,M\} \tag{8-12}$$

如图 8-7 所示，元学习的回报的上升速度非常快，Standard 是完全的 Actor-Critic 训练，回报曲线基本是平的(一般对于 CartPole 任务需要训练几千次才能收敛到 195)。此外，通过查看训练记录发现，在仅仅训练 100 个杆后，Meta-Critic 方法就能够达到 25%的成功率。

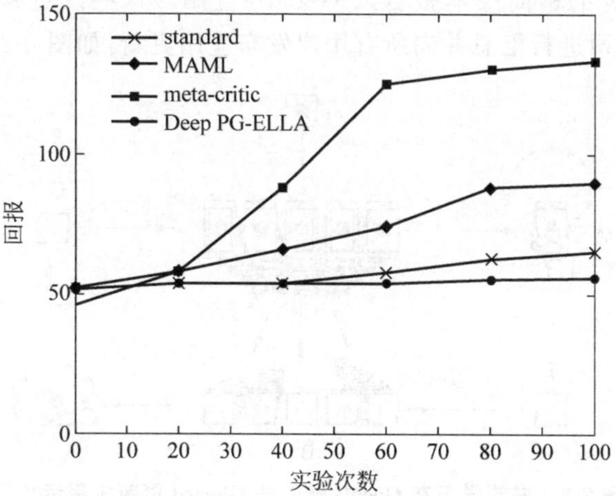

图 8-7 当学习新任务时每个实验的平均回报

查看编码器的输出，可以发现 Z 的分布和 CartPole 杆的长度是直接相关的，这意味着任务行为编码器确实可以利用以往的经验来理解一个任务的配置信息。也就是说，将任务本身作为样本输入神经网络进行训练后，在面对新的任务时，可以利用之前的学习经验得到更快更好的学习效果。

8.4 联邦学习

联邦学习可以保护终端数据和个人数据隐私，是可以在多参与方或多计算节点之间开展的高效率机器学习方式。借助联邦学习，各企业能在有效保护各自数据隐私的同时互相合作，提高学习效率。

8.4.1 背景

传统的人工智能训练需要大量的、不同种类的数据。然而，在现实生活中的大部分领域，由于行业竞争、个人隐私、政府授权手续等问题，很难收集所有数据，使得人工智能难以实现。例如，商品推荐时，销售人员有关于产品的信息、用户购买情况的数据，但没有用户购买能力和支付习惯的数据，这使他们无法针对用户做出最合适的商品推荐。总之，数据是孤立的，怎样采集、融合、使用这些数据，是当前的挑战。

联邦学习(Federated Learning)在 2016 年由 Google 公司提出，原本用于解决 Android 手机终端用户在本地更新模型的问题，其设计目标是在保障大数据交换的信息安全、保护终端数据和个人数据隐私、保证合法合规的前提下，在多参与方或多计算节点之间开展高效率的机器学习。联邦学习有望成为下一代人工智能协同算法和协作网络的基础。

Google 公司在 Android 平台键盘应用 Gboard 中测试联邦学习。当 Gboard 根据用户输入的信息显示推荐搜索项时，Gboard 将记住用户点击过的搜索项和忽略的搜索项，然后直接在用户手机上对算法进行个性化改进。(为了进行此次测试，Google 公司已将其机器学习软件 TensorFlow 的精简版本整合入 Gboard 应用。)这些改进将被发送回 Google 公司，然后由 Google 公司进行汇总并向所有用户发布应用更新，如图 8-8 所示。

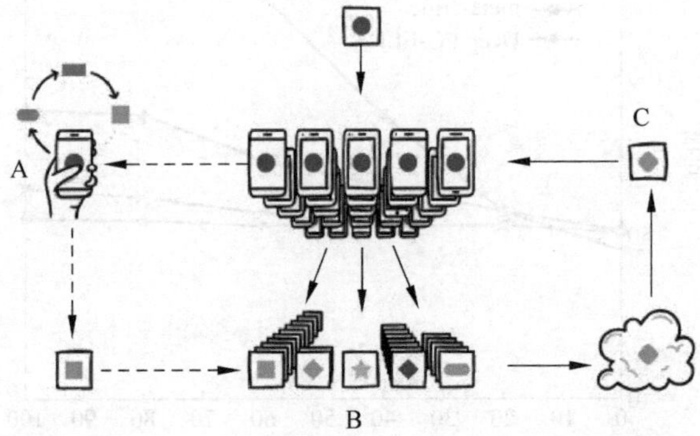

图 8-8 联邦学习在 Google 输入法 Gboard 更新应用示意图

图 8-8 中 A 表示应用程序正在每个用户手机上更新；B 表示 Google 公司正收集所有的个性化改进；C 表示聚合这些改进后，为用户创建新版本应用。

8.4.2 联邦学习的特点及优势

传统机器学习方法需要把训练数据集中于某一台机器或者单个数据中心里。Google 等云服务巨头还建设了规模庞大的云计算基础设施，以对数据进行处理。现在，为利用移动设备的人机交互训练模型，采用联邦学习，能使多台智能手机以协作的形式，学习共享的预测模型。与此同时，所有的训练数据保存在终端设备。这意味着在联邦学习的方式下，把数据保存在云端不再是研究大规模机器学习的必要前提。

2019 年 3 月，Google 公司开源了一款名为 TensorFlow Federated (TFF)的框架，可用于去中心化数据的机器学习及运算实验。TFF 框架将为开发者提供分布式机器学习，以便在没有数据离开设备的情况下，便可在多种设备上训练共享的机器学习模型。TFF 框架通过加密方式提供多一层的隐私保护，并且设备上模型训练的权重与用于连续学习的中心模型共享。

联邦学习的优点有：①训练数据更为真实；②训练过程中，无须将敏感数据集中到数据中心；③对于监督学习，可以很自然地通过用户交互获取数据的标签。

广义上，联邦学习可以看作一种分布式机器学习的模型，然而其优化特性又与经典分布式机器学习模型截然不同，可以总结出几个特性：

(1) Non-IID(Non-Independent And Identically Distributed)：分散在各个设备端的数据集由于用户的特异性而存在较大的差异；

(2) Unbalanced：因为用户对于服务端的访问频率差异，使得各个设备端的训练数据量存在不同；

(3) Massively Distributed：设备端的数量远远大于设备端的训练模型数量；

(4) Limited Communication：因为网络等原因，使得设备端的访问连接受到限制。

最重要的一点是，联邦学习并不仅仅是在智能手机上运行本地模型进行预测，并且能让移动设备协同进行模型训练。

联邦学习的工作过程如下：

(1) 智能手机下载当前版本的模型；

(2) 通过学习本地数据来改进模型；

(3) 把对模型的改进概括成一个比较小的专门更新；

(4) 该更新被加密发送到云端；

(5) 与其他用户的更新即时整合，作为对共享模型的改进。

该过程不断被重复，改进后的共享模型也会不断地被下载到本地。整个过程有三个关键环节：

(1) 根据用户使用情况，每台手机在本地对模型进行个性化改进；

(2) 形成一个整体的模型修改方案；

(3) 应用于共享的模型。

应用联邦学习可以为企业带来许多优势：

(1) 数据隔离，保障隐私。不需要在云端存储用户数据，为避免用户隐私泄露，Google公司进一步开发了一个名为 Secure Aggregation、使用加密技术的协议，数据不会泄露到外部，满足用户隐私保护和数据安全的需求；

(2) 能够保证模型质量无损，不会出现负迁移，保证联邦模型比割裂的独立模型效果好；

(3) 参与者地位对等，能够实现公平合作；

(4) 能够保证参与方在保持独立性的情况下，进行信息与模型参数的加密交换，并同时获得成长。

8.4.3　联邦学习的分类

针对不同数据集，联邦学习分为横向联邦学习(Horizontal Federated Learning，HFL)、纵向联邦学习(Vertical Federated Learning，VFL)与联邦迁移学习(Federated Transfer Learning，FTL)，如图 8-9 所示。

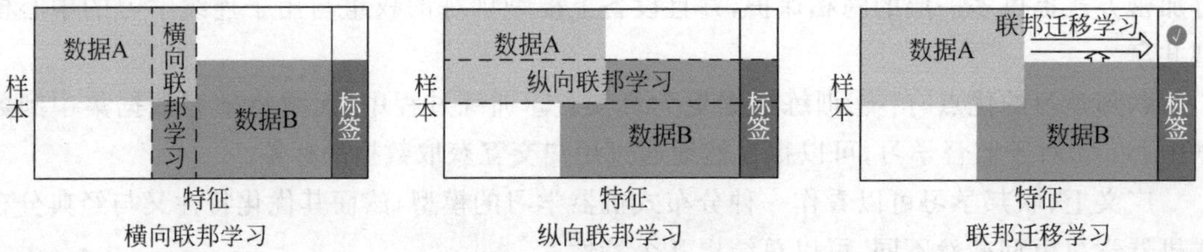

图 8-9 联邦学习的分类

在两个数据集的用户特征重叠较多而用户重叠较少的情况下，对数据集进行横向(即用户维度)切分，并取出双方用户特征相同而用户不完全相同的那部分数据进行训练，这种方法叫作横向联邦学习。例如，有两家不同地区的银行，它们的用户群体分别来自各自所在的地区，交集很小。但是，它们的业务很相似，因此记录的用户特征是相同的。此时，可以使用横向联邦学习来构建联合模型。Google 公司在 2016 年提出了一个针对 Android 手机模型更新的数据联合建模方案：在单个用户使用 Android 手机时，不断在本地更新模型参数并将参数上传到 Android 云上，从而使特征维度相同的各数据拥有方建立联合模型。

在两个数据集的用户重叠较多而用户特征重叠较少的情况下，对数据集进行纵向(即特征维度)切分，并取出双方用户相同而用户特征不完全相同的那部分数据进行训练，这种方法叫作纵向联邦学习。例如，有两个不同的机构，分别是某地的银行和同一个地方的电商。它们的用户群体很有可能包含该地区的大部分居民，因此用户的交集较大。但是，由于银行记录的是用户的收支行为与信用评级，而电商则保存了用户的浏览与购买历史，因此它们的用户特征交集较小。纵向联邦学习就是将这些不同特征在加密的状态下加以聚合，以增强模型能力。目前，逻辑回归模型、树形结构模型和神经网络模型等众多机器学习模型已经逐渐被证实能够建立在此联邦体系上。

在两个数据集的用户与用户特征重叠都较少的情况下，不对数据进行切分，而利用迁移学习来克服数据或标签不足的情况，这种方法叫作联邦迁移学习。例如，有两个不同机构，一家是位于中国的银行，另一家是位于美国的电商。受地域限制，这两家机构的用户群体交集很小。同时，由于机构类型的不同，二者的数据特征也只有小部分重合。在这种情况下，要想进行有效的联邦学习，就必须引入迁移学习解决单边数据规模小和标签样本少的问题，从而提升模型的效果。

针对不同的类型，也有不同的解决方法。

1. 横向联邦学习的解法

具有相同数据结构的 K 个参与者通过云服务器协作学习机器学习模型。假设参与者是诚实的，服务器是诚实但好奇的，因此不允许任何参与者向服务器泄漏信息。

如图 8-10 所示，解决方案如下：

(1) 参与者在本地计算和训练梯度，使用加密、差分隐私或秘密共享技术对梯度进行处理，并将屏蔽后结果发送到服务器；

(2) 服务器在不了解任何参与者信息的情况下执行安全聚合；

(3) 服务器将聚合结果发送给参与者；

(4) 参与者使用解密的梯度更新各自的模型。

通过上述步骤不断迭代，直到损失函数收敛，从而完成整个训练过程。所有参与者共享

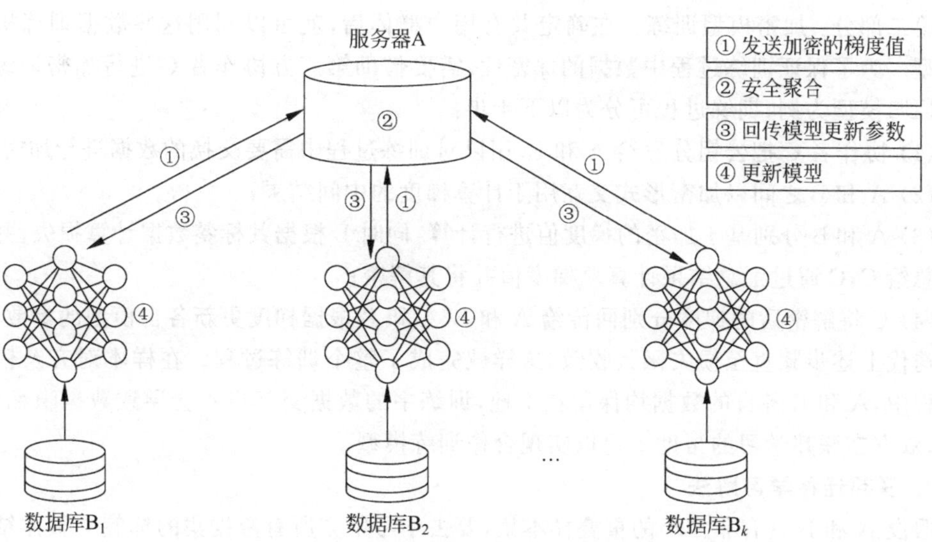

图 8-10　横向联邦学习的架构

最终的模型参数。

2. 纵向联邦学习的解法

以包含两个数据拥有方(即企业 A 和 B)的场景为例,介绍联邦学习的系统构架。该构架可扩展至包含多个数据拥有方的场景。假设企业 A 和 B 希望联合训练一个机器学习模型,它们的业务系统分别拥有各自用户的相关数据。此外,企业 B 还拥有模型需要预测的标签数据。出于数据隐私保护和安全考虑,A 和 B 无法直接进行数据交换,为了保证数据的机密性,需要第三方 C 介入,如图 8-11 所示。

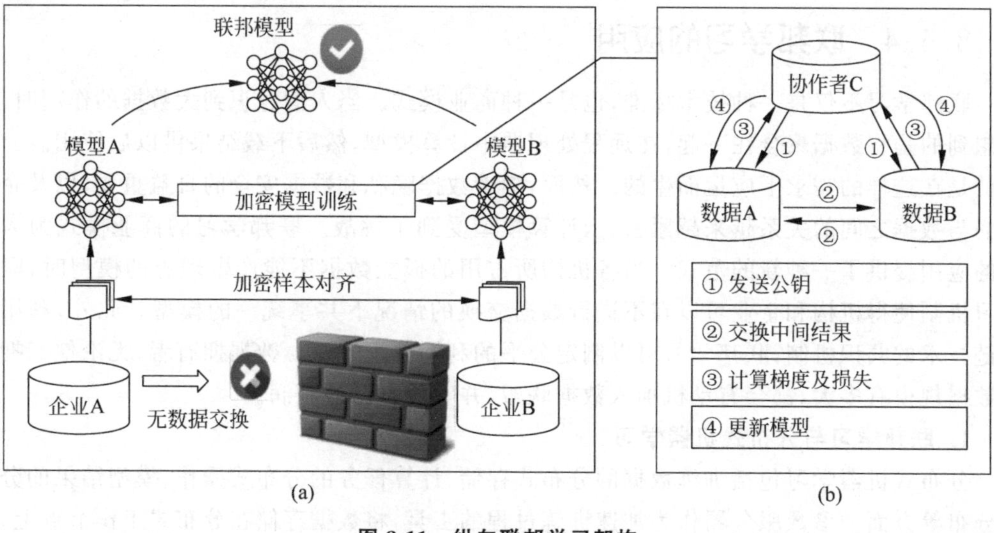

图 8-11　纵向联邦学习架构

第一部分:加密样本对齐。由于两家企业的用户群体并非完全重合,系统利用基于加密的用户样本对齐技术,在 A 和 B 不公开各自数据的前提下确认双方的共有用户,并且不暴露不互相重叠的用户,以便联合这些用户的特征进行建模。

第二部分：加密模型训练。在确定共有用户群体后，就可以利用这些数据训练机器学习模型。为了保证训练过程中数据的保密性，需要借助第三方协作者 C 进行加密训练。以线性回归模型为例，训练过程可分为以下 4 步：

(1) 协作者 C 把公钥分发给 A 和 B，用以对训练过程中需要交换的数据进行加密；

(2) A 和 B 之间以加密形式交互用于计算梯度的中间结果；

(3) A 和 B 分别基于加密的梯度值进行计算，同时 B 根据其标签数据计算损失，并把结果汇总给 C，C 通过汇总结果计算总梯度值并将其解密；

(4) C 将解密后的梯度分别回传给 A 和 B，A 和 B 根据梯度更新各自模型的参数。

迭代上述步骤直至损失函数收敛，这样就完成了整个训练过程。在样本对齐及模型训练过程中，A 和 B 各自的数据均保留在本地，训练中的数据交互也不会导致数据隐私泄露。因此，双方在联邦学习的帮助下得以实现合作训练模型。

3. 联邦迁移学习解法

假设 A 和 B 只有非常小的重叠样本集，要去学习甲方所有数据集的标签。整体结构与纵向联邦学习类似，只是改变了 A 和 B 之间交换中间结果的细节。迁移学习通常涉及学习 A 和 B 特征的公共表示，并通过利用源领域的标签，最小化真实值与预测目标域标签之间的误差。因此，A 和 B 在进行梯度计算时，与纵向联邦学习场景不同。

此外，为了激励各企业加入联邦学习并奉献其数据，联邦学习加入了效果激励机制，以一个共识机制奖励贡献数据多的机构，从而解决了不同机构加入联邦共同建模的动机问题，即建立模型后模型的效果会在实际应用中表现出来，并记录在永久数据记录机制(例如区块链)上。提供数据多的机构所获得的模型效果会更好，模型效果取决于数据提供方对自己和他人的贡献。这些模型的效果在联邦机制上会分发给各个机构反馈，并继续激励更多机构加入这一数据联邦。

8.4.4 联邦学习的应用

联邦学习不仅是一种技术标准，也是一种商业模式。当人们意识到大数据的作用时，首先想到的是将数据聚合在一起，在远程处理器中计算模型，然后下载结果供以后使用。云计算就是在这样的需求下应运而生的。然而，随着数据隐私和数据安全的日益重要，以及企业利润与数据之间的关系越来越紧密，云计算模型受到了挑战。联邦学习的商业模式为大数据的应用提供了一种新的范式。当各机构所占用的孤立数据不能产生理想的模型时，联合学习机制使得机构和企业可以在不进行数据交换的情况下共享统一的模型。此外，利用区块链技术的共识机制，联邦学习可以制定公平的利润分配规则。数据拥有者，无论他们拥有的数据规模有多大，都会有动机加入数据联盟，并实现自己的利润。

1. 联邦学习与分布式机器学习

分布式机器学习包括训练数据的分布式存储、计算任务的分布式操作、模型结果的分布式分布等方面。参数服务器作为加速训练过程的工具，将数据存储在分布式工作节点上，通过一个中心调度节点对数据和计算资源进行分配，从而提高模型的训练效率。对于联邦学习，工作节点是数据所有者，它对本地数据具有完全的自治权，可以决定何时以及如何加入联邦学习。而分布式机器学习中，中央节点可以控制全局，因此联邦学习面临着更加复杂的学习环境。其次，联邦学习强调模型训练过程中数据所有者的数据隐私保护。有效的保护个人资料隐私的措施，可以更好地应对未来日益严格的个人资料隐私及资料规管环境。

2. 联邦学习与边缘计算

联邦学习可以看作用于边缘计算的操作系统，因为它提供了用于协调和安全的学习协议。

3. 联邦学习与联邦数据库系统

联邦数据库系统是集成多个数据库单元并作为一个整体管理集成系统的系统。联邦数据库系统通常为数据库单元使用分布式存储，实际上每个数据库单元中的数据是异构的。因此，在数据的类型和存储方面，它与联邦学习有很多相似之处。但是，联邦数据库系统在交互的过程中不涉及任何隐私保护机制，并且所有数据库单元对管理系统都是完全可见的。此外，联邦数据库系统的重点是数据的基本操作，包括插入、删除、搜索和合并等，而联邦学习的目的是建立一个联合模型在为每个数据所有者保护数据隐私的前提下，使各种价值观和法律数据更好地为人类服务。

作为一个新的建模机制，利用联邦学习，多个单元可以训练一个统一的数据模型，并且保证数据隐私和安全，联邦学习可以用在销售、金融和许多其他不能直接把数据聚合起来进行训练的行业（考虑知识产权、隐私保护和数据安全等因素）。

利用联邦学习的特点，可以在不导出企业数据的情况下，为三方构建一个机器学习模型，这样不仅可以充分保护数据隐私和数据安全，还可以为客户提供个性化、针对性的服务，从而实现互惠互利。同时，可以利用迁移学习解决数据异构问题，突破传统人工智能技术的局限性。因此，联邦学习为人们构建跨企业、跨数据、跨领域的大数据和人工智能生态圈提供了良好的技术支持。

疾病症状、基因序列、医学报告等医学数据具有敏感和隐私性强的特点，医学数据难以收集，且存在于孤立的医疗中心和医院。数据来源不足和标签缺乏导致机器学习模型的性能不理想，成为当前智能医疗的瓶颈。如果所有的医疗机构联合起来，共享他们的数据，形成一个大的医疗数据集，那么在这个大的医疗数据集上训练的机器学习模型的性能将显著提高。迁移学习可以用来填补缺失的标签，从而扩大可用数据的规模，进一步提高训练模型的性能。因此，联邦迁移学习将在智能医疗的发展中发挥关键作用，并有可能将人类医疗带到一个全新的水平

本章小结

本章介绍了强化学习的几种演进方向：针对实际情况中多智能体交互共存、互相影响的场景，通过将强化学习与博弈论思想结合，解决多智能体强化学习问题；考虑不同业务需求的相关性，多任务强化学习可以通过相关任务训练信号中的特定信息来提高泛化能力，利用共享表示、并行训练同时学习多个任务；为了快速学习新的任务，元学习从历史经验中提取知识，并基于这些知识对学习者进行训练，在面对新的任务的时候，便可以利用之前的知识经验，迅速学习，减少试错的时间；针对数据隐私保护的问题，为了加强不同企业之间的合作学习，联邦学习应运而生，借助联邦学习，各企业既能有效保护各自的数据隐私，同时又能互相合作，共同提高学习的效果。这些强化学习模式正在被火热的研究中，并可能在未来为人类科技的进步、人工智能的落地，贡献巨大的力量。

第9章 深度强化学习

CHAPTER 9

强化学习作为一种序贯决策方式，通过智能体和环境的交互，周期性做出决策，智能体根据交互获得的反馈向获得更多奖励的方向调整策略。强化学习在自然科学、社会科学和工程学等领域都有极大的潜力亟待挖掘。最初的强化学习理论并未引起足够的关注，主要是因为在学习最优策略的过程中智能体需要不断和环境进行交互，并以获得有关环境更全面的知识为目的，而不得不耗费大量的时间，一旦涉及大型网络，强化学习能够发挥的作用就微乎其微。

直到深度学习的提出，大数据的普及、计算能力的提升和新的算法技术的出现，为强化学习的困境带来了改变。将深度神经网络和强化学习相互结合，充分利用深度神经网络在训练过程中的优势，使得强化学习进一步发展为深度强化学习，为传统强化学习带来了复兴，开辟了相关理论和应用的新时代。

本章将介绍几个经典的深度强化学习算法，并简单介绍一些深度强化学习的应用。

9.1 基于值函数的深度强化学习

本书7.5节曾简单介绍了值函数近似的方法，例如在Q-Learning中，利用值函数近似表示Q矩阵，将Q矩阵的更新问题转变为函数拟合问题，输入任何状态都能够得到近似动作。最初的深度强化学习就是将近似的函数用一个深度神经网络来替代。类似于监督学习，通过一些训练样本(智能体和环境交互得到的数据)，模拟一个功能(值函数近似)。而深度Q学习(Deep Q-Learning，DQL)是第一个将传统强化学习和深度学习结合的深度强化学习算法，之后很多深度学习算法都是对深度Q学习算法的改良。

9.1.1 深度Q学习

第一个深度强化学习方法就是由Google DeepMind团队的研究人员于2015年提出的深度Q网络(Deep Q-Network，DQN)，DQN结合了深度神经网络和强化学习，能够在雅达利(Atari)2600游戏中达到人类水平。

使用非线性函数例如神经网络近似动作值函数Q函数时，强化学习被认为是不稳定甚至难以收敛的，原因为，采集到的一系列数据之间存在关联，对于Q函数极小的改变会显著改变策略进而改变数据分布，Q函数和目标值之间存在关联。深度Q学习通过使用经验回放(Experience Replay)和独立的目标网络解决不稳定的问题。使用经验回放随机抽取数据,以打破数据之间的关联,平滑数据分布的变化;独立的目标网络指目标值和Q函数使用不同的参数表示,参数更新频率不同,以减少两者之间的相关性。

在深度Q学习中,使用深度卷积神经网络(如图9-1所示)参数化一个值函数近似函数$Q(s,a;\boldsymbol{\theta}_i)$,称为Q网络,其中$\boldsymbol{\theta}_i$是第$i$次迭代时Q网络的权重。如图9-1所示,神经网络的输入是由预处理产生的84×84×4图像,然后是三个卷积层(注意,蛇形线表示每个卷积核在输入图像上的滑动)和两个全连接层单独输出每个有效动作。每个隐藏层之后连接非线性修正函数$\max(0,x)$。

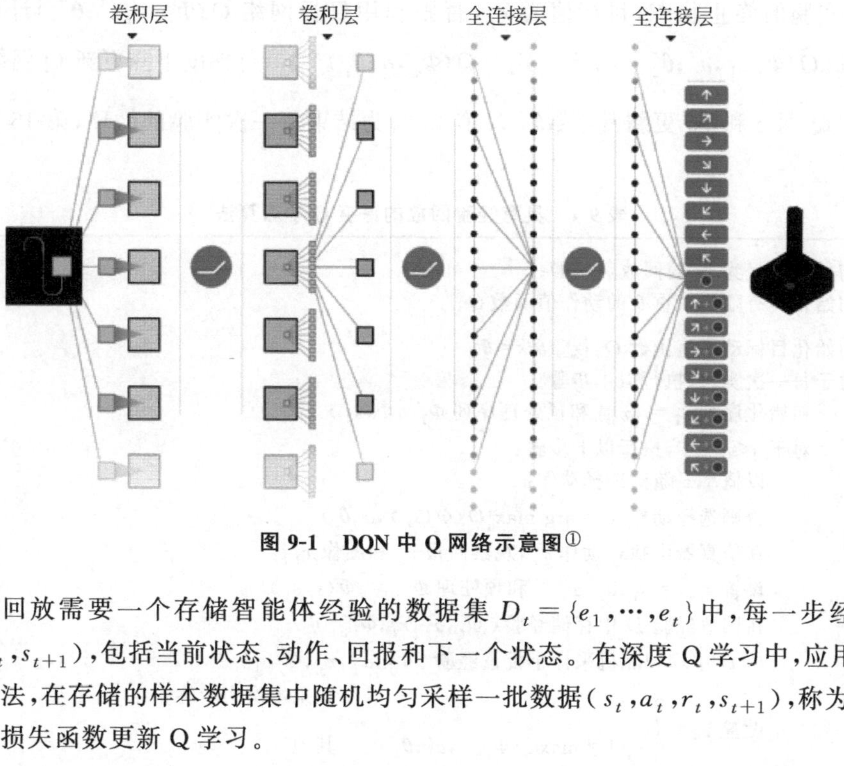

图9-1 DQN中Q网络示意图①

经验回放需要一个存储智能体经验的数据集$D_t=\{e_1,\cdots,e_t\}$中,每一步经验$e_t=(s_t,a_t,r_t,s_{t+1})$,包括当前状态、动作、回报和下一个状态。在深度Q学习中,应用Q学习的更新方法,在存储的样本数据集中随机均匀采样一批数据(s_t,a_t,r_t,s_{t+1}),称为小批量,使用以下损失函数更新Q学习。

$$L_i(\boldsymbol{\theta}_i)=\mathrm{E}_{(s,a,r,s')\sim U(D)}\left[\left(r+\gamma\max_{a'}\hat{Q}(s',a';\boldsymbol{\theta}_i^-)-Q(s,a;\boldsymbol{\theta}_i)\right)^2\right] \tag{9-1}$$

在Q学习更新中有两个网络,一个是Q网络$Q(s,a;\boldsymbol{\theta}_i)$,$\boldsymbol{\theta}_i$是第$i$次迭代时Q网络的参数;另一个是目标网络$\hat{Q}(s',a';\boldsymbol{\theta}_i^-)$,$\boldsymbol{\theta}_i^-$是第$i$次迭代时用来计算目标网络的参数,二者更新频率不同。目标网络的参数θ_i^-每隔C步跟随Q网络的参数$\boldsymbol{\theta}_i$更新,其他时间是固定的,而$\boldsymbol{\theta}_i$每一步都更新。更新Q学习的过程就是更新参数$\boldsymbol{\theta}$的过程,Q网络可以通过调整参数$\boldsymbol{\theta}_i$最小化损失函数进行训练,使用$\hat{Q}$网络产生Q学习TD的目标$Y_j=r+\gamma\max_{a'}Q(s',a';\boldsymbol{\theta}_i^-)$。使用较旧的参数集生成目标$Y_j$会在更新Q网络的时间与更新TD目标$Y_j$的时间之间增加延迟,从而解决了强化学习不收敛或振荡的问题。使用梯度下

① 图片来自:Volodymyr Mnih, Koray Kavukcuoglu, David Silver, et al. Human-Level Control Through Deep Reinforcement Learning[J]. Nature, 2015, 518(7540): 529-533.

降法优化损失函数,即

$$\nabla_{\boldsymbol{\theta}_i} L(\boldsymbol{\theta}_i) = \mathrm{E}_{(s,a,r,s')}\left[\left(r + \gamma \max_{a'} Q(s',a';\boldsymbol{\theta}_i^-) - Q(s,a;\boldsymbol{\theta}_i)\right)\nabla_{\boldsymbol{\theta}_i} Q(s,a;\boldsymbol{\theta}_i)\right] \tag{9-2}$$

具有经验回放的深度 Q 学习算法如表 9-1 所示。首先,对回放经验 D 和两个网络进行初始化。第 2 行开始实验的循环,对于每一次实验进行以下步骤:初始化每一次实验的初始状态 s_1 和预处理后得到状态对应的特征输入 Φ_1,Φ 为 Q 函数的输入。对于实验的每一步 t,使用 E-Greedy 策略选择动作;然后,在仿真器中执行动作 a_t,观察回报 r_t 和图像 x_{t+1},转移至下一状态 s_{t+1},同时得到状态对应的特征输入 Φ_{t+1};将本次经验($\Phi_t,a_t,r_t,\Phi_{t+1}$)存储在回放经验 D 中,从 D 中均匀随机采样一批经验,用($\Phi_j,a_j,r_j,\Phi_{j+1}$)表示;如果到达实验的终止状态,目标值为 r_j,否则利用目标网络 $\hat{Q}(\Phi_{j+1},a';\boldsymbol{\theta}_i^-)$ 计算目标值 $r_j + \gamma \max_{a'} \hat{Q}(\Phi_{j+1},a';\boldsymbol{\theta}_i^-)$,对于$(Y_j - Q(\Phi_j,a;\boldsymbol{\theta}_i))^2$ 执行梯度下降更新 Q 网络参数$\boldsymbol{\theta}$,每隔 C 步 $\hat{Q}$ 网络利用$\boldsymbol{\theta}$ 更新其参数$\boldsymbol{\theta}^-$。第 14 行为结束每一次实验的循环,第 15 行为结束所有循环。

表 9-1 具有经验回放的深度 Q 学习算法

1. 初始化容量为 N 的回放经验 D;
初始化具有随机权重 θ 的动作值函数 Q;
初始化目标动作值函数 $\hat{Q}$,权重$\boldsymbol{\theta}^- = \boldsymbol{\theta}$
2. 对于每一次实验,执行以下步骤:
3. 初始化序列 $s_1 = \{x_1\}$ 和预处理序列 $\Phi_1 = \Phi(s_1)$
4. 对于 $1 \leqslant t \leqslant T$,执行以下步骤:
5. 以概率 ε 随机选择动作 a_t
6. 否则选择动作 $a_t = \arg\max_a Q(\Phi(s_t),a;\boldsymbol{\theta})$
7. 在仿真器中执行动作 a_t,观察回报 r_t 和图像 x_{t+1}
8. 设置 $s_{t+1} = s_t,a_t,x_{t+1}$ 和预处理 $\Phi_{t+1} = \Phi(s_{t+1})$
9. 在回放经验 D 中存储经验($\Phi_t,a_t,r_t,\Phi_{t+1}$)
10. 从 D 中均匀随机采样小批量经验($\Phi_j,a_j,r_j,\Phi_{j+1}$)
11. 设置 $Y_j = \begin{cases} r_j, & \text{如果本次实验终止在 } j+1 \text{ 步} \\ r_j + \gamma \max_{a'} \hat{Q}(\Phi_{j+1},a';\boldsymbol{\theta}_i^-), & \text{其他} \end{cases}$
12. 关于网络参数$\boldsymbol{\theta}$更新,对于$(Y_j - Q(\Phi_j,a;\boldsymbol{\theta}_i))^2$ 执行梯度下降
13. 每 C 步重置 $\hat{Q} = Q$
14. 结束一次实验循环
15. 训练结束

9.1.2 深度 Q 学习的衍生方法

在 2015 年提出 DQN 后,后续研究者们针对其中存在的不足进行了改良,例如通过使用多网络解决 Q 值的过估计问题,采用更高效的抽样机制提高数据利用率等。基于 DQN 的衍生方法还有很多,这里只简单介绍其中几种。

1. Double DQN

在标准的 Q 学习和深度 Q 学习中,使用相同的值函数选择和评估动作,直接选取目标网络中下一个状态各个动作对应的 Q 值中最大的 Q 值更新目标值，这会造成过估计问题。过估计是 Q 学习中固有的问题，其估计的值函数值比真实值大，原因是 Q 学习中采用最大化操作，如果过估计在每个状态中不是均匀分布的，这会导致次优解的存在。为此，Hasselt 提出了 Double Q-Learning 的方法，Double Q-Learning 可以将目标中的最大操作分解为选择动作和评估动作，使用不同的值函数，分别用$\boldsymbol{\Theta}$ 和$\boldsymbol{\Theta}'$表示，以解决过估计问题。Double Q-Learning 的目标值为

$$Y_t^{\text{DoubleQ}}=R_{t+1}+\gamma Q(S_{t+1},\arg\max_a Q(S_{t+1},A;\boldsymbol{\Theta}_t),\boldsymbol{\Theta}'_t) \tag{9-3}$$

在每一次更新时，$\boldsymbol{\Theta}$ 是 Q 网络的参数，根据贪婪策略选取当前 Q 网络中最大 Q 值对应的动作；$\boldsymbol{\Theta}'$是目标网络参数，用于对当前的贪婪策略进行评估，此时目标网络参数不一定是最大的，一定程度上避免了过估计。

将 Double Q-Learning 的思想运用在 DQN 中得到 Double DQN，其目标值为

$$Y_t^{\text{DoubleDQN}}=R_{t+1}+\gamma Q(S_{t+1},\arg\max_a Q(S_{t+1},A;\boldsymbol{\Theta}_t),\boldsymbol{\Theta}_t^-) \tag{9-4}$$

与 Double Q-Learning 相比，$\boldsymbol{\Theta}'$被 Double DQN 中目标网络参数$\boldsymbol{\Theta}^-$替代，用于对当前的贪婪策略进行评估。目标网络的更新与 DQN 中一致，并且相对 Q 网络周期性更新。

2. 优先回放

实际上，DQN 算法只在回放经验中存储最后 N 个经验元组，当执行更新时，从回放经验中随机均匀采样。然而，这种方法也有限制，经验缓存中不区分经验的重要性，由于存储空间有限，最新的经验会覆盖之前的经验。同样，均匀采样将所有经验视作同等重要的经验，而更复杂的采样策略可以学习更多重要的经验，类似于优先回放。将优先经验回放与 DQN 结合，与采用均匀回放的 DQN 相比，优先经验回放表现更优异。

优先回放(Prioritized Replay)的一个重要内容是衡量每个经验的重要性，智能体在当前状态从某个经验中学习的量可以作为重要性的指标，由 TD 偏差作为衡量标准，TD 偏差越大，该状态的 TD 目标与动作值函数的差值越大，智能体在当前状态从某个经验中学习的信息越多。

优先回放采用随机采样的方法，该方法在纯贪婪采样和均匀随机采样之间进行插值。为了确保采样的概率在经验优先级中是单调的，同时保证最低优先级经验的采样概率也不为零，经验 i 的采样概率为

$$P(i)=\frac{p_i^{\alpha}}{\sum_k p_k^{\alpha}} \tag{9-5}$$

p_i 是经验 i 的优先级，指数 α 表明优先级的使用程度，$\alpha=0$ 表示均匀采样。第一种优先级的变体由 TD 偏差决定，$p_i=|\delta_i|+\varepsilon$，$\varepsilon$ 保证 TD 偏差为 0 时的经验也可以被采样；第二种优先级的变体由 TD 偏差 δ_i 的排序决定 $p_i=\frac{1}{\text{rank}(i)}$，其中 $\text{rank}(i)$是经验i 在回放经验中根据 δ_i 的排序。这两种变体方法都是误差单调的，但是第二种方法更加稳健，因为它对异常值不敏感。

随机更新对动作值函数的估计依赖于对动作值函数分布的更新。因为采样分布与动作值函数的分布不同，优先回放引入了偏差，改变了估计收敛的解决方案(即使策略和状态分布是固定的)。作者通过使用重要性采样(Importance-Sampling，IS)权重来纠正这种偏

差,即

$$\omega_i = \left(\frac{1}{N} \cdot \frac{1}{P(i)}\right)^{\beta} \tag{9-6}$$

该权重参数将在 Q 网络参数更新时使用 $\omega_i \delta_i$ 代替 δ_i,为了稳定性,将权重标准化为 $1/\max_i \omega_i$,这样只会向下进行更新。

当使用非线性函数逼近与优先回放结合时,重要性采样的另一个好处是优先级采样可以确保多次采样到高偏差的经验,同时重要性采样校正减小梯度幅度,从而减小参数空间中的有效步长。

基于 Double DQN,将优先回放嵌入其中,并用随机优先和重要性采样代替 Double DQN 中的均匀随机采样。具有优先回放的 Double DQN 算法如表 9-2 所示。首先,输入小批量 k、步长 H、回放周期 K 和尺寸 N、指数 A 和 B 以及总时间 T,初始化经验回放库 H 为空,权重改变量 $\Delta = 0$,经验的采样概率 $p_1 = 1$。观察初始状态 S_0,根据策略 π_0 选择动作 A_0。时间从 $t = 1$ 到 T 进入循环。采取动作 A 与环境交互,得到环境返回的观测值 S_t, R_t, γ_t;在记忆库 H 中存储经验 $(S_{t-1}, A_{t-1}, R_t, \gamma_t, S_t)$,其优先级 $p_t = \max_{i<t} p_i$。每隔 K 步进行回放,采样 k 个经验进入循环。根据概率分布 $P(j) = p_j^a / \sum_i p_i^a$ 采样一个经验,计算经验的重要性权重 $\omega_j = (N \cdot P(i))^{-\beta} / \max_i \omega_i$,计算 TD 偏差 $\delta_j = R_j + \gamma_j Q_{\text{target}}(S_j, \arg\max_a Q(S_j, a)) - Q(S_{j-1}, A_{j-1})$。根据 $|\delta_j|$ 更新经验优先级,累积权重改变量 $\Delta \leftarrow \Delta + \omega_j \cdot \delta_j \cdot \nabla_\theta Q(S_{j-1}, A_{j-1})$。采样并处理完 k 个经验,更新权重值 $\Theta \leftarrow \Theta + H \cdot \Delta$,每隔 C 步将权重 Θ 复制给目标网络权重 Θ_{target},结束一次更新,根据新的策略 $\pi_\Theta(S_t)$ 选择动作 A_t。执行新的动作,得到环境反馈,进入时间 t 的下一个循环。

表 9-2 具有优先回放的 Double DQN 算法

1. 输入:小批量 k,步长 H,回放周期 K 和尺寸 N,指数 A 和 B,总时间 T
2. 初始化经验回放库 $H = \phi$,$\Delta = 0$,$p_1 = 1$
3. 观察 S_0,选择 $A_0 \sim \pi_0(S_0)$
4. **For** $t = 1$: T **Do**
5.   观测 S_t, R_t, γ_t
6.   在 H 中存储具有最大优先级 $p_t = \max_{i<t} p_i$ 的经验 $(S_{t-1}, A_{t-1}, R_t, \gamma_t, S_t)$
7.   **If** $T = 0 \bmod K$ **Then**
8.   **For** $j = 1$: k **Do**
9.   采样经验 $j \sim P(j) = p_j^a / \sum_i p_i^a$
10.   计算重要性采样权重 $\omega_j = (N \cdot P(i))^{-\beta} / \max_i \omega_i$
11.   计算 TD 偏差 $\delta_j = R_j + \gamma_j Q_{\text{target}}(S_j, \arg\max_a Q(S_j, a)) - Q(S_{j-1}, A_{j-1})$
12.   更新经验优先级 $p_j \leftarrow |\delta_j|$
13.   累积权重改变量 $\Delta \leftarrow \Delta + \omega_j \cdot \delta_j \cdot \nabla_\theta Q(S_{j-1}, A_{j-1})$
14.   End For
15.   更新权重 $\Theta \leftarrow \Theta + H \cdot \Delta$
16.   不断将权重复制到目标网络中 $\Theta_{\text{target}} \leftarrow \Theta$
17.   End If
18.   选择动作 $A_t \sim \pi_\Theta(S_t)$
19. End For

3. Dueling DQN

Dueling DQN 在网络结构上改进了 DQN，将动作值函数 $Q^{\pi}(s,a)$ 分解为与动作无关的状态值函数 $V^{\pi}(s)$ 和依赖于状态的动作优势函数，即 $A^{\pi}(s,a)$。优势函数可以表现出当前行动和平均表现之间的区别，其期望为 0。如果优于平均表现，那么优势函数为正，反之则为负。在存在许多动作的值函数相似的情况下，Dueling DQN 架构可以促进更好的策略评估。

如图 9-2 所示，图(a)是一般的 DQN 网络模型，即输入层接三个卷积层后，接两个全连接层，输出为每个动作的 Q 值；图(b)的 Dueling DQN 将卷积层提取的抽象特征分流到两个支路中，分别估计状态值(标量)和每个动作的优势；然后根据式(9-9)组合它们得到 Q 函数。两个网络都为每个动作输出 Q 值。

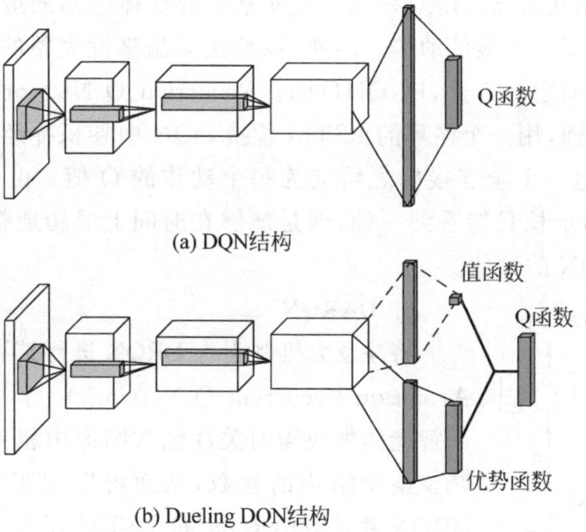

图 9-2 单支路 Q 网络和 Dueling Q 网络①

Dueling Q 网络的一个支路的全连接层输出标量 $V(s;\boldsymbol{\theta},\boldsymbol{\beta})$，另一个支路的全连接层输出 $|A|$ 维向量，$A(s,a;\boldsymbol{\theta},\boldsymbol{\alpha})$，$\boldsymbol{\theta}$ 表示两部分共有的卷积神经网络的参数，$\boldsymbol{\alpha}$ 和$\boldsymbol{\beta}$ 是两部分独有的全连接层的参数。使用优势定义，可以按如下方式构建聚合模块。

$$Q(s,a;\boldsymbol{\theta},\boldsymbol{\alpha},\boldsymbol{\beta})=V(s;\boldsymbol{\theta},\boldsymbol{\beta})+A(s,a;\boldsymbol{\theta},\boldsymbol{\alpha}) \tag{9-7}$$

在给定 Q 的意义上，上式是不可识别的，不能唯一地恢复状态值函数和优势函数。如果在 $V(s;\boldsymbol{\theta},\boldsymbol{\beta})$ 中加一个常数，并从 $A(s,a;\boldsymbol{\theta},\boldsymbol{\alpha})$ 中减去相同的常数，该常数抵消会导致出现相同的 Q 值。为了解决不可识别问题，可以强制使优势函数估计器在所选择的操作中没有任何优势，让网络的最后一个模块实现前向映射。

$$Q(s,a;\boldsymbol{\theta},\boldsymbol{\alpha},\boldsymbol{\beta})=V(s;\boldsymbol{\theta},\boldsymbol{\beta})+\left(A(s,a;\boldsymbol{\theta},\boldsymbol{\alpha})-\max_{a'\in A}A(s,a';\boldsymbol{\theta},\boldsymbol{\alpha})\right) \tag{9-8}$$

对于最优动作 $a^*=\arg\max_{a'\in A}Q(s,a';\theta,\boldsymbol{\alpha},\boldsymbol{\beta})=\arg\max_{a'\in A}A(s,a';\boldsymbol{\theta},\boldsymbol{\alpha})$，可以

① 图片来自：Wang Z，Schaul T，Hessel M，et al. Dueling network architectures for deep reinforcement learning [C]// Proceedings of the 33nd International Conference on Machine Learning(ICML). New York City，NY，2016：1995-2003.

得到 $Q(s,a^*;\boldsymbol{\theta},\boldsymbol{\alpha},\boldsymbol{\beta})=V(s;\boldsymbol{\theta},\boldsymbol{\beta})$。这样，可以确保 $V(s;\boldsymbol{\theta},\boldsymbol{\beta})$ 是对值函数的估计，$A(s,a;\boldsymbol{\theta},\boldsymbol{\alpha})$ 是对优势函数的估计。一个替代模块用平均值代替取最大值的操作。

$$Q(s,a;\boldsymbol{\theta},\boldsymbol{\alpha},\boldsymbol{\beta})=V(s;\boldsymbol{\theta},\boldsymbol{\beta})+\left(A(s,a;\boldsymbol{\theta},\boldsymbol{\alpha})-\frac{1}{|A|}\sum_{a'}A(s,a';\boldsymbol{\theta},\boldsymbol{\alpha})\right) \tag{9-9}$$

因为 V 和 A 被一个常数偏离目标，所以失去了其原始语义。但另一方面，它对优势函数进行了去中心化处理，增加了优化的稳定性。将优势函数设置为单独的优势函数减去某个状态下所有动作优势函数的平均值，可以保证该状态下各动作的优势值及 Q 值的相对等级不变。Dueling DQN 架构作为神经网络的一部分，而不是单独的算法步骤。与 DQN 一样，对 Dueling DQN 架构的训练仅需要反向传播。由于 Dueling DQN 架构与 DQN 共享输入输出，可以循环 Q 网络的学习算法以训练 Dueling DQN。

4. DRQN

DQN 最初是应用在机器人游戏领域，DQN 基于智能体感知的最后四个游戏状态相对应的视觉信息来决定下一个最佳动作。因此，该算法无法掌握完整的游戏状态，所以 DQN 无法解决部分观测的问题。为此，DRQN(Deep Recurrent Q Network)将每一次输入由四帧画面减少为一帧画面，用一个循环的 LSTM 替换 DQN 中卷积神经网络的第一个全连接层，LSTM 的输出经过一个全连接层之后变为每个动作的 Q 值。由此产生的深度循环 Q 网络虽然在每个时间步长只能看到一帧，但是能够在时间上成功地整合信息，并在标准的 Atari 游戏中优于 DQN 的性能。

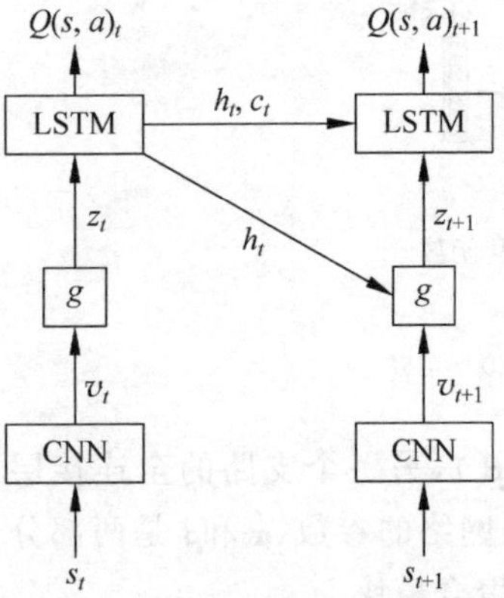

图 9-3 DARQN 部分结构①

5. DARQN

将注意力机制引入 DRQN 进行扩展，得到 DARQN(Deep Attention Recurrent Q Network)。其中，注意力机制可以帮助智能体做决策时关注输入图像中相关性较小的信息区域，减少整个结构的参数，从而可以加速训练和测试过程。与 DRQN 相比，DARQN 的 LSTM 层存储的数据不仅用于下一个动作的选择，也用于选择下一个关注的区域。DARQN 的结构是，CNN 接收视觉图像并得到 D 个大小为 $M\times M$ 的特征图，注意力网络将特征图转换为包含 $M\times M$ 个 D 维向量的输入，输出为向量中元素的线性组合 z_t，LSTM 使用 z_t、之前的隐藏状态 h_{t-1} 和记忆库中选取的状态 c_{t-1} 计算 Q 值和产生下一状态 z_{t+1}，如图 9-3 所示。

9.2 基于策略梯度的深度强化学习

DQN 算法通过卷积神经网络近似值函数，实现了高维状态空间问题的求解。但是，其优化思路为找到使动作值函数最大的动作，在连读动作空间中，每一步都需要迭代优化，DQN 便无法进行此类操作，这是 DQN 算法的盲区。如果要将 DQN 应用于连续性问题，可

① 图片来自：Sorokin I, Seleznev A, Pavlov M, et al. Deep Attention Recurrent Q-Network[EB/OL]. (2019-10-16) [2015-12-05] https://arxiv.org/pdf/1512.01693.pdf.

以通过将动作空间离散化来扩展算法的使用范围，但是缺点同样十分明显，动作的数量将随着自由度的增加呈指数式增长，在实际应用中并不划算。

在传统强化学习中，策略梯度方法通过直接优化策略的累积回报值，以端到端的方式在策略空间中进行搜索，节省了计算量浩大的中间环节，适用于连续动作问题。因此，深度强化学习的另一思路是将策略梯度方法和深度神经网络结合，基于策略梯度的深度强化学习方法比基于值函数的深度强化学习方法适用范围更广。

9.2.1 深度确定性策略梯度算法

DeepMind 团队于 2016 年提出了深度确定性策略梯度(Deep Deterministic Policy Gradient，DDPG)算法，以 Actor-Critic 为框架，将深度学习和确定性策略梯度(Deterministic Policy Gradient，DPG)结合，利用卷积神经网络对策略函数和 Q 函数进行模拟。该方法能够解决连续动作空间的深度强化学习问题。

1. DPG

策略梯度(详细内容见 7.4 节)是强化学习中学习连续的行为控制策略的经典方法，其基本思想是，通过概率分布函数 $\pi(a\mid s,\boldsymbol{\theta})$ 表示每一步的最优策略，基于该分布进行动作采样，获取当前最佳动作值，即

$$\pi(a\mid s,\boldsymbol{\theta})=P(A_t=a\mid S_t=s,\boldsymbol{\theta}_t=\boldsymbol{\theta}) \tag{9-10}$$

策略梯度方法实际输出的是动作的概率分布，因此也被称作随机策略梯度(Stochastic Policy Gradient，SPG)。虽然该方法能够求解连续动作空间问题，但缺陷也十分明显。当动作为高维向量时，针对生成的随机策略，动作采样是十分耗费计算能力的。

确定性随机策略通过直接生成确定性的行为策略来解决频繁动作采样带来的计算量问题，此时每一步动作通过策略函数 μ 都将获得唯一确定值。业界曾经普遍认为，无模型的确定性策略是不存在的，直到 David Silver 和他的团队于 2014 年通过严密的数学推导，证明了确定性策略梯度的存在，同时证明了确定性策略梯度是随机性策略梯度的一种极限形式。

令 $\pi_{\boldsymbol{\theta}}$ 表示随机策略，$\mu_{\boldsymbol{\theta}}$ 表示确定性策略，目标函数为获得的累积回报 $J(\boldsymbol{\theta})$。随机策略梯度中目标函数表示为状态空间和动作空间的双重积分，即

$$J(\pi_{\boldsymbol{\theta}})=\int_S \rho^{\pi}(s)\int_A \pi_{\boldsymbol{\theta}}(a\mid s)r(s,a)\,\mathrm{d}a\,\mathrm{d}s \tag{9-11}$$

确定性策略梯度只需要对状态空间进行积分，如式(9-11)所示，这使得 DPG 的计算量大大缩小，对于样本的数量要求也大幅度降低。实际上，DPG 每次更新的计算成本与动作维度和策略参数的数量呈线性关系。

$$J(\mu_{\boldsymbol{\theta}})=\int_S \rho^{\mu}(s)r(s,\mu_{\boldsymbol{\theta}}(s))\,\mathrm{d}s \tag{9-12}$$

结合目标函数，能够得到确定性策略梯度目标函数的梯度表达式(对推导过程感兴趣的读者可自行查找相关论文进行研究)为

$$\begin{aligned}\nabla_{\boldsymbol{\theta}}J(\mu_{\boldsymbol{\theta}})&=\int_S \rho^{\mu}(s)\nabla_{\boldsymbol{\theta}}\mu_{\boldsymbol{\theta}}(s)\nabla_a Q^{\mu}(s,a)\big|_{a=\mu_{\boldsymbol{\theta}}(s)}\,\mathrm{d}s\\&=\mathrm{E}_{s\sim\rho^{\mu}}\left[\nabla_{\boldsymbol{\theta}}\mu_{\boldsymbol{\theta}}(s)\nabla_a Q^{\mu}(s,a)\big|_{a=\mu_{\boldsymbol{\theta}}(s)}\right]\end{aligned} \tag{9-13}$$

从另一方面而言，确定性策略梯度输出确定性策略也导致其失去了 SPG 可以通过随机

采样实现对于不同动作的探索能力。因此，确定性策略需要利用 Off-Policy 实现探索和利用的平衡，根据随机性表现策略选择动作，保证探索性；学习确定性目标策略，充分利用确定性策略的高效性。

DPG 思想可以和 Actor-Critic 结合，实现 Off-Policy 算法，与第 7 章介绍的 Off-PAC 算法不同的是，DPG 消除了对动作空间的积分，因此避免了传统 Off-Policy 中需要的重要性采样，算法涉及的三个主要参数的更新规则如下：

$$\text{TD Error：}\delta_t = r_t + \gamma Q^w(s_{t+1}, \mu_{\boldsymbol{\theta}}(s_{t+1})) - Q^w(s_t, a_t)$$

$$\text{估值函数参数 }\boldsymbol{w}\text{：}\boldsymbol{w}_{t+1} = \boldsymbol{w}_t + \alpha_w \delta_t \nabla_w Q^w(s_t, a_t)$$

$$\text{策略参数}\boldsymbol{\theta}\text{：}\boldsymbol{\theta}_{t+1} = \boldsymbol{\theta}_t + \alpha_{\boldsymbol{\theta}} \nabla_{\boldsymbol{\theta}} \mu_{\boldsymbol{\theta}}(s_t) \nabla_a Q^w(s_t, a_t)\big|_{a=\mu_{\boldsymbol{\theta}}(s)}$$

其中，TD Error 和估值函数都采用了值函数近似的方法更新参数，策略函数的参数则使用了确定性策略梯度的方法进行更新，DDPG 算法便是基于该框架得到的。

2. DDPG

DDPG 采用 Actor-Critic 的结构，Actor 利用确定性策略梯度方法学习最优行为策略；Critic 利用 Q-Learning 方法实现对动作值函数的评估和优化；DDPG 对这两部分需要的函数通过卷积神经网络进行拟合。

对卷积神经网络进行训练时，数据需要满足独立同分布的条件，但强化学习中的数据是按照顺序采集的，存在马尔可夫性。在 DQN 中，使用经验回放机制来解决数据关联性问题。DDPG 不仅沿用了经验回放机制，同时也使用了目标 Q(Target-Q)网络，以提高收敛的稳定性，也进行了一定程度的修改，以提高算法的实际效益。

1）经验回放机制

智能体通过和环境交互得到数据元组(s_t, a_t, r_t, s_{t+1})，并将其存进经验池（Replay Buffer），Actor 和 Critic 网络需要更新时就从经验池进行小批量抽样，抽样的小批量数据元组可以表示为(s_i, a_i, r_i, s_{i+1})。如果经验池存储的数据数量到达峰值，旧数据会自动被丢弃。

因为 DDPG 是一种 Off-Policy 算法，所以经验缓存池可以足够大，以尽可能实现更新时选取的样本完全不相关。

2）目标网络

DDPG 中存在两个目标网络（Target Network），分别对应 Actor 和 Critic。DQN 中目标 Q 网络间隔固定的时间直接将用于估值的 Q 网络的参数复制进行参数更新，与此不同，DDPG 采用了一种 Soft 参数更新模式，每一步都将目标网络中的参数修正一点。假设 Actor 对应目标网络的参数为$\boldsymbol{\theta}^{\mu'}$，Critic 对应的目标网络参数为$\boldsymbol{\theta}^{Q'}$，Soft 模式下参数的更新规则为

$$\begin{aligned}\boldsymbol{\theta}^{\mu'} &\leftarrow \tau\boldsymbol{\theta}^{\mu} + (1-\tau)\boldsymbol{\theta}^{\mu'} \\ \boldsymbol{\theta}^{Q'} &\leftarrow \tau\boldsymbol{\theta}^{Q} + (1-\tau)\boldsymbol{\theta}^{Q'}\end{aligned} \tag{9-14}$$

其中，$\tau \ll 1$。这种参数更新方式更接近监督学习，能够极大程度地提高学习的稳定性，但存在的问题是更新速度较慢。

3）批标准化

当从低维特征向量中学习时，环境反馈的观测信息（observation）的不同组成部分可能

会有不同的物理单位(例如位置和速度),而且可能随着环境的变化发生改变。这种情况使得网络很难进行高效学习。

另一方面,想要找到能够满足不同规模尺寸的环境状态值的泛化超参数也十分困难。DDPG 选择采用深度学习中的一个特殊技巧——批标准化(Batch Normalization),该方法使输入值被强制标准化为均值为 0、方差为 1 的标准正态分布。

4) 加噪声

为了保证有足够的探索性,结合 Off-Policy 的特性,DDPG 通过加入噪声(Adding Noise)来构造探索性策略 μ',独立于原来的学习算法。

$$\mu'(s_t)=\mu(s_t\,|\,\boldsymbol{\theta}_t^{\mu})+N \tag{9-15}$$

N 表示噪声,DDPG 中使用 Uhlenbeck-Ornstein(UO)随机过程作为引入的随机噪声,UO 随机过程在时序上具备很好的相关性,可以使智能体更好地探索具备动量属性的环境。

DDPG 算法如表 9-3 所示。

表 9-3　DDPG 算法

初始化 Critic 网络 $Q(s,a\,|\,\boldsymbol{\theta}^Q)$ 和 Actor 网络 $\mu(s\,|\,\boldsymbol{\theta}^\mu)$,对应参数分别为 $\boldsymbol{\theta}^Q,\boldsymbol{\theta}^\mu$;
初始化目标网络 Q',μ',对应参数为 $\boldsymbol{\theta}^{Q'}\leftarrow\boldsymbol{\theta}^Q,\boldsymbol{\theta}^{\mu'}\leftarrow\boldsymbol{\theta}^\mu$;
初始化经验池 R
For episode=1: M **Do**
　初始化随机过程 N(用于动作探索)
　收到初始观测状态反馈 s_1
　For t=1: T **Do**
　　根据当前策略和噪声情况选择动作 $a_t=\mu(s_t\,|\,\boldsymbol{\theta}^\mu)+N_t$
　　执行动作 a_t,观察奖励 r_t 和新状态 s_{t+1}
　　在经验池 R 中存储经验 (s_t,a_t,r_t,s_{t+1})
　　从经验池 R 中随机采样 N 组小批量经验 (s_i,a_i,r_i,s_{i+1})
　　令 $y_i=r_i+\gamma Q'(s_{i+1},\mu'(s_{i+1}\,|\,\boldsymbol{\theta}^{\mu'})\,|\,\boldsymbol{\theta}^{Q'})$
　　更新 Critic 网络:最小化损失函数

$$L=\frac{1}{N}\sum_i(y_i-Q(s_i,a_i\,|\,\boldsymbol{\theta}^Q)^2)$$

　　利用抽样数据的梯度更新 Actor 策略:

$$\nabla_{\boldsymbol{\theta}^\mu}\mu\,|_{s_i}\approx\frac{1}{n}\sum_i\nabla_a Q(s,a\,|\,\boldsymbol{\theta}^Q)\,|_{s=s_i,a=\mu(s_i)}\nabla_{\boldsymbol{\theta}^\mu}\mu(s\,|\,\boldsymbol{\theta}^\mu)\,|_{s_i}$$

　　更新目标网络:

$$\boldsymbol{\theta}^{\mu'}\leftarrow\tau\boldsymbol{\theta}^\mu+(1-\tau)\boldsymbol{\theta}^{\mu'}$$
$$\boldsymbol{\theta}^{Q'}\leftarrow\tau\boldsymbol{\theta}^Q+(1-\tau)\boldsymbol{\theta}^{Q'}$$

　End For
End For

9.2.2　异步深度强化学习算法

无论是 DQN 还是 DDPG,为了解决获取的数据不满足深度学习训练数据要求的独立同分布条件的问题,都统一使用了经验回放机制,将数据存储在缓存池中,在不同的时间步进行随机抽样。该方法成功解决了强化学习中数据间的时间关联性,但代价是需要更多的存储和计算资源。同时,由于需要使用从旧策略产生的数据更新目标策略,因此只能使用

Off-Policy 的强化学习方法，将能够和深度学习结合的强化学习方法局限在 Off-Policy 的范围。

DeepMind 团队于 2016 年完全摒弃了经验回放机制，提出了一种新的深度强化学习方法——异步深度强化学习(Asynchronous Methods For Deep Reinforcement Learning, A3C)，利用 CPU 的多线程，实现多个智能体并行学习，每个线程可以对应不同的探索策略，这种异步并行方法能够去除数据相关性。

1. 异步深度强化学习

异步深度强化学习是一种轻量级的异步学习框架，在多个环境实例中并行异步地执行多个智能体，将传统算法扩展至多线程异步结构，每个线程都有一个智能体运行在相同的环境中，每一步生成一个参数的梯度，一定步数后多线程共享参数，实现了多个线程对梯度更新信息的累加。通俗理解为一个人拥有多个分身，在相同时间内，所有分身自行进行学习，时间到了，分身的学习成果可以在主体上实现叠加，既节省了时间又提高了效率。

具体包括 4 种算法：异步单步 SARSA、异步单步 Q-Learning、异步多步 Q-Learning 和 A3C 算法。其中，A3C 算法的表现最优。

A3C 将原本的 Actor 和 Critic 复制成多份，放在相同的环境但不同的核中进行训练，其中有一个主要的(Global) Actor-Critic 网络，它不断地从各个副本更新的参数中进行学习，同时将新的参数送到各个副本中，使副本中的参数完成更新。

异步强化学习框架的好处是明显的，异步并行方法代替了数据缓存池，节约了存储资源和每次交互产生的计算资源；不同的智能体可以采用不同的探索策略来最大化数据间的多样性，提高稳定性；异步学习框架的普适性将一大批传统的 On-Policy 方法解锁，无论是 SARSA 还是 Q-Learning 都能够和该学习框架良好地结合，利用深度学习实现高效运行。最重要的一点是，异步深度强化学习对设备的要求大幅度降低，不像传统方法要求 GPU 或是大规模的分布式设备进行计算，异步深度强化学习只需要运行在一个多核的 CPU 单机上即可，而同时在单个 CPU 上运行也能够减少在不同硬件上运行带来的通信成本。

2. A3C 算法

A3C(Asynchronous Advantage Actor-Critic)算法是一种基于 Actor-Critic 的异步学习算法。A3C 创造了多个并行的相同环境，让拥有相同结构的智能体副本同时运行在这些并行环境中，以更新主结构的参数。并行中的智能体互不干扰，主要结构的参数依靠不同副结构不连续提交的更新进行更新，因此更新的相关性被降低，收敛性提高。

准确来说，A3C 涉及的强化学习算法被称为 A2C(Advantage Actor-Critic)，A2C 指在原始 Actor-Critic 算法中加入优势函数后形成的方差更小、收敛性更好的算法(详见 7.4 节)，选择状态值函数 $V^{\pi}(s_t)$ 作为基准项，并利用动作值函数和状态值函数的贝尔曼方程 ($Q^{\pi}(s_t,a_t)=\mathrm{E}[r_t+\gamma V^{\pi}(s_{t+1})]$)对动作值函数进行替换，最终使用仅涉及一个变量的状态值函数计算 TD Error。

与 DDPG 相同的是，A3C 也使用了深度神经网络实现 Actor 和 Critic 中对于策略和值函数的估计。不同的是，A3C 中没有使用确定性策略梯度，而是与异步多步 Q-Learning 方法类似，选择前向视角的多步回报同时更新策略函数和估计值函数。因此，在每次循环结束后或者到达最终状态后，才对策略函数和价值函数进行更新。

具体的 A3C 算法如表 9-4 所示。

表 9-4 每个 Actor-Learner 线程的 A3C 算法

//设全局共享的参数为$\boldsymbol{\theta}$ 和$\boldsymbol{\theta}_v$,全局共享的计数器 $T=0$
//设线程专有参数为$\boldsymbol{\theta}'$和$\boldsymbol{\theta}'_v$
1. 初始化线程步长计数器 $t\leftarrow 1$
2. **Repeat**
3. 重置梯度值: $\mathrm{d}\boldsymbol{\theta}\leftarrow 0$,$\mathrm{d}\boldsymbol{\theta}_v\leftarrow 0$
4. 同步线程专有参数$\boldsymbol{\theta}'=\boldsymbol{\theta}$,$\boldsymbol{\theta}'_v=\boldsymbol{\theta}_v$
令 $t_{\text{start}}=t$
获取状态 s_t
5. **Repeat**
6. 根据策略 $\pi(a_t\,|\,s_t;\boldsymbol{\theta}')$执行动作 a_t
7. 收到反馈回报值 r_t 和下一状态 s_{t+1}
8. 更新参数: $t\leftarrow t+1$,$T\leftarrow T+1$
9. **Until** 到达终止状态 s_t 或 $t-t_{\text{start}}=t_{\max}$

$$R=\begin{cases}0, & \text{当终止状态为 } s_t\\ V(s_t,\theta'_v), & \text{当 } s_t \text{ 为非终止状态}\end{cases}\quad // \text{从上一次状态 Bootstrap}$$

10. **For** $i\in\{t-1,\cdots,t_{\text{start}}\}$ **Do**
11. $R\leftarrow r_i+\gamma R$
累积梯度参数$\boldsymbol{\theta}'$和$\boldsymbol{\theta}'_v$:

$$\mathrm{d}\boldsymbol{\theta}\leftarrow \mathrm{d}\boldsymbol{\theta}+\nabla_{\boldsymbol{\theta}}\log\pi(a_i\,|\,s_i;\boldsymbol{\theta}')\,(R-V(s_i;\boldsymbol{\theta}'_v))$$
$$\mathrm{d}\boldsymbol{\theta}_v\leftarrow \mathrm{d}\boldsymbol{\theta}_v+\partial(R-V(s_i;\boldsymbol{\theta}'_v))^2/\partial\boldsymbol{\theta}'_v$$

12. **End For**
13. 利用 $\mathrm{d}\boldsymbol{\theta}$ 和 $\mathrm{d}\boldsymbol{\theta}_v$ 对$\boldsymbol{\theta}$ 和$\boldsymbol{\theta}_v$ 进行异步更新
14. **Until** $T>T_{\max}$

从表 9-4 可以看出,A3C 中存在类似于一个中央大脑的主网络(Global Net),其余均为副本网络,根据计数器的计数情况定时向主网络推送更新,然后从主网络获得综合版本的更新。其中,第 9 步的回报计算分为两种情况,当为终止状态时,$R=0$;当为非终止状态/从上一次状态 Bootstrap 时,$R=V(s_t,\boldsymbol{\theta}'_v)$。网络结构使用了卷积神经网络,其中一个 softmax 输出作为策略函数 $\pi(a_t\,|\,s_t;\boldsymbol{\theta})$,另一个线性输出则为估值函数 $V(s_t;\boldsymbol{\theta}_v)$,其余均共享。另外,将策略熵(Entropy Of The Policy)加入目标函数中,可以避免收敛到次优确定性解。

作者还在论文中仔细阐述了优化方法,有兴趣的同学可以自行阅读论文。

9.2.3 信赖域策略优化及其衍生算法

第 7 章曾介绍过如何区分 On-Policy 方法和 Off-Policy 方法,根据与环境进行交互的策略和最终学习的策略是否相同进行判断。On-Policy 是指学习策略和交互策略采用相同的策略,这面临着数据利用中的一个劣势:根据抽样数据对策略进行更新后,需要对新策略下的数据进行重新采样,才能进行下一轮策略更新和优化。这种方法对于数据的利用效率低下,而且频繁采样无疑是浪费时间的。Off-Policy 将学习策略和交互策略一分为二,利用行为策略 π_b,即与环境产生交互的策略,进行数据采样;目标策略 π 根据行为策略 π_b 抽样产生的数据进行参数更新,因为行为策略 π_b 是固定的,所以采样得到的数据可以被反复利用。

但行为策略和目标策略是不同的策略,如果要通过行为策略 π_b 得到的样本对目标策略 π 进行更新,需要借助重要性采样:利用重要性采样比率$(p_\pi(a_t\,|\,s_t)/p_{\pi_b}(a_t\,|\,s_t))$实现分

布的转换，这样得到的目标策略下的函数期望与根据目标策略抽样数据计算的期望是相等的。

$$\mathrm{E}_{x\sim\pi}[f(x)]=\mathrm{E}_{x\sim\pi_b}\left[f(x)\frac{p_\pi(a_t|s_t)}{p_{\pi_b}(a_t|s_t)}\right] \tag{9-16}$$

据此特性，重要性采样在传统 Off-Policy 强化学习中起到了举足轻重的作用，但需要注意的是，直接计算和依靠重要性采样这两种方法的方差并不相同。

$$\begin{aligned}&\mathrm{Var}_{x\sim\pi}[f(x)]=\mathrm{E}_{x\sim\pi}[f(x)^2]-(\mathrm{E}_{x\sim\pi}[f(x)])^2\\&\mathrm{Var}_{x\sim\pi_b}\left[f(x)\frac{p_\pi(a_t|s_t)}{p_{\pi_b}(a_t|s_t)}\right]=\mathrm{E}_{x\sim\pi}\left[f(x)^2\frac{p_\pi(a_t|s_t)}{p_{\pi_b}(a_t|s_t)}\right]-(\mathrm{E}_{x\sim\pi}[f(x)])^2\end{aligned} \tag{9-17}$$

如果目标策略和行为策略两者分布差别过大，方差就会出现较大的差别，在训练过程中需要进行多次采样来避免这种差别对结果造成影响。

实际中希望能有更加简便的方法从根本上保证两种策略分布之间的差距不要太大，也就是每次更新时能较小幅度地改变分布的形态，通过增加约束条件，将两种分布的差距限定在能够接受的范围内。基于这种考虑，伯克利大学的统计学博士 John Schulman 于 2017 年提出了信赖域策略优化(Trust Region Policy Optimization，TRPO)算法，近端策略优化(Proximal Policy Optimization，PPO)算法则是基于 TRPO 算法的改良版本。

1. TRPO

回顾 7.4 节曾介绍过的策略梯度方法，策略参数更新过程中需要满足

$$\boldsymbol{\theta}_{\text{new}}=\boldsymbol{\theta}_{\text{old}}+\alpha\,\nabla_{\boldsymbol{\theta}}J \tag{9-18}$$

根据式(9-18)能够看出，在参数更新的过程中，涉及一个很重要的问题，就是更新步长 α 的选择，当更新步长选择的不合适时，策略函数的表现可能会越来越差。TRPO 算法就是为了解决这个问题提出的。它与其他策略优化算法不同，它的目的是找到一个合适的步长，确保每次更新时目标函数的不减性，保证策略优化总是朝着更好的方向前进。

TRPO 算法是信赖域(又称作置信域)和强化学习相结合而产生的新方法。信赖域(Trust Region)和线搜索(Line Search)是优化问题中常用的两种策略。线搜索方法首先找到一个使目标函数下降的方向，然后计算应该沿着该方向移动的步长。确定函数下降方向时，可以采用的计算方法多种多样，例如常用的梯度下降法、牛顿法或拟牛顿法。信赖域与之不同，首先将函数的下降范围缩小到一个具体范围，小到能够使用另外一个新的函数(Model Function)来近似目标函数，再通过优化这个函数确定更新的方向和步长。TRPO 利用了信赖域的方法，通过为问题增加优化条件，近似实现目标函数的最优求解。

如果将新策略对应的目标函数拆分为旧策略对应的目标函数和其他项，只要其他项大于等于 0，那么新策略就能够保证累积回报单调不减。用 η 表示目标函数(累积回报)，$\tilde{\pi}$ 表示新策略，π 表示旧策略，那么新策略对应的目标函数可以表示为

$$\eta(\tilde{\pi})=\eta(\pi)+\mathrm{E}_{a_t\sim\tilde{\pi}(\cdot|s_t)}\left[\sum_{t=0}^{\infty}\gamma^t A_\pi(s_t,a_t)\right] \tag{9-19}$$

等式(9-19)右边包含优势函数 $A_\pi(s_t,a_t)$ 的折扣累积期望，该项是新旧策略累积回报的差值，如果在策略更新后，所有状态的优势函数为非负值，那么就能够实现策略函数的增长。具体证明不在这里进行讲解，对此及之后涉及的公式或定理证明过程感兴趣的同学可以自行查阅 TRPO 论文。$\mathrm{E}_{a_t\sim\tilde{\pi}(\cdot|s_t)}[\cdot]$表示每个时间步的动作都是依据新策略 $\tilde{\pi}$ 进行

抽样。该项可以根据概率分布进行改写,先对状态 S 的整个动作空间求和,再对整个状态空间求和,最后是整个时间序列求和,如下式。

$$\mathrm{E}_{a_t \sim \tilde{\pi}(\cdot \mid s_t)}\left[\sum_{t=0}^{\infty}\gamma^t A_\pi(s_t,a_t)\right]=\sum_{t=0}^{\infty}\sum_{s}P(s_t=s\mid\tilde{\pi})\sum_{a}\tilde{\pi}(a\mid s)\gamma^t A_\pi(s,a) \tag{9-20}$$

如果令 ρ_π 表示折扣访问频率,$\rho_\pi=P(s_0=s)+\gamma P(s_1=s)+\gamma^2 P(s_2=s)+\cdots$,那么新策略对应的目标函数可以写为

$$\eta(\tilde{\pi})=\eta(\pi)+\sum_{s}\rho_{\tilde{\pi}}(s)\sum_{a}\tilde{\pi}(a\mid s)A_\pi(s,a) \tag{9-21}$$

需要注意的是,这里的状态 s 对新策略有很强的依赖性,而更新的最终目的也是获得新策略,所以如果在计算中需要用到有关新策略状态分布等所求量,实际中是不具备可操作性的。TRPO 算法采用了一些小技巧来解决这个问题,首先是用旧策略的状态分布代替新策略的状态分布,因为每次策略更新带来的变化并不大,所以利用旧策略近似替代,对目标函数进行估算。

$$L_\pi(\tilde{\pi})=\eta(\pi)+\sum_{s}\rho_\pi(s)\sum_{a}\tilde{\pi}(a\mid s)A_\pi(s,a) \tag{9-22}$$

已经得到证明的是,假设存在可微的参数化策略 π_θ,L 和 η 都是策略 π_θ 的函数,那么 L_π 是 η 的一阶近似。

$$\begin{aligned}&L_{\pi_{\boldsymbol{\theta}_0}}(\pi_{\boldsymbol{\theta}_0})=\eta(\pi_{\boldsymbol{\theta}_0})\\&\nabla_{\boldsymbol{\theta}}L_{\pi_{\boldsymbol{\theta}_0}}(\pi_{\boldsymbol{\theta}_0})\big|_{\boldsymbol{\theta}=\boldsymbol{\theta}_0}=\nabla_{\boldsymbol{\theta}}\eta(\pi_{\boldsymbol{\theta}_0})\big|_{\boldsymbol{\theta}=\boldsymbol{\theta}_0}\end{aligned} \tag{9-23}$$

此外,二者梯度变化方向是相同的。故在$\boldsymbol{\theta}_{\text{old}}$ 附近,能改善 $L_\pi(\tilde{\pi})$的策略也一定能够改善 η。但是,这里并没有给出具体的步长大小,为了解决这个问题,Kakade 和 Langford 曾提出一种策略更新方法——保守策略迭代(Conservative Policy Iteration,CPI),借此实现在一定的前提下找到最优的近似策略的目的。CPI 方法利用混合策略(Mixture Policy)的方式更新策略:$\pi_{\text{new}}=(1-\alpha)\pi_{\text{old}}+\alpha\pi'$,并给出了利用此更新方式时策略性能增长的下界。

但这种方法实用性很差,TRPO 算法将 CPI 的适用范围从混合策略拓展到一般的随机策略,将 α 用总差异散度(Total Variation Divergence)在各个状态的最大值 $D_{\text{TV}}^{\max}(\pi_{\text{old}},\pi_{\text{new}})$进行替换,再结合总差异散度和 KL 散度的关系:$D_{\text{TV}}(p\parallel q)^2\leqslant D_{\text{KL}}(p\parallel q)$,将其用 KL 散度进行替换,最终更新后的策略性能下界的表达式如下:

$$\eta(\tilde{\pi})\geqslant L_\pi(\tilde{\pi})-CD_{\text{KL}}^{\max}(\pi,\tilde{\pi}) \tag{9-24}$$

其中,补偿系数 $C=\dfrac{4\varepsilon\gamma}{(1-\gamma)^2}$,不等式右边的表达式也被称为替代函数(Surrogate Function)。如果要生成一系列单调不减的策略序列:$\eta(\pi_0)\leqslant\eta(\pi_1)\leqslant\eta(\pi_2)\leqslant\cdots$,令 $M_i(\pi)=L_{\pi_i}(\pi)-CD_{\text{KL}}^{\max}(\pi_i,\pi)$,可以得到

$$\eta(\pi_{i+1})\geqslant M_i(\pi_{i+1}),\quad \eta(\pi_i)=M_i(\pi_i) \tag{9-25}$$

因此,能够得出如下结论。

$$\eta(\pi_{i+1})-\eta(\pi_i)\geqslant M_i(\pi_{i+1})-M_i(\pi_i) \tag{9-26}$$

根据该不等式,在之后的迭代过程中只需要最大化 M_i,就能够保证 η 具有单调不减

性。这样，策略优化问题便可以转换为不断寻找函数最大值的过程。重新定义相关参数符号，令$\boldsymbol{\theta}$表示策略，$\boldsymbol{\theta}_{\text{old}}$表示希望得到改善的旧策略，那么希望找到的参数满足

$$\max_{\boldsymbol{\theta}}\left[L_{\boldsymbol{\theta}_{\text{old}}}-CD_{\text{KL}}^{\max}(\boldsymbol{\theta}_{\text{old}},\boldsymbol{\theta})\right] \tag{9-27}$$

如果直接优化替代函数，得到的步长是很小的，为了加大步长同时保证算法的健壮性，TRPO 算法使用 KL 散度的约束条件 $D_{\text{KL}}^{\max}(\pi,\tilde{\pi})\leqslant\delta$ 来代替惩罚项。由于状态有无穷多个，意味着约束条件也有无穷多个，直接使用该约束条件并不现实，所以再次进行近似，用平均散度替代最大散度，即

$$\begin{aligned}&\underset{\boldsymbol{\theta}}{\text{maximize}}\ L_{\boldsymbol{\theta}_{\text{old}}}(\boldsymbol{\theta})\\&\text{subject to }\overline{D}_{\text{KL}}^{\rho_{\boldsymbol{\theta}_{\text{old}}}}(\boldsymbol{\theta}_{\text{old}},\boldsymbol{\theta})\leqslant\delta\end{aligned} \tag{9-28}$$

TRPO 算法在求解最大化替代函数时，对 $L_{\boldsymbol{\theta}_{\text{old}}}(\boldsymbol{\theta})$ 中涉及的参量根据计算难易程度做了不同的近似，$\underset{\boldsymbol{\theta}}{\text{maximize}}\,L_{\boldsymbol{\theta}_{\text{old}}}(\theta)\sim\underset{\boldsymbol{\theta}}{\text{maximize}}\sum_{s}\rho_{\boldsymbol{\theta}_{\text{old}}}(s)\sum_{a}\pi_{\boldsymbol{\theta}}(a\mid s)A_{\boldsymbol{\theta}_{\text{old}}}(s,a)$，包括对约束问题的二次近似以及非约束问题的一次近似，这是凸优化中一种常见的近似方法：利用期望 $\frac{1}{1-\gamma}\mathrm{E}_{s\sim\rho_{\boldsymbol{\theta}_{\text{old}}}}[\cdots]$ 代替 $\sum_{s}\rho_{\boldsymbol{\theta}_{\text{old}}}(s)$；利用更易获取的动作值函数 $Q_{\boldsymbol{\theta}_{\text{old}}}$ 代替优势函数 $A_{\boldsymbol{\theta}_{\text{old}}}$，只改变了一个常数值；对某一状态对应动作空间的求和用重要性采样代替，令 q 表示重要性采样比率，最终由替代函数表述的最大化问题可以表示为

$$\begin{aligned}&\underset{\boldsymbol{\theta}}{\text{maximize}}\ \mathrm{E}_{s\sim\rho_{\boldsymbol{\theta}_{\text{old}}},a\sim q}\left[\frac{\pi_{\boldsymbol{\theta}}(a\mid s)}{q(a\mid s)}Q_{\boldsymbol{\theta}_{\text{old}}}(s,a)\right]\\&\text{subject to }\mathrm{E}_{s\sim\rho_{\boldsymbol{\theta}_{\text{old}}}}\left[D_{\text{KL}}(\pi_{\boldsymbol{\theta}_{\text{old}}}(\cdot\mid s)\,\|\,\pi_{\boldsymbol{\theta}}(\cdot\mid s))\right]\leqslant\delta\end{aligned} \tag{9-29}$$

实际中要做的是用样本平均值代替期望值，用经验估计值代替 Q 值。而对于采样问题，TRPO 算法给出了两种方法——单路径（Single-Path）和多路径（Vine）。两种方法的区别是，单路径方法抽样后生成一条轨迹；多路径方法会在每个状态延伸出多个不同的动作，就像藤蔓，在不同轨迹的每个状态中执行不同动作，这种方法带来的方差会更小。

TRPO 算法的流程有 3 步。首先，使用单路径或多路径方法采样得到一系列状态动作对，利用蒙特卡罗方法估算得到的 Q 值；其次，通过对样本平均得到优化问题中替代函数和约束条件的估计；最后，近似解决该约束优化问题，更新参数向量。论文中采用的是共轭梯度（Conjugate Gradient）和线搜索（Line Search）的方法。

2. PPO

PPO 算法由 OpenAI 团队提出，在 TRPO 算法的基础上进行了改良，保留了 TRPO 算法数据效率高、训练结构健壮性强的优势，同时将 TRPO 算法烦琐的计算过程简化为一阶优化，更易于实现。关于 PPO 算法的论文中有两种不同的方法，一般称为 PPO 算法和 PPO2 算法。

（1）PPO

PPO 算法用惩罚项，即正则项代替约束条件，将问题转变为无约束的优化问题。

$$\underset{\boldsymbol{\theta}}{\text{maximize}}\,L^{\text{KLPEN}}(\boldsymbol{\theta})=\underset{\boldsymbol{\theta}}{\text{maximize}}\hat{\mathrm{E}}_{t}\left[\frac{\pi_{\boldsymbol{\theta}}(a_t\mid s_t)}{\pi_{\boldsymbol{\theta}_{\text{old}}}(a_t\mid s_t)}\hat{A}_t-\beta\text{KL}\left[\pi_{\boldsymbol{\theta}_{\text{old}}}(\cdot\mid s_t),\pi_{\boldsymbol{\theta}}(\cdot\mid s_t)\right]\right] \tag{9-30}$$

β 为惩罚项的系数。TRPO 算法选择用严格的约束条件，而不是惩罚项，因为选择一个在不同问题或者只在单个问题中表现良好的系数 β 很困难，参数会随着学习的进程不断变化。要想获得一个具有 TRPO 改进效果的一阶算法，实验证明，如果只是简单地确定一个固定的惩罚项系数并用随机梯度下降方法对带惩罚项的目标函数进行优化的效果并不好，需要其他更灵活的改进思路。PPO 算法通过能够根据目标函数的具体情况灵活变化的自适应系数来解决这个问题。

令 $d=\hat{\mathrm{E}}_t[\mathrm{KL}[\pi_{\boldsymbol{\theta}_{\mathrm{old}}}(\cdot|s_t),\pi_{\boldsymbol{\theta}}(\cdot|s_t)]]$，同时确定一个预定值 d_{targ}。当 $d<d_{\mathrm{targ}}/1.5$ 时，$\beta\leftarrow\beta/2$；当 $d>d_{\mathrm{targ}}/1.5$ 时，$\beta\leftarrow\beta\times 2$。也就是说，当 KL 值过大时，增大系数 β；当 KL 值过小，减小 β。

(2) PPO2

令 $r_t(\boldsymbol{\theta})$ 表示概率比，$r_t(\boldsymbol{\theta})=\dfrac{\pi_{\boldsymbol{\theta}}(a_t|s_t)}{\pi_{\boldsymbol{\theta}_{\mathrm{old}}}(a_t|s_t)}$，则当 $\boldsymbol{\theta}=\boldsymbol{\theta}_{\mathrm{old}}$ 时，$r_t(\boldsymbol{\theta}_{\mathrm{old}})=1$。利用 $r_t(\boldsymbol{\theta})$ 表示 TRPO 算法中需要最大化的替代函数，得

$$L^{\mathrm{CPI}}(\boldsymbol{\theta})=\hat{\mathrm{E}}_t\left[\frac{\pi_{\boldsymbol{\theta}}(a_t|s_t)}{\pi_{\boldsymbol{\theta}_{\mathrm{old}}}(a_t|s_t)}\hat{A}_t\right]=\hat{\mathrm{E}}_t[r_t(\boldsymbol{\theta})\hat{A}_t] \tag{9-31}$$

在没有约束条件的情况下，最大化 L^{CPI} 会导致过度的大范围更新。因此，PPO 算法考虑修正目标函数，令概率比 $r_t(\boldsymbol{\theta})$ 远离 1。论文中提出的新的目标函数为

$$L^{\mathrm{CLIP}}(\boldsymbol{\theta})=\hat{\mathrm{E}}_t[\min(r_t(\boldsymbol{\theta}))\hat{A}_t,\mathrm{CLIP}(r_t(\boldsymbol{\theta}),1-\varepsilon,1+\varepsilon)\hat{A}_t] \tag{9-32}$$

其中，ε 为超参数，可以令 $\varepsilon=0.2$。CLIP 项的存在令 r_t 不得偏离区间 $[1-\varepsilon,1+\varepsilon]$。CLIP 项称作带截断概率比的项，可以将其看作原来 L^{CPI} 函数的下界，当目标函数朝着好的方向变化时，截断概率比并不产生影响，只有在影响变坏时，截断概率化才会起作用。也就是说，只有当目标函数更新的偏移超出预定区间而获得更大的目标函数值时，CLIP 项才会产生影响。

PPO2 算法的实验效果比 PPO 算法效果更好，如图 9-4 所示。

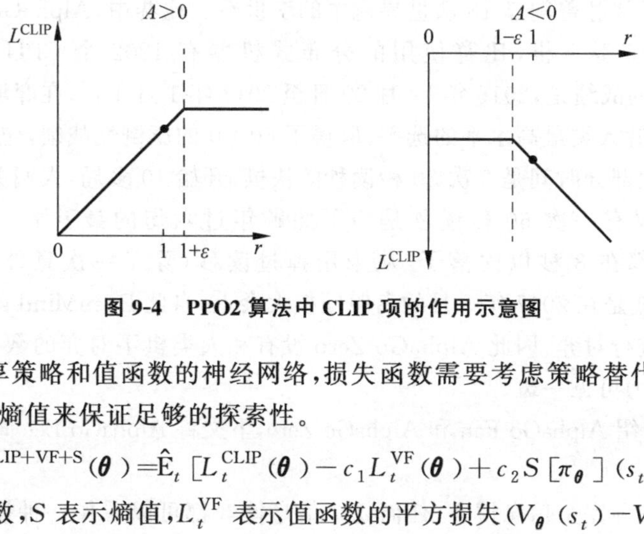

图 9-4　PPO2 算法中 CLIP 项的作用示意图

如果使用共享策略和值函数的神经网络，损失函数需要考虑策略替代和值函数近似的误差项，同时加入熵值来保证足够的探索性。

$$L_t^{\mathrm{CLIP+VF+S}}(\boldsymbol{\theta})=\hat{\mathrm{E}}_t[L_t^{\mathrm{CLIP}}(\boldsymbol{\theta})-c_1L_t^{\mathrm{VF}}(\boldsymbol{\theta})+c_2S[\pi_{\boldsymbol{\theta}}](s_t)] \tag{9-33}$$

其中，c_1、c_2 为系数，S 表示熵值，L_t^{VF} 表示值函数的平方损失 $(V_{\boldsymbol{\theta}}(s_t)-V_t^{\mathrm{targ}})^2$。

9.3 深度强化学习的应用

DQN 算法的出现为深度强化学习的飞速发展拉开了序幕。近几年，我们已经见证了很多在深度强化学习领域的突破性进展，包括理论、全新的架构和应用，前文大致介绍过几种创新的算法，但深度强化学习的发展日新月异，本书仅涉及其中一部分内容。

众所周知的计算机围棋程序 AlphaGo 是深度强化学习在游戏领域的一个杰出应用，除了围棋等棋牌类游戏，深度强化学习还被应用于其他方向，例如刀塔（DOTA 2）、星际争霸（StarCraft II）、机器人学习、动画人物模拟、智能对话、神经元网络结构设计、机器学习自动化、数据中心降温系统、推荐系统、数据扩充、模型压缩、组合优化、程序合成、定理证明、医学成像、音乐合成、化学逆合成等。

由于 AlphaGo 里程碑式的存在，本章将对其进行单独介绍，其余应用场景将在后面的小节中进行简单介绍。

9.3.1 计算机围棋程序 AlphaGo

1997 年，IBM 的"深蓝"计算机第一次击败国际象棋世界冠军卡斯帕罗夫，成为人工智能战胜人类棋手的第一个标志性事件。从此之后的近 20 年时间里，计算机程序在诸多类型的智力游戏中都击败过人类，但是不包括围棋领域。围棋一直被视为人工智能领域最具挑战性的游戏，包括"深蓝"在内的很多程序都是通过暴力搜索的方式实现对战胜利，但暴力搜索的方式不适用于围棋游戏，庞大的搜索空间以及复杂的棋势局面都令人望而却步。

DeepMind 团队将蒙特卡罗搜索树和两个深度神经网络相结合，大幅降低了搜索空间和深度，开发出了里程碑式的计算机围棋程序 AlphaGo。AlphaGo 家族主要包括四个成员：AlphaGo Fan、AlphaGo Lee、AlphaGo Master 和 AlphaGo Zero。其中，AlphaGo Fan 在正式慢棋比赛中以 5：0 的战绩击败欧洲冠军樊麾，DeepMind 团队将论文发布在 2016 年 1 月的 *Nature* 杂志上。AlphaGo Lee 于 2016 年 3 月在每方 2 小时，3 次 1 分钟读秒的慢棋中，以 4：1 的战线战胜曾问鼎 18 次世界冠军的李世石。比赛中，AlphaGo Lee 以非常稳定的 1 分钟 1 步的节奏下棋，比赛使用的分布式机器有 1202 个 CPU 和 176 个 GPU。AlphaGo Master 的战绩是，2016 年 12 月 29 日至 2017 年 1 月 4 日，在弈城围棋网和野狐围棋网的快棋中，战胜人类最高水平的选手，取得了 60：0 的压倒性战绩，包括排名前 20 位的所有棋手。比赛大部分时间是 3 次 30 秒读秒的快棋，开始 10 多局，人们关注不多，是 20 秒读秒，用时更短，仅有一次 60 秒读秒是为了照顾年过六旬的聂卫平。比赛中 AlphaGo Master 每步几乎都在 8 秒以内落子，从未用掉过读秒（除了一次意外掉线）。AlphaGo Master 和柯洁对战是在 2017 年 5 月的乌镇围棋大会上，自此 DeepMind 团队宣布 AlphaGo 不再和人类棋手进行对弈，因此 AlphaGo Zero 没有和人类棋手对弈的数据，但是它完虐它的"其他兄弟"，棋力可见一斑。

本节将详细介绍 AlphaGo Fan 和 AlphaGo Zero，下文将 AlphaGo Lee 简称为 AlphaGo。

1. AlphaGo

围棋游戏是一种完全信息博弈，任何完全信息博弈都可以看作一种搜索。如果所有参与者都采用最优策略，那么对于游戏中的任何一个局面，也就是状态 s，总有一个最优估值

函数 $v^*(s)$，能够决定每个棋盘位置和状态的收益。理论上，可以通过建立一棵搜索树，将所有可能的走子序列包含其中，递归计算最优估值函数，这就是 Minimax 算法。但是，这类游戏的可能走子序列接近 b^d（b 为搜索宽度，d 为搜索深度）种，对于计算复杂度高的游戏，例如围棋，共包含 250150（$b \approx 250$，$d \approx 150$）种走子序列，通过穷举的方法进行搜索并不现实。

AlphaGo 选择了一种更富有想象力的搜索过程。在蒙特卡罗搜索树（Monte-Carlo Tree Search，MCTS）中加入两种深度神经网络：估值网络（Value Network）用于评估棋面价值，减少搜索的深度；策略网络（Policy Network）用于选择走子动作，减少搜索的宽度。这些深度神经网络通过结合监督学习（学习人类专业棋手的棋谱）和强化学习（自我对弈）进行训练，没有任何超前搜索，就已经通过自我对弈的方式模拟了成千上万的对局来使自己达到世界计算机围棋的最高水平。AlphaGo 与其他围棋程序的对弈达到 99.8% 的胜率，于 2015 年 10 月成为第一个在全尺寸 19×19 棋盘上无让子地击败人类职业棋手的计算机程序，而该突破在 AlphaGo 出现之前被认为需要十年以上的时间。

1）MCTS 算法

MCTS 算法是一种基于树数据结构、能权衡探索与利用、在搜索空间巨大仍然比较有效的、理论上不需要任何先验知识的通用博弈搜索算法，但只适用于特定的游戏场景，场景需要符合信息对称（Perfect Information）、零和（Zero-Sum）、确定性（Deterministic）、离散化（Discrete）和序列化（Sequential）的特征。

围棋可以被认为是一种无法找到描述输赢的函数曲线问题，无法通过纯数学的方法求解，这类问题统称为黑盒优化（Black Box Optimization）：无法知道场景内部的函数或者模型结构，只能通过给定输入得到输出来优化模型。考虑一个关于多臂老虎机的问题，赌徒选择按下不同的摇臂以获得不同数额的硬币。每个摇臂被按下后，都有一定概率吐出硬币，这些被吐出的硬币就是奖励，奖励服从一个随机的概率分布。但是，在最开始，赌徒对概率分布一无所知。赌徒的目标很简单，就是找到一种策略，在玩游戏的过程中尽可能多时获得奖励。赌徒的策略需要在尝试尽可能多的摇臂与选择已知回报最多的摇臂之间寻求一种平衡。而围棋问题也需要平衡探索和利用，MCTS 方法通过 UCB（Upper Confidence Bound）算法满足。UCB 算法是 MCTS 算法的经典实现 UCT（Upper Confidence Bounds For Trees）中用到的算法。

该策略的核心公式是

$$\underset{v' \in \text{Children Of } V}{\arg\max} \frac{Q(v')}{N(v')} + c\sqrt{\frac{2\ln N(v)}{N(v')}} \tag{9-34}$$

其中，v' 表示当前树节点，V 表示父节点，Q 表示树节点的累积质量值（Quality Value），N 表示这个树节点被访问的次数（Visit Times），C 是常数。该公式表示对于每一个树节点都设定一个值用于之后的遍历和选择。第一项表示节点的平均收益值，越高表示节点期望收益越好，越值得被多次选择；第二项是父节点的总访问次数除以子节点的访问次数，子节点访问次数和值的大小成负相关，某个节点一旦选择的次数增加，第二项值会相应地减小，如此来提高其他节点在下一轮中被选择的概率。C 是一个常数，可以通过调节 C 的大小控制探索和利用的比重。

MCTS 算法将 UCB 和蒙特卡罗模拟结合，是一种解决多轮序贯博弈问题的策略，具体包含 4 个步骤。

① Selection：从根节点状态出发，递归选择最优的子节点直到达到叶子节点 L，一般策略是先选择未被探索的子节点，如果都探索过就选择 UCB 值最大的子节点。

② Expansion：如果 L 不是终止节点，那么对叶子节点进行扩展，一般策略是随机选择一个未被访问过的子节点加入当前的搜索树。

③ Simulation：从随机选择的子节点出发，对其进行蒙特卡罗展开，直到游戏结束。

④ Back-Propagation：根据模拟的结果更新搜索树中所有节点的状态，进行下一轮搜索。

由图 9-5 能够看出，步骤(1)通过 UCB 进行选择，有效降低了搜索的宽度。步骤(3)中 MCTS 算法使用蒙特卡罗展开的方法估计搜索树中每个状态的值。随着模拟的进行，这棵树越来越大，相关值也变得越来越精确。通过选择较大值的子节点可以使走子的策略精度逐渐提高，而总体策略也逐步收敛至最优。

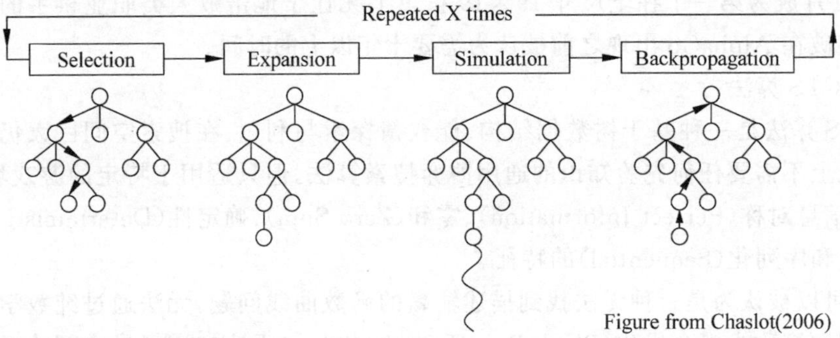

图 9-5 MCTS 算法步骤示意图[①]

在 AlphaGo 之前，最强的计算机围棋程序就是建立在 MCTS 算法的基础上的，MCTS 算法通过重复性模拟两个玩家对弈的结果，给出对局面的估值，选择估值更高的子节点作为当前的走子策略，基于这种策略实现的程序已经能够到达业余玩家的高水平。

传统 MCTS 算法的缺陷在于，其估值函数是一些局面特征的浅层组合，难以对局面进行更精准的判断。为此，AlphaGo 的设计者通过深度卷积神经网络帮助 MCTS 算法进行策略的制定：用大小为 19×19 的图片表示围棋棋盘的棋面状态，用卷积层构建棋盘位置的神经网络表示。利用估值网络判断当前棋面的好坏，利用策略网络得出走子策略，估值网络输出价值，策略网络做出决策。

2）AlphaGo 的基本原理

DeepMind 团队使用流水线(pipeline)的方式通过监督学习和强化学习训练神经网络。首先，利用人类专家棋手的棋谱作为数据集，通过监督学习方式训练两个策略网络：监督学习策略网络 p_σ(SL Policy Network)和快速走子网络 p_π(Fast Rollout Policy Network)，快速走子网络能够在 MCTS 的蒙特卡罗展开中快速采样。其次，在 p_σ 的基础上，通过自我博弈训练一个强化学习版本的策略网络 p_ρ(RL Policy Network)，p_ρ 的优化目标是尽可能多的赢棋，而非最大化预测精度。最后，利用自我博弈的数据集训练一个估值网络 v_θ，对当前

---

① 图片来自：Chang-Shing Lee，Mei-Hui Wang，Guillaume Chaslot，et al. The Computational Intelligence of MoGo Revealed in Taiwan's Computer Go Tournaments [J]. IEEE Transactions on Computational Intelligence and AI in Games. 2009，1 (1)：73-89.

棋局的"价值"做一个快速预测。

如图 9-6 所示，左图表示通过棋面位置训练得到的快速走子网络 p_π 和监督学习策略网络 p_σ（用于预测人类专业棋手的走子）。强化学习策略网络 p_π 根据监督学习策略网络 p_σ 进行初始化设置，然后通过与之前迭代的策略网络进行博弈，利用策略梯度学习来最大化收益，同时生成一个新的自我博弈的数据集。估值网络 v_θ 利用该数据集通过回归的方式训练预测预期收益，即根据当前棋面判断当前的玩家是否能够获胜。右图表示 AlphaGo 使用的网络架构原理图。策略网络使用棋盘位置作为状态 s 输入，通过和监督学习策略网络参数 σ 或者强化学习策略网络参数 ρ 交互，输出合法走子 a 的概率分布 $p_\sigma(a|s)$ 或者 $p_\pi(a|s)$。估值网络也使用卷积网络，参数为 θ，但是输出为一个标量 $v_\theta(s')$，表示棋盘位置为 s' 时的预期收益。

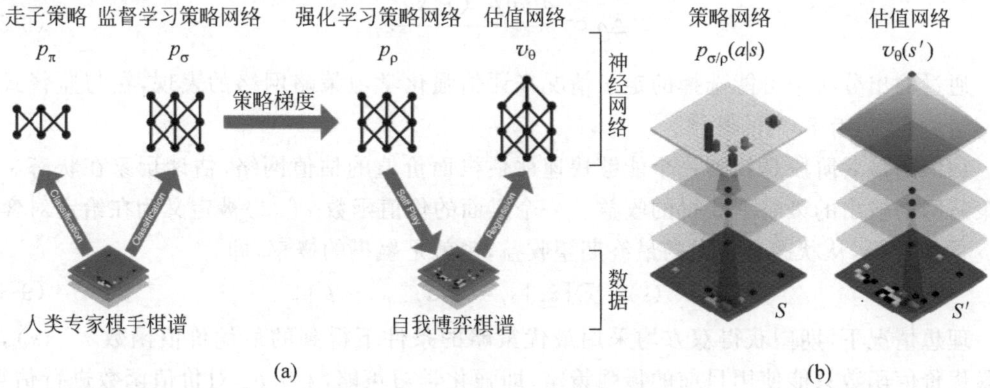

图 9-6 神经网络训练流水线及架构[①]

监督学习策略网络是流水线训练的第一阶段，通过监督学习预测专业棋手的走子。监督学习策略网络 $p_\sigma(a|s)$ 交替通过参数为 σ 的神经网络和非线性压缩函数，最后通过 softamx 层输出所有合理走子 a 的概率分布。策略网络的输入 s 仅简单表示为棋盘的盘面状态。网络采用随机采样的状态动作对 (s,a) 进行训练，使用随机梯度上升算法最大化人类专业棋手在该状态选择走子 a 的概率，即

$$\Delta\sigma \propto \frac{\partial \log p_\sigma(a|s)}{\partial \sigma} \tag{9-35}$$

通过 KGS 围棋服务器上 3000 万个位置数据，训练了一个 13 层的监督学习策略网络。利用测试集进行测试时，如果将所有特征输入，预测精度为 57.0%；如果只将棋盘位置和历史走子记录输入，策略网络的精度为 55.7%，而其他研究团队提交的最好精度为 44.4%。预测精度的提高使得程序的棋力有明显提升，但是为获得更高的精度，搜索更大的网络需要耗费的时间也会更长，平均每步需要 3ms 的响应时间，使得该网络很难直接用于 MCTS 算法的 Rollout 网络进行策略的选择。因此，需要一个快速走子策略网络 $p_\pi(a|s)$，参数为 π，设计者通过提取一些图案特征（Pattern Features），使用一个线性 softmax 对网络进行训练。快速走子网络每步只需要 2ms，但精度降低为 24.2%。

① 图片来自：Silver D, Huang A, Maddison C J, et al. Mastering the game of Go with deep neural networks and tree search[J]. Nature, 2016, 529(7587): 484-489.

策略网络拥有更高的精度，但是响应时间较长；快速走子网络牺牲精度，大幅缩短了响应时间。

强化学习策略网络是训练的第二阶段，旨在通过策略梯度的强化学习提高策略网络的能力。强化学习策略网络 p_ρ 与监督学习策略网络 p_σ 在结构上是相同的，p_ρ 的初始参数与 p_σ 相同，即 $\rho=\sigma$。随机选择先前的迭代网络和当前策略网络 p_ρ 进行对弈，为了保证训练的稳定性并避免过拟合的现象，先前的网络是随机地从对抗池中选择的。开始时，网络的输出为给定状态下符合规则的走子的概率分布，但是随着训练过程发展，网络权重逐渐向收益最大化的方向前进，这时网络的目标不再是预测专业棋手的走子，而是更终极的目标：赢棋。定义奖励函数 $r(s)$：在非终止时间步 $(t<T)$ 时，奖励为 0；只有当棋局结束时，收益 $z_t=\pm r(s_T)$，+1 表示赢棋，−1 表示输棋。网络权重通过随机梯度上升进行更新，即

$$\Delta\rho \propto \frac{\partial \log p_\rho(a|s)}{\partial \rho} z_t \tag{9-36}$$

通过输出分布中可能选择的走子情况来评估强化学习策略网络的表现，在与监督式策略网络对弈时，有 80% 的胜率。

训练的最后阶段是找到一个能够快速评估棋面价值的估值网络，估计玩家在状态 s 使用策略网络输出的策略下获得的收益。一个棋面的价值函数 $v^p(s)$ 被定义为在给定对弈策略 p 的情况下，从状态 s 出发的最终期望收益，也就是赢棋的概率，即

$$v^p(s)=\mathrm{E}[z_t|s_t=s,a_{t\cdots T}\sim p] \tag{9-37}$$

理想情况下，期望获得双方均采用最优策略的条件下得到的最优价值函数 $v^*(s)$，但是最优价值函数只能使用目前的最强策略，即强化学习策略网络 p_ρ 对价值函数进行估算，得到棋面价值 v^{p_ρ}，再使用估值网络 $v_\theta(s)$ 对价值函数进行拟合：$v_\theta(s)\approx v^{p_\rho}(s)\approx v^*(s)$。估值网络的架构和策略网络类似，其输出为一个预测的标量值而非概率分布。通过构造一组 (s,z) 训练数据，并用随机梯度下降的方法最小化网络输出 $v_\theta(s)$ 和目标收益 z 之间的均方差值，以此调整网络参数。

$$\Delta\theta \propto \frac{\partial v_\theta(s)}{\partial \theta}(z-v_\theta(s)) \tag{9-38}$$

在具体构造训练集时，直接从专业棋手对弈的完整棋局中抽取足量的训练数据，很容易导致过拟合的现象。因为同一轮棋局中两个棋面往往只相差几个棋子，相关性过强。而通过 KGS 对战平台抽取的数据用这种方法进行训练时，估值网络很容易记住这些棋面的最终结果而导致泛化能力很弱。因此，真正选用的训练集是从强化学习策略网络在自我对弈过程中抽取的棋面-收益的数据组合。基于该训练集得到的估值网络在与专业棋手对弈的结果预测中，远远超过使用蒙特卡罗展开的快速走子网络，有更高的准确率，对比使用强化学习策略网络的 MCTS 算法，精度相近，但是运算量减少为 1/15000。

3) MCTS

将之前提到的 4 个网络（精度高但运行时间长的监督学习策略网络、精度略低但运行时间短的快速走子网络、目标为赢棋的强化学习策略网络和用于评估棋面赢棋概率的估值网络）与 MCTS 算法进行整合，就会得到 AlphaGo。此时，MCTS 算法也包括 4 个步骤：

(1) Selection

搜索树的每条连边都包含三个状态：动作值 $Q(s,a)$、访问次数 $N(s,a)$ 和先验概率

$P(s,a)$。从根节点开始遍历整棵树，这三个状态共同决定了每个时间步骤对于下一个节点的选择，即

$$a_t = \arg\max x_a(Q(s_t,a)+u(s_t,a)) \tag{9-39}$$

其中，为了最大化动作值，新增了一个奖励值 $u(s_t,a)\propto\frac{P(s,a)}{1+N(s,a)}$，其与先验概率成正比，随着重复访问而减小，目的是为了鼓励更多的探索。

(2) Expansion

当遍历过程经过 L 个时间步后，到达叶子节点 s_L，叶子节点需要被扩展。这时，采用监督学习策略网络 p_σ 计算出节点上每个行为的概率，对于合理的走子 a_t 输出的概率将作为先验概率存储：$P(s,a)=p_\sigma(a|s)$。

(3) Evaluation

使用两种不同方法对叶子节点进行估值：第一种是通过估值网络 $v_\theta(s_L)$ 进行评估；第二种是使用快速走子网络 p_π 模拟得到的本次对局结果，也就是到达时间步 T 后获得的收益 z_L 进行评估。这两种评估方式通过混合参数 λ 合并，为叶子节点进行估值，即

$$V(s_L)=(1-\lambda)v_\theta(s_L)+\lambda z_L \tag{9-40}$$

(4) Backup

更新本轮模拟遍历的所有路径状态，包括动作值和访问次数，即

$$\begin{aligned} N(s,a) &= \sum_{i=1}^{n} 1(s,a,i) \\ Q(s,a) &= \frac{1}{N(s,a)}\sum_{i=1}^{n} 1(s,a,i)V(s_L^i) \end{aligned} \tag{9-41}$$

其中，n 为模拟的总次数，$1(s,a,i)$ 用于指示第 i 轮模拟中是否经过边 (s,a)，s_L^i 是第 i 轮模拟中访问到的叶子节点。一旦模拟结束，算法会选择访问次数最多的走子策略作为当前的策略。

需要注意的是，整个过程并未使用胜率更高的强化学习策略网络 p_ρ，因为由人类专业棋手棋谱训练出的监督学习策略网络 p_σ 在策略上的多样性更强，更适用于 MCTS 算法中的搜索，而 p_ρ 只选择最优走子。但是，利用 p_ρ 自我博弈得到的数据集训练出的估值网络的泛化能力更强。

为了更加有效地结合蒙特卡罗搜索和深度神经网络，AlphaGo 在 CPU 上使用了异步的多线程搜索，在 CPU 上执行模拟过程，在 GPU 上并行计算策略网络和估值网络。最终版本的 AlphaGo 使用 40 个搜索线程、48 个 CPU 和 8 个 GPU。DeepMind 团队也实现了一个分布式版本的 AlphaGo，可以利用多个机器并行计算。

2. AlphaGo Zero

在 2017 年乌镇的围棋峰会上以 3∶0 击败中国围棋职业九段棋手柯洁后，AlphaGo 并没有停止发展。DeepMind 团队于 2017 年 10 月在《Nature》杂志上发表了相关论文，正式推出 AlphaGo Zero，在没有任何人类知识标注的情况下，只使用一张神经网络，输入仅限于棋盘和棋子，在数百万次自我博弈后，它以 100∶0 轻松击败之前战胜李世石的 AlphaGo Lee。AlphaGo Zero 又重新刷新了围棋 AI 的高度。

对比 AlphaGo，AlphaGo Zero 进行了多个方面的创新。

(1) 只使用黑子、白子作为网络输入，不再有其他特征输入；

(2) 将策略网络和估值网络进行融合，只使用一个神经网络；

(3) 不再使用快速走棋，仅依靠优质的神经网络评估棋面状态；

(4) 使用 Resnet 代替 CNN；

(5) 完全摒弃人类棋谱，除了围棋规则以外，未使用任何人类数据，只利用强化学习的自我博弈进行棋力提升。

AlphaGo Zero 的框架更加简单，算法上的变化不仅使其更具有一般性，而且越来越高效。AlphaGo Lee 需要耗费 48 个 TPU，AlphaGo Zero 只需要 4 块 TPU 即可运行。

本节从网络架构和具体的训练流程两部分简单介绍 AlphaGo Zero，更多细节读者可以自行阅读 DeepMind 团队在 *Nature* 上发表的论文"Mastering The Game Of Go Without Human Knowledge"。

网络的具体输入为棋盘状态 s 和历史落子记录(7 步)，网络输出为落子概率分布和棋面评估值：$f_\theta(s)=(p,v)$。其中，落子概率 p 又被称为先验概率，$p_a=P(a|s)$，表示下一步在棋盘中每个合法位置的可能走子；评估值 v 表示现在准备走棋的选手在输入这 8 步后局面 S 的胜率。网络利用基于深度残差网络(Residual Network，ResNet)的卷积网络，包含 20 或 40 个残差模块，同时加入批量归一化和非线性整流器(Rectifier Non-Linearities)。

AlphaGo 中选择了强化学习中的通用策略迭代(Generalized Policy Iteration)方法，从某个策略 π_0 开始，利用策略评估(Policy Evaluation)，找到策略对应的价值 v_{π_0}，再根据 v_{π_0} 优化策略，进行策略改善(Policy Improvement)，评估和改善的步骤不断迭代，直到找到最优价值 v^* 和对应的策略 π^*。在 AlphaGo Zero 中，MCTS 输出的落子概率比神经网络 f_θ 输出的落子概率表现更优，因此这里将 MCTS 视作策略改善，结合 MCTS 提升后的策略，利用终局的胜者 z 作为策略的估值。

自对弈(Self-Play)过程如图 9-7 所示，在每一个棋盘状态 s_t 处，使用最新的神经网络 f_θ 执行 MCTS，从搜索结果输出的落子概率分布 π_i 中取样(柱状图表示不同落子概率的高低)，最终输出当前状态对应的落子 $a_t\sim\pi_i$。不断重复该过程，使得棋局不断进行，直到终局 s_T，此时根据规则计算最后的胜者 z。

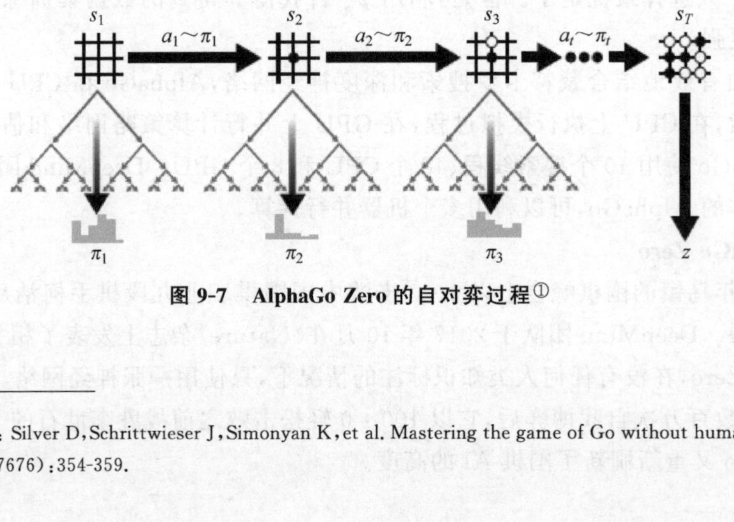

图 9-7 AlphaGo Zero 的自对弈过程[①]

① 图片来自：Silver D，Schrittwieser J，Simonyan K，et al. Mastering the game of Go without human knowledge[J]. Nature，2017，550(7676)：354-359.

依据 MCTS 输出的下一步可能落子分布 π_t 和胜者 z 的情况进行策略改善，更新神经网络的参数 Θ，最大化 p_t 与 π_t 的相似度、最小化棋面估值 v_t 和终局胜者 z 的误差，损失函数表达式如下：

$$l=(z-v)^2-\pi^{\mathrm{T}}\log(p)+c\|\theta\|^2 \tag{9-42}$$

策略改善后，下一轮迭代过程就使用新的神经网络进行自对弈。

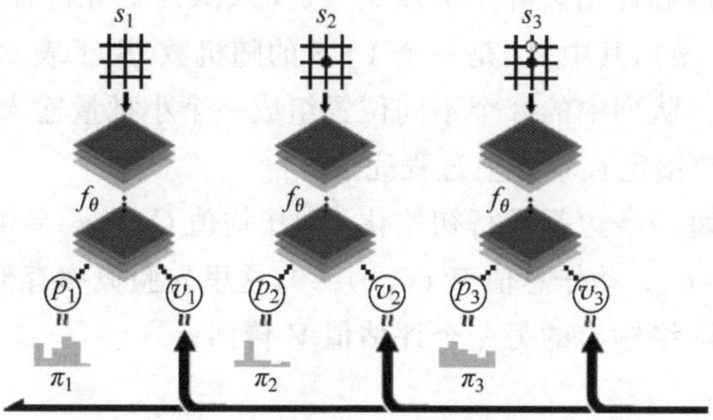

图 9-8　神经网络训练过程[①]

最初的蒙特卡罗树搜索算法利用随机落子进行每次模拟，AlphaGo 中改进了初始随机策略，使用策略网络和估值网络作为落子的辅助参考，此时的搜索算法也被称为异步策略价值 MCTS 搜索算法（Asynchronous Policy And Value MCTS Algorithm，APV-MCTS）。而 AlphaGo Zero 使用的是比之前更简单的变种，直接使用神经网络 f_θ 的输出作为落子参考。树中的每个节点 s 对应的连边包含 4 个状态值：动作均值 $Q(s,a)$、访问次数 $N(s,a)$、先验概率 $P(s,a)$和动作总值 $W(s,a)$，多线程并行执行模拟过程。算法迭代过程如图 9-9 的 a～c，d 表示最终落子。

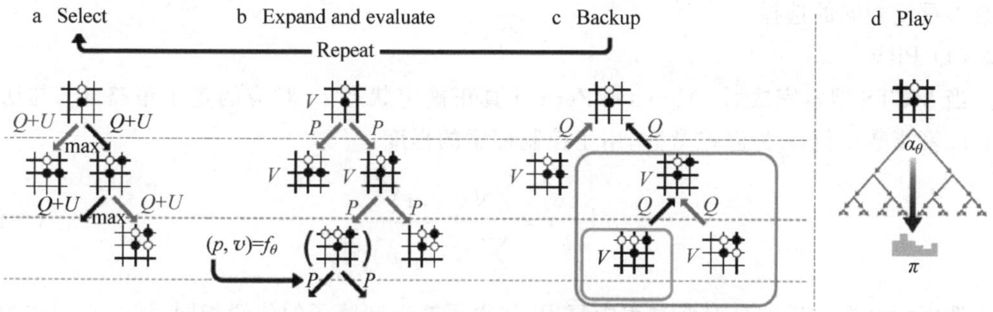

图 9-9　AlphaGo Zero 中的 MCTS[①]

（1）Select

该过程和 AlphaGo Lee 几乎完全相同，从根节点 s_0 开始到叶子节点 s_L 为止，在此过程中，$T<L$，根据搜索树的统计概率落子，$a_t=\arg\max\ x_a(Q(s_t,a)+U(s_t,a))$。其中，

① 图片来自：Silver D，Schrittwieser J，Simonyan K，et al. Mastering the game of Go without human knowledge[J]. Nature，2017，550(7676)：354-359.

$U(s,a)=cP(s,a)\frac{\sqrt{\sum_b N(s,b)}}{1+N(s,a)}$，常量 c 能够控制探索的比重，具体大小通过贝叶斯高斯优化过程确定。

(2) Expand And Evaluate

叶子节点 s_L 的扩展和评估。叶子节点 s_L 被加入队列中等待神经网络对其进行评估：$f_\theta(d_i(s_L))=(d_i(p),v)$，其中 d_i 是一个 1～8 的随机数，用于表示双向镜面和旋转（从 8 个不同方向进行评估）。队列中的 8 个不同位置组成一个小批量输入神经网络中进行评估，整个 MCTS 搜索过程被锁定直到评估过程完成。

叶子节点展开后，每一条边都进行初始化：动作均值 $Q(s,a)=0$；访问次数 $N(s,a)=0$；先验概率 $P(s,a)=p_a$；动作总值 $W(s,a)=0$，这里先验概率存储的是神经网络输出的落子可能概率，同时将网络输出的另一个评估值 V 传回。

(3) Backup

沿着扩展叶子节点的路线将统计数据更新。访问次数加一：$N(s,a)=N(s,a)+1$；动作总值加上传回的评估值：$W(s,a)=W(s,a)+v$；更新动作均值 Q 可以根据访问次数和动作总值的比值进行更新：$Q(s,a)=\frac{W(s,a)}{N(s,a)}$。从另一个角度理解，$Q$ 表示此时根状态 s 的所有子树评估值 V 的平均值，$s'|s,a\to s'$ 表示在模拟过程中从 s 走到 s' 的所有落子策略。

$$Q(s,a)=\frac{1}{N(s,a)}\sum_{s'|s,a\to s'} v(s') \tag{9-43}$$

同时，AlphaGo Zero 中使用了虚拟损耗（Virtual Loss）确保多线程的并行进行，每一个线程评估不同的节点。实现方法就是把其他节点减去一个很大的值，以确保其他搜索进程不会再重复相同的选择。

(4) Play

当 MCTS 搜索完成后，AlphaGo Zero 才真正确定状态 s_0 对应的走子策略 a_0，与访问次数成幂指数比例，τ 为温控常数，用于控制探索的程度。

$$\pi(a|s_0)=\frac{N(s_0,a)^{\frac{1}{\tau}}}{\sum_b N(s_0,b)^{\frac{1}{\tau}}} \tag{9-44}$$

搜索树会在之后的自对弈过程中复用，如果子节点和落子的位置相同，那么它就成为新的根节点，保留子树的所有数据，同时丢弃其他分支树的数据。如果根节点的评估值和它对应的子节点的评价值都低于设置的认输门限，那么 AlphaGo Zero 就认输。

AlphaGo Zero 的中文名字被翻译为阿尔法元，“元”代表人类认知的起点，比字面上的“阿尔法零”更富有含义。David Silver 在采访中说：“AlphaGo Zero 是 AlphaGo 系列的最终版本，它从基本原理学起，无需任何人类数据，却取得了最高水准的综合表现。它最重要的理念是完全从白板状态学习，也就是完全从零开始，而掌握白板理论就意味着掌握了一种学习媒介，可以从围棋领域移植到其他领域，建立一种普遍算法，而这就是 AlphaGo Zero 的意义，不在于打败人类，而是领悟从事科学的真谛。”AlphaGo Zero 在短时间的学习中就掌握了人类数千年来总结的全部的围棋知识，不仅如此，它还发现了一些人类目前尚未发现的新知识，这在现实领域的应用前景是最让人惊喜的。

AlphaGo Zero 是 AlphaGo 系列的终曲，但也是一个全新的开始。

9.3.2 深度强化学习的其他应用

深度强化学习应用范围之广远超我们的想象，加拿大阿尔伯塔计算机系博士 Yuxi Li 在 *Deep Reinforcement Learning* 中曾总结过深度强化学习应用的 12 个具体场景：游戏（games）、机器人学（Robotics）、自然语言处理、计算机视觉、金融（finance）、商务管理（Business Management）、医疗（healthcare）、教育（education）、能源（energy）、交通（transportation）、计算机系统（Computer Systems）以及科学、工程和艺术（Science，Engineering，and Art）。

本小节针对其中 6 个场景进行简单的介绍，主要通过应用实例加深读者对深度强化学习的理解，对其他场景的实践感兴趣的读者可以自行查阅相关资料。

1. 游戏

游戏为 AI 算法提供了良好的测试平台，具体可以追溯到艾伦·图灵、克劳德·香农和约翰·冯·诺伊曼的时代。在游戏中，研发者能够拥有优秀甚至是完美的模拟器，可以生成无限的数据集。计算机程序在游戏中已经表现出许多类人或者超人的成就，例如棋盘类游戏的杰出代表——AlphaGo。除了棋盘类游戏，深度强化学习在纸牌游戏、电子游戏等领域都有着不俗的表现。

1) DeepStack

AlphaGo 是为完全信息博弈设计的，完全信息博弈意味着双方都完全清楚对方所处的局面，这对设计人工智能系统具有很大的帮助。但是，德州扑克作为纸牌类游戏的一类，是典型的不完全信息的零和博弈，有一部分信息是不对玩家公开的。在真实世界中，多数人和人之间的互动过程都是不完全信息博弈。在德州扑克中，玩家需要随机面对对手的两张不公开底牌；每一张公开牌发牌后，玩家都需要决定是否下注、过牌或弃牌。因此，不同于棋盘类游戏能够根据棋面状态、对手潜在走法等推算出一种取胜策略，不完全信息博弈要困难得多，因为玩家需要在不同的子博弈之间寻找平衡，对于人工智能而言，可能需要它有所谓的人类直觉。

2017 年，有两种人工智能系统在一对一无限制的德州扑克比赛中打败了人类职业扑克选手，它们是 DeepStack 和 Libratus。Libratus 并没有使用任何深度学习技术，这里不再进行介绍，有兴趣的同学可以自行查阅资料。

DeepStack 结合了回归推理（Recursive Reasoning）来处理信息的不对称性，同时通过分解（decomposition）将计算集中到相关的决策上，并且具有一种形式的关于任意牌的直觉——该直觉可以使用深度学习进行自我对弈而自主学习。在一项涉及 44000 手扑克的研究中，DeepStack 在一对一无限制德州扑克（Heads-Up No-Limit Texas Hold'em）上击败了职业扑克玩家。

2) AlphaStar

将视频的帧图像作为 RL/AI 智能体输入的电子游戏一直是被用于测试和评估人工智能系统性能的重要手段，例如经典的 Atari 街机游戏，在 DQN 及其扩展算法的效果演示中，有着远超出人类玩家的不俗表现。而随着智能体能力的提高，研究者们在寻找越来越复杂的游戏，捕捉解决科学和现实问题所需的不同智能元素。星际争霸则被认为是最具挑战性的即时战略(Real-Time Strategy,RTS)游戏之一。RTS是策略游戏的一种,但并非策略游戏多见的回合制,而是即时进行,特点是玩家在游戏中会经常进行调兵遣将的宏观操作。

星际争霸由暴雪娱乐开发,有几个特殊的难点：首先,星际争霸游戏是典型的非完全信息博弈,战争迷雾和镜头限制使得玩家无法掌握全局信息来探索对手采取的策略;其次,游戏局面千变万化,不存在单一的最佳策略,需要智能体根据对局情况不断探索进行实时决策,但另一方面又需要将当前的策略进行长期规划,因为当前决策的结果并非实时;第三,动作空间庞大,必须实时控制不同区域下的数十个单元和建筑物,并且可以组成数百个不同的操作集合;最后,游戏中存在不同种族,对智能体的泛化能力提出了新的挑战。另一方面,近些年,星际争霸也为游戏的人工智能研究提供了一个理想的多智能体控制环境。综上所述,星际争霸是近几年人工智能研究领域的一个巨大挑战。

AlphaStar是DeepMind团队于2019年1月25日推出的星际争霸2人工智能,也是第一个打败顶级职业选手的人工智能程序,分别以两个5:0击败了两位星际争霸的顶级玩家。

AlphaStar的行为由一个深度神经网络生成,网络输入是裸游戏界面,即游戏原始的接口数据,包括游戏单位及属性清单,然后输出一系列构成游戏动作的指令。神经网络的具体架构包括处理单位信息的变化器(Transformer)、深度LSTM内核(Deep LSTM Core)、基于指针网络(Pointer Network)的自回归策略头(Auto-Regressive Policy Head)和一个集中式价值评估基线(Centralized Value Baseline)。

AlphaStar在具体的权重训练中使用了新型的多智能体学习算法。研究者首先使用暴雪发布的人类匿名对战数据对网络权重进行监督训练,通过模仿来学习星际天梯上人类玩家的微观、宏观策略。这种模拟人类玩家的方式让初始的智能体能够以95%的胜率打败星际争霸内置的计算机AI精英模式(相当于人类玩家黄金级别水平)。

在初始化之后,DeepMind使用一种全新的思路进一步提升智能体的水平。星际争霸本身是一种不完全信息的博弈问题,策略空间非常巨大,几乎不可能像围棋那样通过树搜索的方式确定一种或几种胜率最大的下棋方式。一种策略总是会被另一种策略克制,关键是如何找到最接近纳什均衡的智能体。为此,DeepMind设计了智能体联盟(league)的概念,将初始化后每一代训练的智能体都放到这个联盟中。新一代智能体需要和整个联盟中的其他智能体相互对抗,通过强化学习训练新智能体的网络权重。这样,智能体在训练过程中会持续不断地探索策略空间中各种可能的作战策略,同时也不会将过去已经学到的策略遗忘。

这种思路最早出现在DeepMind的另一项工作——种群强化学习(Population-Based Reinforcement Learning)。它与AlphaGo的不同在于,AlphaGo让当前智能体与历史智能体对抗,然后只对当前智能体的权重做强化学习训练;而种群强化学习则是让整个种群内的智能体相互对抗,根据结果每个智能体都要进行学习,从而不仅最强的智能体得到了提升,它的所有可能的对手都有所提升,整个种群都变得更加智能。

3) OpenAI Five

OpenAI开发出的OpenAI Five在2019年4月迎战Dota2世界冠军OG,在一场三局两胜的比赛中连胜两局,成为第一个在电子竞技游戏中击败世界冠军的人工智能程序。之前 OpenAI Five 和 DeepMind 团队的 AlphaStar 都在非公开场合击败过优秀的职业选手，但是在直播比赛中都输掉了比赛。2019 年 4 月的这场 Dota2 人机对决是人工智能第一次在直播中击败电子竞技专家。

Dota2 有一个区别于星际迷航游戏的特点，它是一款合作类游戏。一场比赛由 2 支队伍组成，每支队伍 5 人，在游戏中，每个玩家操控一个“英雄”单位。OpenAI Five 展现的惊喜是它已经掌握了成为人类队友的基本能力，这代表着未来人工智能系统会对人类提供很大帮助。而在比赛之后，OpenAI 也专门开放了一个竞技场，人类玩家可以自选成为 OpenAI Five 的队友还是对手，该测试的目的在于探索 OpenAI 在多大程度上可以帮助队友或者以其他方式被战胜。

利用深度强化学习玩 Dota2 需要面对的 4 大挑战是：①游戏时间较长，运行帧数是 30 帧每秒，一场游戏平均需要 45min，OpenAI Five 的观察频率是 4 帧一次，也就是场均 20000 个动作；②视野受限，游戏地图本身是黑的，只能根据英雄和建筑提供一定视野；③高维、连续的动作空间，研究团队将连续动作空间分割成 1.7×10^5 个可能动作，除去连续部分，平均每帧可用的动作数为 1000 个，而在围棋中平均是 250 个；④高维、连续的观察空间，地图中包含英雄、建筑、NPC、神符、树木、圣坛等诸多要素，用 20000 个数据总结了整张地图的所有信息，相较之下，围棋只有约 19×19 个。同时，游戏规则也十分复杂，游戏的逻辑代码有数十万行，对人工智能而言，需要运行几个毫秒才能执行，而围棋只需要几纳秒。另一方面，游戏还在以每周一两次的频率进行更新。以上种种都是智能体需要面对的挑战。

OpenAI Five 使用的基础算法是由其团队提出的 PPO 算法，但是用到的是其大规模版本。OpenAI Five 与 AlphaGo Zero 一样，完全从自学中提取经验，从随机参数开始训练，不使用任何人类数据。对于刚才所说的几个挑战，OpenAI Five 没有使用任何一种流行方法，仅仅依靠使用高折扣因子 Γ，把评估未来奖励的半衰期从 46s 延长到了 5min。仅依靠基础算法，通过提高训练量得到了出乎意料的表现，OpenAI Five 平均每天经历 250 年的模拟对局。

相较人工智能在国际象棋、围棋中获得的成就，在类似星际迷航、Dota2 这类游戏中获得的成就更引人瞩目，游戏能够更好地捕获现实世界中的混乱和连续性，能够解决游戏中问题的人工智能系统具有更好的通用性。醉翁之意不在酒，正如 DeepMind 在官网上的宣言“Solve Intelligence，Use It To Make The World A Better Place.”

2. 机器人学

理想中的机器人应该拟人化，不仅包括在流水线上重复作业组装产品的机器人，还应该包括能够观察环境，根据环境做出最优动作，能够对未知环境做出反应的机器人。深度学习和强化学习正是帮助机器人实现这种可能的有力工具。深度学习适合解决非结构化的真实世界场景问题，而强化学习能够通过累积回报实现长期推理，在一系列决策中做出健壮性更强、收益更多的决策。深度强化学习将二者完美地融合在一起，使得机器人可以从自身经验中不断学习，能够通过和环境交互得到数据，而非通过人工定义的方法来掌握运动感知技能。

Dactyl 是 OpenAI 团队开发的一套机械手系统，能够按照指令要求轻松完成转动立方体的动作，其中包含各种灵巧的指尖操作，比简单的机器人行走、跳跃要复杂得多，如图 9-10 所示。

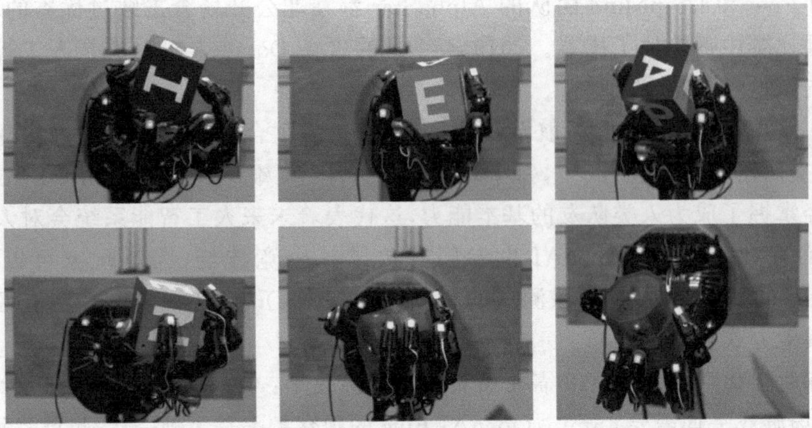

图 9-10　Dactyl 操作示意图①

在介绍 Dactyl 之前，首先需要简单介绍 Sim-To-Real(Simulation To Reality，从模拟到现实)，它属于强化学习的一个分支，通过在模拟器中进行强化学习，而后应用到现实环境中，该方法同时也属于迁移学习的一种特殊类型。

Sim-To-Real 解决了机器人领域中直接让机器人或机械臂与环境进行交互采样时遇到的采样率过低和安全性能问题。在用强化学习对机器人进行训练时，所需要的样本数据量是十分庞大的，如果只依靠机器人和现实环境的交互采样，需要耗费的时间会被大幅度延长。另一方面，大范围随机采样进行试错对机器人本身或周围环境造成的损害也是不可预估的，对于实验经费也是一个巨大的挑战。如果直接在模拟器中进行训练，这两个问题便会迎刃而解。实际上，人为搭建的模拟环境和真实世界存在一定误差，在模拟器中学习到的最优决策可能并不能直接使用于实验环境，这就是 Reality Gap，而 Sim-To-Real 的工作就是尝试解决这个问题。

Dactyl 在完全模拟的环境中进行训练，然后把训练结果迁移到现实世界的机械结构。Dactyl 使用和 OpenAI Five 相同的强化学习算法——PPO 算法，体现了 PPO 算法作为通用强化学习算法的优越性。训练结果表明，系统在完全虚拟的仿真环境中训练，不需要对物理世界进行精确建模，最终也可以直接迁移到真实机械手或真实物体上。

机械手模型参照 Shadow Dexterous Hand 设计，完全仿照人手设计，具有 20 个驱动自由度、4 个半驱动自由度、24 个关节，和人手大小相同。任务要求是在机械手的掌心放置一个方框或类似棱镜的物体，让 Dactyl 重新翻转到指定的角度或方向，例如说某个侧面向上。在具体的实践过程中需要考虑的问题包括：如何让智能体在真实世界的表现与模拟环境相同，让 Dactyl 在真实的机器人上完成任务；高自由度控制问题，一般的机械臂只有 7 个自由度，而 Dactyl 高达 24 个自由度；Dactyl 需要面对有噪声的部分信息观察结果，因为在真实世界工作时不可避免地有传感器读数噪声和延迟问题，使得 Dactyl 需要在只有部分信息的状态下工作，而摩擦或滑动等细节信息是无法直接观察到的，智能体需要自己进行推断；Dactyl 的设计目标是操作多个物体，因为需要足够的泛化能力，而不能选用仅对某种几何形状有效的策略。

① 图片来自：OpenAI. Learning Dexterity[DB/OL]. https://openai.com/blog/learning-dexterity/.

OpenAI 的解决方法是，完全在模拟环境中，不借助任何人类输入，让 Dactyl 通过强化学习训练物体定向任务。不追求模拟环境与真实环境的最佳匹配程度，而是在充满变化的环境中进行训练，实现“任务随机化”，这种做法兼顾了模拟环境和真实环境两种方法的优点：用模拟代替真实，使得智能体以更高的运行速度快速积累经验；用多变代替逼真，在只能近似建模的任务中得到更好表现。研究人员的想法是，如果一种策略在所有不同的模拟环境中都可以完成任务，那么也就有可能在真实环境中完成任务。

最终结果表明，不需要任何微调，模拟环境中训练出的方案可以直接迁移到真实机器手上。但 OpenAI 也付出了不小的运算成本，Dactyl 的训练设备动用了 6144 块 CPU 以及 8 块英伟达 V100 GPU，这种规模的基础硬件只有很少数的研究机构才能够使用。

除了 Dactyl，不同的研究机构和研究团队也对深度强化学习在机器人学领域的应用做了深入研究。Google 公司于 2018 年利用 PPO 算法、两层神经网络、位置控制，通过 Sim-To-Real 实现了在真实的四足机器人上用神经网络进行运动控制；爱丁堡大学的研究人员曾开发过一种基于深度强化学习的分层框架，以此获得各种人形平衡控制策略，等等，在此不再进行列举，相信深度强化学习和机器人结合的领域还会有更多更令人惊喜的发展。

3. 自然语言处理

自然语言处理是计算机科学领域和人工智能领域的一个重要方向，它研究能实现人与计算机之间用自然语言进行有效通信的各种理论和方法。强化学习在自然语言处理中的常见应用场景包括信息抽取、关系预测、样本去噪、标记纠正、结构探索、搜索策略优化等。这些领域的共性是，在无直接监督信息、弱信号场景中利用强化学习的试错和概率探索能力，通过编码先验或领域知识达到最终的学习目标。

在自然语言处理中，强化学习的优势包括无需显性标注的弱监督、试错机制和累积奖赏，但是需要应对的挑战也十分严峻，包括符号离散化、稀疏收益、高纬度动作空间和训练时的高方差。

2017 年，Salesforce 的人工智能研究人员使用深度强化学习来进行摘要性文本总结(一种从原始文本文档中“摘要出”内容总结的自动化技术)。这可能是基于强化学习的工具能赢得用户的一个新领域，因为许多企业都需要更好的文本挖掘解决方案。强化学习也被用来让对话系统(即聊天机器人)通过和用户的交互进行学习，从而帮助它们随着时间的推移逐步改进。

4. 计算机视觉

计算机视觉是一门研究如何让机器学会“看”的科学，通过相关技术为计算机安装“眼睛”与“大脑”，让计算机能够感知环境，是一门极具挑战的重要研究领域。深度强化学习通过将深度学习的感知能力和强化学习的决策能力相结合，以端对端的方式实现从原始输入到语义输出的感知与决策，在许多视觉内容理解任务中取得了重要突破。仅清华大学自动化系智能视觉实验室近年来针对视觉内容理解方面就提出了多个深度强化学习方法，主要包括多智能体深度强化学习、渐进式深度强化学习、上下文感知深度强化学习、图模型深度强化学习等，以及它们在人脸检测与识别、物体检测与跟踪、图像识别与检索、行为预测与识别等多个视觉内容理解任务中的应用。

深度学习在视觉理解任务上的性能比非深度学习有巨大的提升。引入强化学习后，强化学习的决策能力能生成更好的建模策略，从而提升相应视觉任务的性能。如何把深度强化学习方法与认知计算结合，提出更加符合人类认知的深度强化学习计算模型，进一步提升视觉内容任务的性能是未来视觉内容理解的重要研究方向。

5. 金融与商业应用

机器学习在金融领域有广泛的应用，例如基础分析、行为金融学、技术分析、金融工程、金融技术(Fintech)等。强化学习是解决诸如期权定价、交易、多周期投资组合优化等一系列财务决策问题的一种自然方法。《金融时报》曾有一篇报道介绍了JP摩根用于交易执行的系统，该系统是基于强化学习实现优化交易执行的。该系统(被称为LOXM)正被用于以最快的速度和最好的价格执行交易。

强化学习在商业中也有很多应用，例如广告、推荐、客户管理、市场营销等。在广告投放中，微软公司最近的一篇论文里介绍了一个名为决策服务(Decision Service)的内部系统，这个系统已经在Azure上开放。论文里描述了决策服务在内容推荐和广告中的应用。决策服务更通用的目标是针对模型失效的机器学习产品，包括“循环反馈和偏置、分布式数据收集，环境变化和未能监控和调试的模型”。

作为商业巨头的阿里巴巴也没有错过深度强化学习的热潮，相对于学术界看重强化学习的前沿研究，阿里巴巴将重点放在推动强化学习技术输出及商业应用上。在阿里移动电商平台中，人机交互的便捷，碎片化使用的普遍性，页面切换的串行化，用户轨迹的可跟踪性等都要求系统能够对变幻莫测的用户行为以及瞬息万变的外部环境进行完整的建模。平台作为信息的载体，需要在与消费者的互动过程中，根据对消费者(环境)的理解，及时调整提供信息(商品、客服机器人的回答、路径选择等)的策略，从而最大化过程累积收益(消费者在平台上的使用体验)。基于监督学习方式的信息提供手段缺少有效的探索能力，系统倾向于给消费者推送曾经发生过动作的信息单元(商品、店铺或问题答案)。而强化学习作为一种有效的基于用户与系统交互过程建模和最大化过程累积收益的学习方法，在一些阿里具体的业务场景中进行了很好的实践并得到大规模应用。

在搜索场景中，阿里巴巴对用户的浏览/购买行为进行MDP建模，在搜索实时学习和实时决策计算体系之上，实现了基于强化学习的排序策略决策模型，淘宝搜索的智能化进化至新的高度。“双11”的测试效果表明，算法指标取得了近20%的提升。

在推荐场景中，阿里巴巴使用深度强化学习与自适应在线学习，通过持续机器学习和模型优化建立决策引擎，对海量用户行为以及百亿级商品特征进行实时分析，帮助每一个用户迅速发现商品，提高和商品的配对效率，算法效果指标提升了10%～20%。

在智能客服中，例如阿里小蜜这类客服机器，作为投放引擎的智能体，需要有决策能力。这个决策不是基于单一节点的直接收益来确定，而是一个长期的人机交互过程，把消费者与平台的互动看成一个马尔可夫决策过程，运用强化学习框架，建立一个消费者与系统互动的回路系统，而系统的决策建立在最大化过程收益上，以达到系统与用户的动态平衡。

在广告系统中，如果广告商能够根据每一条流量的价值单独出价，广告商便可以在各自的高价值流量上提高出价，而在普通流量上降低出价，如此容易获得较好的ROI，与此同时平台也能够提升广告与访客间的匹配效率。阿里巴巴实现了基于强化学习的智能调价技术，对于来到广告位的每一个访客，根据他们的当前状态决定如何调价，为他们展现特定的广告，引导他们的状态向期望的方向进行转移，“双11”实测表明，CTR、RPM和GMV均得到了大幅提升。

当然，强化学习在阿里巴巴内部的实践远不止此，这里仅介绍了其中一部分。未来深度强化学习的发展必定是理论探索和应用实践的双链路持续深入。

9.3.3 深度强化学习在通信网络中的应用

在通信网络领域中，特别是飞速发展的物联网、异构网络和无人机网络，去中心化、点对点和自动化是网络发展的必然趋势。物联网设备、移动用户、无人机等网络实体需要自主进行频谱接入、数据速率选择、传输功率控制、基站关联等决策，以实现不同网络吞吐量最大化、消耗功率最小化等需求。在面对此类挑战时，深度强化学习作为一种有效的工具有着得天独厚的优势。

(1) 实现复杂网络优化的解决方案。基站等网络控制器在网络中能够自主解决非凸的复杂问题，例如联合用户关联、计算和传输调度等，在没有完整、准确的网络信息的情况下得到时间解。

(2) 允许网络实体在和环境的交互过程中学习并构建关于通信网络环境的信息。网络实体(例如移动用户)可以在不知道信道模型和移动性模式的情况下，学习到最优策略(例如基站选择、信道选择、切换决策、缓存和卸载决策等)。

(3) 实现自主决策。网络实体即使只获得局部环境的观察信息，也可以获得最优的策略，而不需要依赖信息交互，这不仅减少了通信开销，同时提高了网络的安全性和健壮性。

(4) 显著提高学习速度，尤其是在高维状态和动作空间的问题上。因此，在大规模网络中，例如拥有数千台设备的物联网系统中，深度强化学习允许网络控制器或物联网网关为大量的物联网设备和移动用户动态控制用户关联、频谱访问和功率传输。

除此之外，通信网络中的一些其他问题，例如物理攻击、干扰管理和数据卸载等都可以建模为博弈论，而深度强化学习是求解博弈的一种有效工具，在无法获得全局有效信息的情况下，被广泛应用于求解该类问题，如求解纳什均衡。

深度强化学习方法在通信网络中多用于解决网络访问、数据速率控制、无线缓存、数据卸载、网络安全、连接性保护、流量路由和数据收集等方面的问题。

本节将从深度强化学习在动态网络访问和自适应数据速率控制、无限缓存和数据卸载这两个方面进行一些简单介绍。

1. 网络访问和速率控制

以物联网为代表的现代网络，正变得更具临时性和离散化。在这样的网络中，传感器和移动用户等网络实体需要对信道和基站的选择等问题做出独立的决策，以实现系统目标。然而，由于网络状态的动态性和不确定性，此类问题充满挑战。深度强化学习算法(例如深度Q学习算法)允许网络实体学习和构建有关网络的知识体系，从而帮助网络实体做出最优决策。

1) 网络访问

网络访问(Network Access)部分主要介绍如何使用深度Q学习算法解决频谱访问和网络中用户关联的问题。

(1) 网络动态频谱访问

动态频谱访问(Dynamic Spectrum Access)允许用户在本地选择信道以最大化其吞吐量，但在用户无法获得系统相关状态的全局观察信息的情况下，深度Q学习算法可以作为动态频谱访问的有效工具。

S. Wang 等人提出了一种基于深度Q学习算法的物联网传感器动态信道访问方案。在每个时隙，传感器选择 M 个信道中的一个用于发送数据包，如果信道处于低干扰状态，则成功传输；如果信道状态为高干扰，则传输失败。由于传感器在选择通道后仅知道信道状态，因此传感器的优化决策问题可以建模为部分观测马尔可夫过程(Partial Observation Markov Decision Process，POMDP)。此时，传感器为智能体，动作为选择 M 个信道中的一个。如果选择的信道处于低干扰状态，能够成功传输，传感器收到正向回报“+1”，否则接收负向回报“−1”。系统目标是找到一种最优策略，使得传感器获得的累积回报最大，具体采用的DQN结合了经验回访机制和前馈神经网络来寻找最优策略。DQN的输入是传感器的状态，状态信息是动作和观察的组合，也就是过去时隙的回报；输出包括与动作对应的Q值。为了平衡对当前最佳Q值的利用和更优Q值的探索，采用E-Greedy策略作为动作选择机制。基于真实数据的仿真结果表明，所提出的方案可以在不完全了解系统的情况下实现接近短视策略(Myopic Policy)的平均累积回报。

深度Q学习算法随着时间推移学习最优策略，到合适程度便会停止学习。但在实际情况中，物联网环境是动态变化的，此时需要重新训练深度Q学习算法中的DQN网络。针对这种问题，J. Zhu 等人提出了一种自适应深度Q学习方案。该方案评估每个时期当前策略的累积回报，当回报减小到小于给定阈值时，重新训练DQN以找到新的良好的策略。仿真结果表明，当信道状态发生变化时，该自适应方案可以检测到变化并重新学习，以获得更高的回报。

上述模型仅限于一个传感器。考虑多个传感器的情况，M. Chu 等人利用深度Q学习算法解决了联合信道选择和数据包转发的问题。模型如图9-11所示，其中一个传感器作为中继将从其相邻传感器接收的数据包转发到sink节点。传感器配有数据缓存区以存储接收的数据包。在每个时隙，传感器为将要转发的数据选择一组信道以最大化其效用，即最大化发送数据包的数量与发送功率的比值。与基于深度Q学习算法的物联网传感器动态信道访问方案类似，传感器问题被建模为马尔可夫过程。动作为选择信道、传送的数据包数目和调制模式。为了避免数据包丢失，状态被定义为数据缓存区的状态和信道状态的组合；深度Q学习算法的输入为状态，输出为动作选择。深度Q学习算法利用堆栈自编码器(Stacked AutoEncoder)来减少Q学习阶段需要的大量计算和存储。因为传感器的效用函数有界，因此保证了算法的收敛性。仿真结果表明，所提方案在一定次数的迭代之后收敛。此外，与随

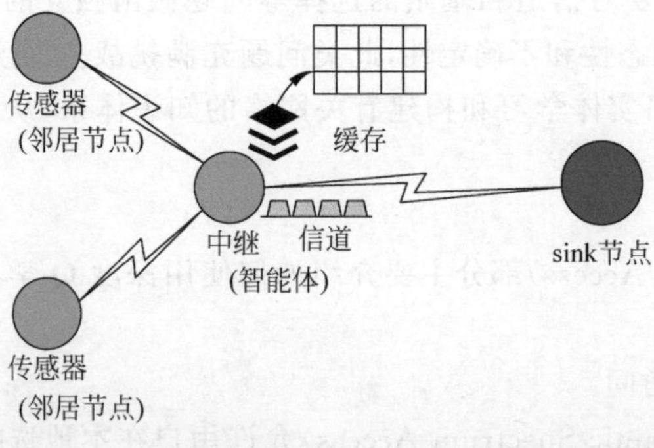

图 9-11　物联网中的联合信道选择和数据包转发模型

机动作选择方案相比，所提出的方案显著改善了系统效用。但也存在一个问题，随着数据包到达率的提高，所提出的方案的系统效用降低，因为此时传感器需要消耗更多的功率用于保证所有数据包的传输。

传统传感器网络的网络寿命受限于设备的能量，为了延长网络寿命，使其受制于设备而非能量，现代科技为物联网加入了能量捕获技术，设备通过捕获周围环境的太阳能、风能等清洁能源为自己供能。H. Ye 等人研究了能量捕获物联网系统的信道接入问题。该系统模型由一个基站和具有能量捕获能力的传感器组成。基站作为控制器将信道分配给传感器，但是传感器需要捕获的环境能量存在不确定性，这使得信道分配效率低下。例如，由于能量不足导致传感器不能正常通信，那么分配给其的信道就会被浪费。因此，基站需要解决的问题是如何成功预测传感器的电池状态并选择用于信道接入的传感器，以便最大化总体传输速率。由于传感器在地理区域上的随机分布，可能无法获得系统动态的完整统计信息，例如电池状态和信道状态。论文将该问题和深度 Q 学习算法结合，将基站作为智能体，深度 Q 学习算法使用由两个基于 LSTM 的神经网络层组成的 DQN。第一层生成预测的传感器电池状态，第二层使用预测的电池状态和信道状态信息(Channel State Information, CSI)来确定信道访问策略。状态空间包括信道访问的历史信息、预测传感器电池的历史信息、真实电池的历史信息和传感器当前的信道状态信息。动作空间包括为信道访问选择的所有传感器，回报是总速率和预测误差之间的差异。模拟结果表明，所提出的方案在总速率方面优于短时策略，此外，获得的电池预测误差接近于零。

以上提到的方案主要集中于系统传输速率的最大化。由于物联网系统的多样性，针对不同类型的网络需要考虑的问题不尽相同。例如在 V2V(Vehicle-to-Vehicle)通信系统中，由于发射器和接收器的移动性，同时考虑其在交通安全中的表现，时延是重要的研究课题之一。在每一个 V2V 系统中，发射器的问题之一是选择合适的信道和传输功率以在时延约束下最大化其容量。如 U. Challita 等人的论文所述，在给定的分布式网络中，采用 DQN 给出最优决策。系统模型包括 V2V 发射机和一组共享信道，令其为智能体，每个发射机的动作包括选择信道和确定发射功率。回报是发射机容量和延迟的函数。V2V 系统中发射机观测到的状态包括对应 V2V 链路的瞬时信道状态信息、前一时隙对 V2V 链路的干扰、前一时隙中相邻 V2V 发射机选择的信道和满足时延约束下的剩余时间。同时状态也是 DQN 的输入，输出包括对应动作的 Q 值。仿真结果表明，在 V2V 链路可能违背时延约束的情况下动态调整功率和信道选择，与随机信道分配的方案相比，有更多的 V2V 发射机能够满足时延约束。

为了降低频谱成本，上述物联网系统通常使用了未经授权的信道。然而，这可能会造成对现有网络(例如 WLAN)的干扰。O. Naparstek 等人通过使用 DQN 来解决动态信道接入和干扰管理的问题。该模型由微基站(Small Base Station, SBS)组成，这些基站在 LTE 网络中共享未经授权的信道。在每个时隙中，微基站选择一个信道用于发送数据包。但是，微基站所选择的信道上可能存在 WLAN 业务，因为微基站接入被选择的信道是一种概率访问。微基站的动作空间包括信道选择和对应接入该信道的概率。微基站要确定动作矢量以便在所有信道和时隙中能最大化其效用，也就是总吞吐量。资源分配问题能够归纳为非合作博弈论，并且可以采用 LSTM 的 DQN 来解决。DQN 的输入是微基站的历史流量和信道上的 WLAN 情况，输出是预测的微基站的动作矢量。经证明，微基站的效用函数是凸函数，因此基于DQN的算法满足纳什均衡条件。利用实际流量数据进行仿真后，与标准的Q-Learning算法对比，能够将平均吞吐量提高28%。此外，在LTE网络中部署更多的微基站并不能使网络获得更高的通话时长，这意味着所提出的方案可以避免使WLAN性能下降。然而，该方案要求微基站和WLAN同步，这在实际网络中是一个不小的挑战。

在相同的蜂窝网络环境中，H. Li解决了共享K个信道的多用户动态频谱接入问题。在一个时隙中，用户以一定的概率选择信道或选择不进行传输。状态信息是用户的动作和在本地观察的历史，用户的策略是根据历史情况映射尝试概率。用户的目标是找到能够最大化其预期累积折扣传输数据速率的策略。

这些问题都能够通过训练DQN解决。DQN网络的输入包括过去动作和相应的观察值，输出包括对动作的估计Q值。使用Double DQN以避免在Q-Learning中存在的过度估计问题。此外，Dueling DQN也能够改善估计Q值。DQN首先对基站进行离线训练。与基于DQN同时解决动态信道接入和干扰管理方案类似，多信道的随机访问被建模为非合作博弈论，该问题具有子博弈的完美均衡。值得注意的是，一些用户可以持续增加尝试概率以提高其速率，但得到的平衡点的效率低下，因此限制用户的策略空间以避免这种情况的发生。仿真结果表明，与S. Liu等人提出的方案相比，本方案可以实现两倍的信道吞吐量。原因在于，在所提出的方案中，每个用户仅从其本地观察中进行学习而没有进行在线协调或者载波检测。但是，该方案需要一个中央单元，以便在频繁的训练更新过程中提高信息交换的速度。

在上述模型中，用户数量在所有时隙中是固定不变的，并未考虑新用户的到达情况。N. Zhao等人解决了多波束卫星系统中新用户到达的信道分配问题。多波束卫星系统产生的地理足迹细分为多个波束，为地面用户终端(User Terminal，UT)提供服务。系统有一组信道可用于分配，如果存在可用信道，那么系统将信道分配给新到达的用户终端，即满足新的服务需求；否则，该服务将被限制并阻止。该系统的目标是找到最优的信道分配决策，能够最小化新用户终端的总服务阻塞概率，同时不会对当前的用户终端产生干扰。

系统问题可以看作与时间有关的顺序决策优化问题，这类问题可以通过DQN有效解决。将卫星看作智能体，动作是表明哪个信道被分配给新到达的用户终端的索引。当新用户终端的需求被满足时，回报为正值，被阻塞时为负值。状态空间包括当前用户终端、当前的信道分配矩阵和新到达的用户终端。需要注意的是，由于存在共信道干扰，所以状态具有空间特性，因此可以将其用图像的方式进行表示，也就是图像张量。在仿真过程中，DQN利用CNN提取状态的有用特征值。结果表明，所提出的DQN算法经过一定的训练后收敛。此外，与固定信道分配的方案相比，向新到达的用户终端分配可用信道的方案可以将系统流量提高至24.4%。但是，随着当前用户终端数量的增加，可用信道的数量减少甚至为零，此时，所提出的动态信道分配决策方案就变得毫无意义，同时这两种方案之间的性能差异将变得微不足道。因此，未来的研究可以重点考虑基于深度Q学习的联合信道和功率分配算法。

(2) 联合用户关联和频谱访问

联合用户关联和频谱访问(Joint User Association and Spectrum Access)实现用户关联以确定用户和基站之间的具体分配关系。但是，这种问题通常是组合的非凸问题，意味着为了获得最优的策略需要完整和准确的网络信息。深度Q学习能够提供有效的适用于该类型问题的分布式解决方案，而无需完整和准确的网络信息。

M. Chen 等人考虑一个由多用户和多个基站（包括宏基站和微基站）组成的异构网络。基站共享一组信道，用户随机分布在网络中。每个用户面临的问题是选择一个基站和一个信道以最大化其数据速率，同时保证信号与干扰加噪声比（Signal to Interference plus Noise Ratio，SINR）高于最小服务质量（Quality of Service，QoS）要求。利用深度 Q 学习解决该问题，选择用户为智能体，状态是包括所有用户 QoS 状态的向量，即全局状态。这里，用户的 QoS 状态指其 SINR 是否超过最小 QoS 要求。在每个时隙，用户采取行动，如果 QoS 满足要求，那么用户将其效用作为直接回报；否则，会有一个负回报作为动作的选择成本。一个用户的累积回报取决于其他用户的操作，因此该问题可以建模为 MDP。类似地，Double DQN 和 Dueling DQN 用于学习最优策略，即联合基站和信道选择，以保证用户最大化其累积回报。仿真结果表明，所提出的方案在收敛速度和系统容量方面都优于利用传统 Q-Learning 的实现方案。

受到上述启发，W. Maass 建议将深度 Q 学习用于联合用户关联、频谱访问和内容缓存问题。网络模型为 LTE 网络，由服务于地面用户的无人机组成。无人机配有存储单元，可以充当缓存 LTE 基站，同时其能够访问网络中经过授权和未经授权的频段。无人机受控于基于云的服务器，从云端到无人机的传输通过授权的蜂窝频段实现。每个无人机需要确定的问题包括最佳的用户关联方案、授权频段上的带宽分配指标、未授权频段上的时隙指标以及用户可以请求的一组热门内容，目的是使队列稳定的用户数量最大化，即满足用户满意范围内的内容传输延迟。该类问题是组合的非凸问题，属于深度 Q 学习的适用范围。无人机无法获知用户的请求内容，因此采用液体状态机（Liquid State Machine approach，LSM）来预测用户的内容请求分布并执行资源分配。具体来说，基于 LSM 的预测算法在云端实现预测内容请求分布。在给定请求分布后，作为智能体的各个无人机使用基于 LSM 的学习算法找到其最佳的用户关联方案。基于 LSM 的学习算法的输入包括其他无人机采取的动作，即 UAV-用户关联方案，输出包括具有与无人机可以采取的动作相对应的稳定队列的预期用户数。完成用户关联后确定最佳的内容缓存，并使用线性规划完成最佳的频谱分配。基于戈登定理，证明了提出的深度 Q 学习算法以 1 的概率收敛。在仿真中，所提出的 DQN 可以在大约 400 次迭代中收敛，与 Q-Learning 相比，将收敛时间提高了 33%。此外，与不考虑缓存的 Q-Learning 相比，所提出的方案将具有稳定队列的用户数提升了 50%，效果显著。实际上，能效问题对于无人机系统也十分重要。因此，需要研究将深度 Q 学习应用于联合用户关联、频谱访问和功率分配问题。

2）自适应速率控制

自适应速率控制（Adaptive Rate Control）指动态和不可预测环境中比特率/数据速率的控制问题，例如 HTTP 上的动态自适应流传输（DASH），在这样的系统中允许用户自主选择不同比特率的视频片段进行下载。用户的目标是最优体验质量（Quality of Experience，QoE）。该类型问题也可以采用深度 Q 学习而非动态规划方法，因为动态规划方法需要完整信息并且较为复杂。

如刚才所说，HTTP 上的 DASH 已经成为视频流的主要标准，DASH 能够利用现有内容交付网络基础架构，并且与众多客户端应用程序兼容。一般的 DASH 系统如图 9-12 所示，其中视频作为多个段（即块）存储在服务器中。每个段以不同的压缩级别编码，以生成不同比特率,即不同的视频的视觉质量表示。在每个时隙,客户端选择具有特定比特率的段进行下载。如果将客户端作为智能体,那么系统目标就是找到最大化其 QoE 的策略,例如平均比特率的最大化或重新缓冲可能的最小化,即视频播放的冻结时间。

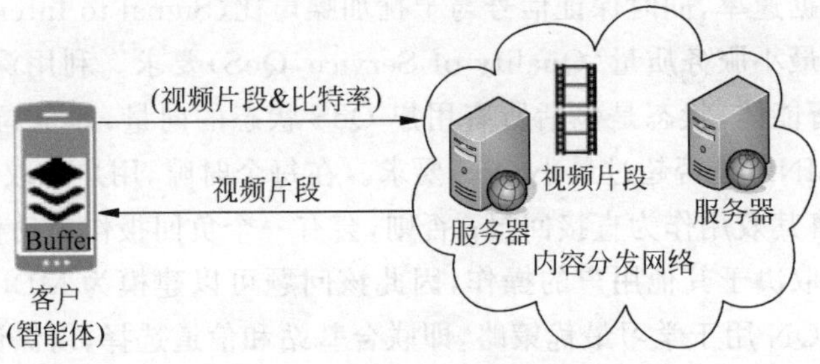

图 9-12 基于 HTTP 标准的 DASH 系统

可以将上述问题建模为 MDP,其中智能体是客户端,动作为选择要下载的视频片段的表现形式。为了最大化 QoE,回报被定义为视频的视觉质量、视频质量的稳定性、重新缓冲发生次数和缓冲状态的函数。鉴于制定的回报机制,用户的状态应当包括最后下载段的视频质量、当前缓冲状态、重新缓冲时间以及过去时段下载视频片段时的信道容量。MDP 可以通过动态规划求解,但是随着问题规模的增加,计算复杂度会超出控制。因此,作者选择采用深度 Q 学习来解决问题。使用 LSTM 网络,网络的输入是用户的状态,输出为用户可能选择的动作对应的 Q 值。为了提高标准 LSTM 网络的性能,将窥视孔连接(Peephole Connections)添加到 LSTM 网络中。仿真结果表明,所提出的深度 Q 学习算法比 Q-Learning 快得多,同时改善了视频质量并减少了重新缓冲事件的发生。因为这种方案能够考虑缓存器状态和信道容量来动态地管理缓存。

与上述问题采用深度 Q 学习不同,还采用了 A3C 的方法来对相同的网络模型和优化问题进行优化,以进一步增强和加速训练。9.2.2 节曾经对 A3C 进行了大致介绍。A3C 包括两个神经网络,即 Actor 网络和 Critic 网络。Actor 网络为用户选择比特率,Critic 网络有助于训练 Actor 网络。对于 Actor 网络,输入的是用户的状态,输出的是策略,也就是用户在给定状态可以采取动作的概率分布。这里,动作是选择下一个表示,即具有特定比特率的下一个段,以便之后进行下载。对于 Critic 网络,输入的是用户的状态,输出为遵循 Actor 网络输出策略的预期总回报。仿真结果表明,与比特率控制方案相比,所提出的深度 Q 学习算法可以将平均 QoE 提高 25%。此外,空间足够的缓存区域能够处理网络的吞吐量波动情况,与基准方案相比,深度 Q 学习方法减少了大约 32.8%的重新缓冲事件的发生。

实际上,上述 A3C 算法可以很容易地部署在多客户端网络中,因为 A3C 支持多个智能体并行训练。因此,每个客户端(也就是用户)都会被配置为观察其回报值。然后,客户端将包含其状态、动作和回报的元组发送到服务器,服务器使用 Actor-Critic 算法更新其 Actor 网络模型,再将最新的模型推送到各个智能体。此更新过程可以在所有智能体间异步发生,从而能够提高质量并加快训练速度。虽然并行训练方案可能会在客户端和服务器之间产生往返时间(Round-Trip Time,RTT),但是模拟结果表明,客户端和服务器之间的 RTT 仅使平均 QoE 降低了 3.5%,性能下降幅度很小,因此提出的深度 Q 学习是能够在真实网络中实现的。

在上述采取的方案中，深度Q学习的输入为用户或客户端的状态，包括最后下载的视频片段的视频质量。视频片段是原始的，这可能导致状态空间的状态爆炸。为了减少状态空间的大小并改善QoE，视频质量预测网络被提出。预测网络使用CNN和RNN从原始视频片段中提取有用的特征，网络的输出是预测的视频质量，被用作深度Q学习的输入之一。利用宽带数据集的仿真结果表明，与Google Hangout(即Google开发的通信平台)相比，提出的深度Q学习算法可以将平均QoE提高25%。此外，由于大幅缩小了状态空间，所提出深度Q学习算法可以将视频传输的平均延迟减少约45%。

除了DASH系统外，深度Q学习还可以用于HVFT(High Volume Flexible Time)应用中的速率控制。HVFT应用由蜂窝网络提供物联网流量，这类应用的特征是流量巨大，因此在实际应用中业务调度(例如数据速率控制)是十分必要的。一种常见的方法是为每种流量类型分配静态优先级，然后基于其优先级进行流量调度。但是，这种方法不会自我发展以适应新的流量类别。因此，深度Q学习之类的学习算法能够为此类问题提供譬如自适应速率控制机制。网络模型是单个小区，一个基站作为中央控制器，多个移动用户。基站的问题是找到合适的用户数据速率，最大限度地提高HVFT的传输流量，同时最大限度地降低现有数据业务的性能降级程度。该问题可以表述为MDP，选择基站为智能体，状态包括当前网络状态和从过去时隙中的网络状态提取的有用特征。一个时隙的网络状态包括拥塞度量(即时隙内的小区业务负载)、小区效率(即质量)以及网络连接总数。基站采取的动作是用户流量速率的组合。为了实现基站的目标，回报被定义为HVFT流量的总和、由于存在HVFT流量而对现有应用造成的流量损失以及所服务的字节数低于期望的最小吞吐量。采用具有LSTM层的Actor-Critic网络，使用在墨尔本采集的真实数据，仿真结果表明，与启发式控制方案相比，所提出的深度Q学习算法将HVFT流量增加了两倍，但是如何减少流量损失，在所提出的方案中并未阐明。

上述方法中，目标的最大数量被限制为3个。D. Tarchi等人表明，深度Q学习可以用于速率控制，从而在复杂的通信系统中实现多个目标。网络模型是不可预测的环境，例如动态轨道、大气和空间天气以及对动态信道进行操作的未来空间通信系统。在该系统中，发射机需要配置多个发射参数，例如符号率和编码率，以实现降低误码率、提高吞吐量、提升功率和频谱效率等多重冲突目标。C. Zhong等人提出的自适应编码和调制方案可以求解该类问题，但是这些方法只能实现有限数量的目标，而类似深度Q学习的学习方法则没有此类限制。系统中的发射机为智能体，动作是符号率、每个符号的能量、调制模式、每个符号的比特数和编码速率的组合，目标是最大化系统性能，因此回报被定义为性能参数的适应度函数，包括接收机估计的误码率、吞吐量、频谱效率、功耗和发射功率效率。状态空间是发射机测量的系统性能，因此状态是回报。为了实现多个目标，深度Q学习采用了并行的多个神经网络。深度Q学习的输入是当前状态和通道条件，输出是预测的动作。通过使用Levenberg-Marquardt反向传播算法训练神经网络。仿真结果表明，所提出的深度Q学习算法能够获得较好的适应度评分，即接近理想的不同目标的加权和。这意味着深度Q学习能够选择近似最优的动作，并在给定动态信道条件的情况下学习回报和动作之间的关系。

深度Q学习在动态网络访问和自适应速率控制的应用中，问题主要建模为MDP。而IoT和DASH系统的深度Q学习比其他网络受到更多关注。未来网络(例如5G网络)将涉及具有多个冲突目标的多个网络实体(例如供应商的收入和用户效用最大化)，这给传统资源管理机制带来了许多挑战，值得进行深入研究。

2. 缓存和卸载

作为信息中心网络的关键特性之一，网络内缓存可以有效地减少重复内容的传输。对无线缓存的研究表明，在无线设备中，缓存内容可以显著降低访问延迟、能源消耗和总流量。大数据分析也证明，在缓存容量有限的情况下，网络边缘节点的主动缓存可以在卸载98%的回程流量的同时实现100%的用户满意度。联合内容缓存和卸载可以解决移动用户大数据需求与有限的数据存储和处理能力之间的矛盾。这推动了移动边缘计算（Mobile Edge Computing，MEC）的研究。通过在终端用户附近部署计算资源和缓存功能，MEC显著提高了需要密集计算和低延迟的应用程序的能源效率和QoS。在MEC场景中对缓存、卸载、网络和传输控制的统一研究涉及非常复杂的系统分析，因为移动用户之间在应用程序需求、QoS提供、移动模式、无线访问接口和无线资源方面具有很强的耦合性。基于学习和无模型的方法成为管理巨大状态空间和优化变量的一个有潜力的候选方法，特别是使用DNN。本节将回顾如何利用深度强化学习框架对无线网络中的缓存和卸载策略进行建模和优化。

无线主动缓存（Wireless Proactive Caching）技术已经引起学术界和工业界的广泛关注。从统计上看，一些热门内容通常会在短时间内被大量用户请求，这占据了大部分的流量负载。因此，主动缓存热门内容可以避免回程链接的沉重流量负担。该技术旨在从靠近终端用户的边缘设备或基站预先缓存来自远程内容服务器的内容。如果请求的内容已经在本地缓存，那么基站可以以较小的延迟直接为最终用户提供服务；否则，基站需要从原始内容服务器请求这些内容，并基于缓存策略更新本地缓存，这是无线主动缓存的主要设计问题之一。下面介绍无线主动缓存中的服务质量感知的缓存（QoS-Aware缓存）、联合缓存传输控制和联合缓存、网络和计算。

1）QoS-Aware缓存

内容流行度是解决内容缓存问题的关键因素。大量内容及其时变的通用性使得深度Q学习成为一种有吸引力的策略，可以通过高维状态和动作空间求解该类问题。L. Lei等人提出了一种DQL方案来提高缓存性能，系统模型由具有固定缓存大小的单个基站组成。对于每个请求，作为智能体的基站决定是否将当前请求的内容存储在缓存中。如果保留了新内容，则由基站确定替换哪些本地内容。状态是缓存内容和当前请求内容的特征空间，特征空间由特定的短期、中期和长期内对每个内容的请求总数组成。有两种类型的动作：找到一对内容并交换这两个内容的缓存状态或者保持内容的缓存状态不变。基站的目标是最大化长期缓存命中率，也就是回报。

该深度Q学习方案使用DDPG算法训练策略，并采用Wolpertinger体系结构减小动作空间的大小以避免丢失最优策略。Wolpertinger体系结构由三个主要部分组成：Actor网络、KNN和Critic网络。Actor网络用于避免大的动作空间；Critic网络用于纠正Actor网络做出的决策。DDPG方法被应用于更新Actor和Critic网络。KNN可以帮助探索一系列行动以避免糟糕的决策；然后使用前馈神经网络实现Actor和Critic网络。仿真结果表明，所提出的深度Q学习方案在长期缓存命中率方面优于先进先出方案。

最大化长期缓存命中率意味着缓存存储最流行的内容。在动态环境中，必须根据用户的动态请求替换缓存中存储的内容。M. Schaarschmidt等人采用深度学习方法对缓存内容的存储或替换进行了优化研究。该优化算法由深层神经网络进行预先训练，然后进行实时缓存或最小延迟的调度。Y. He 等人提出了一种最优缓存策略来学习缓存到期的时间，即生存时间(Time-To-Live，TTL)，用于动态更改内容交付网络中的请求。该系统包括一个云数据库服务器和多个移动设备，可以在单个数据库中发出查询和更新条目。根据查询结果可以在服务器控制的缓存中缓存指定的时间间隔。如果更新了缓存中的一条记录，那么所有缓存的查询都将无效。如果数据库服务器具有较大的物理距离，那么大的 TTL 会使缓存容量紧张，而小的 TTL 会显著增加延迟。

与 L. Lei 使用的 DDPG 方法不同，Y. He 提出利用规范化优势函数(Normalized Advantage Function，NAF)来实现连续深度 Q 学习方案，以获得最佳缓存到期持续时间。连续深度 Q 学习中的关键问题是选择最大化 Q 函数的动作，同时避免在每一步执行代价高昂的数值优化。NAF 的使用避免了需要单独训练的第二个 Actor 网络。作为替代，单个的神经网络被用于输出值函数和优势项。云数据库中的深度 Q 学习的智能体将查询到的本身的编码和未命中率作为系统状态，这使泛化更加容易。系统回报与当前负载呈线性关系，即缓存查询的数量除以总容量。该回报函数可以在缓存更少的查询时鼓励更长的 TTL，在负载接近系统容量时鼓励更短的 TTL。考虑运行时对于回报和下一个状态的不完整度量，作者引入了延迟体验注入(Delayed Experience Injection，DEI)方法，该方法允许智能体在不能立即获得度量时跟踪不完整的转换。作者利用雅虎带有定制 WEB 工作负载的云服务基准测试学习算法，仿真结果表明基于 NAF 和 DEI 的学习方法优于统计估计方法。

2) 联合缓存和传输控制

缓存策略通过学习内容的流行度和缓存到期时间来确定在何处有效地存储和检索请求的内容。缓存设计的另一个重要方面是内容从缓存传输到最终用户的传输控制，特别是具有动态通道条件的无线系统。为了避免多用户在无线网络中的相互干扰，传输控制决定哪些缓存的内容可以并发传输以及最合适的控制参数，例如传输功率、预编码、数据速率和信道分配方案。因此，为了在多用户无线网络中实现高效的内容传输，需要缓存和传输控制的联合设计。

Y. He 等人提出了一个深度 Q 学习框架来解决联合缓存和干扰对齐问题，以解决多用户无线网络中的相互干扰。作者考虑具有有限回程容量的 MIMO 系统和发射机的缓存，用于干扰对齐的预编码设计需要每个发射机的全局 CSI。中央调度器负责通过回程收集每个用户的 CSI 和缓存状态，调度用户传输并优化资源分配。通过在单个发射机上启用内容缓存，可以减少对数据传输的需求，从而为实时 CSI 更新和共享节省更多的回程容量。在中央调度器中使用基于深度 Q 学习的方法可以减少对 CSI 的显式需求和矩阵优化中的计算复杂度，尤其是在时变信道条件下。在训练中，智能体通过将经验回访机制和深层神经网络结合近似 Q 函数。为了使学习过程更加稳定，Q 网络每隔一段时间就更新一次目标 Q 网络的参数。收集的信息被组合为系统状态并发送到智能体，智能体即时反馈当前时刻的最佳操作。该操作指示哪些用户处于活跃状态以及活跃用户之间的资源分配情况。系统回报表示多个用户的总吞吐量。X. He 等人提出了一个类似深度 Q 学习的框架，采用基于 CNN 的 DQN，并在 CSI 不完善或具有更真实地延迟条件下进行了评估。仿真结果表明，MIMO 系统的性能在总吞吐量和能量效率方面均有显著提高。

干扰管理是无线系统的一项重要要求，与应用程序相关的 QoS 或用户体验也是一个重要的度量指标。与上述方案不同，M. Chen 提出了一种深度 Q 学习方法，在以内容为中心的无线网络中联合优化缓存分配和传输速率，以最大限度地提高物联网设备的体验质量。系统状态由节点缓存条件（例如服务信息和高速缓存的内容）以及缓存内容的传输速率指定。智能体的目标是不断降低网络成本或最大化 QoE。使用 PER 和 Double DQN 进一步改善了提出的深度 Q 学习框架。PER 实现了高频重放的转换，以便 DQN 能够更有效地从样本中学习。在分离的神经网络中，Double DQN 使用两个值函数以确保学习的稳定性，避免随着动作数量的增加出现 DQN 的过度估计问题。由于目标网络是估计网络的周期性副本，因此这两个神经网络并没有完全解耦。离散模拟器用于模拟各种图形结构中的缓存行为，将模拟器的输出数据轨迹导入 MATLAB，对学习算法进行评估。仿真结果表明，使用 PER 和 Double DQN 的深度 Q 学习框架在 QoE 方面优于标准贯入测试方案。

QoE 可用于表征用户对虚拟现实（Virtual Reality，VR）服务的感知。M. Chen 等人讨论了无线 VR 网络中的联合内容缓存和传输策略，其中无人机捕获实时游戏的视频，并将其传输给服务于 VR 用户的小型基站。毫米波（mmWave）下行回程链路用于从无人机到基站的 VR 内容传输。基站还可以缓存终端用户可能频繁请求的流行热门内容。将联合内容缓存和传输问题表示为最大化用户可靠性的优化问题，即内容传输延迟满足瞬时延迟目标的概率。最大化涉及对传输格式、用户关联、缓存内容的集合和格式的控制。论文为每个基站提出了一种 LSM 和回声状态网络（Echo State Network，ESN）的深度 Q 学习优化框架，以找到最优的传输和缓存策略。LSM 是一个随机生成的脉冲神经网络，它可以随时间的推移存储网络环境的相关信息，并根据用户内容请求调整用户关联策略、缓存内容和格式。在只有关于网络和不同用户的有限信息的情况下，它被用来预测用户内容请求分布。传统的 LSM 使用前馈神经网络作为输出函数，由于需要计算所有神经元的梯度，因此训练复杂度较高。与之不同的是，提出的深度 Q 学习框架使用 ESN 作为输出函数，ESN 使用历史信息来查找用户可靠性、缓存和内容传输之间的关系。此外，它还具有较低的训练复杂度和更好的网络信息记忆能力。仿真结果表明，与基准 Q-Learning 相比，该深度 Q 学习框架在用户可靠性方面增益提高了 25.4%。

除了网络访问、缓存和卸载以外，深度 Q 学习在网络安全和连接保护等其他方面也有着广泛的应用。这里不再予以详细介绍，有兴趣的读者可以查找相关文献进一步了解。

本章小结

深度强化学习作为强化学习和深度学习的结合，能够解决传统强化学习无法解决的各种复杂的决策任务。因此，深度强化学习在医疗、机器人、智慧城市、金融等领域都展开了许多新的应用。本章介绍了一些基础的深度强化学习模型、算法和技术，而深度强化学习的发展日新月异，有兴趣的读者可以查找更多相关资料进行深入学习和探索。

第 10 章 迁移学习

CHAPTER 10

在机器学习和数据挖掘中，大部分情况假设训练数据和预测数据在一个特征域内并且有相同的分布。但是，在现实世界的应用中，这个假设不一定成立。例如，在某一个感兴趣的领域有一个分类任务，但是只有另一个感兴趣的领域有足够多的训练数据，后者与前者数据处在不同的特征域上并且服从不同的分布。在这种情况下，如果知识迁移可以成功应用，可以避免昂贵的数据标注，从而可以极大提升机器学习性能。作为一种新的学习框架，迁移学习（Transfer Learning）的出现解决了上述问题。本章将介绍各种迁移学习的方法，并介绍其在深度学习和强化学习领域的应用。

10.1 迁移学习简介及分类

本节介绍迁移学习的基本概念和数学模型，并介绍目前迁移学习技术的分类。

10.1.1 迁移学习概述

传统的数据挖掘和机器学习算法预测未来数据时使用训练数据的统计模型。在半监督学习中，通过使用大量未标记的数据和小部分标记数据，解决了由于标记数据较少而不能建立好的分类器的问题。但是，以上学习均假设标记数据与未标记数据分布相同。迁移学习允许训练和测试时的数据不属于同一个领域、同一个任务或者同一个分布。实际生活中，有许多迁移学习的例子。例如，学习辨识苹果有助于学会辨识梨子；类似地，学习电子琴有助于学习钢琴。迁移学习有助于人们使用之前学习到的知识更快更好地解决新的问题。在机器学习领域，迁移学习的研究开始于 NIPS-95 研讨会上讨论的“学会学习”，关注重新训练和使用之前学习到的知识。

自从 1995 年以来，迁移学习的研究以不同的名称吸引了越来越多的关注，例如学会学习（Learning to Learn）、终身学习（Life-Long Learning）、知识迁移（Knowledge Transfer）、归纳迁移（Inductive Transfer）、多任务学习（Multitask Learning）、知识整合（Knowledge Consolidation）、上下文敏感学习（Context-Sensitive Learning）、基于感应阈值的学习（Knowledge-based Inductive Bias）、元学习（Meta Learning）和增量学习（Incremental/Cumulative Learning）等。在这其中，与迁移学习相似的概念是多任务学习，指同时学习不同任务。迁移学习和多任务学习的主要区别在于多任务学习假设智能体解决的所有问题都是同分布的，而迁移学习中源任务和目标任务之间则没有此限制。

2005 年,美国国防部高级研究计划局的信息处理技术办公室发表的代理公告给出了迁移学习的新定义：将之前学习到的知识和技能识别和应用到新的任务上。在这个定义中,迁移学习的目标是提取一个或多个源任务中的知识,应用到目标任务中。与多任务学习不同,并不是同时学习所有源任务和目标任务,迁移学习更关心目标任务。迁移学习中源任务和目标任务的角色不再对称。图 10-1 展示了传统学习和迁移学习的不同。传统机器学习试图从头开始每项任务；迁移学习试图将之前任务的知识迁移到目标任务,只需要少量高质量训练数据。

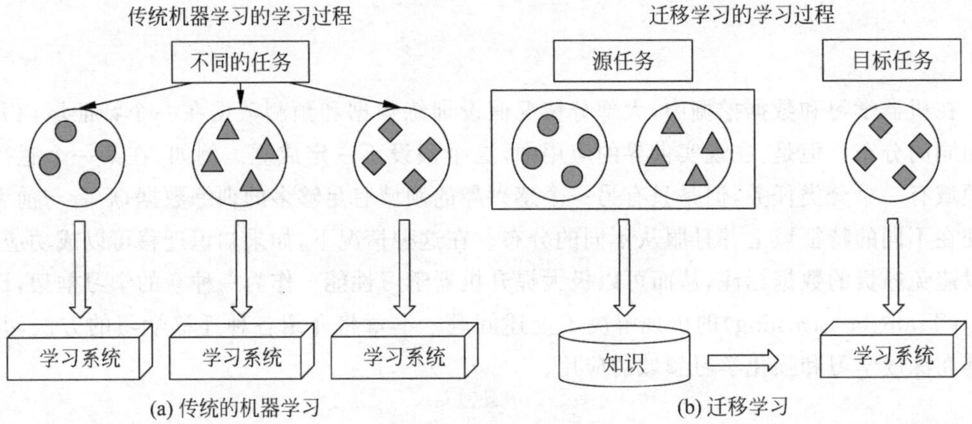

图 10-1 不同的学习过程[①]

在介绍迁移学习的数学定义之前,首先给出域和任务的定义。本章中,域$\mathcal{D}$包含两个方面：特征空间$\mathcal{X}$和边缘概率分布 $P(\boldsymbol{x})$,其中 $\boldsymbol{x}=\{\boldsymbol{x}_1,\cdots,\boldsymbol{x}_n\}\in\mathcal{X}$。例如,在文本识别任务中,每个术语可以被看作二元特征,$\mathcal{X}$是所有术语向量的空间,$\boldsymbol{x}_i$ 对应文本中第 i 个术语向量,$\boldsymbol{x}$ 是具体的学习样本。一般而言,如果两个域不同,那么它们的特征空间或者边缘概率分布不同。

给定一个具体的域$\mathcal{D}=\{\mathcal{X},P(\boldsymbol{x})\}$。一个任务包含两个部分：标签空间$\mathcal{Y}$和目标预测函数 $f(\cdot)$。任务表示为 $T=\{\mathcal{Y},f(\cdot)\}$,可以从训练数据中被学习,包括元组$\{\boldsymbol{x}_i,y_i\}$,其中$\boldsymbol{x}_i\in\mathcal{X},y_i\in\mathcal{Y}$。函数 $f(\cdot)$可以用来预测相应的标签,称为 $f(\boldsymbol{x})$。从概率论的角度,$f(\boldsymbol{x})$可以写作$P(\boldsymbol{y}|\boldsymbol{x})$。在文本分类例子中,$\boldsymbol{y}$ 是所有标签的集合,如果是一个二元分类任务,y_i 可以是"真"或"假"。

为简化起见,本章只考虑一个源域$\mathcal{D}_S$ 和一个目标域$\mathcal{D}_T$。用$\mathcal{D}_S=\{(\boldsymbol{x}_{S_1},y_{S_1}),\cdots,(\boldsymbol{x}_{S_{n_S}},y_{S_{n_S}})\}$表示源域数据,其中$\boldsymbol{x}_{S_i}\in\mathcal{X}_S$ 是数据实例,$y_{S_i}\in\mathcal{Y}_S$ 是对应的类别标签。相似地,将目标域数据表示为$\mathcal{D}_T=\{(\boldsymbol{x}_{T_1},y_{T_1}),\cdots,(\boldsymbol{x}_{T_{n_T}},y_{T_{n_T}})\}$,其中$\boldsymbol{x}_{T_i}\in\mathcal{X}_T,y_{T_i}\in\mathcal{Y}_T$ 是对应的输出。在大多数例子中,$0\leqslant n_T\ll n_S$。迁移学习的数学定义为,给定一个源域$\mathcal{D}_S$ 和学习任务 T_S,一个目标域$\mathcal{D}_T$ 和学习任务 T_T,迁移学习的目标是使用$\mathcal{D}_S$ 和 T_S 的知识提高目标预测函数 $f_T(\cdot)$的学习,其中$\mathcal{D}_S\neq\mathcal{D}_T$,或者 $T_S\neq T_T$。

---

① 图片来自：Fernández F, Veloso M. Policy reuse for transfer learning across tasks with different state and action spaces[C]//ICML Workshop on Structural Knowledge Transfer for Machine Learning. 2006.

在上述定义中，由于域表示为$\mathcal{D}=\{\mathcal{X},P(\boldsymbol{x})\}$，因此$\mathcal{D}_S\neq\mathcal{D}_T$隐含的源域和目标域实例(特征)不同($\mathcal{X}_S\neq\mathcal{X}_T$)或者源域和目标域边缘概率分布不同($P_S(\boldsymbol{x})\neq P_T(\boldsymbol{x})$)。类似地，任务被定义为$T=\{\mathcal{Y},P(\boldsymbol{y}|\boldsymbol{x})\}$，因此$T_S\neq T_T$隐含的源域和目标域标签不同($\mathcal{Y}_S\neq\mathcal{Y}_T$)或者源域和目标域条件概率分布不同$P(\boldsymbol{y}_S|\boldsymbol{x}_S)\neq P(\boldsymbol{y}_T|\boldsymbol{x}_T)$。值得注意的是，当源域和目标域相同且源任务和目标任务相同，则该学习问题是一个传统机器学习问题。对于文本分类这一具体例子而言，域不同有以下两种情况：特征空间不同，例如文档语言不同；特征空间相同但边缘概率分布不同，例如文档主题不同。给定域的情况下，学习任务不同：源域和目标域标签不同，例如源域中文档需要分为2种类别，而目标域中文档需要分为10种类别；源域和目标域条件概率分布不同：对于用户定义的类，源域和目标域分布非常不平衡。另外，当两个域或特征空间之间显式或隐式地存在某种关系时，均认为源域和目标域相关。

10.1.2　迁移学习的分类

在迁移学习中，有以下三个问题需要关注：迁移什么？如何迁移？何时迁移？

"迁移什么"指哪一部分知识可以通过域或任务进行迁移。一些知识对于不同域是具体和特定的，一些知识在不同域之间是共同有的，后者可以提高目标域或任务的表现。在知道什么知识可以被迁移后，需要训练学习算法迁移知识，这对应了"如何迁移"问题。

"何时迁移"是指在哪一种情况下，迁移技巧可以被使用。同样地，需要知道在哪些情况下，知识不应该被迁移。在一些情况下，当源域和目标域不相关时，强行迁移可能会不成功，甚至可能损坏在目标域学习的表现，这种情况叫作"负迁移"。目前，迁移学习的大多数工作关注于"迁移什么"和"如何迁移"，包含源域和目标域两者有联系的隐含假设，然而如何避免负迁移，这一问题越来越受到关注以下介绍两种迁移学习分类方法。

1. 基于迁移情景的分类

根据迁移学习的源域和目标域及源任务和目标任务是否相同，迁移学习可分为三类：推导式迁移学习(Inductive Transfer Learning)、直推式迁移学习(Transductive Transfer Learning)和非监督迁移学习(Unsupervised Transfer Learning)。无论源域和目标域是否相同，只要目标任务和源任务不同，都称为推导式迁移学习；当源任务和目标任务相同，而源域和目标域不同时，称为直推式迁移学习；非监督迁移学习与推导式迁移学习相似，其目标任务与源任务不同但是有关联。

1) 推导式迁移学习

推导式迁移学习中，需要使用目标域的有标签数据推导目标域中需要使用的目标预测模型$f_T(\cdot)$，根据源域的数据是否具有标签(目标域的数据均带有标签)，可以将推导式迁移学习分为两种情况：

(1) 源域可以获得带有标签的数据。在这种情况下，推导式迁移学习与多任务学习相似。然而，推导式迁移学习旨在通过迁移源任务的知识提高目标任务的表现，而多任务学习希望同时学习目标任务和源任务。

(2) 源域的数据不带有标签。在这种情况下，与自主学习(Self-Taught Learning)相似。自主学习中，源域和目标域特征空间(Labeled Spaces)可能不同，这意味着源域中的边缘信息不能直接使用，因此当源域的数据没有标签时，这种方法与推导式迁移学习相似。

2）直推式迁移学习

直推式迁移学习中，源域的数据带有标签而目标域中数据没有标签。另外，根据源域和目标域的不同情况，可以将直推式迁移学习分成两种情况：

(1) 源域和目标域的特征空间不同，即$\mathcal{X}_S \neq \mathcal{X}_T$。

(2) 源域和目标域的特征空间相同，即$\mathcal{X}_S = \mathcal{X}_T$，但是输入数据的边缘概率分布不同，即$P_S(\boldsymbol{x}) \neq P_T(\boldsymbol{x})$。

直推式迁移学习中的情况(2)与领域自适应(Domain Adaption)有关，因为文本分类、样本选择偏置或斜变量转换(Covariate Shift)中知识迁移都有相似的假设。

3）非监督迁移学习

非监督迁移学习关注于目标域，例如聚类、降维和密度估计。非监督迁移学习中，训练时源域和目标域的数据均没有标签。

2. 基于"迁移什么"的分类

迁移学习可以基于"迁移什么"归类为4种方法。

1）基于样本的迁移学习

假设可以通过对源域数据的某些部分进行重新调整权重，用于在目标域中训练，重新调整样本权值(Instance Reweighting)和重要性采样是两个主要技术。虽然源域的数据不能直接被重新使用，但仍有部分数据可以与目标域中的一些标记数据根据一定的权值生成规则一起重新训练。例如，源域有猫、狗和鸟等多种不同种类的样本数据，而目标领域只有狗这一类样本数据。迁移时，为了最大程度和目标域相似，可以人为地提高源域中属于狗这一类别的样本权值，使得预测目标域时比重加大。基于样本的迁移学习方法简单、易于实现，但是实际问题中源域和目标域分布往往不同，对于权重的选择与度量需要依赖于经验，在自然语言处理、计算机视觉领域效果不太理想。

TrAdaBoost方法是将AdaBoost算法应用在迁移学习中的一种算法。它假设源域和目标域的数据有相同的特征和标签，但是两个域的数据分布不同。尽管源域和目标域分布不同，源域的一些样本对于目标域的任务是有帮助的，但是一些样本对于目标域的任务是有害的。TrAdaBoost通过提高有用样本的权重，降低无用或有害样本的权重对源域的数据重新生成权重。

2）基于特征的迁移学习

基于特征(Feature Representations)的迁移学习假设源域和目标域有一些交叉的特征，目的是通过将域间迁移的知识编码使得目标域学习一个好的特征以最小化域间的区别。通过特征变换将源域和目标域的数据变换到相同空间，使得源域和目标域的数据分布相同，然后利用传统机器学习方法进行学习。找到好的特征表示的策略对于不同类型源域的数据是不同的。如果源域中有许多标记数据可用，则可以使用监督学习方法来构造特征表示，这类似于多任务学习领域的共同特征学习(Common Feature Learning)。如果源域中没有标记数据可用，则利用无监督学习方法来构造特征表示。有了新的特征表示，目标任务的性能有望大大提升。根据特征是否相同，可以将基于特征的迁移学习分为同构迁移学习和异构迁移学习。同构迁移学习是指源域和目标域特征空间一致，例如源域和目标域均为狗的图像，从中提取关于狗的共同特征。异构迁移学习是指源域和目标域特征空间不一致，例如源域是文本，而目标域是图像，从中提取的共同特征是有文本标记的图片。

3）基于模型参数的迁移学习

这一方法假设源任务和目标任务共享相同模型参数或者超参数，迁移的知识被编码成共享参数的先验分布。通过迁移学习，将已训练好的源域模型应用在目标域上进行预测。例如，源任务是识别关于吉娃娃的图像，目标任务是识别关于牧羊犬的图像，源任务和目标任务共享一些相同的参数，如是否有脚、是否有眼睛等，可以直接进行模型的迁移。神经网络中的微调（finetune）是其中经典的方法，将在10.2.1节进行介绍。

4）基于关系的迁移学习

这一方法处理相关联领域的迁移学习问题。基本假设是源域和目标域的数据是相似的。这种情况的数据不是独立同分布的，可以由多种关系表示，例如网络数据和社交网络数据。因此，迁移的知识是数据之间的关系。例如从师生关系迁移到上下级关系、从生物病毒传播迁移到计算机病毒传播的知识是二者之间的逻辑关系。

表10-1展示了不同迁移方法之间的关系。可以看到，推导式迁移学习应用十分广泛，而非监督迁移学习是一个研究相对较少的分类，并且只应用了基于特征的迁移学习方法。基于特征的学习方法被应用在基于迁移情景的三个分类中，而基于参数和基于关系的学习方法只在推导式迁移学习中被用到。

表10-1　不同迁移方法之间的关系

基于"迁移什么"的分类	基于迁移情景的分类		
	推导式迁移学习	直推式迁移学习	无监督迁移学习
基于样本的迁移	√	√	
基于特征的迁移	√	√	√
基于模型的迁移	√		
基于关系的迁移	√		

10.2　迁移学习的应用

由于迁移学习适用于少样本情况，使得其在深度学习和强化学习领域有着广泛的应用，可以改善深度学习和强化学习中训练数据不足的问题。

10.2.1　迁移学习在深度学习中的应用

近年来，深度学习十分流行，越来越多的研究人员开始用深度学习方法研究迁移学习，本节介绍迁移学习在深度学习中的应用。

1. 深度神经网络的可迁移性

2014年NIPS会议上，J. Yosinski等人通过实验的方法研究了深度神经网络的可迁移性。在图像处理中，深度神经网络在前几层学习到的是通用特征（General Feature），不适用于某一特定数据集或任务。随着网络层次的加深，神经网络开始学习到针对具体任务的特定特征（Specific Feature）。作者通过实验的方式量化了深度神经网络每一层学习到的特征的可迁移性，揭示了其通用性和特定性。同时，迁移学习受到两个方面的影响：分裂网络（Splitting Networks）中间层脆弱的相互关系（Co-Adaptation）导致的优化困难和以牺牲目标任务性能为代价将高层特征特定化为原始任务，这两个问题是否占主导位置取决于特征是从网络底层、中间层还是高层迁移。

具体在实验中，作者基于 ImageNet 将 1000 个类均分成 2 组数据集：A 和 B。在 A 和 B 上基于 AlexNet 训练了两个 8 层的 CNN 模型 base A 和 base B；由于第 8 层是与分类有关的层，作者选择在 1～7 层训练一些新的网络。作者定义了 4 种网络。

(1) 自网络(Selffer Network) BnB：前 n 层从 base B 网络复制并固定，后 $8-n$ 层随机初始化并在数据集 B 上进行训练，该网络是下一个迁移网络的控制。

(2) 迁移网络 AnB(Transfer AnB)：前 n 层从 base A 网络复制并固定，后 $8-n$ 层随机初始化并在数据集 B 上进行训练。从在数据集 A 上训练的网络复制前 n 层，然后在它们之上学习更高层特征以对新目标数据集 B 进行分类。如果 AnB 的性能与 baseB 相同，则有证据表明至少对于数据集 B，第 n 层的特征是通用的；如果性能降低，则有证据表明第 n 层的特征是 A 特有的；

(3) BnB+：与 BnB 类似，但是会对前 n 层进行微调；

(4) AnB+：与 AnB 类似，但是会对前 n 层进行微调。

实验结果如图 10-2 所示。对于 BnB 网络，横坐标表示从 base B 网络复制的层数。可以看出，将 base B 的前 3 层直接复制使用，准确度基本不变，说明前 3 层的特征是比较通用的。而到了第 4 层和第 5 层，准确度下降，说明此时的特征是特定的；只对第 6 层和第 7 层或第 7 层进行初始化训练，由于网络只有 8 层，重新学习的内容越来越少，训练结果基本与原网络一致，所以准确度上升。对于 BnB+网络，经过微调，准确度与原 base B 网络基本一致，这说明微调对提升模型结果有很好的作用。

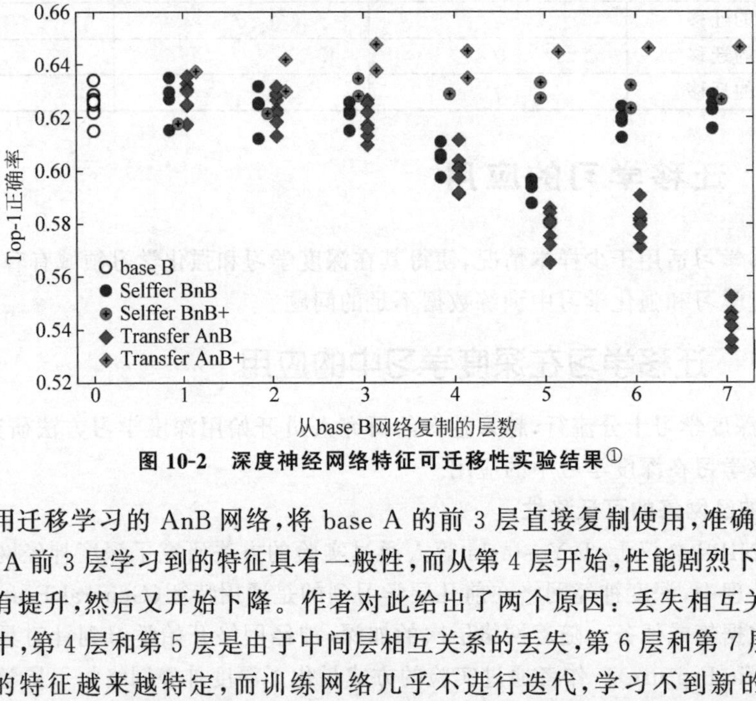

图 10-2 深度神经网络特征可迁移性实验结果[①]

对于使用迁移学习的 AnB 网络，将 base A 的前 3 层直接复制使用，准确度基本不变，说明从 base A 前 3 层学习到的特征具有一般性，而从第 4 层开始，性能剧烈下降，在第 6 层时准确度略有提升，然后又开始下降。作者对此给出了两个原因：丢失相互关系和丢失通用特征。其中，第 4 层和第 5 层是由于中间层相互关系的丢失，第 6 层和第 7 层是由于此时从网络复制的特征越来越特定，而训练网络几乎不进行迭代，学习不到新的特征。对于

① 图片来自：Yosinski J, Clune J, Bengio Y, et al. How transferable are features in deep neural networks[C]// Annual Conference on Neural Information Processing Systems 2014. Montreal, Quebec, 2014: 3320-3328.

AnB+网络,可以发现,对于任意层,性能表现都比较好,甚至有几层比 base B 网络准确度高,这说明微调可以提升深度迁移学习的性能。

综上所述,迁移学习能提高泛化能力。神经网络前 3 层的特征是通用的,在这些层上进行迁移学习效果比较好。当源任务和目标任务距离增加时,特征的可迁移性降低,但是迁移的特征仍然比使用随机特征好。最后,作者发现即使对新任务进行微调,使用迁移的特征进行初始化也可以提高泛化能力,这对于提高深度学习的性能十分重要。

2. 深度迁移学习方法

1) 微调

微调是利用他人已经训练好的网络结构和网络参数,针对自己的任务对网络结构微调,重新训练网络的少部分参数以得到一个新的网络。由于训练一个完整的深度神经网络需要消耗大量时间和计算力,并且在训练数据较少时从头训练一个新的网络往往不能得到较好的泛化能力。使用微调可以将之前训练好的模型迁移到自己的任务上进行训练,在节约时间的同时得到较好的训练结果。举例说明,如果有一个图像分类任务是识别猫和狗,可以在 CIFAR-10 数据集上训练神经网络。但是 CIFAR-10 数据集是 10 分类问题,识别猫和狗的目标是进行二分类,此时就需要微调。具体做法是,修改在 CIFAR-10 数据集上训练好的神经网络的输出层的输出类别,并且需要加快最后一层的参数学习速率。值得注意的是,由于已经加载了预训练模型的参数,通常学习速率、步长和迭代次数都要适当减少。

2) 深度神经网络自适应

深度神经网络随着网络层数的增加,提取到的特征越来越特定于具体任务。如果要减少数据集偏差,并增强任务特定层中的可迁移性,就需要从网络更高层出发进行适配。研究表明,深度神经网络可以学习可迁移的特征,这些特征可以很好地推广应用于领域自适应的新任务。

(1) 最大均值差异(Maximum Mean Discrepancy,MMD)测量是一种减少源域和目标域分布不匹配的正则化方法。MMD 是度量在再生希尔伯特空间(Reproducing Kernel Hilbert Space,RKHS)中两个分布的距离,把源数据和目标数据的分布映射在一个 RKHS 中,然后计算映射后两部分数据的均值差异,为两部分数据的差异。领域自适应神经网络(Domain Adaptive Neural Networks,DaNN)将 MMD 正则化引入监督学习中,提出一个简单的只含有输入层、一个隐藏层和输出层的标准前馈神经网络的变体。这种模型将 MMD 度量嵌入在有监督的反向传播训练中的正则化中。值得注意的是,MMD 应用于线性组合输出之后和非线性激活函数之前。使用 MMD 度量嵌入的正则化,旨在训练网络参数,解决目标识别方面的领域不匹配问题,并且希望在不同域之间隐藏层的特征表示是不变的。

给定有标签的源数据 $\{\boldsymbol{x}_{\mathrm{s}}^{(i)},\boldsymbol{y}_{\mathrm{s}}^{(i)}\}_{i=1,\cdots,n_{\mathrm{s}}}$ 和没有标签的目标数据 $\{\boldsymbol{x}_T^{(j)}\}_{j=1,\cdots,n_T}$,一个含有单隐藏层的 DaNN 损失函数如下所示:

$$J_{\mathrm{DaNN}}=J_{\mathrm{NNs}}+\gamma \mathrm{MMD}_{\mathrm{e}}^{2}(q_{\mathrm{s}},\bar{q}_{\mathrm{T}}), \tag{10-1}$$

其中,等式右边第一项是源数据的损失函数,第二项是衡量源域和目标域的数据差异;q_{s},$\bar{q}_T$ 是激活函数前的线性输出组合;γ 是一个正则化常数,表示 MMD 在损失函数中的比重。

由于 DaNN 只是一个简单的浅层神经网络,学习特征能力没有深度神经网络好,所以无法有效解决领域自适应问题。

(2) 传统的适应深层网络的方法是微调，然而直接在有一小部分带标签的目标数据的深层网络微调参数并不合适。深度领域损失(Deep Domain Confusion，DDC)采用了一种新型的 CNN 结构，包含一个自适应层和基于 MMD 的领域混淆损失(Domain Confusion Loss)。DDC 自动学习联合训练的特征表示，以优化分类和领域不变性。这种结构被使用在目标数据有着小部分带标签的监督自适应和目标数据不带标签的非监督自适应上。

DDC 的网络结构如图 10-3 所示，基本结构是 AlexNet 网络，自适应层放置在第 8 层，采用了 MMD 度量方法。作者通过实验最小化所有可用源数据和目标数据之间的经验 MMD 距离，得出放置自适应层在第 7 层会得到最佳性能的结论。这表明自适应层应当放置在分类器前一层。分类器前一层是特征，在特征加上自适应以完成源域和目标域的不变性是迁移学习需要完成的工作。训练此网络的目标是最小化如下所示的损失函数。

$$\mathcal{L}=\mathcal{L}_C(\boldsymbol{x}_L,\boldsymbol{y})+\lambda \mathrm{MMD}^2(\boldsymbol{x}_S,\boldsymbol{x}_T) \tag{10-2}$$

等式右边第一项表示在可获得的有标签数据上的分类损失，第二项是领域混淆损失，表示源域的数据$\boldsymbol{x}_S$ 和目标域的数据$\boldsymbol{x}_T$ 的距离，确保学习到的特征在领域间具有不变性。超参数 λ 表示想要混淆这些域的程度。

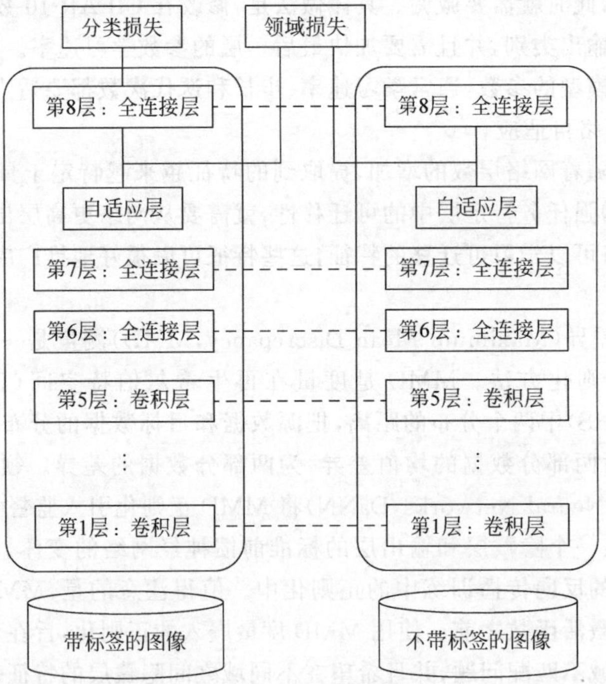

图 10-3 DDC 网络结构①

DDC 表明将领域混淆纳入判别特征学习中是一个有效的方法，确保学习到的特征同时对判别和领域变换不变性有用。

① 图片来自：Tzeng E，Hoffman J，Zhang N，et al. Deep domain confusion：Maximizing for domain invariance[C]//2014 IEEE Conference on Computer Vision and Pattern Recognition(CVPR). Columbus，OH：2014.

(3) 深度自适应网络(Deep Adaptation Networks,DAN)将深度卷积神经网络推广到领域自适应场景。领域自适应假设源域和目标域的数据特征分布不同,目标域的数据是完全没有标签(称为非监督领域自适应)或者只有一些标签(称为半监督领域自适应)。将源域和目标域的数据映射到同一个特征空间,使源域的数据和目标域的数据在特征空间的距离尽可能近,使得用于源域数据特征训练的判别器也可以应用到目标域上。深度神经网络可以为领域自适应学习更多可迁移的特征,这些特征在某些领域自适应数据集上产生了突破性的结果。深度神经网络能够解开数据样本背后变化的因素,并根据它们与不变因子的相关性对层次特征进行分组,使得特征表示对噪声具有健壮性。DAN 通过减少领域差异,提高深度神经网络任务特定层的特征可迁移性。

DAN 的结构如图 10-4 所示,实验中采取 AlexNet 模型为基本网络结构。因为深度特征是沿着网络层次加深,从一般到特定过渡的,为了学习可迁移的特征,DAN 固定提取包含通用特征的卷积层 1~3;微调提取包含不易迁移特征的卷积层 4~5;全连接层 6~8 是专为满足特定任务而定制的,因此它们不易被迁移,应与 MMD 的多核变体 MK-MMD (Multiple Kernel MMD)一起学习。

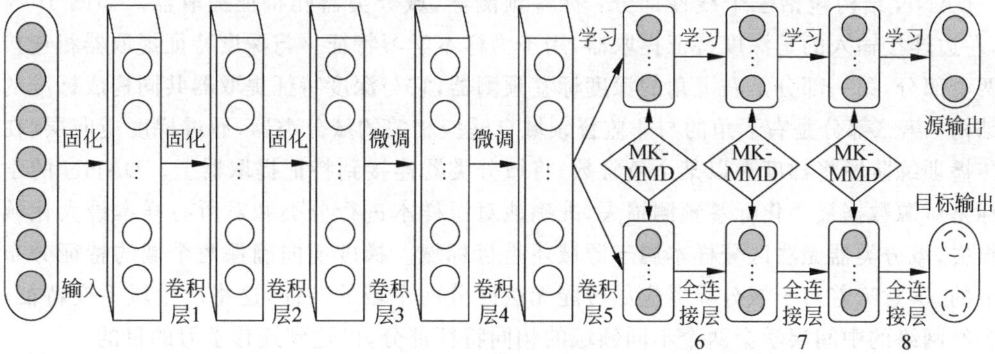

图 10-4 DAN 网络结构①

将基于 MK-MMD 的多层自适应正则化代入传统的 CNN 优化,得到 DAN 优化目标为

$$\min \frac{1}{n_a}\sum_{i=1}^{n_a} J(\theta(\boldsymbol{x}_i^a), y_i^a) + \lambda \sum_{l=l_1}^{l_2} d_k^2(D_s^l, D_T^l) \tag{10-3}$$

其中,λ 是一个惩罚参数,l_1 和 l_2 是需要进行正则化的开始层和结束层。$d_k^2(D_s^l, D_T^l)$表示在第 l 层特征上估计的源和目标之间的 MK-MMD。

DAN 有两个显著的优势:多层自适应和多核自适应。上文已经提到,对于 AlexNet 网络,卷积层 4~5 的特征可迁移性变得很差。另外,全连接层的特征可迁移性显著降低,对多层而不是一层进行调整至关重要。因此,对单个层进行调整不能消除源和目标之间的数据集偏差,因为还有其他不可迁移的层。多层自适应的另一个好处是,通过共同调整特征层和分类器层,可以基本弥合边际分布和条件分布背后的域差异,这对领域自适应至关重要。MMD 是一种核学习方法,对于 DDC 使用的是单核 MMD,即核是固定的。但是在 MK-

① 图片来自:M. Long, Y. Cao, J. Wang, and M. Jordan. Learning transferable features with deep adaptation networks[C]//International Conference on Machine Learning, 2015: 97-105.

MMD 中，提出用多个核去构造总的核，其效果会比单核 MMD 好。内核选择对 MMD 的测试能力至关重要，因为不同的内核可能在 RKHS 中有不同的分布。

3）深度对抗网络迁移

传统的生成对抗网络需要生成样本，由于迁移学习已经有两种样本：源域数据和目标数据，可以直接将源域或者目标域数据（通常是目标域数据）当作生成的样本。所以，生成器的作用不再是生成新样本，而是用于深度学习中的特征提取，不断学习域数据的特征，使得判别器无法区分源域和目标域的数据。

领域对抗神经网络（Domain-Adversarial Neural Networks，DANN）首次在神经网络的训练中加入了对抗机制，用于解决领域自适应问题。DANN 考虑的是非监督领域自适应。与之前许多与固定特征表示相关的领域自适应方法不同，DANN 专注于在一个训练过程中结合领域自适应和深度特征学习，目标是将领域自适应嵌入学习表示的过程，以便最终得到对域的变化具有辨别力和不变性的特征的分类决策，例如在源域和目标域中具有相同或非常相似的分布。以这种方式，所获得的前馈网络可以适用于目标域而不受两个域之间的转换的阻碍。

DANN 结构包括三个线性部分：标签预测器、域分类器和特征提取器。如图 10-5 所示，左边连接输入的是深度特征提取器，用于为样本学习特征。与深度特征提取器相连接的有两个部分，第一部分是右上角的深度标签预测器，它与深度特征提取器共同构成标准的前馈结构；第二部分是右下角的与非监督领域自适应相关的域分类器，通过梯度逆向层（在反向传播训练阶段将梯度乘以某个负常数）将域分类器连接到特征提取器上。DANN 的学习目标是对源数据最小化标签预测损失，准确地对源样本进行分类和对所有样本最大化域分类损失，域分类器无法区分样本属于源域还是目标域。梯度逆向确保两个域的特征分布是相似的，这意味着对于域分类器应尽可能无法区分两个域的特征，这将产生域不变特征，说明神经网络的中间层学会两个不同领域的相同特征部分，以达到迁移学习的目的。

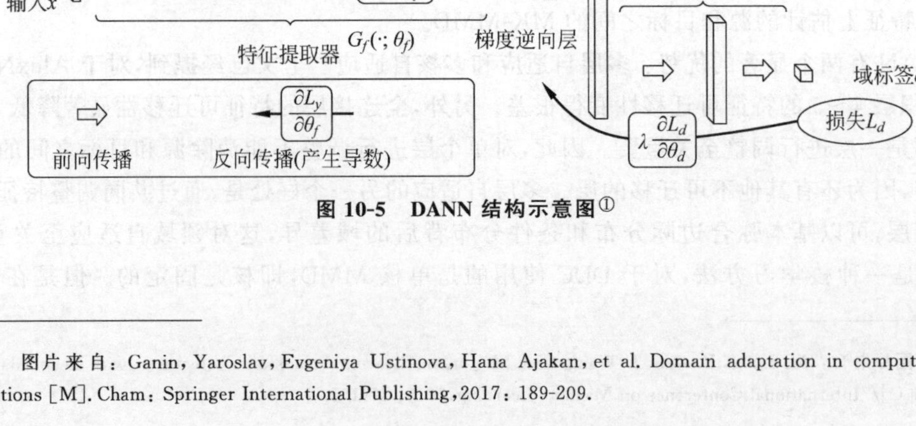

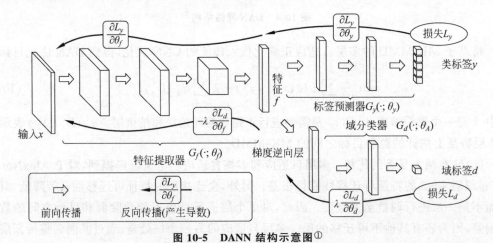

图 10-5 DANN 结构示意图①

① 图片来自：Ganin，Yaroslav，Evgeniya Ustinova，Hana Ajakan，et al. Domain adaptation in computer vision applications [M]. Cham：Springer International Publishing，2017：189-209.

DANN 的损失函数包括预测损失和域分类损失两个部分。优化目标如下所示。

$$E(\boldsymbol{W},\boldsymbol{V},\boldsymbol{b},\boldsymbol{c},\boldsymbol{u},z)=\frac{1}{n}\sum_{i=1}^{n}L_y^i(\boldsymbol{W},\boldsymbol{b},\boldsymbol{V},\boldsymbol{c})-$$
$$\lambda\left(\frac{1}{n}\sum_{i=1}^{n}L_d^i(\boldsymbol{W},\boldsymbol{b},\boldsymbol{u},z)+\frac{1}{n'}\sum_{i=n+1}^{N}L_d^i(\boldsymbol{W},\boldsymbol{b},\boldsymbol{u},z)\right) \tag{10-4}$$

其中，$\boldsymbol{W}$ 和 $\boldsymbol{b}$ 是前馈神经网络的参数；$\boldsymbol{V}$ 和 $\boldsymbol{c}$ 是标签预测器的参数；$\boldsymbol{u}$ 和 z 是域分类器的参数。式(10-4)的前一项是样本的预测损失，后两项是域分类损失。

10.2.2 迁移学习在强化学习中的应用

强化学习是一种智能体与环境进行交互获得反馈以指导其调整策略从而使效益最大化的方法。迁移强化学习的作用是把迁移学习的技术应用到强化学习智能体学习过程中。结合迁移学习和强化学习的迁移强化学习是一个重要的研究课题，有以下三点原因。

(1) 目前强化学习的研究仍有许多挑战：智能体与环境交互后可能难以获得反馈；如果智能体所处的环境发生变化，智能体需要重新与环境进行交互；当智能体面对复杂任务或者多项任务时，学习较慢等。

(2) 经典的机器学习和深度学习技术如分类、回归、图像处理等已十分成熟，可以很容易地利用这些技术辅助迁移学习的发展。迁移学习在机器学习、深度学习方面的成功使得人们开始思考迁移学习在强化学习中的作用。迁移学习的源任务选择、知识迁移、任务映射等有助于解决强化学习目前的问题。

(3) 初步结果表明，迁移学习不仅可以应用于强化学习，还可以通过为智能体提供在相关的源任务上获得的先验知识，有效地加速学习。

1. 迁移强化学习概述

迁移强化学习中的一个关键挑战是如何评估迁移算法的好坏，以便使用者可以更好地理解迁移的不同目标以及迁移可能有益的情况。迁移强化学习的第一个目标是减少学习复杂任务所需的总时间。在这种情况下，总时间场景(Total Time Scenario)将是最合适的，该方案包括学习源任务所需时间。迁移学习的第二个目标是在新任务中有效地重用过去的知识。在这种情况下，目标任务时间场景(Target Task Time Scenario)是合理的，该方案仅考虑在目标任务中学习所花费的时间。假设用户希望智能体学习执行任务，并且智能体可以比用户更快地学习一系列任务。用户可以人为引导智能体构建一系列任务，向智能体建议任务是如何相关的。在这种情况下，总时间方案可能更合适。目标任务时间场景更适合完全自主学习的智能体。目标任务时间场景强调智能体使用来自一个或多个先前学习的源任务的知识的能力，而不需要考虑学习源任务的成本。

对于完全自主的强化学习智能体，使用迁移学习时有以下三个步骤。

(1) 对于给定的目标任务，选择合适的源任务；

(2) 学习源任务和目标任务的联系；

(3) 有效地从源任务迁移知识到目标任务。

可以使用许多指标来衡量迁移强化学习的好处。

(1) Jumpstart：通过从源任务迁移学习，使目标任务中智能体提高的初始性能。

(2) Asymptotic Performance：通过迁移学习可以改善目标任务中智能体的最终学习

性能。

(3) Total Reward：与没有迁移的强化学习相比，如果使用迁移学习，可以改善的智能体累积的总回报(即图 10-6 中学习曲线下的面积)。

(4) Transfer Ratio：使用迁移学习的智能体累积的总回报与非迁移学习的智能体累积的总回报的比率。

(5) Time to Threshold：通过知识迁移可以减少的智能体达到预先指定性能水平的学习时间。

图 10-6 展现了度量迁移强化学习的性能指标。

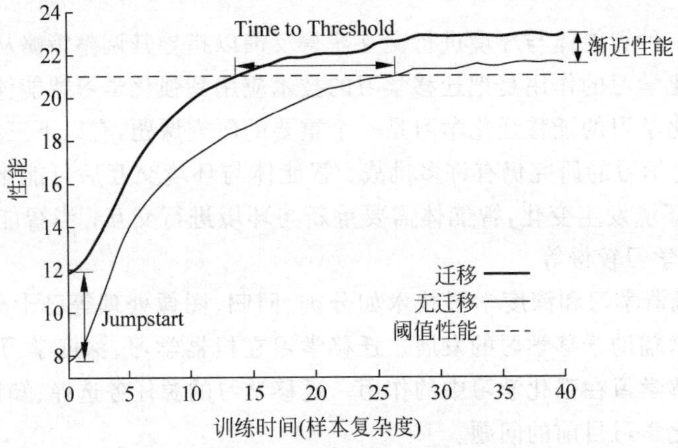

图 10-6 度量迁移强化学习的性能指标①

除了评价指标外，还可以将迁移算法分成 5 个维度。

(1) 任务差异假设(Task difference Assumptions)。源任务和目标任务的差异可以是 MDP 中不同转换函数、状态空间、开始状态、目标状态、状态变量、回报函数和动作集。

(2) 源任务选择(Source Task Selection)。为给定目标任务选择源任务，最简单的方法是假设只学习了一个源任务并且人类已经选择了它，以确保智能体应该使用它来进行迁移。一些迁移算法允许智能体学习多个源任务，然后将它们全部用于迁移。更复杂的算法构建了一个存储所有观察到的任务的库，并且只使用其中最相关的任务进行迁移。一些方法能够自动修改单个源任务，以使得从修改的任务中获得的知识在目标任务中更有用。但是，强化学习的现有迁移算法都不能保证源任务有用；当前的一个悬而未决的问题是如何有力地避免从不相关的任务进行迁移。

(3) 迁移的知识(Transferred Knowledge)。迁移的知识类型以其特异性为特征。低级别的知识包括关于状态、动作、回报的四元组$\langle s,a,r,s'\rangle$、动作值函数(Q 函数)、策略(π)、一个完全的任务模型或者先验分布，这些知识可以直接被利用在迁移算法的目标任务中初始化学习者。高级别知识包括某些情况下使用什么动作(动作集合的子集)、部分策略或选项、规则或建议、学习的重要特征、原型值函数(Proto Value Function)、制定回报(Shaping Reward)或者子任务定义，这些知识不能直接用于完全定义一个初始策略，但是这些信息可

① 图片来自：M. E. Taylor, P. Stone. Transfer learning for reinforcement learning domains: a survey[J]. Journal of Machine Learning Research, 2009, 10(10): 1633-1685.

以指导智能体在目标任务的学习。低级别知识可以在密切相关的任务间进行迁移,而高级别的知识可以在不太相似的任务间进行迁移。

(4) 任务映射(Task Mappings)。如果源任务和目标任务的动作或状态空间具有不同的语义,则还需要某种任务间映射(Inter-Task Mapping)才能迁移。如果任务间有不同的状态变量或动作,则需要任务映射定义任务是如何关联的。智能体需要被人类用户告知或者学习任务映射关系。有两种映射方法,第一种是动作映射(Action Mapping,$\mathcal{X}_A$)或状态变量映射(State-Variable Mapping,$\mathcal{X}_X$),定义了两个任务中的动作或者状态是如何映射的,使得它们的效果相似,其中相似性取决于两个 MDP 中的转移和回报函数;第二种是部分映射(Partial Mapping),指目标任务中任何新的动作都被忽略,不被映射。

(5) 允许的学习者(Allowed Learner)。迁移的知识种类会直接影响适用的学习者种类,如果迁移的是动作值函数,则要求目标任务的智能体使用时间差分方法利用所迁移的知识。理想情况下,实验者或智能体将基于任务的特征而不是迁移算法选择要使用的 RL 算法。一些迁移方法要求使用完全相同的方法学习源和目标任务,其他方法允许在两个任务中使用一类方法,最灵活的方法是在两个任务中智能体学习不同的算法。

2. 迁移强化学习方法

强化学习的目标是智能体根据获得的信息学习到一个动态的策略(即行为),迁移学习在强化学习中的方法可以分为两类:行为迁移和信息迁移。

1) 行为迁移

行为迁移(Behavior Transfer)关注源任务与目标任务的相似性,将在源任务中学到的策略或者子过程用于新任务中智能体的学习。

(1) 策略迁移

最简单的策略迁移(Policy Transfer)是行为迁移,例如 Q 值迁移(Q-value Transfer)。这里假设源任务和目标任务的状态空间和动作空间没有变化。源任务的 Q 值作为先验知识迁移到目标任务对其 Q 值进行初始化,可以减少目标任务的学习困难性。实际上,Q 值的主要作用是引导行为的选择,在强化学习中,这个行为指策略。迁移强化学习可以看作建立离散 Q 值表格的优化过程,一旦建立了最优的 Q 值表,一个最优的学习策略也可以获得。但是,Q 值包含的信息不完全是与目标任务相关的,同时也包含了一些干扰信息,此时可能产生负迁移问题。

为了解决这个问题,F. Fernandez 等人提出可以根据经验观察迁移部分 Q 值,平衡迁移效率和性能最优之间的关系,但是这种迁移依赖于人的经验,对先验知识和人为干预是一个高要求。作者进一步提出一种增强型探索方法,称为迁移过程中的动作选择法,以较低的概率重复使用过去的策略,并使用贪婪策略以更高的概率探索新的任务空间。

(2) 基于子过程选择(Sub-Process Option)的迁移

另一种行为迁移的方法是找到一个共同的子过程,通常是宏动作(Macro-Action)或选择(option),作为子单元(Sub-Unit)去完成迁移学习的任务,这种叫子过程选择。类似于宏动作,选择是对动作的扩展。一个马尔可夫选择是一个三元组$\langle I,\pi,\beta\rangle$,这三个元素依次代表选择的输入集合、选择可以执行在所有状态上的一种策略和选择的停止条件。

M. Pickett 等人假设任务数据服从未知但是确定的分布,简单地平均了所有源任务的最优非确定性策略,从而获得一个混合性策略,构造一个复用选择用于迁移,目的是希望可以找到源任务解决方案中的共性。

(1) 分层强化学习。不同于 option 自下而上的想法，分层强化学习（Hierarchical Reinforcement Learning，HRL）将任务分解，在主任务和子任务间建立层次关系。它主要在源任务和目标任务的子任务间进行迁移学习。

MAXQ 算法是经典的 HRL 算法，将目标 MDP 分解为 sMDP（smaller MDPs）层次，目标 MDP 的值函数是 sMDP 的值函数的加法组合，可以表示与给定层次结构一致的任何策略的值函数，这种分解称为 MAXQ 分解。分解还创建状态抽象的概念，因此层次结构中的各个 MDP 可以忽略大部分状态空间。每个 sMDP 包含三要素：状态抽象、动作（可被调用的子 sMDP）和终止预测。自下而上地学习各层 sMDP 的最优策略。

2) 信息迁移

信息迁移（Information Transfer）相比于行为迁移层次更高，不是简单的模仿行为，而是关注于理解任务本身。信息迁移将源任务视作监督信息去帮助目标任务改善其学习性能。

(1) 值函数的迁移

传统强化学习中，值函数的学习依赖于特定的任务，值函数迁移方法希望将值函数和任务分离。S. Mahadeva 等人提出一个新的框架，将任务和域分开，智能体通过学习域的值函数迁移源任务。原型值函数（Proto Value Function）是与任务无关的基函数，构成所有状态空间上的值函数。原型值函数不是从奖励中学习，而是从分析状态空间的拓扑中学习。原型值函数有助于大状态空间的结构分解，并形成用于近似任何值函数的标准正交基函数。

(2) 启发式信息的迁移

除了值函数迁移，启发式信息（Heuristic Information）也可以被迁移。M. G. Madden 等人提出了一种渐进式强化学习（Progressive RL）。在简单的域中，它使用决策树来记录 Q 学习过程，制定描述如何在这个简单领域中表现的规则。当智能体在一个更复杂但相关的领域进行学习时，通过以往经验建立的规则指导智能体动作，提高当前任务的学习效果。

(3) 关系强化学习

关系强化学习（Relational Reinforcement Learning）是使用参数化的目标和策略描述应用于相似但是不同的任务中，使用关系表示动作、状态和学到的策略。T. Croonenborghs 等人使用最初用于解决单个任务的策略来解决多个任务。对选择进行了关系拓展，将选择结合关系抽象作为信息进行迁移，依据变量而不是具体目标将策略参数化，使得可以在相同结构的任务间进行迁移。如果是在不同结构的任务之间迁移，还需对结构本身进行参数化，最终形成一个参数化的任务层次。虽然关系强化学习可以用于解决迁移强化学习问题，但不是所有任务都能很容易地表达成关系问题。

3. 迁移强化学习应用

Google 公司的深度规划网络（PlaNet）是从图像输入中学习世界模型，并成功利用它进行规划，解决了各种基于图像的控制任务。Google 公司的 AI 团队训练了一个 PlaNet 智能体，以解决 6 种不同的任务。在第一次训练之后，PlaNet 智能体已经对重力和动力学有了基本的了解，并且能够在下一次训练时使用此知识。因此，PlaNet 的效率通常比从头开始学习的方法高 50 倍。在应用方面，这意味着团队无须训练 6 个单独的模型来实现任务的可靠性。Kun Shao 等人使用迁移学习将强化学习模型扩展到星际争霸游戏中更复杂的场景，这加速了训练过程并提高了学习效果。在实验中使用迁移学习，首先在源场景中使用强化学习方法训练模型，然后使用训练完成的模型作为目标场景中强化学习的起点。Alexander Pashevich 等人对策略进行迁移，学习如何合成图像。由于用于图像理解的深度神经网络的学习需要大量特定领域的可视数据，虽然收集数据是可能的，但是学习策略通常需要数千次试验，这种方法限制了可扩展性。在模拟环境中学习策略并将其迁移到真实环境中，可以在没有真实数据的情况下进行策略学习，因而可以应用于各种操作任务。

本章小结

前百度首席科学家、斯坦福的教授吴恩达(Andrew Ng)曾经说过："迁移学习将会是继监督学习之后的下一个机器学习商业成功的驱动力"。迁移学习可以用于解决小样本和个性化的问题，同时迁移学习与深度学习、强化学习有着紧密的结合，可以让人工智能扩展到更广泛的领域。

附录 A　最近邻算法实现代码

APPENDIX A

```
import numpy as np
class NearestNeighbor(object):
  def __init__(self):
    pass
  def train(self,X,y):
    """ X is N x D where each row is an example. Y is 1 - dimension of size N """
    # the nearest neighbor classifier simply remembers all the training data
    self.Xtr = X
    self.ytr = y
  def predict(self,X):
    """ X is N x D where each row is an example we wish to predict label for """
    num_test = X.shape[0]
    # lets make sure that the output type matches the input type
    Ypred = np.zeros(num_test,dtype = self.ytr.dtype)
    # loop over all test rows
    for i in xrange(num_test):
      # find the nearest training image to the i'th test image
      # using the L1 distance (sum of absolute value differences)
      distances = np.sum(np.abs(self.Xtr - X[i,:]),axis = 1)
      min_index = np.argmin(distances) # get the index with smallest distance
      Ypred[i] = self.ytr[min_index] # predict the label of the nearest example
return Ypred
```

附录 B TensorFlow 训练 LeNet-5 网络实现代码

APPENDIX B

```
import tensorflow as tf

#为输入图像和目标输出类别创建节点
#None 是批量的大小,784 是一张展平的 MNIST 图片的维度,即 28×28,10 为图片类别数目
x = tf.placeholder("float", shape = [None,784])
y_ = tf.placeholder("float", shape = [None,10])
#定义两个函数用于权重和偏置项的初始化
def weight_variable(shape):
  initial = tf.truncated_normal(shape, stddev = 0.1)
  return tf.Variable(initial)

def bias_variable(shape):
  initial = tf.constant(0.1, shape = shape)
  return tf.Variable(initial)

#卷积函数定义: 步长为 1,0 填充
def conv2d(x,W):
  return tf.nn.conv2d(x,W,strides = [1,1,1,1],padding = 'SAME')

#池化定义: 2×2 最大池化
def max_pool_2x2(x):
  return tf.nn.max_pool(x,ksize = [1,2,2,1],
                        strides = [1,2,2,1],padding = 'SAME')

#第一层卷积 + 池化: patch 大小为 5×5; 输入通道数目为 1; 输出通道数目为 32
W_conv1 = weight_variable([5,5,1,32])
b_conv1 = bias_variable([32])

#为了与卷积的权重张量维度对应,将输入图像节点 x 变成一个 4 维向量
#其第 2 维、第 3 维对应图片的宽、高,最后一维代表图片的颜色通道数(因为是灰度图,所以这里的
通道数为 1,如果是 RGB 彩色图,则为 3)
x_image = tf.reshape(x,[-1,28,28,1])

#把 x_image 和权重向量进行卷积,加上偏置项,然后应用激活函数 ReLU
h_conv1 = tf.nn.relu(conv2d(x_image,W_conv1) + b_conv1)
#将经过激活函数输出的卷积结果进行最大池化
h_pool1 = max_pool_2x2(h_conv1)
```

```
#第二层卷积+池化: patch大小为5×5; 输入通道数目为32; 输出通道数目为64
W_conv2 = weight_variable([5,5,32,64])
b_conv2 = bias_variable([64])
h_conv2 = tf.nn.relu(conv2d(h_pool1,W_conv2) + b_conv2)
h_pool2 = max_pool_2x2(h_conv2)

#全连接层1: 1024个神经元,图片尺寸为7×7×64
W_fc1 = weight_variable([7 * 7 * 64,1024])
b_fc1 = bias_variable([1024])
#池化层输出的张量reshape成一组向量
h_pool2_flat = tf.reshape(h_pool2,[-1,7*7*64])
#处理后的第二层池化层结果乘权重矩阵,加上偏置,然后对其使用ReLU函数
h_fc1 = tf.nn.relu(tf.matmul(h_pool2_flat,W_fc1) + b_fc1)

#在输出层之前加入Dropout
# keep_prob代表一个神经元的输出在dropout中保持不变的概率
#训练过程中启用Dropout,在测试过程中关闭Dropout
keep_prob = tf.placeholder("float")
h_fc1_drop = tf.nn.dropout(h_fc1,keep_prob)

#输出层
W_fc2 = weight_variable([1024,10])
b_fc2 = bias_variable([10])
y_conv = tf.nn.softmax(tf.matmul(h_fc1_drop,W_fc2) + b_fc2)

#损失函数定义为目标类别和预测类别的交叉熵
cross_entropy = -tf.reduce_sum(y_ * tf.log(y_conv))
#梯度下降使用ADAM
train_step = tf.train.AdamOptimizer(1e-4).minimize(cross_entropy)
#检测预测结果是否真实标签匹配
correct_prediction = tf.equal(tf.argmax(y_conv,1),tf.argmax(y_,1))
#计算分类正确率
accuracy = tf.reduce_mean(tf.cast(correct_prediction,"float"))
#运行tensorflow的InteractiveSession
sess = tf.InteractiveSession()
#变量需要通过seesion初始化后,才能在session中使用
sess.run(tf.global_variables_initializer())

#训练
for i in range(20000):
  batch = mnist.train.next_batch(50)
  #每100次迭代输出一次日志#
  if i % 100 == = 0:
    train_accuracy = accuracy.eval(feed_dict = {
        x:batch[0],y_: batch[1],keep_prob: 1.0})
    print("step %d,training accuracy %g" % (i,train_accuracy))
  train_step.run(feed_dict = {x: batch[0],y_: batch[1],keep_prob: 0.5})

#测试
print("test accuracy %g" % accuracy.eval(feed_dict = {
    x: mnist.test.images,y_: mnist.test.labels,keep_prob: 1.0}))
```

附录 C 基于 DeepLabv3＋模型的轨道图像分割

APPENDIX C

1．开源工具

Paddle Paddle：

https://www.paddlepaddle.org.cn/documentation/docs/zh/beginners_guide/install/index_cn.html

DeepLab-V3＋：

https://github.com/PaddlePaddle/PaddleSeg

2．项目代码

详见链接：https://aistudio.baidu.com/aistudio/projectdetail/145507

附录D 时序数据预测实现代码

APPENDIX D

```
import pandas as pd
import numpy as np
import tensorflow as tf
import matplotlib.pyplot as plt

HIDDEN_SIZE = 30
NUM_LAYERS = 2

TIMESTEPS = 10
TRAINING_STEPS = 20000
TESTING_EXAMPLES = 1000
BATCH_SIZE = 32

def genetate_train_data():   #
    f = open('data_train.csv')
    df = pd.read_csv(f)
    data_train = df.iloc[:,0].values
    data_train_01 = (data_train - data_train.min())/(data_train.max() - data_train.min())
    data_train_list = data_train_01.tolist()
    train_X = []
    train_y = []
    for i in range(len(data_train_list) - TIMESTEPS):
        train_X.append([data_train_list[i: i + TIMESTEPS]])
        train_y.append([data_train_list[i + TIMESTEPS]])
    return np.array(train_X,dtype = np.float32),np.array(train_y,dtype = np.float32)

def genetate_test_data():
    f = open('data_test.csv')
    df = pd.read_csv(f)
    data_test = df.iloc[:,0].values
    data_test_01 = (data_test - data_test.min())/(data_test.max() - data_test.min())
    data_test_list = data_test_01.tolist()
    test_X = []
    test_y = []
    for i in range(len(data_test_list) - TIMESTEPS):
```

```
        test_X.append([data_test_list[i: i + TIMESTEPS]])
        test_y.append([data_test_list[i + TIMESTEPS]])
    return np.array(test_X,dtype = np.float32),np.array(test_y,dtype = np.float32)

def lstm_model(X,y,is_training):
    cell = tf.nn.rnn_cell.MultiRNNCell([
        tf.nn.rnn_cell.BasicLSTMCell(HIDDEN_SIZE)
        for _ in range(NUM_LAYERS)])
    outputs,_ = tf.nn.dynamic_rnn(cell,X,dtype = tf.float32)
    output = outputs[:, -1, :]
    predictions = tf.contrib.layers.fully_connected(output,1,activation_fn = None)

    if not is_training:
        return predictions,None,None

    loss = tf.losses.mean_squared_error(labels = y,predictions = predictions)

    train_op = tf.contrib.layers.optimize_loss(loss,tf.train.get_global_step(),optimizer
= "Adam",learning_rate = 0.1)
    return predictions,loss,train_op

def train(sess,train_X,train_y):
    ds = tf.data.Dataset.from_tensor_slices((train_X,train_y))
    ds = ds.repeat().shuffle(1000).batch(BATCH_SIZE)
    X,y = ds.make_one_shot_iterator().get_next()

    with tf.variable_scope("model"):
        predictions,loss,train_op = lstm_model(X,y,True)

    sess.run(tf.global_variables_initializer())
    LOSS = []
    for i in range(TRAINING_STEPS):
        _,l = sess.run([train_op,loss])
        if i % 100 = = 0:
            LOSS.append(l)
            print("train step: " + str(i) + ",loss: " + str(l))
    # plt.figure()
    # plt.plot(np.array(LOSS[10:]).squeeze(),label = 'loss',color = 'b')

def run_eval(sess,test_X,test_y):
    ds = tf.data.Dataset.from_tensor_slices((test_X,test_y))
    ds = ds.batch(1)
    X,y = ds.make_one_shot_iterator().get_next()

    print("start run eval")
    with tf.variable_scope("model",reuse = True):
        prediction,_,_ = lstm_model(X,[0.0],False)
    predictions = []
    labels = []
    for i in range(TESTING_EXAMPLES):
```

```
        p,l = sess.run([prediction,y])
        predictions.append(p)
        labels.append(l)
    predictions = np.array(predictions).squeeze()
    labels = np.array(labels).squeeze()
    rmse = np.sqrt(((predictions - labels) ** 2).mean(axis = 0))
    print("Mean Square Error is: %f" % rmse)
    plt.figure()
    plt.plot(np.sqrt(((predictions - labels) ** 2)),label = 'rmse',color = 'g')


    # plt.plot(predictions,label = 'predictions',color = 'b')
    # plt.plot(labels,label = 'real',  color = 'r')
    # plt.legend(['prediction','real'],loc = 'upper right')
    # print("plt start")
    # plt.legend()
    plt.show()
    print("plt over")

with tf.Session() as sess:
    train_X,train_y = genetate_train_data()
    test_X,test_y = genetate_test_data()
    train(sess,train_X,train_y)
    run_eval(sess,test_X,test_y)
```

附录 E 自然语言处理实现代码

APPENDIX E

```
from __future__ import absolute_import
from __future__ import division
from __future__ import print_function

import random

import numpy as np
from six.moves import xrange  # pylint: disable = redefined - builtin
import tensorflow as tf

import data_utils


class Seq2SeqModel(object):

  def __init__(self,
               source_vocab_size,
               target_vocab_size,
               buckets,
               size,
               num_layers,
               max_gradient_norm,
               batch_size,
               learning_rate,
               learning_rate_decay_factor,
               use_lstm = False,
               num_samples = 512,
               forward_only = False,
               dtype = tf.float32):

    self.source_vocab_size = source_vocab_size
    self.target_vocab_size = target_vocab_size
    self.buckets = buckets
    self.batch_size = batch_size
    self.learning_rate = tf.Variable(
        float(learning_rate), trainable = False, dtype = dtype)
    self.learning_rate_decay_op = self.learning_rate.assign(
```

```
    self.learning_rate * learning_rate_decay_factor)
self.global_step = tf.Variable(0,trainable = False)

# If we use sampled softmax,we need an output projection.
output_projection = None
softmax_loss_function = None
# Sampled softmax only makes sense if we sample less than vocabulary size.
if num_samples > 0 and num_samples < self.target_vocab_size:
  w_t = tf.get_variable("proj_w",[self.target_vocab_size,size],dtype = dtype)
  w = tf.transpose(w_t)
  b = tf.get_variable("proj_b",[self.target_vocab_size],dtype = dtype)
  output_projection = (w,b)

  def sampled_loss(labels,logits):
    labels = tf.reshape(labels,[ - 1,1])
    # We need to compute the sampled_softmax_loss using 32bit floats to
    # avoid numerical instabilities.
    local_w_t = tf.cast(w_t,tf.float32)
    local_b = tf.cast(b,tf.float32)
    local_inputs = tf.cast(logits,tf.float32)
    return tf.cast(
        tf.nn.sampled_softmax_loss(
            weights = local_w_t,
            biases = local_b,
            labels = labels,
            inputs = local_inputs,
            num_sampled = num_samples,
            num_classes = self.target_vocab_size),
        dtype)
  softmax_loss_function = sampled_loss

# Create the internal multi - layer cell for our RNN.
def single_cell():
  return tf.contrib.rnn.GRUCell(size)
if use_lstm:
  def single_cell():
    return tf.contrib.rnn.BasicLSTMCell(size)
cell = single_cell()
if num_layers > 1:
  cell = tf.contrib.rnn.MultiRNNCell([single_cell() for _ in range(num_layers)])

# The seq2seq function: we use embedding for the input and attention.
def seq2seq_f(encoder_inputs,decoder_inputs,do_decode):
  return tf.contrib.legacy_seq2seq.embedding_attention_seq2seq(
      encoder_inputs,
      decoder_inputs,
      cell,
      num_encoder_symbols = source_vocab_size,
      num_decoder_symbols = target_vocab_size,
```

```
          embedding_size = size,
          output_projection = output_projection,
          feed_previous = do_decode,
          dtype = dtype)

    # Feeds for inputs.
    self.encoder_inputs = []
    self.decoder_inputs = []
    self.target_weights = []
    for i in xrange(buckets[-1][0]):  # Last bucket is the biggest one.
      self.encoder_inputs.append(tf.placeholder(tf.int32, shape = [None],
                                                name = "encoder{0}".format(i)))
    for i in xrange(buckets[-1][1] + 1):
      self.decoder_inputs.append(tf.placeholder(tf.int32, shape = [None],
                                                name = "decoder{0}".format(i)))
      self.target_weights.append(tf.placeholder(dtype, shape = [None],
                                                name = "weight{0}".format(i)))

    # Our targets are decoder inputs shifted by one.
    targets = [self.decoder_inputs[i + 1]
               for i in xrange(len(self.decoder_inputs) - 1)]

    # Training outputs and losses.
    if forward_only:
      self.outputs, self.losses = tf.contrib.legacy_seq2seq.model_with_buckets(
          self.encoder_inputs, self.decoder_inputs, targets,
          self.target_weights, buckets, lambda x, y: seq2seq_f(x, y, True),
          softmax_loss_function = softmax_loss_function)
      # If we use output projection, we need to project outputs for decoding.
      if output_projection is not None:
        for b in xrange(len(buckets)):
          self.outputs[b] = [
              tf.matmul(output, output_projection[0]) + output_projection[1]
              for output in self.outputs[b]
          ]
    else:
      self.outputs, self.losses = tf.contrib.legacy_seq2seq.model_with_buckets(
          self.encoder_inputs, self.decoder_inputs, targets,
          self.target_weights, buckets,
          lambda x, y: seq2seq_f(x, y, False),
          softmax_loss_function = softmax_loss_function)

    # Gradients and SGD update operation for training the model.
    params = tf.trainable_variables()
    if not forward_only:
      self.gradient_norms = []
      self.updates = []
      opt = tf.train.GradientDescentOptimizer(self.learning_rate)
      for b in xrange(len(buckets)):
        gradients = tf.gradients(self.losses[b], params)
```

```
      clipped_gradients, norm = tf.clip_by_global_norm(gradients,
                                                       max_gradient_norm)
      self.gradient_norms.append(norm)
      self.updates.append(opt.apply_gradients(
          zip(clipped_gradients, params), global_step = self.global_step))

  self.saver = tf.train.Saver(tf.global_variables())

def step(self, session, encoder_inputs, decoder_inputs, target_weights,
         bucket_id, forward_only):
  """Run a step of the model feeding the given inputs.

  Args:
    session: tensorflow session to use.
    encoder_inputs: list of numpy int vectors to feed as encoder inputs.
    decoder_inputs: list of numpy int vectors to feed as decoder inputs.
    target_weights: list of numpy float vectors to feed as target weights.
    bucket_id: which bucket of the model to use.
    forward_only: whether to do the backward step or only forward.

  Returns:
    A triple consisting of gradient norm (or None if we did not do backward),
    average perplexity, and the outputs.

  Raises:
    ValueError: if length of encoder_inputs, decoder_inputs, or
      target_weights disagrees with bucket size for the specified bucket_id.
  """
  # Check if the sizes match.
  encoder_size, decoder_size = self.buckets[bucket_id]
  if len(encoder_inputs) != encoder_size:
    raise ValueError("Encoder length must be equal to the one in bucket,"
                     " %d != %d." % (len(encoder_inputs), encoder_size))
  if len(decoder_inputs) != decoder_size:
    raise ValueError("Decoder length must be equal to the one in bucket,"
                     " %d != %d." % (len(decoder_inputs), decoder_size))
  if len(target_weights) != decoder_size:
    raise ValueError("Weights length must be equal to the one in bucket,"
                     " %d != %d." % (len(target_weights), decoder_size))

  # Input feed: encoder inputs, decoder inputs, target_weights, as provided.
  input_feed = {}
  for l in xrange(encoder_size):
    input_feed[self.encoder_inputs[l].name] = encoder_inputs[l]
  for l in xrange(decoder_size):
    input_feed[self.decoder_inputs[l].name] = decoder_inputs[l]
    input_feed[self.target_weights[l].name] = target_weights[l]

  # Since our targets are decoder inputs shifted by one, we need one more.
  last_target = self.decoder_inputs[decoder_size].name
```

```
    input_feed[last_target] = np.zeros([self.batch_size],dtype = np.int32)

    # Output feed: depends on whether we do a backward step or not.
    if not forward_only:
      output_feed = [self.updates[bucket_id],  # Update Op that does SGD.
                     self.gradient_norms[bucket_id],  # Gradient norm.
                     self.losses[bucket_id]]  # Loss for this batch.
    else:
      output_feed = [self.losses[bucket_id]]  # Loss for this batch.
      for l in xrange(decoder_size):  # Output logits.
        output_feed.append(self.outputs[bucket_id][l])

    outputs = session.run(output_feed, input_feed)
    if not forward_only:
      return outputs[1],outputs[2],None  # Gradient norm,loss,no outputs.
    else:
      return None,outputs[0],outputs[1:]  # No gradient norm,loss,outputs.

  def get_batch(self,data,bucket_id):
    """Get a random batch of data from the specified bucket,prepare for step.

    To feed data in step(..) it must be a list of batch-major vectors,while
    data here contains single length-major cases. So the main logic of this
    function is to re-index data cases to be in the proper format for feeding.

    Args:
      data: a tuple of size len(self.buckets) in which each element contains
        lists of pairs of input and output data that we use to create a batch.
      bucket_id: integer,which bucket to get the batch for.

    Returns:
      The triple (encoder_inputs,decoder_inputs,target_weights) for
      the constructed batch that has the proper format to call step(…) later.
    """
    encoder_size,decoder_size = self.buckets[bucket_id]
    encoder_inputs,decoder_inputs = [],[]

    # Get a random batch of encoder and decoder inputs from data,
    # pad them if needed,reverse encoder inputs and add GO to decoder.
    for _ in xrange(self.batch_size):
      encoder_input,decoder_input = random.choice(data[bucket_id])

      # Encoder inputs are padded and then reversed.
      encoder_pad = [data_utils.PAD_ID] * (encoder_size - len(encoder_input))
      encoder_inputs.append(list(reversed(encoder_input + encoder_pad)))

      # Decoder inputs get an extra "GO" symbol,and are padded then.
      decoder_pad_size = decoder_size - len(decoder_input) - 1
      decoder_inputs.append([data_utils.GO_ID] + decoder_input +
                            [data_utils.PAD_ID] * decoder_pad_size)
```

```
# Now we create batch-major vectors from the data selected above.
batch_encoder_inputs, batch_decoder_inputs, batch_weights = [], [], []

# Batch encoder inputs are just re-indexed encoder_inputs.
for length_idx in xrange(encoder_size):
  batch_encoder_inputs.append(
      np.array([encoder_inputs[batch_idx][length_idx]
                for batch_idx in xrange(self.batch_size)], dtype = np.int32))

# Batch decoder inputs are re-indexed decoder_inputs, we create weights.
for length_idx in xrange(decoder_size):
  batch_decoder_inputs.append(
      np.array([decoder_inputs[batch_idx][length_idx]
                for batch_idx in xrange(self.batch_size)], dtype = np.int32))

  # Create target_weights to be 0 for targets that are padding.
  batch_weight = np.ones(self.batch_size, dtype = np.float32)
  for batch_idx in xrange(self.batch_size):
    # We set weight to 0 if the corresponding target is a PAD symbol.
    # The corresponding target is decoder_input shifted by 1 forward.
    if length_idx < decoder_size - 1:
      target = decoder_inputs[batch_idx][length_idx + 1]
    if length_idx == decoder_size - 1 or target == data_utils.PAD_ID:
      batch_weight[batch_idx] = 0.0
  batch_weights.append(batch_weight)
return batch_encoder_inputs, batch_decoder_inputs, batch_weights
```

附录 F 移动端深度学习示例

APPENDIX F

1. 开源工具

TensorFlow：

https://tensorflow.google.cn/install/

Android studio 3.0：

http://www.android-studio.org/

sdk r24.4.1(>23)：

http://developer.android.com/sdk/index.html

ndk r17c：

http://developer.android.com/tools/sdk/ndk/index.html

TensorFlow DeepLab Model Zoo：

https://github.com/tensorflow/models/blob/master/research/deeplab/g3doc/model_zoo.md

2. 项目代码

移动端语义分割应用：

https://github.com/liuxiaowei199345/package

移动端手写数字识别：

https://github.com/liuxiaowei199345/Mnist-tensorFlow-AndroidDemo

参考文献

[1] McCulloch W S,Pitts W. A logical calculus of the ideas immanent in nervous activity[J]. The bulletin of mathematical biophysics,1943,5(4): 115-133.

[2] Minsky M,Papert S A. Perceptrons: An introduction to computational geometry[M]. MIT Press,2017.

[3] Rumelhart D E,Hinton G E,Williams R J. Learning representations by back-propagating errors[J]. Nature,1986,323(6088): 533-536.

[4] Hochreiter S. The vanishing gradient problem during learning recurrent neural nets and problem solutions[J]. International Journal of Uncertainty,Fuzziness and Knowledge-Based Systems,1998,6(02): 107-116.

[5] Hinton G E, Osindero S, Teh Y W. A fast learning algorithm for deep belief nets[J]. Neural computation,2006,18(7): 1527-1554.

[6] He K,Zhang X,Ren S,et al. Delving deep into rectifiers: Surpassing human-level performance on imagenet classification[C]//Proceedings of the IEEE international conference on computer vision. 2015: 1026-1034.

[7] Clevert D,Unterthiner T,Hochreiter S,et al. Fast and accurate deep network learning by exponential linear units (ELUs)[C]//4th International Conference on Learning Representations(ICLR). San Juan: 2016.

[8] Mitchell T. Machine Learning[M]. McGraw Hill,1997.

[9] Bishop C M. Pattern recognition and machine learning[M]. Springer,2006.

[10] Goodfellow I,Bengio Y,Courville A. Deep learning[M]. MIT Press,2016.

[11] 郑泽宇,顾思宇. TensorFlow: 实战 Google 深度学习框架[M]. 北京: 电子工业出版社,2017.

[12] Y. Lecun,L. Bottou,Y. Bengio and P. Haffner. Gradient-based learning applied to document recognition[C]//Proceedings of the IEEE,1998,86(11): 2278-2324.

[13] Krizhevsky A, Sutskever I, Hinton G. ImageNet Classification with Deep Convolutional Neural Networks[C]//NIPS. Curran Associates Inc. 2012.

[14] Fei-Fei Li,Justin Johnson,Serena Yeung. Convolutional Neural Networks for Visual Recognition[J/OL]. http://cs231n. stanford. edu/2017/.

[15] Simonyan K,Zisserman A. Very deep convolutional networks for large-scale image recognition[J]. Computer Science,2014.

[16] Lin M,Chen Q,and Yan S. Network in network[C]//Proc. ICLR,2014.

[17] Szegedy C, Liu W, Jia Y, et al. Going deeper with convolutions[C]//2015 IEEE Conference on Computer Vision and Pattern Recognition (CVPR). Boston,MA: 2015.

[18] K. He,X. Zhang,S. Ren and J. Sun. Deep residual learning for image recognition[C]//2016 IEEE Conference on Computer Vision and Pattern Recognition (CVPR). Las Vegas,NV,2016: 770-778.

[19] Ross Girshick, Jeff Donahue, Trevor Darrell, et al. Rich feature hierarchies for accurate object detection and semantic segmentation[C]//The IEEE Conference on Computer Vision and Pattern Recognition (CVPR),2014: 580-587.

[20] Ross Girshick. Fast R-CNN[C]//The IEEE International Conference on Computer Vision (ICCV), 2015: 1440-1448.

[21] Ren,Shaoqing and He,Kaiming and Girshick,Ross and Sun,Jian. Faster R-CNN: towards real-time

object detection with region proposal networks[J]. Advances in Neural Information Processing Systems 28,2015:91-99.

[22] Redmon J,Divvala S,Girshick R,et al. You only look once: Unified,real-time object detection[C]//Proceedings of the IEEE conference on computer vision and pattern recognition. 2016: 779-788.

[23] Liu W,Anguelov D,Erhan D,et al. Ssd: Single shot multibox detector[C]//European conference on computer vision. Springer,Cham,2016: 21-37.

[24] Long J, Shelhamer E, Darrell T. Fully convolutional networks for semantic segmentation[C]//Proceedings of the IEEE conference on computer vision and pattern recognition. 2015: 3431-3440.

[25] Badrinarayanan V,Kendall A,Cipolla R. Segnet: A deep convolutional encoder-decoder architecture for image segmentation[J]. IEEE transactions on pattern analysis and machine intelligence, 2017, 39(12): 2481-2495.

[26] Chen L, Papandreou G, Kokkinos I, et al. DeepLab: Semantic image segmentation with deep convolutional nets,atrous convolution,and fully connected CRFs[J]. IEEE Transactions on Pattern Analysis and Machine Intelligence,2018,40(4): 834-848.

[27] Chen L C, Papandreou G, Kokkinos I, et al. Deeplab: Semantic image segmentation with deep convolutional nets, atrous convolution, and fully connected crfs[J]. IEEE transactions on pattern analysis and machine intelligence,2017,40(4): 834-848.

[28] Chen L,Papandreou G,Schroff F,et al. Rethinking atrous convolution for semantic image segmentation [C]//2017 IEEE Conference on Computer Vision and Pattern Recognition (CVPR). Honolulu,HI: 2017.

[29] Hariharan B,Arbeláez P,Girshick R,et al. Simultaneous detection and segmentation[C]//European Conference on Computer Vision. Springer,Cham,2014: 297-312.

[30] Dai J,He K,Sun J. Instance-aware semantic segmentation via multi-task network cascades[C]//Proceedings of the IEEE Conference on Computer Vision and Pattern Recognition. 2016: 3150-3158.

[31] Li Y,Qi H,Dai J,et al. Fully convolutional instance-aware semantic segmentation[C]//Proceedings of the IEEE Conference on Computer Vision and Pattern Recognition. 2017: 2359-2367.

[32] He K,Gkioxari G,Dollár P,et al. Mask r-cnn[C]//Proceedings of the IEEE international conference on computer vision. 2017: 2961-2969.

[33] Kingma D P, Welling M. Auto-Encoding variational bayes[C]//2th International Conference on Learning Representations(ICLR). Banff,AB: 2014.

[34] Goodfellow I,Pougetabadie J,Mirza M,et al. Generative adversarial nets[C]//Annual Conference on Neural Information Processing Systems 2014. Montreal,Quebec,2014: 2672-2680.

[35] Radford A,Metz L,Chintala S,et al. Unsupervised representation learning with deep convolutional generative adversarial networks[C]//4th International Conference on Learning Representations (ICLR). San Juan:2016.

[36] Arjovsky M,Bottou L. Towards principled methods for training generative adversarial networks[EB/OL]. (2019-10-16) [2017-01-17]https://arxiv.org/pdf/1701.04862.pdf.

[37] Arjovsky M,Chintala S,Bottou L. Wasserstein GAN[EB/OL]. (2019-10-16)[2017-12-06]https://arxiv.org/pdf/1701.07875.pdf.

[38] Bishop C M. Pattern recognition and machine learning[M]. Springer,2006.

[39] Goodfellow I,Bengio Y,Courville A. Deep learning[M]. MIT Press,2016.

[40] Boyd S,Vandenberghe L. 凸优化[M]. 王书宁,许鋆,黄晓霖,等译. 北京: 清华大学出版社,2013.

[41] 邱锡鹏. 神经网络与深度学习[M]. 北京: 机械工业出版社,2020.

[42] Glorot X,Bengio Y. Understanding the difficulty of training deep feedforward neural networks. 2010 [C]//International Conference on Artificial Intelligence and Statistics. 2018.

[43] He K,Zhang X,Ren S,et al. Delving deep into rectifiers: Surpassing human-level performance on

ImageNet classification[C]//2015 IEEE Conference on Computer Vision and Pattern Recognition (CVPR). Boston, MA, 2015: 1026-1034.

[44] Ioffe S, Szegedy C. Batch Normalization: Accelerating deep network training by reducing internal covariate shift sergey[J]. Journal of Molecular Structure, 2017.

[45] Srivastava N, Hinton G, Krizhevsky A, et al. Dropout: a simple way to prevent neural networks from overfitting[J]. The journal of machine learning research, 2014, 15(1): 1929-1958.

[46] Jamieson K, Talwalkar A. Non-stochastic best arm identification and hyperparameter optimization [C]//Artificial Intelligence and Statistics. 2016: 240-248.

[47] Li L, Jamieson K, DeSalvo G, et al. Hyperband: a novel bandit-based approach to hyperparameter optimization[J]. The Journal of Machine Learning Research, 2017, 18(1): 6765-6816.

[48] Li L, Jamieson K, Desalvo G, et al. Hyperband: a novel bandit-based approach to hyperparameter optimization[J]. Journal of Machine Learning Research, 2017, 18(1): 6765-6816.

[49] Elsken T, Metzen J H, Hutter F, et al. Neural architecture search: A survey[J]. Journal of Machine Learning Research, 2019, 20(55): 1-21.

[50] Baker B, Gupta O, Naik N, et al. Designing neural network architectures using reinforcement learning [C]//5th International Conference on Learning Representations(ICLR). Toulon: 2017.

[51] Zoph B, Le Q V. Neural architecture search with reinforcement learning[C]//5th International Conference on Learning Representations(ICLR). Toulon: 2017.

[52] Jin H, Song Q, Hu X. Efficient neural architecture search with network morphism[EB/OL]. (2019-10-16)[2019-03-26] https://arxiv. org/pdf/1806. 10282. pdf.

[53] Iandola F N, Han S, Moskewicz M W, et al. SqueezeNet: AlexNet-level accuracy with 50x fewer parameters and< 0. 5 MB model size[EB/OL]. (2019-10-16)[2016-11-04]https://arxiv. org/pdf/1602. 07360. pdf.

[54] Howard A G, Zhu M, Chen B, et al. MobileNets: Efficient convolutional neural networks for mobile vision applications[EB/OL]. (2019-10-16)[2017-04-17]https://arxiv. org/pdf/1704. 04861. pdf.

[55] Zhang X, Zhou X, Lin M, et al. Shufflenet: An extremely efficient convolutional neural network for mobile devices [C]//Proceedings of the IEEE Conference on Computer Vision and Pattern Recognition. 2018: 6848-6856.

[56] Chollet F. Xception: Deep learning with depthwise separable convolutions[C]//Proceedings of the IEEE conference on computer vision and pattern recognition. 2017: 1251-1258.

[57] Han S, Mao H, Dally W J, et al. Deep compression: Compressing deep neural networks with pruning, trained quantization and huffman coding [C]//4th International Conference on Learning Representations(ICLR). San Juan: 2016

[58] Cheng Y, Wang D, Zhou P, et al. A survey of model compression and acceleration for deep neural networks[EB/OL]. (2019-10-16)[2019-09-08]. https://arxiv. org/pdf/1710. 09282. pdf.

[59] Cohen T, Welling M. Group equivariant convolutional networks[C]//International conference on machine learning. 2016: 2990-2999.

[60] Buciluǎ C, Caruana R, Niculescu-Mizil A. Model compression[C]//Proceedings of the 12th ACM SIGKDD international conference on Knowledge discovery and data mining. ACM, 2006: 535-541.

[61] Jouppi N P, Young C, Patil N, et al. In-datacenter performance analysis of a tensor processing unit [C]//2017 ACM/IEEE 44th Annual International Symposium on Computer Architecture (ISCA). IEEE, 2017: 1-12.

[62] Han S, Liu X, Mao H, et al. EIE: efficient inference engine on compressed deep neural network[C]// 2016 ACM/IEEE 43rd Annual International Symposium on Computer Architecture (ISCA). IEEE, 2016: 243-254.

[63] Sutton R S, Barto A G. Reinforcement learning: An introduction[M]. MIT Press, 2018.

[64] Maei H R. Gradient temporal-difference learning algorithms [D]. Canada: University of

AlbertaEdmonton,2011：1-125.

[65] Maei H R, Sutton R S. GQ (lambda): A general gradient algorithm for temporal-difference prediction learning with eligibility traces[C]//3d Conference on Artificial General Intelligence (AGI-2010). Atlantis Press,2010.

[66] Degris T, White M, Sutton R S, et al. Off-policy actor-critic [C]//Proceedings of the 29th International Conference on Machine Learning,(ICML). Edinburgh,Scotland,2012: 179-186.

[67] Nowé,Ann,Peter Vrancx, and Yann-Michaël De Hauwere. Game theory and multi-agent reinforcement learning[M]. Reinforcement Learning. Berlin,Heidelberg: Springer,2012. 441-470.

[68] Bowling, Michael, And Manuela Veloso. An analysis of stochastic game theory for multiagent reinforcement learning. No. CMU-CS-00-165[R]. Carnegie-Mellon Univ Pittsburgh Pa School Of Computer Science,2000.

[69] Pollatschek, M. A., And B. Avi-Itzhak. Algorithms for stochastic games with geometrical interpretation[J]. Management Science,1969,15(7): 399-415.

[70] Hu, Junling, And Michael P. Wellman. Nash Q-Learning for general-sum stochastic games[J]. Journal Of Machine Learning Research,2003,4(Nov): 1039-1069.

[71] Littman, Michael L. Markov games as a framework for multi-agent reinforcement learning[J]. Machine Learning Proceedings. 1994: 157-163.

[72] Littman,Michael L. Friend-Or-Foe Q-Learning In General-Sum Games[J]. ICML,2001,1: 322-328.

[73] Bowling, Michael, And Manuela Veloso. Multiagent learning using a variable learning rate[J]. Artificial Intelligence,2002,136. 2: 215-250.

[74] Zheng L, Yang J, Cai H, et al. Magent: A Many-Agent Reinforcement Learning Platform For Artificial Collective Intelligence[J]. arXiv: 1712. 00600,2017.

[75] R. Caruana. Multitask learning[J]. Mach Learn,1997,28(1): 41-75.

[76] Liu W,Mei T And Zhang Y et al. Multi-task deep visual-semantic embedding for video thumbnail selection[C]//Proceedings Of IEEE Conference On Computer Vision And Pattern Recognition. 2015: 3707-3715.

[77] Misra I, Shrivastava A And Gupta A et al. Cross-stitch networks for multi-task learning[C]// Proceedings Of IEEE Conference On Computer Vision And Pattern Recognition. 2016, 3994-4003.

[78] Ando R K, Zhang T. A framework for learning predictive structures from multiple tasks and unlabeled data[J]. Journal of Machine Learning Research,2005,6(Nov): 1817-1853.

[79] Thrun S,O'Sullivan J. Discovering structure in multiple learning tasks: The TC algorithm[C]// ICML. 1996,96: 489-497.

[80] Bickel S, Bogojeska J, Lengauer T, et al. Multi-task learning for HIV therapy screening[C]// Proceedings of the 25th international conference on Machine learning. ACM,2008: 56-63.

[81] Volodymyr Mnih, Koray Kavukcuoglu, David Silver, et al. Human-level control through deep reinforcement learning[J]. Nature,2015,518(7540): 529-533.

[82] Van Hasselt H,Guez A,Silver D. Deep reinforcement learning with double q-learning[C]//Thirtieth AAAI conference on artificial intelligence. 2016.

[83] Schaul T, Quan J, Antonoglou I, et al. Prioritized experience Replay [C]//4th International Conference on Learning Representations(ICLR). San Juan: 2016.

[84] Wang Z,Schaul T,Hessel M,et al. Dueling network architectures for deep reinforcement learning [C]//Proceedings of the 33nd International Conference on Machine Learning(ICML). New York City,NY,2016: 1995-2003.

[85] Hausknecht M,Stone P. Deep recurrent q-learning for partially observable mdps[C]//2015 AAAI Fall Symposium Series. 2015.

[86] Sorokin I,Seleznev A,Pavlov M,et al. Deep attention recurrent Q-Network[EB/OL]. (2019-10-16)

[2015-12-05] https://arxiv.org/pdf/1512.01693.pdf.
[87] Lillicrap T P, Hunt J J, Pritzel A, et al. Continuous control with deep reinforcement learning[C]//4th International Conference on Learning Representations(ICLR). San Juan: 2016.
[88] Silver D, Lever G, Heess N, et al. Deterministic policy gradient algorithms[C]//International Conference on Machine Learning (ICML). 2014: 387-395.
[89] Mnih V, Badia, AdriÀ PuigdomÈnech, Mirza M, et al. Asynchronous Methods For Deep Reinforcement Learning[C]// International Conference on Machine Learning (ICML). 2016: 1928-1937.
[90] Schulman J, Levine S, Abbeel P, et al. Trust region policy optimization[C]//International conference on machine learning. 2015: 1889-1897.
[91] Nocedal J, Wright S. Numerical optimization[M]. Springer Science & Business Media, 2006.
[92] Schulman J, Wolski F, Dhariwal P, et al. Proximal policy optimization algorithms[EB/OL]. (2019-10-16)[2017-08-28]. https://arxiv.org/pdf/1707.06347.pdf.
[93] Kakade S, Langford J. Approximately optimal approximate reinforcement learning[C]//ICML. 2002, 2: 267-274.
[94] Li Y. Deep reinforcement learning: An overview[EB/OL]. (2019-10-16)[2018-11-26]. https://arxiv.org/pdf/1701.07274.pdf.
[95] Silver D, Huang A, Maddison C J, et al. Mastering the game of Go with deep neural networks and tree search[J]. Nature, 2016, 529(7587): 484.
[96] Silver D, Schrittwieser J, Simonyan K, et al. Mastering the game of go without human knowledge[J]. Nature, 2017, 550(7676): 354-359.
[97] Luong N C, Hoang D T, Gong S, et al. Applications of deep reinforcement learning in communications and networking: A survey[J]. IEEE Communications Surveys & Tutorials, 2019, 21(4): 3133-3174.
[98] Wang S, Liu H, Gomes P H, et al. Deep reinforcement learning for dynamic multichannel access in wireless networks[J]. IEEE Transactions on Cognitive Communications and Networking, 2018, 4(2): 257-265.
[99] Zhu J, Song Y, Jiang D, et al. A new deep-Q-learning-based transmission scheduling mechanism for the cognitive Internet of Things[J]. IEEE Internet of Things Journal, 2017, 5(4): 2375-2385.
[100] Chu M, Li H, Liao X, et al. Reinforcement learning-based multiaccess control and battery prediction with energy harvesting in IoT systems[J]. IEEE Internet of Things Journal, 2018, 6(2): 2009-2020.
[101] Ye H, Li G Y, Juang B H F. Deep reinforcement learning based resource allocation for V2V communications[J]. IEEE Transactions on Vehicular Technology, 2019, 68(4): 3163-3173.
[102] Challita U, Dong L, Saad W. Proactive resource management in LTE-U systems: A deep learning perspective[EB/OL]. (2019-10-16)[2018-12-15]. https://arxiv.org/pdf/1702.07031.pdf.
[103] Naparstek O, Cohen K. Deep multi-user reinforcement learning for dynamic spectrum access in multichannel wireless networks[C]//GLOBECOM 2017-2017 IEEE Global Communications Conference. IEEE, 2017: 1-7.
[104] Liu S, Hu X, Wang W. Deep reinforcement learning based dynamic channel allocation algorithm in multibeam satellite systems[J]. IEEE Access, 2018, 6: 15733-15742.
[105] Zhao N, Liang Y C, Niyato D, et al. Deep reinforcement learning for user association and resource allocation in heterogeneous networks[C]//2018 IEEE Global Communications Conference (GLOBECOM). IEEE, 2018: 1-6.
[106] Chen M, Saad W, Yin C. Liquid state machine learning for resource allocation in a network of cache-enabled LTE-U UAVs[C]//GLOBECOM 2017-2017 IEEE Global Communications Conference.

IEEE,2017：1-6.

[107] Maass W. Liquid state machines：motivation，theory，and applications [M]//Computability in context：computation and logic in the real world. 2011：275-296.

[108] Chen M,Mozaffari M,Saad W,et al. Caching in the sky：Proactive deployment of cache-enabled unmanned aerial vehicles for optimized quality-of-experience[J]. IEEE Journal on Selected Areas in Communications,2017,35(5)：1046-1061.

[109] Gadaleta M,Chiariotti F,Rossi M,et al. D-DASH：A deep Q-learning framework for DASH video streaming[J]. IEEE Transactions on Cognitive Communications and Networking，2017，3(4)：703-718.

[110] Mao H,Netravali R,Alizadeh M. Neural adaptive video streaming with pensieve[C]//Proceedings of the Conference of the ACM Special Interest Group on Data Communication. 2017：197-210.

[111] Huang T,Zhang R X,Zhou C,et al. Qarc：Video quality aware rate control for real-time video streaming based on deep reinforcement learning[C]//Proceedings of the 26th ACM international conference on Multimedia. 2018：1208-1216.

[112] Chinchali S,Hu P,Chu T,et al. Cellular network traffic scheduling with deep reinforcement learning [C]//Thirty-Second AAAI Conference on Artificial Intelligence. 2018.

[113] Zhang Z，Zheng Y，Hua M，et al. Cache-enabled dynamic rate allocation via deep self-transfer reinforcement learning [EB/OL]. (2019-10-16) [2018-03-30]. https://arxiv. org/pdf/1803. 11334. pdf.

[114] Ferreira P V R，Paffenroth R，Wyglinski A M，et al. Multiobjective reinforcement learning for cognitive satellite communications using deep neural network ensembles [J]. IEEE Journal on Selected Areas in Communications,2018,36(5)：1030-1041.

[115] Tarchi D，Corazza G E，Vanelli-Coralli A. Adaptive coding and modulation techniques for next generation hand-held mobile satellite communications[C]//2013 IEEE International Conference on Communications (ICC). IEEE,2013：4504-4508.

[116] Zhong C,Gursoy M C,Velipasalar S. A deep reinforcement learning-based framework for content caching[C]//2018 52nd Annual Conference on Information Sciences and Systems (CISS). IEEE，2018：1-6.

[117] Lei L,You L,Dai G,et al. A deep learning approach for optimizing content delivering in cache-enabled HetNet[C]//2017 international symposium on wireless communication systems (ISWCS). IEEE,2017：449-453.

[118] Schaarschmidt M,Gessert F,Dalibard V,et al. Learning runtime parameters in computer systems with delayed experience injection [EB/OL]. (2019-10-16) [2016-10-31]. https://arxiv. org/pdf/1610. 09903. pdf.

[119] He Y,Hu S. Cache-enabled wireless networks with opportunistic interference alignment [EB/OL]. (2019-10-16)[2017-06-27]. https://arxiv. org/pdf/1706. 09024. pdf.

[120] He Y,Liang C,Yu F R,et al. Optimization of cache-enabled opportunistic interference alignment wireless networks：A big data deep reinforcement learning approach[C]//2017 IEEE International Conference on Communications (ICC). IEEE,2017：1-6.

[121] He Y,Zhang Z,Yu F R,et al. Deep-reinforcement-learning-based optimization for cache-enabled opportunistic interference alignment wireless networks [J]. IEEE Transactions on Vehicular Technology,2017,66(11)：10433-10445.

[122] He Y,Zhang Z,Yu F R,et al. Deep-reinforcement-learning-based optimization for cache-enabled opportunistic interference alignment wireless networks [J]. IEEE Transactions on Vehicular Technology,2017,66(11)：10433-10445.

[123] Chen M, Saad W, Yin C. Echo-liquid state deep learning for 360° content transmission and caching in wireless VR networks with cellular-connected UAVs[J]. IEEE Transactions on Communications, 2019, 67(9): 6386-6400.

[124] Chen M, Challita U, Saad W, et al. Artificial neural networks-based machine learning for wireless networks: A Tutorial [EB/OL]. (2019-10-16) [2019-06-30] https://arxiv. org/pdf/1710. 02913. pdf.

[125] Chen M, Saad W, Yin C. Liquid state machine learning for resource allocation in a network of cache-enabled LTE-U UAVs[C]//GLOBECOM 2017-2017 IEEE Global Communications Conference. IEEE, 2017: 1-6.

[126] S. J. Pan and Q. Yang. A survey on transfer learning[J]. IEEE Transactions on Knowledge and Data Engineering, 2010, 22(10): 1345-1359.

[127] Yosinski J, Clune J, Bengio Y, et al. How transferable are features in deep neural networks? [C]// Advances in neural information processing systems. 2014: 3320-3328.

[128] Ghifary M, Kleijn W B, Zhang M. Domain adaptive neural networks for object recognition[C]// Pacific Rim international conference on artificial intelligence. Springer, Cham, 2014: 898-904.

[129] Tzeng E, Hoffman J, Zhang N, et al. Deep domain confusion: Maximizing for domain invariance [EB/OL]. (2019-10-16)[2014-12-10]. https://arxiv. org/pdf/1412. 3474. pdf.

[130] Long M, Cao Y, Wang J, et al. Learning transferable features with deep adaptation networks[C]// Proceedings of the 32nd International Conference on Machine Learning(ICML). Lille: 2015.

[131] M. E. Taylor, P. Stone. Transfer learning for reinforcement learning domains: a survey[J]. Journal of Machine Learning Research, 2009, 10(10): 1633-1685.

[132] J. Pan, X. Wang, Y. Cheng, et al. Multi-source transfer ELM-based Q learning[J]. Neurocomputing, 2014, 137: 57-64.

[133] Fernández F, Veloso M. Probabilistic policy reuse in a reinforcement learning agent [C]// Proceedings of the fifth international joint conference on Autonomous agents and multiagent systems. ACM, 2006: 720-727.

[134] Fernández F, Veloso M. Policy reuse for transfer learning across tasks with different state and action spaces[C]//ICML Workshop on Structural Knowledge Transfer for Machine Learning. 2006.

[135] Pickett M, Barto A G. Policyblocks: An algorithm for creating useful macro-actions in reinforcement learning[C]//ICML. 2002, 19: 506-513.

[136] Dietterich T G. Hierarchical reinforcement learning with the MAXQ value function decomposition [J]. Journal of artificial intelligence research, 2000, 13: 227-303.

[137] Mahadevan S. Proto-value functions: Developmental reinforcement learning[C]//Proceedings of the 22nd international conference on Machine learning. ACM, 2005: 553-560.

[138] Madden M G, Howley T. Transfer of experience between reinforcement learning environments with progressive difficulty[J]. Artificial Intelligence Review, 2004, 21(3-4): 375-398.

[139] Croonenborghs T, Driessens K, Bruynooghe M. Learning relational options for inductive transfer in relational reinforcement learning[C]//International Conference on Inductive Logic Programming. Springer, Berlin, Heidelberg, 2007: 88-97.

[140] Shao K, Zhu Y, Zhao D. Starcraft micromanagement with reinforcement learning and curriculum transfer learning[J]. IEEE Transactions on Emerging Topics in Computational Intelligence, 2018, 3(1): 73-84.

[141] Pashevich A, Strudel R, Kalevatykh I, et al. Learning to augment synthetic images for Sim2Real policy transfer[C]//2019 IEEE/RSJ International Conference on Intelligent Robots and Systems (IROS). Macau, SAR, 2019: 2651-2657.

图书资源支持

感谢您一直以来对清华大学出版社图书的支持和爱护。为了配合本书的使用，本书提供配套的资源，有需求的读者请扫描下方的“书圈”微信公众号二维码，在图书专区下载，也可以拨打电话或发送电子邮件咨询。

如果您在使用本书的过程中遇到了什么问题，或者有相关图书出版计划，也请您发邮件告诉我们，以便我们更好地为您服务。